成人教育/网络教育系列规划教材

大学计算机应用基础

韩立华◎主　编
胡畅霞◎副主编
王书海◎主　审

人民交通出版社股份有限公司
China Communications Press Co.,Ltd.

内 容 提 要

本书为成人及网络教育系列规划教材之一。全书根据计算机基本应用的各方面需求，结合成人教育的切实需要，以“实用、够用”为目的，结合目前主流的“Windows 7+Office 2010”软件版本，精选了八章内容，包括：计算机基础知识、微型计算机系统、Windows 7 操作系统及其应用、文字处理软件 Word 2010、电子表格软件 Excel 2010、演示文稿软件 PowerPoint 2010、计算机网络基础、多媒体技术应用基础。

本书可作为高等学校成人教育学生“计算机文化基础”或“大学计算机应用基础”课程的教材，也可作为计算机应用的培训教材以及供广大读者学习计算机参考使用。

图书在版编目(CIP)数据

大学计算机应用基础 / 韩立华主编．—北京：人民交通出版社股份有限公司，2014.12

ISBN 978-7-114-11925-5

Ⅰ．①大… Ⅱ．①韩… Ⅲ．①电子计算机—高等学校—教材 Ⅳ．①TP3

中国版本图书馆 CIP 数据核字(2015)第 002384 号

书　　名：大学计算机应用基础
著 作 者：韩立华
责任编辑：王　霞　谢海龙
出版发行：人民交通出版社股份有限公司
地　　址：(100011)北京市朝阳区安定门外外馆斜街 3 号
网　　址：http://www.ccpress.com.cn
销售电话：(010)59757973
总 经 销：人民交通出版社股份有限公司发行部
经　　销：各地新华书店
印　　刷：北京盈盛恒通印刷有限公司
开　　本：787×1092　1/16
印　　张：24
字　　数：510 千
版　　次：2015 年 1 月　第 1 版
印　　次：2015 年 1 月　第 1 次印刷
书　　号：ISBN 978-7-114-11925-5
定　　价：48.00 元

出 版 说 明

随着社会和经济的发展，个人的从业和在职能力要求在不断提高，使个人的终身学习成为必然。个人通过成人教育、网络教育等方式进行在职学习，提升自身的专业知识水平和能力，同时获得学历层次的提升，成为一个有效的途径。

当前，我国成人及网络教育的学生多以在职学习为主，学习模式以自学为主、面授为辅，具有其独特的学习特点。在教学中使用的教材也大多是借用普通高等教育相关专业全日制学历教育学生使用的教材，因为二者的生源背景、教学定位、教学模式完全不同，所以带来极大的不适用，教学效果欠佳。总的来说，目前的成人及网络教育，尚未建立起成熟的适合该层次学生特点的教材及相关教学服务产品体系，教材建设是一个比较薄弱的环节。因此，建立一套适合其教育定位、特点和教学模式的有特色的高品质教材，非常必要和迫切。

《国家中长期教育改革和发展规划纲要(2010—2020年)》和《国家教育事业发展第十二个五年规划》都指出，要加大投入力度，加快发展继续教育。在国家的总体方针指导下，为推进我国成人及网络教育的发展，提高其教育教学质量，人民交通出版社特联合一批高等院校的继续教育学院和相关专业院系，成立了“成人及网络教育系列规划教材专家委员会”，组织各高等院校长期从事成人及网络教育教学的专家和学者，编写出版一批高品质教材。

本套规划教材及教学服务产品包括：纸质教材、多媒体教学课件、题库、辅导用书以及网络教学资源，为成人及网络教育提供全方位、立体化的服务，并具有如下特点：

(1)系统性。在以往职业教育中注重以“点”和“实操技能”教育的基础上，在专业知识体系的全面性、系统性上进行提升。

(2)简明性。该层次教育的目的是注重培养应用型人才，与全日制学历教育相比，教材要相应地降低理论深度，以提供基本的知识体系为目的，“简明”“够用”即可。

(3)实用性。学生以在职学习为主，因此要能帮助其提高自身工作能力和加强理论联系实际解决问题的能力，讲求“实用性”。同时，教材在内容编排上更适合自学。

作为从我国成人及网络教育实际情况出发，而编写出版的专门的全国性通用教材，本套教材主要供成人及网络教育土建类专业学生教学使用，同时还可供普通高等院校相关专业的师生作为参考书和社会人员进修或自学使用，也可作为自学考试参考用书。

本套教材的编写出版如有不当之处，敬请广大师生不吝指正，以使本套教材日臻完善。

人民交通出版社股份有限公司

成人教育/网络教育教学资源及教材建设专家委员会

前　言

当前，计算机基础教育面临着新的发展机遇和挑战，其主要特点是：计算机已成为人们生活、工作所必备的基础工具，计算机教育除了应带给学习者知识和技术，更重要的是应该着眼于构建和培养学生的计算机思维和意识，全面提高学生利用信息技术解决问题的动手能力和应用水平。因此，有必要编写一本以“案例驱动”为核心，以“任务解决”为主线，以“拓宽思维、提高能力”为目标的全新模式的教材。本教材正是基于这种“做中学”、“案中讲”的教育理念，结合计算机和信息技术发展的新趋势，通过对课程的教学目标与教学内容重新审视与筛选，使之更符合计算机基础教学的规律，更满足高等学校成人教育学生培养的需求与特点，体现了内容创新、案例新颖、贯穿始终的特点。

本书本着基础实用、注重应用、提高能力、动手实践的原则，结合目前主流的“Windows 7+Office2010”软件版本，精选了八大模块内容，具体包括：计算机基础知识、微型计算机系统、Windows 7 操作系统及其应用、文字处理软件 Word 2010、电子表格软件 Excel 2010、演示文稿软件 PowerPoint 2010、计算机网络基础、多媒体技术应用基础。

（1）内容选择：本教材内容经典、实用，各模块精选案例，任务布置几乎涵盖全部知识点，虚拟了“益通科技有限公司”这个公司形象和“王芳”这个工作者角色，并用同一人物贯穿全书，用同一案例贯穿整章内容，案例前后联系，内容有机结合，将知识的学习较好地融于任务的实施中，让学习者深入情境，主动学习，提高学习兴趣和学习效果。

（2）编写思路：本教材每一章都按照“本章导读→学习目标→重点难点→任务情境→学习计划→任务提示→内容讲解→任务总结→作业与习题”的“任务驱动式”模式组织内容，精选单位工作中的实际案例，将情景导入、任务布置、知识讲解、任务总结四项内容有机结合，引导学习者进入情境，寻找自身兴趣点，拓宽思路，自行选题，自定步调，最终成果各具特色而非千篇一律，通过相互对比提高学习兴趣和动力。

（3）本书特色：本教材内容经典，案例实用，情境真实，采用任务驱动模式，知识丰富，既有利于教师课堂教学，更有助于学习者课下自学。为便于学生自学，本书配套教师授课视频等数字资源。

由于成人或网络教育的读者知识层次存在高中起点、专科起点及职业院校起点等差别，很难全面考虑到各层次的具体专业学习结构，各层次读者可根据自身实际情况进行有选择、有重点地学习。学习过程中不应局限于教材，还可以通过各种方式查阅其他学习资料。

本书由石家庄铁道大学韩立华主编，胡畅霞副主编，王书海负责全书的审稿工作。

本书在编写过程中查阅和引用了大量的优秀教材和相关部门网站资料，由于计算机技术发展迅速，编者水平有限，书中难免有欠妥和错误之处，恳请各位读者批评指正。

编　者

2014.10

自学指导

成人学习者应具有较强的自学能力。为了更好地自学本教材，学习者应该做到以下几点：

首先，要具有正确的学习目的和态度。众所周知，现在是信息时代，无论从事什么行业，日常中的很多工作都必须通过计算机来完成。而熟练掌握计算机的基础操作就是出色工作的门槛，越过这道槛，工作效率和效果将会有显著提升，所以计算机基础知识和技能如同语言、文字一样，是我们利用计算机工作的前提。有的学习者可能会说，我天天用电脑工作，这些基础知识早就会了，还用专门学吗？并非如此，长期的教学经验告诉我们，虽然大家几乎天天与计算机打交道，但都是局限于某些特定的操作，并没有全面掌握计算机的基础应用。很多已毕业的学生、工作中的同事都曾向我请教过关于 Word、Excel 或 PPT 制作中的某些细节问题，在我看来，如果系统地学过计算机应用基础这门课，这些问题都是非常细小简单的问题，但由于我们平时都不曾用过它们，所以真正找起来很费劲，不知如何操作。

其次，学习者应充分熟悉本教材的编写组织结构以及编写特点。本书每章都是统一的结构：本章导读→学习目标→重点难点→任务情境→学习计划→任务提示→内容讲解→任务总结→作业与习题。学习者要特别注意每章的“任务情境”和“任务提示”，虚拟了“益通科技有限公司”这个公司形象和“王芳”这个工作者角色，并用同一人物贯穿全书，用同一案例贯穿整章内容，案例前后联系，内容有机结合，将知识的学习较好地融于任务的解决中，引导大家进入情境，根据案例寻找自身兴趣点，拓宽思路，自行选题，自定步调，最终成果各具特色而非千篇一律，通过同学间的相互对比、相互借鉴提高学习兴趣和动力。

再次，在学习中要刻苦钻研、踏踏实实、多动脑筋，联系实际，勇于创新。读者在看案例引入时，不要局限于教材中的案例及其表现形式，还要结合自己工作中的实际问题，带着问题去学习相应的知识点，这样会大大提高学习的效率。

最后，要重视动手实践，切莫“看着简单，做着不会”。“纸上得来终觉浅，绝知此事要躬行”，一定要认认真真地在计算机上完成每章的任务。其实计算机操作无非熟能生巧而已。很多同学说上课看老师操作那么容易，几步就完成了，但自己做的时候根本不是那么回事，就是因为你用得少，不熟练，多用必然就熟练了。

上述观点仅限于编者在长期教学过程中对于计算机学习的理解，为一己之言。读者应根据自身实际情况及特点有选择地进行学习，关键是领悟计算机知识的学习方法。

目 录

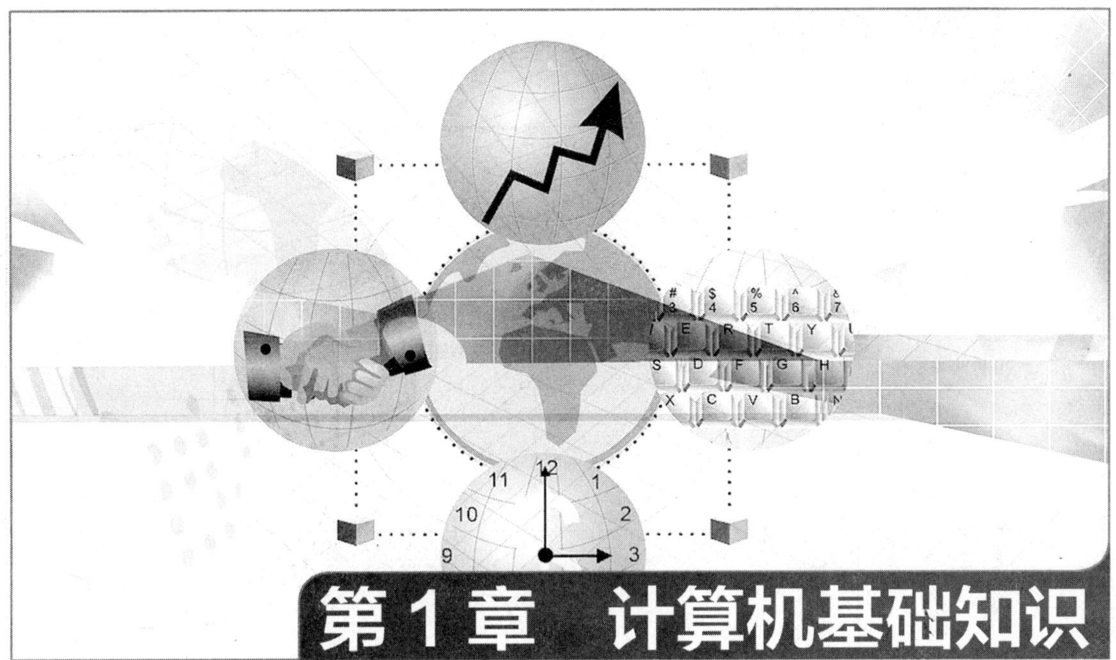

第1章 计算机基础知识

本章导读

计算机是人类最伟大的发明之一。本章主要介绍计算机的诞生、发展、特点、分类、应用等，重点是计算机的系统组成和工作原理，并对计算机中信息的表示（二进制）与编码（字符、汉字、数）做了基本介绍。

学习目标

1. 了解计算机的诞生、发展历史和发展趋势；
2. 了解我国计算机的发展成就；
3. 掌握计算机的特点，了解其分类和应用；
4. 掌握计算机的系统组成及工作过程；
5. 理解计算机中信息的表示方法；
6. 掌握二进制与十进制的相互转换；
7. 了解字符、汉字和数的编码方式。

重点难点

1. 计算机的系统组成；
2. 计算机中的数制和信息表示方法。

任务情境

王芳是益通科技公司的一名新员工，工作中处处用到电脑。由于自己是非计算机专业的，以前对计算机的了解并不是很多，为了更好地使用和掌握计算机的相关知识，她准备先从计算机的基础开始学习。计算机是什么时候诞生的？又是如何发展的？我国的计算机发展水平怎样？计算机是怎样工作的？计算机中的信息又是如何表示的？下面让我们跟随王芳一起来进入计算机的世界吧！

本章学习计划

内　容	建议自学时间（学时）	学习建议	学习记录
1.1　计算机的发展概述	1	熟读课本内容，根据网络搜索，了解计算机的诞生时间和四代计算机的发展历史，熟悉我国计算机的发展情况以及计算机的未来发展情况	
1.2　计算机的特点、分类和应用	1	根据自己的切身体会对照了解计算机的特点和分类，并依据自己对计算机的了解说出计算机在各行各业的应用	
1.3　计算机工作基础	1	本章的重点内容，了解“冯·诺依曼”型计算机关于“存储程序”的基本原理，牢记其系统组成结构，能用自己的语言结合实例说出计算机的工作过程	
1.4　信息表示与编码	2	本章的难点内容，同时也是重点；了解计算机中使用二进制的原因，掌握二进制与其他常用进制的互相转换方法；了解ASCII字符编码、汉字的几类编码方式和定点数、浮点数的编码方式	

电子计算机是 20 世纪人类最伟大的发明之一，计算机的发明和应用延伸了人类的大脑，提高和扩展了人类脑力劳动的效能，发挥和激发了人类的创造力，标志着人类文明的发展进入了一个崭新的阶段。像电一样，计算机已成为现代生活中不可或缺的组成部分。以计算机为核心的信息化的高度发展是当前社会文明程度的重要标志之一。

1.1 计算机的发展概述

任务提示

计算机的发展虽然才短短半个多世纪，但取得的成就可谓举世瞩目，几乎超过了人类历史上任何一种事物的发展速度。当王芳了解了计算机的诞生、发展历史后，不由地感叹："计算机真的是人类最了不起的发明啊！"

1.1.1 计算机的诞生

1. 概述

在人类文明的发展过程中，人们发明了各种专用的计算工具，其中算筹和算盘就是古代人类寻求计算工具的杰出代表。自工业革命开始，随着人类要解决的计算问题越来越多、越来越复杂，科学家对计算工具进行了深入研究，取得了丰富的成果。1623 年，德国科学家施卡德建造出世界上已知的第一部机械式计算器，成为计算机世代之父。这部机械改良自时钟的齿轮技术，能进行六位数的加减，并经由钟声输出答案，因此又称为"算数钟"，如图 1-1 所示。1642 年，法国数学家和物理学家帕斯卡发明了第一台机械的齿轮式加法器，解决了自动进位的问题，帕斯卡加法器的原理对后来的计算机械产生了持久的影响，如图 1-2 所示。1673 年，德国数学家莱布尼茨发明了乘除法器（图 1-3），这些工作促成了能进行四则运算的机械式计算机的诞生。莱布尼茨在计算机史上的伟大功绩在于他提出了"可以用机械代人进行繁琐重复的计算工作"这一伟大思想，至今还在鼓舞着人们探求新的计算机。

图 1-1　施卡德的"算数钟"

图 1-2　帕斯卡的"加法器"

图 1-3　莱布尼茨的"乘除法器"

随后，人们一直在想方设法扩充和完善上述装置的功能，这方面最突出的成就是英国发明家里斯•巴贝奇在 19 世纪 30 年代设计的差分机和分析机，它们不仅可以执行数字运算，还可以执行逻辑运算。他所设计的分析机已经有了今天计算机的基本框架，其设计思想也具有现代计算机的概念。但受当时的技术限制，巴贝奇的计算机器没有完成。

2. 计算机的奠基人

在计算机的发展过程中有两位杰出的科学家——阿兰•图灵和冯•诺依曼。图灵在 1936 年发表了著名的论文《论可计算数及其在判定问题中的应用》，提出了对数字计算机具有深远影响的图灵机（Turing Machine）模型，被后人称为“理论计算机的奠基人”。为纪念这位计算机科学的先驱，美国计算机协会于1966年设立了“图灵奖”，奖励在计算机科学研究中做出创造性贡献、推动计算机学科发展的科学家，被公认为计算机界的“诺贝尔奖”。冯·诺依曼被称为“计算机之父”，他提出了数字计算机的体系机构，即计算机的五大核心部件——控制器、运算器、存储器、输入设备和输出设备，其基本形式至今仍在广泛使用。

3. 第一台计算机的诞生

世界公认的第一台计算机于1946年2月15日在美国的宾夕法尼亚大学研制成功，该机被命名为ENIAC（Electronic Numerical Integrator And Calculator），译为“电子数值积分计算机”。研发ENIAC的初衷是为军事服务。该机一共使用了18000个电子管，1500个继电器，机身重约30t，每小时耗电150kW，占地面积为170m^2，每秒钟可做5000次加减法运算或400次乘法运算，相当于手工计算的20万倍，如图1-4所示。ENIAC的诞生在人类文明史上具有划时代的意义，从此开辟了人类使用电子计算工具的新纪元。

图1-4 世界公认的第一台计算机ENIAC

1.1.2 计算机的发展历史

自从世界上第一台电子计算机ENIAC诞生以来，计算机技术的发展非常迅速。在这60余年的发展过程中连续进行了四次重大的技术革命，分别是电子管、晶体管、中小规模集成电路、大规模和超大规模集成电路，通常人们称为“四代”，每一代的变革在技术上都是一次新的突破，在性能上都是一次质的飞跃。表1-1对比了四代计算机的主要特点。

四代计算机主要特点比较 表1-1

代别	起止年份（年）	硬件特征	软件发展状况	应用领域	运算速度
第一代	1946～1957	电子管	机器语言和汇编语言	军事领域，科学计算	5000～3万次/s
第二代	1958～1964	晶体管	高级语言（编译程序）管理、简单的操作系统	科学计算、数据处理、事务管理	几十万次/s
第三代	1965～1970	中小规模集成电路	功能较强的操作系统、高级语言、结构化、模块化的程序设计	系列化远程终端、向社会各部门推广和普及	几百万次/s
第四代	1971至今	大规模、超大规模集成电路	操作系统进一步完善，数据库系统、网络软件得到发展，软件工程标准化，面向对象的软件设计方法与技术广泛采用	网络、分布式计算机、人工智能等，迅速推广和普及到社会各领域	数亿次/s

1. 第一代电子计算机

电子管（又称真空管）是1913年发明的，起初用于雷达等电子设备中。它于1946年才被用于ENIAC及其之后的电子计算机，由此开创了电子数字计算机的新时代。电子器件是电子管的计算机，被统称为第一代电子计算机。

第一代电子计算机的主流产品如IBM700系列。

2. 第二代电子计算机

第二代电子计算机使用的主要逻辑元件是晶体管，因而也称晶体管时代。半导体晶体管于 1948 年由贝尔实验室研制出来，从 1956 年开始用于制作电子计算机部件。晶体管的优点是体积小、发热少、耗电少、寿命长、价格低，特别是工作速度比电子管更快。

另外，第二代计算机普遍采用磁芯存储器作内存，采用磁盘与磁带作外存，使存储容量增大，可靠性提高，加快了汇编语言取代机器语言的步伐，并为 FORTRAN 和 COBOL 等高级语言的应用提供了条件。

第二代电子计算机的主流产品如 IBM7000 系列。

3. 第三代电子计算机

第三代电子计算机的主要特征是以中、小规模集成电路取代晶体管。所谓集成电路，就是把若干晶体管以及电阻、电容都制作在同一块硅芯片上，集多个电子元器件于一体。集成电路的体积更小，耗电更少，功能更强。存储器开始集成电路化，内存容量大幅增加。随着计算机硬件系统的更新，系统软件和应用软件也有了很大发展，出现了结构化、模块化程序设计方法，为电子数字计算机的进一步快速发展奠定了基础。

第三代计算机的典型机型有 IBM360 系统、PDP11 系列等。其主存储器容量达 1~4MB，运算速度达每秒 200 万次。

4. 第四代电子计算机

第四代电子计算机主要采用大规模、超大规模集成电路作为基本电子元器件，其主要特点是计算机体积小、重量轻、成本低等，计算机性能空前提高。操作系统和高级语言的功能越来越强大，并且出现了微型计算机。目前，我们所使用的微型机就是第四代电子计算机。

第四代电子计算机的代表机型有 IBM370、CRAY II 等。

从 20 世纪 80 年代开始，发达国家开始研制第五代计算机，其目标是希望打破以往计算机固有的体系结构（冯•诺依曼结构），使计算机能够具有像人一样的思维、推理和判断能力，向智能化方向发展，实现接近人的思考方式。

5. 微型计算机的发展

微型计算机简称“微机”或 PC（Personal Computer），是 1971 年出现的，其突出特点是将运算器和控制器做在一块集成电路芯片上，一般称为微处理器（Micro Processor Unit，MPU）。根据微处理器的集成规模和功能，又形成了微机的不同发展阶段，如 Intel 80286、Intel 80386、Intel 80486、Intel 80586、Pentium 系列以及今天的酷睿系列等。

微型机自出现以来就以其执行结果精确、处理速度快捷、性价比高、轻便小巧等特点迅速进入社会各个领域，且技术不断更新、产品快速换代，从单纯的计算工具发展成为能够处理数字、符号、文字、语言、图形、图像、音频、视频等多种信息的强大多媒体工具。如今的微型机产品有多种表现形式，台式机、电脑一体机、笔记本、掌上电脑、智能手机、平板电脑等，无论从运算速度、多媒体功能、软硬件支持还是易用性等方面都比早期产品有了很大飞跃。特别是智能手机、平板电脑更是以使用便捷、无线联网等优势，越来越多地受到移动办公人士的喜爱，一直保持着高速发展的态势。

1.1.3　我国计算机的发展历程

我国计算机发展始于 1956 年，经过几十年的发展，已经取得了巨大的成就。1958 年我国试制成功了第一台以电子管为主要元件的电子计算机“103 机”，从而实现了计算机技术零的突破。1965 年研制成功了以晶体管为元件的第二代电子计算机。1971 年试制成功了第一台集成电路电子计算机。1974 年底研制成小型化系列化计算机 DJS-100。1983 年“银河—Ⅰ”亿次巨型计算机在国防科技大学研制成功。至此，我国成为继美国、日本等国之后，能够独立设计和制造巨型计算机的国家。随后银河系列的“银河—Ⅱ”和“银河—Ⅲ”的计算速度分别达到百亿次、千亿次。2001 年曙光 3000 超级服务器研制开发成功，峰值计算达到 4032 亿次。

2004 年，由中科院计算所、曙光公司和上海超级计算中心联合研制的巨型计算机“曙光 4000A”在人民大会堂正式发布，其运算峰值达到 10 万亿次，成功进入全球超级计算机 TOP 500 排行榜前十。曙光 4000A 于 2004 年 11 月在上海超级计算中心正式启动，构建中国国家网格南方主节点，标志着我国已成为世界上继美、日之后第三个能制造 10 万亿次商品化高性能计算机的国家。2008 年，我国百万亿次超级计算机“曙光 5000A”问世，使我国成为继美国之后第二个能制造和应用超百万亿次商用高性能计算机的国家，也表明我国生产、应用、维护高性能计算机的能力达到了世界先进水平。

2009 年 10 月 29 日，我国生产的第一台千万亿次超级计算机“天河一号”由国防科学技术大学研制成功，部署在国家超级计算天津中心，在国际 TOP500 组织发布的排行榜上名列第一，其实测运算速度可以达到每秒 2570 万亿次，如图 1-5 所示。

2013 年 6 月 17 日，“‘天河二号’超级计算机系统排名世界第一”的新闻发布会在广州举行。“天河二号”以每秒 33.86 千万亿次的浮点运算速度，成为全球最快的超级计算机，美国的“泰坦”号排在第二位，其运行速度为 17.59 千万亿次。举个生动的例子，当时 3D 电影《阿凡达》的动漫渲染制作动用了众多超级计算机资源，耗时一年多才完成，而如果用天河二号，1 个月便可完成。与“天河一号”相比，两者占地面积相当。“天河二号”计算性能和计算密度均提升了 10 倍以上，能效比提升了 2 倍，执行相同计算任务的耗电量只有“天河一号”的 1/3，最大运行功耗 17.8MW。天河二号如图 1-6 所示。

图 1-5　天河一号

图 1-6　天河二号

目前，“天河一号”超级计算机的服务用户已超过 600 家，同时在石油勘探、航空航天、高端装备研制、生物医药、动漫设计、新能源、新材料、工程设计与仿真分析、气象预报、遥感数据处理、金融风险分析等领域获得了成功应用。“天河二号”已于 2013 年 10 月份部署应用于广州超级计算机中心，将服务于珠三角地区以及包括香港、澳门在内的周边区域。从食到医、从行到娱，“天河二号”还未正式“上岗”便已提前开始了服务。

从“银河”系列到“曙光”系列，再到“天河”系列，我国的计算机发展虽然起步较晚，但发展迅猛，短短半个世纪的时间，便升到了世界之巅，让无数国人为之骄傲。更值得一提的是，自从 2002 年以来，我国开始自主研发高性能的通用 CPU 芯片，称为“龙芯”，成功应用在“天河一号”、“天河二号”超级计算机上，充分展示了我国的科技实力和计算机技术水平。

1.1.4　计算机的发展趋势

随着人类社会的发展，科学技术的不断进步，计算机技术也在不断向纵深发展。不论是在硬件还是软件方面都不断有新的产品推出，总的发展趋势可以归纳为以下几个方面。

1. 微型化

由于大规模和超大规模集成电路的飞速发展，芯片的集成度越来越高，计算机的元器件越来越小，使得计算机的微型化发展十分迅速。

微型计算机的发展是以微处理器的发展为特征的。所谓微处理器就是将运算器和控制器集成在一块大规模或超大规模集成电路芯片上，作为中央处理单元。以微处理器为核心，再加上存储器和接口芯片，就构成了微型计算机。自从 1971 年微处理器问世以来，微型计算机发展十分迅速，几乎每隔 2~3 年就要更新换代，从而使以微处理器为核心的微型计算机的性能不断跃上一个又一个新台阶。

微型计算机由于其具有计算速度快、功能强、可靠性高、能耗小、体积小、质量轻等特点，不但可以放到桌面上、手提包中，还可以嵌入电视、冰箱、空调等家用电器、小型设备中，同时也进入工业生产中作为主要部件控制着工业生产的整个过程，实现自动化生产。因此，向着微型化方向发展和向着多功能方向发展是今后计算机发展的一个重要方向。

2. 巨型化

巨型化并不是指计算机的体积大，而是相对大型计算机而言的一种运算速度更高、存储容量更大、功能更完善的计算机，因此又称为"超级计算机"。

美国于 20 世纪 60 年代开始研制巨型机，1964 年控制数据公司制成大型晶体管机 CDC6600，1969 年又研发出每秒 1000 万次的 CDC7600。我国巨型计算机的研制工作开始于 1978 年。"银河—I" 型机的诞生使我国加入到世界上拥有巨型计算机国家的行列之中。2009 年，第一台国产千万亿次超级计算机 "天河一号" 的诞生，使我国拥有了历史上计算速度最快的工具。2013 年，"天河二号" 超级计算机的问世，使我国再次成为能够生产世界上最快计算机的国家。

超级计算机能够满足尖端科学技术、军事、气象、地质等领域的需要，它的发展集中体现了计算机技术的发展水平，因此计算机也必须向超高速、大容量、强功能的巨型化方向发展。

3. 网络化

计算机网络可以实现资源共享。所谓资源共享是网络系统中提供的资源可以无条件地或有条件地为联入该网络的用户使用。资源包括硬件资源，如存储介质、打印设备等；还包含软件资源和数据资源，如系统软件、应用软件和各种数据库等。事实表明，网络的应用已成为计算机应用的重要组成部分，现代的网络技术已成为计算机技术中不可缺少的内容。有人预测，21 世纪是网络时代，无人不用网，无机不联网。还有人曾发表过 "网络就是计算机" 的观点，"不联网的机器不能称为计算机"。20 世纪 90 年代，世界各国相继建设的国家信息基础设施 NII 和国际互联网（即因特网，Internet），使计算机网络化、数字化成为可能。

现如今，"网络计算机" 概念的提出，反映了计算机技术与网络技术真正的有机结合，新一代计算机已经将网络接口、无线 Wifi 集成到了主板上，计算机连接网络如同电话机连接市内电话交换网一样方便。目前绝大多数新建的大厦楼宇都实现了在大楼装修过程中就铺设了光纤，真正实现了"光纤入户"、"三网合一"，从一个侧面反映出计算机技术的发展已经离不开网络技术了。

4. 智能化

计算机智能化就是要求计算机具有人工智能，能模拟人的感觉和思维能力，集“说、听、想、看、做”为一体，使计算机具备进行研究、探索、联想、理解人的自然语言等功能，这是第五代计算机要实现的目标。

计算机的智能化是未来计算机发展的总趋势。进入 20 世纪 80 年代以来，日本、美国等发达国家曾开始研制第五代计算机，也称为智能计算机。它突出了人工智能方法和技术的作用，在系统设计中考虑了建造知识库管理系统和推理机，使得机器本身能根据存储的知识进行推理和判断。这种计算机除了具备现代计算机的功能之外，还要具有在某种程度上模仿人的推理、联想、学习等思维功能，并具有声音识别、图像识别能力。经过相当一段时间的努力，人们认识到实现这些功能并非易事，但这种智能化思路确实应是今后计算机的研究方向。

5. 多媒体化

多媒体技术是集文字、声音、图形、图像和计算机于一体的综合技术。它以计算机软硬件技术为主体，包括数字化信息技术、音频和视频技术、通信和图像处理技术以及人工智能技术和模式识别技术等。因此，它是一门多学科多领域的高新技术。多媒体技术虽然已经取得很大的发展，但高质量的多媒体设备和相关技术还需要进一步研制，主要包括视频和音频数据的压缩、解压缩技术，多媒体数据的通信，以及各种接口的实现方案等。因此，多媒体计算机是 21 世纪开发和研究的热点之一。

1.1.5 未来的计算机

目前，几乎所有的计算机都遵循着冯•诺依曼所提出的设计思想，因此称为冯•诺依曼计算机。但由于受到电子物理特性的限制和冯•诺依曼体系结构的制约，电子计算机的发展经历四五十年的飞速发展后，不论在技术上还是在理论上都已遭遇到发展瓶颈，只有突破冯•诺依曼体系结构才能产生革命性的进展。科学家们正在致力于研究和探索各种非冯•诺依曼计算机，并在以下几个方面取得了一定的进展。

1. 光子计算机

光子计算机利用光束取代电子进行数据运算、传输和存储。在光子计算机中，不同波长的光代表不同的数据，可以对复杂度高、计算量大的任务实现快速的并行处理。与电子相比，光子具有许多独特的优点：它的速度永远等于光速，具有电子所不具备的频率及偏振特征，从而大大提高了传载信息的能力。此外，光信号传输根本不需要导线，即使在光线交会时也不会互相干扰、互相影响。

根据推测，未来电子计算机的运算速度可能比今天的超级计算机快 1000~10000 倍，并具有非常强的并行处理能力。在工作环境要求方面，超高速的计算机只能在低温条件下工作，而光子计算机在室温下就能正常工作。另外，光子计算机还具有与人脑相似的容错性，如果系统中某一元件遭到损坏或运算出现局部错误，并不影响最终的计算结果。

1990 年，美国贝尔实验室宣布研制出世界上第一台光子计算机。它采用砷化镓光学开关，运算速度达每秒 10 亿次。尽管这台光子计算机与理论上的光子计算机还有一定距离，但已显示出强大的生命力。目前，光子计算机的许多关键技术，如光存储技术、光存储器和光电子集成电路等都已取得重大突破。然而，要想研制出光子计算机，需要开发出可用一条光束来控制另一条光束变化的光学晶体管。尽管目前可以制造出这样的元件，但它庞大而笨拙，若用它们制造出一台计算机，将有一辆汽车那么大。因此，要想短期内使光子计算机实用化还有很大困难。

2. 生物计算机

科学家研究发现，一些蛋白质的主要功能不是构成生物的某些结构，而是用于传输和处理信息。他们对一种细菌中的蛋白质进行研究发现，细菌内部存在着由蛋白质构成的信息处理网络，该网络可根据分子密度和形状等性质的变化传递和处理信息，并根据接收到的信息来驱使细菌游向营养物质所在的地方。利用这一过程可以研制出新型的生物计算机。

生物计算机在 20 世纪 80 年代中期开始研制，其最大的特点是采用了生物芯片。这种芯片由生物工程技术产生的蛋白质分子构成，信息以波的形式传播，运算速度比当今最新一代计算机快 10 万倍，它几十小时的运算量就相当于目前全球所有计算机运算量的总和。生物计算机的存储量也大得惊人，采用有机蛋白质分子构成的生物芯片代替由无机材料制作的硅芯片，其大小仅为现在所用的硅芯片的十万分之一，而集成度却极大地提高，如用血红素制成的生物芯片，$1mm^2$ 能容纳 10 亿个门电路，其开关速度达到 $10^{-12}s$。此外，生物芯片具备的低阻抗、低能耗的性质使其摆脱了传统光导体元件散热的困扰，从而克服了长期以来集成电路制作工艺复杂、电路因故障发热熔化以及能量消耗大等弊端，给计算机的进一步发展开拓了广阔的前景。

由于蛋白质分子能够自我组合，再生新的微型电路，使得生物计算机具有生物体的一些特点，如能发挥生物本身的调节机能，自动修复芯片发生的故障，还能模仿人脑的思考机制。更令人惊异的是，生物计算机的元件密度比人的神经密度还要高 100 万倍，而且其传递信息的速度也比人脑进行思维的速度快 100 万倍。它既快捷，又准确，可以直接接受人脑的指挥，成为人脑的外延或扩充部分。它还可以从人体细胞吸收营养的方式来补充能量，而不需要外界的任何其他能量。

总之，生物计算机的出现将会给人类文明带来一个质的飞跃，给整个世界带来巨大的变化。不过，由于成千上万个原子组成的生物大分子非常复杂，研制难度非常之大，目前来看，很容易质变和受损。因此，生物计算机的发展可能需要经过一个较长的过程。

3. 量子计算机

大约到 2030 年，每个人桌上计算机的主机不会再使用芯片与半导体，而是充满液体。这是新一代的量子计算机。它应用的不再是现实世界的物理定律，而是玄妙的量子原理。

所谓量子计算机，是指利用处于多现实状态下的原子进行运算的计算机，这种多现实态是量子力学的标志。在某种条件下，原子世界存在着多现实态，即原子和亚原子粒子可以同时存在于此处和彼处，可以同时表示出高速和低速，可以同时向上和向下运动。如果用这些不同的原子状态分别代表不同的数字或其数据，就可以利用一组具有不同潜在状态组合的原子，在同一时间对某一问题的所有答案进行探寻，再利用一些巧妙的手段，就可以使代表正确答案的组合脱颖而出。

传统的电子计算机用“1”和“0”表示信息，而量子粒子可以有多种状态，使量子计算机能够具有更为丰富的信息单位，从而大大加快了运行速度。它的运算速度可能比目前个人计算机的奔腾 III 芯片快 10 亿倍，可以在一瞬间搜寻整个国际网络，可以轻易破解任何安全密码。

电子计算机用二进制存储数据，量子计算机用量子位存储，具有叠加效应，有 m 个量子位就可以存储 2^m 个数据。因此，量子计算机的存储能力比电子计算机大得多。

此外，量子计算机还具有强大的搜索功能和较高的系统可靠性。

刚进入 21 世纪，美国科学家就宣布，他们已经成功地实现了 4 量子位逻辑门，取得了 3 个锂离子的量子缠结状态。这一成果意味着量子计算机如同含苞欲放的蓓蕾，必将开出绚丽的花朵。

科学家们预言，21 世纪将是量子计算机、生物计算机、光子计算机和情感计算机的时代。就像电子计算机对 20 世纪产生了重大影响一样，各种新颖的计算机也必将对 21 世纪产生重大影响。

1.2 计算机的特点、分类和应用

任务提示

计算机的特点决定了它能完成许多人类所无法完成的工作，了解计算机的分类有助于理解计算机家族的组成和应用领域。而在当今社会，计算机可谓“无孔不入”，我们的工作、生活、娱乐等各个方面几乎都离不开计算机。这一节我们就来学习计算机的特点、分类和应用。

计算机是一种由电子器件构成的，具有计算能力和逻辑判断能力，以及自动控制和记忆功能的信息处理机。它可以自动、高速和精确地对数据、文字、图像和声音等信息进行存储、加工和处理。

1.2.1 计算机的特点

众所周知，计算机作为一种通用的信息处理工具，具有极高的处理速度、很强的存储能力、精确的计算和逻辑判断能力，因此，其主要特点可具体概括为：

1. 运算速度快

运算速度是标志计算机性能的重要指标之一。衡量计算机的处理速度一般是用计算机一秒钟时间内所能执行加法运算的次数。第一代计算机的处理速度一般在几十次到几千次；第二代在几千次到几十万次；第三代在几十万到几百万次；第四代则在几百万次到几千亿次，甚至几千万亿次。例如，我国的超级计算机“天河二号”运算速度世界排名第一，为每秒 33.86 千万亿次，相当于全中国所有人每天 24 小时、每年 365 天利用手持计算器不停地进行计算，3000 年时间的工作量。当今即使是微型计算机的运算速度也已达到每秒几十亿次甚至更高。微型计算机常以 CPU（Central Processing Unit，中央处理器）的主频（Hz）表示计算机的运行速度。如早期的 80286 机主频为 4.77MHz，即每秒 4.77 百万次；而现在一台普通的酷睿系列 PC 机，主频为 3.26GHz，其运算速度相当于每秒 32.6 亿次。正是有了这样的计算速度，使得过去不可能完成的计算任务得到了解决，如天气预报、地震预报、3D 动漫渲染等。

2. 计算精度高

尖端科学技术的发展往往需要高度准确的计算能力。计算机内部采用二进制数进行运算，数的精度主要由表示这个数的二进制码的位数或字长来决定，只要电子计算机内用以表示数值的位数足够多，就能提高运算精度。事实上，一般计算机可以有十几位甚至几十位（二进制）有效数字，计算精度可由千分之几到百万分之几，这是人类以往任何计算工具所望尘莫及的。

3. 存储能力强

计算机的存储设备可以把原始数据、中间结果、计算结果、指令程序等信息存储起来以备使用，存储信息的多少取决于所配备的存储设备的容量。目前的计算机不仅提供了大容量的内存储设备，以存储计算机运行时的大量信息，同时还提供各种外部存储设备，以长期保存和备份信息，如硬盘、U 盘、光盘等。就一个存储设备来说，存储容量是有限的，但配备多少个外部存储设备取决于个人的需要，再加上“网络存储”、“云存储”的广泛应用，可以说存储容量是海量的，用之不尽的。而且，只要存储介质不被破坏，其信息就会永久保存。

4. 超强的逻辑判断能力

逻辑判断功能指的是计算机不仅能进行算术运算，还能进行逻辑运算，实现推理和证明。记忆功能、算术运算和逻辑判断功能相结合，使得计算机能模仿人类的某些智能活动，成为人类脑力延伸的重要工具，所以计算机又称为“电脑”。举个例子，1996 年，国际象棋大师卡斯帕罗夫与超级计算机“深蓝”展开交锋，结果卡斯帕罗夫以 4∶2 宣告胜利。经过研制方 IBM 一年多的改进，到了 1997 年，卡斯帕罗夫在与“更深的蓝”的 6 局较量中败下阵来，如图 1-7 所示。我们都知道，在玩游戏时，电脑可以模拟从新手到超级玩家的各种角色，以适应不同级别的用户，但如果想真正打败电脑，几乎是不可能的，因为电脑的运算能力和推理判断能力比人脑要快得多，而且不会受到情绪影响。

图 1-7　卡斯帕罗夫与“深蓝”对弈（右为“深蓝”操作者）

5. 能自动运行且支持人机交互

所谓自动运行，就是人们把需要计算机处理的问题编成程序，存入计算机中；当发出运行指令后，计算机便在该程序控制下依次逐条执行，不再需要人工干预。“人机交互”则是在人想要干预时，采用“人机之间一问一答”的形式，有针对性地解决问题。这些特点都是过去的计算工具所不具备的，也是计算机区别于其他工具的本质特征。

1.2.2　计算机的分类

计算机的种类很多，随着它的发展和新机型的出现，分类方法也在不断变化。按计算机处理数据的方式分类，可分为数字计算机、模拟计算机和数模混合计算机三类；按计算机使用范围分类，可分为通用计算机和专用计算机两类。当前沿用较多的是“电气与电子工程师协会”（IEEE）于 1989 年提出的一种分类方法，它是按计算机的规模和处理能力（字长、运算速度、存储容量等），将计算机分为以下六类。

1. 个人计算机（Personal Computer，简称 PC）

个人计算机又称微型计算机。微型计算机是以运算器和控制器为核心，加上由大规模集成电路制作的存储器、输入 / 输出设备接口和系统总线构成的体积小、结构紧凑、价格低廉、适合个人使用的计算机。如果把这种计算机制作在一块印刷线路板上，就称为单板机；如果在一块芯片中包含运算器、控制器、存储器和输入 / 输出设备接口，就称为单片机。

2. 工作站（Work Station，简称 WS）

工作站是介于 PC 机和小型机之间的高档微型机。通常配备有大屏幕显示器和大容量存储器，并具有较强的网络通信功能，多用于计算机辅助设计和图像处理（网络系统中的用户节点计算机也称为工作站，两者完全不是一回事，应防止混淆）。

3. 小型计算机（Mini Computer）

小型机是在 20 世纪 60 年代中期发展起来的一类计算机，当时微型计算机还未出现，因而得以广泛推广使用，许多工业生产自动控制和事务处理都采用小型机。与大型主机和巨型机相比，小型计算机结构简单、成本较低、易于维护和使用，其规模按照满足一个中、小型部门的工作需要进行设计和配置。

4. 主机（Mainframe）

主机亦称大型主机。具有大容量存储器、多种类型的 I/O 通道能同时支持批处理和分时处理等多种工作方式。其规模按照满足一个大、中型部门的工作需要进行设计和配置。相当于一个计算中心所要求的条件。

5. 小巨型计算机（Mini Super Computer）

小巨型计算机也称为桌上型超级计算机。 其与巨型计算机相比，最大的特点是价格便宜，具有更好的性能价格比。

6. 巨型计算机（Super Computer）

巨型计算机也称超级计算机。具有极高的性能和极大的规模，价格昂贵，多用于尖端科技领域。生产这类计算机的能力可以反映一个国家的计算机科学水平。我国是世界上能够生产巨型计算机的少数国家之一。

目前，随着计算机技术的快速发展，微型计算机与小型机乃至大型机之间的界限已经越来越模糊。无论按哪种方法分类，各类计算机之间的主要区别是运算速度、存储容量及设备体积等。

1.2.3 计算机的应用

随着超大规模集成电路的出现和计算机网络技术的迅速发展，微型计算机不断普及，信息资源日益丰富，使得计算机的应用渗透到社会的各个领域，深入到社会的方方面面，如科学技术、国民经济、国防建设、日常工作及家庭生活、娱乐等。下面仅列举微型计算机几个典型的应用方面，但实际应用绝不限于这些方面。

1. 科学计算（数值计算）

科学计算是计算机应用最早也是最成熟的应用领域。随着人们对客观世界认识的日益深化，越来越多的研究工作从定性转向了定量，涉及的数学模型和计算工作规模也越来越庞大。因此，在现代科学研究和工程设计中，计算机已成为必不可少的计算工具，通过计算机可以解决人工无法完成的复杂计算问题。例如，人造卫星轨道的计算、宇宙飞船的制导、天体演化形态学的研究、可控热核反应、气象预报等，都是借助计算机来进行计算工作的。

2. 信息处理（数据处理）

数据处理是目前计算机应用最广泛的一个领域，是指对大量数据和信息进行采集、存储、利用、统计、查询、报表等操作。有关资料表明，世界上 80% 左右的计算机主要用于信息处理。信息处理的特点是：数据量很大，但不涉及复杂的数学运算；有大量的逻辑判断和输入输出，时间性较强，如企业生产管理、财务管理、人事管理、票务管理、情报检索、办公自动化等。难以想象，如果没有计算机，这些海量的数据资源该如何存储和检索？目前各种规模各种类型的单位，包括企业、政府部门、教育机构等基本都建有或正在建设本单位的管理信息系统（Management Information System，MIS）和各种专门的业务处理系统，商业流通领域则利用计算机进行商务处理，逐步使用电子信息交换系统（Electronic Data Interchange，EDI）。

3. 过程控制

过程控制又称实时控制，是指利用传感器实时采集监测数据，然后通过计算机计算出最佳值并据此迅速对控制对象进行自动控制或自动调节。过程控制在工业生产、国防建设和现代化战争中都有广泛的应用。在工业生产中，计算机用来控制各种自动装置、自动仪表、生产过程等。例如，工业生产自动化方面的巡回检测、自动记录、监视报警、自动启停、自动调控等内容；交通运输方面的行车调度；在国防建设方面，如在导弹的发射中，实时控制其飞行的方向、速度、位置等。

4. 计算机的辅助工程

计算机辅助工程是以计算机为工具，配备专用软件辅助人们完成特定任务的工作，以提高工作效率和工作质量。当前用计算机进行辅助工作的系统越来越多，如计算机辅助设计 CAD（Computer Aided Design）、计算机辅助制造 CAM（Computer Aided Manufacturing）、计算机辅助测试 CAT（Computer Aided Testing）、计算机辅助工程 CAE（Computer Aided Engineering）、计算机集成制造系统 CIMS（Computer Integrated Manufacturing System）、计算机辅助教学 CAI（Computer Assisted Instruction）等。

5. 人工智能

人工智能是计算机应用的一个较新领域和前沿学科，它是用计算机模拟人的智能活动，模拟人脑的学习、推理、判断、理解、问题求解等过程，辅助人们进行决策，例如专家系统。目前研究的方向有：模式识别、自然语言理解、自动定理证明、自动程序设计、知识表示、机器学习、机器人、医疗诊断等。

6. 电子商务与电子政务

电子商务是指通过计算机和网络进行商务活动，是在 Internet 与各种资源相结合的背景下应运而生的一种网上商务活动。电子商务起步于 1996 年，虽然时间不长，但近几年增势迅猛，对传统商业已经构成了不小的威胁。电子商务的优点很多，如不用受时间、空间的限制，随时随地在网上交易；由于减少了商品流通的中间环节，节省了大量开支，从而也大大降低了商品流通和交易的成本，相同的价格在网上能买到更好的产品；而随着电子支付技术的成熟，在线付款的安全性越来越高，电子商务的风险越来越小；同时由于销售量的激增，伴随大量买家的及时反馈，使得用户在选购商品时更加理智和成熟，也促使商家诚信经营，以顾客利益为先。目前大型的电子商务网站非常多，知名的如淘宝、京东商城、当当、苏宁、国美在线、苏宁易购、凡客、QQ 网购等。

电子政务是近些年兴起的一种运用计算机、网络和通信等现代信息技术手段，实现政府组织结构和工作流程的优化重组，超越时间、空间和部门分隔的限制，建成一个精简、高效、廉洁、公平的政府运作模式，以便全方位地向社会提供优质、规范、透明、符合国际水准的管理与服务。目前，在国家的大力支持和推动下，我国电子政务取得了较大进展，市场规模持续扩大。2010年，电子政务市场规模突破1000亿元。2012年，其市场规模达到了1390亿元，同比增长17.3%。2013年，电子政务应用建设的重点将转向面向公众的城镇基层社会管理和服务应用项目，继续构建金保二期、时空信息云平台、全民住房保障信息化工程、食品药品安全监管信息化工程、三网融合、无线城市、公共安全应急指挥平台、行政执法监督信息化工程等重点应用项目。

7. 文化教育

利用信息高速公路实现远距离教学、网络教学、终身学习等，为教育带动经济发展创造了良好条件。在线教育改变了传统的以教师课堂讲授为主、学生被动学习的方式，使学习内容和学习形式更加丰富灵活，其优势是资源利用最大化、学习行为自主化、学习形式交互化以及教学管理自动化等。伴随着近两年“MOOC（Massive Open Online Courses，大规模开放式在线课程）”的兴起，越来越多的世界顶尖大学在网上提供名师讲授的免费课程和在线学习过程管理，我国的清华大学、北京大学、复旦大学等也热情地投身其中。就像电子商务对传统零售业的巨大冲击一样，不远的将来，传统的封闭式大学课堂或许将会面临来自MOOC的严峻挑战。

8. 娱乐

如今，计算机已经走进几乎每一个家庭。除了工作之外，在家中人们可以利用计算机欣赏电影和音乐，足不出户获取海量信息，联网进行游戏和娱乐等。计算机的普及极大地提高了生活的趣味和娱乐范围，使人们享受到了更高品位的生活。

9. 网络应用

微电子技术、计算技术和现代通信技术的结合构筑了计算机网络。计算机网络的建立，不仅解决了一个单位、一个地区、一个国家中计算机与计算机之间的通信，各种硬件资源、软件资源和信息资源的共享，也大大促进了国际的通信、文字、视像、声音等各类数据的传输和处理。随着网络的发展和网速的提升，又产生了更多更广泛的应用，如博客、微博、网络社区、微信等。

1.3 计算机工作基础

任务提示

计算机并不像电视机、电冰箱一样具有大量精密、复杂的部件，非专业人士不能打开其内部。你随时都可以打开一台计算机的机箱查看它的内部结构，了解它的整体构成。计算机都是有哪些部分构成？它的工作过程是怎样的？本节我们跟随王芳来学习这些基本内容。

1.3.1 计算机系统组成

1945年美籍匈牙利科学家冯•诺依曼（Von Neumann）提出了一个“存储程序”的计算机方案。这个方案包含三个要点：

（1）采用二进制数的形式表示数据和指令。

（2）将指令和数据同时存放在存储器中。

（3）由控制器、运算器、存储器、输入设备、输出设备五大部分组成计算机。

其工作原理的核心是“存储程序”和“程序控制”，就是通常所说的“顺序存储程序”概念。

我们把按照这一原理设计的计算机称为“冯•诺依曼型计算机”。冯•诺依曼型计算机系统由硬件和软件两大部分组成，如图 1-8 所示。

图 1-8　计算机的系统组成

1.3.2　计算机硬件系统

计算机的硬件系统是指构成计算机系统的物理实体或物理装置，它们是计算机进行工作的实体；软件是指在硬件设备上运行的各种程序、数据及有关的文档资料。程序实际上是用于指挥计算机执行各种动作，以便完成指定任务的指令集合。图 1-8 给出了计算机硬件组成框图。

图中显示了冯•诺依曼体系结构的计算机由运算器、控制器、存储器、输入设备和输出设备五部分组成。下面简要说明各组成部分的基本功能。

1. 运算器

运算器是对数据进行处理的部件。运算器的主要部件是算术逻辑单元，即 ALU（Arithmetic Logical Unit），另外还包括一些寄存器和其他部件。它的基本操作是进行算术运算和逻辑运算。算术运算是按算术规则进行的运算，如加、减、乘、除等；逻辑运算一般指非算术性质的运算，如比较大小、移位、逻辑“与”、逻辑“或”、逻辑“非”等。

2. 控制器

控制器的主要作用是指挥计算机各部件协调地工作。它是计算机的指挥中心，在控制器的控制之下，将输入设备输入的程序和数据存入存储器，并按照程序的要求指挥运算器进行运算和处理，然后把运算和处理的结果再存入存储器中，最后将处理结果传送到输出设备上。

控制器一般是由程序计数器 PC（Program Counter）、指令寄存器 IR（Instruction Register）、指令译码器 ID（Instruction Decoder）和操作控制器等组成。程序计数器 PC 是用来存放下一条指令的地址，它有自动加 1 的功能；指令寄存器 IR 用来存放当前要执行的指令代码；指令译码器 ID 用来识别 IR 中所存放要执行指令的性质；操作控制器根据指令译码器对要执行指令的译码，产生实现该指令的全部动作的控制信号。

通常把运算器和控制器合称为中央处理器 CPU（Center Processing Unit）。

3. 存储器

存储器是用来存储程序和数据的部件。存储器又分为内存储器（主存储器）和外存储器（辅助存储器）两类。内存储器简称内存，用来存储当前要执行的程序和数据以及中间结果和最终结果。内存储器由许多存储单元组成，每个存储单元都有自己的地址，根据地址就可以找到所需的数据和程序。外存储器简称外存，用来存储大量暂时不参与运算的数据和程序，以及运算结果。

4. 输入设备

输入设备是将用户的程序、数据和命令输入到计算机的内存器的设备。最常用的输入设备是键盘，常用的输入设备还有鼠标、扫描仪、手写板等。

5. 输出设备

输出设备是显示或硬拷贝计算机运算和处理结果的设备。最常用的输出设备是显示器和打印机,常用的输出设备还有绘图仪等。

1.3.3 计算机软件系统

计算机的软件系统是计算机系统中不可缺少的组成部分,没有软件,计算机是无法正常工作的。软件是提高计算机使用效率、扩大计算机功能的各类程序(Program)、数据和有关文档(Document)的总称。程序是为了解决某一问题而设计的一系列指令或语句的有序集合;数据是程序处理的对象和处理的结果;文档是描述程序操作及使用的有关资料。

计算机软件一般分为系统软件和应用软件两大类,如图 1-9 所示。

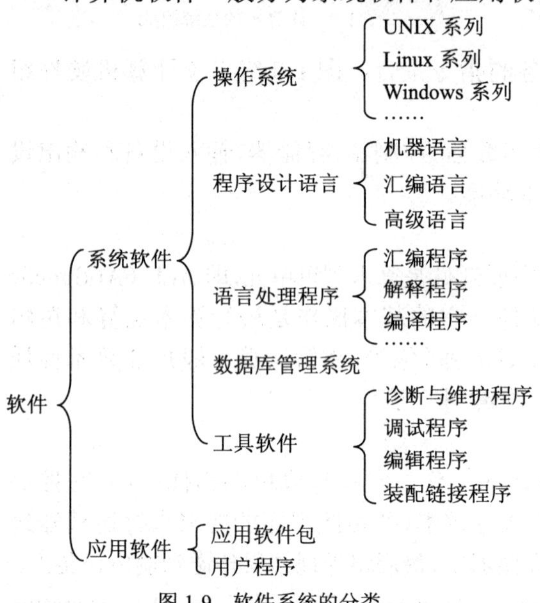

图 1-9 软件系统的分类

1. 系统软件

系统软件是指管理、控制和维护计算机的各种资源,以及扩大计算机功能和方便用户使用计算机的各种程序集合。它是构成计算机系统必备的软件,通常又分为操作系统、程序设计语言、语言处理程序、数据库管理系统和工具软件等几类。

系统软件有两个显著的特点:一是通用性,其算法和功能不依赖于特定的用户,普遍适用于各个应用领域;二是基础性,其他软件都是在系统软件的支持下进行开发和运行的。

(1)操作系统

操作系统是计算机硬件的第一级扩充,是软件中最基础和最核心的部分。它由一系列具有控制和管理功能的模块组成,实现对计算机全部软、硬件资源的控制和管理,支持其他软件的开发和运行,使计算机能够自动、协调、高效地工作。

(2)程序设计语言

计算机语言又称为程序设计语言,是人机交流信息的一种特定语言。目前,程序设计语言可分为三类:机器语言、汇编语言和高级语言。

①机器语言:是计算机硬件系统能够直接识别而不用翻译的计算机语言。机器语言的每一条语句都是一条二进制形式的指令代码,由操作码和操作数组成,操作码指出计算机进行什么操作,操作数指出参与操作的数或在内存中的地址。机器不需编译,所以计算机执行速度快,但程序编写工作量巨大,而且难以阅读和修改,同时其指令的二进制代码通常随CPU 型号的不同而不同,不能通用,因此说它是面向机器的一种低级语言。

②汇编语言:汇编语言用助记符代替操作码,用地址符号代替操作数,这种“符号化”的做法容易为人所阅读和修改,大大减轻了编程工作量,而且保留了机器语言执行速度快的特点。不过用汇编语言编好的程序称为“源程序”,必须经过汇编后才能执行。汇编语言也是面向机器的低级语言,不具备通用性和可移植性。

③高级语言:高级语言是由各种有意义的词汇和数学公式按照一定的语法规则组成的,它更容易阅读、理解和修改,编程效率高。高级语言是面向问题的,与具体的机器无关,

因此具有很强的通用性和可移植性。高级语言又分为面向过程和面向对象两种，前者如 Fortran、Basic、C、Pascal 等，后者目前最为流行，如 C++、Java、C# 等。

(3) 语言处理程序

用各种程序设计语言编写的程序称为源程序。对于源程序，计算机是不能直接识别和执行的，必须由相应的解释程序或编译程序将其翻译成机器能够识别的目标程序（即机器指令代码），计算机才能执行。这正是语言处理程序所要完成的任务。

(4) 数据库管理系统

一种操纵和管理数据库的大型软件，用于建立、使用和维护数据库，简称 DBMS。

(5) 工具软件

工具软件主要包括机器的调试、故障监测和诊断及各种开发调试工具类软件等。

2. 应用软件

应用软件是为了解决各种实际问题而设计的计算机程序，通常由计算机用户或专门的软件公司开发，主要包括应用软件包和用户程序。应用软件包是指某些软件经过标准化、模块化，逐步形成了解决某些典型问题的应用程序组合，例如 Office 软件包、AutoCAD 绘图软件包、通用财务管理软件包等。目前市场上提供了上千种面向不同应用的软件包供用户选择。用户程序是指计算机用户利用计算机软、硬件资源为某一专门目的而开发的各类特定软件，如科学计算、工程设计、数据处理、事务管理等方面的程序。随着计算机的广泛应用，各类应用软件的种类及数量越来越多，越来越庞大。

计算机的硬件系统和软件系统是密切相关的和互相依存的。硬件所提供的机器指令、低级编程接口和运算控制能力，是实现软件功能的基础；没有软件的硬件机器称为裸机，它的功能极为有限，甚至不能有效启动或进行起码的数据处理工作。裸机每增加一层软件，就变成了一台功能更强的机器，对用户也更加透明，如图 1-10 所示，表示了计算机系统的层次结构。应该指出，现代计算机硬件和软件之间的分界并不十分明显，软件与硬件在逻辑上有着某种等价的意义。

1.3.4　计算机工作过程

计算机的工作过程与人脑工作的过程非常类似，其核心是基于指令的执行过程。首先通过输入设备将程序、命令和数据送入内存，再由 CPU 进行分析、处理和执行这些命令，最后由输出设备输出计算结果，如图 1-11 所示。

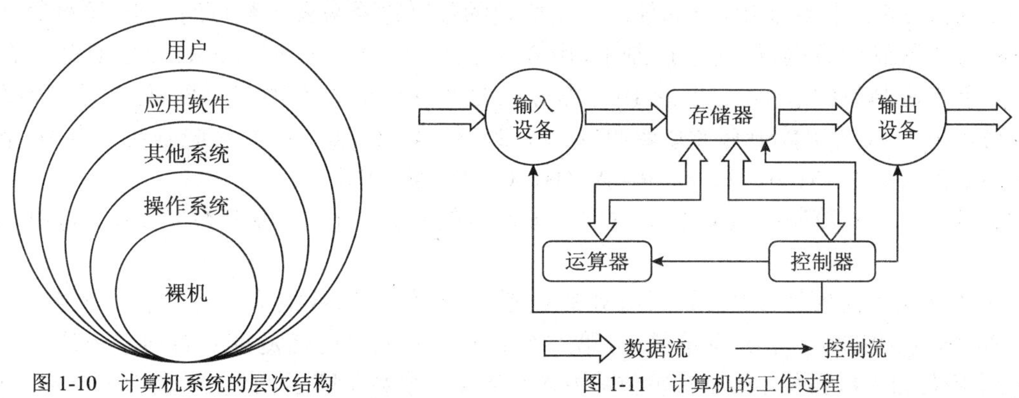

图 1-10　计算机系统的层次结构

图 1-11　计算机的工作过程

1.4 信息表示与编码

任务提示

计算机内部的信息并不是像我们表面看到的那么类型丰富，相反，为了快捷地存储和处理，计算机中只用了“0”和“1”两位数字来表示所有类型的信息，包括数字、文字、图形、视像、声音等。那么计算机是如何表示这些丰富多样的信息呢？本节让我们跟随王芳一起了解计算机中的数、数制转换和信息编码。

计算机最主要的功能是信息处理。在计算机内部，各种信息，如数字、文字、图形、视像、声音等都必须采用数字化的编码形式进行存储、处理和传输。由于计算机内部只能处理二进制数，所以数字化编码的实质就是用 0 和 1 两个数字进行各种组合，将要处理的信息表示出来。

1.4.1 计算机中的数

计算机内部为什么要用二进制来表示信息？原因有以下四点：

（1）电路简单，易于物理实现。前文已述，现代计算机是由大规模集成电路组成，电路板上都是各种物理元器件。而具有两种稳定状态的物理器件最容易实现，如电压的高低、电灯的亮熄、开关的通断等，这样的两种状态恰好可以表示二进制数中的 0 和 1。计算机中若采用十进制，则需要具有 10 种稳定状态的物理器件，制造出这样的器件是很困难的。

（2）数码少，运算规则简单。二进制的加法和乘法规则各有 3 种，而十进制的加法和乘法运算规则各有 55 种，因此采用二进制大大简化了运算器等物理器件的设计。

（3）两种状态，工作可靠性高。由于电压的高低、电流的有无两种状态分明，因此采用二进制可以提高信号的抗干扰能力，可靠性高。

（4）适合逻辑运算。二进制的 0 和 1 两种状态，符合逻辑值的“真（True）”和“假（False）”，因此采用二进制数进行逻辑运算非常方便。

1. 数制的相关概念

数制是指用一组固定的符号和统一的规则来计数的方法。日常生活中使用的进制很多，如 1 年有 12 个月（十二进制），1 斤等于 10 两（十进制）等。计算机科学中经常使用十进制、二进制、八进制和十六进制。

（1）数码：在一种数制中，只能使用一组固定的数字符号来表示数目的大小，这种数字符号被称为该数制的数码，如在十进制中，用 0、1、2、3、4、5、6、7、8、9 的有效组合来表示一个十进制数的大小，这里的 10 个数字符号 0~9 被称为十进制的数码，二进制中有 2 个数码 0 和 1，八进制数中有 8 个数码 0、1、2、3、4、5、6、7，十六进制数中有 16 个数码 0、1、2、3、4、5、6、7、8、9、A、B、C、D、E、F。

（2）基数：每种数制中数码的个数称为该数制的基数，如十进制基数是 10，二进制基数是 2。

（3）位权：在任何数制中，数码所处的位置不同，代表的数值大小也不同。例如，十进制数 8689，左起的第一个 8 表示 8 千，第二个 8 表示 8 十。这就是说从右向左依次是个位（10^0）、十位（10^1）、百位（10^2）和千位（10^3）。对每一个数位赋予的值，在数学上叫作位权，简称"权"。某一位数码代表的数值的大小是指该位的数码与位权的乘积。

(4)进位计数制：用"逢基数进位"的原则进行计数，称为进位计数制。如十进制的基数是 10，所以其计数原则是"逢十进一"，同样的道理，二进制是"逢二进一"，八进制是"逢八进一"，十六进制就是"逢十六进一"。

(5)位权值：位权的值等于基数的若干次幂。任一进位制的数都可以写成按位权展开的形式。例如，十进制数 1234.56 可以按权展开为如下的和：

$$6789.23=6\times10^3+7\times10^2+8\times10^1+9\times10^0+2\times10^{-1}+3\times10^{-2}$$

式中：10^3、10^2、10^1、10^0、10^{-1}、10^{-2} 等为每位的位权，每一位的数码与该位权的乘积就是该位的数值。

通常，具有 n 位整数、m 位小数的 B 进制数 N，可以按位权展开表示成如下形式：

$$N=D_{n-1}B^{n-1}+D_{n-2}B^{n-2}+\cdots+D_1B^1+D_0B^0+D_{-1}B^{-1}+D_{-2}B^{-2}+D_{-m+1}B^{-m+1}+D_{-m}B^{-m}$$

其中，B 为基数；D_i(i=0，1，2，…，n−1)、D_j(j=−1，−2，…，−m)分别代表各位的数码；B^i(i=0，1，2，…，n−1)、B^j(j=−1，−2，…，−m)分别代表各位的位权。

2. 常用计数制的表示方法

(1)常用计数制比较

常用计数制的数码、基数、位权值的对比如表 1-2 所示。

常用计数制的比较　　表 1-2

数　制	基　数	数　码	位　权	计数规则
二进制	2	0 1	2^i	逢二进一
八进制	8	0 1 2 3 4 5 6 7	8^i	逢八进一
十进制	10	0 1 2 3 4 5 6 7 8 9	10^i	逢十进一
十六进制	16	0 1 2 3 4 5 6 7 8 9 A B C D E F	16^i	逢十六进一

(2)常用计数制的对应关系

为了便于读者查询，将二进制、十进制、八进制、十六进制的对应关系列表如表 1-3 所示。

常用计数制的对应关系　　表 1-3

十进制数	二进制数	八进制数	十六进制数	十进制数	二进制数	八进制数	十六进制数
0	0000	0	0	8	1000	10	8
1	0001	1	1	9	1001	11	9
2	0010	2	2	10	1010	12	A
3	0011	3	3	11	1011	13	B
4	0100	4	4	12	1100	14	C
5	0101	5	5	13	1101	15	D
6	0110	6	6	14	1110	16	E
7	0111	7	7	15	1111	17	F

(3)常用计数制的书写规则

为了区分各种计数制的数，常采用如下方法：

①在数字后面加写相应的英文字母作为标识。

B(Binary)——表示二进制数。二进制数的 1100 可写成 1100 B。

O(Octonary)——表示八进制数。八进制数的 1100 可写成 1100 O。

D（Decimal）——表示十进制数。十进制数的 1100 可写成 1100 D。一般约定 D 可省略，即无后缀的数字为十进制数字。

H（Hexadecimal）——表示十六进制数，十六进制数 1100 可写成 1100 H。

②在括号外面加数字下标。

$(1001)_2$——表示二进制数的 1001。

$(5467)_8$——表示八进制数的 5467。

$(8769)_{10}$——表示十进制数的 8769。

$(3ED5)_{16}$——表示十六进制数的 3ED5。

1.4.2 数制的转换

1. 将 R 进制数转换为十进制数

把一个 R 进制数转换成为十进制数的方法是：按位权展开，然后按十进制运算法则把数值相加。

如：$(101101.01)_2=1\times2^5+0\times2^4+1\times2^3+1\times2^2+0\times2^1+1\times2^0+0\times2^{-1}+1\times2^{-2}=(45.25)_{10}$

$(76532.6)_8=7\times8^4+6\times8^3+5\times8^2+3\times8^1+2\times8^0+6\times8^{-1}=(32090.75)_{10}$

$(15EF.8)_{16}=1\times16^3+5\times16^2+14\times16^1+15\times16^0+8\times16^{-1}=(5615.5)_{10}$

2. 十进制数转换成 R 进制数

十进制数转换成 R 进制数时，应将整数部分和小数部分分别转换，然后再相加起来即可得出结果。整数部分采用“除 R 取余”的方法，即将十进制数除以 R，得到一个商和余数，再将商除以 R，又得到一个商和一个余数，如此继续下去，直至商为 0 为止，将每次得到的余数按得到顺序逆序排列，即为 R 进制整数部分；小数部分采用“乘 R 取整”的方法，即将小数部分连续地乘以 R，保留每次相乘结果的整数部分，直到小数部分为 0，或达到精度要求的位数为止，将得到的整数部分按得到的顺序排列，即为 R 进制的小数部分。

例如，将十进制整数 $(12.265)_{10}$ 转换成二进制。

首先，将整数的方法如图 1-12 所示，结果为 $(12)_{10}=(1100)_2$。

又例如，将十进制小数 $(0.625)_{10}$ 转换成二进制小数的方法如图 1-13 所示，结果为 $(0.625)_{10}=(0.101)_2$。

而 $(12.265)_{10}=(1100.101)_2$。

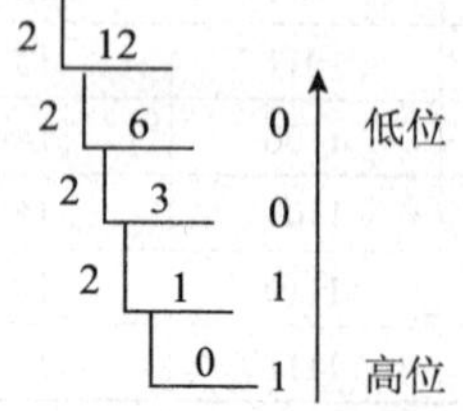

图 1-12 十进制 / 二进制整数转换算式

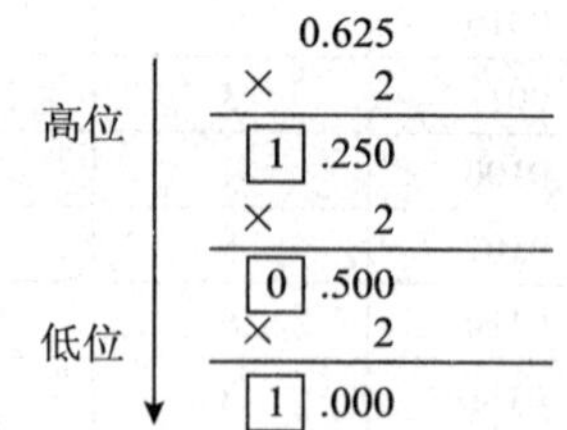

图 1-13 十进制 / 二进制小数转换算式

3. 二进制、八进制和十六进制数的相互转换

（1）二进制数转换成八进制数

由于 $8=2^3$，即 3 位二进制数可以对应 1 位 8 进制数码，如表 1-4 所示。利用这种对应关系，可实现二进制数和八进制数的相互转换。

二进制数与八进制数相互转换　　表 1-4

二进制数	八进制数	二进制数	八进制数
000	0	100	4
001	1	101	5
010	2	110	6
011	3	111	7

转换方法：以小数点为界，整数部分从右向左每 3 位分为一组，若不够 3 位时，在左面补 0，补足 3 位；小数部分从左向右每 3 位分为一组，不足位右面补 0，然后将每 3 位二进制数用 1 位八进制数码表示，即可完成转换。

【例 1】 将二进制数 $(11001110.10101)_2$ 转换成八进制数：

011	001	110	101	010
↓	↓	↓	↓	↓
3	1	6	5	2

结果为 $(11001110.10101)_2=(316.52)_8$。

（2）八进制数转换成二进制数

转换方法：将每位八进制数用 3 位二进制数替换，按照原有的顺序排列，完成转换。

【例 2】 把八进制数 $(752.43)_8$ 转换成二进制数：

7	5	2	4	3
↓	↓	↓	↓	↓
111	101	100	100	011

结果为 $(752.43)_8=(111101100.100011)_2$。

（3）二进制数转换成十六进制数

由于 $16=2^4$，即 4 位二进制数可以对应 1 位 16 进制数码，如表 1-3 所示。利用这种对应关系，可以方便地实现二进制数和十六进制数的相互转换。

转换方法：以小数点为界，整数部分从右向左每 4 位分为一组，若不够 4 位时，在左面补 0，补足 4 位；小数部分从左向右每 4 位分为一组，不足位右面补 0，然后将每 4 位二进制数用 1 位十六进制数码表示，即可完成转换。

【例 3】 把二进制数 $(1011011010.100101)_2$ 转换成十六进制数：

0010	1101	1010	1001	0100
↓	↓	↓	↓	↓
2	D	A	9	4

结果为 $(1011011010.100101)_2=(2DA.94)_{16}$。

（4）十六进制数转换成二进制数

转换方法：将每位十六进制数用 4 位二进制数替换，按照原有的顺序排列，即可完成转换。

【例 4】 将 $(25C.68)_{16}$ 转换成二进制数：

2	5	C	6	8
↓	↓	↓	↓	↓
0010	0101	1100	0110	1000

结果为 $(25C.68)_{16}=(1001011100.01101)_2$。

八进制数和十六进制数的转换，一般利用二进制数作为中间媒介进行转换。

4. 二进制数的算术运算和逻辑运算

二进制的运算主要包括算术运算和逻辑运算。算术运算即四则运算，逻辑运算主要是对逻辑数据进行处理。

(1)二进制数的算术运算

二进制数的算术运算与十进制十分相似，也包括加、减、乘、除四种运算，其基本运算是加、减，只不过二进制数的运算更简单。其实计算机中只有一种加法运算，这是因为乘法和除法都可以通过加法和减法来实现，而减法又可以通过加法来实现，这样可以使计算机的运算器更加简单。

①加法。

运算规则：0+0=0；0+1=1+0=1；1+1=10（向高位进位）。

例如，计算 $(0011)_2+(1001)_2=(1100)_2$。

$$\begin{array}{r} 0011 \\ +1001 \\ \hline 1100 \end{array}$$

②减法。

运算规则：0-0=1-1=0；1-0=1；0-1=1（向高位借位）。

例如，计算 $(1100)_2-(1001)_2=(11)_2$。

$$\begin{array}{r} 1100 \\ -1001 \\ \hline 0011 \end{array}$$

③乘法。

运算规则：0×0=0；0×1=1×0=0；1×1=1。

④除法。

运算规则：0÷1=0；1÷1=1。

(2)二进制数的逻辑运算

因为现代计算机中经常处理逻辑数据，所以逻辑数据之间的运算称为逻辑运算。二进制数 0 和 1 在逻辑上可以代表“真”与“假”、“是”与“否”。计算机的逻辑运算与算术运算的主要区别是逻辑运算是按位进行的，位与位之间不像加减运算那样有进位或借位的联系。

逻辑运算主要包括三种基本运算：“或”运算（又称逻辑加法）、“与”运算（又称逻辑乘法）和“非”运算（又称逻辑否定）。此外还包括“异或”运算。

①“或”运算。

运算符号用“+”或“∨”表示。逻辑加法运算规则：0+0=0；0+1=1+0=1；1+1=1。

从以上规则可以看出，只要两个变量中有一个是 1，则逻辑加的结果为 1。

②“与”运算。

运算符号用“×”或“∧”表示。逻辑乘法运算规则：0×0=0；0×1=1×0=0；1×1=1。

从以上运算规则可以看出，逻辑乘法具有“与”的意义，并且当且仅当参与运算的逻辑变量都同时取值为 1 时，其逻辑乘积才等于 1。

③"非"运算。

常在逻辑变量上方加一横线表示，也可以用英文字母 NOT 表示。其运算规则：逻辑量值为 1，其运算结果为 0；逻辑量值为 0，其运算结果为 1。

从运算规则可以看出，逻辑非运算具有对数据求反的功能。

④"异或"运算。

运算符号用" ⊕ "来表示，其运算规则：

0 ⊕ 0=0；0 ⊕ 1=1；1 ⊕ 0=1；1 ⊕ 1=0。

从以上运算规则可以看出，只有两个逻辑量相异，输出才为 1。

1.4.3　计算机存储常用单位

在计算机内部，一切数据都用二进制数的编码来表示。为了衡量计算机中数据的量，人们规定了一些二进制数的常用单位，如位、字节、字等。

1. 位（bit）

位是二进制数中的一个数位，可以是"0"或"1"。它是计算机中数据的最小单位，称为比特（bit），用 b 表示。

2. 字节（Byte）

通常将 8 位二进制数组成一组，称作一个字节。字节是计算机中数据处理和存储容量的基本单位，如存放一个西文字母在存储器中占一个字节。在书写时，常将字节英文单词 Byte 简写成 B：

$$1B=8bit$$

常用的单位还有 kB（千字节）、MB（兆字节）、GB（千兆字节）、TB 等，它们与字节的关系是：

$$1kB=1024B=2^{10}B$$
$$1MB=1024kB=2^{20}B$$
$$1GB=1024MB=2^{30}B$$
$$1TB=1024GB=2^{40}B$$

3. 字（Word）

字是指计算机一次存取、加工、运算和传输的数据长度。一个字一般由一个或几个字节组成，它是衡量计算机性能的一个重要指标。计算机的字长（一个字所含二进制数的位数）越长，其运算速度越快、计算精度越高。目前计算机的字长有 8 位、16 位、32 位和 64 位等。通常我们说多少位的计算机，就是指计算机的字长是多少位。

1.4.4　字符编码

字符是计算机中使用最多的信息形式之一，也是人与计算机通信的重要媒介。将字符变为指定的二进制符号称为编码。在计算机内部，要为每个字符指定一个确定的编码，作为识别与使用这些字符的依据。

一个编码就是一串二进制位"0"和"1"的组合，这样二进制数串的位数就决定了符号集的规模。例如，对一个由 128 个符号构成的符号集进行编码，就需要用 7 位二进制数；256

个符号的字符集，需要 8 位二进制数等。

1. ASCII 码

目前计算机中使用最广泛的符号编码是 ASCII 码，即美国标准信息交换码（American Standard Code for Information Interchange）。ASCII 包括 32 个通用控制字符、10 个十进制数码、52 个英文大小写字母和 34 个专用符号，共 128 个元素，故需要用 7 位二进制数进行编码，以区分每个字符。通常使用一个字节（即 8 个二进制位）表示一个 ASCII 码字符，规定其最高位总是 0。

ASCII 码编码表见表 1-5。

七位 ASCII 码编码表　　　　表 1-5

$b_6b_5b_4$ / $b_3b_2b_1b_0$	000	001	010	011	100	101	110	111
0000	NUL	DEL	SP	0	@	P	·	p
0001	SOH	DC1	!	1	A	Q	a	q
0010	STX	DC2	"	2	B	R	b	r
0011	ETX	DC3	#	3	C	S	c	s
0100	DOT	DC4	$	4	D	T	d	t
0101	ENG	NAK	%	5	E	U	e	u
0110	ACK	SYN	&	6	F	V	f	v
0111	BEL	ETB	'	7	G	W	g	w
1000	BS	CAN	(	8	H	X	h	x
1001	HT	EM	)	9	I	Y	I	y
1010	LF	SUB	*	:	J	Z	j	z
1011	VT	ESC	+	;	K	[	k	{
1100	FF	FS	,	<	L	\	l	|
1101	CR	GS	-	=	M	]	m	}
1110	SO	RS	.	>	N	↑	n	~
1111	SI	US	/	?	O	↓	o	DEL

【例 1】 用二进制数分别写出“HELLO!”和“hello！”的 ASCII 编码。

用二进制数表示 HELLO！:01000100B 00101100B 01100100B 01111100B 00100001B

用二进制表示 hello！:01000110B 00101110B 01100110B 01111110B 00100001B

2. BCD 码

BCD（Binary -Coded Decimal）码又称“二 — 十进制编码”，专门解决用二进制数表示十进制数的问题。二 — 十进制编码方法很多，有 8421 码、2421 码、5211 码、余 3 码、右移码等。最常用的是 8421 编码，其方法是用 4 位二进制数表示 1 位十进制数，自左至右每一位对应的位权是 8、4、2、1。应该指出的是，4 位二进制数有 0000 ～ 1111 共 16 种状态，而十进制数 0 ～ 9 只取 0000 ～ 1001 共 10 种状态，其余 6 种不用。8421 编码见表 1-6。

8421 编码表　　表 1-6

十进制数	8421 编码	十进制数	8421 编码
0	0000	8	1000
1	0001	9	1001
2	0010	10	0001 0000
3	0011	11	0001 0001
4	0100	12	0001 0010
5	0101	13	0001 0011
6	0110	14	0001 0100
7	0111	15	0001 0101

由于 BCD 码中的 8421 编码应用最广泛，所以经常将 8421 编码混称为 BCD 码，也为人们所接受。例 2 写出了十进制数 5803 的 8421 编码。

【例 2】 十进制数 5803 的 8421 编码：0101 1000 0000 0011。

由于需要处理的数字符号越来越多，为此又出现了“标准 6 位 BCD 码”和 8 位的“扩展 BCD 码”（EBCDIC 码）。在 BCDIC 码中，除了原有的 10 个数字之外，又增加了一些特殊符号，大、小写英文字母和某些控制字符。

1.4.5 汉字编码

在我国推广应用计算机，必须使其具有汉字信息处理能力。对于这样的计算机系统，除了配备必要的汉字设备和接口外，还应该装配有支持汉字信息输入、输出和处理的操作系统。汉字信息的输入、输出及其处理远比西文困难得多，原因是汉字的编码和处理实在太复杂了。经过多年的努力，我国在汉字信息处理的研制和开发方面取得了突破性进展，使我国的汉字信息处理技术处于世界领先地位。

1. 国标码和汉字内码

汉字也是一种字符，但它远比西文字符量多且复杂，常用的汉字就有 3000 ～ 5000 个，显然无法用一个字节的编码来区分。所以，汉字通常用两个字节进行编码。1981 年我国公布的《通用汉字字符集（基本集）及其交换码标准》（GB 2312—1980），共收集了 7445 个图形字符，其中汉字字符 6763 个，并分为两级，即常用的一级汉字 3755 个（按汉语拼音排序）和次常用汉字 3008 个（按偏旁部首排序），其他图形符号 682 个。

GB 2312—1980 编码简称国标码，它规定每个图形字符由两个 7 位二进制编码表示，即每个编码需要占用两个字节，每个字节内占用 7 位信息，最高位补 0。例如汉字“啊”的国标码为 3021H，即 00110000 00100001。

汉字内码是汉字在计算机内部存储、处理和传输用的信息代码，要求它与 ASCII 码兼容但又不能相同，以便实现汉字和西文的并存兼容。通常将国标码两个字节的最高位置“1”作为汉字的内码。以汉字“啊”为例，其内码为 B0A1H，即 10110000 10100001。

2. 汉字输入码

在计算机系统处理汉字时，首先遇到的问题是如何输入汉字。汉字输入码又称为外码，是指从键盘输入汉字时采用的编码，主要有以下四类。

（1）数字编码

用一串数字代表一个汉字，最常用的是国标区位码，它实际上是国标码的一种简单变形。把 GB 2312—1980 全部字符集分为 94 区，其中 1 ～ 15 区是字母、数字和图形符号区，16 ～ 55 区是一级汉字区，56 ～ 87 区是二级汉字和偏旁部首区，每个区又分为 94 位，编号也是 01 ～ 94。这样，每一个字符便具有一个区码和一个位码。将区码置前、位码置后，组合在一起就成为区位码。

国标码与区位码是一一对应的。可以这样认为：区位码是十进制表示的国标码，国标码是十六进制表示的区位码。将某个汉字的区码和位码分别转换成十六进制后再分别加 20H，即可得到相应的国标码。

例如，汉字"啊"字在 16 区第 01 位，它的国标区位码为 1601。在选择区位码作为汉字输入码时，只要键入 1601，便输入了"啊"字。

（2）拼音码

拼音码是一种以汉语读音为基础的输入方法，由于汉字同音字较多，因此重码率较高，输入速度较慢。

（3）形码

形码是根据汉字形状确定的编码。尽管汉字总量很多，但构成汉字的部件和笔画是有限的。因此，把汉字的笔画部件用字母或数字进行编码，按笔画书写顺序依次输入，就能表示一个汉字。常用的五笔字型码和表形码就是采用这种编码方法。

（4）音形码

音形码是根据汉字的读音和字形进行编码。它的编码规则既与音素有关，又与形素有关。即取音码实施简单、易于接受的优点和形码形象、直观之所长，从而得到较好的输入效果。例如双拼码、五十字元等。

不同的汉字输入方法有不同的汉字外码，即汉字的外码可以有多个，但内码只能有一个。目前已有的汉字输入编码方法有数百种，如首尾码、拼音码、表形码、五笔字型码等。一种好的汉字输入编码方法应该具备规则简单、易于记忆、操作方便、编码容量大、编码短和重码率低等特征。

3. 汉字字形码

每一个汉字的字形都必须预先存放在计算机内，例如将 GB 2312—1980 国标汉字字符集的所有字符的形状描述信息集合在一起，称为字形信息库，简称字库。

字库通常分为点阵字库和矢量字库。目前大多是用点阵方式形成汉字，即是用点阵表示的汉字字形代码。根据汉字输出精度的要求，有不同密度点阵。汉字字形点阵有 16×16 点阵、24×24 点阵、32×32 点阵等，如图 1-14 所示。汉字字形点阵中每个点的信息用一位二进制码来表示，"1"表示对应位置处是黑点，"0"表示对应位置处是空白。字形点阵的信息量很大，所占存储空间也很大，例如 16×16 点阵，每个汉字就要占 32 个字节（16×16÷8 ＝ 32）；24×24 点阵的字形码需要用 72 字节（24×24÷8 ＝ 72），因此字形点阵只能用来构成"字库"，而不能用来替代机内码用于机内存储。字库中存储了每个汉字的字形点阵代码，不同的字体（如宋体、仿宋、楷体、黑体等）对应着不同的字库。在输出汉字时，计算机要先到字库中去找到它的字形描述信息，然后再把字形送去输出。

4. 各种编码之间的关系

汉字通常通过汉字输入码，并借助输入设备输入到计算机内，再由汉字系统的输入管理模块进行查表或计算，将输入码（外码）转换成机器内码存入计算机存储器中。当存储在计算机内的汉字需要在屏幕上显示或在打印机上输出时，要借助汉字机内码在字模库中找出汉字的字形码，这种代码的转换过程如图 1-15 所示。

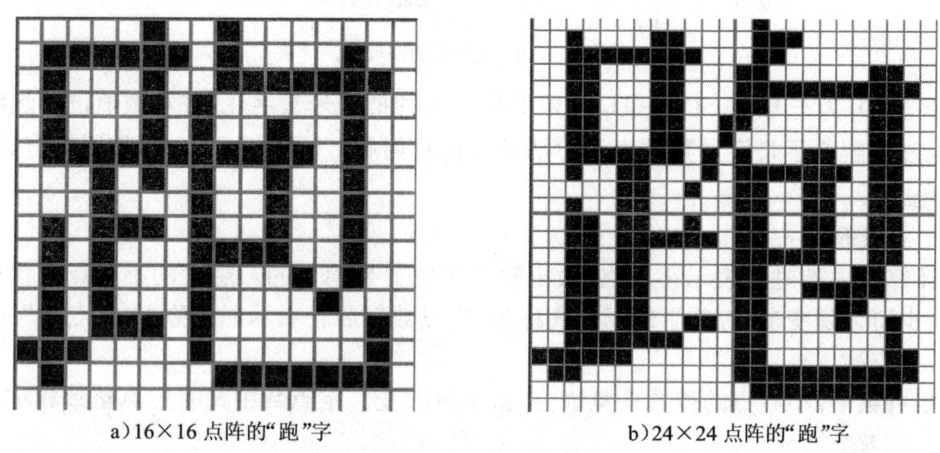

a）16×16 点阵的“跑”字　　b）24×24 点阵的“跑”字

图 1-14　不同点阵的字模

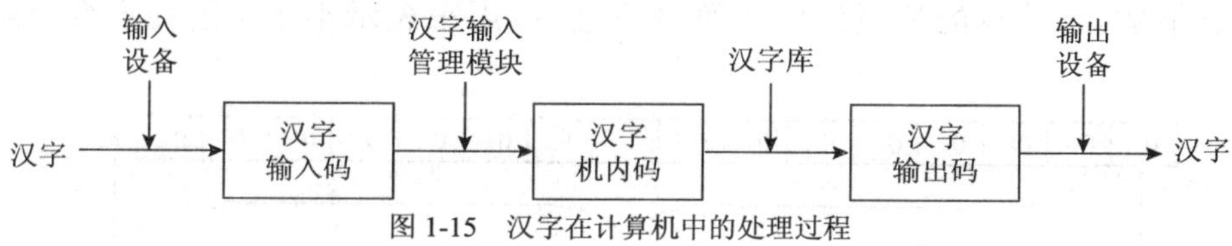

图 1-15　汉字在计算机中的处理过程

1.4.6 数的编码

前面我们讨论了字符的编码，其实质是将字符（包括 ASCII 码字符和汉字）数码化后在计算机内表示成二进制数，这个数通常被称作“机器数”。字符是非数值型数据，从算术意义上说，它们不能参与算术运算，没有大小之分，也没有正负号之说。因此，字符编码时需要考虑的因素相对较少。计算机中的数据除了非数值型数据外，还有数值型数据。数值型数据有大小、正负之分，能够进行算术运算。将数值型数据全面、完整地表示成一个机器数，应该考虑三个因素：机器数的范围、机器数的符号和机器数中小数点的位置。

1. 机器数的范围

机器数的范围由硬件（CPU 中的寄存器）决定。当使用 8 位寄存器时，字长为 8 位，所以一个无符号整数的最大值是 $(11111111)_2=(255)_{10}$，机器数的范围为 0 ～ 255；当使用 16 位寄存器时，字长为 16 位，所以一个无符号整数的最大值是 $(FFFF)_{16}=(65535)_{10}$，机器数的范围为 0 ～ 65535。

2. 机器数的符号

在计算机内部，任何数据都只能用二进制的两个数码“0”和“1”来表示。正负数的表示也不例外，除了用“0”和“1”的组合来表示数值的绝对值大小外，其正负号也必须数码化，以

0和1的形式表示。通常规定最高位为符号位，并用0表示正，用1表示负。这时在一个8位字长的计算机中，数据的格式如图1-16所示。

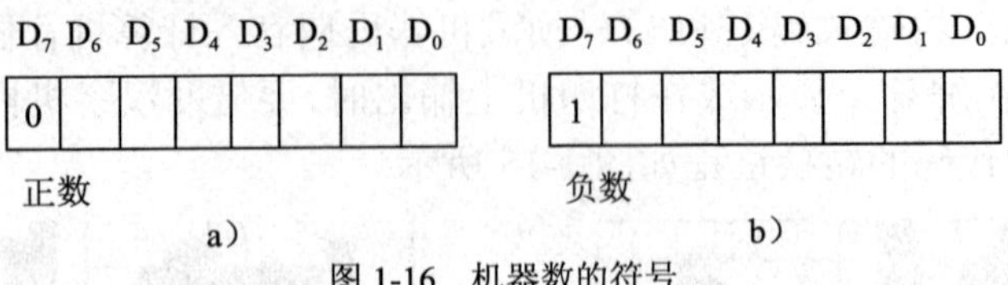

图1-16 机器数的符号

最高位 D_7 为符号位，$D_6 \sim D_1$ 为数值位。这种把符号数字化，并和数值位一起编码的方法，很好地解决了带符号数的表示方法及其计算问题。这类编码方法，常用的有原码、反码和补码三种。

3. 定点数和浮点数

在计算机内部难以表示小数点，故小数点的位置是隐含的。隐含的小数点位置可以是固定的，也可以是变动的，前者表示形式称为"定点数"，后者表示形式称为"浮点数"。

(1)定点数

在定点数中，小数点的位置一旦固定，就不再改变。定点数中又有定点整数和定点小数之分。

对于定点整数，小数点的位置约定在最低位的右边，用来表示整数，如图1-17所示；对于定点小数，小数点的位置约定在符号位之后，用来表示小于1的纯小数，如图1-18所示。

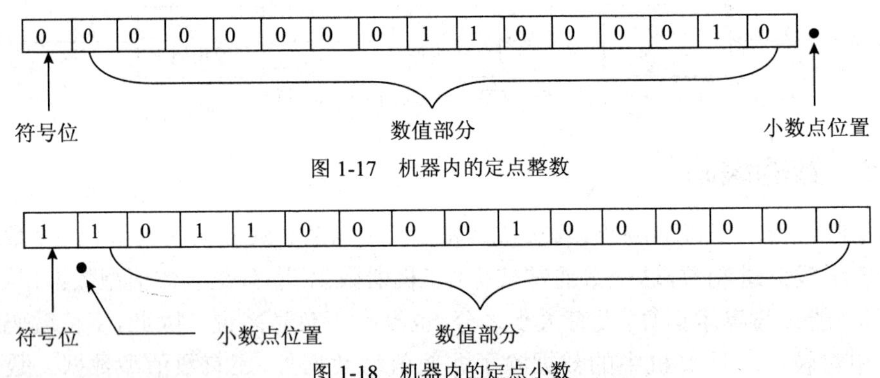

图1-17 机器内的定点整数

图1-18 机器内的定点小数

【例3】 设机器的定点数长度为2个字节，用定点整数表示 $(153)_{10}$。

因为 $(153)_{10}$= 10011001B，故机器内表示形式如图1-17所示。

【例4】 用定点小数表示 $(-0.6875)_{10}$。

因为 $(-0.6875)_{10}$=-0.101100000000000B，故其机内表示形式如图1-18所示。

(2)浮点数

如果要处理的数既有整数部分，又有小数部分，则采用定点数便会遇到麻烦。为此引出浮点数，即小数点位置不固定。

现将十进制数66.37、-6.637、0.6637、-0.06637用指数形式表示，它们分别为：

$$0.6637\times10^{2}、-0.6637\times10^{1}、0.6637\times10^{0}、-0.6637\times10^{-1}$$

可以看出，在原数字中无论小数点前后各有几位数，它们都可以用一个纯小数（称为尾数，有正、负）与 10 的整数次幂（称为阶数，有正、负）的乘积形式来表示，这就是浮点数的表示法。

同理，一个二进制数 N 也可以表示为：

$$N=\pm S\times 2^{\pm P}$$

式中的 N、P、S 均为二进制数。S 称为 N 的尾数，即全部的有效数字（数值小于 1），S 前面的正负号是尾数的符号；P 称为 N 的阶码（通常是整数），即指明小数点的实际位置，P 前面的正负号是阶码的符号。

在计算机中一般浮点数的存放形式如图 1-19 所示。

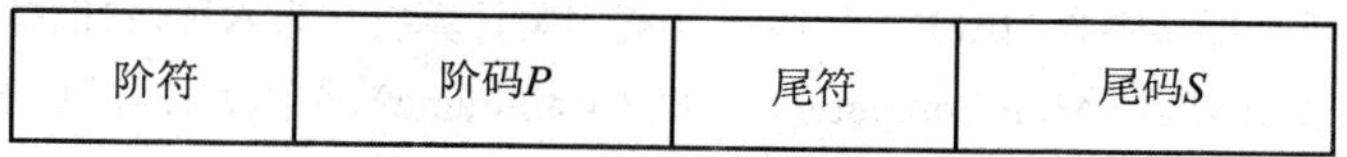

图 1-19　浮点数的存放形式

在浮点数表示中，尾数的符号和阶码的符号各占一位，阶码是定点整数，阶码的位数决定了所表示的数的范围，尾数是定点小数，尾数的位数决定了数的精度，在不同字长的计算机中，浮点数所占的字长是不同的。

任务总结

本章我们了解了计算机的诞生和发展历史，我国的计算机发展概况，计算机的工作原理、信息在计算机中的表示、计算机病毒的有关知识等。通过本章的学习，应该掌握下面的知识点：

1. 计算机的发展概述

（1）计算机的诞生，第一台电子计算机：ENIAC

（2）计算机的发展历史

（3）我国计算机的发展概况

2. 计算机的特点、分类和应用

（1）计算机的特点：速度快、精度高、支持人机交互，逻辑判断能力强

（2）计算机的分类：个人机（PC）、工作站、主机、小型机、小巨型机、巨型机

（3）计算机的应用：科学计算、信息处理、人工智能、过程控制、辅助工程、网络应用等

3. 计算机工作基础

（1）冯•诺依曼型计算机的体系结构

（2）计算机的硬件组成

（3）计算机的软件系统

（4）计算机的工作过程：存储程序、程序控制

4. 信息表示与编码

（1）计算及内部采用二进制的原因

（2）常见数制及其转换：二级制、八进制、十进制、十六进制

（3）ASCII 字符编码

（4）汉字在计算机中的几种编码形式及其关系

（5）数的编码：定点数和浮点数

作业与习题

[作业]

上网查找资料，了解现代计算机的最新发展，结合你对计算机的认识和计算机对你工作、生活的帮助，写一篇文档《我所知道的计算机》。

[习题]

1. 美国电气与电子工程师协会（IEEE）于 1989 年提出将计算机分为六种，它们是个人计算机（PC）、工作站（WS）、小型计算机（Mini Computer）、主机（Mainframe）、小巨型计算机（Mini Super Computer）和________。

   A. 巨型计算机（Super Computer）　　B. 神经网络计算机
   C. 生物计算机　　D. 光子计算机

2. 关于电子计算机的特点，以下论述错误的是________。

   A. 运算速度快　　B. 运算精度高
   C. 具有记忆和逻辑判断能力　　D. 运行过程不能自动、连续，需人工干预

3. 计算机应用最早，也是最成熟的应用领域是________。

   A. 数值计算　　B. 数据处理　　C. 过程控制　　D. 人工智能

4. ________是计算机应用最广泛的领域。

   A. 数值计算　　B. 信息处理　　C. 过程控制　　D. 人工智能

5. 金卡工程是我国正在建设的一项重大计算机应用工程项目，它属于下列哪一类应用________。

   A. 科学计算　　B. 数据处理　　C. 实时控制　　D. 计算机辅助设计

6. CAD 的中文含义是________。

   A. 计算机辅助设计　　B. 计算机辅助制造
   C. 计算机辅助工程　　D. 计算机辅助教学

7. 作为主要计算机逻辑器件曾使用过的有电子管、晶体管、固体组件和________。

   A. 磁芯　　B. 磁鼓　　C. 磁盘　　D. 大规模集成电路

8. 计算机应用经历了三个主要阶段，这三个阶段是超大、大、中、小型计算机阶段，微型计算机阶段和________。

   A. 智能计算机阶段　　B. 掌上电脑阶段
   C. 因特网阶段　　D. 计算机网络阶段

9. 下面是关于我国计算机事业发展的描述，错误的是________。

   A. 我国计算机事业的发展经历了三个阶段
   B. 我国是世界上能自行设计和制造巨型计算机的少数国家之一
   C. 我国能自行设计和制造嵌入式微处理器，并首先在家电生产中取得应用
   D. 我国近期将设计制造系统级微处理器，赶超 Intel 公司，并作为微电子发展方向

10. 冯•诺依曼计算机工作原理的核心是________和"程序控制"。

    A. 顺序存储　　B. 存储程序　　C. 集中存储　　D. 运算存储分离

11. 计算机将程序和数据同时存放在机器的________中。

    A. 控制器　　B. 存储器　　C. 输入 / 输出设备　　D. 运算器

12. 冯•诺依曼型计算机的硬件系统是由控制器、运算器、存储器、输入设备和________组成。

A. 键盘、鼠标器　　B. 显示器、打印机

C. 外围设备　　D. 输出设备

13. 冯•诺依曼体系结构的计算机系统由哪两大部分组成________。

A. CPU 和外围设备　　B. 输入设备和输出设备

C. 硬件系统和软件系统　　D. 硬件系统和操作系统

14. 计算机的硬件系统包括________ 。

A. 主机,键盘,显示器　　B. 输入设备和输出设备

C. 系统软件和应用软件　　D. 主机和外围设备

15. 计算机软件包括________。

A. 程序　　B. 数据

C. 有关文档资料　　D. 上述三项

16. 人们针对某一需要而为计算机编制的指令序列称为________。

A. 指令　　B. 程序　　C. 命令　　D. 指令系统

17. 根据软件的功能和特点,计算机软件一般可分为________。

A. 系统软件和非系统软件　　B. 系统软件和应用软件

C. 应用软件和非应用软件　　D. 系统软件和管理软件

18. 计算机系统软件的两个显著特点是________。

A. 可安装性和可卸载性　　B. 通用性和基础性

C. 可扩充性和复杂性　　D. 层次性和模块性

19. 为解决各类应用问题而编写的程序,例如人事管理系统,称为________。

A. 系统软件　　B. 支撑软件　　C. 应用软件　　D. 服务性程序

20. 内层软件向外层软件提供服务,外层软件在内层软件支持下才能运行,表现了软件系统的________。

A. 层次关系　　B. 模块性　　C. 基础性　　D. 通用性

21. 计算机能直接执行的程序是机器语言程序,在机器内部以________形式表示。

A. 八进制码　　B. 十六进制码　　C. 机内码　　D. 二进制码

22. ________语言是用助记符代替操作码、地址符号代替操作数的面向机器的语言。

A. 汇编　　B. FORTRAN

C. 机器　　D. 高级

23. 关于计算机语言的描述,正确的是________。

A. 因为机器语言是面向机器的低级语言,所以执行速度慢

B. 机器语言的语句全部由 0 和 1 组成,指令代码短,执行速度快

C. 汇编语言已将机器语言符号化,因此它与机器无关

D. 汇编语言比机器语言执行速度快

24. Visual Basic 语言是________。

A. 操作系统　　B. 机器语言　　C. 高级语言　　D. 汇编语言

25. 计算机工作过程中,________从存储器中取出指令,进行分析,然后发出控制信号。

A. 运算器　　B. 控制器　　C. 接口电路　　D. 系统总线

26. 关于“指令”，正确的说法是________。

A. 指令就是计算机语言　　B. 指令是全部命令的集合

C. 指令是专门用于人机交互的命令　　D. 指令通常由操作码和操作数组成

27. 0 ～ 9 等数字符号是十进制数的数码，全部数码的个数称为________。

A. 码数　　B. 基数　　C. 位权　　D. 符号数

28. 关于进位计数制的描述，正确的是________。

A. B、D、H、O 分别代表二、八、十、十六进制数

B. 十进制数 100 用十六进制数可表示为$(100)_{16}$

C. 在计算机内部也可以用八进制数和十六进制数表示数据

D. 十六进制数 AEH 转换成二进制无符号数是 10101110B

29. 数值 10H 是________的一种表示方法。

A. 二进制数　　B. 八进制数　　C. 十进制数　　D. 十六进制数

30. 二进制数 01100100 转换成十六进制数是________。

A. 64　　B. 63　　C. 100　　D. 144

31. 计算机的存储容量常用 KB 为单位，这里 1KB 表示________。

A. 1024 个字节　　B. 1024 个二进制信息位

C. 1000 个字节　　D. 1000 个二进制信息位

32. 下列存储容量单位中，最大的是________。

A. Byte　　B. KB　　C. MB　　D. GB

33. ASCII 码可以表示________种字符。

A. 255　　B. 256　　C. 127　　D. 128

34. BCD 码是专门用二进制数表示________的编码。

A. 字母符号　　B. 数字字符　　C. 十进制数　　D. 十六进制数

35. 最常用的 BCD 码是 8421 码，它用________位二进制数表示一位十进制数。

A. 1　　B. 2　　C. 4　　D. 8

36. 输入汉字时所采用的编码是________。

A. 汉字国标码　　B. 汉字机内码（内码）

C. 汉字输入码（外码）　　D. 汉字字形码

37. 汉字在计算机系统内部进行存储、加工处理和传输所采用的编码是________。

A. 汉字国标码　　B. 汉字机内码（内码）

C. 汉字输入码（外码）　　D. 汉字字形码

38. 汉字在屏幕上显示或在打印机上输出所采用的编码是________。

A. 汉字国标码　　B. 汉字机内码（内码）

C. 汉字输入码（外码）　　D. 汉字字形码

39. 数以某种表示方式存储在计算机中，称为“机器数”，________称为“字长”。

A. 机器数的表示范围　　B. 机器数的二进制位数

C. 机器数的最大值　　D. 机器数的尾数的位数

40. 定点整数的小数点约定在________。

A. 符号位之后　　B. 符号位之前　　C. 最低位右边　　D. 最低位前边

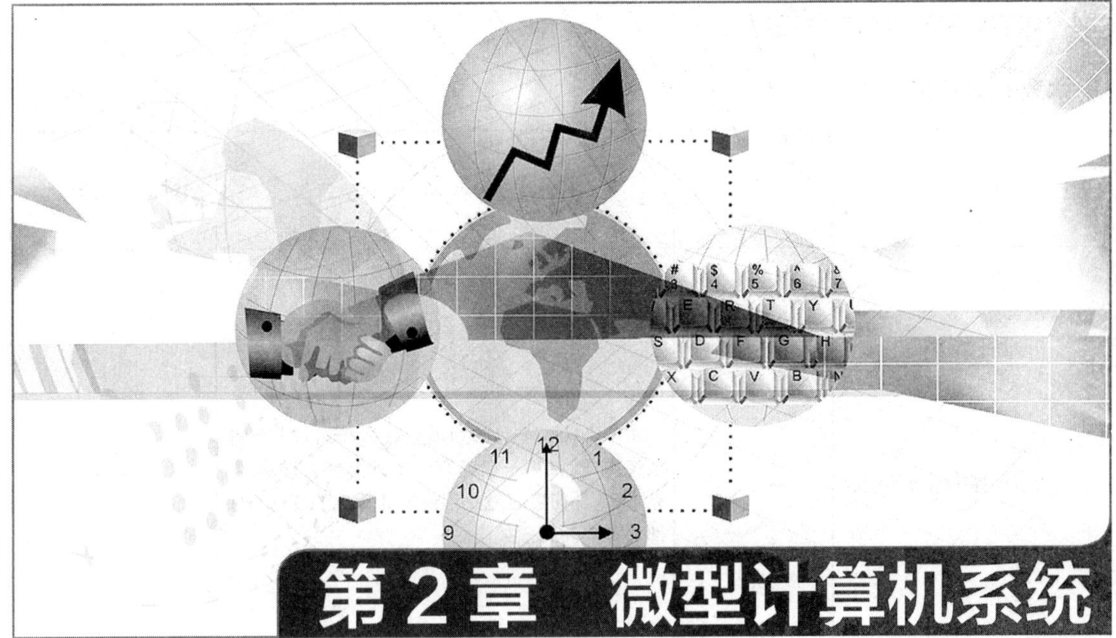

第2章　微型计算机系统

本章导读

硬件是计算机系统的基础，软件是计算机系统的核心。本章首先介绍微型计算机系统的组成，之后对硬件系统从总线、主板、CPU、内存储器、外存储器、输入输出设备等各部件进行详细介绍，第三节对软件系统从系统软件、Windows 7 的安装、常用应用软件的介绍及安装作了介绍。本章是学习后续内容的基础，学习者应根据自己的实际情况，通过个人的计算机进行实际了解和掌握。

学习目标

1. 掌握微型计算机的硬件系统和软件系统组成；
2. 了解总线、主板的概念和功能；
3. 掌握 CPU 的功能和主要性能指标；
4. 掌握各类存储器的分类和性能指标；
5. 了解常见的输入设备和输出设备；
6. 学会安装操作系统和常用的应用软件。

重点难点

1. 微型计算机的硬件系统和软件系统组成；
2. 总线、主板、CPU 的概念和功能。

任务情境

公司给王芳配置了一台品牌计算机用于日常工作。同时，她还想在工作之余利用电脑学习一些其他知识、上网、娱乐等，于是找到在电脑城工作的同学小李，想让他帮自己配置一台家用计算机。小李给她介绍了计算机的一般构成并给她讲解了不同组成部分的功能，同时让她了解了计算机应该配置的软件清单。下面我们就跟随王芳一起来学习配置一台计算机都需要哪些硬件和软件吧。

本章学习计划

内　　容	建议自学时间（学时）	学 习 建 议	学习记录
2.1　微型计算机系统的组成	1	本节介绍微型计算机的硬件系统组成和软件系统组成，在第一章内容的基础上更为详尽，学完本节，学习者应能熟练说出计算机的硬件组成部件和软件的分类	
2.2　微型计算机的硬件系统	2	本节专门对计算机的硬件系统从总线、主板、CPU、内存、外存、输入和输出设备，从分类到功能、性能指标等方面都做了具体介绍，学习者应结合具体的实物（可以拆开一台台式电脑或到电脑城）观看并加深印象	
2.3　微型计算机的软件系统	2	本节对计算机的系统软件和应用软件从功能到安装、使用做了简要介绍，系统软件以Windows 7为代表，图文详解了其安装过程；应用软件以Office 2010、输入法、压缩软件、媒体播放器、杀毒工具等常用软件为代表，介绍了目前主流的软件版本及其安装使用；学完本节，应熟练掌握这些软件的下载、安装和应用	

2.1 微型计算机系统的组成

任务提示

微型计算机俗称“微机”、“个人机”、“PC”，自 1971 年出现以来就以其执行结果精确、处理速度快捷、性价比高、轻便小巧等特点迅速进入社会各个领域，且技术不断更新、产品快速换代，从单纯的计算工具发展成为能够处理数字、符号、文字、语言、图形、图像、音频、视频等多种信息的强大多媒体工具。本节我们随王芳从整体上了解微型机的系统组成。

微型计算机（简称微机）系统由硬件系统和软件系统两大部分组成。硬件系统指构成计算机系统的物理实体或物理装置。软件系统指在硬件基础上运行的各种程序、数据及有关的文档资料。通常把没有软件系统的计算机称为“裸机”。

2.1.1 微型计算机的硬件系统

1. 基本结构

“冯•诺依曼”型的计算机采用总线结构将 CPU、主存储器和输入、输出接口电路以及各种控制器连接起来，其基本结构如图 2-1 所示。

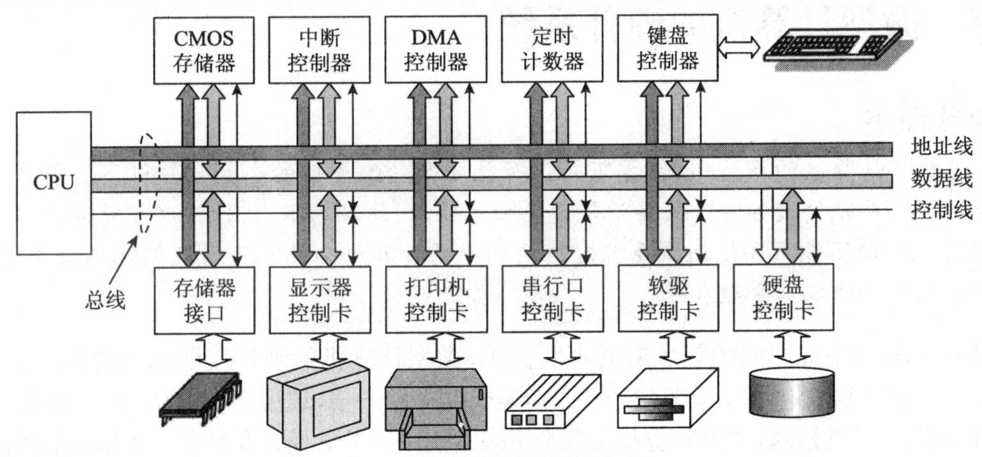

图 2-1　微型计算机的基本结构

2. 硬件组成

微机的硬件系统一般由安装在主机箱内的 CPU、主板、内存、显示卡、硬盘、电源和显示器、键盘、鼠标等组成，如图 2-2 所示。为使微机具有多媒体处理能力，还可以配置光驱和声卡等多媒体外设。如果需要联网和发送传真，还可以配置调制解调器、网卡、传真卡等。

2.1.2 微型计算机的软件系统

微型计算机的软件系统由系统软件和应用软件组成。

微机的系统软件包括：操作系统、语言处理系统、数据库管理系统、服务性程序等。其中操作系统有：DOS、Windows、Windows Server、Windows NT、UNIX、NetWare、Linux 等；语言和语言处理系统有：Fortran、Basic、Pascal、C、Java 及其相应的编译系统等；数据库管理系统有:FoxPro、Access、SQL Server、Oracle、Sybase 等;服务性程序有:对系统实施监控、调试、故障诊断的程序及各种工具软件。

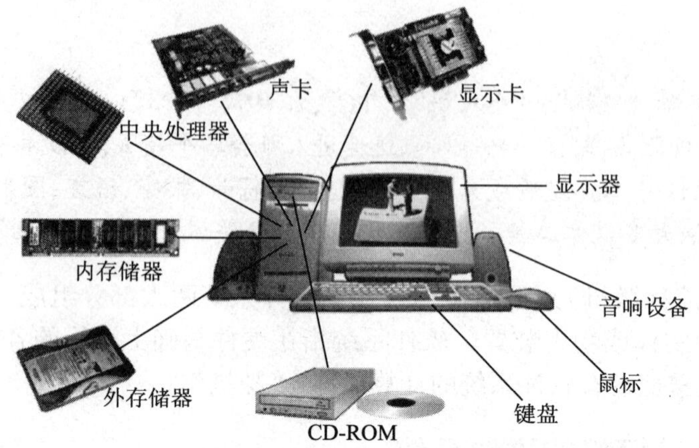

图 2-2 微型计算机的硬件组成

常用的应用软件有:文字处理软件、辅助设计软件、图形图像处理软件、网页制作软件、网络通信软件、防病毒软件、各种应用软件包、套装软件等。

2.2 微型计算机的硬件系统

任务提示

了解了计算机的系统组成,接下来王芳就要开始配置她的个人计算机了。那么,都需要购置哪些硬件设备呢?每种硬件设备由于性能、品牌的不同,价格也相差甚远,她要根据自己的购买能力和使用需要确定所要购置的计算机部件。下面我们就先来了解一下计算机硬件的各部分组成吧。

随着半导体集成电路的集成度的不断提高,微型计算机的硬件发展越来越快。其发展规律通常遵循"摩尔定律",即每 18 个月,其集成度提高一倍,速度提高一倍,价格降低一半。在第 1 章我们已经知道,微型计算机的硬件系统采用冯•诺依曼体系结构,即由运算器、控制器、存储器、输入设备和输出设备组成。本节将对微型计算机硬件系统做详细介绍。

2.2.1 总线

1. 总线的概念

计算机系统中功能部件必须互联,但如果将各部件和每一种外围设备都分别用一组线路与 CPU 直接连接,那么连线将会错综复杂,难以实现。为了简化系统结构,常用一组线路,配以适当的接口电路,与各部件和外围设备连接,这组多个功能部件共享的信息传输线称为总线(图 2-1)。采用总线结构便于部件和设备的扩充,使用统一的总线标准,不同设备间互联将更容易实现。

2. 总线的分类

微机中总线一般有内部总线、系统总线和外部总线。内部总线指芯片内部连接各元件的总线；系统总线指连接 CPU、存储器和各种 I/O 模块等主要部件的总线；外部总线则是微机和外部设备之间互联的总线。这里主要介绍微机中的系统总线。

3. 系统总线

系统总线根据传送内容的不同分为：数据总线、地址总线和控制总线。

（1）数据总线 DB（Data Bus）

数据总线用于 CPU 与主存储器、CPU 与 I/O 接口之间传送信息。数据总线的宽度（根数）决定每次能同时传输信息的位数。因此数据总线的宽度是决定计算机性能的主要指标。计算机总线的宽度等于计算机的字长。目前，微型计算机采用的数据总线有 16 位、32 位、64 位等几种类型。

（2）地址总线 AB（Address Bus）

地址总线用于给出源数据或目的数据所在的主存单元或 I/O 端口的地址。地址总线的宽度决定 CPU 的寻址能力。若微型计算机采用 n 位地址总线，则该计算机可寻址的内存空间为 $2n$。

（3）控制总线 CB（Control Bus）

控制总线用来控制对数据线和地址线的访问和使用。

4. 常用的总线标准

（1）ISA 总线

ISA（Industrial Standard Architecture）总线标准是 IBM 公司于 1984 年为推出 PC/AT 机而建立的系统总线标准，所以也叫 AT 总线。它的时钟频率为 8MHz，数据线的宽度为 16 位，最大传输速率为 16MB/s。

（2）EISA 总线

EISA（Extended Industrial Architecture）总线是 1988 年由 Compaq 等 9 家公司联合推出的总线标准，它是在 ISA 总线的基础上发展起来的高性能总线。EISA 总线完全兼容 ISA 总线信号，它的时钟频率为 8.33MHz，数据总线和地址总线都是 32 位，最大传输速率为 33MB/s。

（3）VESA 总线

VESA（Video Electronics Standard Association）总线简称为 VL（VESA Local Bus）总线。它定义了 32 位数据线，且可扩展到 64 位，使用 33MHz 时钟频率，最大传输率达 132MB/s。VESA 总线可与 CPU 同步工作，是一种高速、高效的局部总线。VESA 总线可支持 386SX、386DX、486SX、486DX 及奔腾微处理器。

（4）PCI 总线

PCI（Peripheral Component Interconnect）总线是当前最流行的总线之一。它是由 Intel 公司推出的一种局部总线，定义了 32 位数据总线，且可扩展为 64 位，使用 33MHz 时钟频率，传输速率可达 132MB/s，64 位的传输速率为 264MB/s，可同时支持多组外围设备。PCI 总线不能兼容现有的 ISA、EISA、MCA（Micro Channel Architecture）总线，但它不受制于处理器，是基于奔腾等新一代微处理器的总线。

2.2.2　主板

主板（Main Board）又称为系统主板（System Board），用于连接计算机的多个部件，它安装在主机箱内，是微型计算机最基本、最重要的部件之一。主机板主要包括：CPU 的 Socket

插座或 Slot 插槽、内存插槽、总线扩展槽、各种接口（硬盘和光驱的 IDE 或 SCSI 接口；软驱接口；串行口、并行口、USB 接口；键盘、鼠标接口）、BIOS 芯片、CMOS 芯片、DIP 开关等。目前主板还集成了显卡、声卡、网卡、调制解调器等接口，其结构如图 2-3 所示。

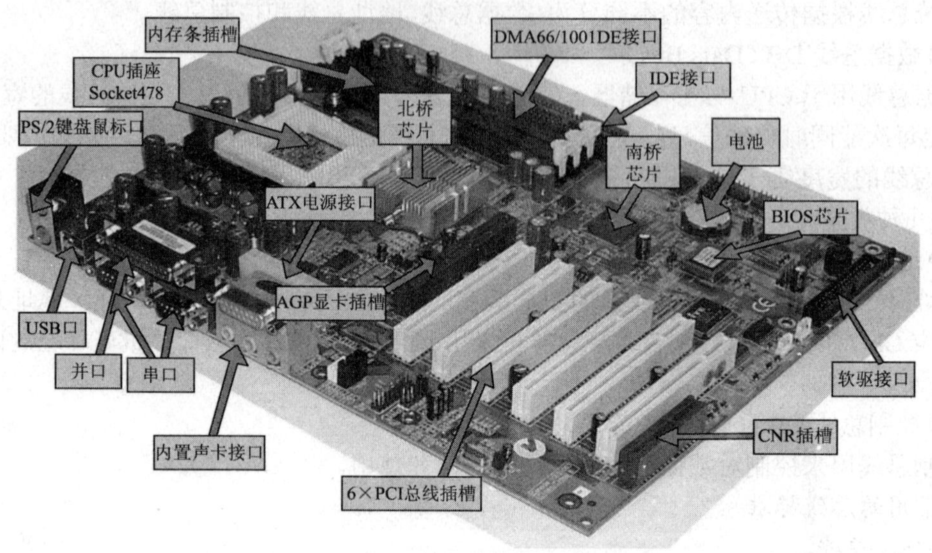

图 2-3　主板的一般结构

1. CPU 插座

CPU 与主板的接口形式根据 CPU 的不同分为：Socket 插座和 Slot 插槽。Socket 478 是英特尔 Pentium 4、Celeron 及部分 Celeron D 处理器使用的插座，后来被 Socket 775 逐渐取代，后者支持 Intel Pentium 4、Core 2 Duo、Core 2 Extreme 等 CPU 的主板，其底部没有传统的针脚，而代之以 775 个触点，即并非针脚式而是触点式，通过与对应的 Socket 775 插槽内的 775 根触针接触来传输信号。Socket 775 接口不仅能够有效提升处理器的信号强度、提升处理器频率，同时也可以提高处理器生产的良品率、降低生产成本。

2. 内存条插槽

内存插槽用来安装内存条。内存插槽可分为 168 线、172 线、184 线、200 线等，分别适用于相应的内存条。

3. 总线扩展槽

总线扩展槽主要用于扩展微型计算机的功能，也称为 I/O 插槽。在它上面可以插入许多标准选件，如显示卡、声卡、网卡等。当前主板上常见的扩展槽有 ISA（黑色、最长）、PCI（白色、较短）。

4. BIOS 芯片

BIOS 即“基本输入 / 输出系统”（Basic Input/Output System），它保存着计算机系统中的基本输入 / 输出程序、系统信息设置、自检程序和系统启动自检程序。现在主板的 BIOS 还具有电源管理、CPU 参数调整、系统监控、病毒防护等功能。BIOS 为计算机提供了最低级、最直接的硬件控制功能。

5. CMOS 芯片和电池

CMOS 用来存放系统硬件配置和一些用户设定的参数。参数丢失系统将不能正常启动，必须对其重新设置。设置方法是：系统启动时按设置键（通常是【Delete】键）进入 BIOS 设置窗口，在窗口内进行 CMOS 的设置。CMOS 开机时由系统电源供电，关机时靠主板上的电池供电。即使关机，信息也不会丢失，但应注意更换电池。

6. 各种接口

（1）IDE 接口

IDE（Integrated Device Electronics，集成设备电子部件）是由 Compaq 公司开发并由 Western Digital 公司生产的控制器接口，主要连接 IDE 硬盘和 IDE 光驱。现在主板上有两组 IDE 设备接口，分别标识为 IDE1 和 IDE2。IDE1 多用于连接系统引导硬盘，IDE2 多用于接入光驱。

（2）串行接口

串行接口（Serial Port）主要用于连接鼠标器、外置 Modem 等外部设备。串行接口是所有计算机都具备的 I/O 接口，主板上的串行接口一般为两个 10 针双排插座，分别标注为 COM1 和 COM2。

（3）并行接口

并行接口（Parallel Port）主要用于连接打印机等设备。主板上的并行接口为 26 针的双排插座，标识为 LPT 或 PRN。

（4）USB 接口

USB（Universal Serial Bus）即通用串行总线，是一种新型的接口总线标准。USB 接口可以连接键盘、鼠标、数码相机、扫描仪等外部设备。USB 接口为 D 型 4 针接口，2 根为电源线，2 根为信号线。USB 接口主要有如下特点：连接简单、支持热插拔、传输速率高（USB1.1 接口的最高传输速率可达 12Mbps, USB2.0 接口的数据传输速率可达 480Mbps）。

（5）键盘、鼠标接口

PS/2 键盘接口为圆形 6 针插座，用于连接键盘。PS/2 鼠标接口为 6 针插座，用于连接鼠标器。目前新配置的台式机上 USB 接口由于连接方便、传输速度快，逐渐取代了这种圆孔的鼠标、键盘接口。

7. 北桥芯片

北桥芯片（North Bridge）是主板芯片组中起主导作用的最重要的组成部分，也称为主桥（Host Bridge），是主板上离 CPU 最近的芯片。一般来说，芯片组的名称就是以北桥芯片的名称来命名的，例如英特尔 845E 芯片组的北桥芯片是 82845E，875P 芯片组的北桥芯片是 82875P 等。北桥芯片负责与 CPU 的联系并控制内存、AGP 数据在北桥内部传输，提供对 CPU 的类型和主频、系统的前端总线频率、内存的类型（SDRAM，DDR SDRAM 以及 RDRAM 等）和最大容量、AGP 插槽、ECC 纠错等支持，整合型芯片组的北桥芯片还集成了显示核心。

8. 南桥芯片

南桥芯片（South Bridge）是基于 Intel 处理器的个人电脑主板芯片组两枚芯片中的一枚。南桥设计用来处理低速信号，通过北桥与 CPU 联系。各芯片组厂商的南桥名称都有所不同，例如英特尔称为 ICH，NVIDIA 的称为 MCP，ATI 的称为 IXP/SB。南桥包含大多数周边设备接口、多媒体控制器和通信接口功能，例如 PCI 控制器、ATA 控制器、USB 控制器、网络控制器、音效控制器等。

2.2.3 中央处理器 CPU

1. 概念和功能

中央处理器 CPU（Central Processing Unit），又被称作微处理器 MPU（Micro Processing Unit），是微型计算机的核心部件。它主要由运算器、控制器、寄存器等组成，并采用超大规模集成电路制成芯片，如图 2-4、图 2-5 所示。运算器的主要功能是完成各种算术运算、逻辑运算。控制器的主要功能是从内存中读取指令，并对指令进行分析，按照指令的要求控制各部件工作。寄存器是处理器内部的暂时存储部件，寄存器的位数是影响 CPU 性能与速度的一个重要因素。微型计算机中常用的 CPU 主要有 Intel 公司的 Core（酷睿）、Pentium（奔腾）、Conroe、Celeron（赛扬）、Xeon 等以及 AMD 公司的 Sempron、Duron、Athlon、Opteron 等。

图 2-4 i7 型 CPU

图 2-5 i7 型 CPU 内部图

衡量 CPU 的指标一般是频率，即 CPU 运算时的工作的频率（1s 内发生的同步脉冲数），简称主频，单位是 Hz，它决定了计算机的运行速度。随着计算机的发展，主频由过去的 MHz 发展到了当前的 GHz，如 2.1GHz、3.4GHz 等。但从 Pentium D 开始，Intel 宣布不再追求单 CPU 的频率指标，而采用双核心和多核心处理器来提升处理器性能。CPU 的核心数是指单个 CPU 封装中的 CPU 内核数量，早期的 CPU 都是单核的，现如今越来越多的 CPU 采用了多核心设计，例如 Intel 的 Core 2 Duo、Core 2 quad、Core I5、Core I7 等。

需要指出的是，不同品牌、不同型号的 CPU，所采用的构架和处理流水线也不一样，因此不能简单地通过运行频率来衡量 CPU 性能，我们可以通过运行 PCMark、Prime95、Super PI 这样的软件来测试 CPU 性能，也可以通过 CPU 天梯图来对比常见 CPU 的性能排名。图 2-6 为 2014 年的 CPU 天梯图。

2. CPU 的主要性能指标

（1）字与字长

计算机内部作为一个整体参与运算、处理和传送的一串二进制数，称为一个“字”（Word）。字是计算机内 CPU 进行数据处理的基本单位。一般将计算机数据总线所包含的二进制位数称为字长。字长的大小直接反映计算机的数据处理能力，字长越长，一次可处理的数据二进制位越多，运算能力就越强，计算精度就越高。目前微型计算机的字长有 8 位、16 位、32 位和 64 位等。大多数 Pentium4 属于 32 位 CPU，而 Intel 的 Core 属于 64 位 CPU。

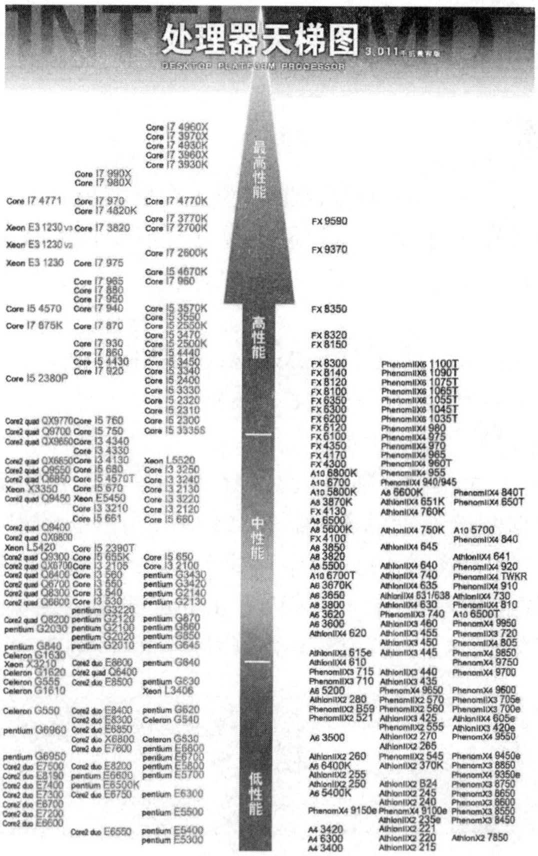

图 2-6　CPU 天梯图

（2）主频

主频即 CPU 的时钟频率（CPU Clock Speed）。主频越高，一个时钟周期里完成的指令数也越多，CPU 的运算速度也就越快。目前最高配置的 Core i7 有四核、六核之分，其主频有 3.2GHz、2.93GHz、2.66GHz 等不同级别，根据架构不同，具体型号有几十种，价位差别也比较大。

（3）时钟频率

时钟频率是指 CPU 的外部时钟频率（即外频），它直接影响 CPU 与内存之间的数据交换速度。数据带宽 =（时钟频率 × 数据宽度）/8。

（4）地址总线宽度

地址总线宽度决定了 CPU 可以访问的物理地址空间，简单地说就是 CPU 能够使用多大容量的内存。假设 CPU 有 n 根地址线，则其可以访问的物理地址为 2^n。目前，微型计算机地址总线有 8 位、16 位、32 位等。

（5）数据总线宽度

数据总线负责整个系统数据流量的大小，数据总线宽度决定了 CPU 与二级高速缓存、内存以及输入 / 输出设备之间一次数据传输的信息量。

（6）内部缓存（L1、L2 Cache）

封闭在 CPU 芯片内部的高速缓存，用于暂时存储 CPU 运算时的部分指令和数据，存取速度与 CPU 主频一致。L1 缓存越大，CPU 工作时与存取速度较慢的 L2 缓存和内存间交换数据的次数越少，相应的微机的运算速度越快。

2.2.4 内存储器

微机内部直接与 CPU 交换信息的存储器称为主存储器或内存储器，其主要功能是存放计算机运行时所需要的程序和数据。内存储器是计算机中最主要的部件之一，它的性能在很大程度上影响计算机的性能。

1. 内存的分类

微机的内存储器分为随机存储器（Random Access Memory，RAM）、只读存储器（Read Only Memory，ROM）和高速缓冲存储器（Cache）。

（1）随机存储器（RAM）

RAM 中的内容随时可读、可写，断电后 RAM 中的信息全部丢失。RAM 用于存放当前运行的程序和数据。根据制造原理的不同，RAM 可分为静态随机存储器（SRAM）和动态随机存储器（DRAM）。DRAM 较 SRAM 电路简单，集成度高，但速度较慢，微机的内存一般采用 DRAM。目前，微机中常用的内存以内存条的形式插于主机板上，如图 2-7 所示。目前市场上常见的内存条有 DDR2、DDR3 等类型，其容量有 4GB、8GB、16GB 等。

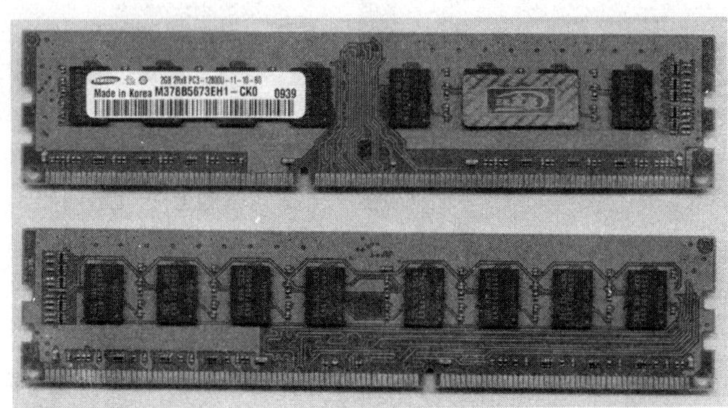

图 2-7 DDR3 内存条

（2）只读存储器（ROM）

ROM 中的内容只能读出，不能随意删除或修改，断电后信息不会丢失。ROM 主要用于存放固定不变的信息。在微机中主要用于存放系统的引导程序、开机自检、系统参数等信息。目前常用的只读存储器还有可擦除和可编程的 ROM（EPROM）和可电擦除、电改写的 ROM（EEPROM）、闪烁存储器（Flash Memory）等类型。

（3）高速缓冲存储器（Cache）

随着微电子技术的不断发展，CPU 的主频不断提高。由于容量大、寻址系统繁多、读写电路复杂等原因，造成了主存的工作速度大大低于 CPU 的工作速度，直接影响了计算机的性能。为了解决主存与 CPU 工作速度上的矛盾，设计者们在 CPU 和主存之间增设容量不大、但速度很高的高速缓冲存储器（Cache）。Cache 由静态存储器（SRAM）构成，其中存放常用的程序和数据。当 CPU 访问这些程序和数据时，首先从 Cache 中查找，如果所需程序和数据不在 Cache 中，则到主存中读取数据，同时将数据回写入 Cache 中。 因此，采用 Cache 可以提高系统的运行速度。

2. 内存的性能指标

对存储器主要要求有：存储容量大，存取速度快，稳定可靠，经济性能好。存储器的性能指标主要有以下两项：

（1）存储容量

存储器可以容纳的二进制信息量称为存储容量，通常以 RAM 的存储容量来表示微型计算机的内存容量。存储器的容量以字节（Byte）为单位，1 个字节为 8 个二进制位（Bit）。常用的单位还有 kB、MB、GB 等。

（2）存取周期

存取周期指存储器进行两次连续、独立的操作（读写）之间所需的最短时间，单位为 ns（纳秒）。存储器的存取周期是衡量主存储器工作速度的重要指标。

2.2.5　外存储器

外存储器又称为辅助存储器，用来长期保存数据、信息，主要包括：硬盘存储器、光盘存储器、移动存储设备等。

1. 硬盘存储器

（1）硬盘的组成

一块完整的硬盘由磁性盘片、驱动盘片转动的驱动系统、读写系统以及控制系统组成，这四部分密封在金属盒中，如图 2-8 所示。硬盘的盘片由多个平行的圆形磁盘片组成，每片磁盘都装有读写磁头，在控制器的统一控制下沿着磁盘表面径向同步移动，因此可以将几层盘片上具有相同半径的磁道看成是一个“柱面（Cylinder）”，如图 2-9 所示为硬盘内部结构图。

图 2-8　台式机硬盘和笔记本硬盘

图 2-9　硬盘内部结构图

硬盘的存储容量计算：存储容量＝磁头数 × 柱面数 × 扇区数 × 每扇区字节数（512B）。目前常见硬盘的存储容量为 500GB、1TB、2TB、3TB 等。

硬磁盘盘片直径有 1.8、2.5、3.5、5.25 英寸四种，3.5 英寸的硬盘常用于台式机中，笔记本硬盘则是 2.5 英寸居多，如图 2-8 所示为笔记本和台式机的硬盘对比。

（2）硬盘的主要性能指标

①转速（Rotational Speed）：单位是 RPM（Rack Per Minute），目前家用台式机常用的 SATA III 接口硬盘，转速一般为 7200rpm（转每分钟），笔记本硬盘由于体积较小，转速一般为 5400rpm，而服务器使用的 SAS 接口硬盘，转速能达到 15000rpm。

②平均寻道时间（Average Seek Time）：指磁头从开始到目标磁道的时间，单位是 ms，目前硬盘的平均寻道时间为 8 ～ 12ms。

③内部传输率（Internal Date Transfer Rate）：指磁头至硬盘缓冲区的最大数据传输率，单位是 MBps。采用 UDMA/66 技术的硬盘内部传输速率为 25 ～ 30MBps。目前主流的家用级硬盘，内部数据传输率基本还停留在 70 ～ 90 MBps。

2. 光盘存储器

光存储技术的发展在计算机技术发展史上的地位不可忽视，计算机系统配备 CD-ROM 驱动器一直是多媒体计算机的重要标志。光存储技术是指通过激光在记录介质上进行读写数据的存储技术。其基本原理是：改变一个存储单元的某种性质，使这种性质的变化反映与二进制 0、1 对应。读取数据时，根据性质的变化，读出存储在介质上的数据。

光存储设备包括光盘驱动器和光盘盘片。光盘驱动器是读、写光盘数据的设备，即我们常说的光驱。光盘盘片则是存储数据的介质。按照光存储设备的读写能力，常用的光存储设备可分为只读型、可写型、可重写型三类。

（1）只读型

只读型光盘的数据是在制作光盘时写入的，用户可使用光盘驱动器从只读光盘上多次读出储存的数据，但不能再次写入数据。只读光盘适用于大量的、通常不需改变数据信息的存储，常见的 CD-ROM、CD-DA 都属于只读型光盘。

（2）可写型

可写型光盘具有“有限次写入，多次读出”的性质。它由厂家制作好后，通过可写型驱动器写入数据，有的光盘还能追加新的数据，但是已经写入数据的部分则不能修改。刻录得到的光盘可以在 CD-DA 或 CD-ROM 驱动器上读取。CD-R、DVD-R 就属于这类光盘。

（3）可重写型

可重写型光盘可以像磁盘一样具有可擦写性。可重写型光盘驱动器可以对它进行追加、删除、改写等操作。目前比较具有代表性的是 CD-RW 和 DVD-RW 这两种光盘。

光盘必须用光盘驱动器来存取，常用的光盘驱动器有两种：

（1）CD-ROM 驱动器

CD-ROM 驱动器如图 2-10 所示，由光学读出头、驱动机构、CD 盘驱动机构、控制线路以及处理光学读出头读出信号的电子线路等组成。它利用光头将激光聚焦在盘面上 lμm 大小的区域，根据 CD-ROM 上凹槽的反射激光能量的不同来识别“0”或“1”。

数据传输率是光驱的基本参数，指光驱在 1s 内所能读出的最大数据量。早期的光驱数据传输率为 150kB/sec，称为“单倍速光驱”，目前的光驱已达到了 52、72 倍速，甚至更高。

（2）DVD 驱动器

DVD 与现在的光盘大小相同，是新一代的主导光盘。单面单层的 DVD 光盘，其容量达 4.7GB。双面双层的 DVD 光盘的容量达 17.8GB。DVD 能得到如此大容量的原因是：DVD 存放数据信息的坑点非常小，而且非常紧密，最小凹坑长度仅为 0.4μm，每个坑点间的距离只是 CD-ROM 坑点距离的 50%，并且道间距仅为 0.74μm。

DVD 驱动器如图 2-11 所示，既可以用来读取 DVD 光盘，同时也能读取 CD、VCD 光盘，目前绝大部分的台式机上配备的是这种 DVD 驱动器。笔记本电脑上则通常配备的是能读写的 DVD 光驱，即读取与刻录一体的 DVD 驱动器。

图 2-10　CD-ROM 驱动器

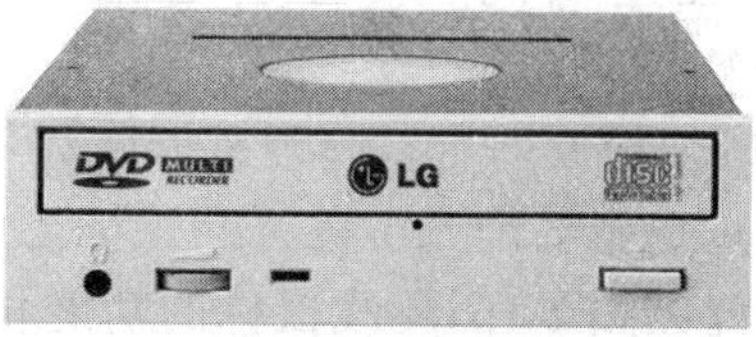

图 2-11　DVD 驱动器

3. 移动存储设备

移动存储介质体积小、容量大、携带方便，因此在信息存储和交换的过程中迅速得到普及。另外使用移动存储可通过连续更换移动存储器，达到无限存储的目的。

（1）U 盘

U 盘全称“USB 接口移动硬盘”，英文名“USB Removable（Mobile）Hard Disk”，也称闪存盘或 USB 电子磁盘，能即插即用。相对于软盘而言，小巧便于携带、存储容量大、使用方便，一经出现，便被用户所青睐。目前 U 盘容量有 4G、8G、16G、32G、64G 等。如图 2-12 所示为 U 盘及其内部结构。

（2）移动硬盘

移动硬盘，英文名为“Mobile Hard Disk”，顾名思义，是以硬盘为存储介质，计算机之间交换大容量数据，强调便携性的存储产品。移动硬盘在移动存储设备中，其容量算是最大的了，目前有 500MB、1TB、2TB 等。现在，市场上的移动硬盘大多是 USB 3.0 接口的，支持即插即用，存取速度甚至超过了某些内部硬盘。USB 移动硬盘盘片尺寸通常是 2.5 英寸，即与笔记本硬盘大小相同，去掉保护壳后可以安装在笔记本上使用。如图 2-13 所示为 USB 移动硬盘及其数据线。

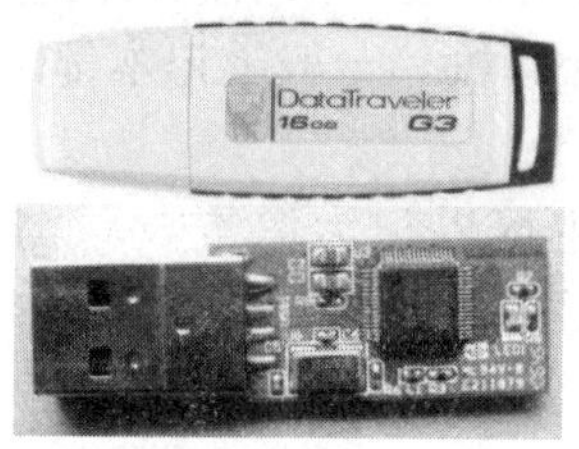

图 2-12　U 盘及其内部结构

图 2-13　移动硬盘及其数据连接线

2.2.6　输入设备

输入设备是向计算机输入数据和信息的设备，是计算机与用户或其他设备通信的桥梁。鼠标、键盘、摄像头、麦克风、扫描仪、手写板等都属于输入设备。输入设备传递给计算机的信息既可以是数值型的数据，也可以是各种非数值型的数据，如图形、图像、声音等都可以通过不同类型的输入设备输入到计算机中。

1. 鼠标

鼠标全称显示系统纵横位置指示器，因形似老鼠而得名“鼠标”。鼠标作为计算机主要输入设备之一，也是我们日常操作最多的硬件，其外观如图 2-14 所示。用户通过移动鼠标来控制计

图 2-14　有线鼠标

算机屏幕上的指针同步移动，并通过按压鼠标左右两侧的按钮或鼠标中央的滚轮来完成点击输入操作。

鼠标按工作原理可以分为机械鼠标和光学鼠标，目前机械鼠标已逐渐退出市场，我们能够见到的几乎全部是光学鼠标。鼠标还可以按照其接口方式分为有线鼠标和无线鼠标，无线鼠标外观见图 2-15，无线鼠标的功能和有线鼠标相同，但是由于采用了无线设计，其内部结构更加复杂，并且必须配合相应的信号接收器才能工作。

2. 键盘

键盘常也是常用输入设备，用户通过按压键盘上不同的按钮，将英文字母、数字、标点符号等输入到计算机中。键盘外观如图 2-16 所示，也有有线键盘和无线键盘之分。

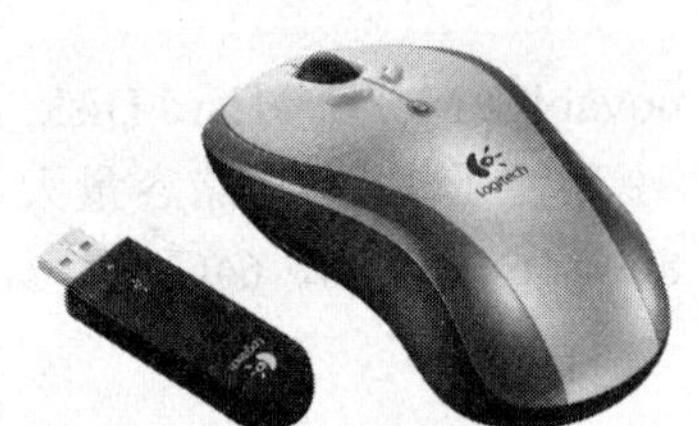

图 2-15　无线鼠标

图 2-16　键盘

目前广泛使用的键盘多为塑料薄膜式键盘，这种键盘造价低廉，技术含量不高，由于其中的塑料部分和弹性橡胶容易老化，所以这种键盘的使用寿命一般为 3 ～ 5 年。

鼠标、键盘的性能衡量标准是灵敏度和使用舒适度，由于操作者的需求各有不同，目前并没有统一的评断标准。

3. 摄像头

摄像头可以通过安装在其内部的光学传感器被动采集周边影像信息，并把采集到的信号转换成数字信号，通过 USB 或 IEEE1394 接口传送给计算机。一般笔记本都附带摄像头，台式机可以选配摄像头。

摄像头外观见图 2-17，其主要性能参数是分辨率，也可以记为像素数，如 100 万、300 万等。该参数由摄像头的光学传感器性能所决定，直接影响摄像头获取图像的能力，通常分辨率越高的摄像头价格越昂贵。

由于光学传感器所采用的感应器件不同，摄像头还可分为 CCD 摄像头和 COMS 摄像头，在同等分辨率条件下，CCD 摄像头的清晰度较高。

4. 麦克风

麦克风，由 Microphone 音译而来，是将声音信号转换为电信号的能量转换器件，也称话筒，其外观如图 2-18 所示。有的耳机附带麦克风，有的摄像头附带麦克风。

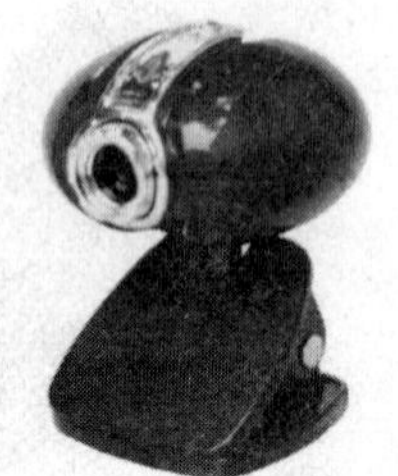

图 2-17　摄像头

图 2-18　麦克风

5. 扫描仪

扫描仪（Scanner），是利用光电技术和数字处理技术，以扫描方式将图形或图像信息转换为数字信号的装置。扫描仪可以对照片、文档、图纸、图画、底片、纺织品、标牌板、印制板等实物进行扫描，将图形、文字、颜色转换成计算机可以识别的信息。平面扫描仪外观如图 2-19 所示，现在还有能够扫描物体并生成三维模型的 3D 扫描仪，如图 2-20 所示。

图 2-19　平面扫描仪

图 2-20　3D 扫描仪

6. 手写板

手写板是将用户在手写平面上书写时产生的有序轨迹信息转化为计算机可识别的文字或图形信息的设备，其外观如图 2-21 所示。精度较低的手写板只能识别文字，高精度手写板可以用来进行工程绘图，但是由于识别算法和轨迹同步等因素，手写板输入的信息存在一些误差。

2.2.7　输出设备

输出设备的主要功能是：将内存中计算处理完成的信息以人类可以接受形式输出。常用的输出设备有各种打印机、显示器和音箱等。

1. 显示卡与显示器

（1）显示卡

显示卡（Video Card），又称显示适配器（Video Adapter）或显示器配置卡，俗称显卡。它是个人电脑最基本组成部件之一，是显示器与主机通信的控制电路和接口。大部分显卡是一块独立的电路板，安装在主板的扩展槽中。当然也有很多是直接与主板集成在一起。显卡的主要作用就是在程序运行时根据 CPU 提供的指令和有关数据，将程序运行的过程和结果进行相应的处理，转换成显示器能够接受的文字和图形显示信号，并通过屏幕显示出来，也就是说显示器必须依靠显卡提供的信号才能显示出各种字符和图像，如图 2-22 所示。

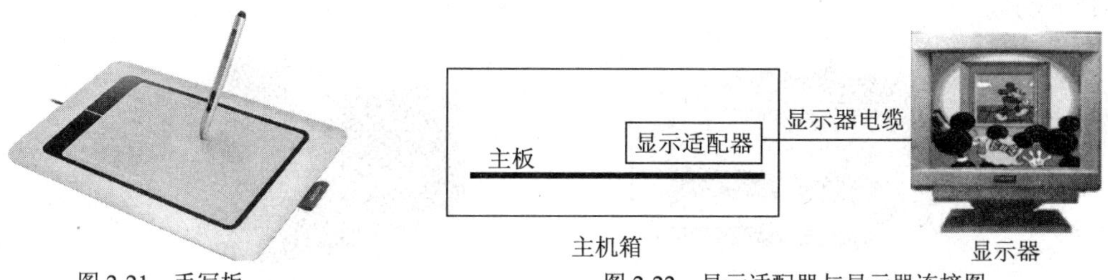

图 2-21　手写板

图 2-22　显示适配器与显示器连接图

由于显示卡需要处理并传输大量的数据，现阶段一些高性能显卡的硬件复杂度和处理速度都要超过 CPU。尤其是在浮点运算方面，可以通过 CUDA 技术联合多显卡进行并行运算，其速度更是超过普通 CPU 数倍。因此，显示卡的处理核心也被称作 GPU。显示卡如图 2-23 所示。

(2)显示器

显示器是计算机的主要输出设备，用来将系统信息、计算机处理结果、用户程序及文档等信息显示在屏幕上。按照显示原理，可以把显示器分为 CRT 显示器和 LCD 显示器，其外观见图 2-24 和图 2-25。

图 2-23 显示卡

图 2-24 CRT 显示器

图 2-25 LCD 显示器

显示器的主要技术参数有：

①屏幕尺寸：是指显示器对角线长度，以英寸为单位（1 英寸 =2.54cm），常见的显示器有 15″、17″、19″、21″等。

②点距：是指屏幕上相邻像素点之间的距离。点距越小，显示器的分辨率越高。常见显示器的点距有 0.20、0.25、0.26、0.28 等。

③显示分辨率：是指显示屏幕上可以容纳的像素点的个数，通常写成"水平点数"×"垂直点数"的形式。例如，800×600、1024×768 等。显示器的分辨率受点距和屏幕尺寸的限制，也和显示卡有关。

④刷新频率：是指每秒钟内屏幕画面刷新的次数，刷新频率越高，画面闪烁越小。通常是 75 ～ 90Hz。

2. 打印机

打印机是仅次于显示器的输出设备，与显示器最大的区别是打印机能够将信息输出在纸上，用户可以通过打印机把计算机中的文稿、数据信息打印出来。打印机并不是计算机中不可缺少的一部分。

按照打印机的工作原理可以分为激光打印机、喷墨打印机、热升华打印机等，激光打印机外观如图 2-26 所示。现在还有可以通过塑料或金属粉末堆积生成实物的 3D 打印机，如图 2-27 所示。

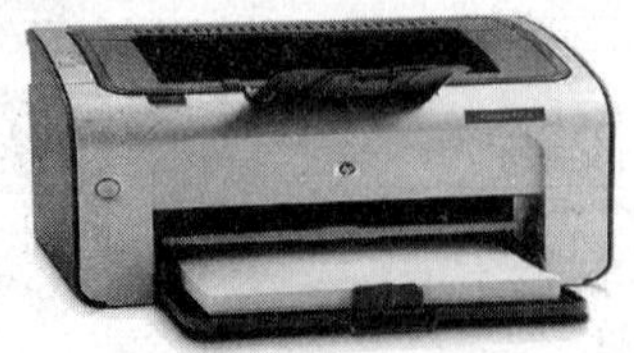

图 2-26 激光打印机

图 2-27 3D 打印机

传统打印机打印时，轻点程序中的【打印】按钮，被打印信息便被输出到一台喷墨打印机上，它将一层墨水喷到纸的表面以形成一副二维图像。而在 3D 打印时，软件通过电脑辅助设计技术（CAD）完成一系列数字切片，并将这些切片的信息传送到 3D 打印机上，后者会将连续的薄型层面堆叠起来，直到一个固态物体成型。3D 打印机与传统打印机最大的区别在于它使用的“墨水”是实实在在的原材料。

3. 声音输出设备

计算机的声音输出设备同样由两部分组成，音频控制器和音频输出设备。音频控制器功能简单，通过主板上附带的 AC’ 97 芯片，占用一部分 CPU 资源即可实现。音频输出的功能则必须通过音箱、耳机等设备完成。

音箱是一种将音频信号变换为声音的设备，通常由箱体和扬声器等部分组成。音箱配合相应的功率放大器，可以在不失真的前提下将声音信号还原成非常响亮的声音。音箱外观如图 2-28 所示。

耳机是一种个人使用的小型声音输出设备，其原理与音箱相同，不过体积更小，通常通过支架或直接放置于用户耳部，因此被称为耳机。耳机外观如图 2-29 所示。

图 2-28　音箱

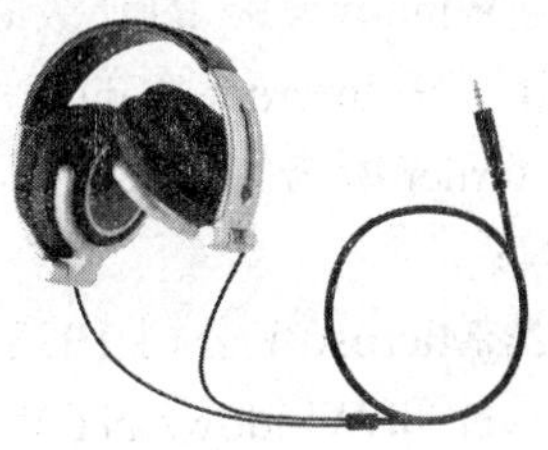

图 2-29　耳机

2.3 微型计算机的软件系统

任务提示

王芳的计算机组装好了，但对于一台计算机来说，硬件只是躯体，软件才是灵魂，没有软件，计算机是完全无法工作的。接下来王芳需要安装操作系统和各种应用程序，才能让她的计算机运转起来。让我们跟随王芳一起了解一下一台电脑都需要安装哪些必备软件吧！

微型计算机的性能能否充分发挥，在很大程度上取决于软件的配置是否完善、齐全。微型计算机常用的软件可分为两大类：系统软件和应用软件，各自发挥不同作用。

2.3.1　微型计算机常用系统软件

随着微型计算机硬件系统的发展，微型计算机的系统软件也取得了长足的进展。从 DOS 1.0 到 DOS 6.22，从 Windows 1.0 到 Windows 8.0，性能不断完善，功能不断增强。

1. 微型计算机常用操作系统

随着微型计算机硬件技术的不断发展，微型计算机的操作系统也不断更新。以下简要介绍微型计算机常用的操作系统及其发展。

（1）DOS 操作系统

IBM 公司在 1981 年推出个人电脑的同时，也推出了其 DOS 操作系统 PC-DOS 1.0。此后在1983年、1984年、1988年分别推出MS-DOS 2.0、MS-DOS 3.0、MS-DOS 4.0，在1991年推出了MS-DOS 5.0，1993年推出MS-DOS 6.0，1994年推出MS-DOS 6.22。DOS操作系统是基于字符界面的单用户、单任务的操作系统。

（2）Windows 3.x操作系统

1985年，Microsoft公司推出第一个Windows操作系统版本，1987年推出了Windows 2.0，1990年推出了Windows 3.0，1992年推出了Windows 3.1。Windows 3.x是基于图形界面的16位的单用户、多任务操作系统，但它们都只能在DOS上运行，必须与DOS共同管理系统硬件资源和文件系统，因此还不能算是一个完整的操作系统。

（3）Windows 95和Windows 98

1995年，Microsoft公司推出真正的32位操作系统Windows 95，它提供了全新的桌面形式，使系统各种资源的浏览和操纵变得更加容易；提供了“即插即用”功能和允许长文件名；支持抢先式多任务和多线程；在网络、多媒体、打印机、移动计算等方面具有了较强的管理功能。

Windows 98是Windows 95的升级版，它继承了Windows 95强大的多媒体、通信、网络等多种功能，并增强了在Internet上的应用，使用户在享受方便、快捷、高效的操作前提下，同时享受多媒体与Internet所带来的交互信息。

（4）Windows NT

Windows NT是Microsoft公司1993年推出的32位的多用户、多任务的操作系统，它包括Windows NT Server和Windows NT Workstation。

（5）Windows 2000

Windows 2000是Microsoft公司于2000年推出的操作系统。它共有四种版本：Windows 2000 Professional（专业版）、Windows 2000 Server（服务器版）、可支持8个CPU的高端Windows 2000 Advanced Server（高级服务器版）和可支持32个CPU的Windows 2000 Datacenter Server（数据中心服务器版）。

Windows 2000 Professional是Windows NT Workstation的最新版本，不仅继承了Windows NT的先进技术，还增强了安全性和稳定性；Windows 2000 Server是在Windows NT Server 4.0的基础上为服务器开发的多用户操作系统，它的原名为Windows NT 5.0。Windows 2000 Advanced Server除了具有Windows NT Server的功能外，还有一些为大型企业而设计的功能。Windows 2000 Datacenter Server支持16路对称多处理器，支持高达64GB的物理内存。

（6）Windows XP

“XP”是Experience（体验）的缩写，是Microsoft公司在Windows 2000操作系统的基础上开发而成的。Windows XP整合了Windows 2000的强大功能（基于标准的安全性、可管理性和可靠性）以及Windows 98和Windows Me良好的交互特性（即插即用、简化的用户界面和创新的支持服务）。使用Windows XP，可以创建最好的商务桌面操作平台。无论是在一台计算机上还是在网络上部署Windows XP，都可以在增加计算能力的同时降低桌面计算机的成本。Windows XP有两个版本：Windows XP Home（面向家庭）和Windows XP Professional。

Windows XP发行于2001年，是目前我国市场上占有率最高的操作系统，也是迄今为止使用时间最长的Windows操作系统。随着2014年4月8日微软公司宣布停止对XP系统所有的升级服务后，长达13年的XP操作系统开始逐渐淡出用户使用范围。

（7）Windows 7

Windows 7 于 2009 年 10 月 23 日正式对普通用户出售，号称是 Windows Vista 的“改良版”，分为家庭版、专业版、企业版、旗舰版几大类。在易用性、运行速度、安全性等方面相比 XP 有了大幅提升，我们将在第 3 章详细了解和使用 Windows 7。

（8）Windows 8

Windows 8 是由微软公司于 2012 年 10 月 26 日正式推出，具有革命性变化的操作系统，有着独特的开始界面和触控式交互系统，支持来自 Intel、AMD 和 ARM 的芯片架构，是微软公司开发出的顺应时代发展的新型的电脑系统，被应用于个人电脑和平板电脑上。不过微软宣布 2014 年 10 月将停止发售，被称为是“最短命”的 Windows 操作系统。出于安全方面的考虑和鼓励本土品牌服务器的发展，2014 年 5 月 20 日我国中央国家机关采购中心发出通知，要求国家机关进行信息类协议供货强制节能产品采购时，所有计算机类产品不允许安装 Windows 8 操作系统。

（9）Linux 操作系统

Linux 是由芬兰赫尔辛基大学学生 Linus Torvalds 创建并由众多软件爱好者共同开发的操作系统。它的源代码是公开的，可以从互联网上免费得到。Linux 的主要特性如下：

① Linux 是多用户、多任务的操作系统。

② Linux 支持多种类型的文件系统，可对不同文件系统的文件进行访问。

③ Linux 的内核可根据需要定制。Linux 的内核由很多过程组成，可以方便地增加一个新的模块或卸载一个模块。

④硬件环境要求低，在 8M 内存的 486 微机上，可以很好地运行。

⑤强大的网络通信功能。Linux 支持多种网络协议：TCP/IP、UUCP、IPv4、IPX、DDP、X.25 和 SLIP 等。

因此，Linux 作为服务器操作系统具有广泛的发展前景。“红旗 Linux”是较为成熟的中文版 Linux 系统，由北京中科红旗软件技术有限公司 1999 年推出，提供了完善的中文支持，有着与 Windows 相似的用户界面，通过 LSB3.0 测试认证，具备了 Linux 标准基础的一切品质，不远的将来必会在国内有更广阔的应用和发展。

2. 微型计算机常用的语言及语言处理系统

计算机语言按发展过程可以分为：机器语言、汇编语言和高级语言。机器语言和汇编语言都是面向机器的低级语言，而高级语言采用面向问题的自然语言，比机器语言和汇编语言具有通用性和可移植性。目前，微型计算机上常用的高级语言有：Visual Basic 语言、Fortran 语言、Pascal 语言、C 语言、Java 语言等。

3. 数据库管理系统

数据库（Database）是为了一定的目的而组织起来的记录或文件等数据的集合。数据库管理系统（DBMS）是组织、管理和处理数据库中数据的计算机软件系统。传统的数据库系统有三种类型：关系型、层次型和网络型，使用较多的是关系型数据库。目前常用的中小型数据库有 FoxPro、Access 等；大型数据库有 SQL Server、Oracle、Sybase、Informix 等。

2.3.2 Windows 7 的安装

Windows 7 的安装只需要一张安装光盘即可。首先开机进入系统 BIOS，将计算机的引导顺序设定为光盘启动，如图 2-30 所示（不同主板的引导系统不同，屏幕显示内容会有些差异）。对于使用 uEFI 引导系统或采用 GPT 文件格式的新型主机，由于驱动原因，不建议安装 Windows 7。

接下来 Windows 7 会自动启动系统，并加载安装文件，根据计算机性能，一般几分钟后就会出现语言选择界面，如图 2-31 所示，后选择【现在安装】，并勾选【我接受许可条款】，如图 2-32 和图 2-33 所示。

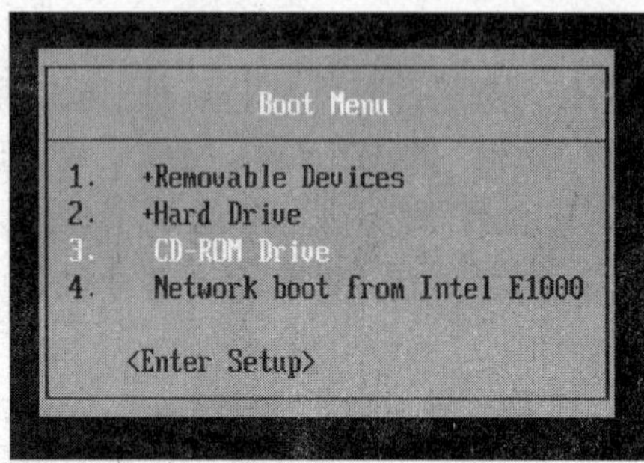

图 2-30 设置引导顺序

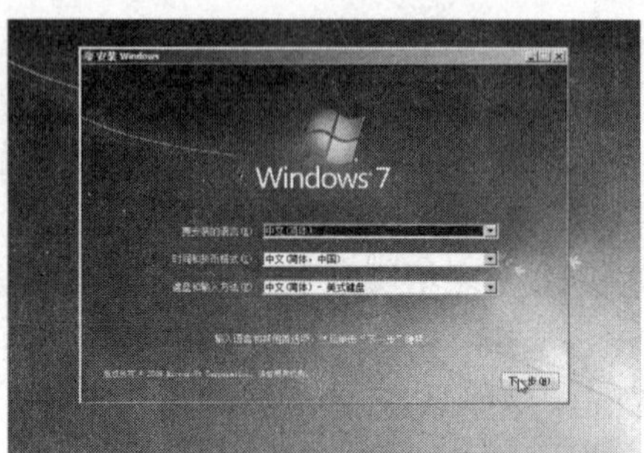

图 2-31 选择安装语言

图 2-32 安装确认

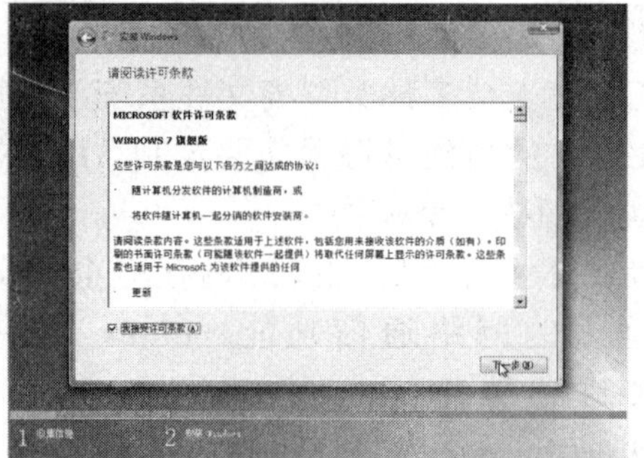

图 2-33 安装许可协议

Windows 7 会提示用户选择安装分区，如不选择则默认安装为 C 盘，安装完成后 Windows 7 会占用 10G 左右的硬盘空间。分区选择过程如图 2-34 所示。

如果用户对当前硬盘分区模式不满意，还可以进行重新分区，选择图 2-34 中的【驱动器选项（高级）】即可出现如图 2-35 所示的分区界面。可以删除分区，调整分区大小。

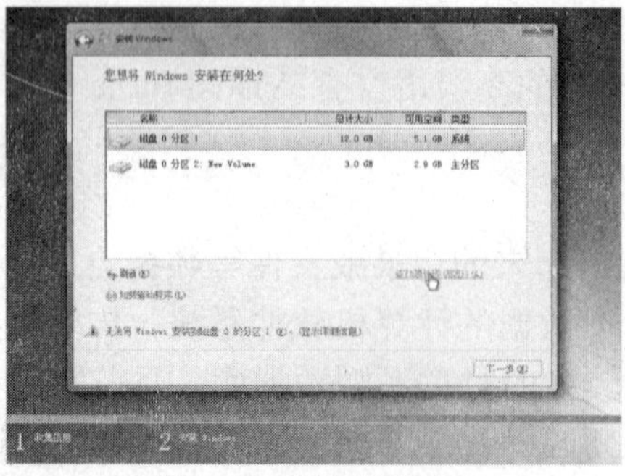

图 2-34 安装分区选择

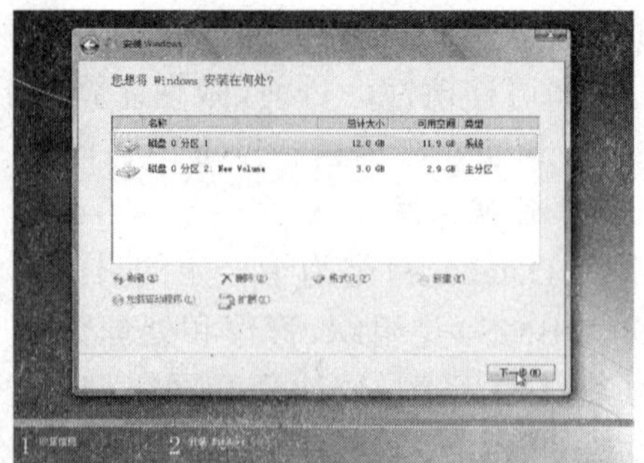

图 2-35 分区调整

调整完成后，点击【下一步】，系统就开始自动安装了，如图 2-36 所示。这一过程会持续半小时左右，安装完成后系统会自动重新启动，并加载桌面，如图 2-37 所示。

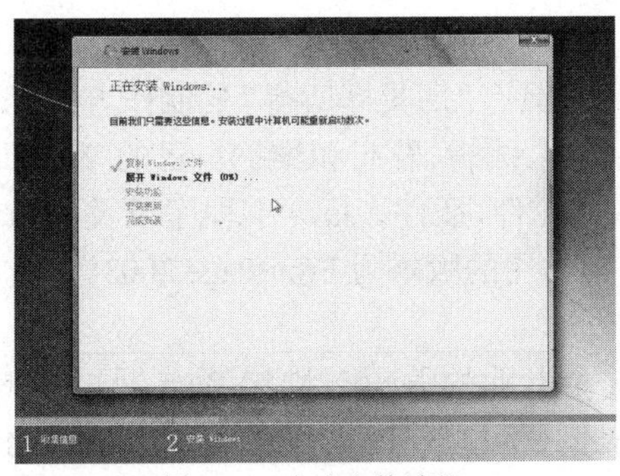

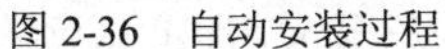
图 2-36　自动安装过程

图 2-37　安装完成

这时， Windows 7 系统已经安装完成，接下来用户还需要安装硬件设备驱动，才能充分发挥计算机的性能。硬件驱动程序一般存储在购买硬件时附带的驱动光盘中，也可以通过互联网下载。

2.3.3　微型计算机常用应用软件

1. 字处理软件

字处理软件主要用于对文件进行编辑、排版、存储、打印。目前常用的字处理软件有 Microsoft Word、WPS 等软件。

（1）Microsoft Word

Word 是 Microsoft 公司办公自动化软件包 Office 中的一个重要组件，主要用于制作各种文档，如书刊、公文、简历和传真等。此外，为了适应网络应用的要求，还可以利用 Word 制作 Web 网页。

（2）WPS

WPS 是我国金山公司研制的自动化办公软件，它具有文字处理、多媒体演示、电子邮件发送、公式编辑、表格应用、样式管理、语音控制等多种功能。

2. 辅助设计软件

目前，计算机辅助设计已广泛用于机械、电子、建筑等行业。常用的辅助设计软件有：AutoCAD、Protel 等。

（1）AutoCAD

AutoCAD 是美国 Auto desk 公司推出的计算机辅助设计与绘图软件，它提供了丰富的作图和图形编辑功能，它功能强、适用面广、便于二次开发，是目前国内使用广泛的绘图软件。

（2）Protel

Protel 是具有强大功能的电子设计 CAD 软件，它具有原理图设计、印制电路板（PCB）设计、层次原理图设计、报表制作、电路仿真以及逻辑器件设计等功能，是电子工程师进行电子设计最常用的软件之一。

3. 图形图像、动画制作软件

图形图像、动画制作软件是制作多媒体素材不可缺少的工具，目前常用的图形图像软件有：Adobe 公司发布的 PhotoShop、PageMaker；Macromedia 发布的 Freehand 和 Corel 公司的 CorelDraw 等。动画制作软件有：Flash、3D Studio MAX、Softimage 3D、Maya 等。

4. 网页制作软件

目前微机上流行的网页制作软件有：FrontPage 和 Dreamweaver。

（1）FrontPage

FrontPage 是 Microsoft 公司的网页开发工具，它具有“所见即所得”的制作方式，用户可以像使用一个简单的字处理软件那样轻松自如地创建、编辑、发布和维护自己的 Web 页面或站点。利用 FrontPage 还可以在网页中加入 ActiveX 控件、插件、Java 小程序以及 JavaScript 和 VBScript 等高级内容，使网站变得更加生动。目前常用的版本为 FrontPage 2003。

（2）Dreamweaver

Dreamweaver 是 Macromedia 公司开发的一个专业的编辑与维护 Web 网页的工具。它是一个“所见即所得”式的网页编辑器，不仅提供了可视化网页开发工具，同时又不会降低对 HTML 源代码的控制。它能让用户准确无误地切换于预览模式与源代码编辑器之间。Dreamweaver 是一个针对专业网页开发者的可视化网页设计工具。

5. 网络通信软件

目前网络通信软件的主要功能是浏览 WWW（万维网）、收发电子邮件（E-mail）、即时聊天、文件上传（FTP）等。常用的 WWW 浏览器有数十种之多，如 Windows 系统自带的 Internet Explorer、360 浏览器、谷歌浏览器、搜狗浏览器、火狐等，它们都具有浏览信息、下载文件、收发邮件等功能。常用的电子邮件收发程序有：Outlook、Internet Mail、Foxmail 等软件。常用的即时通信软件有 QQ、飞信、阿里旺旺、MSN 等。

6. 常用的工具软件

微机中常用的工具软件很多，主要有：压缩 / 解压缩软件（WinRAR、好压、WinZip）、多媒体播放软件（Windows Media Player、快播、暴风影音、千千静听、QQ 音乐）、图形图像浏览软件（ACDSee、Windows 图片查看器）、杀毒软件（360 杀毒、百度杀毒、金山毒霸、瑞星杀毒软件、KV3000）、翻译软件（谷歌翻译、金山词霸、东方快车）等。

2.3.4 常用应用软件的安装

1. 安装 Office 2010

Microsoft Office 是微软公司开发的一套基于 Windows 操作系统的办公软件套装，常用组件有 Word、Excel、PowerPoint 等。最新版本为 Office 2013，目前常用版本为 Office 2010。

Office 2010 的安装方法非常简单，将 Office 2010 的安装光盘放入光驱，找到根目录下的 Setup.exe 文件，鼠标左键双击，运行即可，如图 2-38 所示。运行后，Office 安装程序会自动检测安装环境，如图 2-39 所示。

图 2-38　Office 安装文件

图 2-39　安装准备

接下来 Office 安装程序会要求用户输入安装密钥。如图 2-40 所示。

图 2-40　密钥输入

输入密钥后，用户勾选【我接受此协议的条款】，然后点击【继续】即可安装，如图 2-41 所示。

选择图 2-42 中的【自定义】选项，即可对 Office 安装程序进行配置，主要配置内容为安装组件选择（图 2-43）和安装路径选择（图 2-44）。

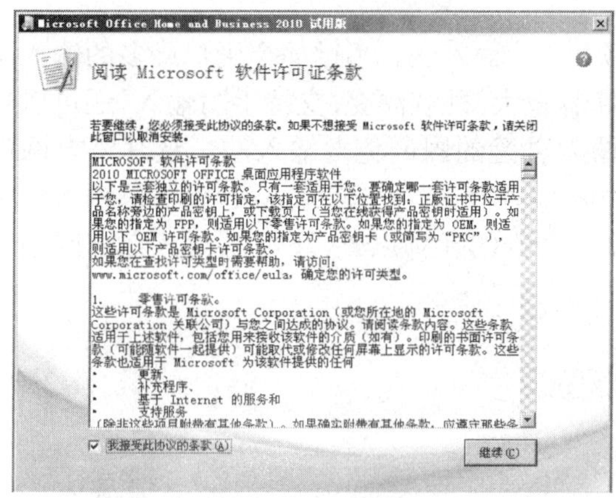

图 2-41　安装协议

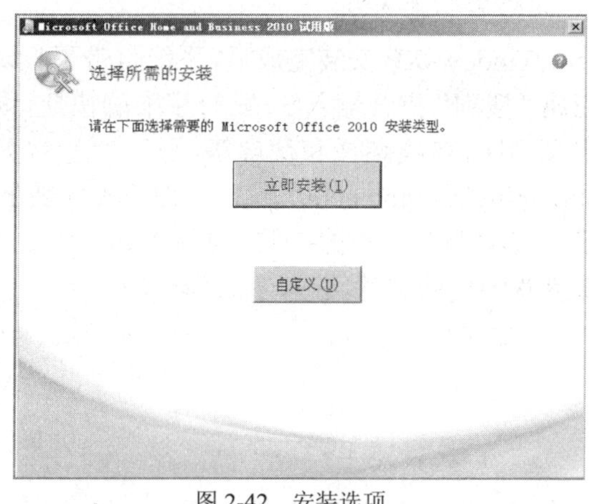

图 2-42　安装选项

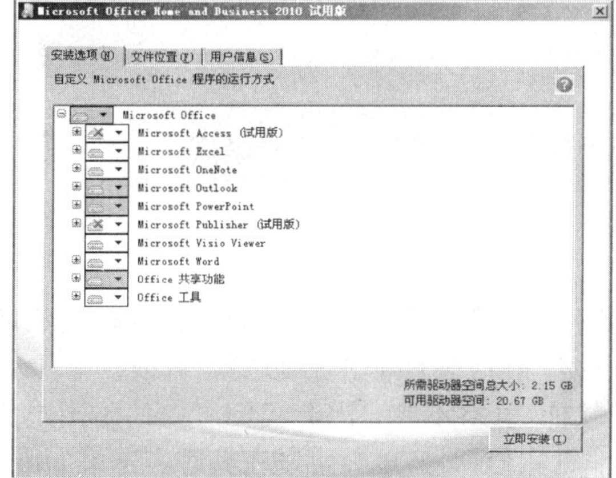

图 2-43　选择安装组件

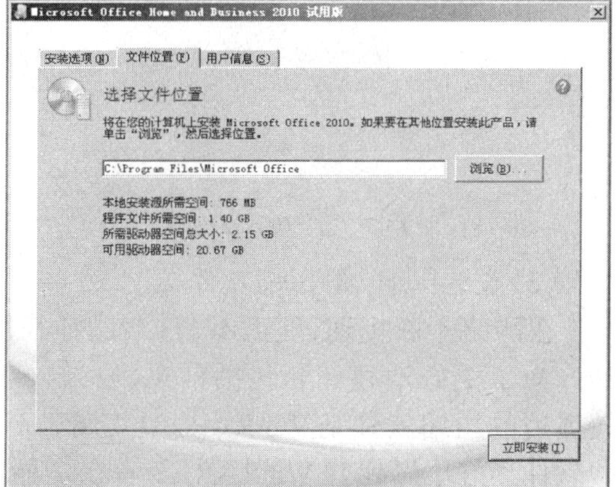

图 2-44　选择安装位置

配置完成后选择【立即安装】即可。安装过程如图 2-45 所示，安装完成后的显示如图 2-46 所示。

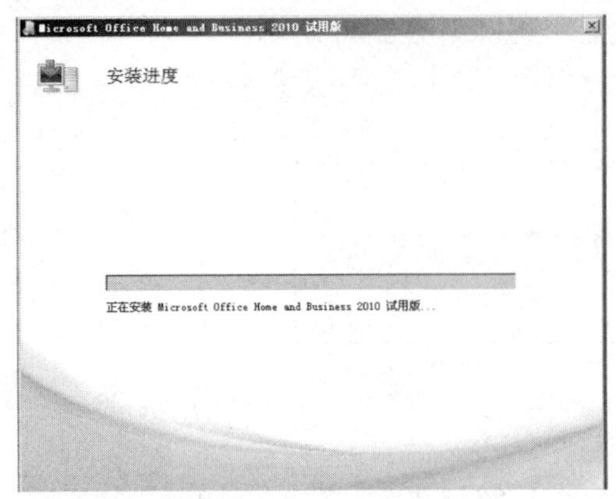

图 2-45 安装过程

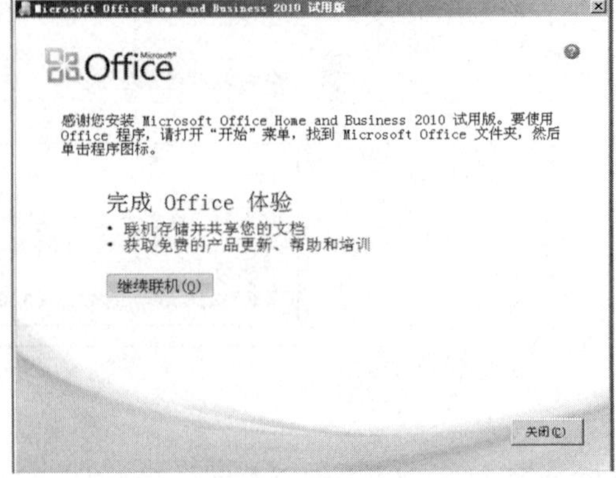

图 2-46 安装完成

安装完成后，点击【关闭】即可打开运行 Office 2010 了。

2. 安装其他应用软件

(1) 安装输入法

WindowsXP 安装完成后，系统自带了"微软拼音"输入法。不过如今用户最多的输入法应属"搜狗"拼音输入法，其打字准确快捷，词库容量大，外观漂亮，支持手写输入，还可以自定义词库，在线翻译和截屏等，是一款非常受国人喜爱的国产免费输入法。从其官方网站 http://pinyin.sogou.com/ 下载后，双击【安装】如图 2-47 所示。安装完成后，就可以输入汉字了。搜狗拥有多彩的皮肤，如图 2-48 所示。除了自带的几种以外，还可以到其官方网站下载喜欢的皮肤文件，让打字成为乐趣。

图 2-47 搜狗输入法安装

图 2-48 多彩的搜狗皮肤

(2) 安装压缩 / 解压缩软件

在网络不断提速、硬盘不断扩容的同时，各种软件程序和媒体文件的体积也在悄然增加。为了更好地存储和传播信息，安装一款压缩 / 解压软件非常有必要。目前国际上比较通用的压缩软件是 WinRAR，但其属于商业软件，价格不菲。因此我们可以使用国产免费软件"好压"代替 WinRAR，二者在功能上非常相似。"好压"可以在其官方网站 http://haozip.2345.com/ 中下载。双击【下载】的文件，即可安装，如图 2-49 所示。安装过程非常迅速，完成后打开主界面如图 2-50 所示。实际使用时，一般用右键菜单实现快速压缩与解压缩，如图 2-51 所示。

图 2-49　启动“好压”安装

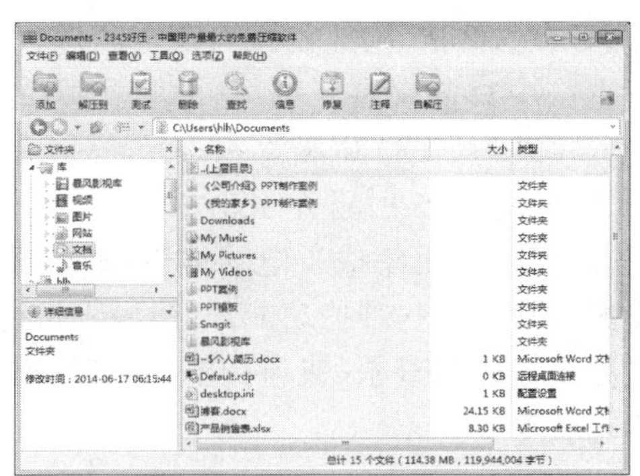

图 2-50　“好压”程序主界面

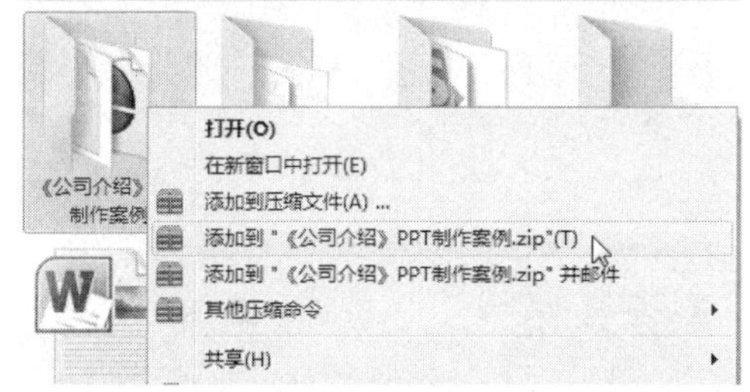

a)右键菜单快速压缩

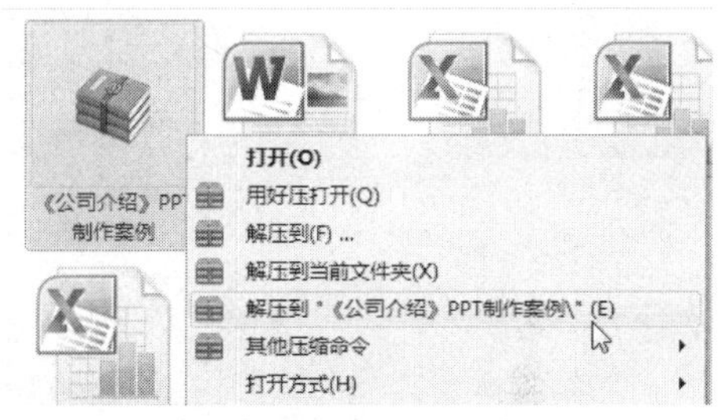

b)右键菜单快速解压缩

图 2-51　利用右键菜单快速压缩和解压缩文件或文件夹

(3)安装媒体播放器

媒体播放器是必备的常用软件，根据媒体类型，一般分为音频播放器、视频播放器、Flash 播放器等。其中视频播放器能够代替音频播放器播放音频文件，常用的视频播放器有快播、暴风影音以及 Windows 自带的 Media Player 等。据 2014 年 6 月份统计，“快播”是目前下载量最大的播放器，其具有资源占用低、操作简捷、运行效率高、扩展能力强等特点，快速成为了国内最受欢迎的万能视频播放器。“暴风影音”多年来一直是广受欢迎的视频播放器，其画质清晰，播放质量高，独有的“左眼键”和“3D”功能也使其拥有众多的用户。两种播放器都支持各主流视频格式，方便用户下在线观看海量网络视频。两种视频播放器的主界面如图 2-52、图 2-53 所示。

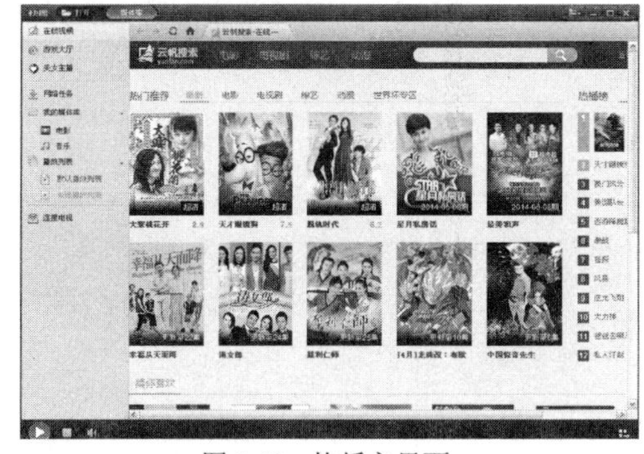

图 2-52　快播主界面

图 2-53　暴风影音主界面

(4)安装杀毒软件

现如今，几乎所有的计算机都连入网络，与外界信息交互十分频繁，极易受到各种病毒、木马、黑客的侵扰，因此安装一款防毒、杀毒软件是必不可少的。通常杀毒软件具有排他性，因此电脑中只需安装一种软件即可。目前应用较多的免费杀毒软件有360安全卫士（杀毒）、百度杀毒、QQ电脑管家等，一些商业软件如金山毒霸、卡巴斯基、瑞星等也可以选择。如图2-54、图2-55所示为360安全卫士和360杀毒的主界面。

360安全卫士集成了电脑体检、木马查杀、系统修复、电脑清理、优化加速、手机助手、软件管家等常用电脑维护功能，同时与手机绑定运行防盗设定、文件传输等功能。360杀毒可以进行全盘扫描查杀、快速扫描、清理垃圾、粉碎文件、上网加速等功能，有些功能与360安全卫士通用。

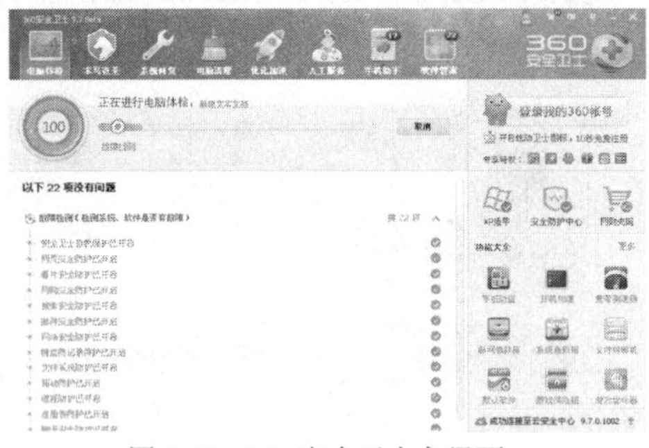

图2-54　360安全卫士主界面

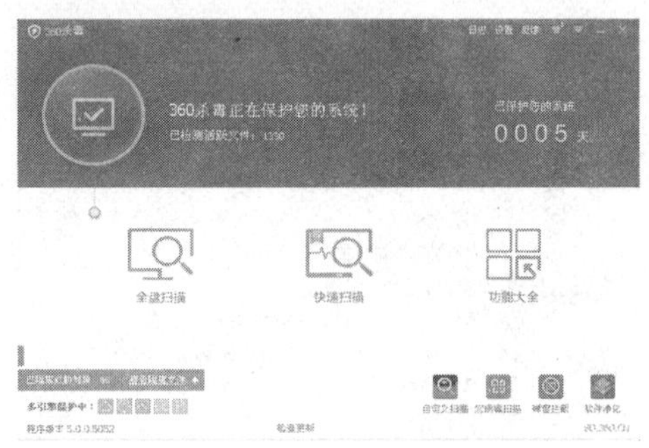

图2-55　360杀毒主界面

任务总结

本章我们主要了解了微型计算机系统的构成，包括硬件系统组成和软件系统构成。通过本章的学习，你应该掌握下面的知识点：

1. 微型计算机系统的组成

（1）微型计算机的硬件系统

（2）微型计算机的软件系统

2. 微型计算机的硬件系统

（1）总线：概念、分类和常用标准

（2）主板：主板的一般结构、各类插槽和接口

（3）CPU的主要功能、性能指标

（4）内存储器：RAM、ROM、Cache

（5）外存储器：硬盘、光盘、移动存储设备

（6）常见输入设备：鼠标、键盘、麦克风、摄像头、扫描仪、手写板

（7）常见输出设备：显示器、打印机、音箱和耳机

3. 微型计算机的软件系统

（1）常用系统软件：操作系统、语言处理程序、数据库管理系统

（2）Windows 7的安装

（3）常用应用软件：字处理软件、辅助设计软件、媒体制作软件、媒体播放软件、网络通信软件、工具软件等

（4）Office 2010的安装、输入法、媒体播放器、压缩软件、杀毒软件等的安装

作业与习题

［作业］

为你自己或你的亲人、朋友配置一台合理价位的计算机，列出硬件清单和软件安装计划。

［习题］

一、选择题

1. 一台完整的计算机系统由________组成。

A. 系统软件和应用软件　　B. 硬件系统和软件系统

C. 主机、键盘、显示器　　D. 主机及其外部设备

2. 一般情况下，“裸机”是指________。

A. 单板机　　B. 没有使用过的计算机

C. 没有安装任何软件的计算机　　D. 只安装操作系统的计算机

3. 计算机硬件包括运算器、控制器、________、输入设备和输出设备。

A. 存储器　　B. 显示器　　C. 驱动器　　D. 硬盘

4. CPU、存储器、I/O 设备是通过________连接起来的。

A. 接口　　B. 总线　　C. 控制线　　D. 系统文件

5. 微型计算机的系统总线是 CPU 与其他部件之间传送________信息的公共通道。

A. 输入、输出、运算　　B. 输入、输出、控制

C. 程序、数据、运算　　D. 数据、地址、控制

6. 下面是关于微型计算机总线的描述，正确的是________。

A. 总线系统由系统总线、地址总线、数据总线和控制总线组成

B. 总线系统由接口总线、地址总线、数据总线和控制总线组成

C. 系统总线由地址总线、数据总线和控制总线组成

D. 地址总线、数据总线和控制总线的英文缩写分别为 DB、CB、AB

7. 微处理器把运算器和________集成在一块很小的硅片上，是一个独立的部件。

A. 控制器　　B. 内存储器　　C. 输入设备　　D. 输出设备

8. 微型计算机硬件系统中最核心的部件是________。

A. 主板　　B. CPU　　C. 内存储器　　D. I/O 设备

9. 配置高速缓冲存储器(Cache)是为了解决________。

A. 内存和外存之间速度不匹配的问题　　B. CPU 和外存之间速度不匹配的问题

C. CPU 和内存之间速度不匹配的问题　　D. 主机和其他外围设备之间速度不匹配的问题

10. CPU 直接访问的存储器是________。

A. 软盘　　B. 硬盘

C. 只读存储器　　D. 随机存取存储器

11. 生产微处理器的主要公司有 Intel 和________。

A. HP　　B. Motorola　　C. AMD　　D. IBM

12. 微处理器有三个重要的性能指标，它们是：时钟频率(主频)、字长和________。

A. 内存寻址范围　　B. 型号　　C. 生产厂家　　D. 生产日期

13. 微处理器的字长是由________所决定的。
A. 地址总线的根数　B. 数据总线的位数　C. 时钟频率　D. 型号

14. 使用多个 CPU 实现超高速计算的技术称为“并行处理”,采用并行处理的目的是为了________。
A. 提高处理速度　B. 提高存储容量
C. 降低每个 CPU 成本　D. 增加每台计算机中 CPU 的数目

15. 在微型计算机系统组成中,我们把微处理器 CPU、只读存储器 ROM 和随机存储器 RAM 三部分统称为________。
A. 硬件系统　B. 硬件核心模块
C. 微机系统　D. 主机

16. 计算机将程序和数据同时存放在机器的________中。
A. 控制器　B. 存储器　C. 输入 / 输出设备　D. 运算器

17. 我们通常所说的内存条指的是________条。
A. ROM　B. EPROM　C. RAM　D. Flash Memory

18. 下面是关于微型计算机存储器系统的层次结构描述,正确的是________。
A. CUP、内存、Cache、外存　B. CUP、Cache、内存、外存
C. 内存、Cache、CUP、外存　D. 内存、外存、Cache、CPU

19. ________表示计算机存储信息的能力,以字节为单位。
A. 存储器容量　B. 存储器地址　C. 存储器编号　D. 存储器类别

20. 微型计算机的内存容量,通常用________的容量来衡量。
A. ROM　B. RAM　C. ROM+RAM　D. Cache+ ROM+RAM

21. 衡量微型计算机内存的性能指标有容量和________。
A. 引线标准　B. 内存条上 RAM 芯片的个数
C. 存取速度　D. 单条内存条的容量

22. 工作中突然断电,则存储器________中的信息将全部丢失,再次通电后也不能恢复。
A. ROM　B. ROM 和 RAM　C. RAM　D. 硬盘

23. 下面关于系统主机板的描述,不正确的是________。
A. 系统主板简称主(机)板或母版
B. 对任何计算机系统而言,主板是通用的
C. 主板上主要布置有:CPU 插座、内存条插槽、CMOS 芯片、BIOS 芯片、Cache 芯片、跳线开关、接口电路等
D. 各主要部件通过总线结构互相连接起来

24. 优盘利用通用的________接口接插到 PC 机上。
A. RS-232　B. 并行　C. USB　D. SCSI

25. 每片磁盘的信息存储在很多个不同直径的同心圆上,这些同心圆称为________。
A. 扇区　B. 磁道　C. 磁柱　D. 以上都不对

26. 磁盘存储信息时,基本的存储单元是________。
A. 磁道　B. 柱面　C. 扇区　D. 磁盘

27. 在微型计算机系统中,________部件存储容量最大。
A. 硬盘　B. 主存储器　C. cache　D. ROM

28. 计算机的内存比外存________。

A. 更便宜　　B. 容量较大

C. 存取速度较快　　D. 虽然价格较高，但存储的信息较多

29. 在微型计算机中，通常把输入 / 输出设备，统称为________。

A. CPU　　B. 存储器　　C. 操作系统　　D. 外部设备

30. 计算机显示器的性能参数中，1024×768 表示________。

A. 显示器大小　　B. 显示字符的行列数

C. 显示器的分辨率　　D. 显示器的颜色最大值

31. 下列设备中，常用作输入的设备是________。

A. 绘图仪　　B. 键盘　　C. 扫描仪　　D. 打印机

32. 下列设备中，常用作输出的设备是________。

A. 鼠标器　　B. 键盘　　C. 显示器　　D. 打印机

33. 微型计算机不可缺少的输入 / 输出设备是________。

A. 键盘和显示器　　B. 键盘和鼠标器　　C. 显示器和打印机　　D. 鼠标器和打印机

34. 显示器是________。

A. 主机的一部分　　B. 一种存储器　　C. 输入设备　　D. 输出设备

35. 计算机辅助设计的英文缩写是________。

A. CAD　　B. CAM　　C. CAE　　D. CAI

36. Windows 7、Windows XP 都是________。

A. 最新程序　　B. 应用软件　　C. 工具软件　　D. 操作系统

37. Oracle 是________。

A. 实时控制软件　　B. 数据库处理软件　　C. 图形处理软件　　D. 表格处理软件

38. 反病毒软件是一种________。

A. 操作系统　　B. 语言处理程序　　C. 应用软件　　D. 高级语言的源程序

39. 下列选项中，________是计算机高级语言。

A. Windows　　B. Dos　　C. Visual Basic　　D. Word

40. 屏幕上每个像素都用一个或多个二进制位描述其颜色信息，256 种灰度等级的图像每个像素用________个二进制位描述其颜色信息。

A. 1　　B. 4　　C. 8　　D. 24

二、简答题

1. 什么是总线？微机中的总线分为哪几种？
2. 微型计算机系统由哪几部分组成？分别说明各部分的内容。
3. 画出微型计算机的基本结构图。
4. CPU 的性能参数主要有哪些？
5. 内存的分类有哪几种？各有什么特点？
6. 外存的分类有哪几种？
7. 光盘常用的有哪几种？各有什么特点？
8. 打印机主要有哪几种？各有什么特点？
9. 常用的系统软件有哪些？应用软件有哪些？

第3章 Windows 7操作系统及其应用

本章导读

操作系统是计算机的核心。本章首先介绍了操作系统的有关概念、分类和功能，之后对Windows 7从基本操作、文件和文件夹管理、系统资源管理三方面做了详细的操作描述，对Windows 7的桌面、窗口、菜单、“我的电脑”、“控制面板”等做了重点介绍。学习本章需要结合任务情境，在你自己的计算机上安装Windows 7操作系统，逐一进行体验和操作，务求全面掌握这些基本的设置，对你在日常工作中使用电脑将会有很大帮助。

学习目标

1. 了解操作系统的基础知识；
2. 掌握Windows 7的基本操作；
3. 掌握文件和文件夹相关操作；
4. 掌握Windows 7系统常见配置操作。

重点难点

1. Windows 7系统的使用；
2. 文件和文件夹管理。

任务情境

王芳新配置的计算机顺利安装了Windows 7操作系统，不过她对这个操作系统还不太熟悉，因为Windows 7相比WindowsXP无论从界面、功能还是操作方式等各个方面都有很大不同。王芳很想用这个操作系统来管理好电脑中的文件和文件夹，安装并管理系统的各种软硬件资源，她该如何实现呢？让我们和王芳一起开始Windows 7操作系统的体验之旅吧。

本章学习计划

内　容	建议自学时间（学时）	学习建议	学习记录
3.1　操作系统基础知识	1	熟悉有关操作系统的概念，了解其分类和功能	
3.2　Windows 7 基本操作	1	根据自己对 Windows 7 的熟悉程度，对桌面、窗口、菜单、对话框等操作逐一查漏，务求熟练掌握	
3.3　文件和文件夹管理	2	熟练掌握文件和文件夹的各种操作，对照内容在自己的计算机上练习	
3.4　系统资源管理	2	尝试对自己的计算机进行各种实际设置，掌握“控制面板”中的常用项目	

3.1 操作系统基础知识

3.1.1 操作系统的概念

操作系统(Operating System)是用来控制和管理计算机的软、硬件资源，合理地组织计算机流程，并方便用户有效地使用计算机的程序集合。

操作系统位于硬件和用户之间，它一方面为用户提供接口，方便用户的使用；同时还直接管理和控制计算机的软、硬件资源，以便充分合理地利用它们。操作系统是其他软件运行的基础，其他所有软件都是建立在操作系统之上的。

3.1.2 操作系统的分类

在操作系统的发展过程中，为满足不同的需要而产生了不同的操作系统。按操作系统的用户数量、处理机调度以及网络中计算机所处的地位等分类，操作系统大致可以分为以下几种：

1. 按用户数量分类

根据在同一时间使用计算机用户的多少，操作系统可分为单用户操作系统和多用户操作系统。

(1)单用户操作系统

单用户操作系统是指计算机在某个时间只为一个用户服务，此用户独占系统资源。单用户操作系统又可分为单用户单任务操作系统和单用户多任务操作系统。单用户单任务操作系统一次只允许运行一个用户程序，如 MS-DOS，单用户多任务操作系统允许用户一次运行多个程序，如 WindowsXP、 Windows 7 等。

(2)多用户操作系统

多用户操作系统允许同一时间内多个用户同时使用计算机，共享软硬件资源，多用户操作系统肯定是多任务的操作系统。如 Linux、 Unix 以及 Windows Server 2003 等。

2. 按处理机调动任务的方式分类

根据处理机调度任务的方式，操作系统可分为批处理操作系统、分时操作系统和实时操作系统。

(1)批处理操作系统

批处理操作系统是将用户提交的作业成批地送入计算机，然后由作业调度程序选择适当的作业运行。批处理操作系统中，多个作业同时存在，中央处理器轮流地执行各个作业。

(2)分时操作系统

分时操作系统是将 CPU 分成时间片，轮流地切换给各终端用户的程序使用。若时间片用完，而程序还未做完，则挂起等待下次分得时间片，把 CPU 分配给下一个作业。由于时间片间隔很短，每个用户的感觉就像独占计算机一样。UNIX 操作系统就是一个典型的分时操作系统。

(3)实时操作系统

实时操作系统是指能及时响应外部事件的请求，以足够快的速度完成系统的处理并做出反应或控制的一种操作系统。实时系统满足了实时控制和实时信息处理领域的需要，如飞机售票系统、航天导弹发射系统、生产过程的自动控制系统等。

3. 按网络中计算机所处的地位分类

（1）网络操作系统

网络操作系统是用于管理网络通信和资源共享，协调各主机上任务的执行，并向用户提供统一的网络接口的操作系统。网络操作系统除具备一般操作系统的功能外，还提供网络通信、网络资源的共享及其他多种网络服务功能。目前常用的网络操作系统主要有 UNIX、NetWare、Windows 系列、Linux 等。

（2）分布式操作系统

分布式计算机系统是指将多台分散的计算机经网络连接而成的系统，系统中的每台计算机既高度自治，又相互协同，能在系统范围内实现资源管理、任务分配，能并行地运行分布式程序。分布式操作系统就是用于管理分布式计算机系统资源的操作系统。常用的分布式操作系统如 MogileFS、fastFDS、WebDAv、DRDB、HDFS 等。

3.1.3　操作系统的功能

操作系统是用户与计算机硬件之间的接口，是对计算机硬件系统的第一级扩充，用户通过操作系统使用计算机系统。操作系统的主要功能包括：处理机管理、存储器管理、文件管理、设备管理、用户接口等。

1. 处理机管理

处理机管理是操作系统的基本管理功能之一，它的主要任务是对处理机进行分配，并对运行进行有效的管理和控制。在多道程序环境下，用户的程序以进程的方式占用系统资源，以分时共享的方式使用处理机资源，因而，对处理机的管理可以归结为对进程的管理。

（1）进程的概念

进程（Process）是一个程序关于某个数据集的一次运行。也就是说，进程是运行中的程序，是程序的一次运行活动，是系统进行资源分配和调度的基本单位。相对于程序，进程是一个动态的概念，而程序是静态的概念，是指令的集合。因此，进程具有动态性和并发性。

为了描述和控制进程，操作系统使用进程控制块（Process Control Block，PCB）描述和控制进程。一个进程由“程序块 + 数据块 + 进程控制块”构成。程序块描述该进程所要完成的任务；数据块包括程序在执行时所需要的数据和工作区；进程控制块包括进程的描述信息、控制信息、资源管理信息和 CPU 现场保护信息等，反映了进程的动态特性。

（2）进程的状态

进程在执行过程中，由于系统中多个进程的并发运行及相互制约，使得进程的状态不断变化。进程在其生命周期中可分为三种基本状态：

①就绪状态。进程已经获得了除处理机以外的一切资源，已经具备运行的条件，一旦得到处理机的使用权，便可立即执行，此时进程所处的状态为就绪状态。处于就绪状态的进程可以有多个，通常把它们放在一个队列中。

②运行状态。进程获得了处理机及运行所需要的资源并正在处理机上运行时，该进程成为运行状态。在单 CPU 系统中，每一时刻只有一个进程处于执行状态。

③阻塞状态。正在运行的进程由于某个突发事件的发生而暂时无法执行下去，此时进程所处的状态为阻塞状态。处于阻塞状态的进程也可以有多个，需要将它们组织为一个队列。

2. 存储管理

存储器是计算机系统的重要资源之一。存储管理主要是指对内存储器的管理，负责对内存的分配和回收、内存的保护和内存的扩充。存储管理的目的是尽量提高内存的使用效率。

（1）内存的分配与回收

在多道程序的环境中，当有作业进入计算机系统时，存储管理模块应能根据当时的内存分配状况，按作业要求分配给它适当的内存。当某个作业完成不再使用内存时，应回收其占用的内存空间，以便供其他用户使用。

（2）地址变换

用户作业的程序通常用高级语言编写，需要通过编译程序或汇编程序编译或汇编成目标程序。目标程序的地址不是内存的实际地址，目标程序使用的地址单元称为逻辑地址（相对地址）。一个用户作业目标程序的逻辑地址集合称为该作业的逻辑地址空间。当程序运行时，程序和数据的实际地址一般不可能和原来的逻辑地址一致，主存中的实际存储单元称为物理地址（绝对地址），物理地址的总体构成了用户程序实际运行的物理地址空间。为了保证程序的正确运行，必须把程序和数据的逻辑地址转换为物理地址，称为地址转换或重定位。

（3）存储扩充

由于物理内存的容量有限，因而难于满足用户的需要，势必影响到系统的性能。在操作系统中，虚拟存储技术、覆盖技术和交换技术是实现在有限的主存空间中运行大于主存容量的程序时常用的方法。

虚拟存储技术是目前操作系统中普遍采用的扩展内存的方法。虚拟存储器实际上是一种并不存在的存储器，是由内存和外存组成的存储器。其基本思想是：把当前正在使用的部分放在内存，其他暂时不用的部分放在外存，运行时操作系统根据需要，自动把保存在外存的部分调入内存。虚拟存储器采用软件的方法实现内存的扩充。虚拟存储器的容量与CPU的地址总线的位数有关。如果CPU的地址线是20位，则虚拟存储器最大寻址范围是1MB；若地址线是64位，则虚拟存储器容量可达16GB。虚拟存储的实现是以牺牲CPU的时间为代价的，大容量的虚拟存储器的使用会降低计算机系统的性能。

3. 设备管理

在计算机系统中，除了处理器和内存之外，其他大部分设备称为外部设备。它包括输入/输出设备、辅存设备及终端设备等。设备管理的主要任务就是对各种外部设备进行有效的管理，为用户提供方便的操作，提高设备的利用率。

设备管理程序的主要功能包括：

（1）提供和进程管理系统的接口：当进程要求设备资源时，该接口将进程要求传给设备管理程序。

（2）设备分配：根据用户的请求，按照某种算法将设备分配给需要的进程。

（3）实现I/O操作：通过调度、执行通道程序或I/O驱动程序，实现I/O设备的操作。

（4）缓冲区管理：主要减少外部设备和内存与 CPU 之间数据速度不匹配的问题，系统中设立了一些缓冲区，并提供对缓冲区的管理，即缓冲区的申请、释放等。

4. 文件管理

文件管理就是要对存放在计算机外存储器中的文件进行组织管理、提供方便的存取和文件的安全保证机制，还要提供一定的系统调用命令。

文件是指存放在计算机存储设备中具有符号名的一组相关信息的有序集合，文件系统就是管理和操作文件的系统。有了文件系统，用户可以方便地在计算机中建立文件、读写文件，以及修改、复制、删除文件。文件系统还负责实现对文件进行按名存取和访问控制，并解决名字冲突，提供文件共享。

由于文件建立和使用的方式不同，文件可以分为多种不同的类型：

（1）按文件的用途可分为系统文件、库文件和用户文件等。

（2）按文件的安全属性可分为只读文件、读写文件、可执行文件和不保护文件等。

（3）按文件的信息流向可分为输入文件、输出文件和输入 / 输出文件等。

（4）按文件的组织形式可分为普通文件、目录文件和特殊文件等。特殊文件是 UNIX 系统采用的技术，把所有的输入 / 输出设备都视为文件（特殊文件）。

5. 用户接口

为了方便用户使用操作系统，操作系统又向用户提供了“用户与操作系统的接口”。操作系统为用户提供了三类接口：命令接口、程序接口和图形用户接口。

（1）命令接口

为了便于用户直接或间接地控制自己的作业，操作系统向用户提供了命令接口。用户可通过该接口向作业发出命令以控制作业的运行，该接口又可分为联机用户接口和脱机用户接口。

联机用户接口由一组键盘操作命令及命令解释程序组成。用户在终端或控制台上键入一条命令后，解释程序对该命令进行解释并执行该命令。在完成指定功能后，控制又返回到终端或控制台上，等待用户键入下一条命令，直至作业完成。

脱机用户接口是为批处理作业的用户提供的，故也称为批处理用户接口。批处理作业的用户不能直接与自己的作业交互，只能把需要对作业进行的控制事先写在作业说明书上，然后将作业连同作业说明书一起提供给系统。当系统调度到该作业运行时，调用命令解释程序，对作业说明书上的命令逐条地解释执行。这样，作业一直在作业说明书的控制下运行，直至作业结束。

（2）程序接口

程序接口由一组系统调用命令组成。用户在程序中可以直接使用这组系统调用命令向系统提出各种服务请求，如使用外部设备、进行有关磁盘文件的操作等。

（3）图形用户接口

图形用户接口采用了图形化的操作界面，用容易识别的各种图标（Icon）将系统的各项功能、各种应用程序和文件，直观、逼真地表示出来。用户可通过鼠标、菜单和对话框来完成对应用程序和文件的操作。采用图形用户接口不必像使用命令接口那样去记住命令名及格式。目前图形用户接口是最常见的人机接口形式。

3.2 Windows 7 基本操作

任务提示

Windows 7 系统安装完成后，Windows 桌面是首先接触到的，也是接触较多的界面，熟悉 Windows 7 界面有利于更熟练地应用各类功能。在这节让我们跟随王芳一起了解一下 Windows 7 系统的新特点，启动、退出的方法，桌面、窗口、菜单以及帮助系统等，初步掌握 Windows 7 系统的使用方法。

3.2.1 Windows 7 新特点

Windows 7 Professional（以下简称 Windows 7）是微软公司 2009 年推出的新一代操作系统，自从微软宣布 2014 年 4 月 8 日后停止对 Windows 7 的所有升级服务后，大批用户转而使用 Windows 7，因此在将来的几年内，个人机将会是以 windows 7 为主流操作系统。与以往的 Windows 系统比较，Windows 7 主要有以下几个特点：

1. 多功能任务栏

由于大多数用户习惯把 Windows 任务栏设置为始终可见，对任务栏的设置就显得尤为重要。Windows 7 的任务栏有三大改进：首先，可以将应用程序固定在任务栏，便于快速启动；其次，在一个被多个窗口覆盖的桌面上，可以使用新的“航空浏览”功能从分组的任务栏程序中预览各个窗口，甚至可以通过缩略图关闭文件；最后，在任务栏的最右边，还有一个永久性的【显示桌面】的按钮。

2. 系统启动快

Windows 7 大幅缩减了 Windows 的启动时间，据实测，在 2008 年的中低端配置下运行，系统加载时间一般不超过 20s，这比 Windows XP 的 40 余秒相比，是一个很大的进步。

3. 使用更方便简单

Windows 7 做了许多方便用户的设计，如快速最大化、窗口半屏显示、跳跃列表、系统故障快速修复等，这些新功能令 Windows 7 成为最易用的 Windows。

4. 人性化的用户账户控制（UAC）

用户账户控制（UAC）是 Windows 7 的一个新功能，可以防止恶意程序破坏计算机。UAC 可阻止未经授权的应用程序自动安装，并可防止在无意中更改系统设置。

5. 安全性能全面提高

Windows 7 包括了改进了的安全和功能合法性，还会把数据保护和管理扩展到外围设备。Windows 7 改进了基于角色的计算方案和用户账户管理，在数据保护和坚固协作的固有冲突之间搭建沟通桥梁，同时也会开启企业级的数据保护和权限许可。

6. 自动电脑清理

当一些没有经验的电脑用户使用电脑时，可能会打乱之前的设置，安装可疑软件，删除重要文件或者是导致各种毁坏。为避免这些问题，Windows 7 中引入 PC 防护（PC Safeguard），当其他电脑用户登录您的电脑时，他们可以进行任何操作，但当注销登录时，其所进行的一系列操作都将会被清除，恢复到之前的状态。

7. 能在系统中运行免费合法 XP 系统

微软新一代的虚拟技术——Windows Virtual PC，程序中自带一份 Windows 7 的合法授权，只要处理器支持硬件虚拟化，就可以在虚拟机中自由运行只适合于 XP 的应用程序，并且即使虚拟系统崩溃，处理起来也很方便。

3.2.2　Windows 7 的启动与退出

1. Windows 7 的启动

当用户启动一台已经安装好 Windows 7 操作系统的计算机时，系统将在引导界面下进行自检，自检结束后，进入 Windows 7 的登录界面，如图 3-1 所示。

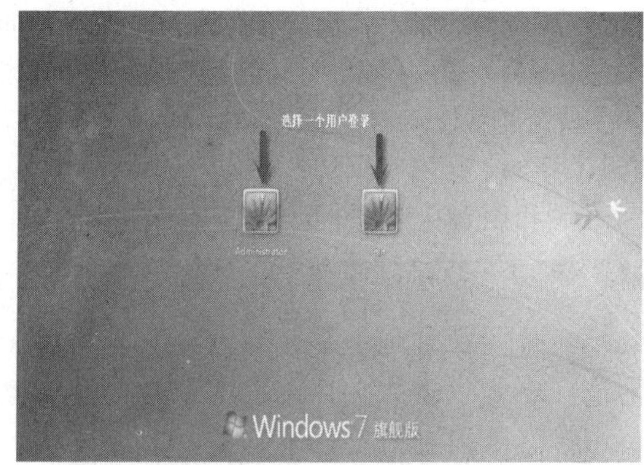

a）登录用户选择

b）输入密码

图 3-1　Windows 7 启动后

若计算机中只设置了一个账户且没有设置启动密码（系统安装时的默认设置），在登录界面下稍等片刻即可进入 Windows 7 操作系统。

若计算机中添加了多个用户账户且没有设置密码，在登录界面将显示多个用户账户的图标，单击某个账户图标即可进入该用户的系统界面 [图 3-1a）]。

若用户账户设置了启动密码，则需要在【输入密码】文本框中输入密码后，按【Enter】键或单击后面的按钮才可进入操作系统 [图 3-1b）]。

2. Windows 7 的注销

Windows 7 中文版是一个支持多用户的操作系统，每个用户都可以进行个性化设置而又不相互影响。为了便于不同的用户快速登录并使用计算机，Windows 7 操作系统提供了注销功能。应用注销功能，用户不必重新启动计算机就可以实现多用户登录，既快捷方便，又减少了对硬件的损耗。具体操作方法如下：

单击【开始】→【关机】右侧的小按钮，弹出快捷菜单，如图 3-2 所示，选择【注销】即可注销当前用户，返回到图 3-1a）的登录界面，重新选择用户登录。

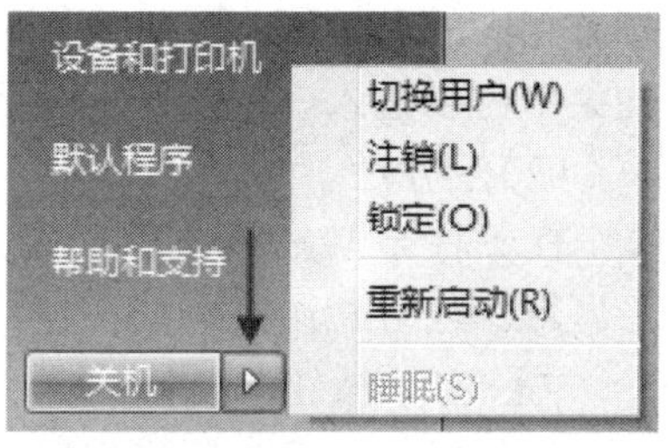

图 3-2　注销和切换用户菜单

切换用户：是指在不关闭当前登录用户的情况下切换到另一个用户，当前用户可以不用关闭正在运行的程序，当再次返回时系统会保留原来的状态。

注销：是指保存设置并关闭当前登录用户。

3. Windows 7 的退出

当用户需要关闭或重新启动计算机时，可退出 Windows 7 操作系统。但退出之前应关闭所有的应用程序，非正常关机可能会造成数据丢失和资源浪费，严重时还可能造成系统损坏。正确退出 Windows 7 操作系统的步骤如下：

（1）关闭系统中所有正在运行的应用程序。

（2）单击【开始】→【关机】，退出操作系统，关闭计算机电源。

（3）或者选择【重新启动】，系统关闭并重新启动计算机。

3.2.3 Windows 7 的桌面

启动 Windows 7 之后，首先出现的就是桌面，即屏幕工作区，如图 3-3 所示。桌面就像个性化的工作台，操作所需的内容都在桌面上显示。桌面上的图标数量与计算机的设置有关。桌面的底部是任务栏，其左端的【开始】按钮是 Windows 7 系统的一个关键元件。【开始】菜单是启动应用程序最基本的工具，单击【开始】按钮右侧快速启动栏中的图标，可以直接启动相应程序。任务栏最右端有输入法、时钟和声音控制图标等。

图 3-3 Windows 7 的桌面

1. 桌面元素

（1）桌面图标

桌面图标是指桌面上那些带有文字标志的小图片，它们可以位于桌面的任何位置。每个图标分别代表一个对象，如文件夹、文档或应用程序。图标为我们提供了日常工作中打开程序和文档的简便方法：双击【应用程序】图标将启动该程序；双击【文档】或【文件夹】图标将打开相应的处理程序。每打开一个程序，桌面上都会出现一个窗口，并在任务栏上出现相应的菜单可以进入。

（2）任务栏

任务栏是 Windows 桌面的一个重要组成部分，默认情况下，位于桌面底部，是一个长条形区域。任务栏由【开始】按钮、任务按钮、快速启动工具栏和指示区组成。

①【开始】按钮与【开始】菜单。

任务栏上最重要的就是【开始】按钮，单击【开始】按钮就会出现如图 3-4 所示的【开始】

菜单。利用【开始】菜单几乎可以完成系统中的所有任务,如启动程序、打开文档、控制面板、寻求帮助、搜索计算机中的文件等。

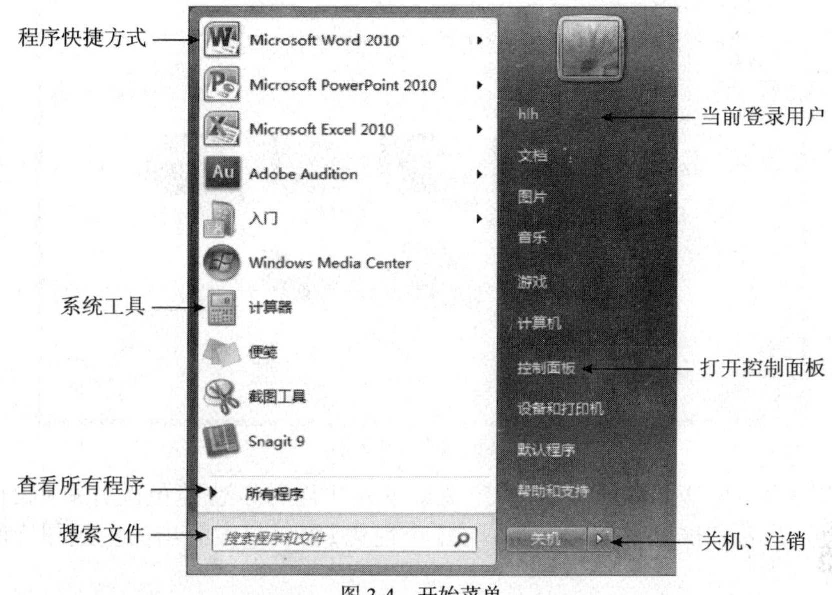

图 3-4 开始菜单

②任务图标。任务栏中的图标表示已打开的文件夹或应用程序的窗口,包括被最小化的或隐藏在其他窗口下的窗口。Windows 7 将同一类程序分组用一个图标代表,当鼠标滑过该图标时,自动显示已打开的窗口,鼠标单击可在不同窗口之间进行切换,如图 3-5 所示。

图 3-5 任务栏图标

③快速启动工具栏。【开始】按钮右侧是【快速启动】工具栏。该工具栏的作用与桌面上的图标类似,但只需单击即可打开程序。因任务栏一般不会被程序窗口遮盖,用户可随时单击相应按钮切换到其他程序,使操作更加方便。

④指示区。指示区又称系统托盘,位于工具栏的最右侧,其中显示系统时钟、声音、网络连接、输入方法和其他后台运行的程序。

2. 桌面个性化设置

Windows 7 对个性化桌面设置的支持功能非常丰富。右击桌面空白处,从快捷菜单中选择【个性化】选项,打开【个性化】窗口,如图 3-6 所示。个性化设置包括桌面背景、主题、窗口颜色、屏幕保护程序等内容。

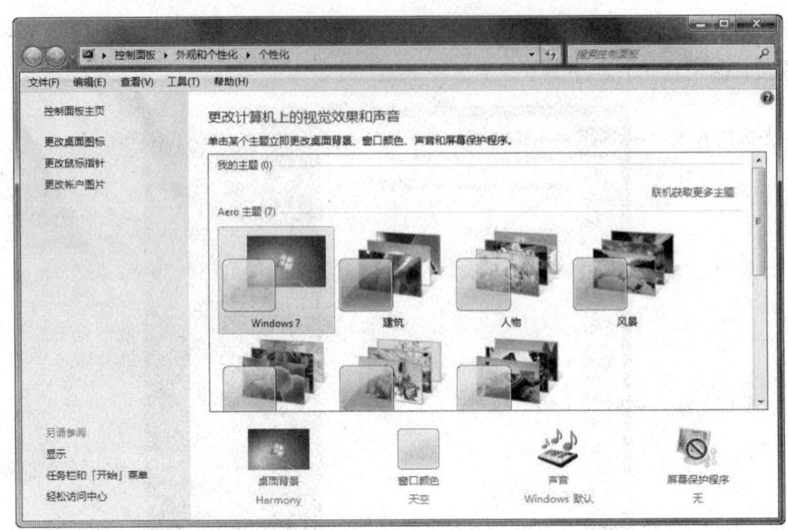

图 3-6 【个性化】窗口

（1）设置主题：在 Windows 7 中，用户通过使用主题可以快速更改计算机的桌面背景、窗口边框颜色、声音和屏幕保护程序等。在【个性化】窗口单击列出的主题图标就可以直接应用该主题。

（2）设置桌面背景：在【个性化】窗口单击【桌面背景】链接或该链接上方图片时，打开【桌面背景】窗口，如图 3-7 所示。用户可以点击列出图片左上角复选框来选择一个或多个背景图片，也可以点击【浏览】按钮添加自定义图片。图片位置有填充、适应、拉伸、平铺和居中五种效果，当用户选择多个图片时，桌面背景将轮流显示选中的图片，用户可以设置图片显示间隔时间和是否无序播放，最后点击【保存修改】按钮完成操作。

图 3-7 【桌面背景】窗口

（3）设置窗口颜色：在【个性化】窗口单击【窗口颜色】链接或该链接上方图片时，打开【窗口颜色和外观】窗口，如图 3-8 所示。用户可以单击选择【颜色】图标来更改窗口边框、【开始】菜单和任务栏的颜色，单击【高级外观设置】可以对特定项目进行个别定制。

（4）设置屏幕保护程序：屏幕保护程序有省电的作用，还可以保护显示器。在【个性化】窗口单击【屏幕保护程序】链接或该链接上方图片时，打开【屏幕保护程序设置】窗口，如图 3-9 所示。用户从【屏幕保护程序】下拉框中选择喜欢的屏幕保护程序，可以点击【预览】按钮查看效果，设置屏幕保护程序的等待时间，选择是否恢复时显示登录屏幕，分别单击【应用】和【确定】按钮完成操作。

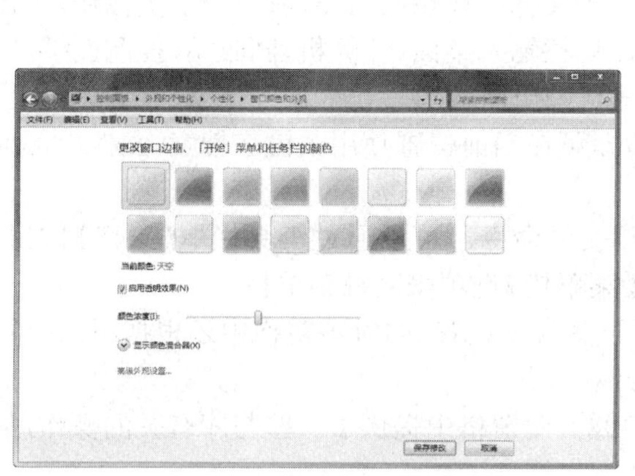

图 3-8　【窗口颜色和外观】窗口

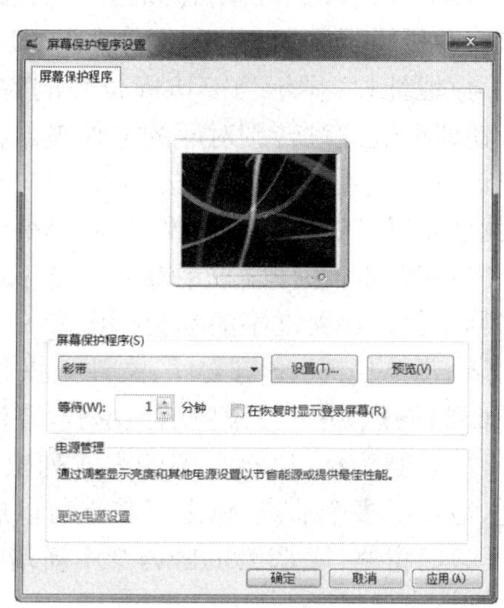

图 3-9　【屏幕保护程序设置】窗口

3.2.4　窗口和对话框操作

1. Windows 7 窗口组成

当运行程序或打开文档时，Windows 系统会在桌面上开辟一个称为“窗口”的矩形区域，用户的大部分操作与窗口相关，如【打开 / 关闭】窗口、【最大化 / 最小化】窗口、【拖动】窗口等。

Windows 7 窗口主要由标题栏、【后退】和【前进】按钮、工具栏、地址栏、搜索框、菜单栏、导航窗格、库窗格、文件窗格和细节窗格等组成。下面以【文档库】窗口为例，如图 3-10 所示，介绍各个组成部分的功能。

图 3-10　【文档库】窗口

(1)标题栏:位于窗口最顶部,显示当前应用程序名、文件名等,在许多窗口中,标题栏也包含【程序图标】、【最小化】、【最大化】、【还原】和【关闭】按钮等。

(2)【后退】和【前进】按钮:用于快速访问上一个或下一个已浏览过的位置。单击【前进】按钮右侧的小箭头后,可以显示浏览列表,实现快速定位。

(3)工具栏:用于自动感知当前位置的内容,并提供可以进行的操作选项。例如在【文件库】窗口,显示了很多文件和文件夹,工具栏提供【组织】、【共享】、【新建文件夹】等选项。

(4)地址栏:显示当前访问位置的完整路径,路径的每一个文件夹节点显示为按钮,单击按钮即可快速跳转到对应的文件夹。在每个文件夹按钮的右侧,有一个箭头按钮,单击可列出该按钮位置下所有的文件夹。用户在地址栏输入桌面、计算机、回收站、控制面板、网络等,就可以直接访问这些位置,从而提高计算机的访问效率。

(5)搜索框:在搜索框中输入关键字后,即可在当前位置使用关键字搜索,文件内部或文件名称中包含该关键字的都会列出来。

(6)菜单栏:列出与文件、文件夹操作相关的命令。可以通过工具栏中【组织】按钮,选择【布局】→【菜单栏】来显示菜单栏,取消【菜单栏】选项来隐藏菜单栏。

(7)导航窗格:以树形图的方式列出了一些常见位置,同时该窗格中还根据不同位置的类型,显示了多个节点,每个子节点可以展开和合并。

(8)库窗格:库是 Windows 7 中新增的功能,库窗格中提供了一些与库有关的操作,如更改排列方式。

(9)文件窗格:列出当前浏览位置包含的所有内容,例如文件、文件夹及虚拟文件夹等。

(10)细节窗格:在文件夹窗格中单击某个文件或文件夹后,细节窗格中就会显示该对象的属性信息,具体显示内容与所选对象的类型有关。

2. 窗口操作

(1)打开与关闭窗口

在桌面、资源管理器或【开始】菜单等位置,单击或双击对应图标、菜单选项或文件对象,都可以打开对应的窗口。例如,双击桌面【计算机】图标,可打开【我的电脑】窗口,如图 3-11 所示。

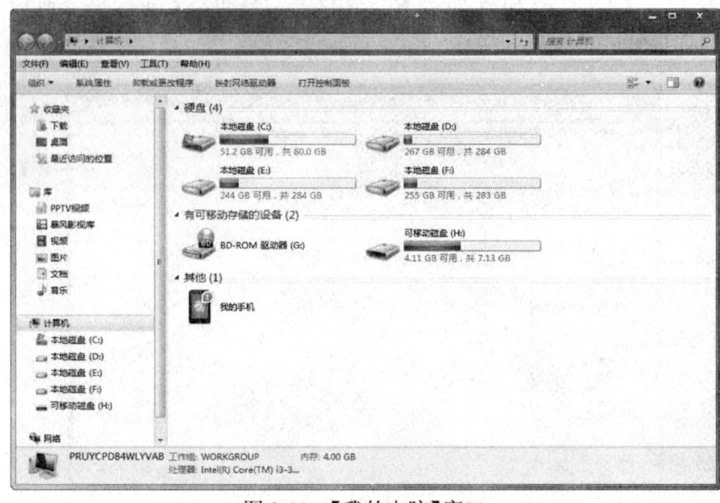

图 3-11 【我的电脑】窗口

关闭窗口可以通过下列方式实现：

①单击窗口的【关闭】按钮。

②按【Alt+F4】组合键。

③按【Ctrl+W】组合键。

④右击已打开窗口在任务栏上的单个图标，在快捷菜单中选择【关闭窗口】命令。

⑤多个窗口以组的形式显示在任务栏上，可以在一组项目上右击，选择【关闭所有窗口】命令关闭全部窗口。

⑥鼠标单击多个窗口以组的形式显示在任务栏上的图标，出现窗口缩略图，单击缩略图右上角【关闭】按钮。

（2）最小化、最大化和还原窗口

最小化、最大化和还原窗口可使用以下方法：

①使用窗口按钮，单击窗口右上角的【最小化】按钮，【还原】按钮（或【最大化】按钮），【关闭】按钮。

②使用快捷菜单，右击窗口的标题栏，在快捷菜单中选择【最小化】、【最大化】或【还原】命令。

③双击操作，当窗口最大化时，双击可还原窗口；反之，则最大化窗口。

④使用任务栏菜单命令，右击任务栏空白区域，从快捷菜单中选择【显示桌面】命令会将所有打开窗口最小化以显示桌面。再次右击任务栏空白区域，从快捷菜单中选择【显示打开的窗口】命令会还原所有最小化的窗口。

（3）移动和改变窗口大小

在 Windows 系统中，可以将窗口移动到桌面的任何位置，可以改变窗口的大小。移动和改变窗口大小通过拖动鼠标来完成。

①移动窗口：鼠标指针移至操作窗口标题栏上，按下鼠标左键，移动至预期位置后释放鼠标即可。

②改变窗口大小：鼠标放在窗口的四个角或四条边上，当指针变成双向箭头时，按下鼠标左键进行拖动，调整到理想大小释放鼠标即可。已经最大化的窗口不能改变大小。

（4）自动排列窗口

Windows 提供了层叠、堆叠和并排三种排列窗口方式。右击任务栏的空白区域，从快捷菜单中可以选择使用层叠、堆叠或并排的窗口排列方式，如图 3-12 所示。

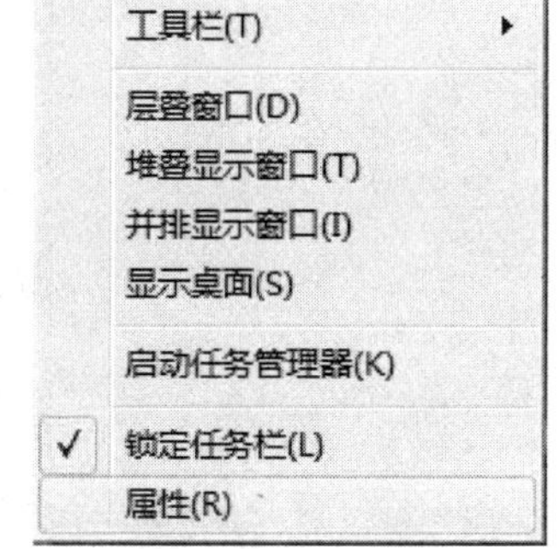

图 3-12 【任务栏】快捷菜单

（5）切换窗口

当用户打开较多的应用程序和文档时，桌面上的多个窗口会相互遮挡，如何快速地从当前窗口切换到要使用的窗口呢？切换窗口的方法有：

①使用任务栏，在 Windows 7 系统中，每个打开的窗口在任务栏上都有对应的图标，单击要使用窗口对应的图标，该窗口就会出现在最前方，成为活动窗口。

②使用【Alt+Tab】组合键，【Alt+Tab】组合键可以切换到上一个查看的窗口。按住【Alt】键并重复按【Tab】键可以在所有打开的窗口缩略图和桌面之间循环切换，当切换至要

使用的窗口时，释放【Alt】键即可。

③使用 Flip 3D，以三维的方式排列所有打开的窗口和桌面，可以快速切换窗口和浏览窗口内容。按下【Win】键，重复按【Tab】键即可使用 Flip 3D 切换窗口，如图 3-13 所示。当切换至要使用的窗口时，释放【Win】键即可。

图 3-13 【Flip 3D 切换】窗口

3. 对话框

在 Windows 系统中，对话框是一类特殊窗口，它没有【控制菜单】图标、【最大 / 最小化】按钮，窗口不能改变大小，用户可以对其进行移动或关闭操作。选择了菜单中带有【…】的选项或程序运行过程中需要用户输入某些参数时，都会弹出对话框窗口。

对话框可以分为模式对话框和非模式对话框两种。模式对话框就是不处理它就没法处理父窗口，而非模式对话框就是不用先处理此对话框也可以处理父窗口。例如，在【本地连接状态】窗口单击【详细信息】按钮，打开【网络连接详细信息】对话框，再对【本地连接状态】窗口就不能操作，这就是模式对话框，如图 3-14 所示；在【系统】窗口，点击【远程设置】链接，打开【远程】选项卡对话框后，还可以操作【系统】窗口，如点击【更改设置】按钮，这就是非模式对话框，如图 3-15 所示。

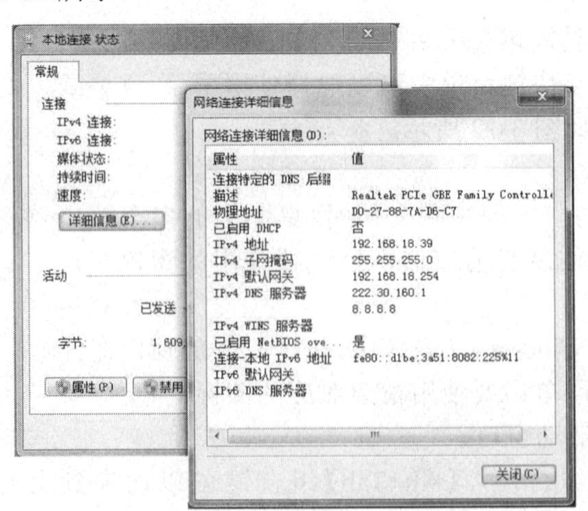

图 3-14 模式对话框

图 3-15 非模式对话框

最简单的对话框只有几个按钮，而复杂的对话框可以由下列多个组件构成。

（1）命令按钮：如图 3-16a）所示，鼠标单击或光标定位到命令按钮后按回车键即可执行该命令。按钮名称为灰色的表示无效按钮。

（2）单选按钮：如图 3-16d）所示，一组按钮只能选中一个。鼠标单击选项（或敲【Alt】+括号内选项字母）即可选中，选中的项目左边圆圈中有黑点。

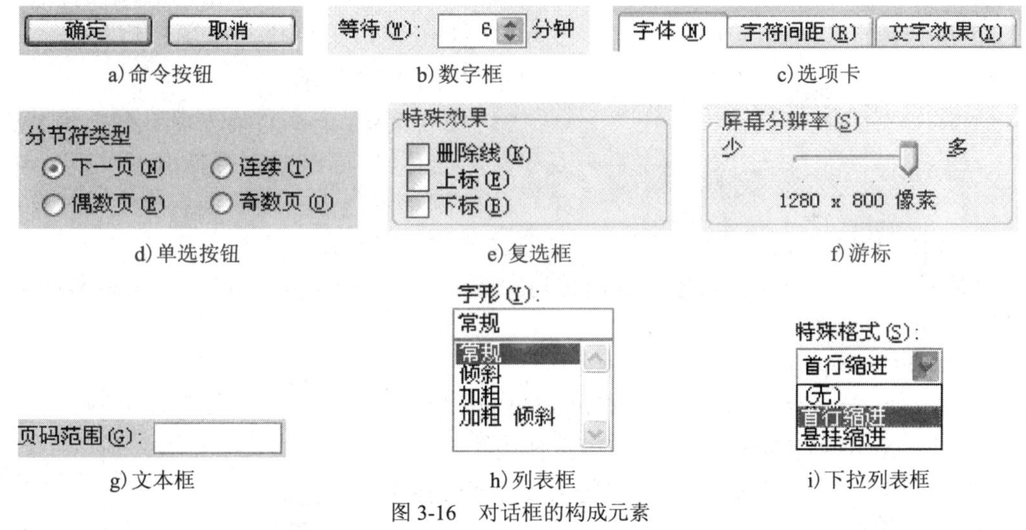

a）命令按钮　b）数字框　c）选项卡

d）单选按钮　e）复选框　f）游标

g）文本框　h）列表框　i）下拉列表框

图 3-16 对话框的构成元素

（3）复选框：如图 3-16e）所示，允许同时选中一组按钮中的零或多个。鼠标单击选项或光标定位到该项后按空格键可选中，选中的项目左边方框中有"√"号。

（4）文本框：如图 3-16g）所示，用于输入简短的文字信息。定位光标到文本框，框中出现闪烁的光标后输入所需文字。

（5）下拉列表框：如图 3-16i）所示，用来显示可供选择的多行列表信息。单击三角形符号或定位光标到该项后按方向键【↓】可打开列表，用鼠标单击或用方向键【↑】或【↓】选择所需项目，然后回车可选择一项。

（6）列表框：如图 3-16h）所示，与下拉列表框作用、操作均相同，只是不用打开列表。

（7）数字框：如图 3-16b）所示，用于输入数字信息。单击上下三角形增减按钮或定位光标后按方向键【↑】或【↓】可增减数字，也可直接输入。

（8）选项卡：俗称标签，如图 3-16c）所示，当一个对话框中包含多个界面时，每个界面有一个标签形式的标题，单击标题或定位光标后按方向键【←】或【→】可打开对应的界面。

（9）游标：如图 3-16f）所示，又称滑动按钮，鼠标拖动或单击两侧可以快速形象地调整参数。光标定位到游标后，用光标移动键也可达到同样效果。

3.2.5 菜单操作

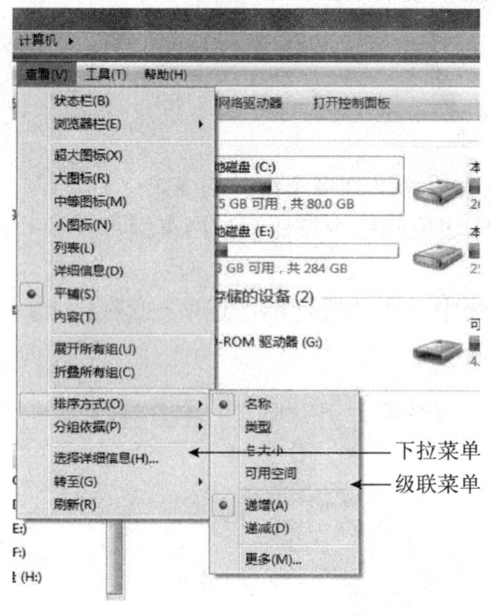

图 3-17 下拉菜单和级联菜单

1. 菜单

菜单是一组“操作名称”的列表，可以看作是各种操作的入口，通过简单的鼠标点击就可实现各种操作。

Windows 7 系统中的菜单有【开始】菜单、下拉菜单、级联菜单和快捷菜单四类。

（1）【开始】菜单：点击桌面左下角按钮即可打开【开始】菜单，选择程序，如图 3-4 所示。

（2）下拉菜单：单击一个菜单名或图标展开的菜单，如单击窗口菜单栏一个项目可打开一个下拉菜单，如图 3-17 所示。

（3）级联菜单：菜单的某一项不是操作名称而是子菜单名称，鼠标指向它可弹出下一级菜单，菜单项的右侧有黑色小三角的表示该菜单项有级联菜单，如图 3-17 所示。

（4）快捷菜单：右击操作对象会弹出该对象在当前状态下的可用操作和状态名称，如图 3-18 所示。

2. 菜单的符号约定

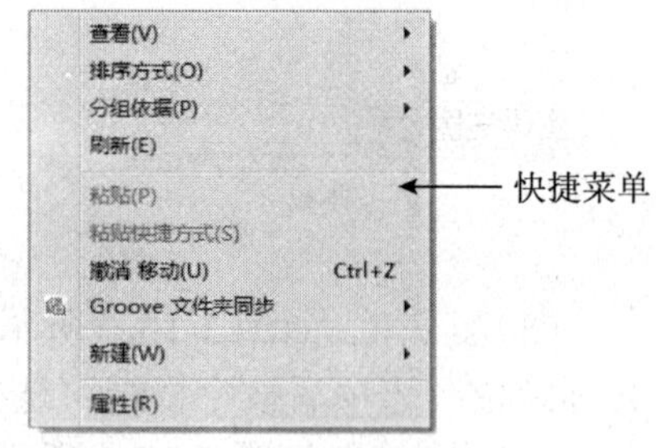

图 3-18 快捷菜单

（1）分组线：菜单中属于同一类型的项目排列在一起，成为一组，各组间用横线分隔，方便用户使用。

（2）无效选项：菜单中标记的文字符号是灰色的，表示该菜单项当前无效。

（3）省略号（…）：菜单项右边带有省略号，表示单击该菜单项会弹出一个对话框，需要用户输入信息或进行参数设置。

（4）右箭头（▶）：表示该菜单项有级联菜单，鼠标指针指向该项后会弹出其级联菜单。

（5）选项右边的对号（√）：多选项目的选中标记，一组可以选择任意多个。

（6）选项后括号中的字母：括号中加下划线的字母是该选项的键盘操作代码。打开菜单后，直接键入该字母即可执行相应操作，与单击该菜单项效果相同。

（7）选项后的组合键：表示该选项的快捷键，不用打开菜单，直接按此组合键即可执行该项功能。

3.2.6　设置中文输入法

输入法是指为了将各种符号输入计算机或其他设备（如手机）而采用的编码方法，中文输入法是指为了将汉字输入计算机或手机等电子设备而采用的编码方法，是中文信息处理的重要技术。除了系统自带的输入法外，Windows7 还允许用户安装使用其他输入法，例如五笔输入法、谷歌拼音输入法、搜狗拼音输入法等。

1. 输入法的选择与转换

Windows 7 启动之后，任务栏的指示区都会有输入法指示图标，单击该图标会出现一个输入法菜单，如图 3-19 所示。菜单项数目视安装情况而定，可使用鼠标从中单击【选择】一项。如果使用键盘操作，缺省情况下，按【Ctrl+Shift】键进行各项输入法之间的转换；按【Shift】键进行中英文输入法之间的切换。

2. 输入法状态条的使用

选择一种输入法后，屏幕上会出现一个输入法状态条。【搜狗拼音输入法】的状态条如图 3-20 所示。输入法状态条表示当前的输入状态，可通过单击状态条上的按钮或按快捷键来切换状态。

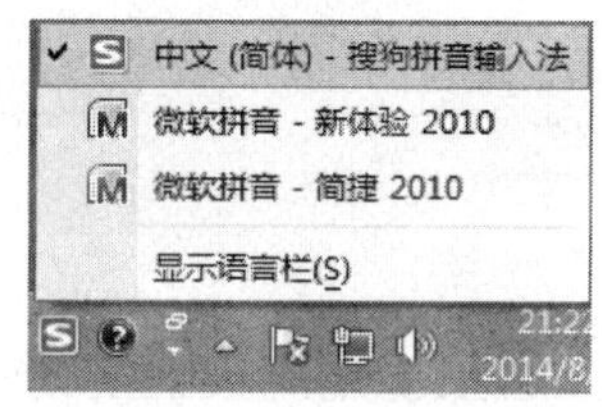

图 3-19　输入法菜单

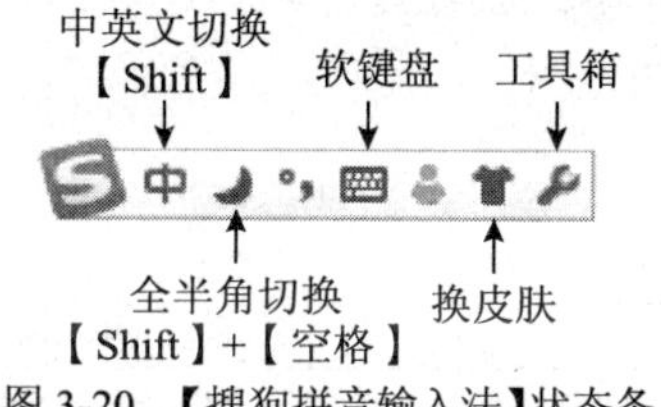

图 3-20　【搜狗拼音输入法】状态条

（1）全角与半角

输入法状态条上有一个【全角 / 半角】切换按钮，可通过鼠标单击切换。在全角输入模式下，输入的所有字符和数字等均为占 2 个字符显示位置的汉字符号和数字；在半角输入模式下，输入的所有字符和数字等均为占 1 个字符显示位置的英文符号和数字。

（2）软键盘

使用软键盘可以增加用户输入的灵活性。右键单击【软键盘】按钮，弹出软键盘菜单，选择一种软键盘后，屏幕上会出现一个键盘图，如图 3-21 所示，其中标出每个键位对应的符号。微软拼音输入法的 12 种软键盘包含了大部分可输入的常用符号。可以使用鼠标单击所需符号，也可以使用键盘敲击相应键位。

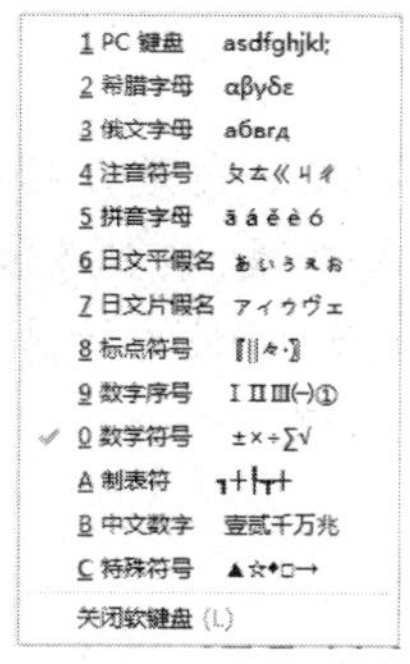

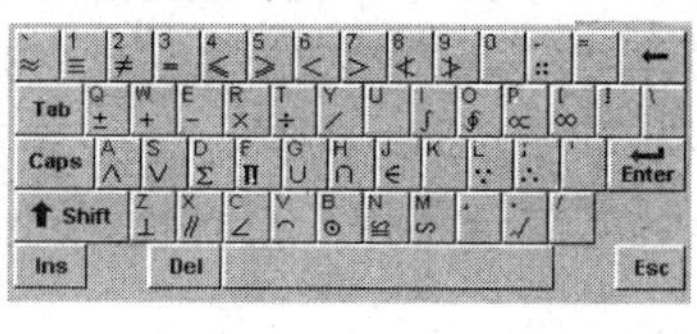

图 3-21　软键盘及菜单

注意：大部分汉字输入法在小写状态下输入汉字，大写状态下输入英文符号，因此进行汉字输入时要注意【Caps Lock】键的状态。

3.2.7 使用帮助系统

【帮助和支持】中心是全面提供各种工具和信息的资源，使用搜索、索引或者目录，可以广泛访问各种联机帮助系统，如图 3-22 所示。

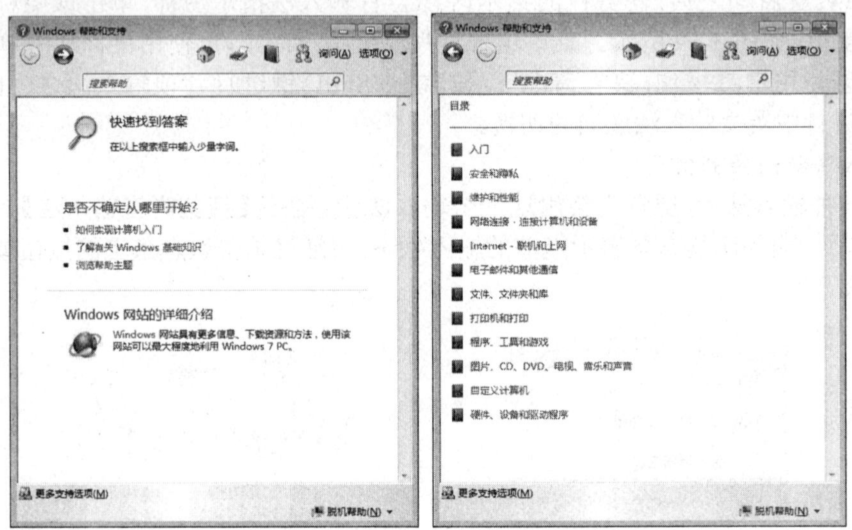

图 3-22 【Windows 帮助和支持】窗口

打开 Windows 7 联机帮助系统的方法：

(1)单击【开始】按钮，选择【帮助和支持】菜单项。

(2)在桌面上直接按【F1】。

可以用搜索和索引两种方式使用帮助系统：

(1)【搜索】：输入关键词可搜索相关资源。

(2)【索引】：单击【浏览帮助主题】按钮，打开【目录】窗口，按主题查看帮助内容。

3.3 文件和文件夹管理

任务提示

文件管理是操作系统的重要功能，磁盘上的文件和文件夹是数据的表现，合理的文件存放有利于用户科学有效的管理文件，快速实现文件查找、读取等操作。王芳以前搜集整理了许多各类型的电子资料，她想把这些资料保存到新买的计算机上，让我们跟随她一起学一下 Windows 7 下的文件和文件夹的管理方法吧。

3.3.1 基本概念

为了掌握信息资源管理的方法和操作，首先明确几个概念。

1. 文件和文件夹

文件是存储在一定介质上的一组信息的集合。电脑中的文件可以是文档、程序、快捷方式和设备。文件是由文件名和图标组成，一种类型的文件具有相同的图标，用相同的扩展名来表示，文件名不能超过 255 个字符（包括空格）。

文件夹是用来协助人们管理计算机文件的，每一个文件夹对应一块磁盘空间，它提供了指向对应空间的地址，它没有扩展名，也就不像文件那样格式用扩展名来标识。

2. 快捷方式

快捷方式是 Windows 7 的一个重要概念。在桌面或文件夹窗口中，快捷方式与文件或文件夹的形式相似，也以带有名称的图标形式存在，图标的左下角一般有一个小箭头作为标志。快捷方式的扩展文件名是“.LNK”，它是一个很小的文件，其中存放的是一个实际对象（程序、文件或文件夹）的地址，如图 3-23 所示。双击快捷方式就可对它所代表的对象进行操作，快捷方式可以放在桌面上，也可以放在任意文件夹中。【开始】菜单中的很多项目都是快捷方式。使用快捷方式的好处是，可以在多个方便的地方操作对象，而又不用存放对象的多个副本，节省存储空间。

图 3-23 【快捷方式】示意图

3. 剪贴板

剪贴板是为了临时存储被剪切或复制的信息而在内存中开辟的一个存储空间，剪贴板在 Windows 中无时不在，剪切、复制或粘贴信息时可使用剪贴板。放到剪贴板上的信息在被其他信息替换或退出 Windows 之前，一直保存在剪贴板上。剪贴板不但可以存放文本，还可以存放图像、声音等其他媒体信息，利用剪贴板可以在使用不同数据格式的程序之间传输信息。

4. 回收站

在进行信息资源管理时，难免会由于误操作将有用的文件或文件夹删除。Windows 7 为用户提供了一个挽回损失的方法，借助回收站可恢复这些对象。在删除 Windows 7 中的文件或文件夹时，Windows 7 会将其放到回收站，此时回收站图标从空变为满。当用户发现某些对象还有用，可以方便地恢复它们。

3.3.2　熟悉【我的电脑】

双击桌面【计算机】图标，打开【我的电脑】窗口，如图 3-24 所示。【我的电脑】窗口，包含用户电脑中基本硬件资源的图标，通过此窗口可以浏览计算机，并可复制、格式化磁盘等。窗口由几大板块组成的，从上到下是标题栏、地址栏、菜单栏、工具栏、工作区、控制面板、状态栏。

（1）标题栏：打开我的电脑就是窗口最上面的就是标题栏。

（2）地址栏：地址栏顾名思义就是输入地址的，Windows 7 默认是写的“计算机”。

（3）菜单栏：菜单栏是大家平常见的最多的一个栏。Windows 7 默认是“文件、编辑、查看、收藏、工具、帮助”，和 Windows 7 菜单一样的。

（4）工具栏：工具栏是平常使用最多的工具。Windows 7 默认是“组织、系统属性、卸载或更改程序、映射网络启动器、打开控制面板”。

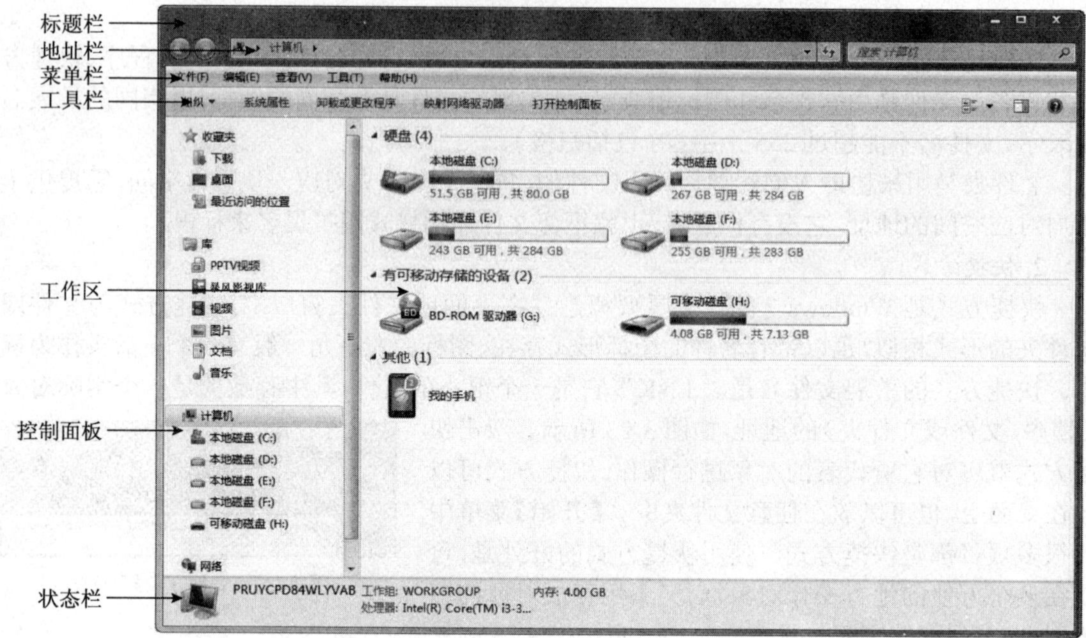

图 3-24 【我的电脑】窗口

(5)工作区：默认是显示有多少盘符，分别叫什么名字，硬盘大小等信息都可以在工作区上看到。

(6)控制面板：主要是控制电脑磁盘。从左边可以看到有多少个盘符，是为了方便快捷地使用。

(7)状态栏：一般是显示当前在使用的硬盘容量信息。当没有点中，磁盘里默认是显示电脑的内存大小。

3.3.3 选择、打开对象

在对文件等对象进行操作之前，首先要选中操作对象。在资源管理器窗口中选择对象的方法和桌面上选择对象的方法类似。传统显示方式下选择对象可分为如下几种情况。

(1)选定单个对象

①鼠标：单击欲选对象。

②键盘：按【Tab】键，将光标移到右窗格，按【↑】、【↓】、【→】、【←】光标移动键，选中对象。

(2)选定多个连续对象

①鼠标：在右窗格中，按住鼠标左键进行拖动，在鼠标按下的位置与鼠标当前位置之间形成一个虚线框，虚线框中的对象都会被选中；或单击第一个欲选对象，然后按住【Shift】键，再单击最后一个欲选对象，则两个对象之间的所有对象都会被选定。

②键盘：按【Tab】键，将光标移到右窗格，按光标移动键，选中第一个欲选对象，按住【Shift】键，使用光标移动键，移动光标到欲选的最后一个对象。

(3)选定多个不连续对象

①鼠标：在右窗口中，按住【Ctrl】键，单击每一个欲选对象。

②键盘：按住【Ctrl】键移动光标，到欲选对象位置时，释放【Ctrl】键，按空格键。重复以上操作到全部选中欲选对象。

（4）选定大部分对象

当需要选定一个文件夹中绝大多数对象时，可以按【Ctrl+A】键选定文件夹中所有的对象，然后按【Ctrl】键，用鼠标单击每个不需要的对象。或先选定所有不需要的对象，然后单击【编辑】→【反向选择】命令。

选中需要打开的对象后，单击【文件】→【打开】命令，或单击快捷菜单中的【打开】命令，均可打开相应对象。

3.3.4　复制、移动、发送对象

1. 复制和移动对象

复制或移动对象有以下几种方法：

（1）鼠标拖动

操作之前首先选中操作对象（一个或多个），然后通过对滚动条和【+】、【-】标志的操作使左窗格显示出目标文件夹，将右窗格中选定的对象拖动到目标文件夹。可以按住左键拖动，也可以按住右键拖动。

①右键拖动：如果目标就是本文件夹，则会建立该对象的副本。目标是其他文件夹时，释放鼠标后会出现如图 3-25 所示菜单，从中选择一项可实现移动、复制或在目标文件夹创建快捷方式。建议使用鼠标右键拖动操作。

②左键拖动：其操作方法和结果见表 3-1。

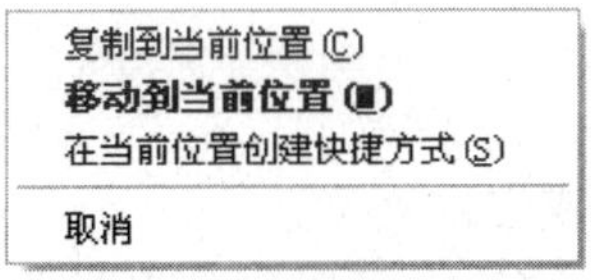

复制到当前位置(C)
移动到当前位置(M)
在当前位置创建快捷方式(S)
取消

图 3-25　鼠标右键拖动菜单

鼠标左键拖动操作及结果　　表 3-1

操作	源与目标在同一磁盘	源与目标不在同一磁盘
直接拖动	移动	复制
【Shift】+ 拖动	移动	移动
【Ctrl】+ 拖动	复制	复制

（2）使用剪贴板

当目标位置不易查找时，使用剪贴板更加方便快捷。操作方法：

①复制：选中操作对象，执行【复制】命令，然后将光标置于目标文件夹，进行【粘贴】。

②移动：选中操作对象，执行【剪切】命令，然后将光标置于目标文件夹，进行【粘贴】。

提示：

（1）【复制】命令的快捷键是【Ctrl+C】；【剪切】命令的快捷键是【Ctrl+X】；【粘贴】命令的快捷键是【Ctrl+V】，以上操作均可使用相应的快捷键完成。

（2）如果要复制的文件与目标位置的文件重名，系统会弹出【复制文件】对话框，如图 3-26 所示，提示用户进行相应操作。

（3）在复制文件夹时，若与目标文件夹重名，会弹出【确认文件夹替换】对话框，如图 3-27 所示。如果单击【是】按钮，会将这两个文件夹合并。

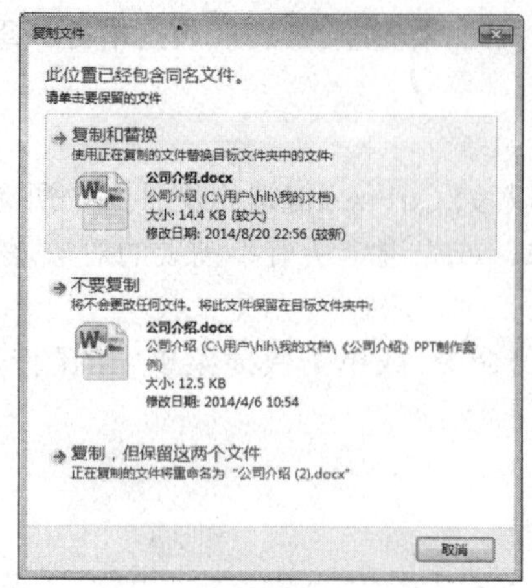

图 3-26 【复制文件】对话框

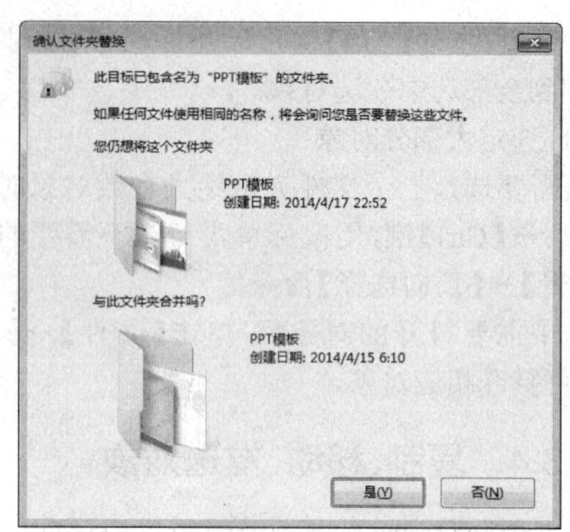

图 3-27 【确认文件夹替换】对话框

2. 发送对象

发送对象就是将选定的对象传送到指定位置，操作方法为：右键单击要发送的对象，在其快捷菜单中指向【发送到】选项，可以选择的项目一般有：

（1）【Web 发布向导】：将 Web 页传送到 Web 服务器。

（2）【我的文档】：即将对象复制到【我的文档】。

（3）【桌面快捷方式】：在桌面建立快捷方式。

（4）【邮件接收者】：作为邮件的附件发送给邮件接收者。

（5）【发送到可移动磁盘】：将对象复制到 U 盘或其他移动存储设备，只有插上移动设备后才有该选项。

3.3.5 新建、重命名对象

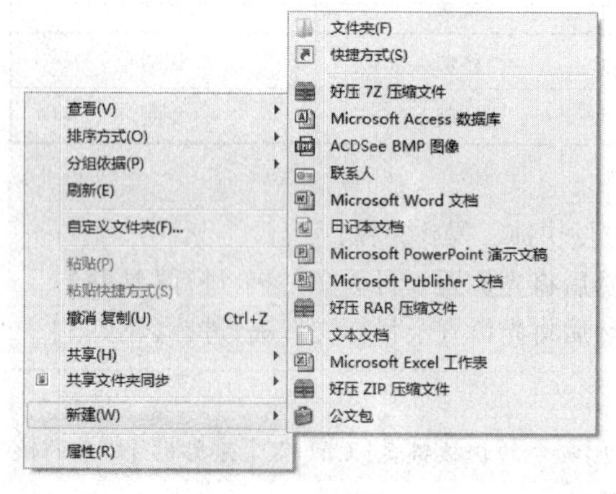

图 3-28 【新建】子菜单

1. 新建对象

（1）新建文件或文件夹

在资源管理器窗口中可以创建多种类型的文件和文件夹，具体操作如下：

①在左窗格中选定目标文件夹。

②打开【文件】下拉菜单或右窗格的快捷菜单（鼠标右键单击右窗格空白处），指向其【新建】选项，弹出新建子菜单，如图 3-28 所示，可从中选择【文件夹】或某类文件。

③输入对象名称，回车。注意扩展名要与选定对象类型匹配。

提示： 用此方法建立的文件是选定类型的空文件，建立的文件夹是空文件夹。

（2）创建快捷方式

①目标文件夹为原对象所在文件夹。

方法一：选中需要创建快捷方式的对象，使用鼠标右键进行拖动，在拖动菜单中选择【在当前位置建立快捷方式】选项。

方法二：使用菜单创建快捷方式。

a. 右键单击需要创建快捷方式的对象。

b. 选择快捷菜单中的【创建快捷方式】选项，创建与原对象相同名字的快捷方式。

c. 可对该快捷方式重命名。

②目标文件夹为其他文件夹。

a. 在左窗格中选定目标文件夹。

b. 右键单击右窗格空白处→选择【新建】→【快捷方式】选项，或单击【文件】→【快捷方式】选项，弹出【创建快捷方式】对话框。

c. 在【请键入项目的位置】文本框中输入要创建快捷方式的对象的路径和名称，也可通过【浏览】对话框查找确定对象路径及名称。

d. 单击【下一步】按钮，输入快捷方式名称，单击【完成】按钮。

2. 重命名对象

（1）选中需要重新命名的对象。

（2）单击对象名称或选择该对象快捷菜单（或【文件】下拉菜单）中的【重命名】选项或按【F2】键。

（3）对象名称变为加强显示，可在其基础上修改或输入新的名称。

（4）按回车键确认。在按回车键之前按【Esc】键可以取消重命名。

提示：最快捷的重命名方法是“选中+单击”，注意两次单击间隔时间不能太短，否则会变成双击打开文件了。

3.3.6 删除、还原对象

1. 删除对象

资源管理器中对象的删除有两种情况：一种情况是对象删除后移入回收站，如果需要还可恢复；另一种情况是对象彻底从系统中删除。其操作分别为：

（1）对象删除后移入回收站

①选中要删除的对象。

②选择文件下拉菜单或该对象快捷菜单中的【删除】选项，或按【Delete】键。

③单击确认对话框中的【是】按钮。

提示：有三类文件执行上述操作后不会移入回收站，它们是U盘上的文件、网络上的文件、在MS-DOS方式下删除的文件。

（2）对象彻底删除

①选中要删除的对象。

②按住【Shift】键，单击【文件】→【删除】命令，或按组合键【Shift】+【Delete】。

③单击确认对话框中的【是】按钮。

2. 还原对象

还原即把删除时放入回收站的对象恢复到原始位置（如果还原对象的原始位置已被删除，系统将重新创建该文件夹，然后在此文件夹中还原该对象）。因此，还原对象也就是对回收站的操作。

(1)回收站操作

①还原被删除的对象。

打开回收站窗口，选中要还原的对象，单击【文件】→【还原】命令，或右键单击要还原的对象，在其快捷菜单中选择【还原】。

如果要还原回收站中的所有对象，可直接单击回收站窗口左侧【回收站任务】中的【还原所有项目】选项。

提示： 要打开回收站中的文件，需将其图标拖放到桌面上，然后双击该图标。

---

②永久删除文件。

在回收站窗口中选中要删除的对象，单击【文件】→【删除】命令。或右键单击要删除的对象，在其快捷菜单中选择【删除】选项。

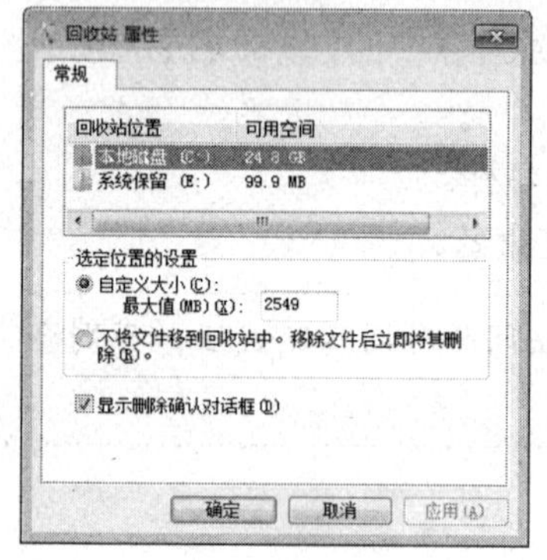

图 3-29 回收站属性

如果要删除回收站中的所有对象，可直接单击回收站窗口左侧【回收站任务】中的【清空回收站】选项。

(2)回收站设置

在桌面上或资源管理器中，右键单击【回收站】→【属性】，弹出【回收站属性】对话框，如图 3-29 所示，在该对话框中可对回收站进行多种设置。

①回收站空间设置。

Windows 7 为每个分区或硬盘分配一个回收站。系统可以使所有驱动器上的回收站使用同一设置，也可以对不同的驱动器使用不同的设置。分别通过【所有驱动器均使用同一设置】和【独立配置驱动器】两个单选按钮及驱动器选项卡进行设置。

②更改回收站容量。

在【全局】选项卡中拖动滑块增加或减小回收站的最大存储空间。如果想对不同驱动器使用不同的设置，选中【各驱动器的配置相互独立】单选按钮，然后单击驱动器标签，更改特定驱动器的设置。

③设置不将删除的对象放入回收站。

选择【不将文件移入回收站，移除文件后立即将其删除】单选框，则将删除的对象从硬盘中立即删除，而不移到【回收站】中。

④设置是否显示删除确认对话框。

清除【显示删除确认对话框】复选框，这样在删除对象时将不显示确认对话框，直接放入回收站。

3.3.7 查看、设置对象属性

在【我的电脑】中，可方便地查看文件、文件夹、快捷方式和磁盘等对象的属性，并对其中某些项目进行设置修改。操作方法是：

选中一个对象，右击鼠标选择【属性】菜单，弹出【属性】对话框，如图 3-30 所示。随对象类型的不同，该对话框的选项卡个数和名称不同，可通过对话框查看和修改对象的属性，例如将文件设为【隐藏】、【只读】。

隐藏了的文件默认不会显示，要想查看隐藏文件对象，首先在【我的电脑】窗口，选择【工具】→【文件夹选项】菜单命令，打开【文件夹选项】窗口，如图 3-31 所示。选定【显示隐藏的文件、文件夹和驱动器】选项，这样就会将隐藏的文件也显示出来。

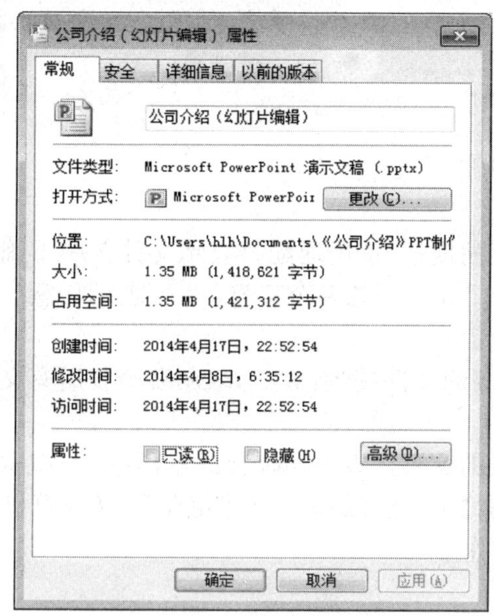

图 3-30　查看文件属性

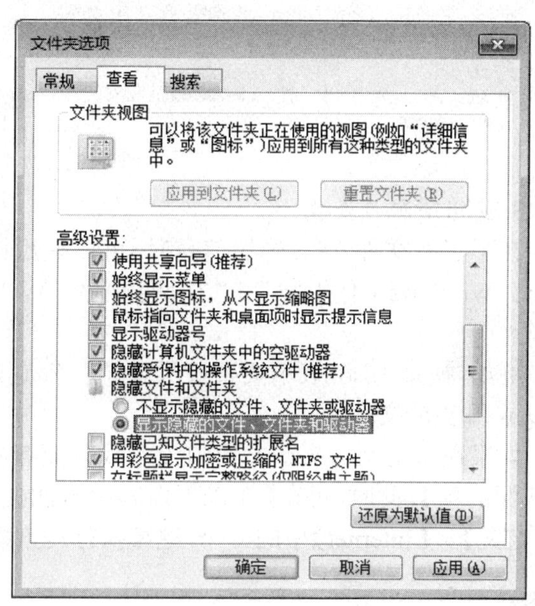

图 3-31　修改文件夹选项

3.3.8　资源搜索

在使用系统的过程中，有时需要知道某个对象保存的具体位置，这时可以使用 Windows 提供的搜索功能实现，它可以搜索本地计算机和联网计算机上的信息，定位文件和文件夹。

1. 使用【开始】菜单的搜索框

Windows 7 新增了利用【开始】菜单进行搜索，打开【开始】菜单，在搜索框中输入要查找的文件（夹）名称（或名称中的关键字），与输入内容匹配的搜索结果会在【开始】菜单搜索框的上方。例如，搜索含“公司”的文件和文件夹，搜索结果如图 3-32 所示。

图 3-32　【开始】菜单搜索框

2. 在打开的文件夹或库窗口中使用搜索框

打开要进行查找的目标文件夹或库窗口，在窗口右上角的搜索框中输入要查找的文件（夹）的名称或关键字，以筛选文件夹或库窗口中的内容。

单击搜索框可以显示【修改日期】和【大小】搜索筛选器。选择【修改日期】筛选器，可以设置要查找文件（夹）的日期或日期区间；单击【大小】筛选器，可以指定要查找文件（夹）的大小或大小范围，如图 3-33 所示。

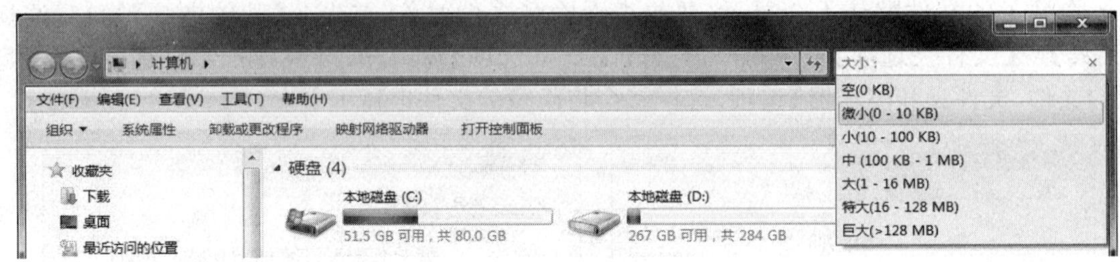

图 3-33 【大小】筛选器

3. 使用通配符查找

在不了解文件（夹）确切信息时，可以使用模糊搜索，使用通配符表示文件名中不确定字符。Windows 7 使用“*”和“？”两种通配符，“*”表示任意多个字符，“？”表示任意一个字符。

例如，搜索 *.iso，表示要查找所有扩展名是 iso 的文件；搜索 w？，表示要查找所有文件名以 w 开头的文件。

如果在指定文件夹或库窗口没有找到要查找的文件，Windows 会提示【没有与搜索条件匹配的项】，此时，可在【在以下内容中再次搜索】下，选择【库】、【家庭组】、【计算机】、【自定义】、【Internet】中的一个，继续执行搜索操作。

3.4 系统资源管理

项目提示

通过上面的项目我们已经熟悉 Windows 7 操作系统的界面和菜单，掌握了 Windows 7 系统中文件和文件夹的管理，但是还有些操作是王芳想知道的，比如如何让自己的电脑给家庭每个成员都开一个独立的用户，怎样将不需要的软件彻底从电脑中清除，安装一个新设备如打印机、扫描仪后该如何使其正常工作等，本节让我们跟王芳一起熟悉和完成 Windows 7 操作系统的软硬件配置和管理操作吧。

3.4.1 设置显示参数

显示器的显示参数有分辨率、刷新频率、颜色等。

1. 设置屏幕分辨率

右击桌面空白处，从快捷菜单中选择【屏幕分辨率】选项，打开【屏幕分辨率】窗口，如图 3-34 所示。

目前，用户普遍使用液晶显示器，而每款液晶显示器都有自己的最佳屏幕分辨率，【屏幕分辨率】窗口中采用 1440×900（推荐）为该显示器最佳屏幕分辨率。最佳屏幕分辨率一般会得到最好的显示效果，用户应该采纳。

图 3-34　【屏幕分辨率】窗口

2. 设置屏幕刷新频率和颜色

在【屏幕分辨率】窗口单击【高级设置】链接，打开【监视器和显卡属性】窗口，单击【监视器】选项卡，如图 3-35 所示。通常情况下用户会选中【隐藏该监视器无法显示的模式】，普通液晶显示器的屏幕刷新频率为 60Hz，用户可以单击【屏幕刷新频率】下拉列表选择合适的刷新频率，一般情况下，屏幕刷新频率不应高于 75Hz，否则会损坏显示器。

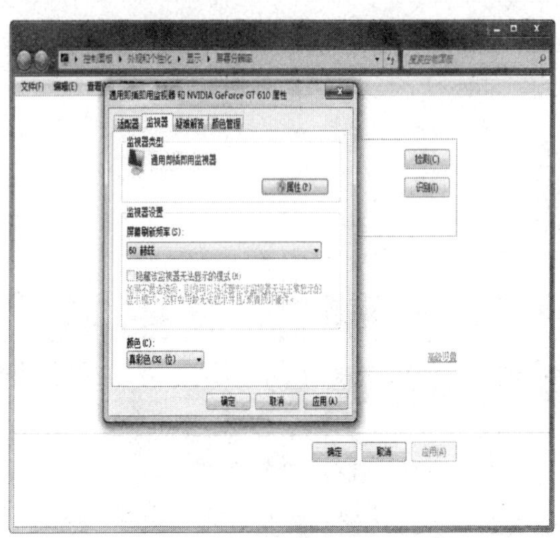

图 3-35　【监视器】选项卡窗口

单击【颜色】下拉列表可以选择颜色参数，颜色的位数越多表示颜色越鲜艳，一般情况下会选择真彩色（32 位）。

3.4.2　管理账户

Windows 7 允许为系统创建多个不同权限的账户（计算机常用“帐户”，本书均使用“账户”），并对每个账户进行个性化设置，如更改图片、外观、桌面等。双击桌面上的【控制面板】图标，打开【控制面板】窗口，然后单击【用户账户和家庭安全】链接，打开【用户账户和家庭安全】窗口，如图 3-36 所示。

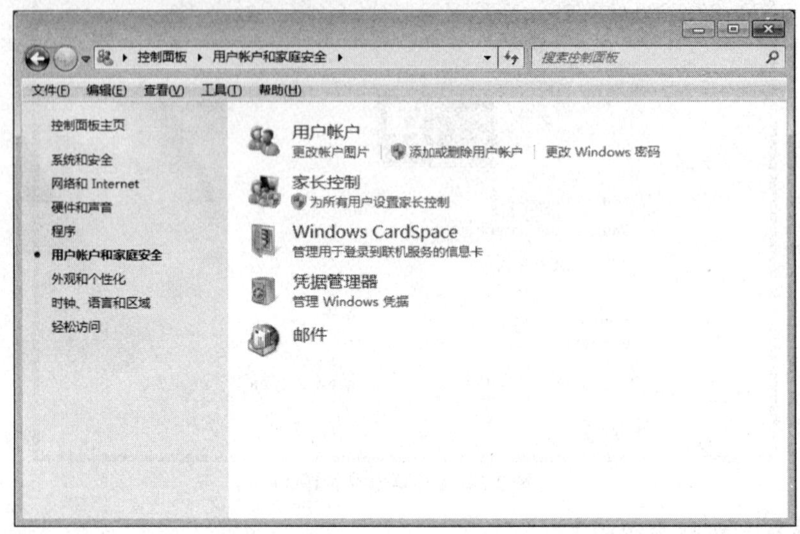

图 3-36 【用户账户和家庭安全】窗口

1. 更改账户图片

单击【更改账户图片】链接，打开【更改图片】窗口，如图 3-37 所示。在图片列表中选中新的图片，单击【更改图片】按钮即可完成账户图片更改操作。

图 3-37 【更改图片】窗口

2. 创建新账户

在【用户账户和家庭安全】窗口中单击【添加或删除用户账户】链接，打开【管理账户】窗口，如图 3-38 所示。

图 3-38　【管理账户】窗口

单击【创建一个新账户】链接，打开【创建新账户】窗口，如图 3-39 所示。在文本框中输入新建账户名称，然后可以选择【标准用户】或【管理员】，最后单击【创建账户】按钮完成账户创建操作。

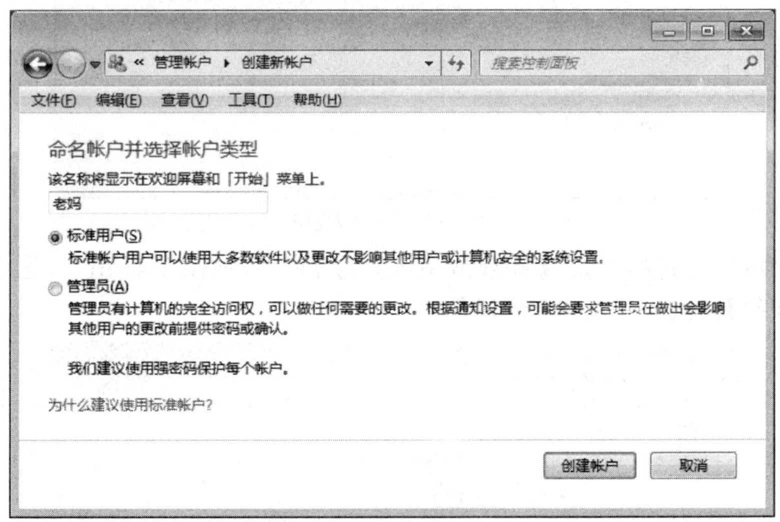

图 3-39　【创建新账户】窗口

3. 更改账户

在【管理账户】窗口，单击一个已存在的账户图标，就会进入【更改账户】窗口，可以进行更改账户名称、更改密码、删除密码、更改图片等操作，如图 3-40 所示。

如需更改密码，在【更改账户】窗口，单击【更改密码】链接，打开【更改密码】窗口，如图 3-41 所示。在文本框中输入旧密码、两次新密码和密码提示问题后，单击【更改密码】按钮，就可以完成密码更改操作。

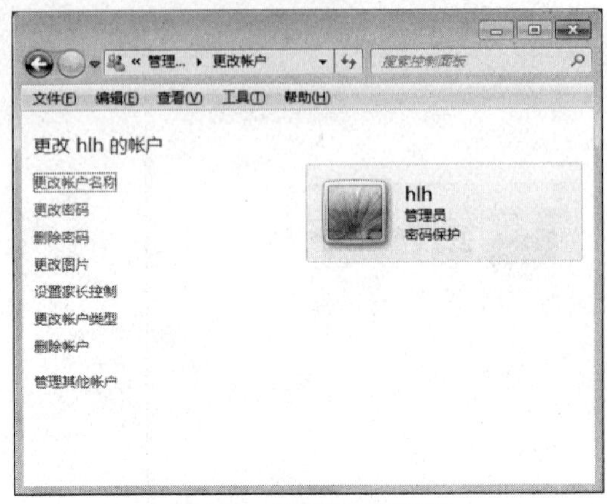

图 3-40 【更改账户】窗口

图 3-41 【更改密码】窗口

3.4.3 管理应用程序

系统中的应用程序安装后，可以通过控制面板的【程序】功能卸载或修复。在【控制面板】窗口单击【程序】链接，打开【程序】窗口，如图 3-42 所示。

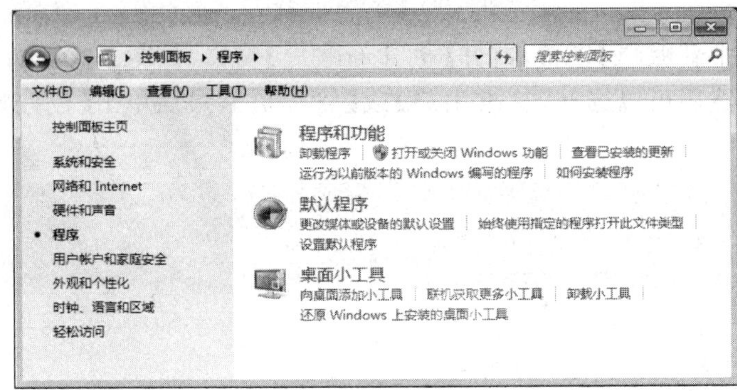

图 3-42 【程序】窗口

单击【卸载程序】链接，进入【卸载或更改程序】窗口，如图 3-43 所示，选中需要卸载的程序，单击【卸载】按钮即可完成卸载操作。

图 3-43 【卸载或更改程序】窗口

3.4.4　输入法和字体管理

用计算机处理中文，最复杂和最重要的莫过于汉字的输入输出。现在有很多种汉字输入方法，Windows 7 允许用户安装其他输入法，例如五笔字型、自然码等。Windows 7 带有一个字库，供打印和显示输出使用，其中英文字体较多，中文字体较少。为满足中文用户的要求，Windows 7 允许向系统中加入其他字体。

1. 添加、删除输入法

单击控制面板上的【区域和语言】图标，弹出【区域和语言】对话框，选择【键盘和语言】选项卡，单击【更改键盘】按钮，打开如图 3-44 所示的【文本服务和输入语言】对话框。

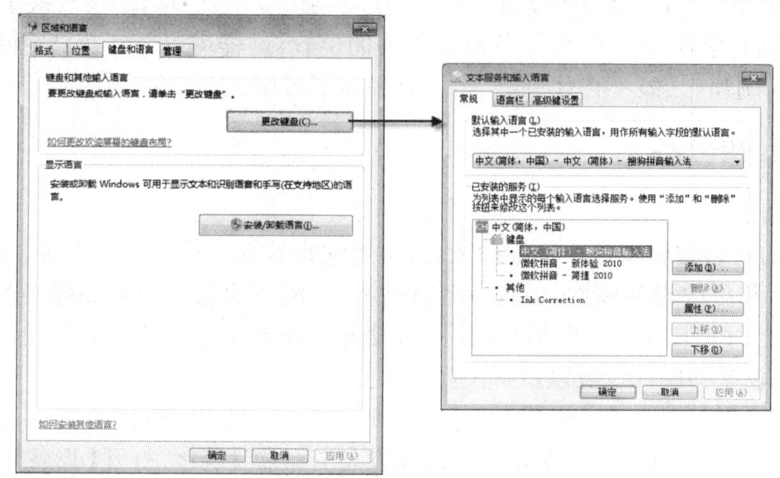

图 3-44　更改输入法

（1）添加输入法：单击【添加】按钮，弹出【添加输入语言】对话框，在【输入语言】下拉列表中选择要安装的输入法所在的区域，在【键盘布局 / 输入法】下拉列表中选择需增加的输入法，单击【确定】，一种输入法添加完毕。

（2）删除输入法：选择一种输入法，单击【删除】按钮即可删除该输入法。

2. 输入法属性设置

选择列表框中一种输入法，单击【属性】按钮，可打开该输入法的属性对话框，可对其各种属性进行设置或修改，如图 3-45 为搜狗输入法的【属性设置】窗口。

图 3-45　搜狗输入法【属性设置】窗口

3. 添加、删除字体

在 Windows 7 系统硬盘上有一个字体文件夹，其中存放着系统可以使用的各种字体的字体文件，一般添加或删除字体要通过打开该文件夹进行。添加、删除字体的具体操作如下。

（1）单击控制面板上的【字体】图标，弹出【字体】文件夹窗口。

（2）单击【文件】下拉菜单中的【安装新字体】选项，弹出【添加字体】对话框。

（3）选择存放字体文件的驱动器和文件夹，然后在【字体列表】框中选择一个或多个（选择方法与在资源管理器中相同）字体，单击【确定】按钮，就会把相应的字体文件复制到字体文件夹中。如果不选中【添加字体】对话框中的【将字体复制到"字体"文件夹】复选框，则不把字体文件复制到字体文件夹，仅记住原文件夹的位置，这样可以节省存储空间。但原文件夹的存储部件（例如光盘）不在计算机中时，该字体不可用。

3.4.5 管理设备

1. 设备管理器

Windows 的设备管理器是一种管理工具，可用它来管理计算机上的设备。可以使用【设备管理器】查看和更改设备属性、更新设备驱动程序、配置设备设置和卸载设备。设备管理器提供计算机上所安装硬件的图形视图，使用设备管理器可以安装和更新硬件设备的驱动程序、修改这些设备的硬件设置以及解决问题。

（1）打开设备管理器：双击桌面上的【控制面板】，打开【控制面板】窗口，然后单击【硬件和声音】链接，在【硬件和声音】窗口，点击【设备管理器】链接，打开【设备管理器】窗口，如图 3-46 所示。

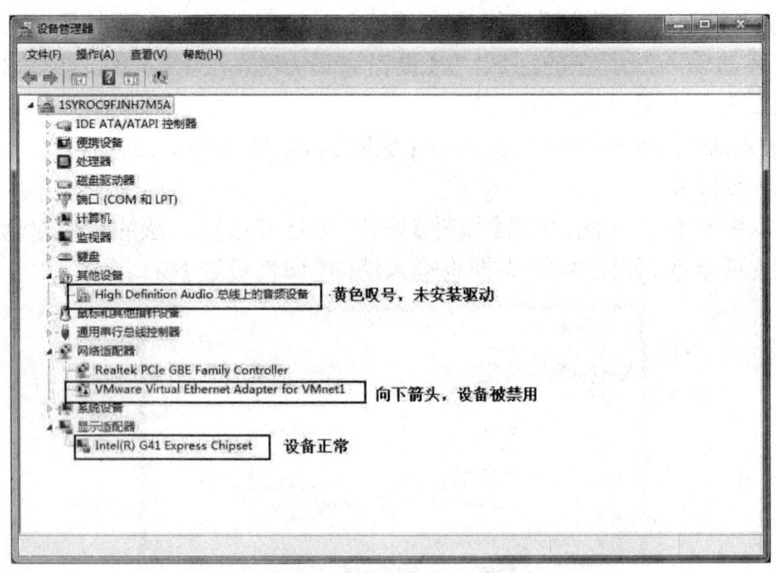

图 3-46 【设备管理器】窗口

如果设备前边出现以下两种符号，则代表设备存在问题。

①黄色感叹号，就说明该设备该硬件未安装驱动程序或驱动程序安装不正确。

②向下箭头，代表设备被禁用。

（2）设备管理：在【设备管理器】窗口，右击计算机名称，在快捷菜单中选择【添加过时硬件】，即可打开添加硬件向导，根据向导提示可完成添加新硬件操作，如图 3-47 所示。

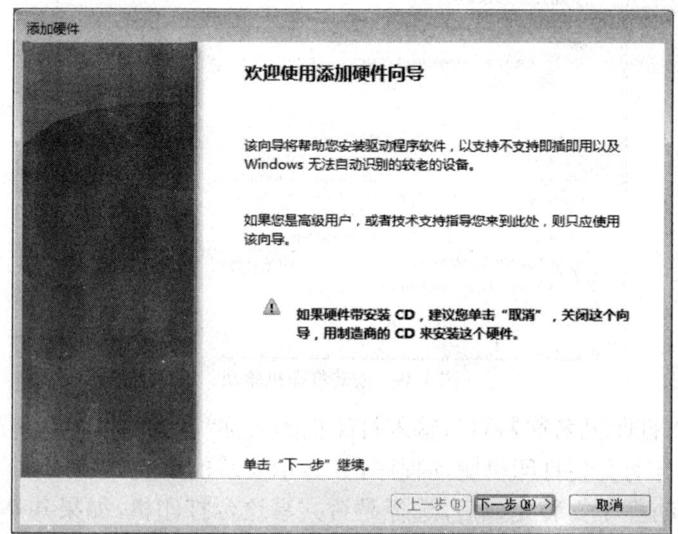

图 3-47　【添加硬件向导】窗口

在设备管理器中，在一个设备上右击，在快捷菜单可以选择对该设备进行更新驱动程序、卸载设备、禁用设备、扫描硬件和查看属性操作。

2. 添加、删除打印机

（1）添加打印机：在【设备和打印机】窗口单击工具栏上的【添加打印机】链接，进入打印机安装向导，如图 3-48 所示。

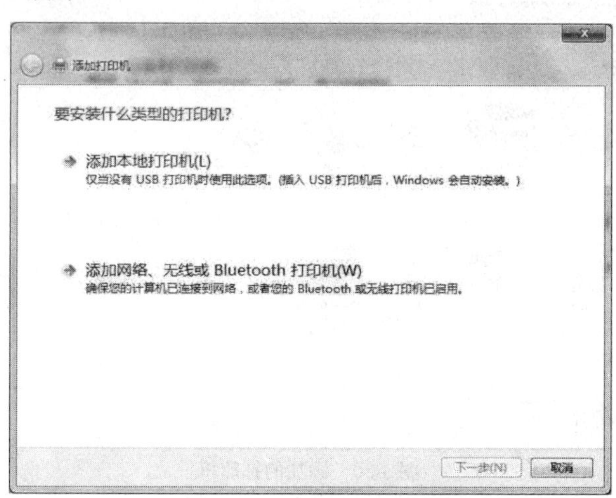

图 3-48　【添加打印机】窗口

（2）用户可以安装两种类型的打印机，本地打印机和网络打印机。

（3）进入【选择打印机端口】窗口，一般采用默认的端口，单击【下一步】按钮。

（4）进入【安装打印机驱动程序】窗口，如图 3-49 所示，在【厂商】列表中选择打印机的厂商名称，在【打印机】列表中选择打印机的驱动程序型号，单击【下一步】按钮。如果有打印机的驱动光盘，可以单击【从磁盘安装】按钮，从弹出的对话框中选择驱动程序即可。

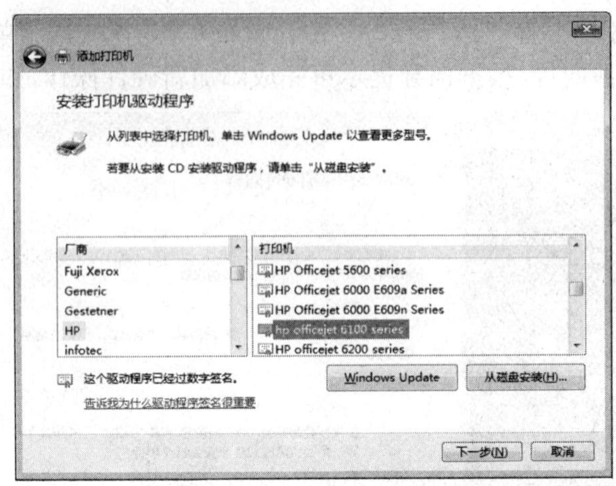

图 3-49　安装打印机驱动

（5）进入【键入打印机名称】窗口，输入打印机的名称“我的打印机”，单击【下一步】按钮。

（6）系统开始自动安装打印机驱动程序，并显示安装的进度。

（7）打印机驱动程序安装完成后，选择是否共享这台打印机，如果共享则设置共享名称，单击【下一步】按钮。

（8）选择是否设置为默认打印机，可点击【打印测试页】按钮检查打印机是否能正常工作，正常打印后，点击【完成】按钮。

（9）在【设备和打印机】窗口中，如图 3-50 所示，用户可以看到新添加的打印机。右击一台打印机图标，在快捷菜单中选择【删除设备】，即可删除打印机设备。

图 3-50　添加的打印机

3.4.6　了解附件工具

Windows 7 系统提供了一系列实用的工具程序，如计算器、截图工具、画图、记事本、录音机等。

1. 计算器

单击【开始】→【所有程序】→【附件】→【计算器】，打开【计算器】窗口，显示默认标准型计算器，如图 3-51 所示。

标准型计算器可以进行简单的数学运算。点击【查看】菜单可以选择多种不同形式的计算器。例如，选择【查看】→【科学型】，可以转换为科学型模式，计算器会精确到 32 位数，采用运算符优先级，可以进行正弦、余弦、开方、求幂运算等，如图 3-52 所示。

2. 截图工具

单击【开始】→【所有程序】→【附件】→【截图工具】，打开【截图工具】窗口，如图 3-53 所示。Windows 7 系统自带的截图工具使用灵活，并带有简单图片编辑功能，可以方便地对截取内容进行处理。

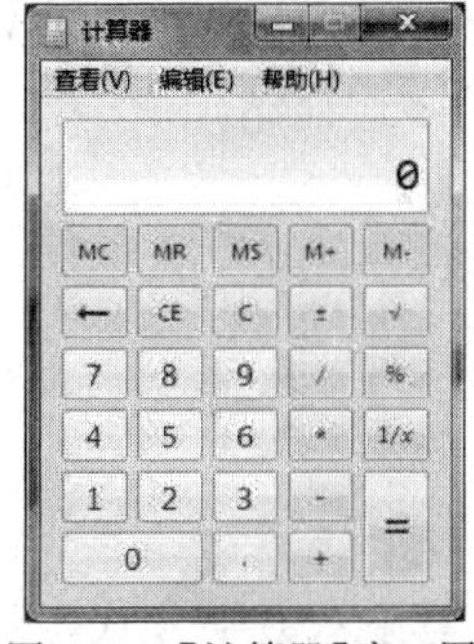

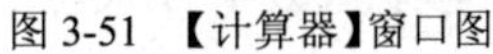

图 3-51 【计算器】窗口图

图 3-52 【科学型计算器】窗口

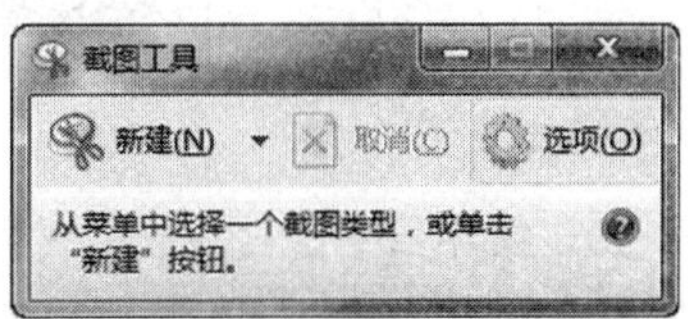

图 3-53 【截图工具】窗口

在【截图工具】窗口中，单击【新建】按钮右侧箭头按钮，从下拉列表中选择合适的截图模式，就可以开始截图了。选择【全屏截图】，系统会自动截取当前屏幕；选择【窗口截图】，单击要截取的窗口，就可完成截图；选择【任意截图】或【矩形截图】，需要按住鼠标左键，通过拖动鼠标选取区域完成截图。

截图操作完成后，可以使用【笔】、【荧光笔】和【橡皮】工具对截图进行简单加工，单击【保存截图】将图片保存在本地磁盘，单击【发送截图】可以通过邮件将图片发送出去。

3. 画图

单击【开始】→【所有程序】→【附件】→【画图】，打开【画图】窗口，如图 3-54 所示。【画图】程序是 Windows 7 系统自带的一个位图绘图工具，具有绘制、编辑和文字处理等功能。

图 3-54 【画图】窗口

【画图】窗口的顶部是功能区，包括【剪贴板】、【图像】、【工具】、【形状】和【颜色】等选项组。【画图】的步骤包括定制画布尺寸、选择颜色、设置线条粗细、选择绘图工具、绘制图形、文字处理、保存等操作。

4. 记事本

单击【开始】→【所有程序】→【附件】→【记事本】，可以打开【记事本】窗口，【记事本】程序是一个简单文本编辑器，只能处理文本，文件扩展名为“.txt”，常用于程序编码、配置文件（扩展名为“.ini”）编辑。

5. 录音机

单击【开始】→【所有程序】→【附件】→【录音机】，可以打开【录音机】程序，如图 3-55 所示。一般用于测试麦克风效果、录制语音等，录制的音频文件以“.wav”格式存储。

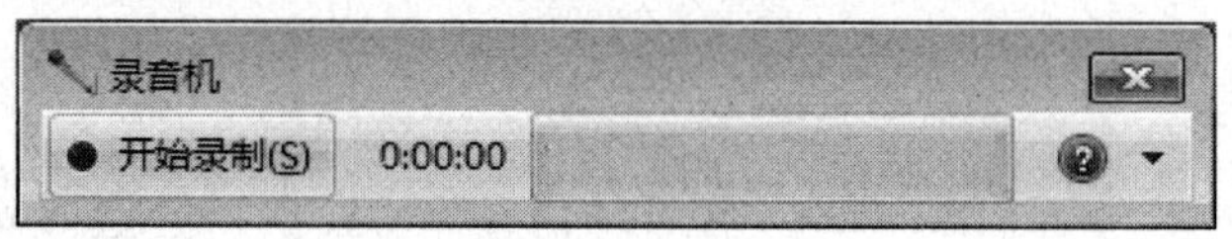

图 3-55　录音机

6. 数学公式

Windows 7 的附件工具中新增了【数学输入面板】功能，允许用户手写输入数学公式，然后自动将其识别为正式的公式，如图 3-56 所示。

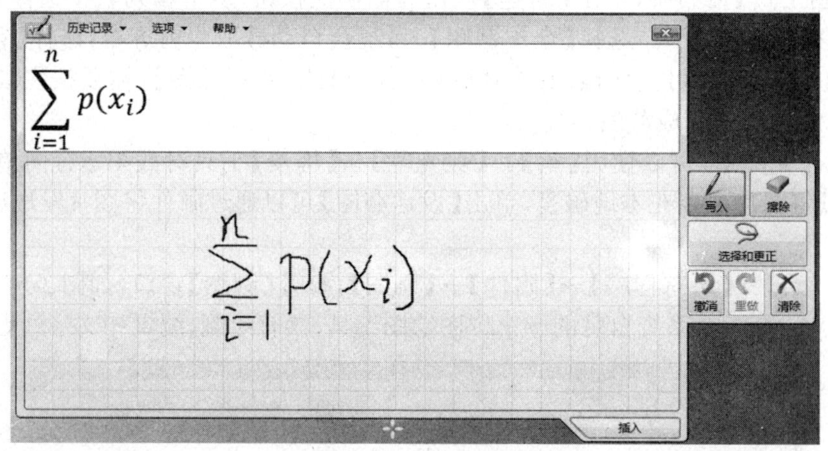

图 3-56　手写输入公式

3.4.7　设置网络

在网络物理连接正常的情况下，双击桌面【网络】图标，从快捷菜单中选择【属性】命令，打开【网络和共享中心】窗口，如图 3-57 所示。单击【本地连接】链接，在【本地连接状态】窗口单击【属性】按钮，如图 3-58 所示。在【属性】窗口选中【Internet 协议版本 4】后单击【属性】按钮，打开【Internet 协议版本 4（TCP/IPv4）属性】窗口，如图 3-59 所示。单击【使用下面的 IP 地址】单选按钮，分别输入正确的 IP 地址、子网掩码、默认网关和首选 DNS 服务器地址（此配置为局域网的网络配置方法，家庭网络的配置见第 2 章）。双击桌面【Internet Explorer】图标，输入一个网址，如果能正常浏览，则表示网络配置正确。

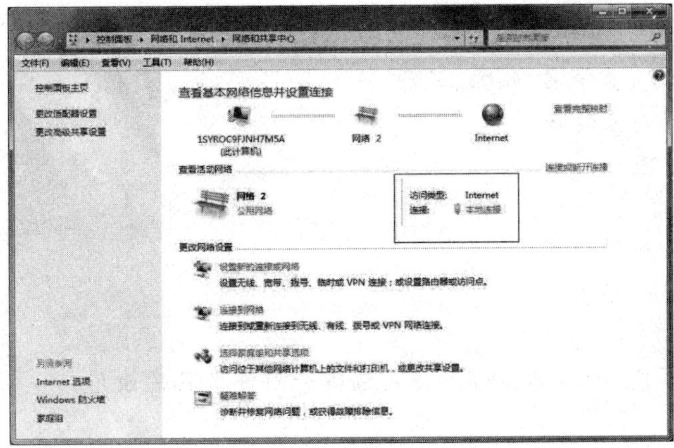

图 3-57 【网络和共享中心】窗口

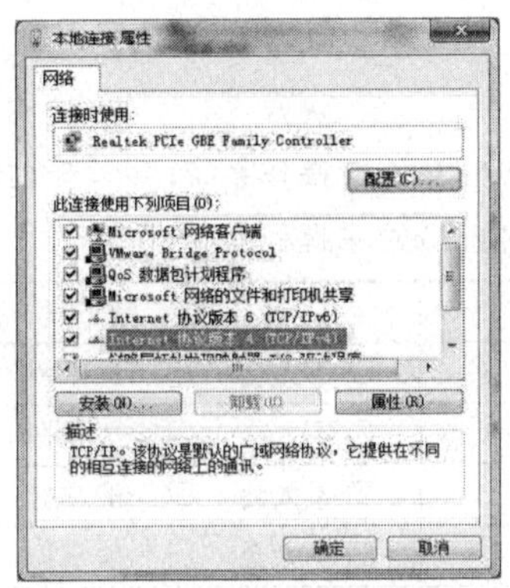

图 3-58 【本地连接属性】窗口

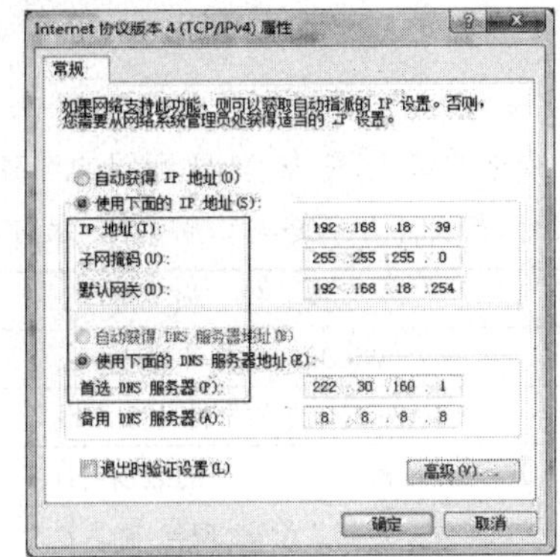

图 3-59 设置 IP 地址窗口

任务总结

本章我们首先了解了操作系统的基础知识，体验了 Windows 7 系统的特点和使用方法，学习了个性化界面设置、文件和文件夹的管理、计算机系统软硬件资源的管理等，通过本章的学习，你应该掌握以下知识点：

1. 操作系统基础知识

（1）操作系统的概念

（2）操作系统的分类

（3）操作系统的功能

2. Windows 7 基本操作

（1）Windows 7 的新特点，启动与退出

（2）Windows 7 的桌面

（3）窗口、对话框和菜单

（4）中文输入法、帮助系统的使用

3. 文件和文件夹管理

（1）文件、文件夹、剪贴板、回收站的概念

（2）“我的电脑”

(3)对象的选择、打开、复制、移动、发送

(4)对象的新建、重命名、删除、还原

(5)查看、设置对象的属性

4. 系统资源管理

(1)设置显示参数

(2)管理账户、应用程序

(3)管理输入法、字体

(4)管理设备

(5)画图、记事本、计算器、截图、公式编辑等附件工具的使用

作业与习题

[作业]

为你自己(或你的亲人、朋友)刚刚配置的计算机安装 Windows 7 操作系统,并学会(或教会他们)如何进行基本的操作,按如下步骤进行讲解,并记录你自己(或他们)的掌握程度:

序号	操 作 项 目	掌 握 程 度
1	Windows7 的启动与退出	□不太会 □一般掌握 □熟练掌握
2	Windows7 的个性化桌面设置	□不太会 □一般掌握 □熟练掌握
3	窗口和对话框的区别对比	□不太会 □一般掌握 □熟练掌握
4	安装并设置"搜狗"输入法	□不太会 □一般掌握 □熟练掌握
5	打开"我的电脑"	□不太会 □一般掌握 □熟练掌握
6	选择、打开各类文件	□不太会 □一般掌握 □熟练掌握
7	复制、移动、发送、重命名文件(夹)	□不太会 □一般掌握 □熟练掌握
8	删除、还原文件(夹)	□不太会 □一般掌握 □熟练掌握
9	搜索文件(夹)	□不太会 □一般掌握 □熟练掌握
10	设置显示器的分辨率、屏保	□不太会 □一般掌握 □熟练掌握
11	添加一个账户	□不太会 □一般掌握 □熟练掌握
12	卸载不要的程序	□不太会 □一般掌握 □熟练掌握
13	安装一个新设备,如打印机	□不太会 □一般掌握 □熟练掌握
14	使用记事本、计算器、录音机、画图、公式编辑器等附件小工具	□不太会 □一般掌握 □熟练掌握
15	查看并设置计算机的 IP 地址	□不太会 □一般掌握 □熟练掌握

[习题]

一、选择题

1. 操作系统是________之间的接口。

A. 用户和计算机　　B. 用户和控制对象　　C. 硬盘和内存　　D. 键盘和用户

2. 允许多个用户以交互方式使用计算机的操作系统是________。

A. 分时操作系统　　B. 批处理操作系统

C. 实时操作系统　　D. 单用户操作系统

3. 分布式操作系统与网络操作系统本质上的不同之处在于________。

A. 实现各台计算机之间的通信　　B. 共享网络资源

C. 满足较大规模的应用　　D. 系统中若干台计算机相互协作完成同一任务

4. Windows 7 是一种________。

A. 操作系统　　B. 字处理系统　　C. 电子表格系统　　D. 应用软件

5. 桌面上的图标不能用来表示________。

A. 文件　　B. 文件夹　　C. 最小化的窗口　　D. 快捷方式

6. 关于【开始】菜单，说法正确的是________。

A.【开始】菜单的内容是固定不变的

B. 可以在【开始】菜单中添加应用程序，但不可以在“程序”菜单中添加

C.【开始】菜单和“程序”里面都可以添加应用程序

D. 以上说法都不正确

7. 关于 Windows 7 的开始菜单的描述，不正确的是________。

A.【开始】菜单包括【关闭计算机】、【所有程序】、【运行】、【搜索】等菜单项

B.【开始】菜单包含了 Windows7 系统的全部功能

C. 在【开始】菜单中既可以增加菜单项，也可以删除菜单项

D.【开始】菜单包含了 Windows7 系统的部分功能

8. 在 Windows7 中，显示在窗口最顶部的称为________。

A. 标题栏　　B. 信息栏　　C. 菜单栏　　D. 工具栏

9. 在 Windows7 中，________窗口的大小不可改变。

A. 应用程序　　B. 文档　　C. 对话框　　D. 活动

10. 把 Windows7 的窗口和对话框作一比较，窗口可以移动和改变大小，而对话框________。

A. 既不能移动，也不能改变大小　　B. 仅可以移动，不能改变大小

C. 仅可以改变大小，不能移动　　D. 既可移动，也能改变大小

11. 在 Windows7 中，允许同时打开________应用程序窗口。

A. 一个　　B. 两个　　C. 多个　　D. 十个

12. 在 Windows7 中，当一个应用程序窗口被极小化后，该应用程序将________。

A. 继续在前台运行　　B. 暂停运行　　C. 被转入后台运行　　D. 被中止运行

13. 鼠标右键单击桌面上“我的电脑”图标，弹出的菜单被称为________。

A. 下拉菜单　　B. 弹出菜单　　C. 快捷菜单　　D. 级联菜单

14. 在菜单中，前面有 √ 标记的项目表示________。

A. 复选选中　　B. 单选选中　　C. 有级联菜单　　D. 有对话框

15. 在菜单中，前面有 • 标记的项目表示________。

A. 复选选中　　B. 单选选中　　C. 有子菜单　　D. 有对话框

16. 在菜单中，后面有▶标记的命令表示________。

A. 开关命令　　B. 单选命令　　C. 有级联菜单　　D. 有对话框

17. 在菜单中，后面有…标记的命令表示________。

A. 开关命令　　B. 单选命令　　C. 有子菜单　　D. 有对话框

18. 在 Windows7 的资源管理器窗口中，________显示当前目录窗口被选磁盘的可用空间和总容量、信息、当前被选目录中的文件总数和所占用的空间等信息。

A. 标题栏　B. 菜单栏　C. 状态栏　D. 工具栏

19. 在 Windows7 资源管理器中，按________键可删除文件。

A.【F7】　B.【F8】　C.【Esc】　D.【Delete】

20. 在 Windows7 资源管理器中，当删除一个或一组目录时，该目录或该目录组下的________将被删除。

A. 文件　B. 所有子目录

C. 所有子目录及其所有文件　D. 所有子目录下的所有文件(不含子目录)

21. 在当前盘的某个文件夹中存放有文件"第 3 章 Windows7 操作系统应用 .DOC"，现利用【搜索】命令搜索该文件，在【搜索】对话框的【名称】文本框应输入________。

A. 操作系统 *.DOC　B. * 操作系统 *.DOC　C. 操作系统 ?.DOC　D. ? 操作系统 ?.DOC

22. 在 Windows7 资源管理器中，单击第一个文件名后，按住________键，再单击最后一个文件，可选定一组连续的文件。

A.【Ctrl】　B.【Alt】　C.【Shift】　D.【Tab】

23. 在 Windows7 资源管理器中，单击第一个文件名后，按住________键，再单击另外一个文件，可选定一组不连续的文件。

A.【Ctrl】　B.【Alt】　C.【Shift】　D.【Tab】

24. Windows7 资源管理器操作中，当打开一个子目录后，全部选中其中内容的快捷键________。

A.【Ctrl+C】　B.【Ctrl+A】　C.【Ctrl+X】　D.【Ctrl+V】

25. 在 Windows7 中，快捷方式的扩展名为________。

A. sys　B. bmp　C. lnk　D. ini

26. 快捷方式确切的含义是________。

A. 特殊文件夹　B. 特殊磁盘文件　C. 各类可执行文件　D. 指向某对象的指针

27. 有关快捷方式的描述，说法正确的是________。

A. 在桌面上创建快捷方式，就是将相应的文件复制到桌面

B. 在桌面上创建快捷方式，就是通过指针使桌面上的快捷方式指向相应的磁盘文件

C. 删除桌面上的快捷方式，即删除快捷方式所指向的磁盘文件

D. 对快捷方式图标名称重新命名后，双击该快捷方式将不能打开相应的磁盘文件

28. 剪贴板中临时存放________。

A. 被删除的文件的内容　B. 用户曾进行的操作序列

C. 被复制或剪切的内容　D. 文件的格式信息

29. 剪贴板是在________中开辟的一个特殊存储区域。

A. 硬盘　B. 外存　C. 内存　D. 窗口

30. 在 Windows 7 中，要将整个桌面的内容存入剪贴板，应按________键。

A.【PrintScreen】　B.【Ctrl+ PrintScreen】

C.【Alt+ PrintScreen】　D.【Ctrl+Alt+ PrintScreen】

31. 在 Windows 7 中，要将当前的活动窗口存入剪贴板，应按________键。

A.【PrintScreen】　B.【Ctrl+ PrintScreen】

C.【Alt+ PrintScreen】　D.【Ctrl+Alt+ PrintScreen】

32. 关于 Windows 7 剪贴板的操作，正确的是________。

A. 剪贴板中的内容可以多次被使用，以便粘贴到不同的文档中或同一文档的不同地方

B. 将当前窗口的画面信息存入剪贴板的操作是【Ctrl+ PrintScreen】

C. 多次进行剪切或复制的操作将导致剪贴板中的内容越积越多

D. Windows 7 关闭后，剪贴板中的内容仍不会消失

33. 在 Windows 中，回收站是________。

A. 硬盘上的一个文件　　B. 内存中的一个特殊存储区域

C. 软盘上的一个文件夹　　D. 硬盘上的一个文件夹

34. 在 Windows 的回收站中，可以恢复________。

A. 从硬盘中删除的文件或文件夹　　B. 从软盘中删除的文件或文件夹

C. 剪切掉的文档　　D. 从光盘中删除的文件或文件夹

35. 放入回收站中的内容________。

A. 不能再被删除了　　B. 只能被恢复到原处　　C. 可以直接编辑修改　　D. 可以真正被删除

36. 下列描述中，正确的是________。

A. 置入回收站的内容，不占用硬盘的存储空间

B. 在回收站被清空之前，可以恢复从硬盘上删除的文件或文件夹

C. 软磁盘上被删除的文件或文件夹，可以利用回收站将其恢复

D. 执行回收站窗口中的【清空回收站】命令，可以将回收站中的内容还原到原来位置

37. 【控制面板】窗口________。

A. 是硬盘系统区的一个文件　　B. 是硬盘上的一个文件夹

C. 是内存中的一个存储区域　　D. 包含一组系统管理程序

38. 用快捷键切换中英文输入方法时按________键。

A.【Ctrl+ 空格】　　B.【Shift+ 空格】　　C.【Ctrl+Shift】　　D.【Alt+Shift】

39. 在 Windows 7 中，切换不同的汉字输入法，应同时按下________键。

A.【Ctrl+Shift】　　B.【Ctrl+Alt】　　C.【Ctrl+ 空格】　　D.【Ctrl+Tab】

40. 在 Windows 中，当程序因某种原因陷入死循环，下列________方法能较好地结束该程序。

A. 按【Ctrl+Alt+Del】键，然后选择【结束任务】结束该程序的运行

B. 按【Ctrl+Del】键，然后选择【结束任务】结束该程序的运行

C. 按【Alt+Del】键，然后选择【结束任务】结束该程序的运行

D. 直接 Reset 计算机结束该程序的运行

二、简答题

1. 简要介绍 Windows 7 桌面的组成。

2. 简述在资源管理器中同时选中多个文件或文件夹并移动到指定位置的方法。

3. 如何查找指定的文件(可能是隐藏文件）？请说明具体操作步骤。

4. 创建画图程序的快捷方式并保存在 C 盘根目录下。

5. 如何启动程序、卸载程序？

6. 如何安装使用打印机？

7. 局域网内，如何配制网卡才能连接 Internet ？

8. 磁盘的主要作用是什么？如何管理好磁盘？

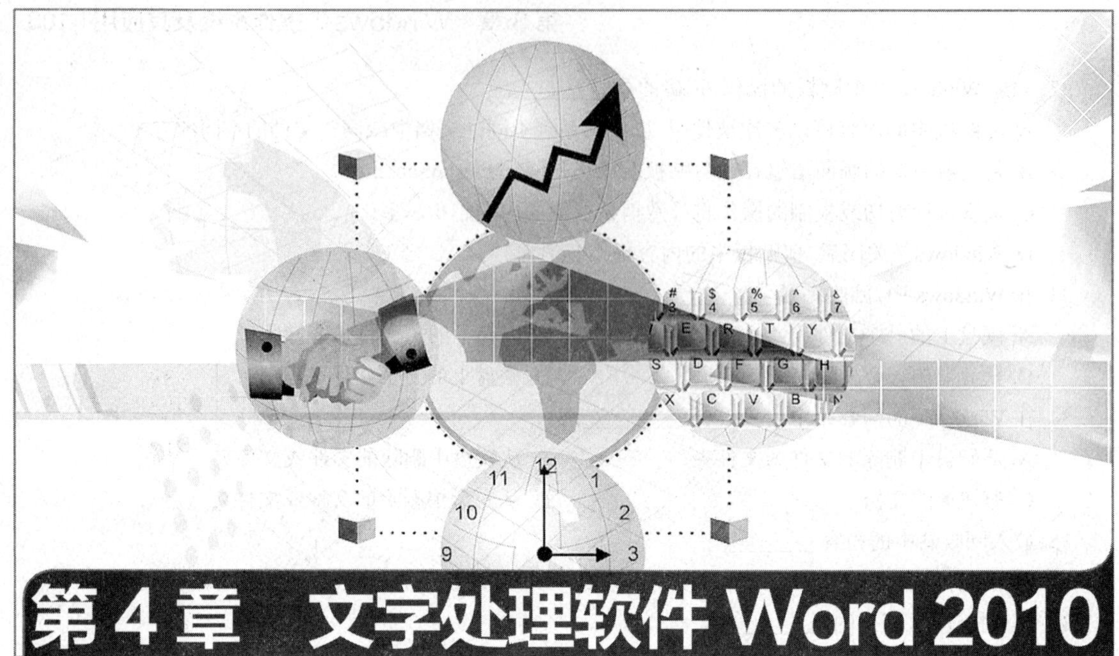

第4章 文字处理软件 Word 2010

本章导读

Word 是我们使用计算机必不可少的文档处理工具，也许你已经熟悉了 Word 的基本使用，但是对于新版本，对于 Word 各方面的功能，你是否全部了解？本章首先介绍了 Word 2010 的新功能、启动、退出、窗口组成、文档的创建、保存、打开关闭、打印等基本操作，之后分为四大模块对 Word 2010 进行了详细介绍。第一个模块：文档输入与编辑，介绍文本、符号的输入，文本的选择、复制、移动、查找和替换；第二个模块：文档排版，介绍了视图模式，字体和段落格式，项目符号，分节与分栏，页面、页眉、页脚的设置；第三个模块：表格的创建与编辑，介绍了表格的插入、格式化，转换为文本，表格的计算与排序；第四个模块：图文混排，重点介绍了如何在文档中插入图片、绘制图形，设置图片和图形的格式，插入艺术字、文本框和公式。本章的任务情境将全部的知识点融于真实的任务中，学习本章需要紧密结合任务情境和任务提示，以你的公司（或家乡、家庭）为描述对象，按照知识点展开的同时，逐步完善你的文档。学完了本章，你也就做出了一篇内容丰富、格式精美的文档。学好 Word 将对你的学习、生活、日常工作都有很大帮助。

学习目标

1. 熟悉 Word 2010 的启动、退出、创建、保存、打开、打印等基本操作；
2. 掌握 Word 文档中文本、特殊字符的输入，复制、移动、查找、替换等编辑技巧；
3. 掌握 Word 文档的各种排版操作；
4. 掌握表格的插入和编辑；
5. 掌握图形绘制、图片的插入和编辑，会使用文本框。

重点难点

1. Word 文档的编辑、排版、表格制作；
2. 图文混排。

任务情境

王芳所在的益通科技公司安排她到人力资源部工作。为了招聘新员工的需要，部门领导让她制作一个全面介绍公司的文档，以便在招聘会上发放。该文档应该包括公司简介、公司理念、机构设置、产品展示、联系方式、应聘流程、简历样式等内容，要求文档排版要整齐美观，还要配上相应的图片、流程图、表格等以增强说服力。王芳该怎么做呢？让我们跟随她一起学习制作一篇《公司介绍》的 Word 文档吧！

本章学习计划

内　容	建议自学时间（学时）	学习建议	学习记录
4.1　Word 2010 概述	1	本节重点熟悉一下 Word 2010 新版本的功能，启动、退出、新建、打开、打印等操作与 Word 2007 大体相同	
4.2　文档输入与编辑	1	根据自己对 Word 的熟悉程度，对输入文本、符号、文本内容的复制、删除、移动、选择、查找、替换等操作逐一查漏，务求熟练掌握；学完本节，一定要写出一篇与你相关的文档（我的单位、家庭、家乡等）	
4.3　文档排版	2	熟练掌握字体对话框、段落对话框、插入项目符号和编号，分节、分栏、设置页面、页眉和页脚等操作，并将上节编辑好的文档对照内容逐一设置，格式可以参考样例，也可以按自己的喜好排版	
4.4　插入与编辑表格	2	表格在 Word 中用的很多，表格的插入有多种方法，熟练掌握一种即可，对表格的格式设置是重点，要熟练应用；继续编辑你的文档，在其中插入一个与文档内容相关的表格，如单位人员列表、个人简历、家乡行政区划等，并参照样例编辑格式	
4.5　图文混排	2	在 Word 中插入图片和图形会让文档变得更为生动；图片和图形插入后有专门的工具选项卡进行编辑，图片的编辑内容有很多技巧，请对照内容在你的文档中插入一些相关的图片，绘制一个图形，并进行格式设置；艺术字、文本框、公式也是常用的，要尝试在你的文档中使用它们	

4.1 Word 2010 概述

任务提示

俗话说，“工欲善其事，必先利其器”，要想完成好任务，必须要熟悉所用的工具。在本节我们先要了解 Word 2010 的新特性、窗口组成，启动、退出的方法，文档的创建、保存、打开、关闭等基本操作，然后创建一个“公司介绍 .docx”文档保存到 D 盘下。

4.1.1 Word 2010 的新功能

Microsoft Office 是美国微软公司开发的一套用于处理文字、表格、数据、图形和制作多媒体演示文稿的大型系列软件，其广泛应用于日常办公中的方方面面，是我们工作中不可或缺的重要帮手。目前流行的版本是 Office 2010，其包括多个组件，最常用的三大办公软件是：Word 2010、Excel 2010 以及 PowerPoint 2010。

Word 2010 可进行文字处理、表格制作、图片编辑、图形绘制、图表生成以及不同的版式设置等多项操作。用户运用它可以简单快捷地制作出精美的办公文档与专业的信函文件，是办公自动化首选的字处理软件。

Word 2010 在 Word 2007 的基础上新增了很多人性化的实用功能，例如丰富全面的导航、内置的屏幕截图、删除图片背景、屏幕取词翻译、更加丰富的文字视觉效果、图片艺术效果、SmartArt 图表等。Word 2007 相比 2003 版在操作习惯、界面布局、功能设置等方面有重大革新，取消了传统的菜单操作方式，取而代之的是各种固定功能区和动态出现的浮动功能区。而 Word 2010 比 Word 2007 版在操作习惯上变化不大，最显著的变化是使用【文件】按钮代替了 Word 2007 中的【Office】按钮。要更进一步地了解 Word 2010，读者也可以参考 Office 2010 的帮助信息。

4.1.2 启动 Word 2010

启动 Word 2010 有以下几种方法：

(1) 单击【开始】→【程序】→【Microsoft Office】项，在其级联菜单中选择【Microsoft Office Word 2010】。

(2) 双击桌面已建立的 Word 2010 快捷方式图标。

(3) 双击已建立的 Word 2010 文档。

4.1.3 退出 Word 2010

(1) 在 Word 2010 窗口中，单击【文件】→【退出】命令。

(2) 单击 Word 2010 标题栏右侧的【关闭】按钮。

4.1.4 Word 2010 窗口组成

启动 Word 2010 后，进入 Word 2010 应用程序窗口，如图 4-1 所示。

Word 2010 的窗口由顶部快速功能区、各类功能面板（文件、开始、插入、页面布局等）、左侧导航窗格、编辑区、底部状态栏、滚动条等部分组成。另外，浮动的功能面板将随着不同对象的插入而动态显示，详见后文。

图 4-1　Word 2010 窗口

4.1.5　创建新文档

启动 Word 时，若用户没有指定要打开的文档，则 Word 将自动创建一个名为“文档 1”的新文档。

Word 2010 还提供了以下创建新文档的方法。

（1）使用【新建文档】菜单创建新文档

单击【文件】选项卡→【新建】菜单，打开【新建文档】，如图 4-2 所示。

图 4-2　新建文档

（2）双击【空白文档】或单击右侧的【创建】按钮，即可创建新的空白文档。

该选项卡包含了大量格式已定的文档模板，用户可以通过这些模板快速创建所需的文档，如博客文章、书法字帖、样本模板等，此外还可以通过 Office.com 获取如会议日程、证书、奖状、名片、日历、合同、海报、贺卡、会议纪要等数十种模板。

4.1.6 保存文档

编辑好的文档必须存盘，以后才能使用。保存文件使用【文件】选项卡→【保存】命令（或顶部快速访问工具栏的【保存】按钮）或【另存为】命令）。

（1）首次被保存的新文档

对于尚未保存过的文档，【保存】和【另存为】命令的处理过程是一样的，都会打开【另存为】对话框，如图 4-3a）所示。

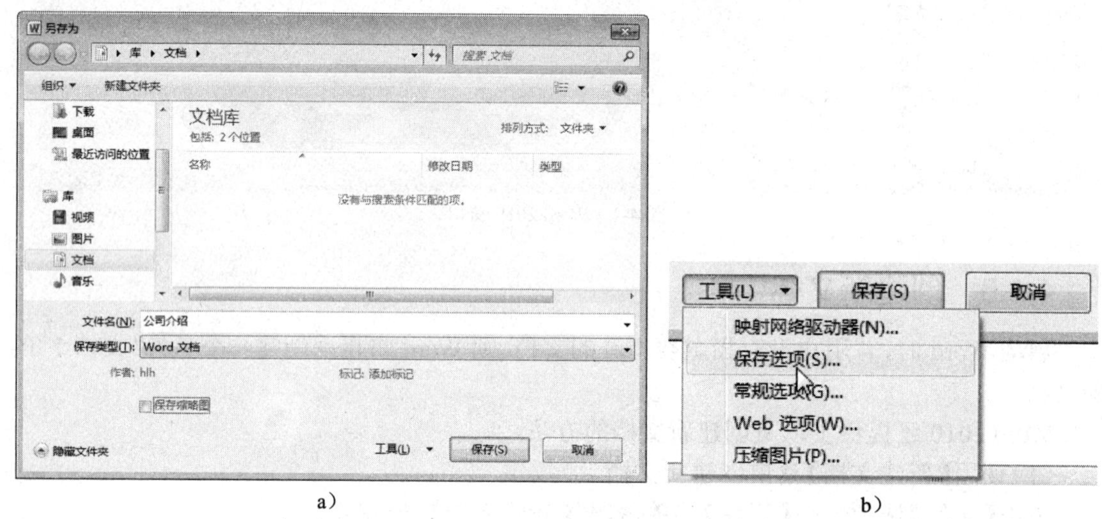

a）　　　　b）

图 4-3 【另存为】对话框

①在【保存类型】下拉列表框中选择合适的保存类型（Word 2007 以后的文档扩展名为“.docx”），若想让低版本的 Word 兼容，最好选择“doc”格式，但要注意，保存为“docx”格式的文档将会比“doc”格式文档的工具菜单有所不同，详见后文。

②单击【工具】按钮，打开下拉菜单，如图 4-3b）所示。

③单击【保存选项】可打开 Word 选项对话框，如图 4-4 所示，设置自动保存时间间隔（Word 默认时间间隔 10min）、保存文件类型、默认保存的位置等。

④单击【常规选项】可打开常规选项对话框如图 4-5 所示，主要用于文档的保护，如输入密码进行加密设置。

⑤单击【压缩图片】可以将文档中插入的图片进行压缩，以减小 Word 文件的整体体积，特别适合于文档中的图片非常多导致 Word 文档体积庞大的情况。

（2）已保存的文档再存盘

对于已保存的文档，可单击【快速访问工具栏】中的【保存】按钮，以原文件名保存在原来的文件夹中。当单击【另存为】命令时，则文档将以不破坏现有文档内容，以另一个文件名进行保存。保存文档的组合键为【Ctrl+S】。

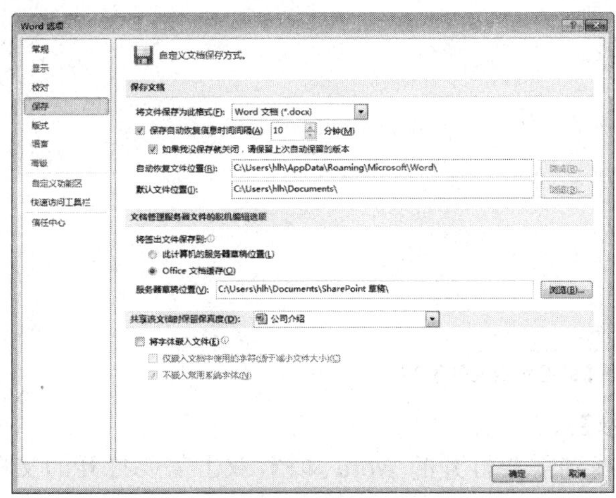

图 4-4 【Word 选项】对话框

图 4-5 常规选项对话框

4.1.7 打开和关闭文档

1. 打开文档

打开文档有以下几种方法:

(1)利用【文件】选项卡

单击【文件】中的【打开】菜单,或按【Ctrl+O】命令,打开【打开】对话框。如图 4-6 所示。在顶部查找想要打开的文档路径,在显示窗口中选中需要打开的文件名,单击【打开】按钮或直接双击选中的文件名即可打开选中的文档。

【打开】按钮右侧的下拉小箭头可以选择【只读方式打开】、【打开并修复】等。

图 4-6 【打开】对话框

(2)打开最近使用过的文档

Word 2010 提供了对最近使用过的文档进行快速打开的方式:

单击【文件】选项卡,在【最近所用文件】菜单中显示所有最近打开过的文档,如图 4-7 所示,单击其中的某个文件名,即可快速打开该文档。

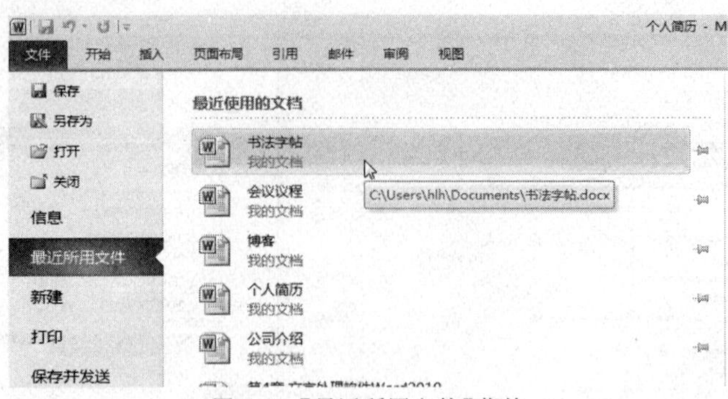

图 4-7 【最近所用文件】菜单

（3）通过【资源管理器】或【我的电脑】打开

在资源管理器或我的电脑窗口中，找到需要打开的 Word 文档，双击需要打开的文档图标，即可启动 Word 程序并打开相应的文档。

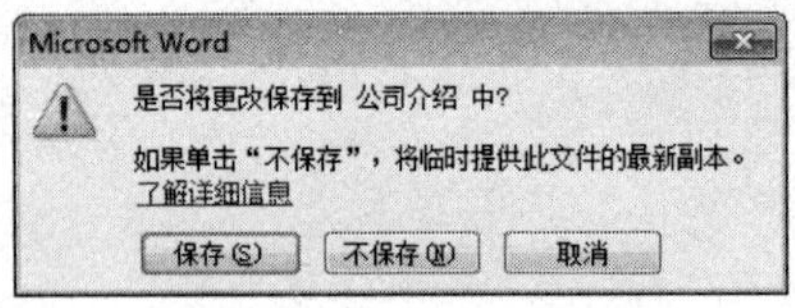

图 4-8 未存盘退出对话框

2. 关闭文档

单击菜单栏右侧的【关闭窗口】按钮；或单击【文件】→【关闭】命令；或选择控制菜单中的【关闭】命令；还可以按组合键【Alt+F4】，都可以关闭当前文档。对于修改后没有存盘的文档，系统会给出提示信息，如图 4-8 所示。

单击【保存】按钮，保存后退出；单击【不保存】按钮，不存盘退出；单击【取消】按钮，重新返回编辑窗口。

4.1.8 打印文档

单击【开始】选项卡中的【打印】菜单，或选择【快速访问工具栏】→【打印预览并打印】命令（该按钮须通过 Word 选项中的自定义快速访问工具栏添加，见图 4-10），如图 4-9 所示，该窗口可以在预览的同时进行打印机的选择、页面设置，单击【打印】按钮即可输出到打印机。

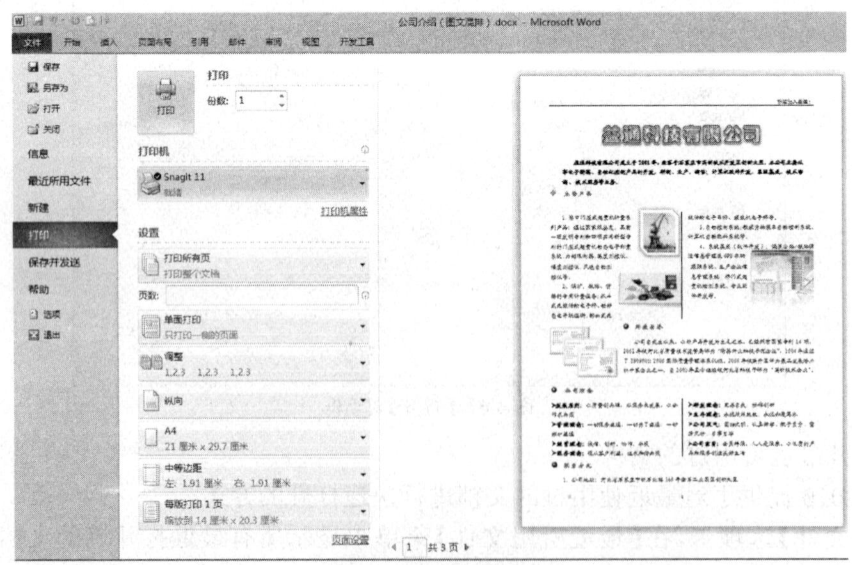

图 4-9 【打印】菜单

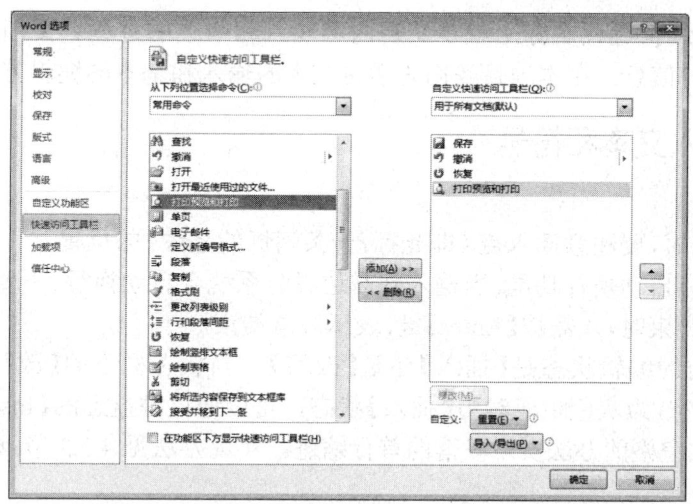

图 4-10　通过 Word 选项对话框自定义快速访问工具栏

4.2 文档输入与编辑

任务提示

上节我们创建了一个空的《公司介绍》Word 文档，接下来就要录入文字了，要写一些什么内容呢？图 4-11 是王芳录入好的样例，参照它来介绍你的工作单位吧。

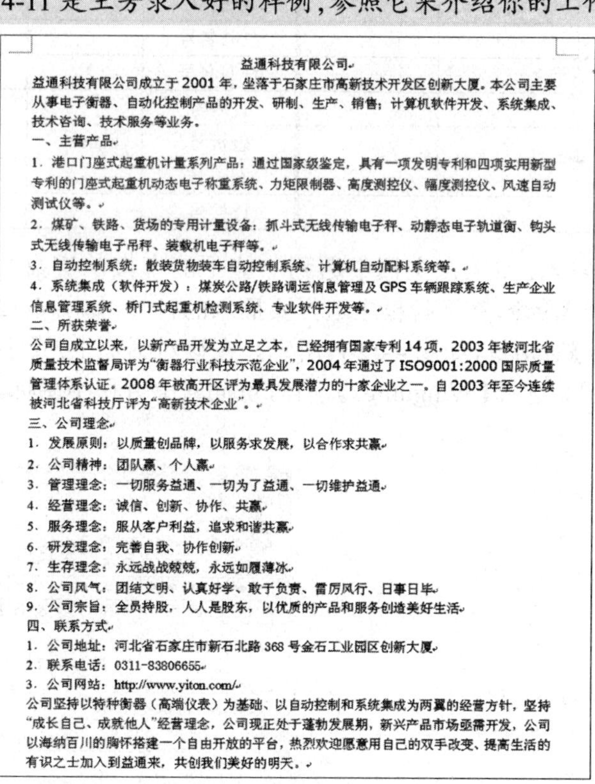

益通科技有限公司

益通科技有限公司成立于 2001 年，坐落于石家庄市高新技术开发区创新大厦。本公司主要从事电子衡器、自动化控制产品的开发、研制、生产、销售；计算机软件开发、系统集成、技术咨询、技术服务等业务。

一、主营产品

1. 港口门座式起重机计量系列产品：通过国家级鉴定，具有一项发明专利和四项实用新型专利的门座式起重机动态电子称重系统、力矩限制器、高度测控仪、幅度测控仪、风速自动测试仪等。

2. 煤矿、铁路、货场的专用计量设备：抓斗式无线传输电子秤、动静态电子轨道衡、钩头式无线传输电子吊秤、装载机电子秤等。

3. 自动控制系统：散装货物装车自动控制系统、计算机自动配料系统等。

4. 系统集成（软件开发）：煤炭公路/铁路调运信息管理及 GPS 车辆跟踪系统、生产企业信息管理系统、桥门式起重机检测系统、专业软件开发等。

二、所获荣誉

公司自成立以来，以新产品开发为立足之本，已经拥有国家专利 14 项，2003 年被河北省质量技术监督局评为“衡器行业科技示范企业”，2004 年通过了 ISO9001:2000 国际质量管理体系认证。2008 年被高开区评为最具发展潜力的十家企业之一。自 2003 年至今连续被河北省科技厅评为“高新技术企业”。

三、公司理念

1. 发展原则：以质量创品牌，以服务求发展，以合作求共赢

2. 公司精神：团队赢、个人赢

3. 管理理念：一切服务益通、一切为了益通、一切维护益通

4. 经营理念：诚信、创新、协作、共赢

5. 服务理念：服从客户利益，追求和谐共赢

6. 研发理念：完善自我、协作创新

7. 生存理念：永远战战兢兢，永远如履薄冰

8. 公司风气：团结文明、认真好学、敢于负责、雷厉风行、日事日毕

9. 公司宗旨：全员持股，人人是股东，以优质的产品和服务创造美好生活

四、联系方式

1. 公司地址：河北省石家庄市新石北路 368 号金石工业园区创新大厦

2. 联系电话：0311-83806655

3. 公司网站：http://www.yiton.com/

公司坚持以特种衡器（高端仪表）为基础、以自动控制和系统集成为两翼的经营方针，坚持“成长自己、成就他人”经营理念，公司现正处于蓬勃发展期，新兴产品市场亟需开发，公司以海纳百川的胸怀搭建一个自由开放的平台，热烈欢迎愿意用自己的双手改变、提高生活的有识之士加入到益通来，共创我们美好的明天。

图 4-11　样例参考——公司介绍 Word 文档的文字录入

Word 文档的编辑过程实际上就是文档内容输入和修改的过程。文档的内容主要包括文本、表格、图片等信息。在本项目我们先学习文本的输入和基本的编辑方法。

4.2.1 输入文本和符号

1. 输入文本

(1)文本输入时,要注意插入点(即光标,一条闪烁的竖线)的位置。

(2)Word 具有自动换行功能,当输入到右边界时系统会自动换行,不要按【Enter】键;只有当一个自然段结束时,才需按【Enter】键,表示段落结束。

(3)注意当前的编辑状态是【插入】还是【改写】。当状态栏上的【改写】标签为黑色显示时为【改写】状态,为灰色暗淡时为【插入】状态。可以通过键盘上的【Insert】键切换。

(4)不要用加空格的办法实现段落的首行缩进。实现办法见 4.3.3 节:设置段落样式。

2. 中文输入

选择中文输入法,按相应输入法的具体要求输入汉字。输入法的有关操作见第 3 章。

3. 标点符号的输入

(1)全角和半角的区分:英文标点有全角和半角之分,全角字符占两个半角的位置。

(2)中文标点的输入:在中文标点状态下输入,常用中文标点与键位的对照见表 4-1。

常用中文标点与键位的对照表　　表 4-1

中文标点	符号	键位	说明	中文标点	符号	键位	说明
句号	。	.		双引号	“”	"	自动配对
逗号	，	,		单引号	‘’	'	自动配对
分号	；	;		左书名号	《〈	<	自动嵌套
顿号	、	\		右书名号	》〉	>	自动嵌套
冒号	：	:		省略号	……	^	双符处理
问号	？	?		破折号	——	_	双符处理
感叹号	！	!		间隔号	·	@	
人民币符号	￥	$		连接号	—	&	

(3) 特殊符号的输入:如果在文档中遇到一些不能直接从键盘上输入的符号,可单击【插入】功能区的【符号】命令,在下拉框中选择要插入的符号,如图 4-12a)所示,若选择【其他符号…】则打开【符号】对话框,如图 4-12b)所示。在该对话框中,【字体】选择不同,能插入的符号也有所不同,例如选择【Wingdings】字体,可插入上百种小图标。单击需要的符号,再单击【插入】按钮即可。

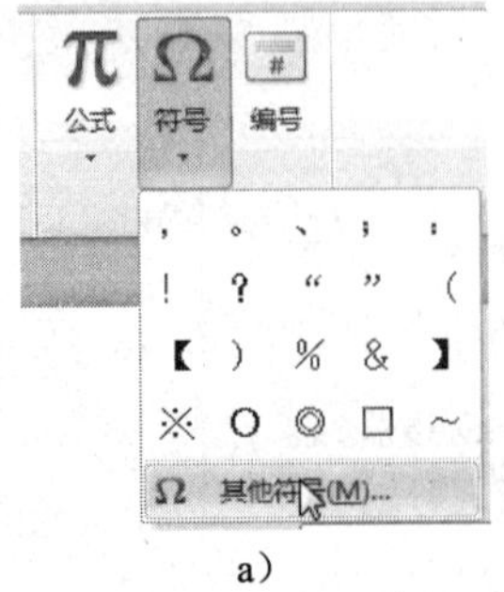

a)

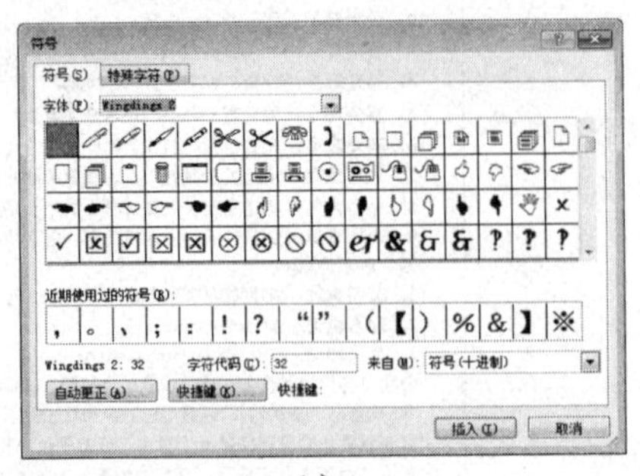

b)

图 4-12　插入符号与符号对话框

4. 日期和时间的输入

通过【插入】功能区下的【日期和时间】按钮可以在文档中插入当前日期和时间，如图 4-13 所示，选择一种日期格式，单击确定即可插入，若勾选【自动更新】，则每次打开文档时，日期会自动更新为当前时间。

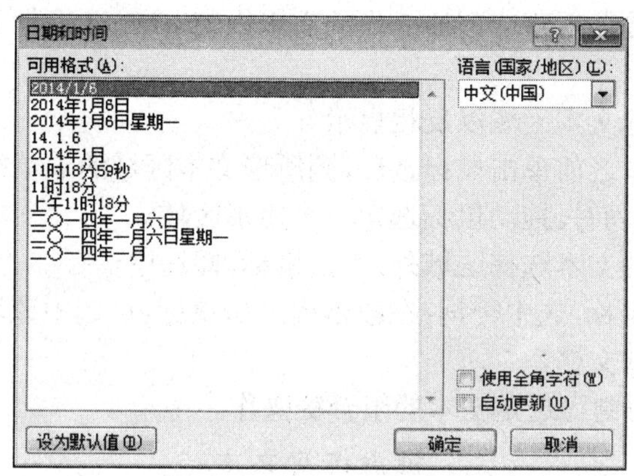

图 4-13　插入【日期和时间】

4.2.2　编辑文档

1. 插入点的移动

编辑文本，必须时刻注意插入点的位置，通过移动光标键、水平和垂直滚动条将所编辑的位置移入编辑窗口内，再在编辑位置单击鼠标即可。

插入点移动快捷键见表 4-2。

对于长文档还可以通过【编辑】→【定位】命令快速到达指定位置。

插入点移动快捷键　　表 4-2

键　　位	光标移动	键　　位	光标移动
←	光标左移一个字符	Ctrl +←	光标左移一个字词
→	光标右移一个字符	Ctrl +→	光标右移一个字词
↑	光标上移一行	Ctrl +↑	光标上移一段
↓	光标下移一行	Ctrl +↓	光标下移一段
Home	光标移至行首	Ctrl + Home	光标移至文件首
End	光标移至行尾	Ctrl + End	光标移至文件尾
PgUp	光标上移一屏	Ctrl + PgUp	光标移至文件屏顶
PgDn	光标下移一屏	Ctrl + PgDn	光标移至文件屏底
Shift + f5	返回上一位置	Alt + Ctrl + PgUp	光标移至上一页
Ctrl + G	打开定位对话框	Alt + Ctrl + PgDn	光标移至下一页

2. 插入和删除空行

插入空行：在【插入】状态下，将光标定位到插入点处，按【Enter】键。

删除空行：将光标移到空行，按【Delete】键。

3. 断行和接行

断行：将光标定位到需断行的文字前，按【Enter】键。

接行：删除段后的换行符“↵”，可将由换行符“↵”分开的两行或两个段落合成一行。

4. 选定文本

文本编辑过程中，常常需要选定被操作的文本内容。Word 提供了以下几种选定文本的方法：

（1）拖动鼠标将所选文本区域以反相显示。

（2）在要选定的文本之前单击鼠标之后，到所选文本区域的末端按住【Shift】键再单击。

（3）按下【Alt】键的同时，拖动鼠标选定一个矩形区域。

（4）在所选行左侧的文本选择区域外，单击鼠标，即选中一行。

（5）在段落内双击鼠标，选中一词；在段落内三击鼠标，可选中该段落。在段落左侧文本外三击鼠标，可选中全部文档。

（6）表 4-3 给出了用键盘选定文本的组合键操作。

键盘选定文本　　表 4-3

键　盘	选定范围
Shift ＋←	从光标所在处向左边选择一个字符
Shift ＋→	从光标所在处向右边选择一个字符
Shift ＋↑	从光标所在处向上边选择一行
Shift ＋↓	从光标所在处向下边选择一行
Shift ＋ PgUp	从光标所在处选择向上一屏文本
Shift ＋ PgDn	从光标所在处选择向下一屏文本
Shift ＋ Home	从光标所在处选择文本直至该行开头
Shift ＋ End	从光标所在处选择文本直至该行结尾
Ctrl ＋ Shift ＋ Home	从光标所在处选择直至文件开头
Ctrl ＋ Shift ＋ End	从光标所在处选择直至文件结尾
Ctrl ＋ A	选择全部文本

注意：选择文本后，按键盘上的任何字符都会将所选文本删除。

单击鼠标或按光标移动键，可以取消选择。

5. 成批删除文本

选定待删除文本，按【Delete】键。

6. 撤销已删除的文本和恢复撤销

对于已删除的文本可以单击【快速访问工具栏】上的【撤销删除】按钮撤销所做的删除，单击按钮右侧的下拉箭头可以一次撤销多步操作。

单击【快速访问工具栏】上的【重复删除】按钮，可以恢复已撤销的操作。

7. 信息的复制和移动

信息的复制和移动离不开剪贴板。

（1）剪切、复制和粘贴操作

剪切：将信息放入剪贴板，同时删除原信息。

操作方法：选中文本后，单击【开始】选项卡中的【剪切】按钮，或右键选择快捷菜单中的【剪切】命令，或按组合键【Ctrl+X】。

（2）复制：将信息放入剪贴板，同时保留原信息。

操作方法：选中文本后，单击【开始】选项卡中的【复制】按钮；或选择快捷菜单中的【复制】命令；或按组合键【Ctrl+C】。

（3）粘贴：将剪贴板中的指定信息放入插入点处。

操作方法：光标定位后，单击【开始】选项卡中的【粘贴】按钮；或选择快捷菜单中的【粘贴】命令；或按组合键【Ctrl+V】。

（4）信息的复制

经过三步操作，即：选定文本、复制（放入剪贴板）、在插入点处粘贴。也可选中文本后，在按住【Ctrl】键的同时用鼠标将选中的文本拖放到指定位置。

（5）信息的移动

经过三步操作，即：选定文本、剪切（放入剪贴板）、在插入点处粘贴。也可选中文本后，用鼠标将选中文本直接拖放到指定位置。

4.2.3　查找与替换

1. 查找

查找操作用于在长文档中查找特定内容，并且快速将插入点移到该位置，查找的内容可以是单个字符或字符串，也可以是特殊字符，如段落标记、制表符或特定格式等。Word 2010 中新增加了【导航】窗格，使得查找操作更为方便灵活。

在【开始】功能区最右侧左上角单击【查找】按钮或者按【Ctrl+F】快捷键，左侧导航便出现了【导航】窗格，输入要搜索的内容后，Word 自动在下方显示匹配结果，并将正文中的匹配项用黄色底纹突出显示，如图 4-14 所示。

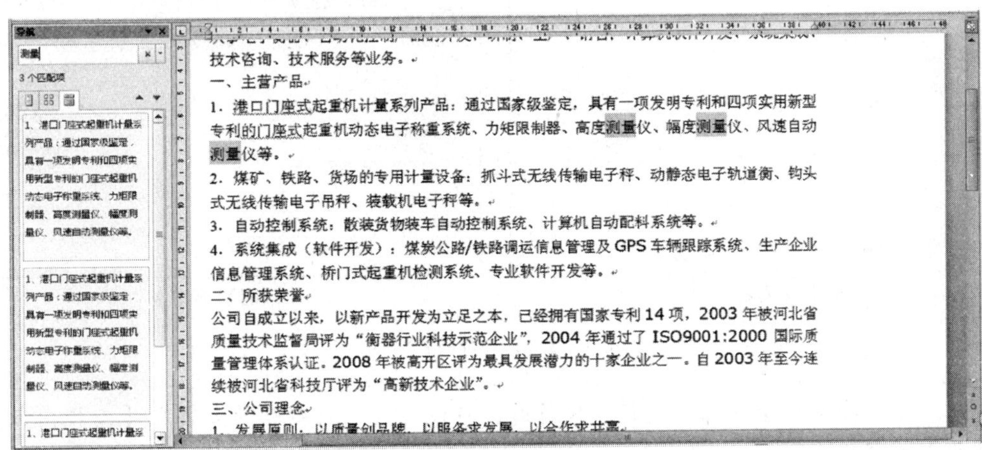

图 4-14　利用【导航】窗格进行查找

在图 4-14 中的单击导航窗格输入框右侧的下拉箭头，可以进行查找选项设置，如图 4-15 所示。单击【高级查找】选项，即出现了低版本中常用的【查找和替换】对话框，如图 4-16 所示，可以进行格式查找、按格式替换等。

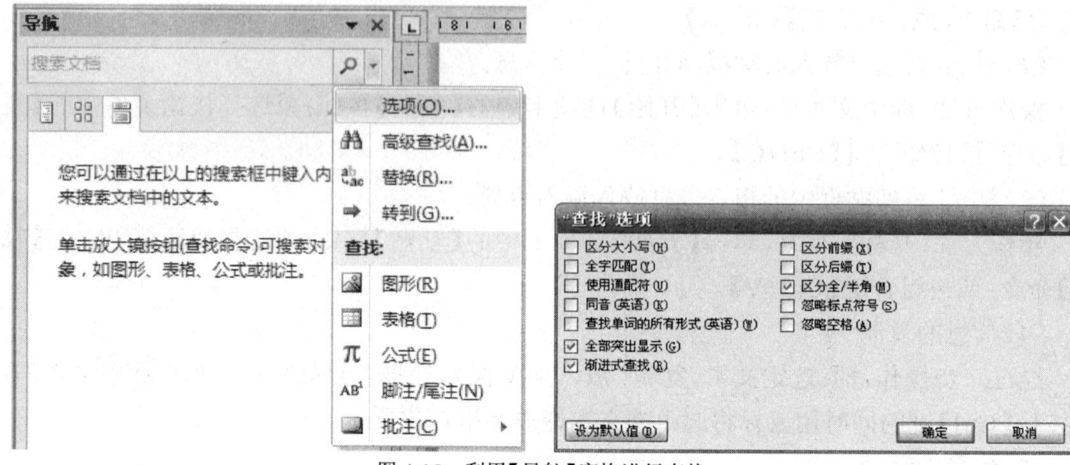

图 4-15　利用【导航】窗格进行查找

2. 替换

替换操作用于在当前文本中将查找到的内容或格式，用其他的内容或格式替换。

如果在编辑文档的过程中，需要将文中的某个词组（标点符号）全部或部分替换为其他词组（标点符号），利用该对话框可以进行快速替换，例如图 4-16a）中将“测量”替换为“测控”。替换的同时，该对话框还可以对某个词组加上特定格式，例如，将文中出现的公司名字都变为红色、行楷并且加着重号，设置如图 4-16b）所示，首先将光标定位在【替换为】输入框内，如果不需要替换文字，可以留空白，单击左下角的【格式】按钮，设置好要替换的字体，最后点击【替换】或【全部替换】即可实现部分或全部的格式替换。

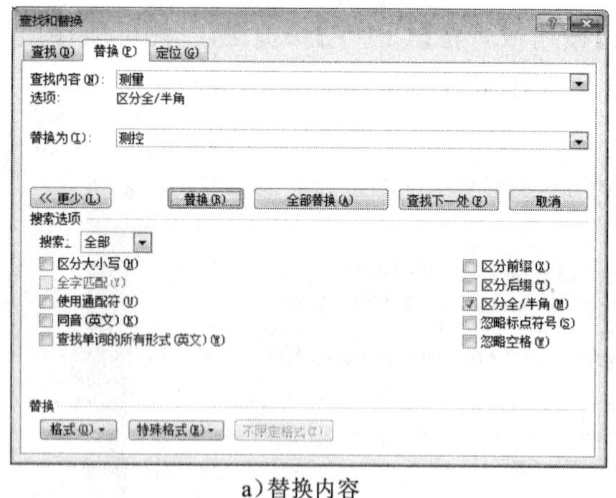

a）替换内容

b）替换格式

图 4-16　【查找和替换】对话框

注意：对于特殊符号进行查找替换操作时，可以用复制与粘贴的方法在【查找内容】和【替换为】对话框中录入。

4.3 文档排版

任务提示

上节我们编辑好了《公司介绍》Word 文档,是不是感觉格式有些单调?打印出来也不美观。接下来我们给它进行排版。什么是排版?排版后是什么样子?下面是王芳对她的文档排版后的效果,参照它并结合下面的讲解来对你的文档进行格式的设置吧(图 4-17)。

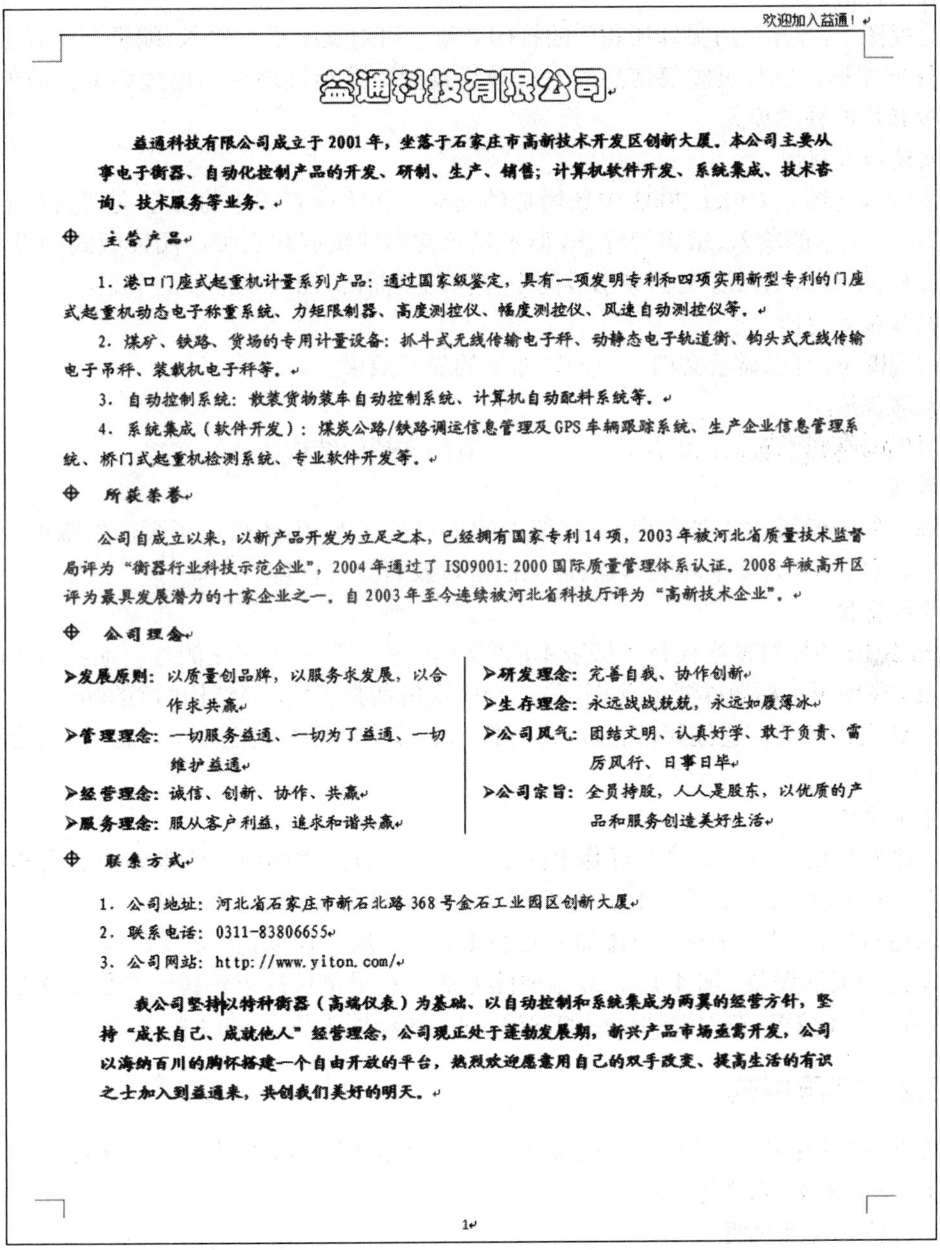

欢迎加入益通!

益通科技有限公司

益通科技有限公司成立于 2001 年,坐落于石家庄市高新技术开发区创新大厦。本公司主要从事电子衡器、自动化控制产品的开发、研制、生产、销售;计算机软件开发、系统集成、技术咨询、技术服务等业务。

主管产品

1. 港口门座式起重机计量系列产品:通过国家级鉴定,具有一项发明专利和四项实用新型专利的门座式起重机动态电子称重系统、力矩限制器、高度测控仪、幅度测控仪、风速自动测控仪等。

2. 煤矿、铁路、货场的专用计量设备:抓斗式无线传输电子秤、动静态电子轨道衡、钩头式无线传输电子吊秤、装载机电子秤等。

3. 自动控制系统:散装货物装车自动控制系统、计算机自动配料系统等。

4. 系统集成(软件开发):煤炭公路/铁路调运信息管理及 GPS 车辆跟踪系统、生产企业信息管理系统、桥门式起重机检测系统、专业软件开发等。

所获荣誉

公司自成立以来,以新产品开发为立足之本,已经拥有国家专利 14 项,2003 年被河北省质量技术监督局评为“衡器行业科技示范企业”,2004 年通过了 ISO9001:2000 国际质量管理体系认证,2008 年被高开区评为最具发展潜力的十家企业之一。自 2003 年至今连续被河北省科技厅评为“高新技术企业”。

公司理念

- **发展原则:** 以质量创品牌,以服务求发展,以合作求共赢
- **管理理念:** 一切服务益通、一切为了益通、一切维护益通
- **经营理念:** 诚信、创新、协作、共赢
- **服务理念:** 服从客户利益,追求和谐共赢
- **研发理念:** 完善自我、协作创新
- **生存理念:** 永远战战兢兢,永远如履薄冰
- **公司风气:** 团结文明、认真好学、敢于负责、雷厉风行、日事日毕
- **公司宗旨:** 全员持股,人人是股东,以优质的产品和服务创造美好生活

联系方式

1. 公司地址:河北省石家庄市新石北路 368 号金石工业园区创新大厦
2. 联系电话:0311-83806655
3. 公司网站:http://www.yiton.com/

我公司坚持以特种衡器(高端仪表)为基础、以自动控制和系统集成为两翼的经营方针,坚持“成长自己、成就他人”经营理念,公司现正处于蓬勃发展期,新兴产品市场亟需开发,公司以海纳百川的胸怀搭建一个自由开放的平台,热烈欢迎愿意用自己的双手改变、提高生活的有识之士加入到益通来,共创我们美好的明天。

1

图 4-17　文档排版后的效果

文档的排版包括：设置字符格式和段落样式、分节、分栏、页面设置、页眉页脚等内容。为了方便地查看排版效果，必须要首先了解不同的文档浏览方式，即视图。

4.3.1 视图

Word 提供了不同的文档浏览方式：页面视图、阅读版式视图、Web 版式视图、大纲视图、草稿、导航窗格及打印预览。可以通过【视图】功能区中的命令或【状态栏】右侧的视图切换按钮选择相应视图（图 4-1）。

1. 页面视图

在此视图下，显示“所见即所得”的打印效果。可对文字进行输入、编辑和排版等操作，还可以处理图形、页眉、页脚等信息。它比普通视图更能精确地显示出最终文档的外观，是文档排版必用的视图模式。

2. 阅读版式视图

阅读版式视图是 Office 2003 中新增加的功能。在阅读版式下将显示文档的背景、页边距，并可进行文本的输入、编辑等操作，但不显示文档的页眉和页脚。阅读版式的设计是为了便于文档的阅读和评论，文档显示成两个并排的页面，仿佛一本打开的书。

3. Web 版式视图

在此视图下，可以显示文档呈现浏览器下的显示效果。

4. 大纲视图

大纲视图有利于对文档的层次组织，可以看到文档的结构。

5. 草稿

草稿类似于低版本的普通视图，其编辑的重点是文本，因此简化了页面的版面，隐藏了页面边缘、页眉、页脚、文字环绕对象、浮动图形以及背景等内容。

6. 导航窗格

Word 2010 的导航窗格代替了低版本的“文档结构图”，能够在左侧方便地显示文档各级标题列表（在使用了标题样式的前提下）。导航窗格增强了“文档结构图”的功能，不但能够快速导航到文档各级标题位置，而且能进行快速地搜索定位并突出显示，将文档结构与查找替换结合在了一起。

7. 显示比例

显示比例只用于控制文档在屏幕上的显示大小。放大比例便于清晰地查看文档的某个局部细节，缩小比例便于查看文档页面的整体效果。显示比例不会影响打印效果。

可以通过【视图】功能区中的【显示比例】按钮群进行控制，也可以在状态栏最右侧用鼠标拖动滑块灵活调整（图 4-1）。最方便的方法是利用鼠标的滚轮键配合【Ctrl】键进行调整，左手按住【Ctrl】键，右手滚动鼠标的滚轮，向上滚动即为放大，向下滚动即为缩小。

4.3.2 字符格式

字符格式包括：字体、字形、字号（即大小）、字体颜色、下划线、着重号、效果（删除线、阴影、下标、上标、阴文、阳文等）。

1. 字符格式设置说明

（1）格式设置的有效范围（这是初学者最容易忽视的）：可以先定位插入点，再进行格式设置，所做的格式设置对插入点后新输入的文本有效，直到出现新的格式设置为止；也可以先选中文字，再进行格式设置，所做的格式设置只对所选文字有效。

（2）对同一文字设置新的格式后，原有格式自动取消。

2. 字符格式设置工具

字符格式设置的工具："迷你"工具栏、【开始】功能区和【字体】对话框。

（1）"迷你"工具栏

"迷你"工具栏是 Word 2007 版本之后的新工具，当选择了文本后，鼠标稍微向右上角移动，便动态地出现了一个工具栏，如图 4-18 所示，利用这个小工具栏可以设置常用的字体、字形、字号以及颜色等，十分便捷。

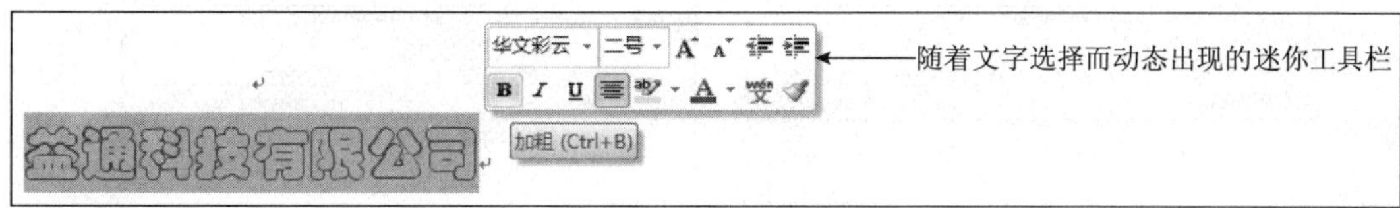

图 4-18　"迷你"工具栏

（2）【开始】功能区

【开始】功能区中有关字体的格式设置比"迷你"工具栏多了一些如字符边框、字符底纹、上下标、更改大小写等功能，如图 4-19 所示。

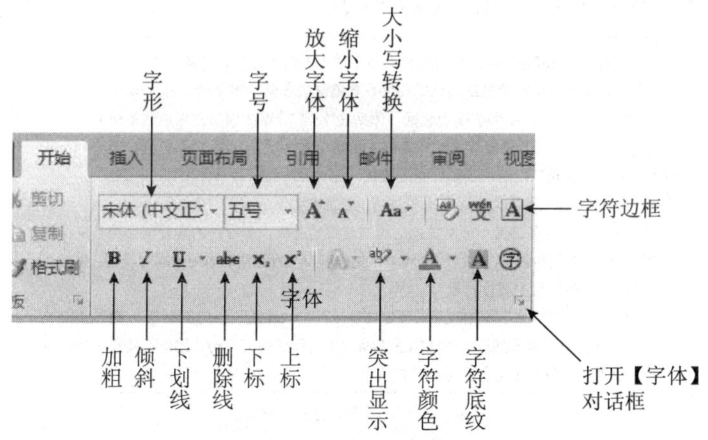

图 4-19　【开始】功能区的字体工具栏

（3）利用【字体】对话框

若想对字体格式进行全面设置，可在图 4-19 中单击右下角小箭头打开【字体】对话框，如图 4-20a）所示。对字体、字形、字号、颜色、下划线、着重号、效果各项中所需的项目设置完成后，单击【确定】按钮即可。若想设置字符的缩放、间距和位置，需要单击【高级】面板，设置相应的值即可，如图 4-20b）所示。

3. 快速复制格式（【格式刷】的使用）

对于已设置好的字符格式，若文档中的其他文本采用与此相同的格式，可以用【常用工具栏】内的【格式刷】按钮快速复制格式。

操作方法：选定一段带有格式的文本后，单击【格式刷】按钮，在需要设置格式的文本上拖动鼠标，即可将格式复制到新文本上。双击【格式刷】按钮，可以在多个地方拖动复制格式。

a）

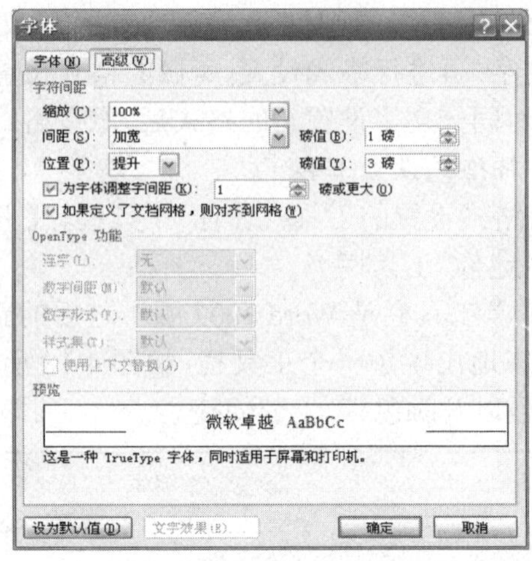

b）

图 4-20 【字体】对话框

4.3.3 段落样式

段落格式包括段落的首行缩进、悬挂缩进、左缩进、右缩进、段前间距、段后间距、行间距、大纲级别和对齐方式等内容。如图 4-21 所示。

左缩进：设置整个段落左端距离页面左边界的起始位置。设置办法：第 1 步，打开 Word 2010文档窗口，选中需要设置缩进的段落。第 2 步，在 Word 2010文档窗口中切换到“页面布局”功能区，然后在“段落”分组中调整左缩进数值即可。

右缩进：设置整个段落右端距离页面右边界的起始位置。设置办法：第 1 步，打开 Word 2010文档窗口，选中需要设置缩进的段落。第 2 步，在 Word 2010文档窗口中切换到“页面布局”功能区，然后在“段落”分组中调整右缩进数值即可。

首行缩进：将段落的第一行从左向右缩进一定的距离，首行外的各行都保持不变，便于阅读和区分文章整体结构。首行缩进最为常见。可以与左缩进、右缩进同时设置。首行缩进须在“段落”对话框中进行设置。

悬挂缩进：段落的首行文本不加改变，而除首行以外的文本缩进一定的距离。悬挂缩进常用于项目符号和编号列表。悬挂缩进是相对于首行缩进而言的，因此不能与首行缩进同时设置。设置办法与首行缩进相同。

图 4-21 设置不同段落格式

段落格式设置常用的工具有：【开始】功能区、【页面布局】功能区中的【段落】分组以及【段落】对话框。

1. 利用【开始】功能区设置段落格式

首先将插入点移到需要设置格式的段落内，单击【开始】功能区【段落】组中相应的按钮。【段落】组中关于段落设置按钮及作用如图 4-22 所示。

【两端对齐】和【分散对齐】只对段落的最后一行有差别。【两端对齐】是除了最后一行外，其他各行左右均对齐，最后一行靠页边距的左端对齐；【分散对齐】则将最后一行的字符间距作自动调整，使字符均匀地填满整行（不管最后有几个字符）。

2. 利用【水平标尺】设置段落缩进

【水平标尺】上有段落缩进设置标志，如图 4-23 所示。拖动相应的标志，可以设置段落的缩进。

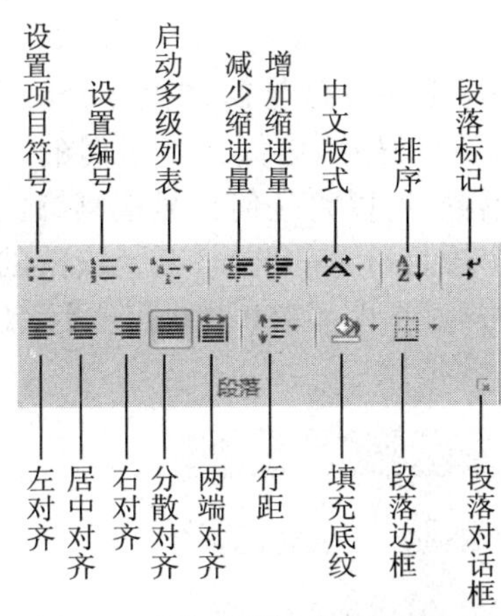

图 4-22　【格式】栏中段落设置按钮

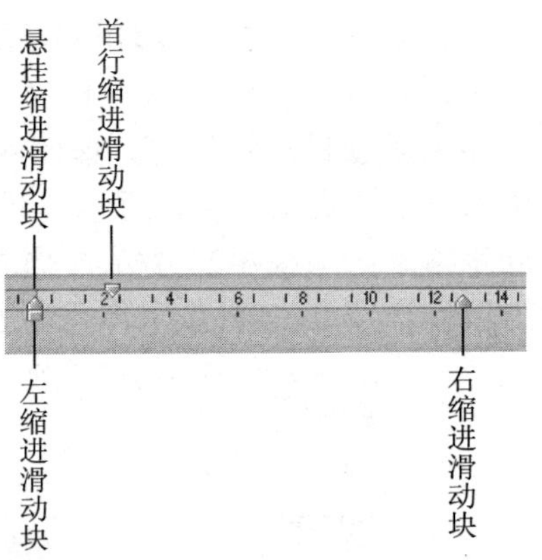

图 4-23　利用【水平标尺】设置段落缩进

3. 利用【段落】对话框设置段落格式

【段落】对话框可以实现对段落格式的所有设置。

操作方法：

(1) 先确定段落格式设置范围。

(2) 单击段落组中右下角的按钮，打开【段落】对话框，如图 4-24 所示。

(3) 在【常规】组中，【对齐方式】中包括左对齐、右对齐、居中、两端对齐、分散对齐；【大纲级别】分为 10 级（正文文字、1～9 级）。1～9 级一般为不同级别的标题段落，在显示文档导航窗格时，会出现在左侧的导航视图内。

(4) 在【缩进】组中，可设置段落的左、右缩进；在【特殊格式】下拉列表中，有段落的【首行缩进】或【悬挂缩进】。

(5) 【间距】组可设置段前、段后的距离和行距。行距一般有单倍行距、1.5 倍行距、2 倍行距、多倍行距、最小值、固定值等。

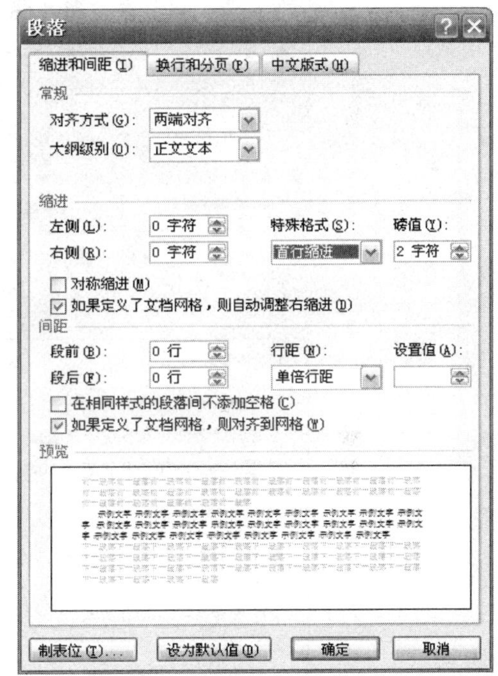

图 4-24　【段落】设置对话框

说明：设置段落的新格式将取代段落原有的旧格式。

4.3.4　项目符号和编号

很多时候需要在小标题的前面加上相同的符号或有序的编号，如果单独为每个标题插入特殊符号或编号，会有两个问题：其一，操作繁琐，重复工作量大，特别是小标题很多的情况下；其二，修改困难，如果想统一更换符号或编号的样式，需要再重新插入一遍，特别是有序的编号，几乎需要把所有的编号都重新输入，既费时费力，又容易出错。使用 Word 提供的【项目符号】和【项目编号】可以很好地解决这个问题。

1. 插入项目符号

在【开始】选项卡的【段落】组中，第一个按钮就是插入【项目符号】，如图 4-25a）所示，这里列出了最近使用过的项目符号、项目符号库和文档项目符号，这仅仅是常用的几个符号，单击【定义新项目符号】，打开如图 4-25b）所示的对话框，可以将任何符号或网络上以及本机存储的小图片定义为项目符号。同时，在修改某一个项目符号的同时，其他段落的项目符号会同步修改。如图 4-26 所示为插入的不同的项目符号，在图 4-25b）中，点击【字体】按钮可以为项目符号更改颜色、字体大小等。

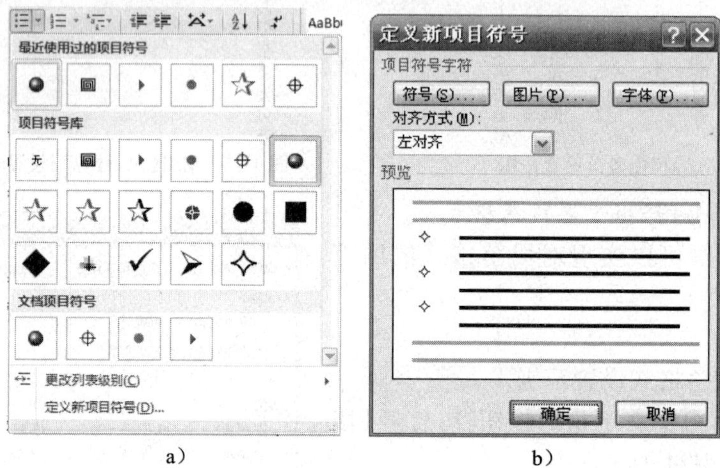

a） b）

图 4-25 插入项目符号

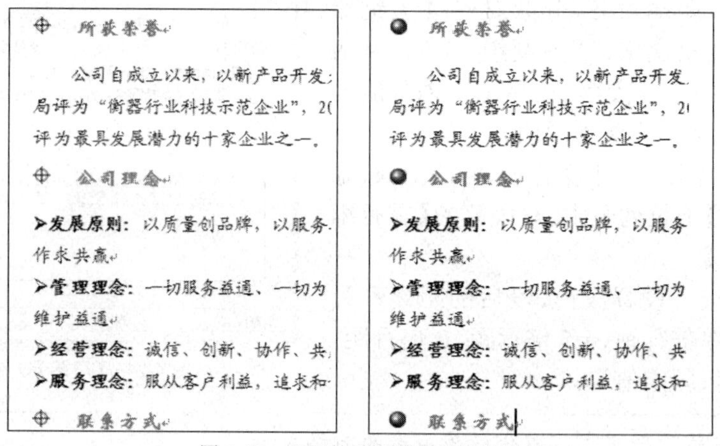

图 4-26 不同的项目符号设置效果

2. 插入项目编号

项目编号分为多种格式，如图 4-27a）所示，将光标定位在需要插入编号的段落前面，选择适合的一种项目编号后即可在文档中应用，继续编辑时，敲回车进入下一段落，Word 会自动延续编号，若删除中间的某个编号，其后面的所有编号全部重新生成。同理，若在其中插入一个新编号，后面的编号也会重新更改。

如果需要定义新的编号格式，可在图 4-27a）中点击【定义新编号格式】，打开如图 4-27b）所示对话框，在编号的前后加汉字或符号，便会形成新的编号格式，如要插入“第 1 章”、

"第 2 章"的项目编号，需要在数字的前后各输一个汉字。特别注意，数字在此处显示为带阴影格式，表明是一个域，能自动增长，一定不能删除该数字而手工输入。

a）

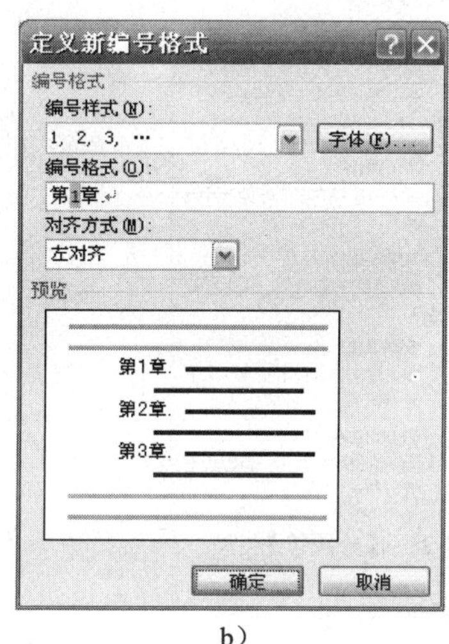

b）

图 4-27　插入项目编号

4.3.5　分节

Word 中对文档分节后，就可以对不同的节单独设置页面格式（如：页边距设置、页眉和页脚、页码的顺序、纸张的纵横向使用方式、行列号的编排等）。文档中可以设置的节的数量根据需要而定，每一节均可看作是一段具有独特格式的文本。

1. 分节符的类型

文档中的分节符标志新的一节的开始，用户可在文档的任何位置插入分节符。

分节符有四种类型：下一页、奇数页、偶数页、连续。

2. 插入分节符

操作方法：将插入点移到需要插入分节符的位置，单击【页面布局】选项卡，在【页面设置】组右上角点击【分隔符】按钮，打开下拉列表，如图 4-28 所示。在【分节符】区域单击需要的类型，即插入了分节符。

默认情况下，分节符是不显示的，只有显示编辑标记时才显示分节符。通过单击【开始】选项卡【段落】组中右上角的【显示 / 隐藏编辑标记】按钮，可以显示或隐藏分节符。

3. 改变分节符的类型

插入分节符后，若要更改分节符的类型，可以单击【页面布局】选项卡的【页面设置】组右下角的小箭头，打开【页面设置】对话框，选择【版式】标签，如图 4-29 所示。在【节的起始位置】下位列表框中选择所需要的类型，单击【确定】按钮。

说明：Word 修改的是插入点前的分节符的类型。

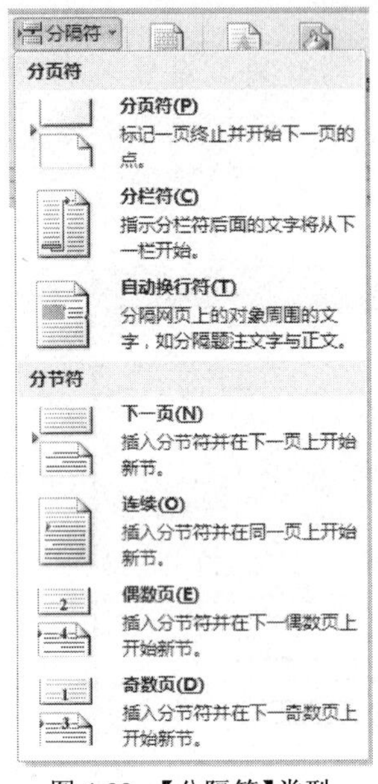

图 4-28 【分隔符】类型

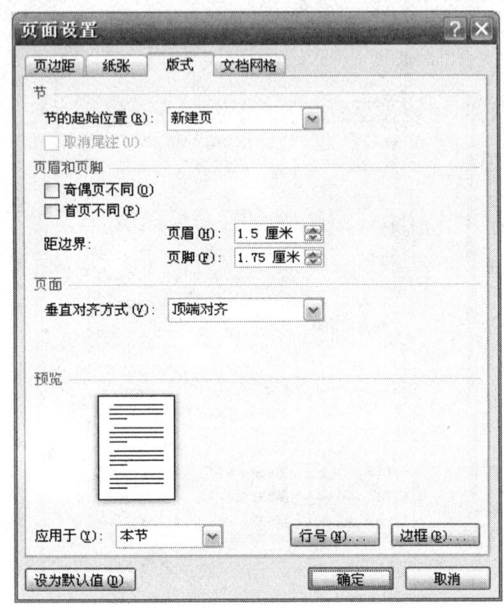

图 4-29 【页面设置】对话框中的【版式】标签

4. 删除分节符

删除分节符的方法和删除普通字符的方法相同，将分节符处于显示状态并选定，按【Delete】键即可。删除分节符的同时，也就删除了分节符以上文本的分节格式，因此，这些文本就会成为下一节的一部分，分节格式也会采用下一节的格式。

要删除所有的分节符，可利用【高级查找】对话框，把光标定位在【查找内容】框中，单击【特殊格式】按钮，在弹出的列表中选择【分节符】选项，【替换为】框为空，单击【全部替换】按钮，便会删除所有的分节符。其他特殊符号的操作方法与此相似。

4.3.6 分栏

使用【页面布局】选项卡中的【分栏】命令可以创建相同宽度的多栏格式，也可以产生复杂的不等宽分栏。分栏效果只能在页面视图或打印预览视图下看到。

1. 创建分栏

将插入点移动到需要分栏的内容之前，或选定需要分栏的内容，选择【视图选项卡】中的【分栏】菜单，选择一种分栏格式，如图 4-30a）所示，如两栏，可进行快速分栏。点击下面的【更多分栏】打开【分栏】对话框，如图 4-30b）所示。

（1）在【预设】栏内选择分栏格式。

（2）【栏数】组合框内输入或选择栏数。

（3）【宽度和间距】用来设置栏的宽度和栏间的距离；取消【栏宽相等】复选框，可以分别设置各栏的宽度。

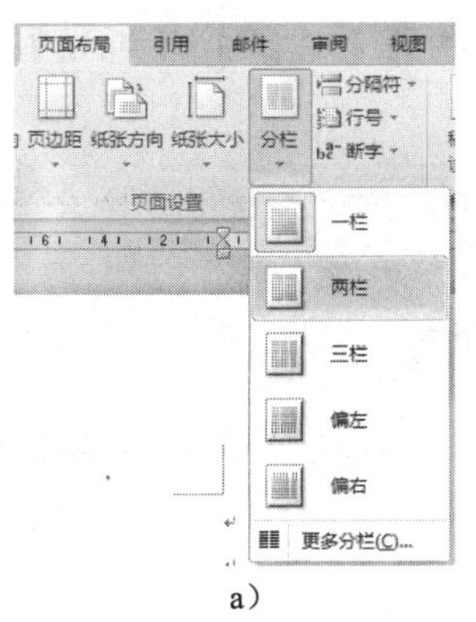

a)

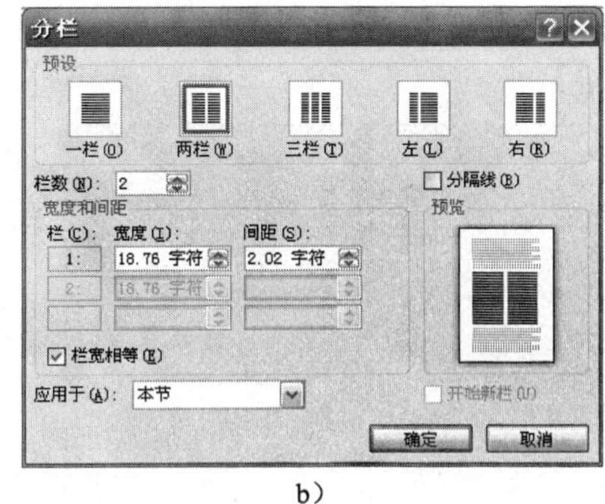

b)

图 4-30　【分栏】菜单与【分栏】对话框

(4)选中【分隔线】复选框,可以在栏间加分隔线。

(5)【应用于】下拉列表用于指定分栏设置使用的范围。当【应用范围】为“插入点之后”时,可用【开始新栏】复选框指定在插入点后按所设参数分栏。

2. 取消分栏

选定已分栏的信息,采用上述分栏的方法,在【预设】栏内选择【一栏】,单击【确定】按钮,即可对选定的内容取消分栏。若不选定内容,只对插入点所在段落取消分栏。

4.3.7　页面格式

页面设置主要包括设置纸张大小、页边距、纸张来源、版面、打印格式和页码设置等内容。主要通过【页面布局】选项卡中的【页面设置】组中的快捷菜单以及【页面设置】对话框来完成。【页面设置】的快捷菜单可以迅速完成如文字方向、页边距、纸张方向、纸张大小等常见设置,如图 4-31 所示。

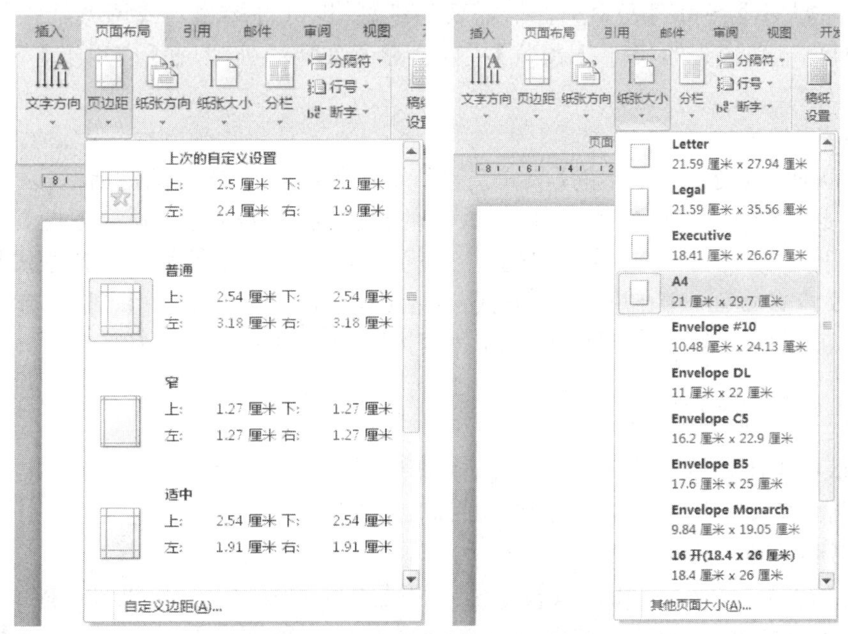

图 4-31　用快捷菜单快速设置页面

【页面设置】对话框。如图 4-32 所示。包含四个标签:【页边距】、【纸张】、【版式】、【文档网格】。

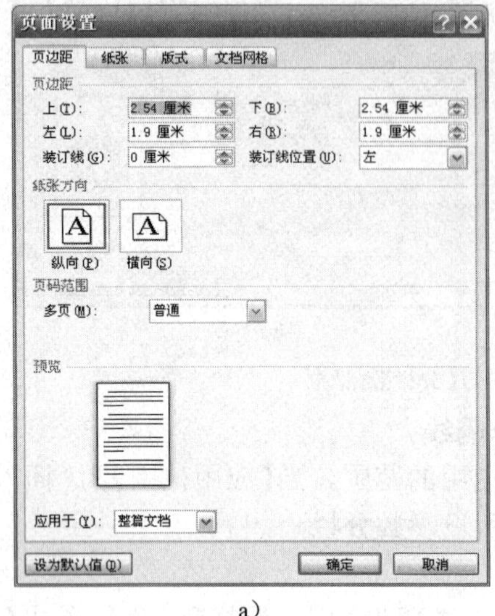

a)

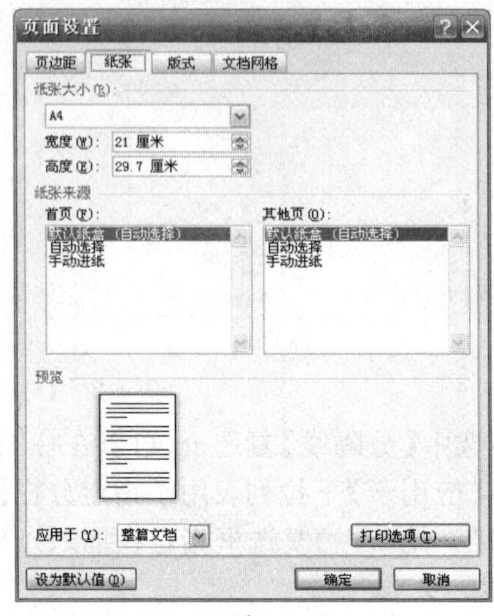

b)

图 4-32 【页面设置】对话框

1. 设置页边距

选择【页面设置】对话框中的【页边距】标签,如图 4-32a)所示。

设定了【上】、【下】、【左】、【右】及装订线的距离后,版心随即确定;在【方向】栏内选择【纵向】或【横向】,【应用于】下拉列表框选择适用范围。

2. 设置纸张大小

选择【页面设置】对话框中的【纸张】标签,显示如图 4-32b)所示的对话框。

从【纸张大小】下拉列表中选择所需要的纸型,也可直接输入或调整纸张的【宽度】和【高度】,即自定义纸张的尺寸;【预览】栏内会显示文档的外观,在【应用于】下拉列表框内选择适用范围。

3.【版式】设置

选择【页面设置】对话框中的【版式】标签,显示如图 4-29 所示的对话框。

【节的起始位置】下拉列表:可以更改节的设置;【页眉和页脚】栏:可设置页眉和页脚【奇偶页不同】,或首页不同;【距边界】:可设页眉页脚的高度;【垂直对齐方式】下拉列表:可以设置文本在页面上的纵向对齐方式,包括【顶端对齐】、【居中】、【两端对齐】;单击【行号】按钮,可以给文档加行号;单击【边框】按钮,设置页面的边框和底纹。

4.3.8 页眉和页脚

页眉是打印在页面顶端的一种信息,页脚是打印在页面底端的一种信息。页眉和页脚的内容通常包括文章的标题、创建日期和时间、作者姓名、页码等信息。

1. 页眉和页脚的插入

选择【插入】选项卡中的【页眉】、【页脚】和【页码】快捷菜单,可以快速插入预先设定格式的页眉、页脚和页码,如图 4-33 所示。插入页眉页脚后,即进入了【页眉页脚】编辑视图,如图 4-34 所示，顶部出现【页眉和页脚工具】选项卡。利用该选项卡可以继续插入页脚、页码等。页眉和页脚的编辑、格式设置方法与普通文档的编辑、设置方法完全相同，页眉页脚编辑完毕后，双击文档正文即可结束页眉页脚编辑，或点击【页眉和页脚工具】选项卡最右侧的【关闭页眉和页脚】也可以结束编辑。如需要再次编辑页眉页脚，双击页眉或页脚处即可进入页眉页脚视图。

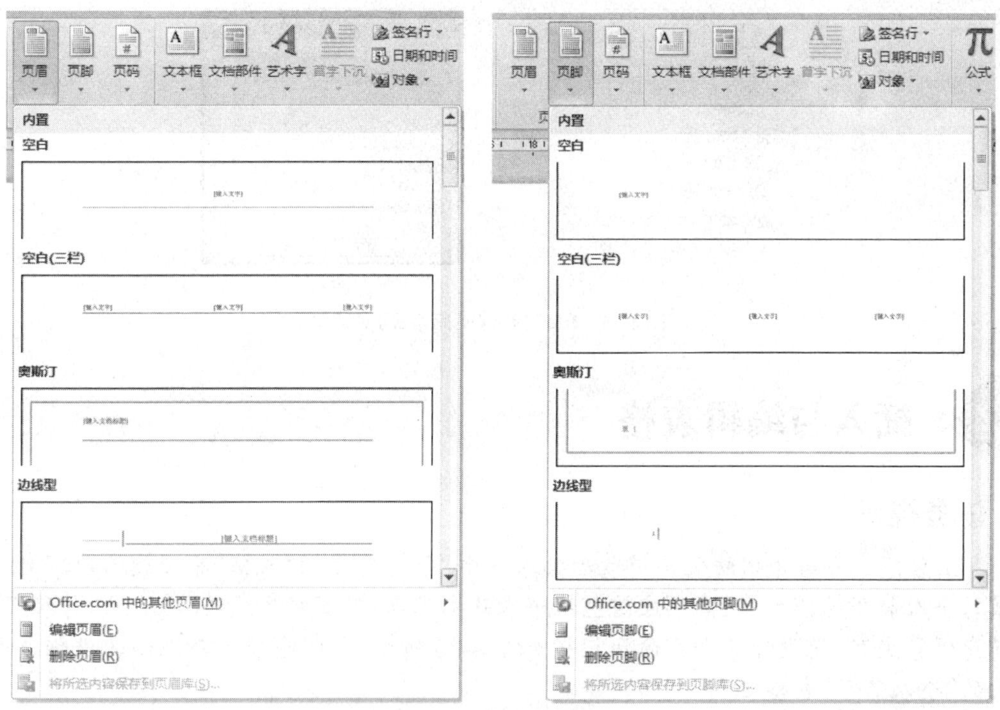

图 4-33　插入页眉页脚

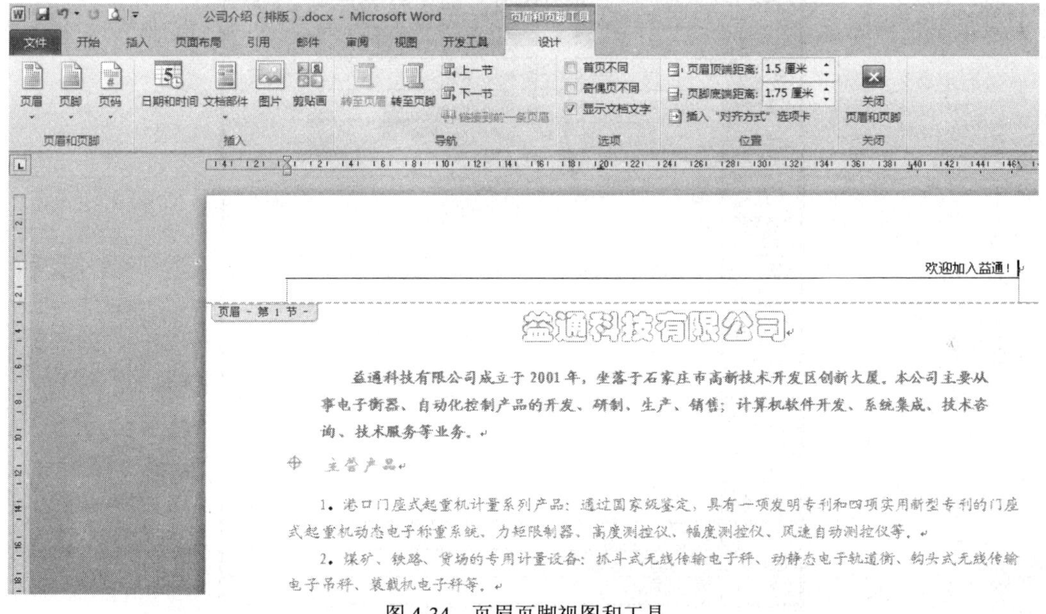

图 4-34　页眉页脚视图和工具

2. 插入页码

页脚经常需要插入页码，插入页码菜单如图 4-35a）所示，可以选择不同的位置插入，单击【设置页码格式】选项，打开【页码格式】对话框，如图 4-35b）所示，可以设置页码的显示格式和编排方式，通常页码编排是【续前节】，但如果不同的节想重新设置页码，可以选择【起始页码】从指定的数字开始。注意，该选项只针对不同的节才有效，在同一节内，页码必须是连续的。

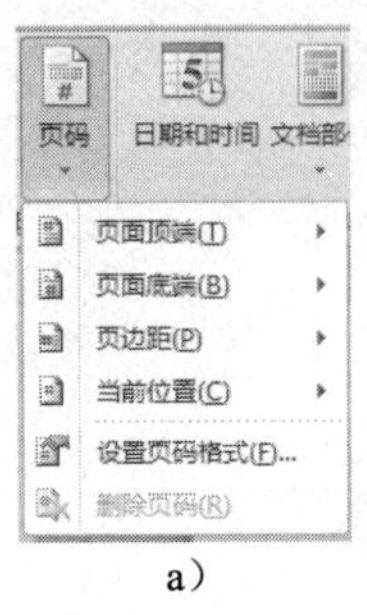

a）

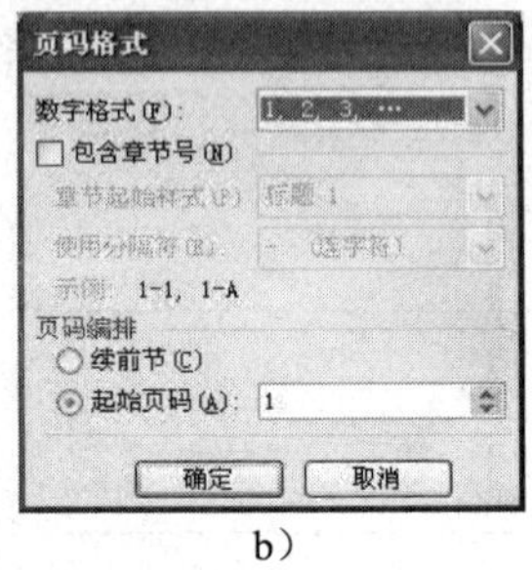

b）

图 4-35 【页码】和【页码格式】对话框

4.4 插入与编辑表格

任务提示

王芳想在公司介绍的文档中最后插入一个“个人简历”的表格，希望能给应聘者一个填写个人简历的模板，表格中应该包括个人基本信息、教育经历、专业特长、工作经历、应聘岗位等内容，她设计的个人简历模板如图 4-36 所示，参照它并结合下面的讲解来设计你的“个人简历”表格吧。

附：个人简历模板

姓　名		性别		出生年月		1寸照片
籍　贯		民族		政治面貌		
身　高		婚否		专　业		
毕业院校				学　历		
应聘岗位						
专业特长						
工作经历						
外语、计算机水平						
联系方式	手机					
	QQ					
	Email					

图 4-36 “个人简历”表格案例

表格是一种简明、直观的表达方式，一个简单的表格远比一大段文字更有说服力，更能表达清楚一个问题。Word 2010 提供了多种创建和编辑表格的工具，可以方便灵活地进行表格处理。本节主要讲解表格的创建、编辑、表格的格式化、表格的排版技巧、表格计算以及表格与文本的相互转换等项操作。

对表格的操作主要集中在【插入】选项卡中的【表格】菜单和【表格工具】选项卡。

4.4.1　表格创建

使用 Word 2010 中【插入】选项卡下的【表格】菜单可以创建表格，如图 4-37 所示。

1. 直接插入表格

将插入点定位到需要插入表格的位置，单击【插入】选项卡下【表格】下拉菜单，在其下方出现一个表格网格，按住鼠标左键向右下角拖动到需要的行数和列数，松开鼠标左键即可在文档插入点处插入一个表格。

2. 使用【表格】菜单

将插入点定位到需要插入表格的位置，在上面的【表格】菜单下选择【插入表格…】命令，点击【插入表格】对话框，如图 4-38 所示。选定行数和列数后，单击【确定】按钮。若勾选了【为表格记忆此尺寸】，则可以在下次插入表格时，该尺寸仍然保留。

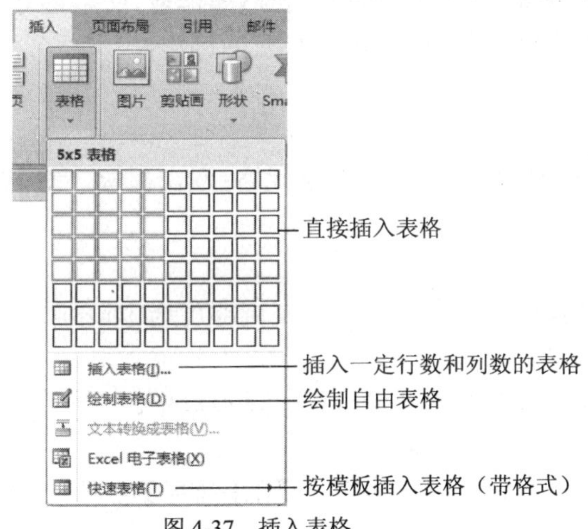

图 4-37　插入表格

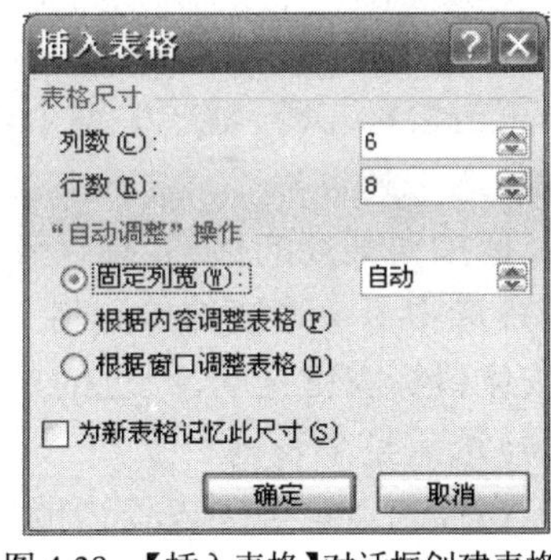

图 4-38　【插入表格】对话框创建表格

3. 绘制自由表格

在上面的【表格】菜单下选择【绘制表格】命令，则鼠标变成笔的形状，可以自由绘制需要的表格。这种方法的最大优点是：用户可以像使用自己的笔一样随心所欲地绘制出不同行高、列宽的不规则的复杂表格；缺点是绘制比较繁琐，效率低。可与插入表格相结合。

4.4.2　表格编辑

首先了解表格工具，然后对表格的行、列、单元格的插入、删除、移动、复制，以及合并拆分等内容进行介绍。

1. 表格工具

表格创建之后，顶部自动出现了【表格工具】选项卡，该选项卡共包含两个子选项卡，分别是【设计】和【布局】,如图 4-39、图 4-40 所示。

【设计】选项卡中均是对表格样式、边框、底纹的格式设置,Word 2010 提供了许多表格样式模板可直接套用,大幅提高了工作效率。【布局】选项卡则是对表格的属性、行、列、单元格的插入、删除、合并、拆分等的调整,以及文字在表格中的对齐方式设置,还有文本转换、排序、计算等高级操作,下面将一一叙述。

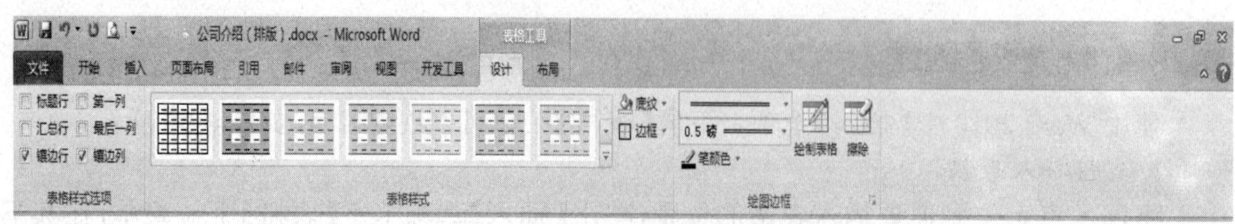

图 4-39 【表格工具】中的【设计】选项卡

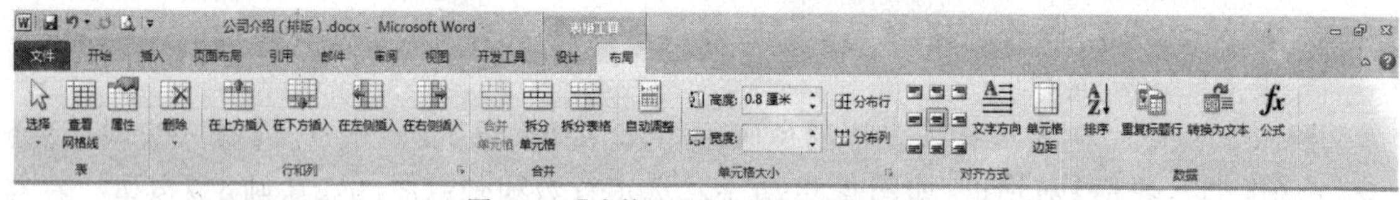

图 4-40 【表格工具】中的【布局】选项卡

编辑表格操作包括表格调整和单元格编辑,需要说明的是:表格操作前,必须遵守“先选定后操作”的原则,即先选定整个表格或单元格区域,然后执行相应的操作。

2. 选定单元格、行、列、整个表格

(1)选中行

鼠标指向单元格的左边线,单击鼠标左键,选中当前一个单元格;双击鼠标左键,选中当前行;三击鼠标左键,则选中整个表格。

(2)选中列

鼠标指向某列的顶部,指针变为向下的黑色箭头,单击鼠标左键即可选中该列。

(3)选中多个连续的单元格

按住鼠标左键拖动,经过的单元格、行、列,直至整个表格都可以被选中。

(4)选定整个表格

①将插入点定位到表格内的任意单元格内,单击【表格工具】的【布局】选项卡最左侧的【选择】下面的【选择表格】。

②当鼠标移过表格时,表格左上角会出现【选定表格控点】,如图 4-41 所示,单击该控点可选定整个表格。

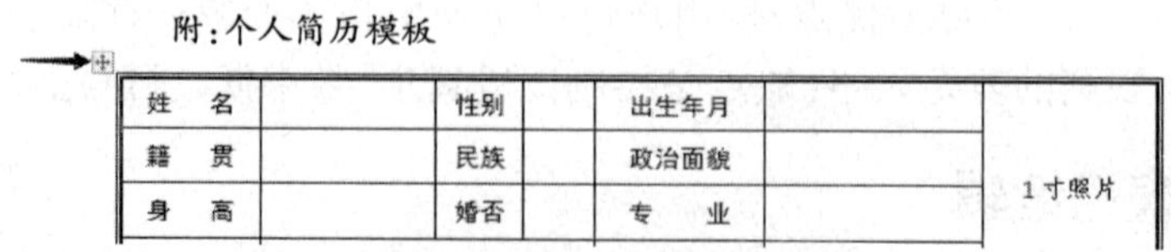
附:个人简历模板

姓　名		性别	出生年月		1寸照片
籍　贯		民族	政治面貌		
身　高		婚否	专　业		

图 4-41 【选定表格控点】可选定整个表格

3. 插入单元格、行、列

在插入操作前,必须明确插入位置。插入单元格,当前单元格的位置会发生变化,插入单元格的数量、行数、列数与当前选中的单元格的数量、行数、列数相同。

（1）单元格的插入

选定相应数量的单元格，单击右键选择【插入】→【插入单元格】命令，打开【插入单元格】对话框，如图 4-42 所示。

若首先选择了行或列，单击右键选择【插入】时，将会弹出如图 4-44 所示的菜单，可以直接插入行或列。

（2）插入行、列

①用如图 4-42 所示的【插入单元格】对话框可以实现插入行、列操作。

②或如图 4-44 所示，单击右键选择【插入】→【在上方插入行】、【在左侧插入列】，或单击【表格工具】选项卡→【布局】选项卡→【在上方插入】、【在下方插入】命令，可以插入行，【在左侧插入】、【在右侧插入】命令则可以插入列。

（3）在表尾快速插入行

①将插入点定位到表格右下角最后一个单元格内，按【Tab】键即可在表尾插入一空行。

②将插入点定位到表格右下角最后一个单元格外的段落标记前，按【Enter】键。

4. 删除单元格、行、列、表格

①选择要删除的单元格，右击鼠标，选择【删除单元格】命令，打开【删除单元格】对话框，如图 4-43 所示。

②行、列、表格的删除：选定行、列或整个表格，单击【布局】选项卡中的【删除】子菜单，从下拉菜单中选择相应的命令即可，如图 4-45 所示。

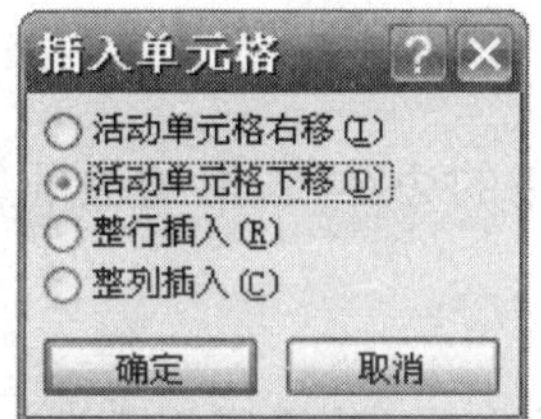

图 4-42　【插入单元格】对话框

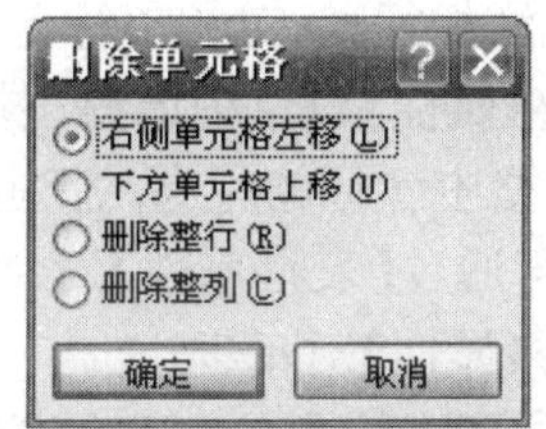

图 4-43　【删除单元格】对话框

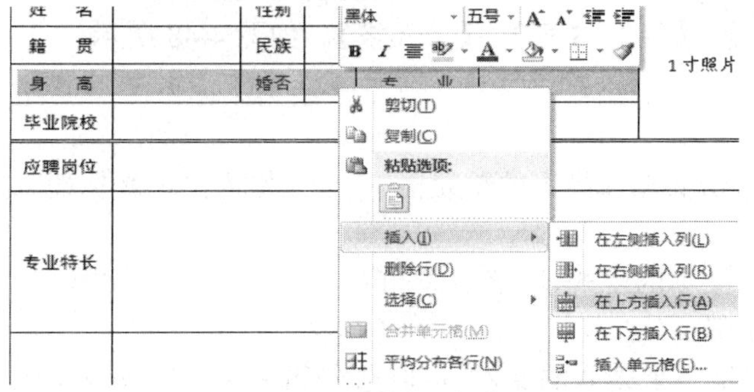

图 4-44　直接插入行或列

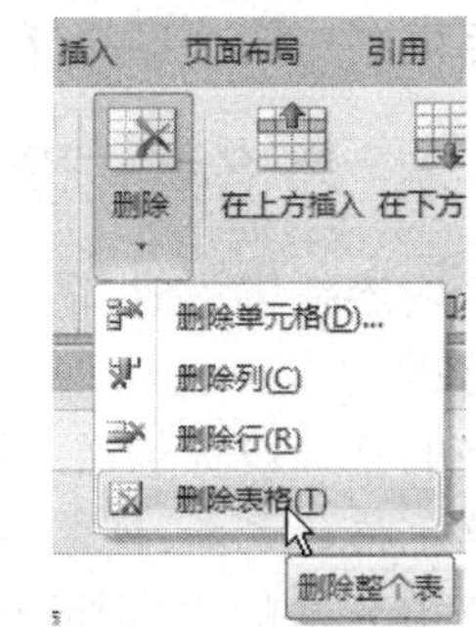

图 4-45　删除表格

注意：选定表格后，若按【Delete】键，只能删除表格中的内容，不能删除表格。

---

5. 单元格的合并与拆分

（1）单元格的合并：选定需要合并的单元格，单击【布局】选项卡，选择【合并单元格】命令，或在右键快捷菜单中选择【合并单元格】命令，如图 4-46 所示。

（2）单元格的拆分：选定需要拆分的单元格，单击【布局】选项卡，选择【拆分单元格】命令，或在右键快捷菜单中选择【拆分单元格】命令，可以打开【拆分单元格】对话框，输入或选择拆分后形成的行列数，单击【确定】按钮。单元格的拆分也可以使用画笔在需要拆分的地方画线即可完成拆分，如图 4-47 所示。

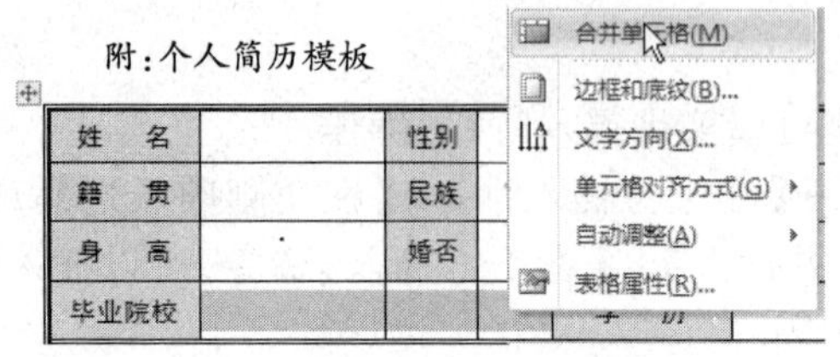

图 4-46　合并单元格

姓　名		性别		出生年月	
籍　贯		民族		政治面貌	
身　高		婚否		专　业	
毕业院校				学　历	

用【绘制表格】笔进行单元格的拆分

图 4-47　拆分单元格

6. 改变单元格的行高、列宽

（1）使用表格中行、列边界线

使用表格中行、列边界线可以不精确的调整行高、列宽。

当鼠标移过单元格的右边线时，指针变为带有水平箭头的双竖线状，单击鼠标左键并左右拖动，会减小或增加列宽，并且同时调整相邻列的宽度；若先按下【Shift】键，再单击鼠标左键并左右拖动，会减小或增加列宽，对相邻单元格的宽度无影响，对整个表格的宽度有影响。当鼠标移过单元格的下边线时，指针变为带有上下箭头的双横线状，单击鼠标左键并上下拖动，会减小或增加行高，对相邻行无影响。

（2）使用【表格属性】对话框调整

表格宽度、表格中各行的行高、各列的列宽、单元格的边距，表格的边框和底纹等有关表格的属性调整均可通过【表格属性】对话框实现。

（3）打开【表格属性】对话框

将插入点定位到表格内的任意位置，选择【布局】选项卡的【属性】命令，或选中整个表格后，在右键快捷菜单中选择【表格属性】命令，打开【表格属性】对话框。

对话框中有四个标签：【表格】、【行】、【列】、【单元格】。如图 4-48 所示。

4.4.3　表格格式设置

表格内容在输入时，需要先单击要输入内容的单元格，在单元格内出现光标插入点即可输入或修改文本。

表格的格式设置包括：单元格文本的格式、段落格式，单元格的边框和底纹等。

1. 单元格的文本、段落格式设置

每个单元格的内容都可看作是一个独立的文本，可以选定其中的一部分内容或全部内容进行字体和段落格式的设置，设置方法见【字体】和【段落】对话框的使用。

2. 表格样式设置

Word 2010 新增了【表格整体样式】的快速设置，只需要在【设计】选项卡中的数十种内置样式中选择一种适合的样式，应用即可，如图 4-49 所示，对“公司机构设置”表格的整体样式应用。若对已应用的局部格式不满意，可以使用下面的方法进行边框和底纹的个别设置。

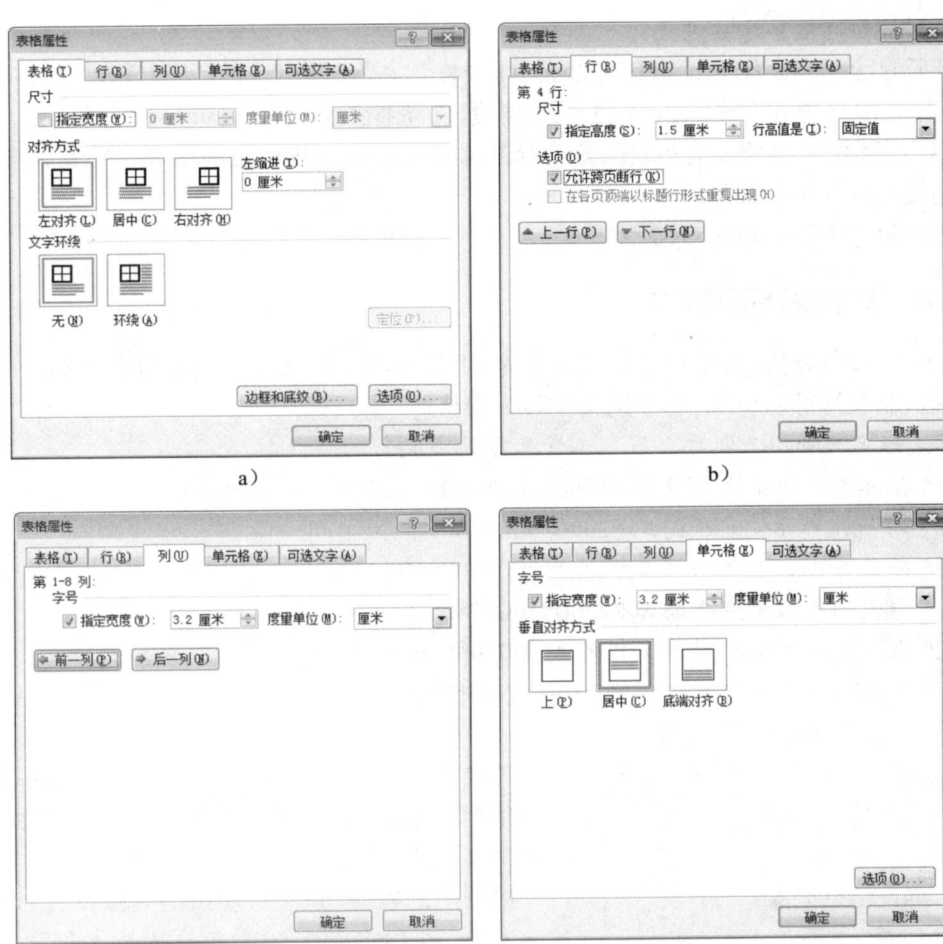

图 4-48　【表格属性】对话框

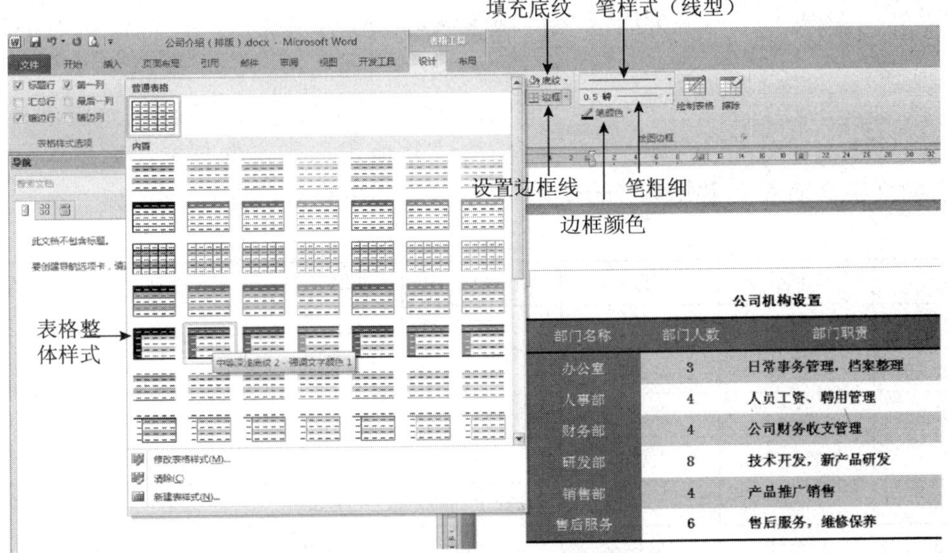

图 4-49　表格样式、边框底纹的设置

3. 单元格的边框和底纹设置

表格所有边框和底纹的设置都可以通过【表格工具】选项卡下的【设计】选项卡实现，如图 4-48 所示，表格样式右侧的【底纹】、【边框】、【笔样式】、【笔画粗细】、【笔颜色】等按钮，可以对边框线形、颜色、填充颜色等进行具体设置。注意操作之前需要先选定需要添加边框和底纹的单元格。

请读者参考样例中的《个人简历模板》设置一下边框和底纹的格式。

4.4.4 转换表格和文本

文本可以转为表格，表格也可以转为文本，但转为表格的文本必须含有某种制表符（如逗号、空格、制表符等），例如，将下列文本转为表格：

工号 * 姓名 * 部门 * 职称 * 基本工资 * 津贴 * 奖金

1001* 张林 * 办公室 * 工程师 *1500*800*500

1002* 周一辉 * 办公室 * 高工 *2000*900*700

1003* 王云 * 办公室 * 助理工程师 *1200*500*600

2001* 李大国 * 人事部 * 高工 *2200*1000*800

2002* 王芳 * 人事部 * 助理工程师 *1200*600*650

2003* 刘海红 * 人事部 * 工程师 *1600*850*700

（同一行的各项之间用 * 分隔）

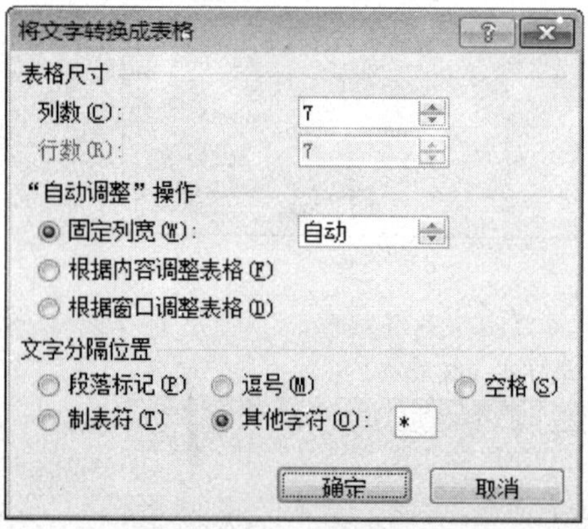

转换方法：选定待转换的文本，单击【插入】选项卡中的【表格】菜单下的【文字转换成表格】命令，显示如图 4-50 所示的对话框。

图 4-50 【将文字转换成表格】对话框

根据所选内容，系统自动指定列数，用户也可以指定列数，在【固定列宽】数值框内输入列宽（每列有相同的列宽）；也可以选择【根据内容调整表格】单选钮；在【文字分隔位置】单击【其他字符】单选钮，输入“*”，单击【确定】按钮，即可将上述文本转换成表 4-4。

当然也可以用其他的分隔符，如段落标记、逗号、空格或其他用户指定的任意字符等。通常【列数】框内的文字会随着文字分隔符的变化而变化，不需用户自己输入。

工 资 表　　表 4-4

工号	姓名	部门	职称	基本工资	津贴	奖金
1001	张林	办公室	工程师	1500	800	500
1002	周一辉	办公室	高工	2000	900	700
1003	王云	办公室	助理工程师	1200	500	600
2001	李大国	人事部	高工	2200	1000	800
2002	王芳	人事部	助理工程师	1200	600	650
2003	刘海红	人事部	工程师	1600	850	700

4.4.5　表格的计算

1. 单元格的编号

表格中的每个单元格都有编号，进行表格中的数据计算时，需要使用单元格的编号。单元格所在的列以字母标示（A、B、C 等），行以数字标示，如 1、2、3 等，第一行第一列上的单元格标识为“A1”；用“B2:C3”表示 B2、C2、B3、C3 四个单元格；用“A1，C2，D3”表示 A1、C2、D3 三个单元格，如图 4-51 所示。

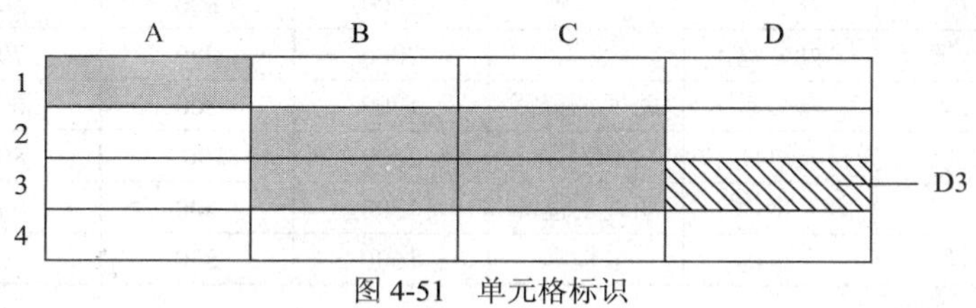

图 4-51　单元格标识

2. 常用函数

在表格计算中，常用的函数有以下四个：

SUM——求和；

MAX——求最大值；

MIN——求最小值；

AVERAGE——求平均值。

常用的参数有：

ABOVE——插入点上方各数值单元格；

LEFT——插入点左侧各数值单元格。

例如：

SUM（ABOVE）——求插入点以上各数值和；

SUM（B2:C3）——求 B2 到 C3 四个单元格的和；

SUM（A1,C2,D3）——求 A1、C2、D3 三个单元格的和。

3. 公式计算

例如在上节的表格后面新插入一列为“工资合计”，用“SUM”函数计算该列的内容。计算步骤如下：

第一步：将插入点放入存放计算结果的单元格中，选择【表格工具】选项卡→【布局】子选项卡下的【公式】，打开【公式】对话框，如图 4-52 所示。

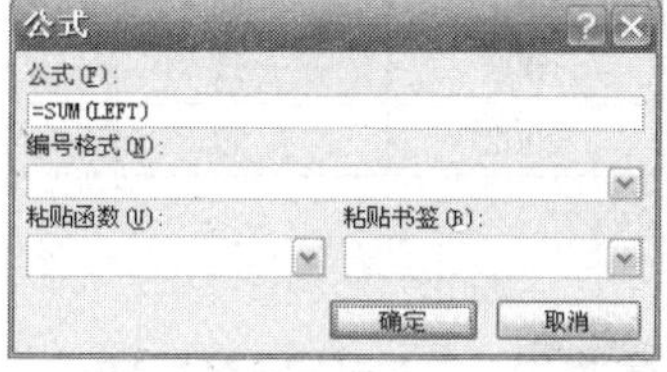

图 4-52　【公式】对话框

第二步：在【公式】文本框中输入计算公式（切记一定要以等号开头）或首先在【粘贴函数】下拉列表框中选择所用公式，然后输入参数，例如计算总评成绩的公式：“=SUM（LEFT）”或“=SUM（E2:G2）”或“=E2+F2+G2”，单击【确定】按钮，计算结果便会出现在插入点所在的单元格中，如表 4-5 所示。

用公式计算　　表 4-5

工号	姓名	部门	职称	基本工资	津贴	奖金	工资合计
1001	张林	办公室	工程师	1500	800	500	2800
1002	周一辉	办公室	高工	2000	900	700	

第三步：由于 Word 并没有 Excel 的【填充柄】能实现自动公式填充，因此第一行计算完毕后，其他行的计算同样需采用本办法逐个完成计算。由此看出，Word 的表格计算功能仅适用于计算量较小的情形，如果要计算的数据较多，可将整个表格数据粘贴到 Excel 中进行计算后再粘贴回 Word。Excel 中的计算方法见第 5 章。所有内容计算完毕后如表 4-6 所示。

表格的计算结果　　表 4-6

工号	姓名	部门	职称	基本工资	津贴	奖金	工资合计
1001	张林	办公室	工程师	1500	800	500	2800
1002	周一辉	办公室	高工	2000	900	700	3600
1003	王云	办公室	助理工程师	1200	500	600	2300
2001	李大国	人事部	高工	2200	1000	800	4000
2002	王芳	人事部	助理工程师	1200	600	650	2450
2003	刘海红	人事部	工程师	1600	850	700	3150

4.4.6 表格的排序

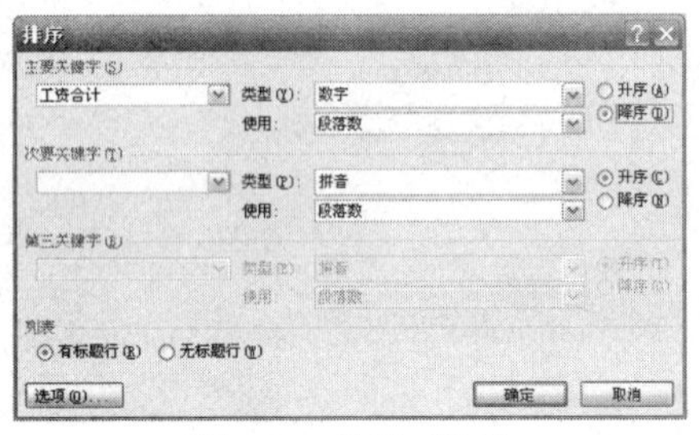

图 4-53　排序对话框

Word 中的表格内容可按照某些字段进行排序，方法是，将光标置于表格中，单击【表格工具】→【布局】选项卡→【排序】，弹出如图 4-53 所示的对话框，首先选择下方的【有标题行】（否则会将标题一起排序），然后在主要关键字下拉框中选择要排序的字段，如【工资合计】，右侧选择排序方法，如【降序】，如果有次要关键字和第三关键字，可依次选择，确定后表格内容将根据所选关键字的顺序进行重新排列，如表 4-7 所示。

表格的排序　　表 4-7

工号	姓名	部门	职称	基本工资	津贴	奖金	工资合计
2001	李大国	人事部	高工	2200	1000	800	4000
1002	周一辉	办公室	高工	2000	900	700	3600
2003	刘海红	人事部	工程师	1600	850	700	3150
1001	张林	办公室	工程师	1500	800	500	2800
1003	王云	办公室	助理工程师	1200	500	600	2300
2002	王芳	人事部	助理工程师	1200	600	650	2450

4.5 图文混排

任务提示

上节我们对《公司介绍》Word 文档进行了排版和表格的插入，排版后是不是感觉比较美观了？不过如果没有图片的修饰和点缀，它还是不够吸引人，为每段内容添加一些相关的图片，再把标题改成艺术字，根据需要插入图形，例如下面的效果，是不是感觉整个文档都漂亮多了？图 4-54 是王芳对文档进行图文混排后的效果，参照它并按照下面的讲解来对你的文档进行图文混排吧。

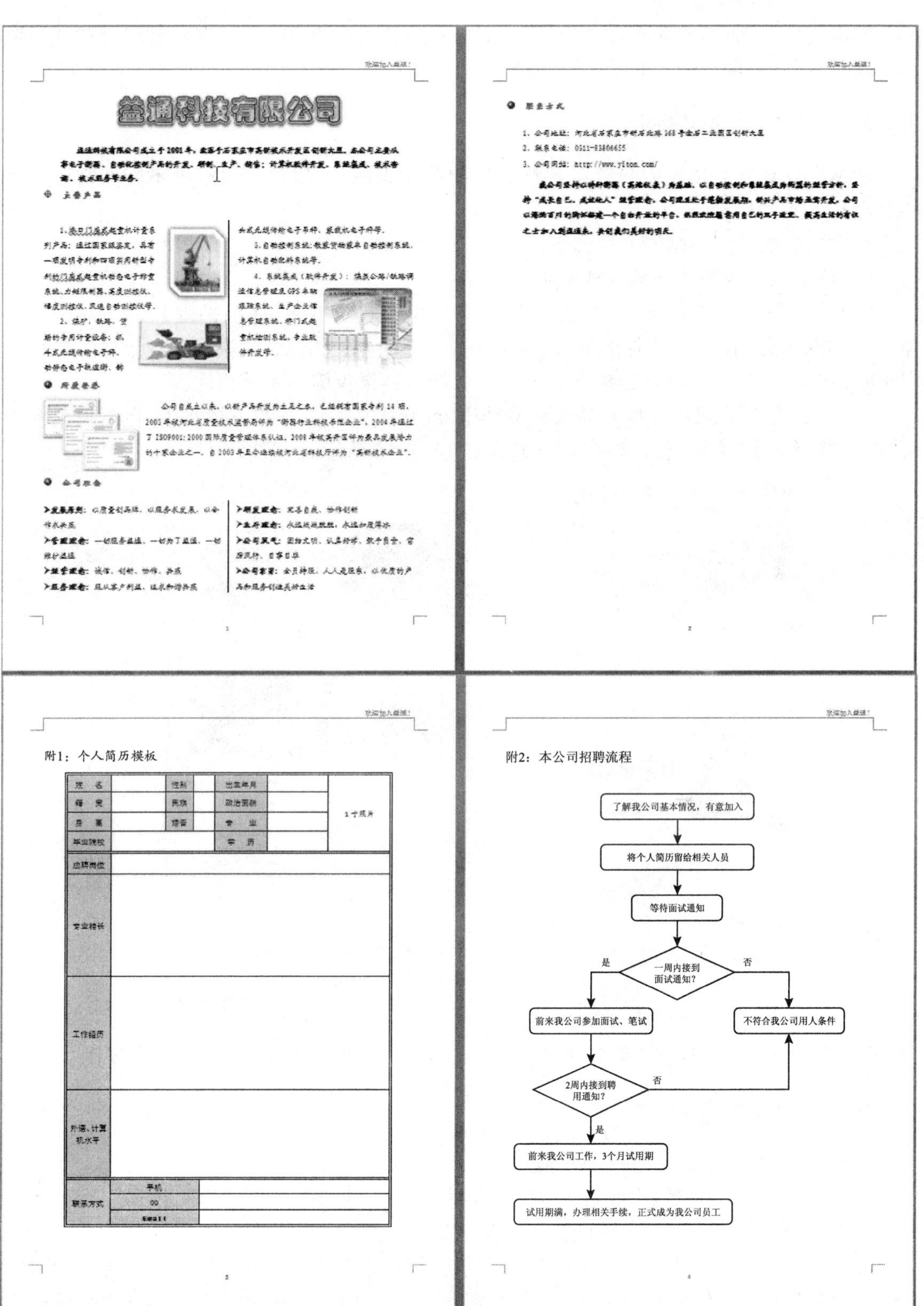

图 4-54　《公司介绍》图文混排的效果

编辑文档时，有时需要在文档内插入图片、特殊格式的文字（艺术字）、数学公式或自制图形等。Word 提供了强大的图文混排功能。

4.5.1 插入剪贴画

在 Word 2010 剪辑库中包含了各种类型的剪贴画图片，用户可以根据不同的需要方便地将其插入到文档中。

在文档中插入剪贴画的方法如下：

（1）将插入点置于需要插入剪贴画的位置。

（2）单击【插入】选项卡中的【剪贴画】，文档窗口右侧将弹出【剪贴画】任务窗格，在搜索框中输入关键词，即可查找相关的剪贴画图片，如图 4-55 所示，默认搜索结果已经包含了“Office.com”的内容，如果未连接 Internet 网络，搜索结果仅限本机剪辑库。

（3）单击选中的图片可将其插入到文档中，或点击图片右侧的下拉箭头，在下拉菜单中可以看到【插入】、【复制】、【保存】等选项，如图 4-56 所示。

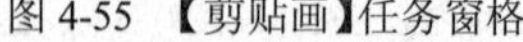

图 4-55 【剪贴画】任务窗格

图 4-56 选择图片插入

剪贴画插入到文档中后，需要对其位置、大小进行编辑和调整，详见 4.5.3 编辑图片。

4.5.2 插入图片

在文档中插入图片文件的两种方法：

（1）利用【插入】选项卡：将光标定位在要插入图片的位置，单击【插入】选项卡中的【图片】按钮，在弹出的【插入图片】对话框中，选择图片文件，如图 4-57 所示。

（2）直接复制粘贴：在【我的电脑】中找到图片文件后，复制，然后到文档中要插入图片的位置，粘贴即可。本方法与方法（1）的区别是，方法（1）可以根据页面大小对图片进行适当比例的缩小，本方法不会对图片自动进行缩放。

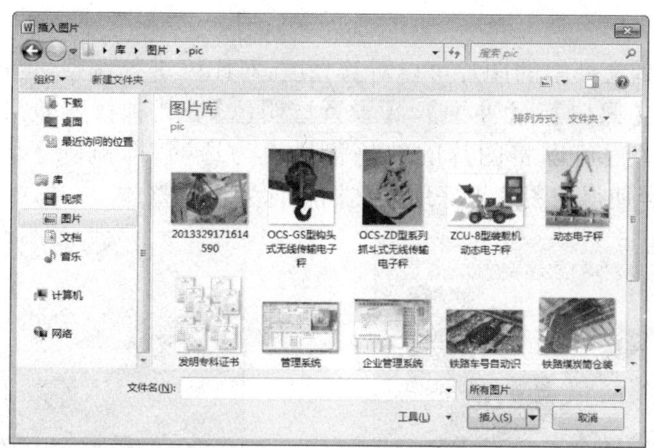

图 4-57　【插入图片】对话框

图片插入到文档中后，有时会出现下面的情况，图片仅能显示一个边缘，如图 4-58 所示。这是由于图片的环绕方式设置以及插入的段落格式设置所共同导致的，如果图片环绕方式为【嵌入】，并且该段落的行间距设为固定值，则图片不能完全显示。改变图片的环绕方式或段落行间距格式（如设为单倍行间距）都可以使图片正常显示。

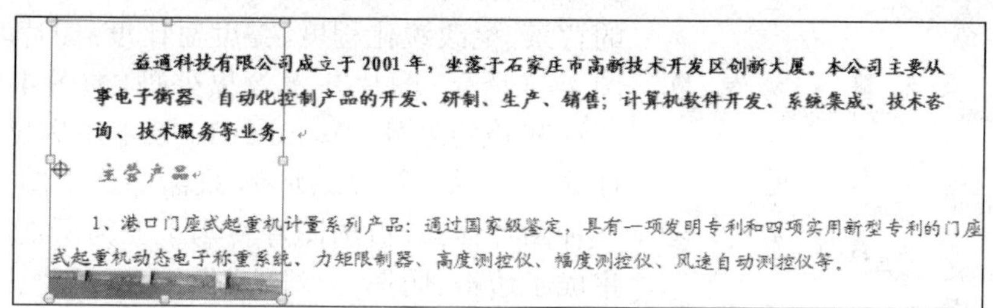

益通科技有限公司成立于 2001 年，坐落于石家庄市高新技术开发区创新大厦。本公司主要从事电子衡器、自动化控制产品的开发、研制、生产、销售；计算机软件开发、系统集成、技术咨询、技术服务等业务。

主营产品

1、港口门座式起重机计量系列产品：通过国家级鉴定，具有一项发明专利和四项实用新型专利的门座式起重机动态电子称重系统、力矩限制器、高度测控仪、幅度测控仪、风速自动测控仪等。

图 4-58　插入图片后不能完全显示

4.5.3　编辑图片

1. 图片工具

图片插入到文档后，选中图片会看到顶部多出了一个【图片工具】选项卡，如图 4-59 所示（注意，保存为“.doc”格式和“.docx”格式，工具栏会有所不同，下图是保存为“.docx”格式的效果，如果保存为“.doc”格式，则效果如图 4-60 所示，与旧版本类似），利用这个选项卡中的按钮和快捷菜单，可以完成图片的调整、边框、位置、对齐、旋转、剪裁、大小等各种设置。

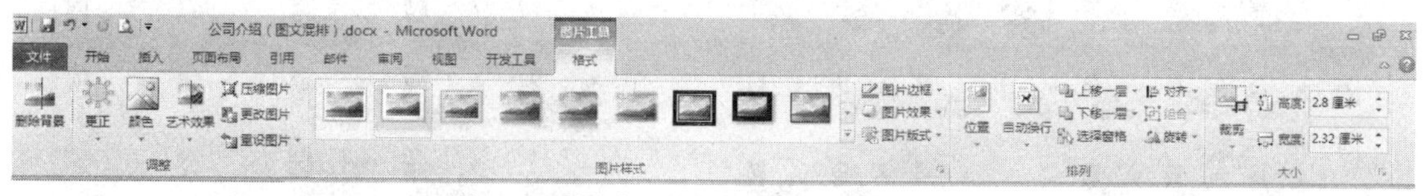

图 4-59　【图片工具】对话框（“ .docx”格式）

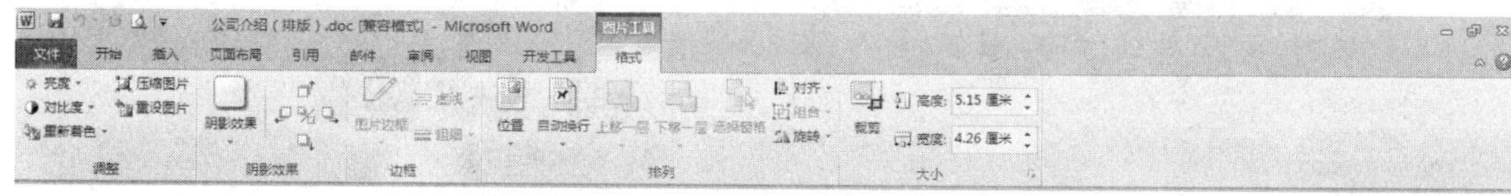

图 4-60　【图片工具】对话框（“ .doc”格式）

2. 调整图片

低版本的插入到文档中的图片可以对其亮度、对比度进行调整，也可以【重新着色】，例如设置为【灰度】、【黑白】、【冲蚀】、【设置透明色】等几种特殊效果，如图 4-61a）所示，特别是【设置透明色】可以将图片的纯色背景设为透明，即删除了背景中某种纯色，如图 4-61b）所示，这样使得使图片更好地与文档融合为一个整体。

a）调整图片，设置透明色

b）设置透明色前后的对比效果

图 4-61　设置透明色

而高版本（“.docx”为扩展名的）的文档中出现的图片工具栏有很大变化，如图 4-62 所示，可以删除图片的背景、更改锐化程度、亮度对比度；图片颜色调整，如图 4-63 所示；图片艺术效果处理，如图 4-64 所示。除了这些功能之外，Word 2010 版本还提供了图片快速样式选择，如图 4-65 所示，只需要选中图片后，选择某一种图片样式，被选图片将马上变为所选样式，该样式集成了边框、阴影、三维、映像、边沿柔化、三维旋转等，可以迅速美化图片，而不需要专业的图片处理技能。

除了上面的调整功能之外，还可以选择【压缩图片】，如图 4-66 所示的对话框，可以将文档中的某个图片或所有图片按使用场合进行分辨率调整，同时删减图片被剪裁的区域，达到压缩图片、缩小整个文档体积的目的。

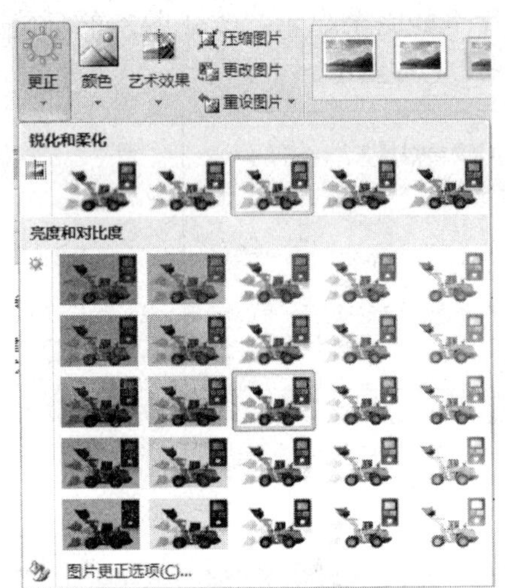

图 4-62　更正图片

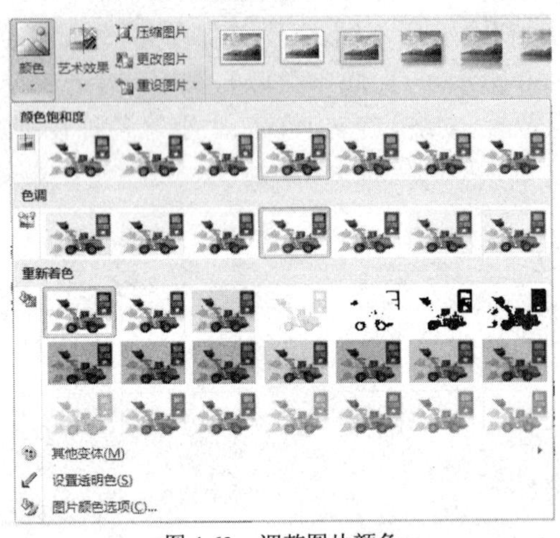

图 4-63　调整图片颜色

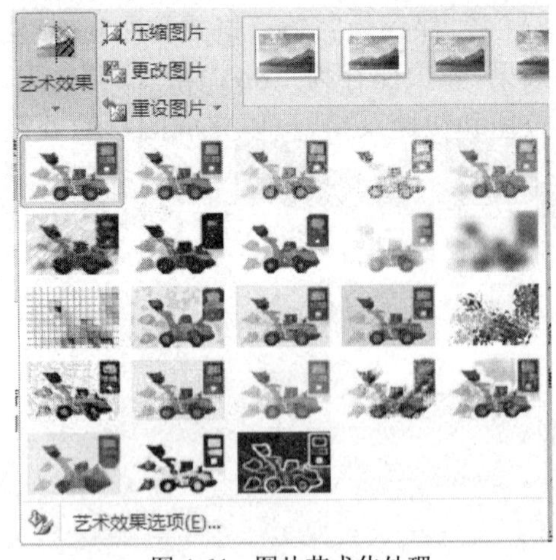

图 4-64　图片艺术化处理

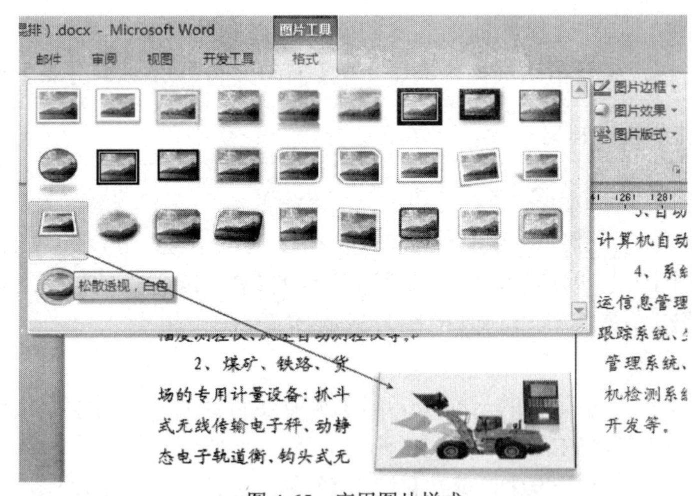

图 4-65　应用图片样式

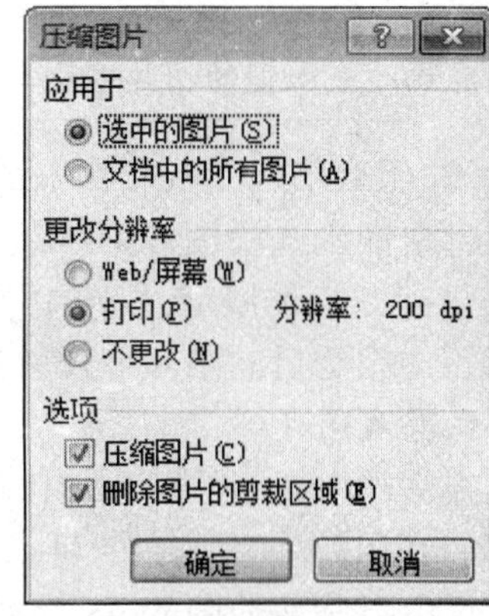

图 4-66　【压缩图片】对话框

【重设图片】的功能是撤销对图片的所有调整，将图片还原为最初插入的状态，分为【重设图片】和【重设图片和大小】两种方式，如图 4-67 所示。

3. 图片位置

插入到文档中的图片位置分为两类：一类是嵌入到文档中，一类是文字环绕。前者只能放置到有文档插入点的位置，可以与正文一起排版，不能与其他对象组合，也不能实现环绕。而环绕式的图片可以放置到页面的任意位置，并允许与其他对象组合，允许设置各种文字环绕形式。

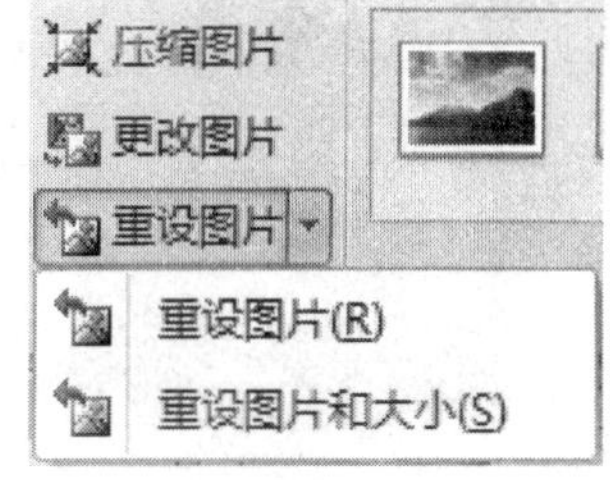

图 4-67　重设图片

改变图片位置的方法是，在【图片工具】选项卡的【排列】区选择【位置】下拉菜单，选择相应的位置即可，如图 4-68 所示，点击最下方的【其他布局选项】，可以打开如图 4-69 所示的布局对话框，设置更多的环绕方式，如衬于文字下方和浮于文字上方等。

图 4-68　更改图片环绕方式

图 4-69　图片【布局】对话框

4. 对齐与组合图片

（1）对齐图片

多个环绕型图片可以设置对齐和均匀分布。方法是：首先选中多个图片，单击【图片工具】

选项卡的【排列】区中的【对齐】下拉菜单，选择一种垂直方向或水平方向的对齐方式即可。如需要将图片在对齐的基础上均匀分布，需要再次选择该菜单下的【横向分布】或【纵向分布】。

注意：嵌入型的图片不能与其他图片同时选中，也不能进行排列和分布。

（2）组合图片

多个嵌入式的图片可以组合为一个整体，方便移动、复制和位置的调整，组合图片的方法与排列图片类似，首先选中多个图片，单击【图片工具】选项卡的【排列】区中的【组合】按钮即可。组合后的图片可以取消组合或重新再与其他图片进行组合。

5. 剪裁图片

在文档中插入的图片，有时可能只需其中的一部分，这时就需要将图片中多余的部分裁剪掉。利用【剪裁】按钮就可以完成图片的裁剪，方法如下：

选中要裁剪的图片，图片周围出现 8 个句柄；单击【裁剪】按钮，按住鼠标左键向图片内部拖动到任一控制点，即可裁剪掉多余的部分，如图 4-70 所示。裁剪过后的图片还可以通过【反向剪裁】或【重设图片】恢复图片原貌。

图 4-70　图片【剪裁】的过程

6.【设置图片格式】对话框

选中图片，在图片工具选项卡上，单击最右侧的 按钮，可以打开【设置图片格式】对话框，在该对话框中可以对图片的【颜色与线条】、【大小】、【版式】、【图片】、【可选文字】等做详细设置，如图 4-71 所示。

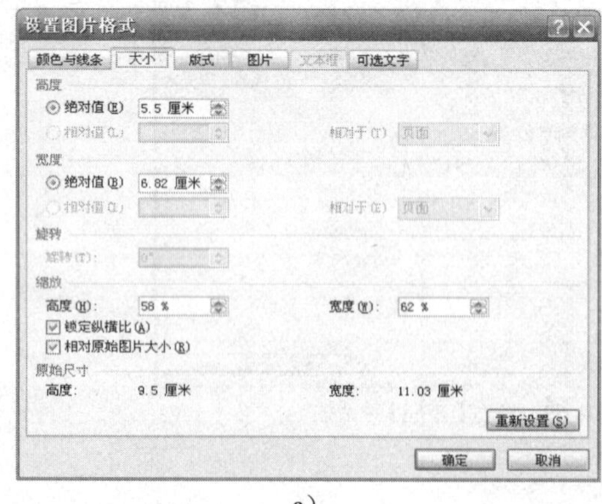

a）

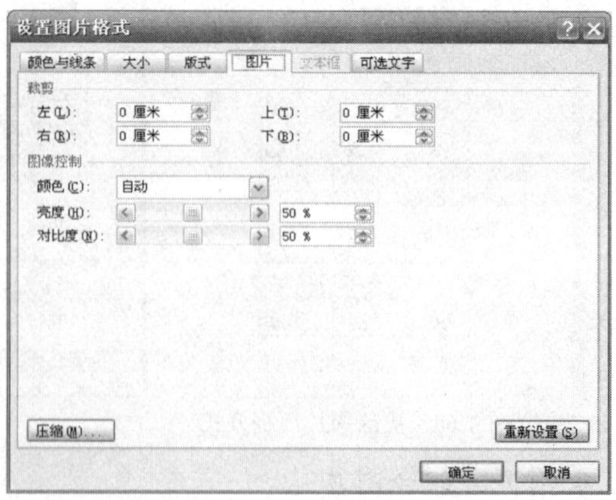

b）

图 4-71　【设置图片格式】对话框

4.5.4　绘制图形

在本节开始的任务提示中，王芳在做好的公司介绍文档最后插入了一个流程图，形象地表明了公司招聘的流程。如图 4-72 所示，分别使用了圆角矩形、箭头、矩形和菱形，并利用快速形状样式填充底纹和设置边框，添加所需的文字，并对相关图形进行了排列、对齐、水平分布，最后选择所有对象后进行了组合。Word 的绘图功能非常强大，利用它可以绘制各种简单或复杂的图形以及图形组合。

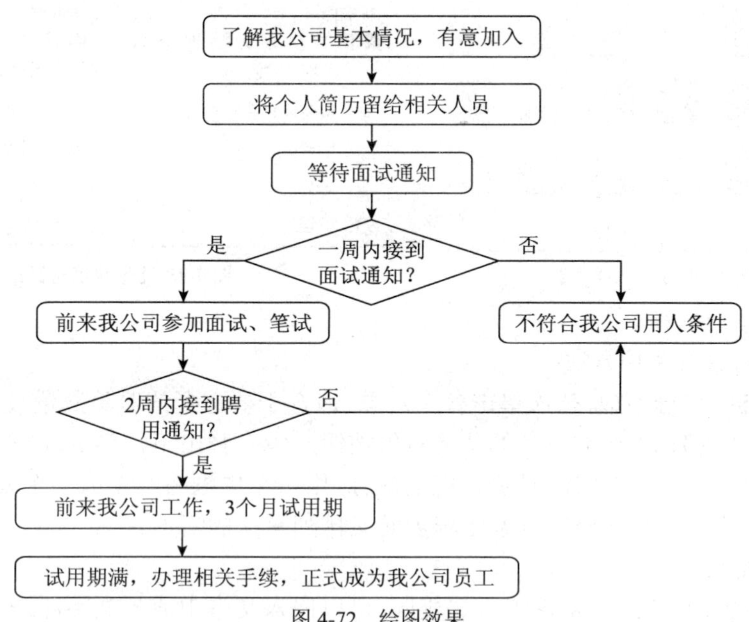

图 4-72　绘图效果

1. 绘图工具

使用【插入】选项卡的【形状】下拉菜单可以完成自选图形绘制，图形绘制完毕后，选中图形自动出现【绘图工具】选项卡，如图 4-73 所示，该选项卡共分为 6 个区域，分别是【插入形状】、【形状样式】、【阴影效果】、【三维效果】、【排列】和【大小】，其中【形状样式】和【大小】右下角都有小箭头可以打开各自的对话框进行更详细的设置。

图 4-73　【绘图工具】选项卡

2. 形状样式

编辑【形状样式】是绘图工具最重要和最常用的功能，Word 2010 提供了数十种设定好的图形样式模板可以直接套用，如图 4-74 所示。如果对效果不满意，可以自行设定【形状填充】、【形状轮廓】，如图 4-75 所示；若对形状不满意，还可以在【更改形状】处直接换成别的形状而不需要改变已经设好的样式。

3. 在自制图形上添加文字

选定图形对象，鼠标右击自选图形，在快捷菜单中选【添加文字】命令，此时自选图形相当于一个文本框,可以输入文字。

图 4-74 【形状样式】

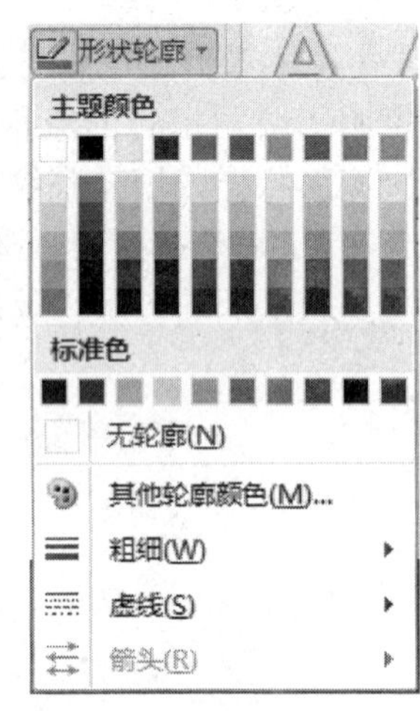

图 4-75 【形状填充】与【形状轮廓】

4. 多个对象的选择

选中多个对象有两种方法:

(1)按住【Shift】键不放,依次单击各个对象,适合于要选择的对象数量较少的情形。

(2)单击【开始】选项卡右下角的选择对象按钮 选择▾,弹出下拉菜单,选择【选择对象(O)】,鼠标变为箭头状,在需要选定的对象外拖动鼠标,用一个虚框将一个或多个要选择的对象框起来,这种方法适用于要选择的对象比较多而又排列紧密的情形。

5. 对象的排列

(1)对象位置:与图片位置设置方式相同,可以嵌入文本中或与文字环绕。

(2)对象的叠放:对两个以上的图形,如果重叠放置,就需要指明谁在上、谁在下。可以通过【绘图工具】选项卡中的【排列】区的【上移一层】、【下移一层】设置对象的层叠顺序。

(3)对象的对齐:将两个以上图形排列整齐,有两种排列方法:

①按列排:有左对齐、左右居中、右对齐。

②按行排:有顶端对齐、上下居中、底端对齐。

首选需要选择多个要对齐的对象,然后单击【绘图工具】格式中的【对齐】下拉菜单,根据需要选择按行排或按列排,如图 4-76 所示,多个垂直放置的图形应该选择按列排,如【左右居中】。

(4)对象的分布:三个以上的对象排列时,若要求对象之间的间距相等,可以选择【绘图工具】选项卡中的【排列】区的【对齐】菜单下的【横向分布】或【纵向分布】,前者设置多个对象在水平方向上的间距相等,后者是在垂直方向上的间距相等。调整方法与对齐类似,可参考图 4-75。

6. 对象的组合与取消

由两个以上的图形形成一个新的图形时,需进行组合操作。组合后的图形可以作为一个图形对象进行处理。

组合操作前,先选中多个图形对象,右击鼠标,从快捷菜单中选择【组合】,或选择【绘图工具】选项卡中的【排列】区的【组合】菜单,这样就可以将所有选中的图形组合成一个图形,如图 4-77 所示。

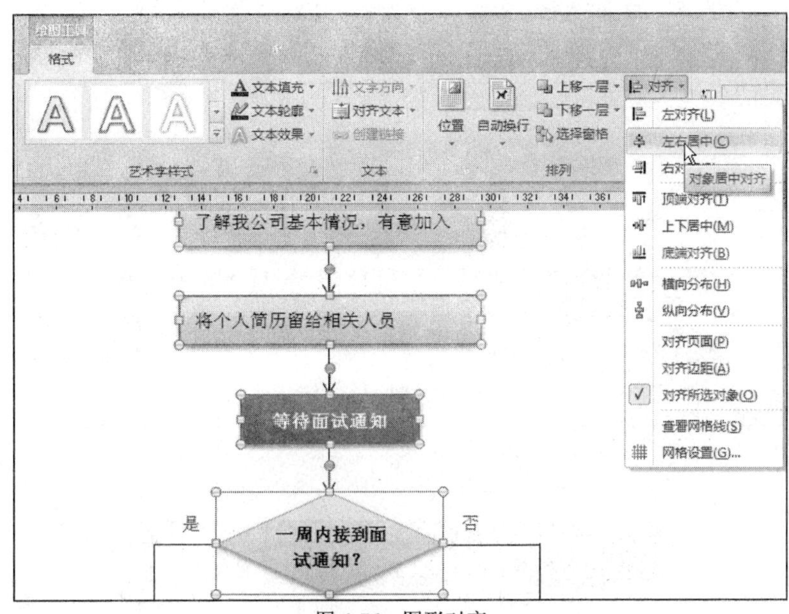

图 4-76　图形对齐

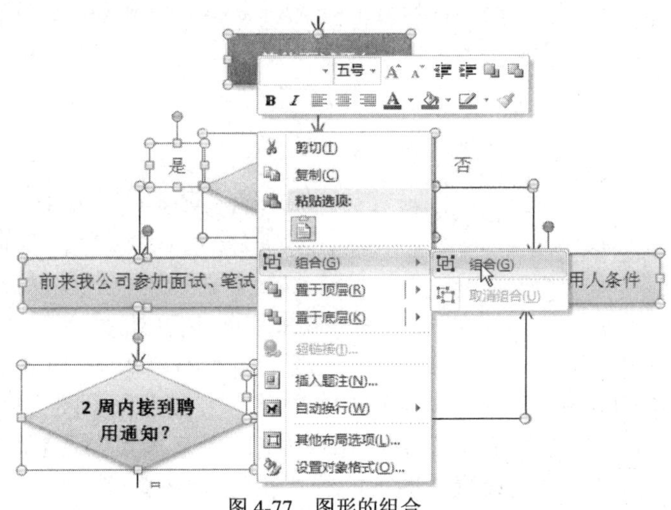

图 4-77　图形的组合

组合后的对象不能再对其中的某部分单独操作，但是，单击其中的文字区域，可以编辑和设置文字格式。

组合后的对象还可以利用【快捷菜单】或【组合】菜单取消组合。

4.5.5　插入艺术字

Word 可以实现特殊的文字效果。例如：创建带阴影、旋转和三维效果的文字，还可以创建有一定形状的文字。

插入艺术字操作：首先选择要变为艺术字的文字，在【插入】选项卡中，单击【艺术字】下拉菜单，选择一种艺术字样式，如图 4-78a）所示，则迅速将所选文字变为了艺术字，如图 4-78b）所示。

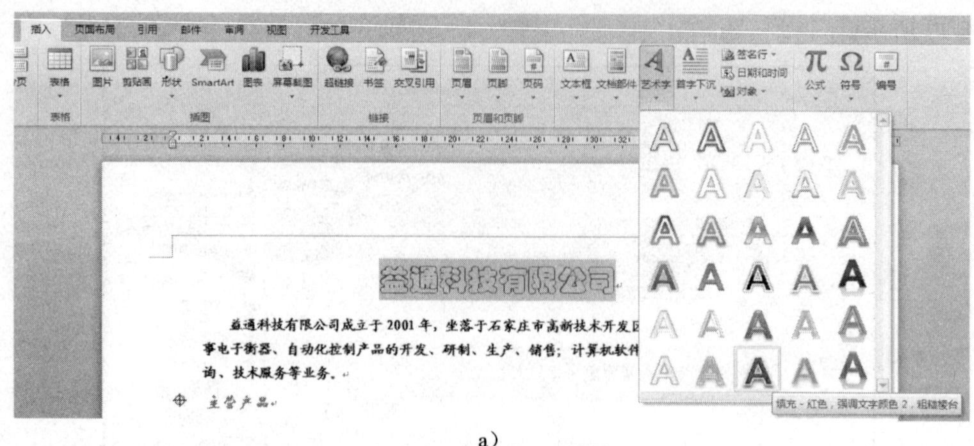

a）

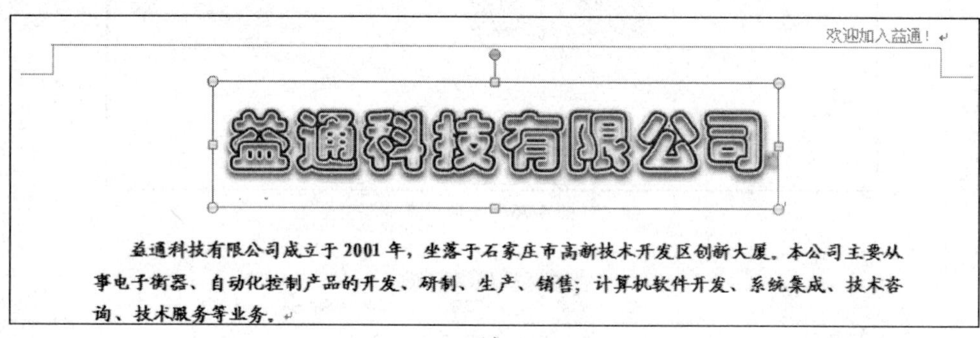

b）

图 4-78　插入艺术字

请在此放置您的文字

图 4-79　不选择文字而插入艺术字，出现动态输入框

如果插入艺术字前没有选择文字，则点击【插入艺术字】后，将会在光标当前位置出现“请在此放置您的文字”输入框，可以更改为要设置的艺术字，效果如图 4-79 所示。

选定插入的艺术字，顶部同样出现了【绘图工具】选项卡，如图 4-80 所示，表明在 Word 2010 中艺术字被当作了图形来进行处理。不过如果文件被保存为“.doc”的兼容格式，则会出现专门的【艺术字工具】选项卡，读者不妨试一试。关于艺术字的编辑和格式设置与图形的编辑相同，不再赘述。

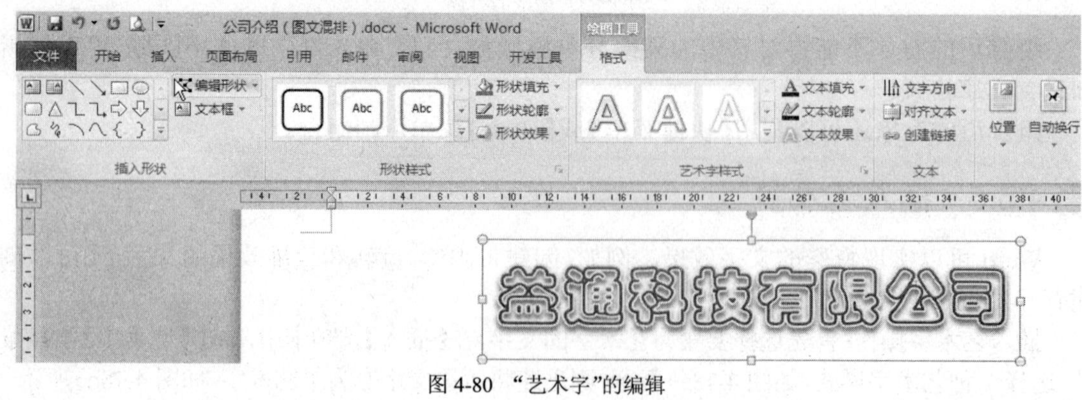

图 4-80　“艺术字”的编辑

4.5.6　插入文本框

文本框实际上是一种 Word 自选图形，上述的自选图形添加文字后就成为文本框。通过文本框可以把文字放置在指定位置，可以和其他图形产生重叠、环绕、组合等各种效果。

1. 插入文本框

单击【插入】选项卡，点击【文本框】下拉菜单，如图 4-81 所示，可以选择【简单文本框】、【奥斯汀提要栏】等数十种文本框样式，也可以选择下面的【绘制文本框】，此时鼠标指针变成“+”字，按住鼠标左键在编辑区拖动即可。

2. 编辑文本框

选定插入的文本框，顶部同样出现了动态的【绘图工具】选项卡，操作方式与图形编辑、艺术字的编辑类似。不过在兼容格式的“.doc”文件中，选中文本框会出现一个单独的【文本框工具】，如图 4-82 所示，两者在操作项目上基本相同。

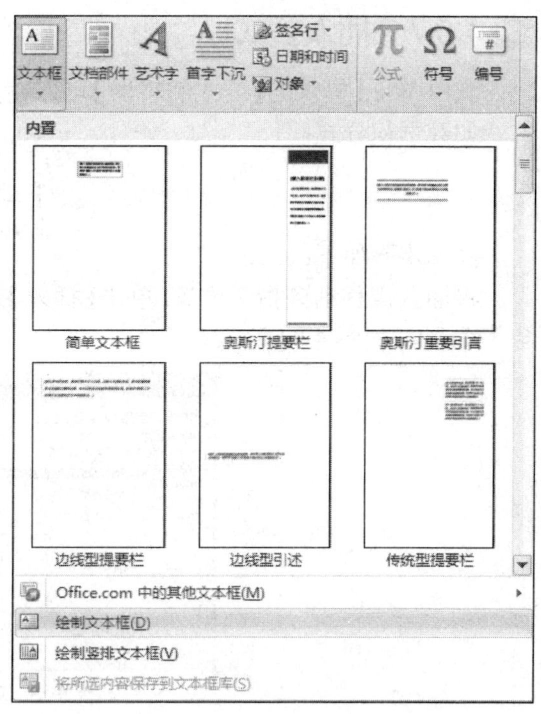

图 4-81　插入文本框

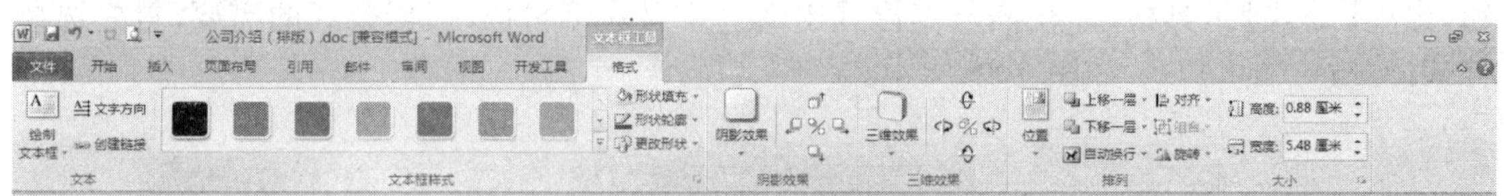

图 4-82　【文本框工具】选项卡

文本框的样式设置、边框底纹等效果的设置与图形大体相同，这里不再重复，需要说明的一点是，文本框经常被用来将文字精确定位，例如在 4.5.4 绘制图形一节中，流程图上需要在准确的位置填写“是”、“否”等文字，这就需要用文本框来控制了。方法是：插入一个文本框，输入文字后，将文本框调整到合适的位置，文字带边框很不美观，需要去掉边框和底纹的填充，即设为【无填充颜色】、【无轮廓】，如图 4-83 所示。

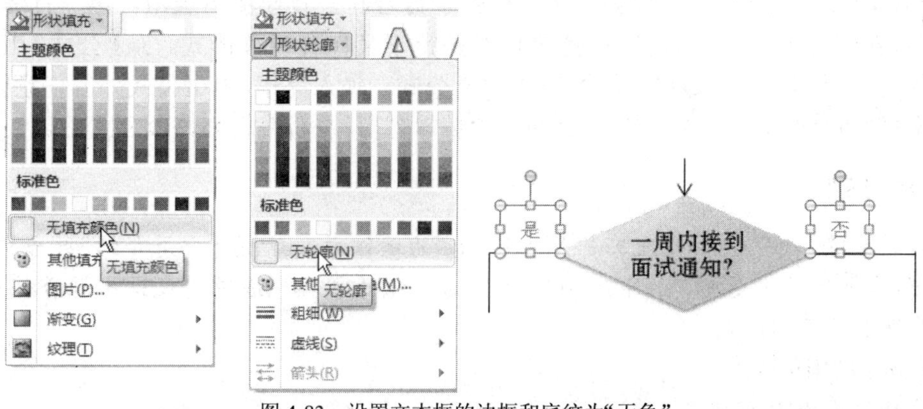

图 4-83　设置文本框的边框和底纹为“无色”

4.5.7 插入公式

利用 Word 提供的【公式编辑器】可以在文档中输入数学公式。

如数学积分式:

$$\int_{0}^{4}\frac{x+2}{\sqrt{2x+1}}\mathrm{d}x$$

操作步骤如下:

将插入点移动到指定位置,单击【插入】选项卡中的【对象】菜单,选择【对象】,打开【对象】对话框,如图 4-84 所示。

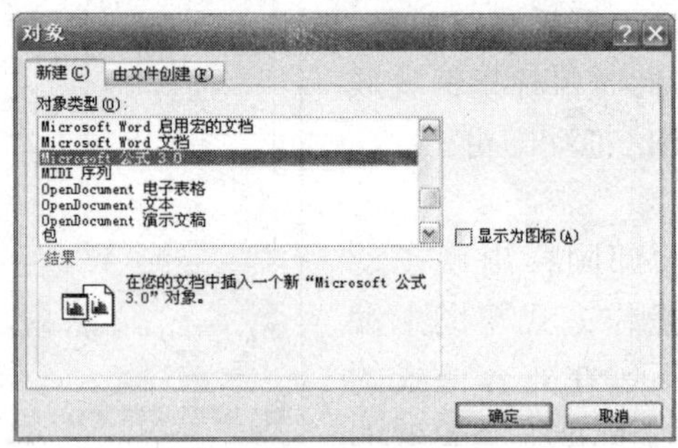

图 4-84 【对象】对话框

在【新建】标签中的【对象类型】列表框中选择【Microsoft 公式 3.0】项,单击【确定】按钮,出现【公式】工具栏,并在插入点位置出现一个公式编辑框,根据公式的需要,首先选择样式,然后再输入公式,如图 4-85 所示。

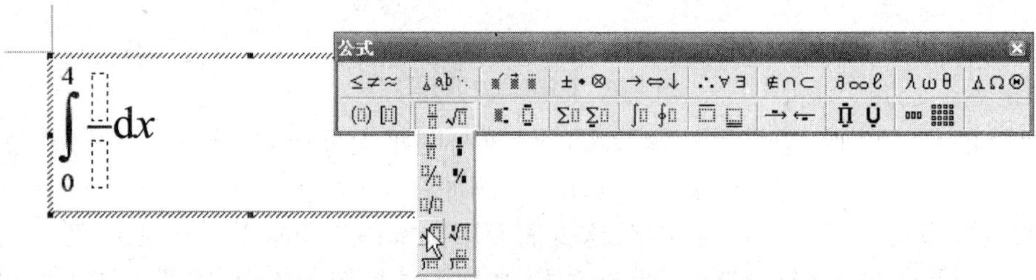

图 4-85 【公式】模板工具栏

【公式】工具栏提供了 19 大类近 300 种数学符号和公式模板供选用。第一行提供了一系列符号,第二行提供了公式模板,每个模板按钮下又包含各种形式。从【公式】工具栏中选择模板符号,从公式插入点处开始,输入数学公式。输入完毕,单击公式外的任意区域,即可返回文档编辑状态。双击公式,可返回公式编辑窗口,重新编辑和修改公式。

任务总结

本章我们学习了文档处理工具 Word 2010 的操作方法,结合《公司介绍》综合文档的制作,到这里你是不是对 Word 2010 有了较为熟练的掌握?通过完成这个综合任务,你应该掌握下面的知识点:

1. Word 2010 概述

(1)Word 2010 新功能

(2)Word 2010 的启动与退出

(3)Word 2010 的操作界面

2. 文档输入与编辑

(1)创建新文档

(2)保存文档

(3)打开、关闭文档

(4)打印文档

3. 文档排版

(1)字符串的查找与替换

(2)文字的选定、移动、复制和删除

(3)剪切板的使用

(4)页面视图

(5)文字格式的设置

(6)段落格式的设置

(7)项目符号和编号

(8)页面的分栏与取消分栏

(9)节的概念、分节符的插入和删除

(10)页面格式

(11)页眉与页脚

4. 插入编辑表格

(1)创建表格:定制表格、自动插入表格和手工绘制表格

(2)表格调整:增减行和列;改变行高与列宽

(3)表格边框和底纹设置

(4)单元格编辑:选定单元格;单元格的合并与拆分

(5)表格与文本间的转换,表格数据的计算,表格排序

5. 图文混排

(1)绘制图形

(2)"图片"、"文本框"、"艺术字"的插入与编辑

(3)绘图工具、图片工具的使用

(4)对象的组合、分解与层次操作

(5)公式的插入和修改

作业与习题

[作业]

制作 Word 文档《我的…》,要求如下:

1. 内容:可以是我的单位、我的家庭、我的家乡、我的工作、我的爱好等,内容必须真实,文字顺畅有条理,分若干段落,字数 2000 以上。

2. 排版格式：格式参考本章图 4-17，要求整体美观，标题字体、小标题、正文字体各不相同；另外，对段落格式、首字下沉、分栏、页眉页脚、艺术字等格式均有设置。

3. 插入图片：图片自备或到网上查找，3 张以上，设置图片格式和版面，与文字协调，可参考图 4-53。

4. 表格制作：文档最后创建一个“个人简历”表格，填写自己的个人简历，样式可参考图 4-36，带个人照片。

［习题］

1. Word 2010 保存时，默认的文档类型是________。

A. doc　B. docs　C. docx　D. dot

2. 在 Word 中，每个段落的段落标记在________。

A. 段落中无法看到　B. 段落的结尾处

C. 段落的中部　D. 段落的开始处

3. 在 Word 2010 窗口的编辑区，闪烁的一条竖线表示________。

A. 鼠标图标　B. 光标位置　C. 拼写错误　D. 按钮位置

4. 在 Word 2010 文档中将光标移到本行行首的快捷键________。

A.【PageUp】　B.【Ctrl+Home】　C.【Home】　D.【End】

5. 当一个文档窗口被关闭后，该文档将________。

A. 保存在外存储器中　B. 保存在主存储器中

C. 保存在剪贴板中　D. 既保存在外存也保存在内存中

6. 在 Word 2010 中，如果要选取某一个自然段落，可将鼠标指针移到该段落区域内________。

A. 单击　B. 双击　C. 三击鼠标左键　D. 右击

7. 在 Word 2010 操作时，需要删除一个字，当光标在该字的前面，应按________。

A. 删除键　B. 空格键　C. 退格键　D. 回车键

8. 在 Word 2010 操作过程中能够显示总页数、节号、页号、页数等信息的是________。

A. 状态栏　B. 菜单栏　C. 常用工具栏　D. 格式工具栏

9. 在 Word 2010 中，下列________ 内容在普通视图下可看到。

A. 文字　B. 页脚　C. 自选图形　D. 页眉

10. 在 Word 2010 编辑状态下，当【开始】选项卡中的【剪切】和【复制】按钮呈灰色显示，则表明________。

A. 剪贴板上已经存放了信息　B. 在文档中没用选定任何对象

C. 选定的对象是图片　D. 选定的文档内容太长

11. 在 Word 2010 中，【页码】格式是在 ________ 选项卡中设置。

A. 页面布局　B. 页眉和页脚工具

C. 视图　D. 插入

12. 在 Word 2010 的编辑状态，要想为当前文档中的文字设定上标、下标效果，应当使用【开始】选项卡中的________。

A. “字体”区　B. “段落”区　C. “样式”区　D. “编辑”区

13. 在 Word 2010 中，下面________选项卡是动态出现的。

A. 页面布局　B. 图片工具　C. 视图　D. 插入

14. 在 Word 2010 中进行【段落设置】，如果设置【右缩进 1 厘米】，则其含义是________。

A. 对应段落的首行右缩进 1 厘米

B. 对应段落除首行外，其余行都右缩进 1 厘米

C. 对应段落的所有行在右页边距 1 厘米处对齐

D. 对应段落的所有行都右缩进 1 厘米

15. 以下关于 Word 2010 查找功能的【导航】侧边栏，说法错误的是________。

A. 单击【编辑】功能区的【查找】按钮可以打开【导航】侧边栏

B.【查找】默认情况下，对字母区分大小写

C. 在【导航】侧边栏中输入【查找：表格】，即可实现对文档中表格的查找

D.【导航】侧边栏显示查找内容有三种显示方式，分别是【浏览您文档中的标题】、【浏览您文档中的页面】、【浏览您当前搜索的结果】

16. 在 Word 2010 中，当用户在输入文字时，在________模式下，随着输入新的文字，后面原有的文字将会被覆盖。

A. 插入　　B. 改写　　C. 自动更正　　D. 断字

17. Word 2010 中下列操作不能实现复制的是________。

A. 先选定文本，按【Ctrl+C】键后，再到插入点按【Ctrl+V】键

B. 选定文本，单击【开始】→【复制】后，将光标移动到插入点，再单击【开始】→【粘贴】按钮

C. 选定文本，按住【Ctrl】键，同时按住鼠标左键，将光标拖动到插入点

D. 选定文本，按住鼠标左键，移到插入点

18. Word 2010 中按住________键的同时拖动选定的内容到新位置，可以快速完成复制操作。

A.【Ctrl】　　B.【Alt】　　C.【Shift】　　D.【Delete】

19. 打开 Word 2010 文档一般是指________。

A. 把文档内容从内存中读出，并显示出来

B. 为指定文件开设一个新的、空的文档窗口

C. 把文档的内容从外存储器读入内存，并显示出来

D. 显示并打印指定文档的内容

20.【图片】工具栏不能进行的处理是________。

A. 调整图片的亮度　　B. 调整图片的对比度

C. 裁剪图片　　D. 添加图片边框

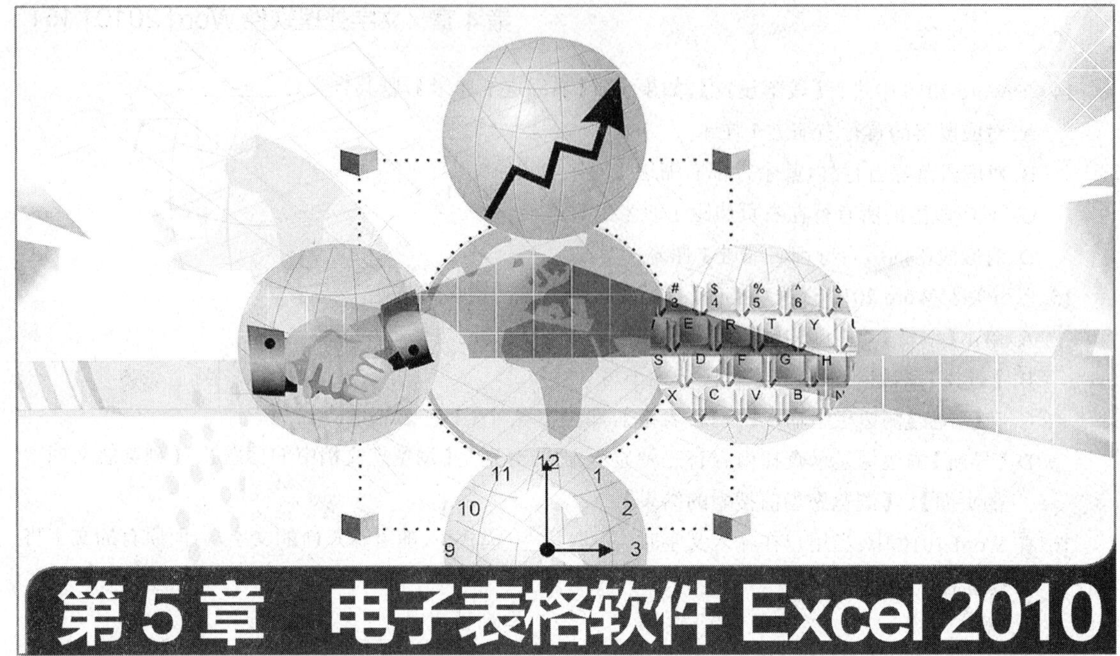

第5章　电子表格软件 Excel 2010

本章导读

Excel是我们使用计算机进行数据处理的最佳工具。学习了Word 2010后，对于Excel的界面和一些基本操作你将不再陌生，或者你以前已经在工作中使用过Excel，不过对于新版本，对于Excel各方面的功能，你是否全部了解？同第4章一样，本章首先介绍Excel 2010的主要功能、窗口组成、常用术语、工作簿、工作表管理等基本操作，之后分为四大模块对Excel 2010进行详细介绍。第一个模块：数据录入与编辑，介绍各类型数据的输入、单元格的几种自动填充方法（这可是Excel的独特魅力所在）、公式计算、常用的函数；第二个模块：工作表的编辑和格式化，介绍单元格的选择、插入、删除、复制、移动、合并、格式设置等常见操作，对选择性粘贴、条件格式等不常见的操作做了扩展讲述；第三个模块：插入和编辑图表，介绍Excel图表的类型、组成，图表选项卡的使用，图表（以柱形图为代表）的创建、编辑和格式化；第四个模块：数据管理与分析，这是Excel的高级功能，重点介绍了数据的排序、筛选、分类汇总、数据透视表等，告诉你如何更高效地管理和分析数据。最后对页面设置和打印做了简要介绍，学习者要区分Excel中打印数据与Word中打印操作的不同。本章的任务情境将全部的知识点融于真实的任务中，学习本章需要紧密结合任务情境和任务提示，以你公司的职工工资表（可以是虚拟的数据）数据为处理对象，按照知识点展开的同时，逐步完善你的工作簿。学完了本章，你也就做出了一份格式美观、数据规范、多方面统计的Excel工作簿。学好Excel，让它成为你日常工作中处理数据的好帮手。

学习目标

1. 掌握Excel电子表格的创建、工作簿的管理；
2. 掌握Excel工作表的基本操作；
3. 掌握Excel不同类型数据的录入方法；
4. 掌握数据自动填充、公式和常用函数的使用方法；
5. 掌握图表的插入和编辑方法；

6. 掌握数据的排序、筛选、分类汇总的基本方法；
7. 了解数据透视表的作用及其制作方法。

重点难点

1. Excel 数据的自动填充、公式和函数；
2. 数据的排序、筛选、分类汇总。

任务情境

王芳在益通科技公司人力资源部的一项重要工作是负责每月向财务处报送职工工资表，包括员工的基本信息、基本工资、奖金、补贴、所得税、实发工资等内容，同时还要将工资信息以图表、分类汇总表、数据透视表等形式报告给主管经理。为了有序地管理和汇报这些工资数据，王芳必须要熟练掌握 Excel 的应用，下面就让我们来跟王芳学习如何用 Excel 管理数据吧。

本章学习计划

内　容	建议自学时间（学时）	学习建议	学习记录
5.1　Excel 2010 概述	2	本节重点熟悉一下 Excel 2010 新版本的主要功能、窗口组成、常用术语，并对 Excel 工作簿和工作表的基本操作进行了讲解；如果以前用过 Excel，本节可略过，如果对 Excel 不熟悉，希望学习者能认真练习一下 Excel 工作表的基本操作	
5.2　数据录入与编辑	4	本节是 Excel 学习的基础；学习者应学会不同类型数据的录入，重点练习自动填充、公式和函数的应用，掌握常用的函数；结合“单位工资表”的编辑，学完本节，要做出一个单位人员的工资表（字段不要太少）	
5.3　工作表的编辑和格式化	2	熟练掌握单元格、行、列的插入，删除，复制，移动，格式设置等操作，将上节编辑好的工资表作为练习对象，格式可以参考样例，也可以按自己的喜好设置格式	
5.4　插入和编辑图表	2	图表可以直观地显示数据；图表的插入和编辑细节很多，学习本节注意各处对象的选择；在你编辑的工资表中插入一个柱形图和饼图，并参照样例编辑图表的格式	
5.5　数据管理与分析	3	本节是整章的难点，主要是对数据管理手段从简单到高级的运用，包括排序、筛选、分类汇总、数据透视表；学习本节务必要结合你的工资表，参考样例，逐项进行练习并熟练掌握	
5.6　页面设置和打印	1	学会对 Excel 进行页面的设置，打印表头，设置打印区域等	

5.1 Excel 2010 概述

任务提示

在本节我们先要了解 Excel 2010 的新特性、窗口组成，启动、退出的方法，工作簿的创建、保存、打开、关闭等基本操作，然后创建一个“职工工资表 .xlsx”文档保存到 D 盘下。

5.1.1 Excel 2010 主要功能和新特性

Excel 2010 是微软 Office 2010 的一个组件，又称为“电子表格软件”，其主要用于管理和分析各类数据，让人们从不同角度发掘重要信息。目前，Excel 已广泛应用于统计、财务、数据分析等数据处理领域，为日常数据的整理、计算和分析处理带来极大方便。

Excel 的主要功能有：

（1）自动填充：使用填充柄可以快速方便地填充数据。

（2）公式和函数计算：可以使用各种运算符、函数并根据已有数据计算新的数据。

（3）制作数据图表：以图表形式（二维 / 三维图表）显示数据。

（4）数据排序和筛选：可以快速简便地排列数据，筛选表格中满足某些条件的数据。

（5）分类汇总数据：可以按某一列不同的数值分类汇总数据。

（6）数据透视：将排序、筛选、分类汇总结合起来，依据不同要求来提取和汇总数据。

我们将要学到的 Excel 2010 是较新版本，其界面和操作方式与 2007 版较为类似，界面的主题颜色和风格有所改变，对旧版本文件的兼容性更强，增加了对 Web 功能的支持，可以通过浏览器直接创建、编辑和保存 Excel 文件，并随时分享，还可以多人在线同时处理一个文档。

5.1.2 Excel 2010 的窗口组成

Excel 2010 的启动和退出与 Word 2010 相同。

启动后的主窗口如图 5-1 所示。窗口与 Word 2010 风格类似，具有【标题栏】、【文件】、【开始】等功能选项卡，状态栏，水平垂直滚动条，显示比例等通用元素。

同时，从主窗口图中可以看出，Excel 窗口还具有自己独特的界面元素。

1. 单元格

Excel 呈现在用户面前的网格区域，是 Excel 工作表的编辑区。编辑区是由行和列相交而成的单元格构成。单元格是工作表中数据存放的最小单元。

2. 列号和行号

编辑区最上面一行是列号行，依次用英文字母（A、B、…）标示每一列；编辑区最左边的一列是行号列，依次用数字序号（1、2、3、…）标示每一行。用列号和行号的组合（如 A1）来标示单元格在工作表中的位置。

3. 编辑栏

工作表编辑区列标行的上面是编辑栏。选定单元格后，可以通过“编辑栏”编辑单元格的数据或公式；编辑栏最左端是单元格名称框，显示当前单元格名称。

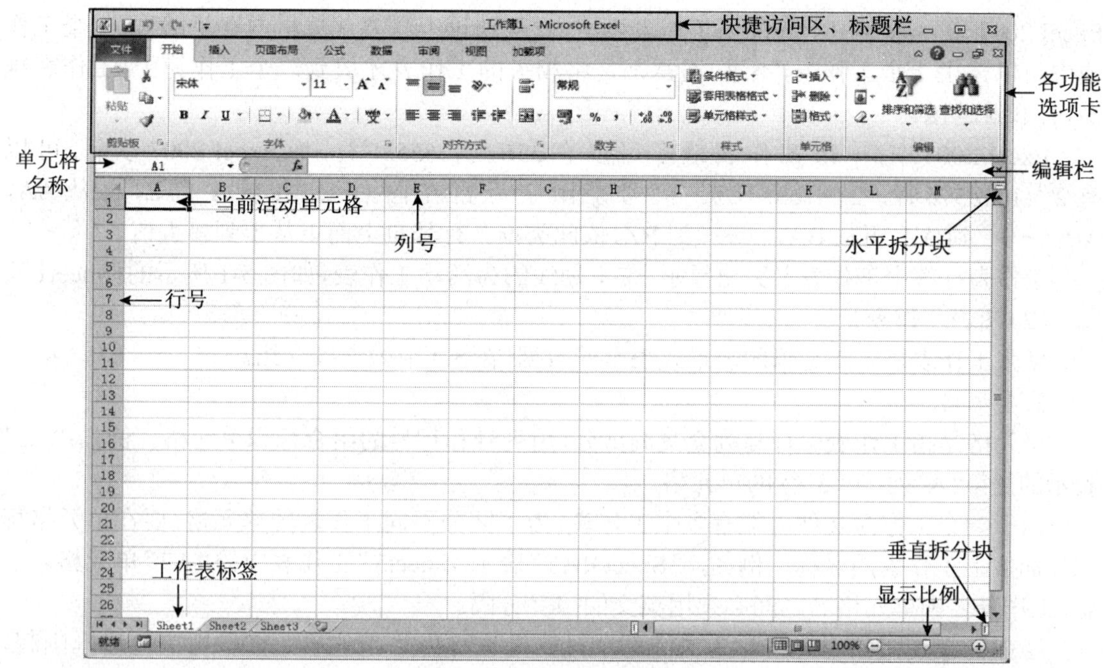

图 5-1　Excel 2010 主界面

4. 工作表标签

工作表编辑区的底部是工作表标签栏。标签栏最左边有 4 个标签滚动按钮。一个 Excel 文档可以包括多个工作表，利用工作表标签来切换当前工作表。

5. 水平拆分块和垂直拆分块

在水平滚动条的右边、垂直滚动条的上边各有一个垂直拆分块和水平拆分块，用来对工作表编辑区进行分割，以便观察工作表中相距较远的数据区域。

5.1.3　Excel 常用术语

使用 Excel 之前，必须先熟悉以下几个常用术语。

1. 工作簿

Excel 工作簿就是 Excel 处理的文档文件，其扩展名为“.xlsx”（2007 以前的版本是“.xls”）。Excel 对新建的工作簿自动命名为工作簿 1、工作簿 2 等，保存时用户可以重新给工作簿文件命名。

2. 工作表

Excel 工作簿就好像一本书，而工作表就好像这本书中的一页。一个工作簿内可包含多个不同类型的工作表，常用的工作表有以下两种类型：

（1）一般工作表

由一个个单元格组成，放置基本数据，是存储和处理数据的主要空间，在一般工作表中，可以完成对数据的输入、编辑处理，也可以嵌入图表、嵌入数据透视表等其他对象。

每个工作簿新建时默认有 3 张一般工作表，以 Sheet1、Sheet2、Sheet3 来命名。可以根据需要增加或删除工作表，工作表的数量在 Excel 2003 及以前版本时最多只能 256 张，而

Excel 2007 以后版本由于增加了工作表可用内存，理论上只要计算机内存足够大，一个工作簿中可以建上千个工作表，不过，通常都是将相关的工作表才放到一个工作簿中，工作表越多，打开就越慢。

Excel 2003 中，一般工作表最多可以有 256 列、65536 行，而 Excel 2007 以后，可以有 2^{20}=1048576 行，2^{14}=16384 列。列号采用字母自左向右编号：从 A 到 Z，再从 AA，AB，…… 到 AZ，再从 BA，…… 到 BZ，依此类推。行号自上而下从 1 到最大值。

工作表标签中工作表名突出显示、带下划线的为活动工作表，如图 5-1 所示的“Sheet1”。

(2) 图表工作表

整张工作表显示的是以图表形式表示的数据，在 5.4 节做详细介绍。

3. 单元格

单元格是指工作表中行与列交叉的部分，用列号和行号的组合标识单元格。例如：“A3”表示的是第“A”列、第“3”行的单元格。

由于一个工作簿文件可能有多个工作表，为了区分不同工作表的单元格，要在单元格标识前面加上工作表的名称。例如，“Sheet3!A7”表示“Sheet3”工作表中的“A7”单元格。注意，工作表名和单元格名之间必须用英文的“！”分隔。

当前正在使用的单元格称为“活动单元格”，也称为“当前单元格”，用黑色边框围起，图 5-1 中“A1”单元格就是活动单元格。只能在活动单元格内输入和编辑数据。

4. 单元格引用和单元格区域

进行数据分析和计算时，要用到若干单元格中的数据，称为单元格引用。这些单元格所构成的区域称为单元格区域。单元格区域有由相邻单元格组成的连续的区域和不相邻单元格组成的不连续的区域之分。如图 5-2 所示。

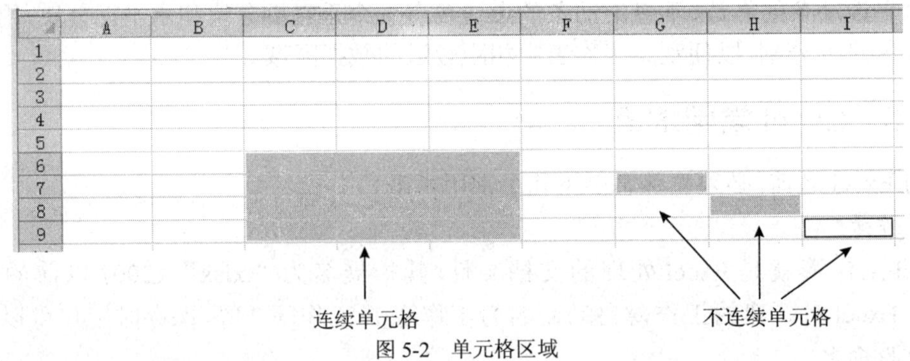

图 5-2 单元格区域

(1) 连续的单元格所构成的矩形区域的标示方法：左上角单元格标识：右下角单元格标识。

例如：“C6:E9” 表示由 C6 开始到 E9 结束的 9 个单元格组成的矩形区域，如图 5-2 所示。

(2) 不相邻的单元格所构成的区域的标示方法：罗列出每个单元格标识，之间用逗号分隔。

例如：“G7,H8,I9”表示由 G7、H8、I9 单元格组成的区域。

注意： 单元格标识和其中的分隔符号必须为英文半角符号。

5.1.4 Excel 工作簿管理

工作簿的管理包括：新建、保存、打开、保护和关闭工作簿。

1. 建立新工作簿

Excel 启动后，自动建立一个名为“工作簿 1”的空工作簿。除此之外，还可以选择【文件】菜单中的【新建】项，在右侧双击【空白工作簿】或单击该选项，点击最右侧的【创建】按钮，如图 5-3 所示，创建新工作簿。也可以直接使用组合键【Ctrl + N】，建立一个新工作簿。

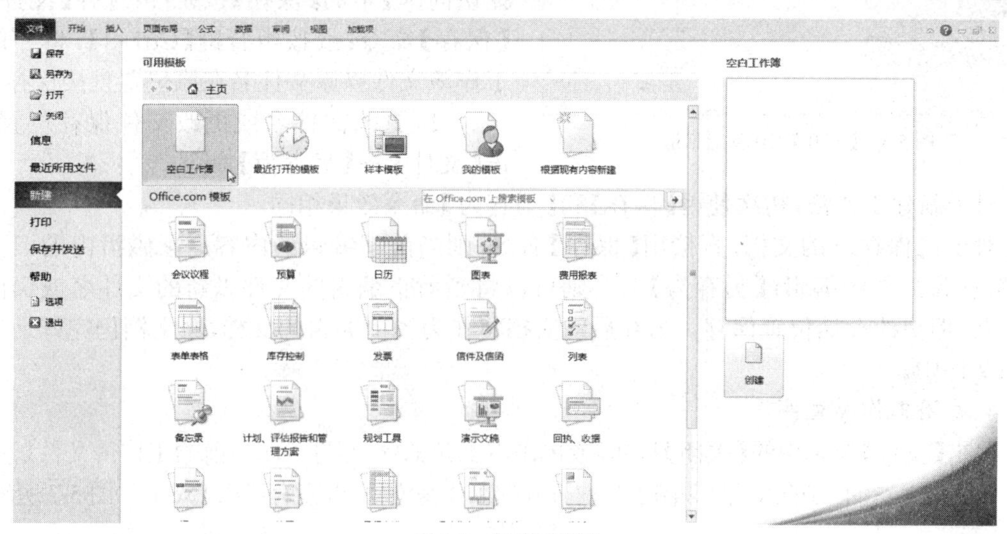

图 5-3 新建工作簿

2. 打开工作簿文件

对于已存在的工作簿文件可以通过以下几种方法打开：

（1）【我的电脑】中双击工作簿文件名。

（2）打开【开始】菜单，选择【Microsoft Excel 2010】菜单中最近编辑过的 Excel 文件，如图 5-4 所示。

（3）先启动 Excel，从【文件】下拉菜单【最近所用文件】选择最近编辑过的文件，如图 5-5 所示。

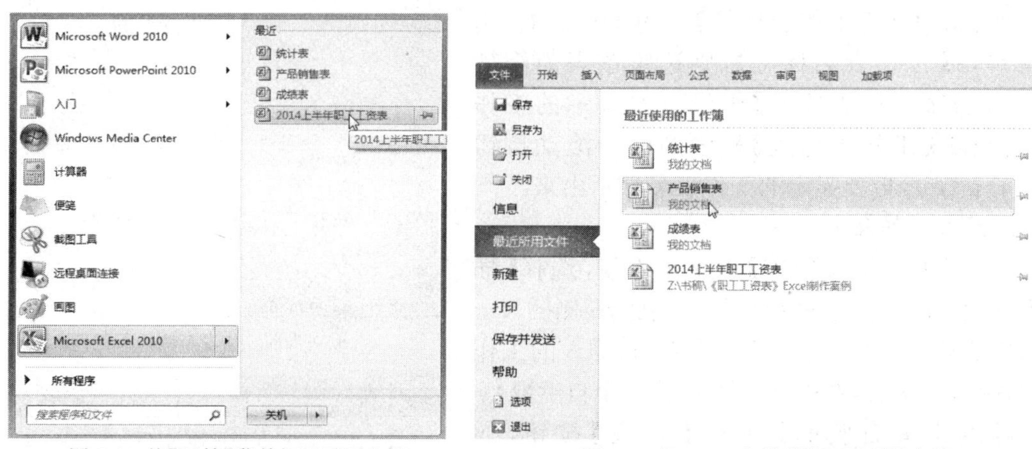

图 5-4 从【开始】菜单打开最近文档

图 5-5 从 Excel 文件菜单打开最近文档

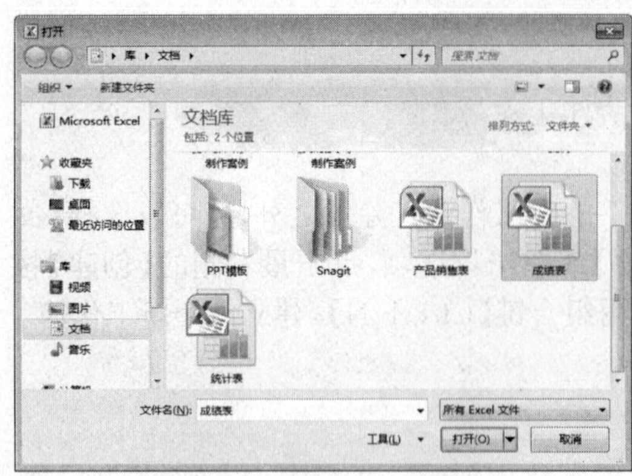
图 5-6 【打开】工作簿对话框

(4)单击【常用工具栏】中的【打开】按钮;或选择【文件】→【打开】命令;或按组合键【Ctrl + O】,都会弹出【打开】对话框,如图 5-6 所示。

3. 保存工作簿

保存工作簿分为以下两种情况:

(1)原文件名在原位置保存:单击顶部【快捷访问区】中的【保存】按钮;或选择【文件】→【保存】命令;或按组合键【Ctrl+S】,将当前的工作簿文件以原文件名在原位置直接保存。

(2)更改文件名或更改文件保存位置:单击【文件】→【另存为】命令。

对于新建工作簿,初次使用【保存】和【另存为】命令效果相同。

对于已保存过的文档,直接用【保存】命令,则当前正编辑的内容更新磁盘内的旧文件内容,存盘后继续编辑;【另存为】命令则可以将当前正编辑的文件以新的文件名或仍用原文件名、但更改存储位置保存。另存后的文档将作为当前编辑的文档,原文档仍完好地保存在原文件中。

4. 关闭工作簿文件

单击【文件】菜单中的【关闭】按钮,或单击右上角的☒,都将关闭当前的工作簿文件(注意:右上角有两个☒,下方的☒只是关闭了当前打开的工作簿文件,并没有退出 Excel,如图 5-7 所示)。

图 5-7 关闭 Excel 工作簿

5.1.5 Excel 工作表管理

工作表的管理包括工作表的插入、删除、重命名、移动、复制,以及工作表窗口的拆分和冻结等操作。

1. 选定和切换活动工作表

对于出现在【工作表标签】上的工作表名,用鼠标单击【工作表名标签】,则选定该表为活动工作表;若【工作表标签】中没有要显示的工作表,可单击【工作表标签】栏中的四个滚动按钮(|◀ ◀ ▶ ▶|),把要显示的工作表名显示出来。

2. 插入工作表

在当前【工作表标签】上单击右键,选择【插入】,如图 5-8a)所示,则在活动工作表的左侧插入一个新的工作表,并成为活动工作表,新插入的工作表,系统自动命名为"SheetN"(N 为一个自然数)。

若点击最右侧的【插入工作表】按钮,如图 5-8b)所示,则在最右侧插入一个新工作表。

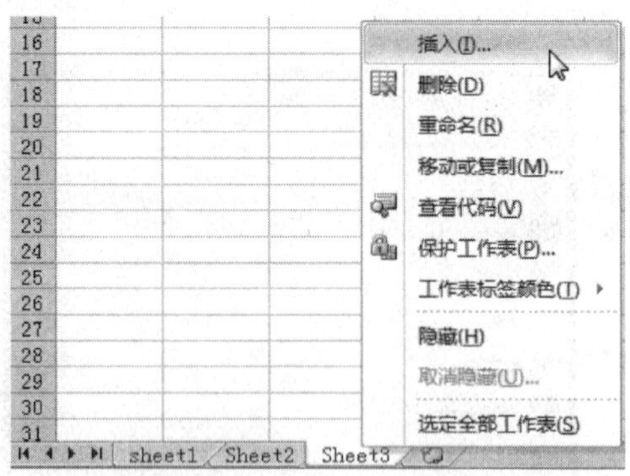

a)在当前工作表左侧插入工作表

b)在最后插入工作表

图 5-8 插入新工作表

3. 删除工作表

将要删除的工作表选定为活动工作表，在活动工作表标签上右击鼠标，弹出如图 5-8a）所示的快捷菜单，选择【删除】命令，如果是空的工作表，则直接删除，如果工作表中有数据，系统会给出确认框，如图 5-9 所示，确定删除后，工作表的数据不可再恢复。

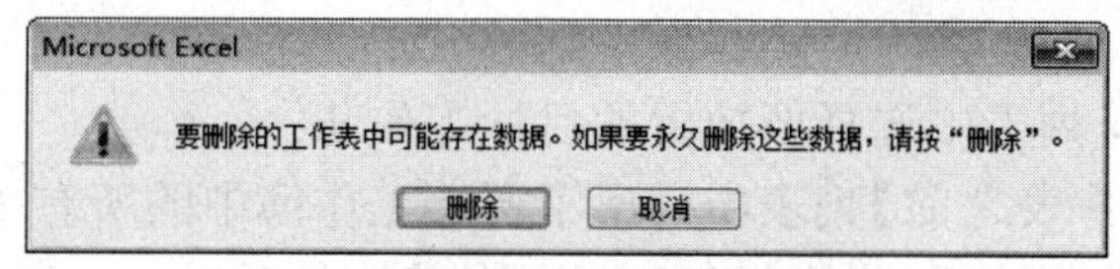

图 5-9　删除工作表时的确认对话框

4. 工作表的重命名

双击工作表标签，或选择工作表快捷菜单（图 5-8）中的【重命名】命令。标签内的工作表名称反相显示，可直接输入新名称，或移动光标修改现有名称。

5. 设置工作表标签的颜色

在工作表标签上右击鼠标，在快捷菜单中选择【工作表标签颜色】，如图 5-10 所示，可设置工作表标签的颜色。

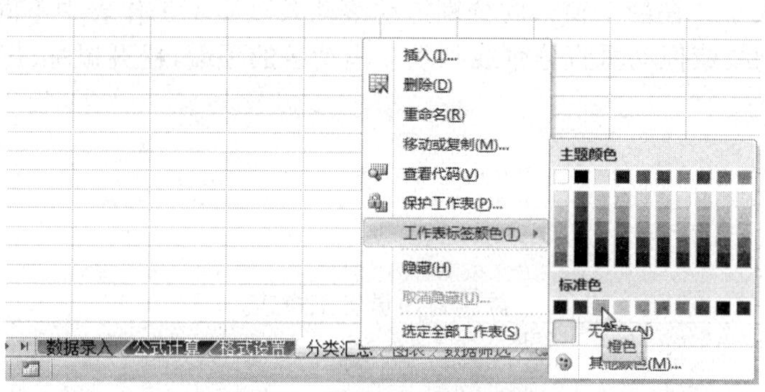

图 5-10　设置工作表标签颜色

注意：设置的工作表标签颜色，只有当工作表没有选定时才显示。当选中该工作表标签时，工作表名称没有背景色，只按指定的颜色加了下划线。

6. 工作表的移动或复制

（1）利用鼠标拖动实现移动或复制工作表

首先将被移动或复制的工作表显示在工作表标签中；按下鼠标左键拖动标签，待位置指示标志出现在合适的位置时，松开鼠标左键，即可实现移动。如图 5-11a）所示，将【分类汇总】工作表移到【图表】之前。

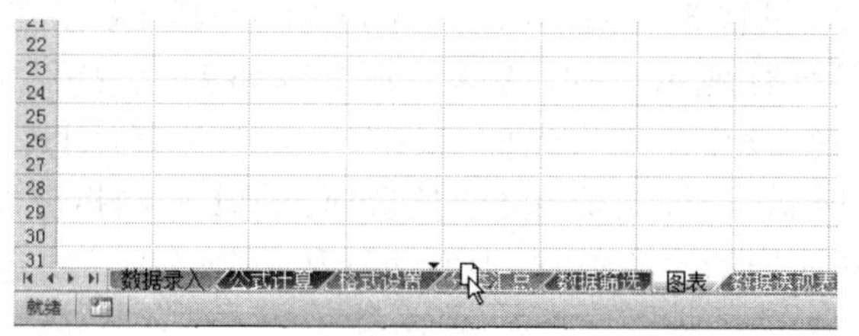

a）鼠标移动工作表

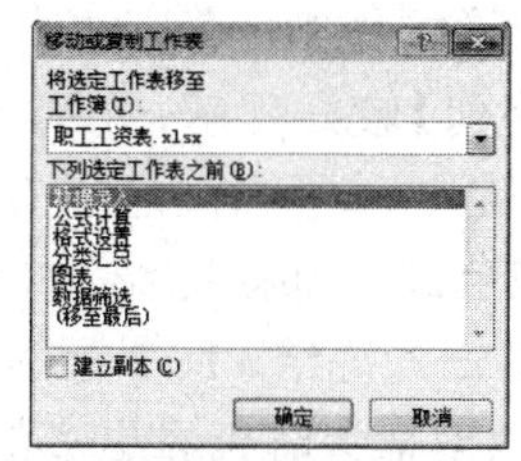

b）利用对话框移动工作表

图 5-11　移动或复制工作表

若在松开鼠标之前，按下【Ctrl】键，此时鼠标指针上出现一个“+”号，表示进行复制，新工作表名称为原工作表名称后加序号，如“分类汇总（2）”。

（2）使用菜单命令移动或复制工作表

在工作表右键快捷菜单中的【移动或复制】命令，打开【移动或复制工作表】对话框，如图 5-11b）所示。

①在【工作簿】下拉列表中选择要放置的目标工作簿；

②在【下列选定工作表之前】列表中列出了所选工作簿中的所有工作表，供用户选择；

③选中【建立副本】复选框，将进行复制；否则，将进行移动。

7. 工作表窗口的拆分

工作表中可以存放很多数据，当需要观察相距较远的两块数据时，可以通过拆分窗口实现，拆分只是改变了工作表编辑区数据的显示窗口，不影响工作表内的数据。

可以对工作表进行水平拆分和垂直拆分。下面以垂直拆分为例，说明操作过程。

将鼠标移到垂直滚动条顶部的【垂直拆分块】（参阅图 5-1），指针变为带有上下箭头的十字状，按下鼠标左键向下拖动，出现一条垂直分割线，如图 5-12 所示。拖动分割线，可以调整上下窗口的大小。在两个窗口内分别拖动滚动条以显示工作表中不同的数据区域。

双击垂直分割线或拖动垂直分割线到垂直滚动条的顶端，松开鼠标，即可取消拆分。

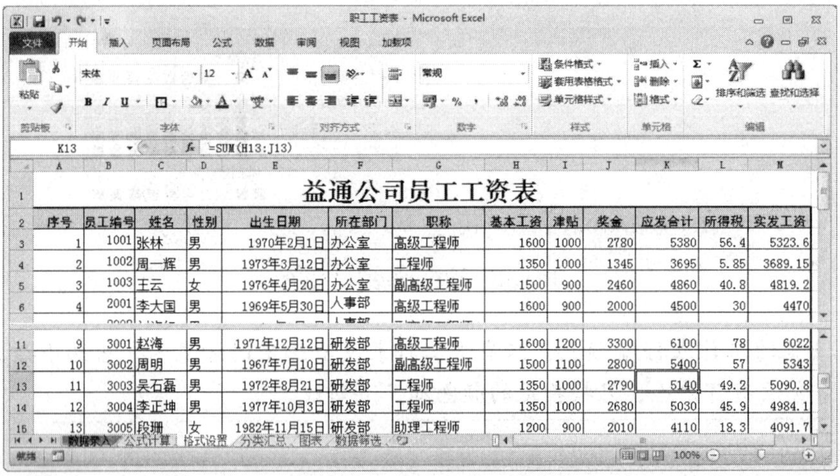

图 5-12 【垂直分割】窗口

8. 工作表窗格的冻结与取消冻结

如果一个工作表中的数据很多，当上下移动光标或翻页时，首行标题行会移出视野外，不方便查看数据，可以利用【冻结窗格】的方法将某些行或某些列作为标题保持不动。

选择【视图】→【冻结窗格】命令，包含 3 个菜单，如图 5-13 所示，其中【冻结首行】和【冻结首列】较好理解，分别为冻结第一行或第一列，【冻结拆分窗格】可以冻结多列和多行，前提是“基于当前选择”，换句话说，操作前需将光标定位在一定的位置，则其左侧全部列、上侧全部行都被冻结，如图 5-14 所示，光标定位在 D3 位置时选择【冻结拆分窗格】，则 A、B、C 三列冻结，1、2 行冻结，这样在拖动滚动条时，上面两行和左侧三列是固定不动的，方便了数据量大时查看更多的信息。

如果想取消冻结，单击【视图】→【取消冻结窗格】命令即可。

图 5-13　冻结窗格

图 5-14　冻结窗格后的效果

5.2 数据录入与编辑

任务提示

上节我们创建了一个空的《职工工资表》Excel 工作簿，接下来就要录入数据了，工资表中都应该有哪些内容呢？这些数据分别都有什么特点？有没有简便的方法自动填充某些有规律的数据？如何用公式来计算所得税和实发工资？图 5-15 是王芳录入好的样例，参照它来完成你们单位的职工工资表吧。

序号	员工编号	姓名	性别	出生日期	所在部门	职称	基本工资	津贴	奖金	应发合计	所得税	实发工资
1	01001	张林	男	1970/2/1	办公室	高级工程师	1600	1000	2780	5380	56.4	5323.6
2	01002	周一辉	男	1973/3/12	办公室	工程师	1350	1000	1345	3695	5.85	3689.15
3	01003	王云	女	1976/4/20	办公室	副高级工程师	1500	900	2460	4860	40.8	4819.2
4	02001	李大国	男	1969/5/30	人事部	高级工程师	1600	900	2000	4500	30	4470
5	02002	刘海红	男	1982/7/8	人事部	副高级工程师	1500	900	2540	4940	43.2	4896.8
6	02003	王芳	女	1985/8/16	人事部	工程师	1350	850	1740	3940	13.2	3926.8
7	02004	李玉明	女	1988/9/24	人事部	助理工程师	1200	700	1345	3245	0	3245
8	02005	张丽	女	1991/11/3	人事部	助理工程师	1200	700	1345	3245	0	3245
9	03001	赵海	男	1971/12/12	研发部	高级工程师	1600	1200	3300	6100	78	6022
10	03002	周明	男	1967/7/10	研发部	副高级工程师	1500	1100	2800	5400	57	5343
11	03003	吴石磊	男	1972/8/21	研发部	工程师	1350	1000	2790	5140	49.2	5090.8
12	03004	李正坤	男	1977/10/3	研发部	工程师	1350	1000	2680	5030	45.9	4984.1
13	03005	段珊	女	1982/11/15	研发部	助理工程师	1200	900	2010	4110	18.3	4091.7
14	04001	孙晓玉	女	1977/12/28	产品部	副高级工程师	1500	1300	2500	5300	54	5246
15	04002	王家朔	男	1983/2/8	产品部	副高级工程师	1500	1200	2340	5040	46.2	4993.8
16	04003	杜鹏程	男	1970/2/1	产品部	工程师	1350	1150	2140	4640	34.2	4605.8
17	04004	孙丽佳	女	1973/3/12	产品部	工程师	1350	1150	2140	4640	34.2	4605.8
18	05001	钱森	男	1966/4/20	售后部	高级工程师	1600	1400	3000	6000	75	5925
19	05002	黄涛	男	1979/5/30	售后部	副高级工程师	1500	1300	2600	5400	57	5343
20	05003	王亚江	男	1982/7/8	售后部	工程师	1350	1200	2140	4690	35.7	4654.3
21	05004	赵子龙	男	1985/8/16	售后部	工程师	1350	1200	2140	4690	35.7	4654.3
22	05005	郑杰辉	男	1988/9/24	售后部	助理工程师	1200	1100	1740	4040	16.2	4023.8
23	05006	张浩	男	1991/11/3	售后部	助理工程师	1200	1100	1740	4040	16.2	4023.8

图 5-15　样例参考——职工工资表数据录入与公式计算

本节介绍一般工作表中数据的输入和编辑方法，包括基本数据的输入、单元格的填充、公式计算和函数的使用。

5.2.1 基本数据的输入

1. 单元格的状态

进行数据输入之前，必须先了解 Excel 当前单元格的两种状态：

（1）选定状态：设为活动单元格，此时输入数据会替代单元格中原有的数据。

（2）编辑状态：可修改单元格中的数据，同时激活编辑栏。

两种状态的切换：鼠标单击为【选定状态】，双击或按【F2】功能键将进入【编辑状态】。

2. 不同类型数据的录入

只能在活动单元格中输入数据。输入数据后，按回车键或光标移动键结束输入。

（1）文本的输入

①文本中可以包括汉字、字母、数字、空格及键盘上可以键入的任何符号。

②当文本过长，可以按【Alt+Enter】组合键在单元格内强制换行。输入完毕，单元格高度自动增加，以容纳多行文本数据。

③文本数字串的输入：对于身份证号码、电话号码、邮政编码、商品的条形码等数字型文本，输入时应先输入半角的单引号“'”，再输入文本数字串。例如本例中输入“01001”部门编号，如果直接在单元格中输入，则回车后自动变为“1001”，而如果输入“' 01001”，则单元格中显示 01001（显示时，看不到单引号，左上角有个绿色小三角）。

默认状态下，文本型数据在单元格内自动左对齐。当数据宽度超过单元格的宽度时，若右侧单元格内没有数据，则单元格的内容会扩展到右边的单元格内；若右侧单元格内有数据，则结束输入后，单元格内的数据被截断显示，但内容并没有丢失，选定单元格后，完整的内容将显示在编辑栏内。

（2）数值的输入

①数值由数字 0 ～ 9 和小数点组成，还可以包括 +、-、%、/、$、￥等，此外还可以含有字母 e（科学计数法表示）和逗号（千位分隔符）。如果输入的数据位数超过 11 位，Excel 自动以科学记数法表示，如输入“6789543210”，则根据列宽不同，可能会显示 6.8E+09、6.79E+09、6789543210 等。

②输入真分数时，应先输入数字 0 和空格，再输入分数。如输入 “5/8”，正确的输入方法是输入“0 5/8”（注意中间有空格，若直接输入 5/8，单元格内将显示为日期）。

（3）日期、时间型数据的输入

①日期中年月日的分隔符可以使用半角的“-”、“/”或汉字分隔。如 1970-2-1、1970/2/1 或 1970 年 1 月 1 日。

②时间中时分秒的分隔符可以使用半角 “:” 号或汉字分隔。如 5:23:45 pm 或下午 5 时 23 分 45 秒。

注意：Excel的日期和时间都属于数值型数据。有时输入的是日期、时间型数据，显示的是莫名其妙的数字，这时只要重新设置单元格格式中的数字类型为日期或时间类型即可（具体在5.3.7节介绍）。

默认状态下，数值型数据在单元格内自动右对齐，当小数部分数据宽度超过单元格宽度时，系统自动作四舍五入处理；当整数部分数据宽度超过单元格的宽度时，单元格内显示一串“#”号，表示列宽不够。此时，只要将单元格宽度加大，即可正确显示。

5.2.2　单元格的自动填充

分析图 5-15 中的数据，有些列数据都是有规律的：如序号为 1，2，3，4…；部门编号从 01001 开始到 05006；性别有男、女两种，所在部门有五类，职称有四等，基本工资根据职称不同数值不同，相同职称的基本工资相同等。

对于这些有规律的数据，用户不必一个个输入，只需输入初始数据，然后用填充的方法快速输入。

数据的填充在行或列的方向上进行，向右和向下是递增，向左和向上是递减。填充数据需要使用“填充柄”。所谓填充柄是指选定单元格区域后，右下角的小黑块（图 5-16）。将鼠标放置到填充柄上，指针变成“+”字状，此时按下鼠标左键拖动，将完成简单的填充；按下鼠标右键拖动，将弹出快捷菜单，可以实现复杂填充。

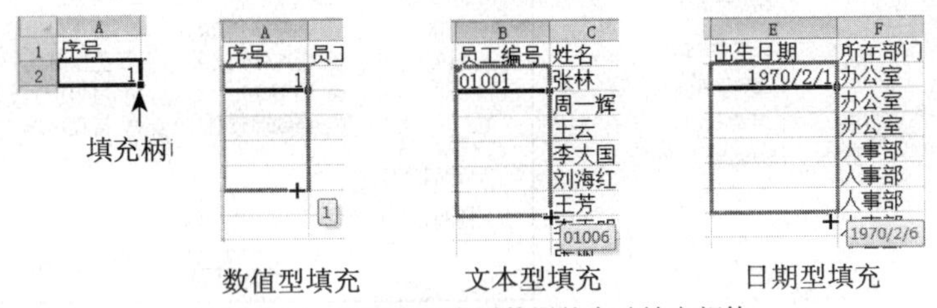

图 5-16　不同数据类型数据的自动填充规律

有规律数据的自动填充是根据初始值来计算填充项的，常用的有以下五种情况：

1. 数值型数据的填充

直接拖动填充柄，数值不变，如图 5-16 所示“数值型填充”；按住【Ctrl】键拖动填充柄，生成步长为 1 的等差序列。

2. 文本型数据的填充

不含数字串的文本：无论是否按住【Ctrl】键拖动，数据都保持不变；

对含有数字串的文本：如 01001，直接拖动，按数字生成等差数列，如图 5-16 所示“文本型填充”；按住【Ctrl】键拖动，数据不变。

3. 日期和时间型数据的填充

日期型：直接拖动，按“日”生成等差序列，如图 5-16 所示“日期型填充”；按住【Ctrl】键拖动，数据不变。

时间型：直接拖动，按“小时”生成等差序列，按住【Ctrl】键拖动，数据不变。

4. 两个相邻单元格的连续填充

如果输入相邻两个单元格的数据，再同时选定这两个单元格进行填充，则会按着两个单元格的数据规律进行自动填充，例如在 A2 和 A3 单元格中分别输入 2 和 4，再同时选择 A2、A3 单元格进行填充饼自动填充，则按步长为 2 的等差数列自动填充，如图 5-17 所示，日期

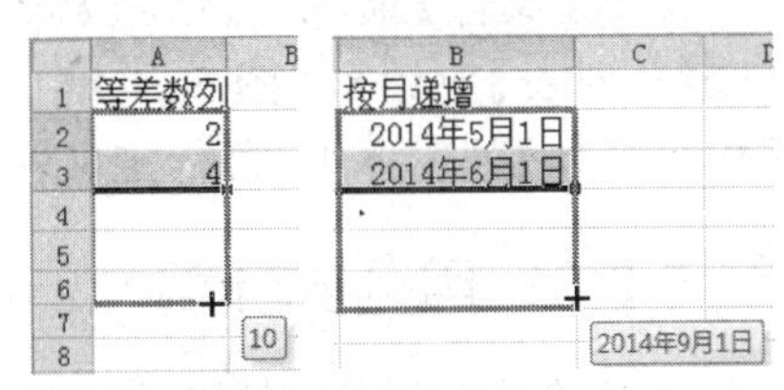

图 5-17　按两个单元格自动填充

型数据还可以按日、月、年的规律填充。

5. *序列填充*

对于步长任意的等差数列、等比数列、按“年”、“月”、“工作日”规律变化的日期等填充，Excel 还提供了【序列】对话框。打开【序列】对话框的两种方法：

（1）选定序列的第一个单元格，按下鼠标右键拖动填充柄，弹出快捷菜单，如图 5-18a）所示，可以按不同的规律填充，还可以单击最下面的【序列】命令，打开【序列】对话框，如图 5-18b）所示。

（2）单击【开始】→【填充】→【系列…】命令，打开【序列】对话框，如图 5-19 所示。

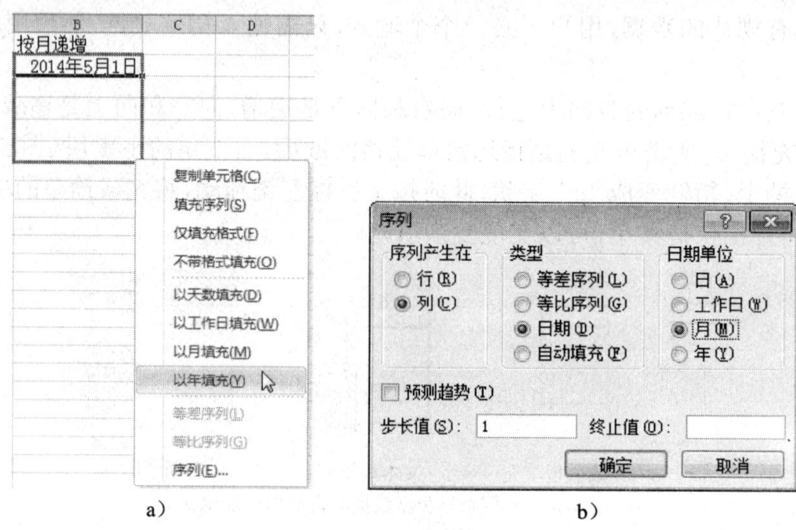

图 5-18　利用填充柄快捷菜单和“序列”对话框

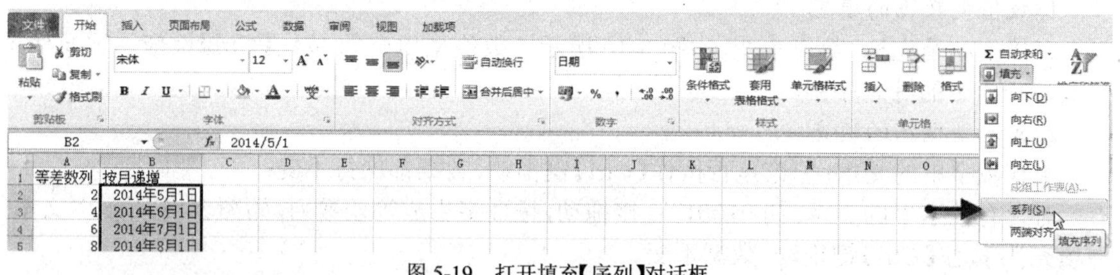

图 5-19　打开填充【序列】对话框

6. *自定义序列的填充*

如果单元格的初始值是 Excel 系统提供的自定义序列中的一项（如：星期一、Monday、甲、正月等），拖动填充柄将产生该序列。

通过【文件】菜单→【选项】命令，打开【Excel 选项】对话框，在【高级】选项页上的【编辑自定义列表】对话框（图 5-20）中，显示出了 Excel 系统提供的自定义序列。用户还可以在【输入序列】列表框中，自行定义新的序列添加到 Excel 自定义序列中，如图 5-21 所示。

5.2.3　用公式计算

工作表中的数据，有些是根据基础数据计算得出的，如图 5-15 所示工资表中的“应发合计”、“所得税”和“实发工资”。Excel 对数据的计算是通过公式实现的。

1. 公式的输入规则

在单元格中输入公式总是以等号“=”开头，后面跟表达式。

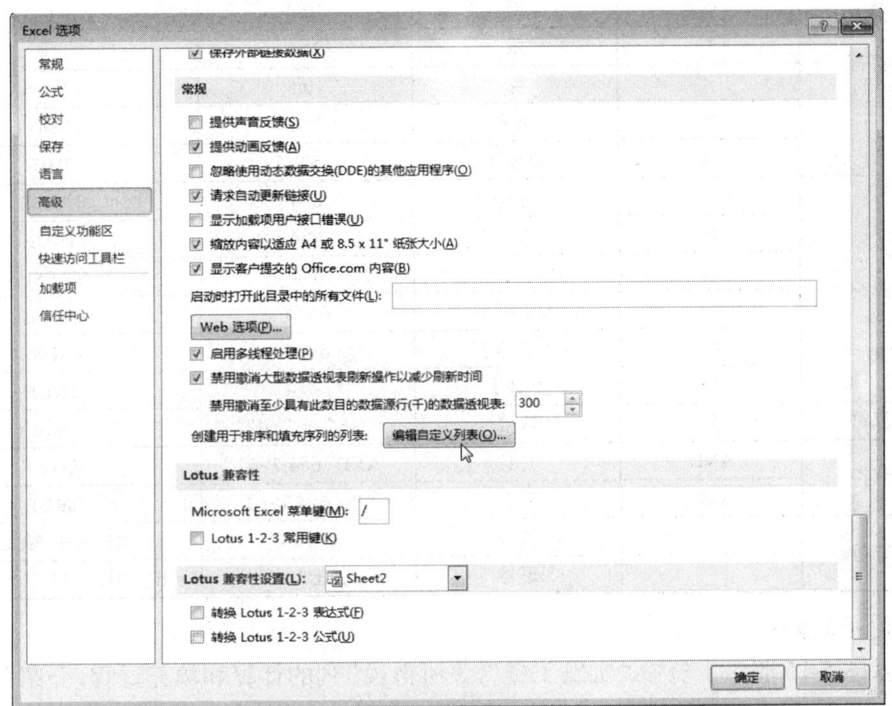

图 5-20　Excel 选项

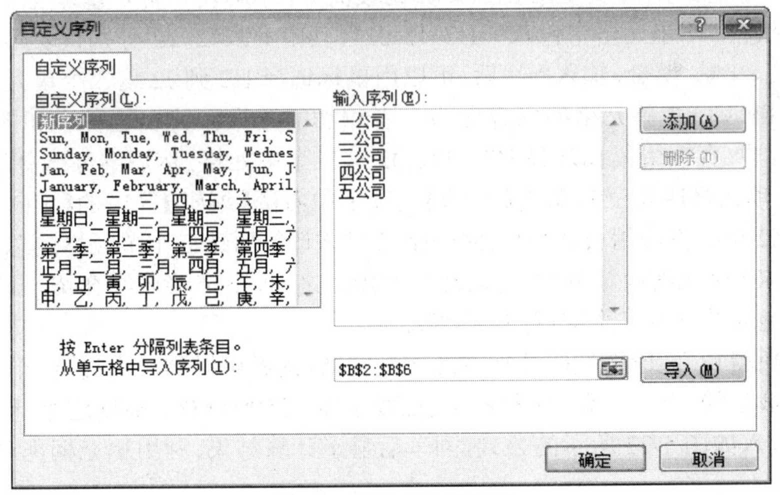

图 5-21　添加自定义序列

2. 公式中的运算符

Excel 允许使用运算符的运算符如表 5-1 所示。

注意：公式中的文本型常量必须用半角的双引号括起来。

Excel 中的运算符　　表 5-1

运算符类型	运算符	含　义	举　例	结　果
算数运算符	+	加	2+6	8
	—	减	10-4	6
	*	乘	3*6	18
	/	除	10/5	2
	^	乘方	2^4	16
	%	百分比	5%	0.05
关系运算符	=	等于	6=4	FALSE
	>	大于	6>4	TRUE
	<	小于	6<4	FALSE
	>=	大于等于	6>=4	TRUE
	<=	小于等于	6<=4	FALSE
	<>	不等于	6<>4	TRUE
文本运算符	&	连接	“ab” &” cd”	abcd
逻辑运算符	AND	并且	AND（6>4,7>8）	FALSE
	OR	或者	OR（6>4,7>8）	TRUE
引用运算符	:	冒号	B1:B3	B1 到 B3 单元格
	,	逗号	B1,B2,B3	B1、B2、B3 三个单元格

3. 公式计算实例

下面以图 5-15 职工工资中“实发工资”、“所得税”列的计算和填充过程，介绍公式的输入方法。

（1）计算“实发工资”：实发工资的计算比较简单，即实发工资 = 基本工资 + 津贴 + 奖金，因此，可直接在 K2 单元格中输入“=H2+I2+J2”，其中 H2、I2、J2 分别代表第一个员工“张林”的基本工资、津贴、奖金，输入“=”后，可以用鼠标选择 H2 到 J2 这三个单元格，公式输入完毕后按回车键，则 K2 单元格的内容变为三者相加的结果。其实这种求和的计算还有更为快捷的操作，即：直接用鼠标选择 H2、I2、J2 这三个单元格，然后继续选择其后的 K2 单元格（此时 K2 单元格应为空），单击【开始】选项卡中右侧【编辑】区中的【Σ 自动求和▾】按钮，则自动在 K2 单元格应用公式“=SUM（H2:J2）”来计算所选三个单元格的总和，并将结果放到最后侧的 K2 单元格内。SUM 是最常见的函数之一，下节将详细介绍。最后利用填充柄拖动填充其他人的应发工资即可完成计算。

（2）计算“所得税”。所得税的计算方法比较复杂，读者可以到网上搜索“个人所得税”计算公式。此处我们简化一下，即：所得税 =（应发工资 -3500）*3%，根据这个计算方法，可以在 L2 单元格输入如图 5-22 所示的公式，回车后显示计算结果，利用填充柄拖动填充其他人的所得税。

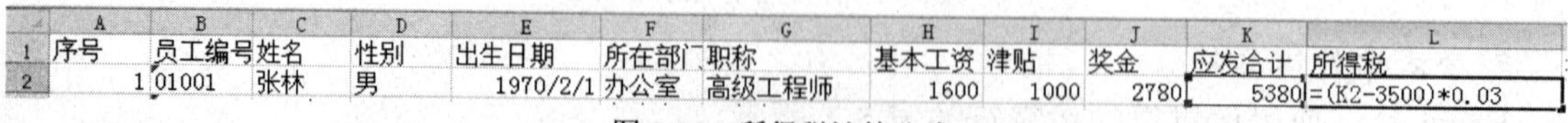

	A	B	C	D	E	F	G	H	I	J	K	L
1	序号	员工编号	姓名	性别	出生日期	所在部门	职称	基本工资	津贴	奖金	应发合计	所得税
2	1	01001	张林	男	1970/2/1	办公室	高级工程师	1600	1000	2780	5380	=(K2-3500)*0.03

图 5-22　所得税计算公式

在单元格中输入公式，常用以下两种操作方法：

①直接输入法。单击“L2”单元格，在单元格中或在编辑栏上直接输入“=（K2-3500）

*0.03”，输入完毕按回车键即得出结果。

②利用鼠标指点单元格的方法输入公式。在输入公式时，将公式中出现的单元格引用，用鼠标选定相应的单元格来输入。

在公式中输入单元格引用，可以用直接输入单元格标识的方法，更建议用鼠标选定单元格的方法输入，后者快捷而不易出错。

4. 公式中单元格的引用

Excel 公式中单元格的引用分为绝对引用、相对引用和混合引用三种情况。

（1）在单元格标识中，列标和行号前加一个“$”符号，如 $B$3，表示单元格的引用是绝对的，不管公式复制或移动到何处，都是引用 B3 单元格。

（2）若单元格标识中没有“$”符号，表示单元格的引用是相对的。随着公式的复制或移动，单元格的引用会自动改变。

（3）单元格的混合引用含有相对引用和绝对引用。若单元格标识中，只有列标前有“$”符号，表示引用的列是绝对的。随公式的复制或移动，引用的列不改变，但行是相对的，可以改变，如 $B3；或只有行号前有“$”符号，表示引用的行固定不变，列是相对变化的，如 B$3。

Excel 把用鼠标选定单元格的引用默认为相对引用，按【F4】功能键将逐一切换引用类型。

用“工作表名！单元格标识”表示引用同一个工作簿中不同工作表单元格。如：Sheet2!A1。

引用其他工作簿中的单元格，要在引用前加工作簿名，工作簿文件名必须用中括号括起来。如：'E:\[book1.xls]Sheet1'!A1。

5.2.4　函数的使用

Excel 提供了大量的函数，帮助用户快速方便地完成各种复杂操作。在公式中引用函数时必须遵循函数的语法规则。

1. 函数的语法规则

输入函数时，须按如下格式：

函数名（参数列表）

说明： 有些函数只有一个参数，如三角函数SIN（A1）、平方根函数SQRT（A2）等；而有些函数，如求和函数SUM、求最大值MAX和最小值函数MIN、IF函数等，参数可有多个，各参数间用英文的逗号“,”分隔。如果函数不带参数，如today（ ）、now（ ）等，函数名后面的圆括号也不能省略。

2. 常用函数用法举例

Excel 中的所有函数可以在【公式】选项卡中找到，如图 5-23 所示。

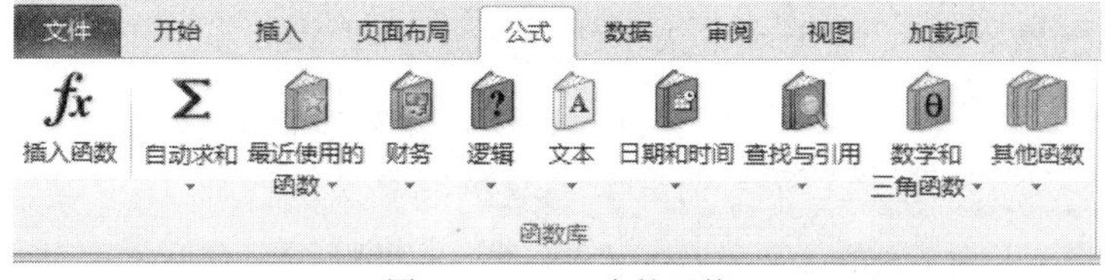

图 5-23　Excel 中的函数

Excel 中较常用到的函数如表 5-2 所示。

Excel 中较常用到的函数　　表 5-2

函数名	含　义	举　例
SUM	求和	SUM（A1:A20）
AVERAGE	平均值	AVERAGE（A1:A20）
MAX	最大值	MAX（A1:A20）、MAX（B2,B3,B4）
MIN	最小值	MIN（A1:A20）、MIN（B2,B3,B4）
COUNT	计数	COUNT（A1:A20）、COUNT（B2,B3,B4）
IF	条件判断	IF（D2>=60,“及格”,“不及格”）
SUMIF	根据条件求和	SUMIF（A1:A20,“>60”）
COUNTIF	根据条件计数	COUNTIF（A1:A20,“>60”）
LEN	返回字符串的长度	LEN（“计算机”）
LEFT	从字符左边取指定数量字符	LEFT（“计算机”,2）
MID	从一个字符串指定位置取指定数量字符	MIN（“计算机基础”,3,2）
EXACT	比较两个字符串是否完全相同	EXACT（“计算机基础”,“计算机”）
YEAR	返回日期中的年份	YEAR（“2014-5-1”）、YEAR（Today（））
MONTH	返回日期中的月份	YEAR（“2014-5-1”）、YEAR（Today（））
DAY	返回日期中的“日”	YEAR（“2014-5-1”）、YEAR（Today（））
DATE	将三个数值组合为日期	DATE（2014,5,1）
TODAY	返回当前日期	TODAY（）
NOW	返回当前时间	NOW（）

篇幅所限，其他函数不再列表说明，如不清楚函数的作用，可将鼠标放置函数名上，1 秒后，系统自动出现该函数的含义说明，如图 5-24 所示。

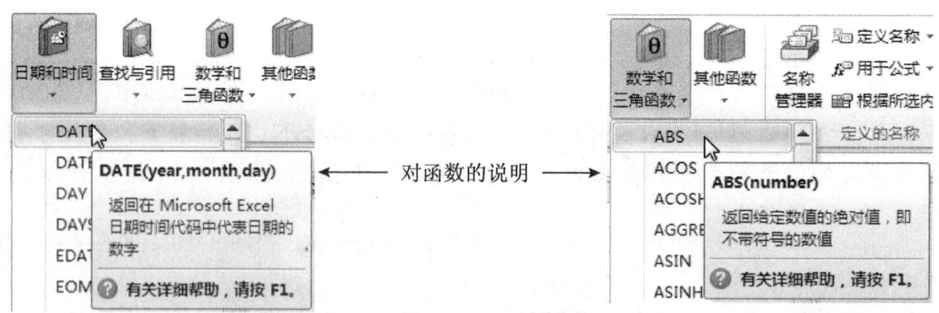

图 5-24　鼠标指向每个函数时看到的说明信息

例如用 IF 函数填充图 5-15 中的基本工资列。规律如下：

$$\text{基本工资} = \begin{cases} 1600 & \text{职称=高级工程师} \\ 1500 & \text{职称=副高级工程师} \\ 1350 & \text{职称=工程师} \end{cases}$$

单击 H2 单元格，输入 =IF（G2=" 高级工程师 ",1600,IF（G2=" 副高级工程师 ",1500,1350）），如图 5-25 所示。

图 5-25　IF 函数使用示例

说明：

（1）IF 函数的格式：IF（条件表达式，参数 2，参数 3）。

（2）IF 函数的功能：当条件表达式成立，函数值为参数 2 的值，当条件表达式不成立，函数值为参数 3 的值。

（3）IF 函数可以嵌套多个，即一个 IF 函数的结果可以作为另一个 IF 函数的参数，如本例中就用了 2 个 IF 函数来区分三种情况，如果是四种情况，则要用到 3 个 IF 函数，例如，若再添加“助理工程师”的基本工资是 1200，则 H2 中的公式应变为：

=IF(G2="高级工程师",1600,IF(G2="副高级工程师",1500,IF(G2="工程师",1350,1200)))

3.“插入函数”对话框的使用

引用的函数可以在单元格或编辑栏中直接键入，也可使用【插入函数】对话框。

例如，用“COUNTIF”函数计算应发工资在 5000 元以上的人数，操作步骤如下：

步骤 1：将光标定位在计算结果单元格，点击【公式】→【插入函数】，弹出如图 5-26 所示的对话框，选择要用的函数，COUNTIF 函数位于【统计】类别中，选择后点击【确定】。

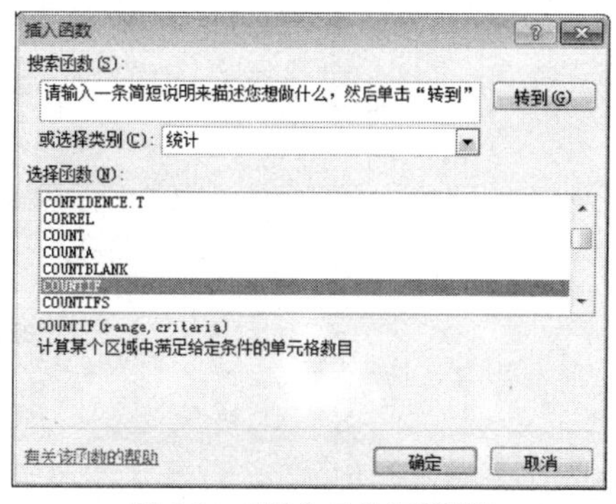

图 5-26　【插入函数】对话框

步骤 2：上一步点击确定后，弹出如图 5-27 所示的【函数参数】对话框，不同的函数需要的参数个数不同，这里 COUNTIF 函数需要两个参数，分别是统计的范围和条件，点击旁边的按钮，可以用鼠标在原数据区域用鼠标选取范围或值，避免输入的麻烦。设定好参数后，点击【确定】，即可看到计算结果。

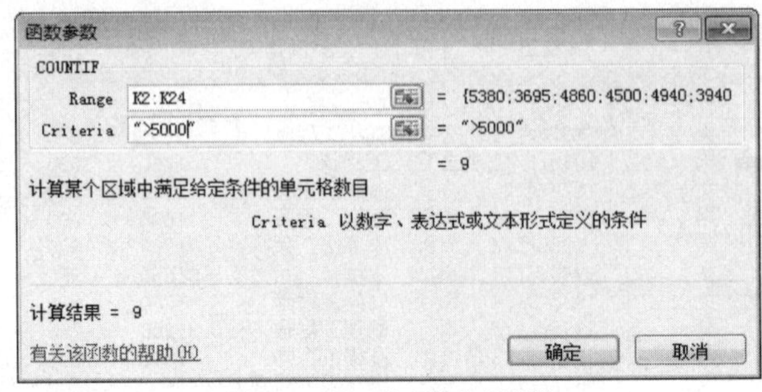

图 5-27 【函数参数】对话框

5.3 工作表的编辑和格式化

任务提示

上节我们输入和计算出了《职工工资》Excel 工作簿和工作表，是不是感觉格式有些单调？打印出来也不美观。接下来我们给它进行编辑和格式设置。编辑就是对单元格、行、列的复制、移动、删除等的操作，格式设置就是对工作表的外观进行美化。下面是王芳对工作表格式化后的效果，如图 5-28 所示，参照它并结合下面的讲解来对你的工作表进行格式设置吧。

益通公司员工工资表

序号	员工编号	姓名	性别	出生日期	所在部门	职称	基本工资	津贴	奖金	应发合计	所得税	实发工资
1	1001	张林	男	1970年2月1日	办公室	高级工程师	¥ 1,600.00	¥ 1,000.00	¥ 2,780.00	¥ 5,380.00	¥ 56.40	¥ 5,323.60
2	1002	周一辉	男	1973年3月12日	办公室	工程师	¥ 1,350.00	¥ 1,000.00	¥ 1,345.00	¥ 3,695.00	¥ 5.85	¥ 3,689.15
3	1003	王云	女	1976年4月20日	办公室	副高级工程师	¥ 1,500.00	¥ 900.00	¥ 2,460.00	¥ 4,860.00	¥ 40.80	¥ 4,819.20
		部门平均工资			办公室							¥ 4,610.65
		部门工资总额			办公室							¥ 13,831.95
4	2001	李大国	男	1969年5月30日	人事部	高级工程师	¥ 1,600.00	¥ 900.00	¥ 2,000.00	¥ 4,500.00	¥ 30.00	¥ 4,470.00
5	2002	刘海红	男	1982年7月8日	人事部	副高级工程师	¥ 1,500.00	¥ 900.00	¥ 2,540.00	¥ 4,940.00	¥ 43.20	¥ 4,896.80
6	2003	王芳	女	1985年8月16日	人事部	工程师	¥ 1,350.00	¥ 850.00	¥ 1,740.00	¥ 3,940.00	¥ 13.20	¥ 3,926.80
7	2004	李玉明	女	1988年9月24日	人事部	助理工程师	¥ 1,200.00	¥ 700.00	¥ 1,345.00	¥ 3,245.00	¥ -	¥ 3,245.00
8	2005	张丽	女	1991年11月3日	人事部	助理工程师	¥ 1,200.00	¥ 700.00	¥ 1,345.00	¥ 3,245.00	¥ -	¥ 3,245.00
		部门平均工资			人事部							¥ 3,956.72
		部门工资总额			人事部							¥ 19,783.60
9	3001	赵海	男	1971年12月12日	研发部	高级工程师	¥ 1,600.00	¥ 1,200.00	¥ 3,300.00	¥ 6,100.00	¥ 78.00	¥ 6,022.00
10	3002	周明	男	1967年7月10日	研发部	副高级工程师	¥ 1,500.00	¥ 1,100.00	¥ 2,800.00	¥ 5,400.00	¥ 57.00	¥ 5,343.00
11	3003	吴石磊	男	1972年8月21日	研发部	工程师	¥ 1,350.00	¥ 1,000.00	¥ 2,790.00	¥ 5,140.00	¥ 49.20	¥ 5,090.80
12	3004	李正坤	男	1977年10月3日	研发部	工程师	¥ 1,350.00	¥ 1,000.00	¥ 2,680.00	¥ 5,030.00	¥ 45.90	¥ 4,984.10
13	3005	段珊	女	1982年11月15日	研发部	助理工程师	¥ 1,200.00	¥ 900.00	¥ 2,010.00	¥ 4,110.00	¥ 18.30	¥ 4,091.70
		部门平均工资			研发部							¥ 5,106.32
		部门工资总额			研发部							¥ 25,531.60

图 5-28 工作表格式化后的效果

5.3.1　选定单元格区域

工作表编辑之前，首先要选定单元格区域。

1. 选定连续的单元格

（1）选定整行：单击该行左侧的行号选中一行；单击行号并在行号列上拖动鼠标，可选中多行。

（2）选定整列：单击该列上方的列号选中一列；单击列号并在列标行上拖动鼠标，可选中多列。

（3）选定一个矩形区域：有三种方法。

从选定单元格开始，沿对角线方向拖动鼠标；按下【Shift】键，先后单击矩形对角线两个端点的单元格；或者，按下【Shift】键，先后水平和垂直拖动鼠标。

（4）选定全部单元格：单击工作表左上角行列交汇处的【全部选定】按钮。

2. 选定不连续的多个单元格

只能使用鼠标操作：按下【Ctrl】键，再单击需要的单元格区域。

5.3.2　单元格的插入和删除

首先强调一个问题，无论如何插入和删除单元格，工作表的行号、列号始终是连续的，换句话说，单元格的插入、删除实际上是某单元格内容的更改，并不是单元格的增减。

1. 插入和删除单元格

插入和删除单元格时，右侧或下方单元格会移动。

（1）插入单元格

选定单元格，单击【开始】→【插入】→【插入单元格…】，打开【插入】对话框，如图 5-29 所示，或者在选定单元格右击鼠标，选择【插入…】，也将打开【插入】对话框。

单击【活动单元格右移】，则包括当前活动单元格在内的右侧所有单元格均向右移动，当前单元格变为空；单击【活动单元格下移】，则包括当前活动单元格在内的下方所有单元格均向下移动，当前单元格也变为空。

插入单元格的数目和选定单元格数目相同。

（2）删除单元格

选定单元格，单击【开始】→【删除】→【删除单元格…】，打开如图 5-30 所示的【删除】对话框。根据需要，选择【右侧单元格左移】或【下方单元格上移】命令。

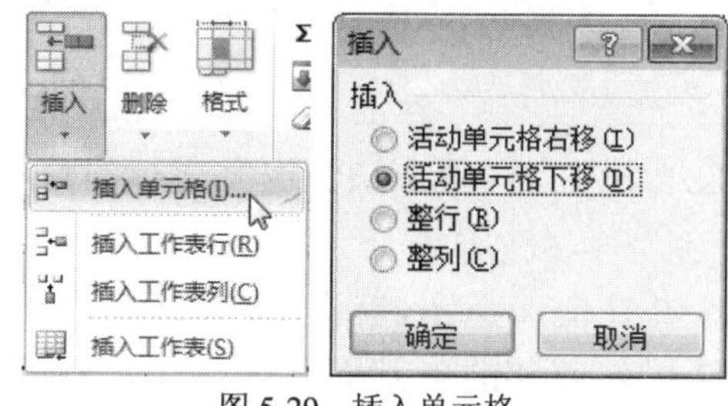

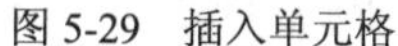
图 5-29　插入单元格

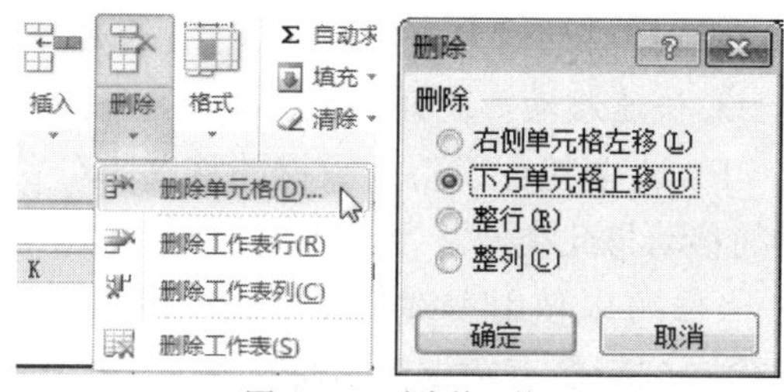

图 5-30　删除单元格

2. 插入整行或整列

（1）操作：选定单元格区域（可连续或不连续），单击【开始】→【插入】→【插入工作表行】命令，如图 5-29 所示，或右击鼠标，在【插入】对话框中选择【整行】，插入行的个数与选定单元格区域占用的行数相同。

插入列的操作与此类似。

新插入的行在当前行的上方，并成为新的当前行；新插入的列在当前列的左侧，并成为新的当前列。

（2）插入行或列的快捷方法：单击行号或列号，在右键菜单中选择【插入】，则立刻在上方或左侧出现一个新行或新列。

3. 删除整行或整列

单击欲删除行的行号，选定删除行，在右键菜单中选择【删除】命令。

删除列的操作与此类似。

5.3.3 单元格的复制和移动

Excel 复制、移动单元格与 Word 文本的复制、移动操作方法基本相同。

在复制和移动操作前，必须先明确两个基本概念：源区和目标区。被移动或复制的数据区域称为源区；接收数据的区域称为目标区。源区的选定方法和单元格选定方法相同；目标区的选定，可以只选择左上角的第一个单元格当作目标区的起始单元格。

常用的单元格的复制和移动的方法有以下几种：

1. 使用【剪贴板】复制和移动单元格

步骤 1：选定源区；

步骤 2：按组合键【Ctrl + C】或单击开始选项卡的【复制】按钮；移动：按组合键【Ctrl + X】或单击开始选项卡的【剪切】按钮；

步骤 3：选定目标区的第一个起始单元格；

步骤 4：按组合键【Ctrl + V】或单击开始选项卡的【粘贴】按钮，即可实现数据的复制或移动。

2. 使用鼠标左键拖动复制和移动单元格

选定源区；将鼠标指向选定区域的外边界，按下鼠标左键拖动到目标区域，当目标区为空白区域时，松开鼠标前左手辅助按下【Ctrl】键实现数据的复制，直接松开鼠标实现数据移动；当目标区域有数据时，复制操作，将直接用源区数据覆盖目标区中的数据；移动操作，系统将弹出对话框，询问【是否替换目标单元格内容？】。如果用户想覆盖目标区域中的数据，可选择对话框中的【确定】按钮，否则选择【取消】按钮。

3. 快速移动行或列

Excel 中整行或整列数据的移动十分常见，这里介绍两个简便方法快速完成行的移动，列的移动与此类似。

（1）可以使用右键菜单完成行或列的快速移动，如图 5-31 所示，首先剪切某行（可以是多行），到新的有数据的目标区域后，单击右键选择【插入剪切的单元格】，则被剪切的行插入了选中行的上方。

（2）利用鼠标左键拖动某行时，辅以【Shift】键，即可快速完成该行的移动，本方法适用于源区域和目标区域相距较近的情形，如果距离较远，可采用方法（1）完成移动。

益通公司员工工资表

序号	员工编号	姓名	所在部门	职称	基本工资	津贴	奖金	应发合计	所得税	实发工资
1	1001	张林	办公室	高级工程师	¥ 1,600.00	¥ 1,000.00	¥ 2,780.00	¥ 5,380.00	¥ 56.40	¥ 5,323.60
2	1002	周一辉	办公室	工程师	¥ 1,350.00	¥ 1,000.00	¥ 1,345.00	¥ 3,695.00	¥ 5.85	¥ 3,689.15
3	1003	王云	办公室	副高级工程师	¥ 1,500.00	¥ 900.00	¥ 2,460.00	¥ 4,860.00	¥ 40.80	¥ 4,819.20
4	2001	李大国	人事部	高级工程师	¥ 1,600.00	¥ 900.00	¥ 2,000.00	¥ 4,500.00	¥ 30.00	¥ 4,470.00
5	2002	刘海红	人事部	副高级工程师	¥ 1,500.00	¥ 900.00	¥ 2,540.00	¥ 4,940.00	¥ 43.20	¥ 4,896.80
6	2003	王芳	人事部	工程师	¥ 1,350.00	¥ 850.00	¥ 1,740.00	¥ 3,940.00	¥ 13.20	¥ 3,926.80

序号	员工编号	姓名	性别	出生日期	所在部门	职称	基本工资	津贴	奖金	应发合计	所得税	实发工资
1	1001	张林	男	1970年2月1日	办公室	高级工程师	¥ 1,600.00	¥ 1,000.00	¥ 2,780.00	¥ 5,380.00	¥ 56.40	¥ 5,323.60
2	1002	周一辉	男	1973年3月12日	办公室	工程师	¥ 1,350.00	¥ 1,000.00	¥ 1,345.00	¥ 3,695.00	¥ 5.85	¥ 3,689.15
4	2001	李大国	男	1969年5月30日	人事部	高级工程师	¥ 1,600.00	¥ 900.00	¥ 2,000.00	¥ 4,500.00	¥ 30.00	¥ 4,470.00
5	2002	刘海红	男	1982年7月8日	人事部	副高级工程师	¥ 1,500.00	¥ 900.00	¥ 2,540.00	¥ 4,940.00	¥ 43.20	¥ 4,896.80
3	1003	王云	女	1976年4月20日	办公室	副高级工程师	¥ 1,500.00	¥ 900.00	¥ 2,460.00	¥ 4,860.00	¥ 40.80	¥ 4,819.20
6	2003	王芳	女	1985年8月16日	人事部	工程师	¥ 1,350.00	¥ 850.00	¥ 1,740.00	¥ 3,940.00	¥ 13.20	¥ 3,926.80

图 5-31　利用右键菜单完成行的移动

4. *使用鼠标右键拖动复制和移动数据*

选定要复制或移动的单元格区域，用鼠标右键拖动到目标区，松开鼠标右键，弹出快捷菜单，如图 5-32 所示。在快捷菜单中选择要执行的操作。

5.3.4　选择性粘贴数据

复制有公式计算结果的单元格时，如果没有全部复制公式的引用列，公式的计算结果就会出错，如图 5-33a）所示，实发工资的结果是前几列的公式计算出来的，如果复制到别处时没有选择前几列，就会出现“#REF！”的未知内容，此时我们可以选择只粘贴公式的运算结果而不粘贴公式本身，如图 5-33b）所示，在【开始】选项卡的【粘贴】下拉选项中选择【值】即可，这就是选择性粘贴。

【选择性粘贴】还包括：只粘贴公式、数值、格式、转置、超链接、转为位图等。

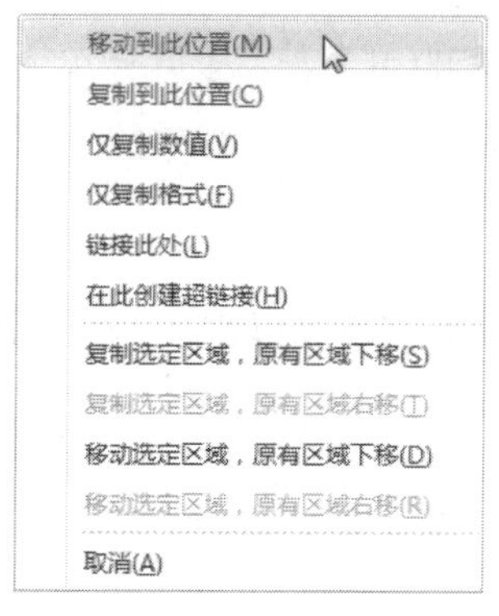

图 5-32　复制和移动数据的右键快捷菜单

	A	B
1	姓名	实发工资
2	张林	#REF!
3	周一辉	#REF!
4	王云	#REF!
5	李大国	#REF!
6	刘海红	#REF!
7	王芳	#REF!
8	李玉明	#REF!
9	张丽	#REF!
10	赵海	#REF!
11	周明	#REF!
12	吴石磊	#REF!
13	李正坤	#REF!
14	段珊	#REF!
15	孙晓玉	#REF!

a）粘贴后，公式出错

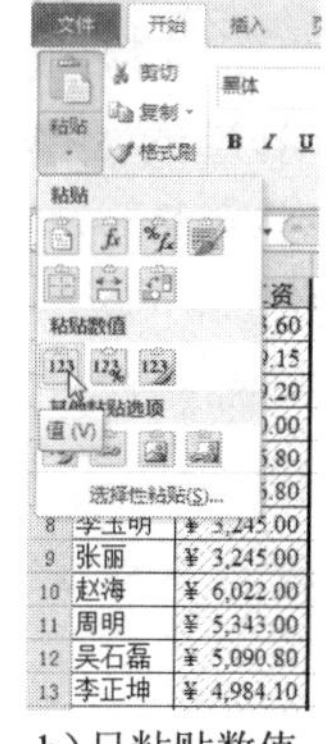

b）只粘贴数值

图 5-33　选择性粘贴数值

5.3.5　行高、列宽的调整

1. 调整行高

（1）鼠标直接拖动行的分隔线设置行高

将鼠标指向【行号】列、行的下分隔线处，当鼠标指针变为“✛”形状时，垂直拖动鼠标到合适的位置。

(2)使用【行高】对话框精确设置行高

选定该行的任意一个单元格或整行或多行后，单击【开始】→【格式】→【行高】命令，打开【行高】对话框，如图 5-34 所示。在【行高】文本框中输入行高值（以磅为单位）。

(3)设置最适合的行高

选择【格式】→【自动调整行高】命令，或用鼠标双击行的下分隔线，系统会根据行中各单元格的内容自动调整到最合适的行高。第一种方法可用于多行行高的同时调整，第二种方法速度快，但仅能针对一行自动调整行高。

2. 调整列宽

列宽的调整方法也分为直接拖动【列号】中列的右分隔线，用对话框精确设置列宽以及设置最适合的列宽三种情况，具体的操作方法和行高的调整方法类似。

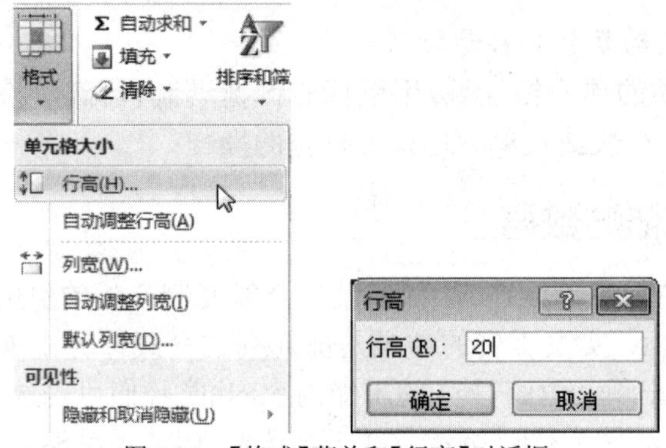

图 5-34 【格式】菜单和【行高】对话框

5.3.6 单元格的合并与拆分

【合并单元格】是将一组连续的单元格合并为一个大的单元格。【拆分单元格】则是将经过“合并”处理的大单元格恢复成原来的多个小单元格。

1. 合并单元格

经常使用如下两种方法：

(1)选定需要合并的一组单元格组成的矩形区域，单击【开始】选项卡中的【合并后居中】合并后居中 按钮，如图 5-35 所示。合并的同时将单元格的内容水平居中。

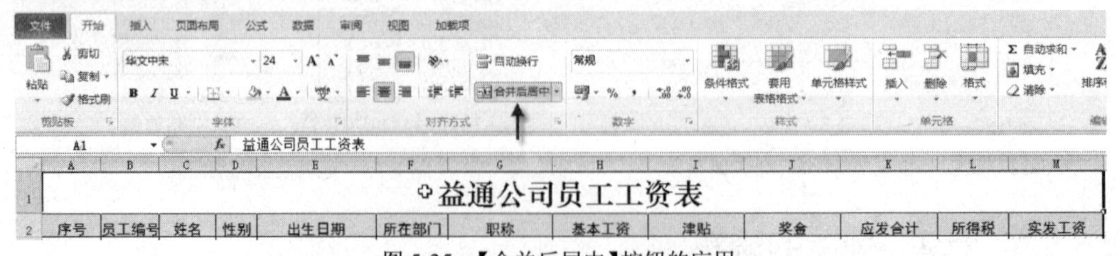

图 5-35 【合并后居中】按钮的应用

注意：因为工作表很大，因此，不要对选中的整行或整列进行此项操作，通常对表格的标题会做此处理。

（2）使用【单元格格式】对话框。

对单元格格式的设置（如合并、拆分、边框、背景等）都要用到【单元格格式】对话框。其操作方法如下：

首先选定需要合并的一组单元格，单击【开始】→【格式】→【设定单元格格式】命令，或在选定区域单击鼠标右键，从快捷菜单中选择【设置单元格格式】命令，打开【单元格格式】对话框→【对齐】标签，如图 5-36 所示。选中【合并单元格】复选框。

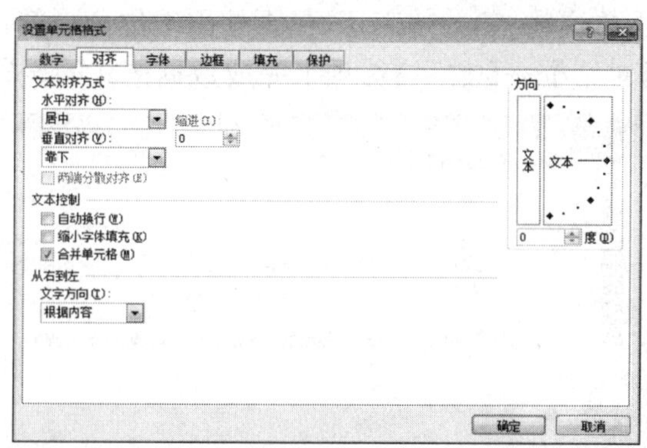

图 5-36　【设置单元格格式】对话框——【对齐】选项卡

注意：若选中的多个单元格中都有数据，合并后，只保留第一个单元格中的数据。

---

2. 拆分单元格

选定需要拆分的单元格，打开【单元格格式】对话框→【对齐】选项卡，取消【合并单元格】复选框。

5.3.7　单元格格式设置

1. 指定数据对齐方式

Excel 默认的对齐方式：文本型数据左对齐，数值型数据右对齐。用户可以根据需要自行调整数据的对齐方式。

可以使用【格式工具栏】中相应的按钮直接设置对齐方式，见图 5-35，也可以使用【单元格格式】对话框【对齐】选项卡进行设置，见图 5-36。

使用【单元格格式】对话框【对齐】选项卡设置数据对齐方式，其功能有：

（1）水平对齐方式：包括常规、靠左（缩进）、居中、靠右（缩进）、填充、两端对齐、跨列居中、分散对齐等选项。选中靠左或靠右（缩进），还可以设置单元格中数据的缩进值。

（2）垂直对齐方式：包括靠上、居中、靠下、两端对齐、分散对齐。如：居中，可以使单元格内文本垂直居中。

（3）选中【自动换行】复选框，在单元格内输入数据时，遇到单元格右边界时自动换行。系统根据列宽和单元格内容的多少自动调整单元格内数据所占行数。

（4）选中【缩小字体填充】复选框，系统自动调整显示字符的大小，使单元格的内容在现有单元格宽度内完整显示出来。改变单元格的大小，单元格字符的大小自动调整。

注意：如果选择【自动换行】功能，则【缩小字体填充】功能不起作用。

---

(5)【方向】栏：可调整单元格内文字的方向，单击左侧的【文本】，单元格数据竖排；单击右侧的【刻度】，可以调整数据在单元格内的旋转角度，也可以在下方的角度栏中直接输入文本旋转角度。

2. 设置数据格式

数据格式包括下面两方面的内容：

(1)数据类型。如文本、数值、货币、日期、时间等。

(2)数据属性。如小数位数、负数的表示、是否使用千位分隔符，日期表示方式等。

通过【单元格格式】对话框→【数字】选项卡完成数据格式的设置，如图 5-37 所示。

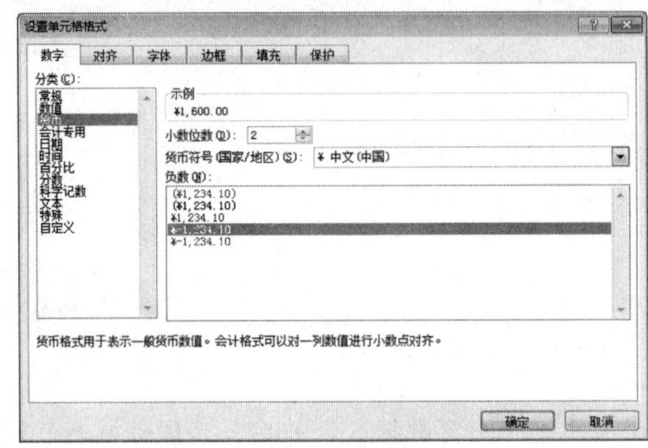

图 5-37 【设置单元格格式】对话框——【数字】选项卡

3. 设置表格边框线

设置表格边框线可以利用【开始】选项卡，也可以使用【单元格格式】对话框来完成，前者设置比较便捷，后者的设置比较全面。

(1)使用【开始】选项卡

选定单元格区域，打开【开始】选项卡中的边框，图 5-38 中的【边框】设置按钮右侧的下拉列表，从中进行选择。

益通公司员工工资表

序号	员工编号	姓名	所在部门	职称	基本工资	津贴	奖金	应发合计	所得税	实发工资
1	1001	张林	办公室	高级工程师	¥ 1,600.00	¥ 1,000.00	¥ 2,780.00	¥ 5,380.00	¥ 56.40	¥ 5,323.60
2	1002	周一辉	办公室	工程师	¥ 1,350.00	¥ 1,000.00	¥ 1,345.00	¥ 3,695.00	¥ 5.85	¥ 3,689.15
3	1003	王云	办公室	副高级工程师	¥ 1,500.00	¥ 900.00	¥ 2,460.00	¥ 4,860.00	¥ 40.80	¥ 4,819.20
4	2001	李大国	人事部	高级工程师	¥ 1,600.00	¥ 900.00	¥ 2,000.00	¥ 4,500.00	¥ 30.00	¥ 4,470.00
5	2002	刘海红	人事部	副高级工程师	¥ 1,500.00	¥ 900.00	¥ 2,540.00	¥ 4,940.00	¥ 43.20	¥ 4,896.80
6	2003	王芳	人事部	工程师	¥ 1,350.00	¥ 850.00	¥ 1,740.00	¥ 3,940.00	¥ 13.20	¥ 3,926.80
7	2004	李玉明	人事部	助理工程师	¥ 1,200.00	¥ 700.00	¥ 1,345.00	¥ 3,245.00	¥ -	¥ 3,245.00
8	2005	张丽	人事部	助理工程师	¥ 1,200.00	¥ 700.00	¥ 1,345.00	¥ 3,245.00	¥ -	¥ 3,245.00
9	3001	赵海	研发部	高级工程师	¥ 1,600.00	¥ 1,200.00	¥ 3,300.00	¥ 6,100.00	¥ 78.00	¥ 6,022.00
10	3002	周明	研发部	副高级工程师	¥ 1,500.00	¥ 1,100.00	¥ 2,800.00	¥ 5,400.00	¥ 57.00	¥ 5,343.00
11	3003	吴石磊	研发部	工程师	¥ 1,350.00	¥ 1,000.00	¥ 2,790.00	¥ 5,140.00	¥ 49.20	¥ 5,090.80
12	3004	李正坤	研发部	工程师	¥ 1,350.00	¥ 1,000.00	¥ 2,680.00	¥ 5,030.00	¥ 45.90	¥ 4,984.10
13	3005	段珊	研发部	助理工程师	¥ 1,200.00	¥ 900.00	¥ 2,010.00	¥ 4,110.00	¥ 18.30	¥ 4,091.70
14	4001	孙晓玉	产品部	副高级工程师	¥ 1,500.00	¥ 1,300.00	¥ 2,500.00	¥ 5,300.00	¥ 54.00	¥ 5,246.00
15	4002	王家朔	产品部	副高级工程师	¥ 1,500.00	¥ 1,200.00	¥ 2,340.00	¥ 5,040.00	¥ 46.20	¥ 4,993.80

图 5-38 用【开始】选项卡设置单元格边框

（2）使用【设置单元格格式】对话框——【边框】选项卡

①选定要设置边框线的单元格区域。

②打开【设置单元格格式】对话框→【边框】选项卡，如图 5-39 所示。

设置表格边框线时，首先选择线条的【样式】，再选择【颜色】，最后指定边框的位置。

定义表格边框线的位置，可以使用【预置】栏的【外边框】和【内部】按钮，设置外边框线和内部框线；也可以使用【边框】栏中的 8 个按钮，逐个定义各个边框；还可以直接点击边框预览框内的相应边框，进行设置。

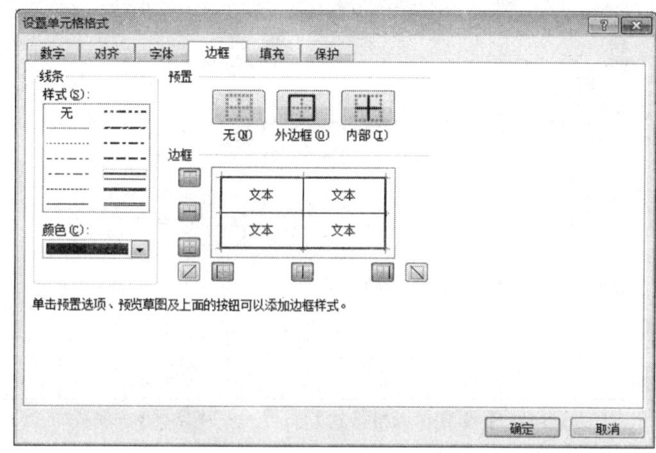

图 5-39　【设置单元格格式】对话框——【边框】选项卡

4. 设置底色和图案

与设置边框类似，设置单元格底色和图案可以使用【格式工具栏】相应按钮设置底色，也可使用【单元格格式】对话框中的【图案】选项卡。

（1）使用格式工具栏设置底色

选定单元格区域，在【开始】选项卡中点击如图 5-38 所示边框旁边的【单元格填充色】按钮右端的下拉列表，从中选择单元格的填充色。

（2）使用【单元格格式】对话框——【图案】选项卡

选定单元格区域，打开【单元格格式】对话框，单击【填充】选项卡，如图 5-40 所示。

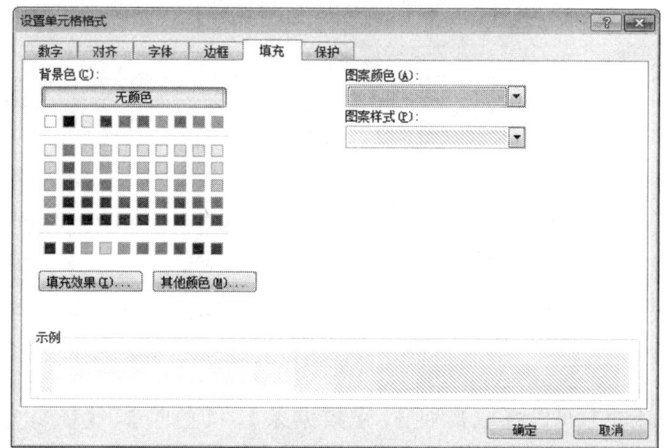

图 5-40　【设置单元格格式】对话框——【填充】选项卡

可以在【背景色】栏内选择单元格的填充色；或者在【图案】下拉列表中选择要填充的图案颜色和图案样式。需要说明的是，背景色和图案不能同时设置，如果已经设置了背景色，再设置图案颜色和样式的话，原来的背景色就会消失。

5. 设置字体格式

设置字体格式包括字体、字形、字号、下划线、颜色、特殊效果等内容。可以使用【设置单元格格式】对话框——【字体】选项卡见图 5-41，也可以使用【开始】选项卡中的相应按钮。

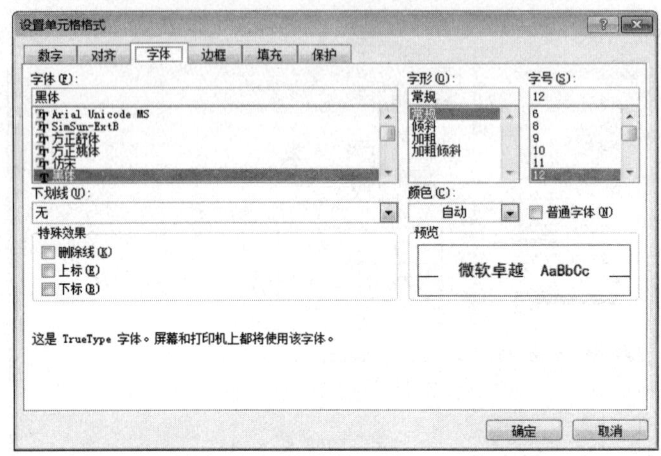

图 5-41 【设置单元格格式】对话框——【字体】选项卡

5.3.8 条件格式设置

条件格式的含义就是根据条件进行格式设置，即满足指定条件的设置为某种格式，例如将“所得税大于 50”的单元格突出显示，可以用【条件格式】来设置。方法是：首先选中要设置条件格式的区域，如图 5-42 所示，然后点击【开始】→【条件格式】→【突出显示单元格规则】→【大于…】，在弹出的对话框中设置 50，选择满足条件的单元格要设置的格式，如【浅红填充深红色文本】，则所选区域中满足该条件的单元格都设置为了这种格式，达到了突出显示的目的。

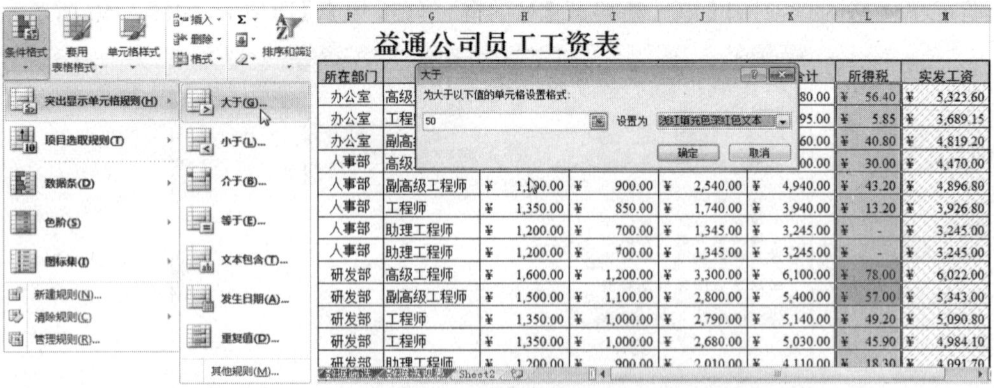

图 5-42 【条件格式】设置

【条件格式】中还有【项目选取规则】、【数据条】、【色阶】、【图标集】等不同的条件格式选项，能够直观地显示不同数值的状态，例如图 5-43 是将“奖金”列用色阶表示，“应发合计”列用图标集表示，“实发工资”列变为【数据条】形式显示。

如果要清除这些条件格式，只需要点击【条件格式】下拉菜单中的【清除规则】即可。

益通公司员工工资表

出生日期	所在部门	职称	基本工资	津贴	奖金	应发合计	所得税	实发工资
1970年2月1日	办公室	高级工程师	¥ 1,600.00	¥ 1,000.00	¥ 2,780.00	¥ 5,380.00	¥ 56.40	¥ 5,323.60
1973年3月12日	办公室	工程师	¥ 1,350.00	¥ 1,000.00	¥ 1,345.00	¥ 3,695.00	¥ 5.85	¥ 3,689.15
1976年4月20日	办公室	副高级工程师	¥ 1,500.00	¥ 900.00	¥ 2,460.00	¥ 4,860.00	¥ 40.80	¥ 4,819.20
1969年5月30日	人事部	高级工程师	¥ 1,600.00	¥ 900.00	¥ 2,000.00	¥ 4,500.00	¥ 30.00	¥ 4,470.00
1982年7月8日	人事部	副高级工程师	¥ 1,500.00	¥ 900.00	¥ 2,540.00	¥ 4,940.00	¥ 43.20	¥ 4,896.80
1985年8月16日	人事部	工程师	¥ 1,350.00	¥ 850.00	¥ 1,740.00	¥ 3,940.00	¥ 13.20	¥ 3,926.80
1988年9月24日	人事部	助理工程师	¥ 1,200.00	¥ 700.00	¥ 1,345.00	¥ 3,245.00	¥ -	¥ 3,245.00
1991年11月3日	人事部	助理工程师	¥ 1,200.00	¥ 700.00	¥ 1,345.00	¥ 3,245.00	¥ -	¥ 3,245.00
1971年12月12日	研发部	高级工程师	¥ 1,600.00	¥ 1,200.00	¥ 3,300.00	¥ 6,100.00	¥ 78.00	¥ 6,022.00
1967年7月10日	研发部	副高级工程师	¥ 1,500.00	¥ 1,100.00	¥ 2,800.00	¥ 5,400.00	¥ 57.00	¥ 5,343.00
1972年8月21日	研发部	工程师	¥ 1,350.00	¥ 1,000.00	¥ 2,790.00	¥ 5,140.00	¥ 49.20	¥ 5,090.80
1977年10月3日	研发部	工程师	¥ 1,350.00	¥ 1,000.00	¥ 2,680.00	¥ 5,030.00	¥ 45.90	¥ 4,984.10
1982年11月15日	研发部	助理工程师	¥ 1,200.00	¥ 900.00	¥ 2,010.00	¥ 4,110.00	¥ 18.30	¥ 4,091.70
1977年12月28日	产品部	副高级工程师	¥ 1,500.00	¥ 1,300.00	¥ 2,500.00	¥ 5,300.00	¥ 54.00	¥ 5,246.00
1983年2月8日	产品部	副高级工程师	¥ 1,500.00	¥ 1,200.00	¥ 2,340.00	¥ 5,040.00	¥ 46.20	¥ 4,993.80
1970年2月1日	产品部	工程师	¥ 1,350.00	¥ 1,150.00	¥ 2,140.00	¥ 4,640.00	¥ 34.20	¥ 4,605.80

图 5-43　各种条件格式的设置

5.4 插入和编辑图表

任务提示

为了直观显示和对比各部门工资信息，主任要求王芳将各部门的工资情况制作成图表。于是王芳将各部门的平均工资只做了一个柱形图，将各部门的工资总额制作了一个饼形图，这样就很容易观察到部门之间工资的差异。下面是王芳制作的柱形图和饼形图（图 5-44、图 5-45），参考这个样例来制作你们单位的工资图表吧。

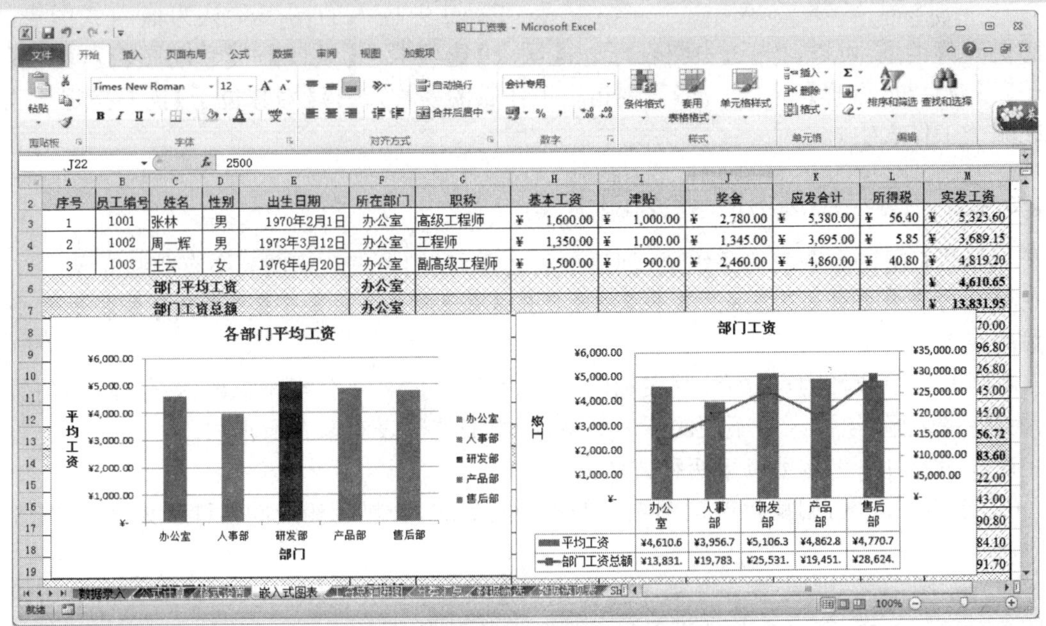

图 5-44　样例参考——平均工资柱形图

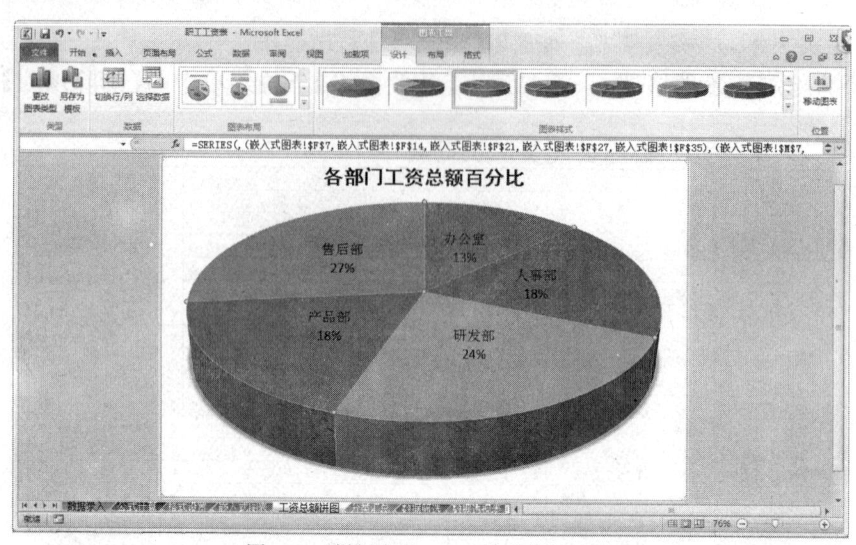

图 5-45　样例参考——工资总额饼形图

将工作表中的数据制成图表，可以更加直观地表达数据的变化规律，并且当工作表中的数据变化时，图表中的数据能自动更新。下面介绍图表的创建和格式设置。

5.4.1　Excel 图表的类型

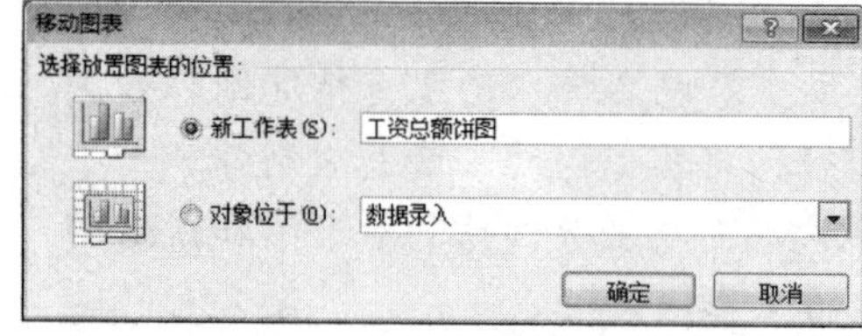

图 5-46　图表位置的确定

Excel 中有两种类型的图表，一种是与源数据在同一个工作表中，称之为“嵌入式图表”，如图 5-44 所示是一个嵌入式图表，另一种是图表作为一个单独的工作表存在，称之为“图表工作表”，如图 5-46 所示。

Excel 中插入的图表默认为嵌入式图表，如果想更改其类型，可以首先选中图表，点击【图表】选项卡→【设计】→【移动图表】，出现【移动图表】对话框，选择【新工作表】需要指定工作表的名称，选择【对象位于】需要指定图表嵌入在哪个工作表中。

5.4.2　图表组成和图表选项卡

一个图表由许多图表对象组成，创建图表之前，我们先来认识图表中有哪些对象。

图 5-47 是根据“员工工资”工作表中的“应发合计”和“实发工资”两列数据按姓名分类建成的图表。

本例图表中涉及的对象有：图表标题；数据系列；分类轴、分类轴标题；数值轴、数值轴标题；图例；图表区；绘图区。不同的图表类型，所组成的图表对象有所不同。

查看图表对象名常用以下两种方法：

（1）选定图表区，用鼠标指向图表中的不同对象时，会显示相应的名称和数值，如图 5-48 所示。

（2）选中图表，出现【图表工具】选项卡，在【布局】面板和【格式】面板的左上角所示都有图表对象下拉框，可以在此处查看和选择所有的图表对象，如图 5-49 所示。

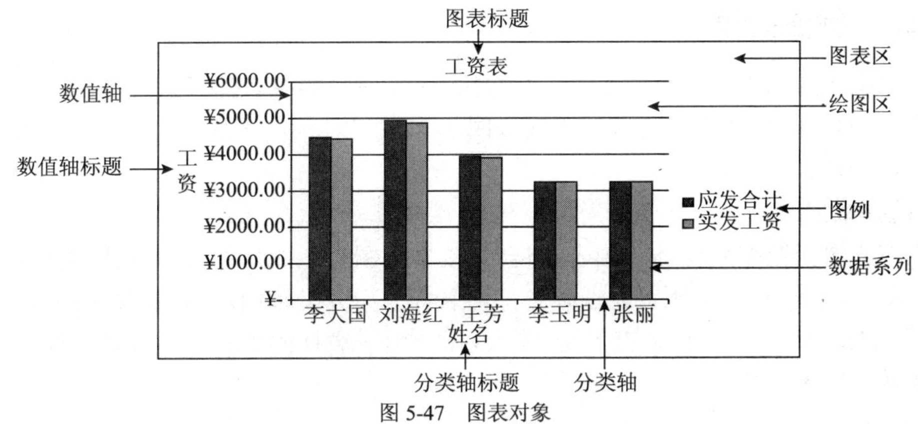

图 5-47　图表对象

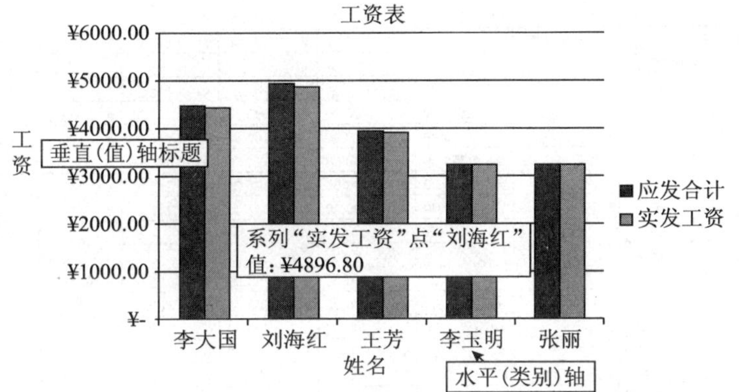

图 5-48　鼠标指向时显示图表对象名称

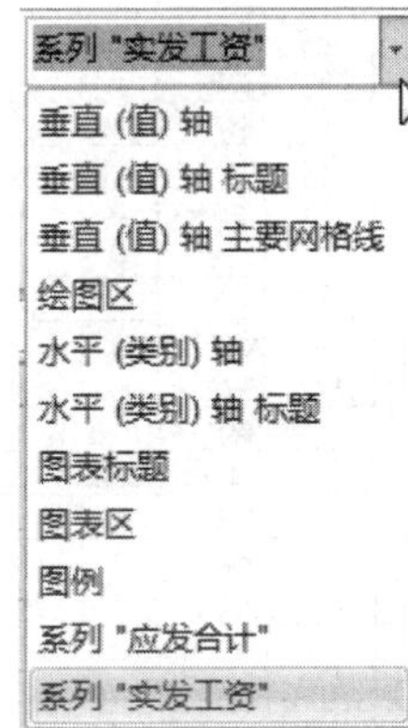

图 5-49　图表选项卡中的图表对象列表

如图 5-50 所示为【图表工具】选项卡，包括三个面板，分别是【设计】、【布局】和【格式】。【设计】选项卡包含了图表类型选择、数据编辑、图表样式、图表位置更改等操作；【布局】选项卡可对图表各个对象进行编辑和控制；【格式】选项卡可以对图表各处对象的文字和图形外观进行编辑。

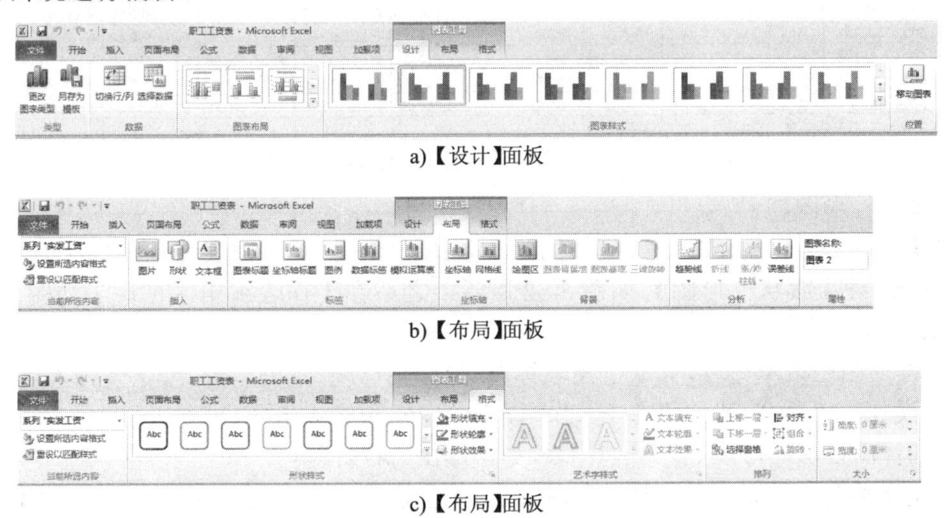

a)【设计】面板

b)【布局】面板

c)【布局】面板

图 5-50　【图表工具】选项卡

5.4.3 创建图表

Excel 2010 创建图表有两种方法，一种是直接插入空的图表然后进行编辑，另一种是先选择数据后，再选择图表类型插入。下面以图 5-44 的“各部门平均工资”柱形图为例，介绍创建图表的方法。

（1）选择数据。

如果首先选择数据后再插入图表，将会直接看到图表生成后的大体样式，对于判断图表是否符合要求比较有利，本例首先选择各部门名称作为分类轴内容，再选择平均工资作为数值轴数据，如图 5-51 所示，框内都是选择的数据。由于选择的单元格是不连续的，需要按住【Ctrl】键逐一选择。

2	序号	员工编号	姓名	性别	出生日期	所在部门	职称	基本工资	津贴	奖金	应发合计	所得税	实发工资
3	1	1001	张林	男	1970年2月1日	办公室	高级工程师	¥ 1,600.00	¥ 1,000.00	¥ 2,780.00	¥ 5,380.00	¥ 56.40	¥ 5,323.60
4	2	1002	周一海	男	1973年3月12日	办公室	工程师	¥ 1,350.00	¥ 1,000.00	¥ 1,345.00	¥ 3,695.00	¥ 5.85	¥ 3,689.15
5	3	1003	王云	女	1976年4月20日	办公室	副高级工程师	¥ 1,500.00	¥ 900.00	¥ 2,460.00	¥ 4,860.00	¥ 40.80	¥ 4,819.20
6			部门平均工资			办公室							¥ 4,610.65
7			部门工资总额			办公室							¥ 13,831.95
8	4	2001	李大国	男	1969年5月30日	人事部	高级工程师	¥ 1,600.00	¥ 900.00	¥ 2,000.00	¥ 4,500.00	¥ 30.00	¥ 4,470.00
9	5	2002	刘海红	男	1982年7月8日	人事部	副高级工程师	¥ 1,500.00	¥ 900.00	¥ 2,540.00	¥ 4,940.00	¥ 43.20	¥ 4,896.80
10	6	2003	王芳	女	1985年8月16日	人事部	工程师	¥ 1,350.00	¥ 850.00	¥ 1,740.00	¥ 3,940.00	¥ 13.20	¥ 3,926.80
11	7	2004	李玉明	女	1988年9月24日	人事部	助理工程师	¥ 1,200.00	¥ 700.00	¥ 1,345.00	¥ 3,245.00	¥ -	¥ 3,245.00
12	8	2005	张丽	女	1991年11月3日	人事部	助理工程师	¥ 1,200.00	¥ 700.00	¥ 1,345.00	¥ 3,245.00	¥ -	¥ 3,245.00
13			部门平均工资			人事部							¥ 3,956.72
14			部门工资总额			人事部							¥ 19,783.60
15	9	3001	赵海	男	1971年12月12日	研发部	高级工程师	¥ 1,600.00	¥ 1,200.00	¥ 3,300.00	¥ 6,100.00	¥ 78.00	¥ 6,022.00
16	10	3002	周明	男	1967年7月10日	研发部	副高级工程师	¥ 1,500.00	¥ 1,100.00	¥ 2,800.00	¥ 5,400.00	¥ 57.00	¥ 5,343.00
17	11	3003	吴石磊	男	1972年8月21日	研发部	工程师	¥ 1,350.00	¥ 1,000.00	¥ 2,790.00	¥ 5,140.00	¥ 49.20	¥ 5,090.80
18	12	3004	李正坤	男	1977年10月3日	研发部	工程师	¥ 1,350.00	¥ 1,000.00	¥ 2,680.00	¥ 5,030.00	¥ 45.90	¥ 4,984.10
19	13	3005	段珊	女	1982年11月15日	研发部	助理工程师	¥ 1,200.00	¥ 900.00	¥ 2,010.00	¥ 4,110.00	¥ 18.30	¥ 4,091.70
20			部门平均工资			研发部							¥ 5,106.32
21			部门工资总额			研发部							¥ 25,531.60
22	14	4001	孙晓玉	女	1977年12月28日	产品部	副高级工程师	¥ 1,500.00	¥ 1,300.00	¥ 2,500.00	¥ 5,300.00	¥ 54.00	¥ 5,246.00
23	15	4002	王家朔	男	1983年2月8日	产品部	副高级工程师	¥ 1,500.00	¥ 1,200.00	¥ 2,340.00	¥ 5,040.00	¥ 46.20	¥ 4,993.80
24	16	4003	杜鹏程	男	1970年2月1日	产品部	工程师	¥ 1,350.00	¥ 1,150.00	¥ 2,140.00	¥ 4,640.00	¥ 34.20	¥ 4,605.80
25	17	4004	孙丽佳	女	1973年3月12日	产品部	工程师	¥ 1,350.00	¥ 1,150.00	¥ 2,140.00	¥ 4,640.00	¥ 34.20	¥ 4,605.80
26			部门平均工资			产品部							¥ 4,862.85
27			部门工资总额			产品部							¥ 19,461.40
28	18	5001	钱森	男	1966年4月20日	售后部	高级工程师	¥ 1,600.00	¥ 1,400.00	¥ 3,000.00	¥ 6,000.00	¥ 75.00	¥ 5,925.00
29	19	5002	黄涛	男	1979年5月30日	售后部	副高级工程师	¥ 1,500.00	¥ 1,300.00	¥ 2,600.00	¥ 5,400.00	¥ 57.00	¥ 5,343.00
30	20	5003	王亚江	男	1982年7月8日	售后部	工程师	¥ 1,350.00	¥ 1,200.00	¥ 2,140.00	¥ 4,690.00	¥ 35.70	¥ 4,654.30
31	21	5004	赵子龙	男	1985年8月16日	售后部	工程师	¥ 1,350.00	¥ 1,200.00	¥ 2,140.00	¥ 4,690.00	¥ 35.70	¥ 4,654.30
32	22	5005	郑杰辉	男	1988年9月24日	售后部	助理工程师	¥ 1,200.00	¥ 1,100.00	¥ 1,740.00	¥ 4,040.00	¥ 16.20	¥ 4,023.80
33	23	5006	张浩	男	1991年11月3日	售后部	助理工程师	¥ 1,200.00	¥ 1,100.00	¥ 1,740.00	¥ 4,040.00	¥ 16.20	¥ 4,023.80
34			部门平均工资			售后部							¥ 4,770.70

图 5-51　按住【Ctrl】键选择源数据

（2）插入柱形图。

选择【插入】选项卡的【图表】区中的第一项【柱形图】，下拉列表中有多种柱形图样式，比如选择第一种【簇状柱形图】，如图 5-52 所示。之后在工作表编辑区出现了如图 5-53 所示的簇状柱形图。

这个柱形图还很不完善，如缺少图表标题、坐标轴标题、系列名称等，图表插入后的进一步编辑和设计也很重要，我们将在下一节“图表的编辑和格式化”中讲到。

（3）同样的办法还可以插入其他图表，如饼形图、折线图等。

（4）如果不选择数据而直接插入某种图表，则会出现空白的图表区，也可以用 5.4.4 中的编辑来逐步完善图表。

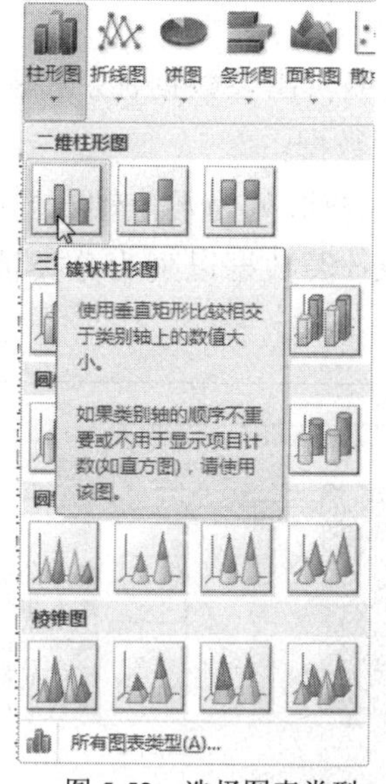

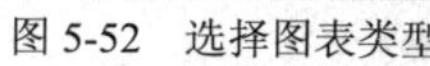

图 5-52　选择图表类型

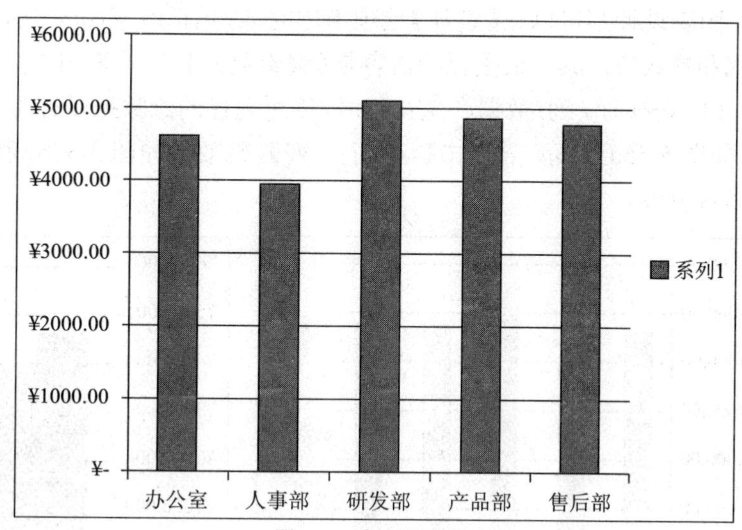

图 5-53　新插入的图表

5.4.4　图表的编辑与格式化

建立图表之后，经常要做某些必要的调整，如图表的移动、复制、缩放；改变图表类型；添加、删除数据系列；调整数据系列的顺序；编辑图表对象；或者设置某些显示效果等。

需要说明的是：除图表的移动、复制、缩放操作，可以用鼠标直接拖动完成外，其他各项操作，都可以用两种方法完成编辑，一种使用图 5-50 中的【图表工具】选项卡，另一种是利用右键快捷菜单。选定不同的图表对象，单击鼠标右键，将弹出针对该图表对象操作的快捷菜单。如图 5-54a）所示是“图表区”的快捷菜单，图 5-54b）是【绘图区】的快捷菜单，图 5-54c）是【数据系列】的快捷菜单。

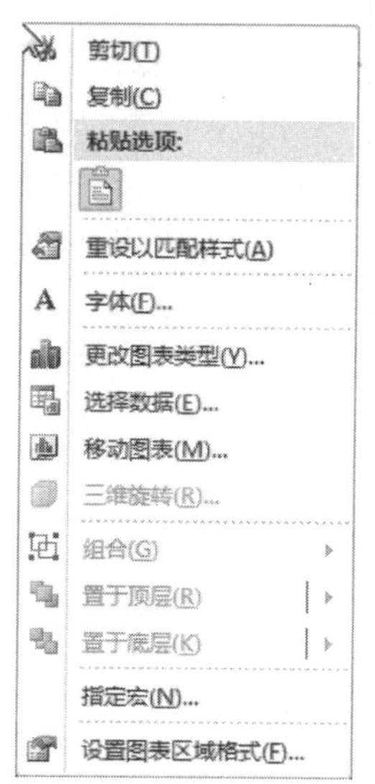

a)【图表区】快捷菜单

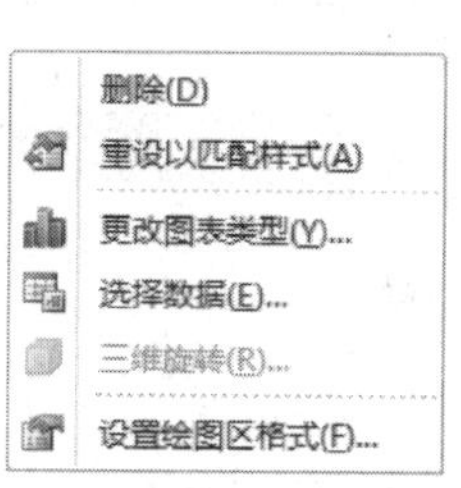

b)【绘图区】快捷菜单

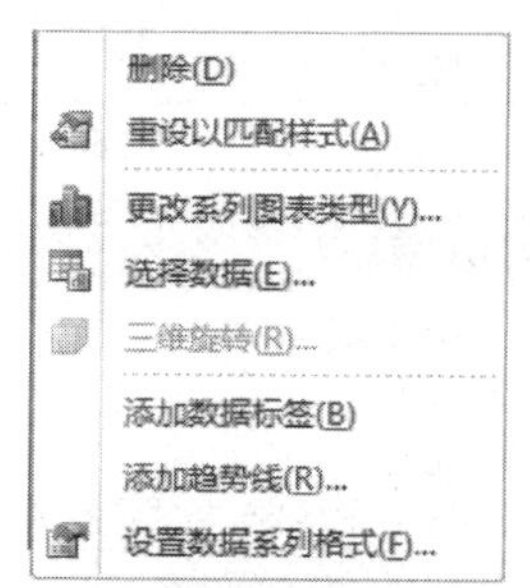

c)【数据系列】快捷菜单

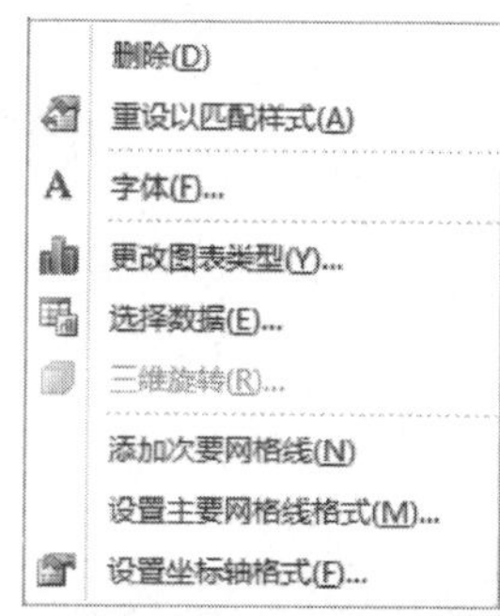

d)【坐标轴】快捷菜单

图 5-54　各处快捷菜单

1. 图表的设计

图表设计都可以在【设计】选项卡中完成，包括改变图表类型、编辑图表数据、改变图表布局和样式等。其中最重要的内容是【编辑数据】，即改变图表的源数据。

（1）切换行 / 列：数据产生在行时，按所选择的源数据以行为分类轴，列为数值轴布局图表，如图 5-55a）所示，若点击【切换行 / 列】，则效果如图 5-55b）所示，源数据以列为分类轴，行为数值轴。

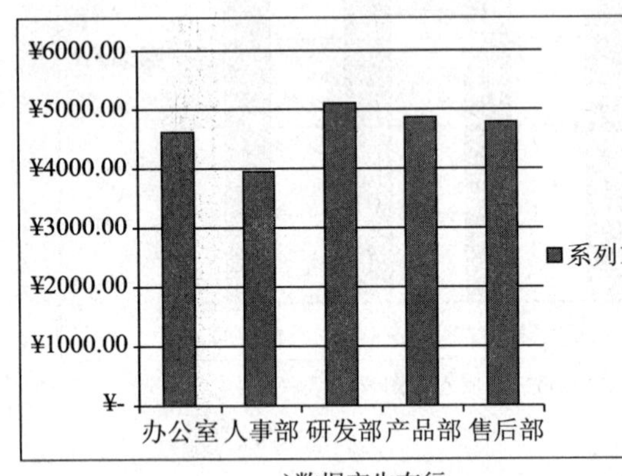

a）数据产生在行

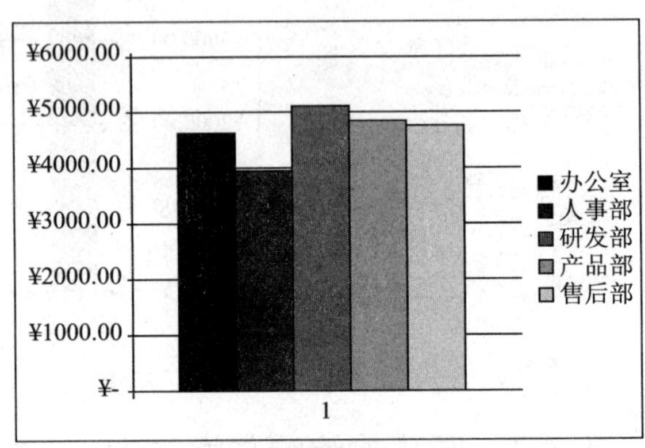

b）数据产生在列

图 5-55 切换行 / 列

（2）选择数据：改变图表源数据，点击之后如图 5-56 所示，可以增加或减少数据系列，也可以修改现有数据系列的名称和值，选中要修改的系列后，点击【编辑】即可打开如图 5-57 所示的【编辑数据系列】对话框，在【系列名称】输入框内输入【平均工资】，确定后，图 5-56 中该系列的名称随即改变，再次点击【确定】，返回图表编辑区，如图 5-58 所示，图表的图例名称改为了“平均工资”，同时自动添加了图表标题“平均工资”。

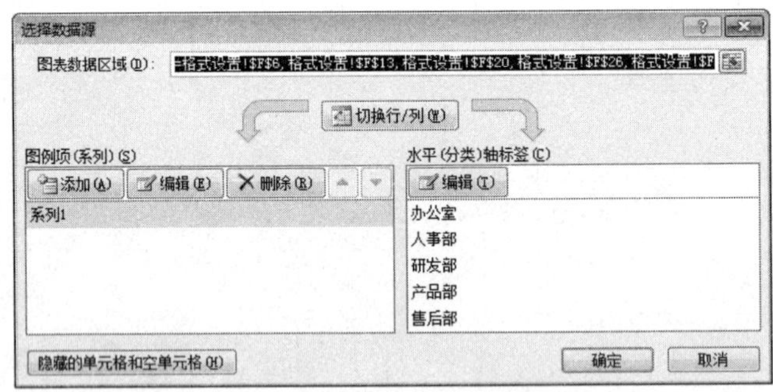

图 5-56 选择数据源

图 5-57 编辑数据系列

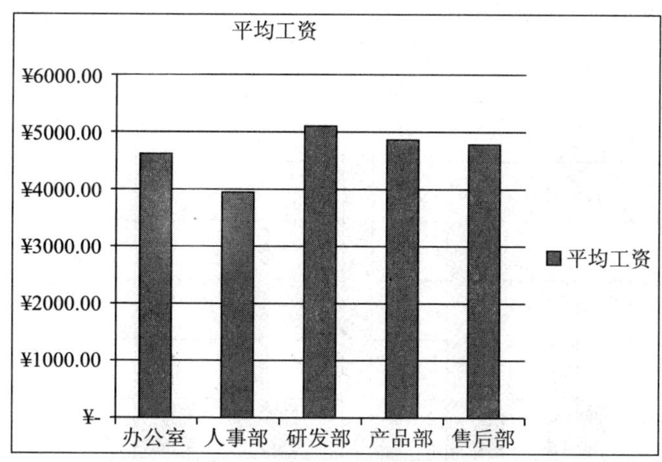

图 5-58　数据系列编辑后效果

（3）修改数据：添加一个数据系列时，需要分别输入或选择系列名称和系列值，方法与编辑类似。多个系列还可以用不同的图表类型。

例：在上面的图表中增加“部门工资总和”数据系列，并用折线图表示。

步骤 1：首先需要增加“部门工资总和”数据系列，点击【图表工具】→【设计】→【选择数据】，打开如图 5-56 的对话框，单击【添加】，打开【编辑数据系列】对话框如图 5-59a）所示，点击【系列名称】选择框后面的按钮，在源数据中选择 A14 单元格，然后再单击系列值后的按钮，在源数据中按顺序选择各部门的工资总和，注意选择时要与之前的平均工资部门顺序对应，如图 5-59b）所示。确定后，新添加的数据系列显示在源数据系列的下方，如图 5-60 所示。此时图表中新增加了“工资总额”系列，如图 5-61 所示。

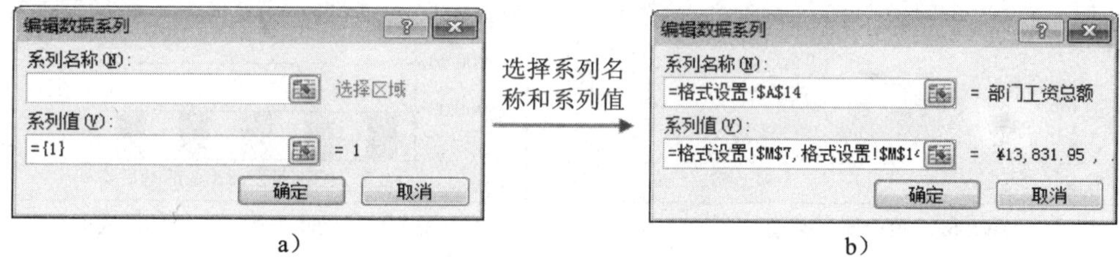

图 5-59　新添加数据系列

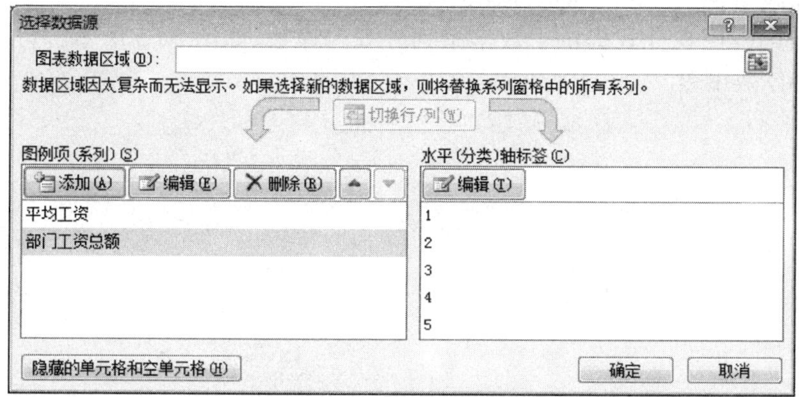

图 5-60　添加后的数据系列

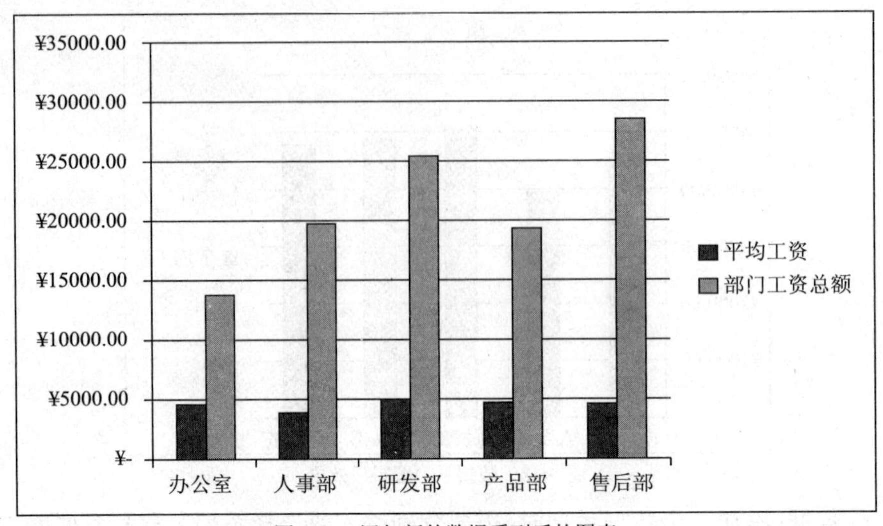

图 5-61　添加新的数据系列后的图表

步骤 2：选中新添加的数据系列，点击【图表工具】→【设计】→【更改图表类型】，打开如图 5-62 所示的对话框，选择折线图中的【带数据标记的折线图】，则"部门工资总额"系列改为了折线图，如图 5-63 所示。此时可以很直观地在一个图表中对比不同系列的值。

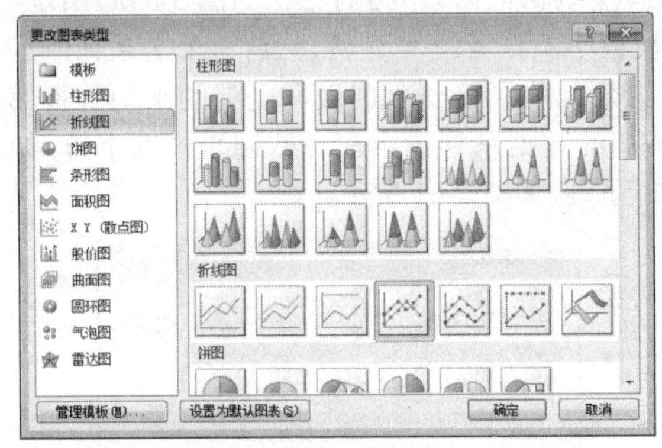

图 5-62　更改图表类型

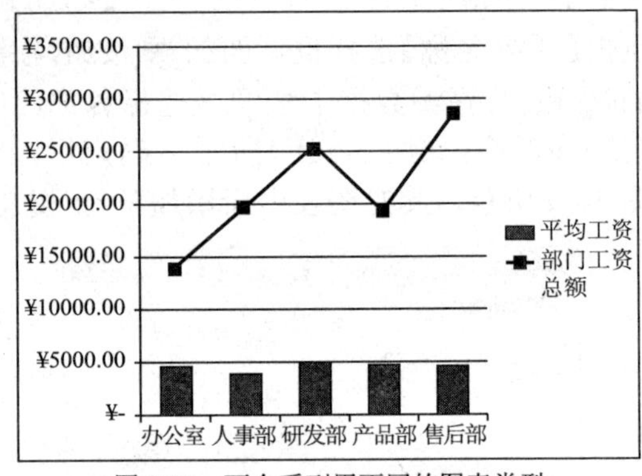

图 5-63　两个系列用不同的图表类型

（4）图表布局：图表布局提供了 11 种快速布局模板供选择，如图 5-64 所示，利用这些模板可以快速修改图表各对象的布局方式。

（5）图表样式：图表样式提供了数据系列外观的模板，如图 5-65 所示。可以搭配颜色、阴影、边框、3D 效果等。

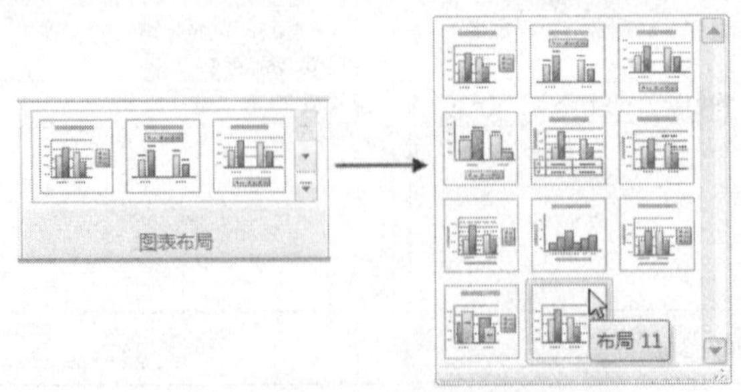

图 5-64　图表布局

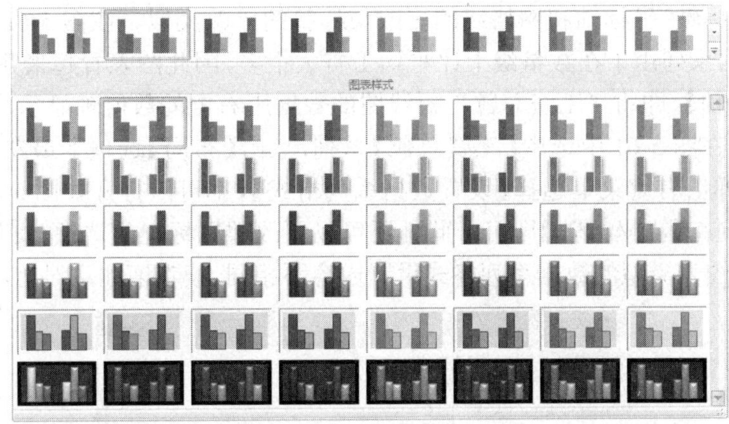

图 5-65　图表样式选择

（6）移动图表：可以将图表由嵌入式改为图表工作表，或由图表工作表改为嵌入式图表，点击【图表工具】→【设计】→【移动图表】。

2. *图表的布局*

图表的布局都可以用【图表工具】中的【布局】选项卡中完成。例如设置图表对象的格式、在图表中插入图片、图形、文本框，更改图表各处标签、更改坐标轴、网格线等，如图 5-66 所示。

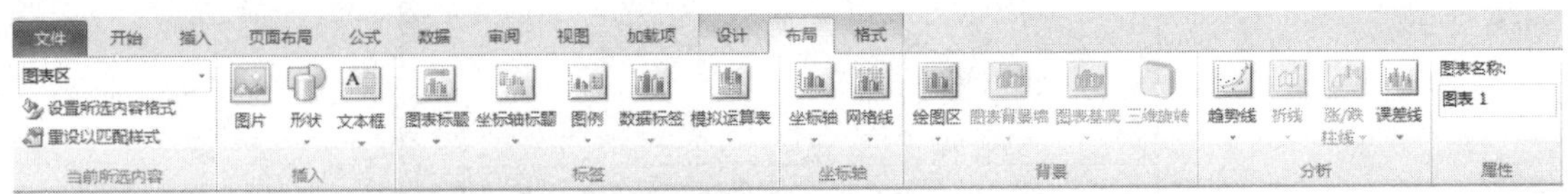

图 5-66　【布局】选项卡

（1）更改标签：可修改的标签包括：图表标题、坐标轴标题、图例、数据标签等，每种更改既可以控制是否显示，还可以控制在什么位置显示，如图 5-67 所示。

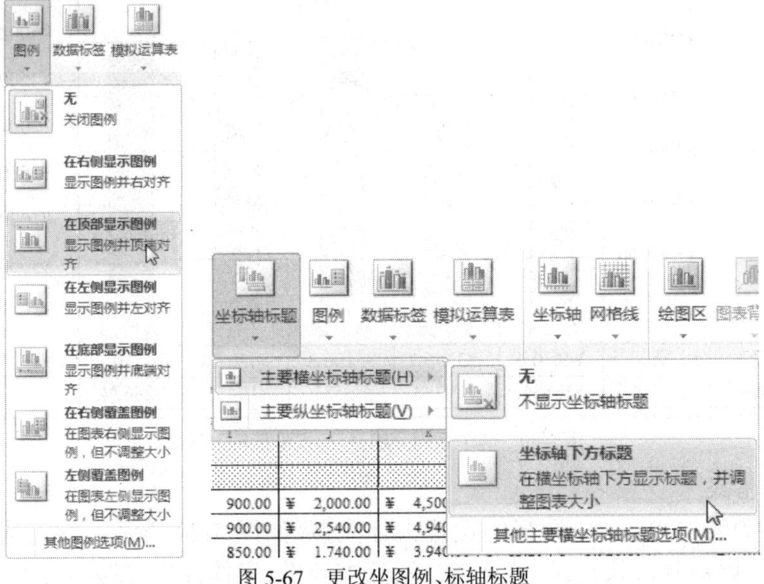

图 5-67　更改坐图例、标轴标题

（2）更改坐标轴：坐标轴和网格线的更改与标签的更改类似。在图5-61所举的例子中，添加后的新数据系列由于在数量级上比平均工资大很多，因此图表看起来并不美观，此时可以启用【次坐标轴】，即将“工资总额”折线图的数据用右侧的数值轴显示，如图5-69所示。操作的方法是：在图5-61中选中【工资总额】系列，点击【布局】选项卡最左侧的【设置所选内容格式】，或弹出右键菜单选择【设置数据系列格式】，都可以打开如图5-68所示对话框，选择将系列绘制在【次坐标轴】即可。此外还可以更改数据标记的选项、线条颜色、阴影、三维格式等，不同图表类型的数据系列格式设置内容不相同，读者请注意对比。

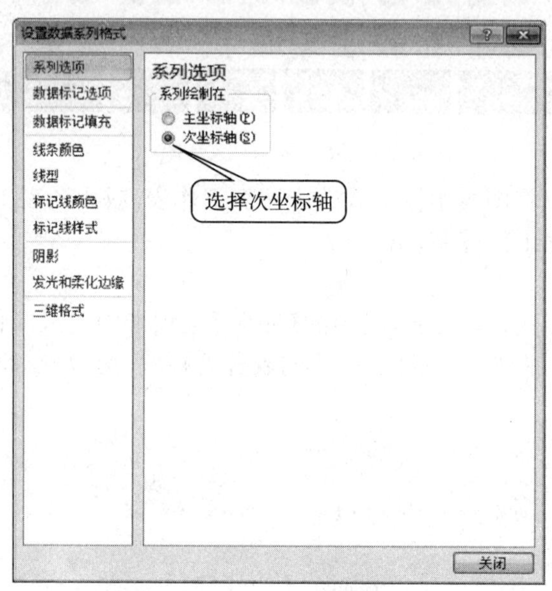

图5-68　更改系列的坐标轴为次坐标轴

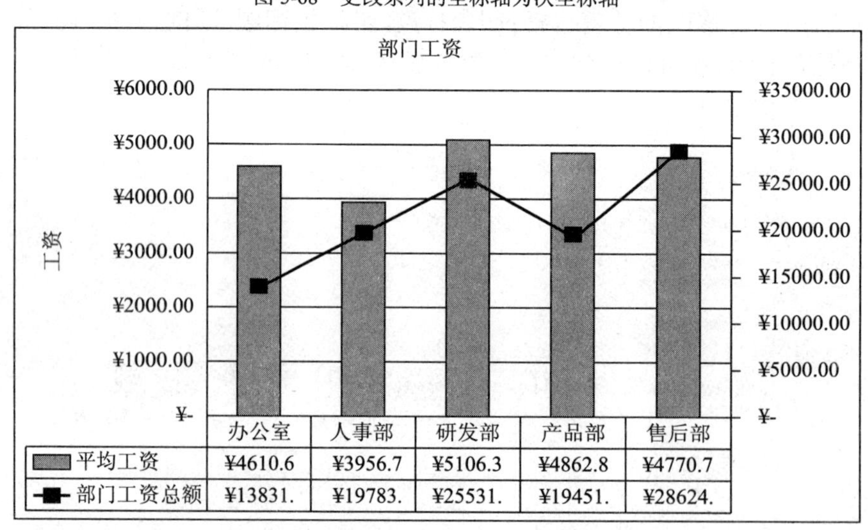

	办公室	人事部	研发部	产品部	售后部
平均工资	¥4610.6	¥3956.7	¥5106.3	¥4862.8	¥4770.7
部门工资总额	¥13831.	¥19783.	¥25531.	¥19451.	¥28624.

图5-69　两个系列分别在主、次坐标轴上绘制

3. 图表的格式

图表格式设置与Word中图形的设置大体类似，如图5-70所示。首先选中要设置的图表对象，然后可以对其形状样式、填充、线条、三维效果、字体样式、排列、对齐等进行设置。

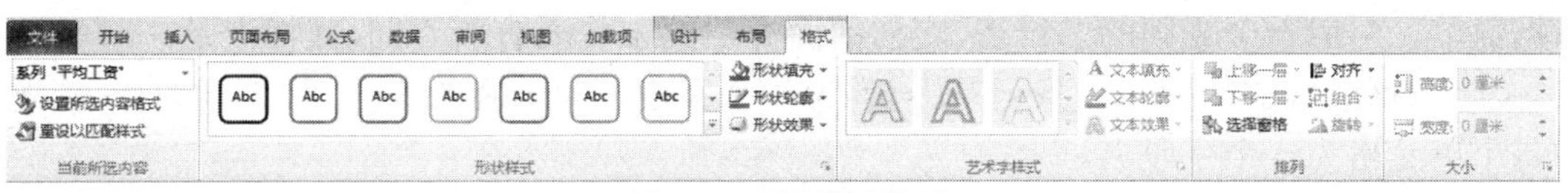

图 5-70 图表格式设置

4. 图表的移动

对于嵌入式图表,常用的两种移动方法:

(1)鼠标拖动:将鼠标指向"图表区",按下鼠标左键,直接拖动即可。

(2)使用剪贴板:单击图表,执行【剪切】操作;光标置于目标区,执行【粘贴】操作。

5. 图表的复制

对于嵌入式图表,常用的两种复制方法:

(1)鼠标拖动:将鼠标指向"图表区",按下【Ctrl】键拖动,到目标区松开鼠标。

(2)使用剪贴板:选中图表,执行【复制】操作;光标置于目标区,执行【粘贴】操作。

对于图表工作表的移动、复制,方法等,同一般工作表的移动和复制。

6. 图表的缩放

(1)嵌入式图表的缩放:选中图表,鼠标移到各"控制点",可以纵向、横向及整体缩放;单击图表中的各元素,可以分别对图表中的各元素进行缩放。

(2)图表工作表中图表的缩放:图表工作表的缩放与普通工作表的缩放相同,增加或减少缩放比例即可。

7. 图表的删除

选中嵌入式图表,按【Delete】键即可删除图表。图表工作表的删除,与前面所述的一般工作表删除方法一样。

5.5 数据管理与分析

任务提示

上节用图表直观地展示了我们关心的数据,但是图表能显示的信息十分有限,数据量大时,不可能用图表进行更为复杂的查询和统计分析, Excel 的高级功能是能够对数据进行管理和分析,也就是当作"数据库"来使用。对数据的管理包括:排序、筛选、分类汇总和数据透视表等,为了更深入地了解工资情况,王芳按经理的要求对工资表进行了筛选和统计工作,下面让我们跟她一起学习如何利用 Excel 实现数据管理和分析。

Excel 除了具有强大的制作表格和图表的功能外,还具有关系数据库的某些管理功能,如数据的排序、筛选、分类汇总、创建数据透视表等操作。

Excel 的数据管理对象是按照关系模型组织的数据清单,数据管理的功能主要集中在【数据】下拉菜单中。

5.5.1 有关概念

1. 数据库

将数据按照一定的逻辑关系组合在一起的数据集合就称为数据库,在 Excel 中又称为数据清单。对应一个规则的二维表，它与前面介绍的工作表有所不同，其特点是：

（1）数据清单的一行为一条记录，一列为一个字段。第一行为表头，称为标题行，标题行的每个单元格为一个字段名。

（2）数据清单中同一列中的数据具有相同的数据类型。

（3）同一数据清单内，不允许有空行、空列。

（4）同一张工作表中可以容纳多个数据清单，但两个数据清单之间至少有一行、一列间隔。

2. 字段

二维表中的列称为字段。每个字段都有一个字段名，对应一种数据类型，下面有若干个字段值。如“姓名”为字段名，“张三”为字段值。

3. 记录

二维表中的行称为记录，由一组字段值的集合构成。一个记录用于描述一个实体对象。例如：（张三，男，1969-1-5，河北石家庄）就是一条记录。

5.5.2 数据排序

对数据清单中的所有记录可以按数据清单中的一列或多列数据的升序或降序排序。

1. 简单排序

简单排序是指按一个字段值的升序或降序，对数据清单排序，并且标题行不参与排序。

操作方法：鼠标落在排序列（如“实发工资”）内的任意一个单元格，单击【开始】选项卡中的【排序和筛选】下面的【升序】或【降序】按钮，即将数据清单内的所有记录按排序字段升序或降序排列。注意，只把鼠标放在待排序列即可，不要选择这一列数据，否则只会对所选内容进行排序，造成数据不对应。

2. 复杂排序

复杂排序是指按多字段排序，即先按第一个字段值排序，在第一个字段值相同的情况下，再按第二个字段值排序，以此类推。第一个字段称为主要关键字，第二个字段称为次要关键字，第三个字段称为第三关键字等。

例如，在“职工工资”表中，先按“所在部门”降序，部门相同时按“职称”降序，职称相同时按“出生日期”升序排列。

操作如下：

（1）鼠标落在数据清单内的任意单元格。

（2）单击【开始】→【排序和筛选】→【自定义排序】，打开【排序】对话框，如图 5-71 所示。

图 5-71 【排序】对话框

（3）在【主要关键字】下拉列表框中选择【所在部门】，排序依据是【数值】，次序是【降序】。

（4）单击【添加条件】，出现【次要关键字】，下拉列表框中选择【职称】，次序是【降序】。

（5）再单击【添加条件】，又出现【次要关键字】，下拉框中选择【出生日期】，次序是【升序】。

注意：勾选【数据包含标题】，表示标题行不参与排序；否则表示标题行将作为一条记录和数据一起排序。

排序结果如图 5-72 所示，从图中可以看出，所在部门是按首字音序降序排列的；部门相同的，按职称的首字音序降序排列；职称相同的，按出生日期升序排列。

用户还可以通过【排序】对话框中的【选项】按钮，打开【排序选项】对话框，如图 4-73 所示，选择排序的方向（按行）、定义排序方法如按笔画排序或设置区分英文字母的大小写。

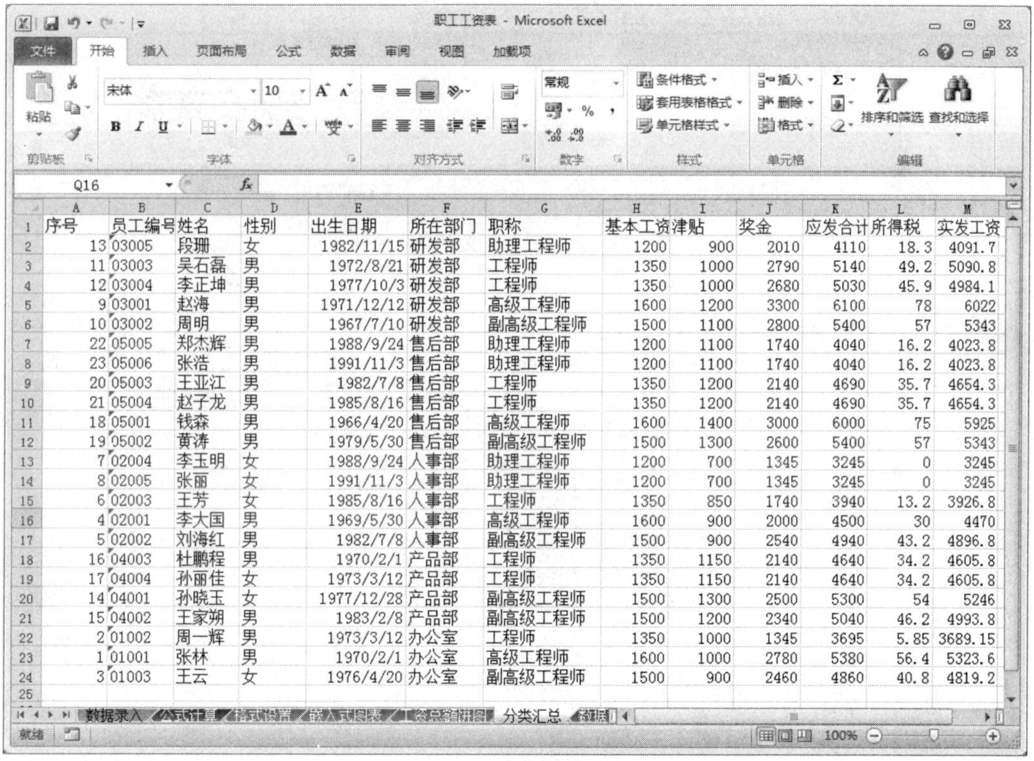

序号	员工编号	姓名	性别	出生日期	所在部门	职称	基本工资	津贴	奖金	应发合计	所得税	实发工资
13	03005	段珊	女	1982/11/15	研发部	助理工程师	1200	900	2010	4110	18.3	4091.7
11	03003	吴石磊	男	1972/8/21	研发部	工程师	1350	1000	2790	5140	49.2	5090.8
12	03004	李正坤	男	1977/10/3	研发部	工程师	1350	1000	2680	5030	45.9	4984.1
9	03001	赵海	男	1971/12/12	研发部	高级工程师	1600	1200	3300	6100	78	6022
10	03002	周明	男	1967/7/10	研发部	副高级工程师	1500	1100	2800	5400	57	5343
22	05005	郑杰辉	男	1988/9/24	售后部	助理工程师	1200	1100	1740	4040	16.2	4023.8
23	05006	张浩	男	1991/11/3	售后部	助理工程师	1200	1100	1740	4040	16.2	4023.8
20	05003	王亚江	男	1982/7/8	售后部	工程师	1350	1200	2140	4690	35.7	4654.3
21	05004	赵子龙	男	1985/8/16	售后部	工程师	1350	1200	2140	4690	35.7	4654.3
18	05001	钱森	男	1966/4/20	售后部	高级工程师	1600	1400	3000	6000	75	5925
19	05002	黄涛	男	1979/5/30	售后部	副高级工程师	1500	1300	2600	5400	57	5343
7	02004	李玉明	女	1988/9/24	人事部	助理工程师	1200	700	1345	3245	0	3245
8	02005	张丽	女	1991/11/3	人事部	助理工程师	1200	700	1345	3245	0	3245
6	02003	王芳	女	1985/8/16	人事部	工程师	1350	850	1740	3940	13.2	3926.8
4	02001	李大国	男	1969/5/30	人事部	高级工程师	1600	900	2000	4500	30	4470
5	02002	刘海红	男	1982/7/8	人事部	副高级工程师	1500	900	2540	4940	43.2	4896.8
16	04003	杜鹏程	男	1970/2/1	产品部	工程师	1350	1150	2140	4640	34.2	4605.8
17	04004	孙丽佳	女	1973/3/12	产品部	工程师	1350	1150	2140	4640	34.2	4605.8
14	04001	孙晓玉	女	1977/12/28	产品部	副高级工程师	1500	1300	2500	5300	54	5246
15	04002	王家朔	男	1983/2/8	产品部	副高级工程师	1500	1200	2340	5040	46.2	4993.8
2	01002	周一辉	男	1973/3/12	办公室	工程师	1350	1000	1345	3695	5.85	3689.15
1	01001	张林	男	1970/2/1	办公室	高级工程师	1600	1000	2780	5380	56.4	5323.6
3	01003	王云	女	1976/4/20	办公室	副高级工程师	1500	900	2460	4860	40.8	4819.2

图 5-72　排序结果

3. 按自定义序列定义排序次序

如图 5-72 所示的排序结果中，字符都是按首字音序排列的，但这种顺序不一定合理，例如希望职称按从高到低的顺序来排列，而不是首字音序，此时可以用自定义序列排序。操作方法：在【排序】对话框中，定义次要关键字【职称】的次序为【自定义序列…】，此时打开如图 5-74 所示的对话框，添加新的数据数列后点击【确定】按钮，则在排序对话框的次序下拉列表中出现了两个选项，即新的自定义序列的正序和倒序列表，如图 5-75 所示，选择一种后确定，则排序结果变为如图 5-76 所示。请与图 5-72 的结果做一对比。

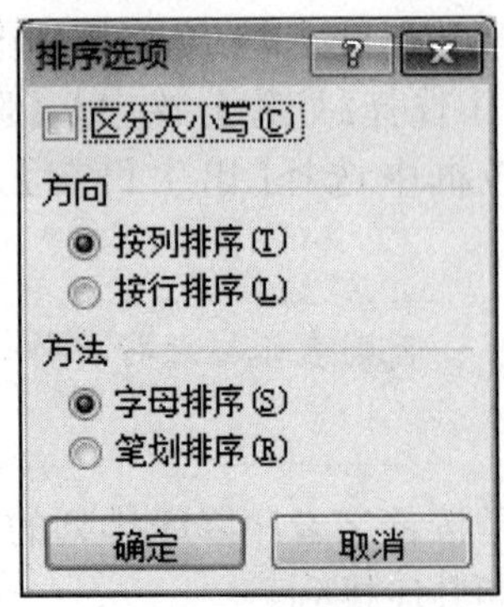

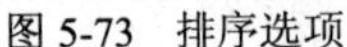

图 5-73　排序选项

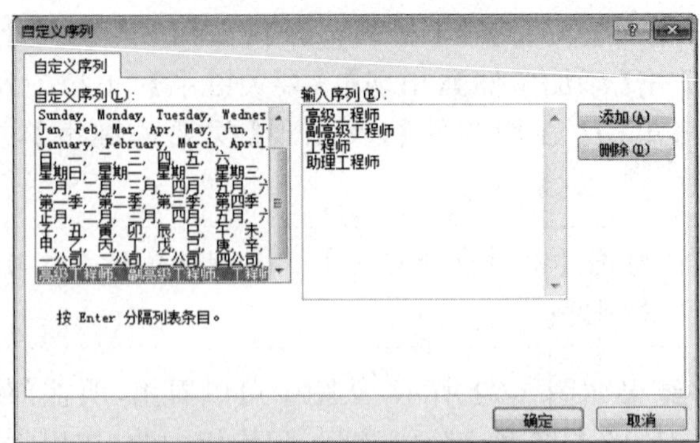

图 5-74　自定义序列中添加新序列

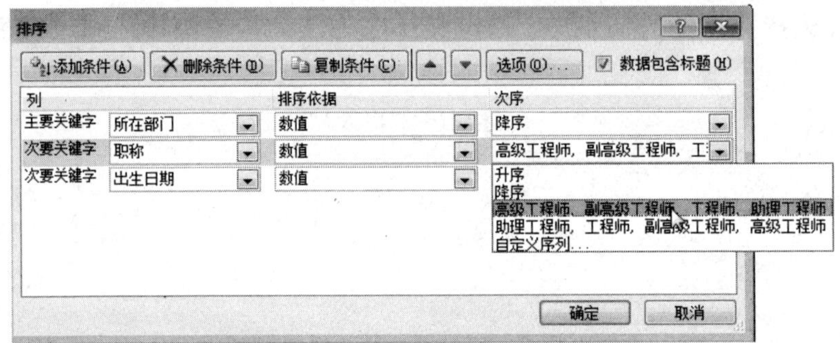

图 5-75　添加了自定义序列的排序

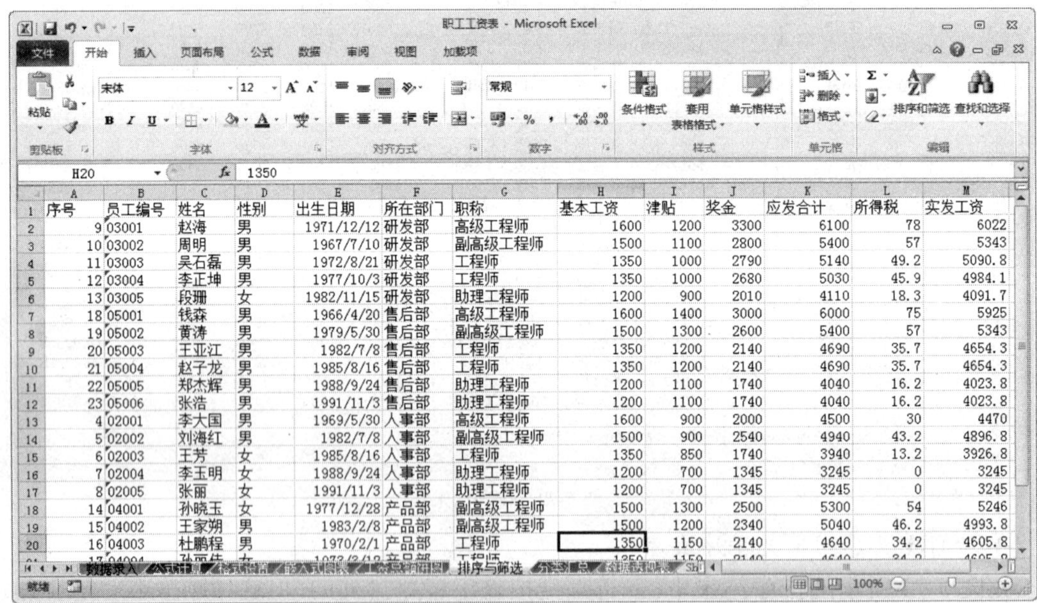

序号	员工编号	姓名	性别	出生日期	所在部门	职称	基本工资	津贴	奖金	应发合计	所得税	实发工资
9	03001	赵海	男	1971/12/12	研发部	高级工程师	1600	1200	3300	6100	78	6022
10	03002	周明	男	1967/7/10	研发部	副高级工程师	1500	1100	2800	5400	57	5343
11	03003	吴石磊	男	1972/8/21	研发部	工程师	1350	1000	2790	5140	49.2	5090.8
12	03004	李正坤	男	1977/10/3	研发部	工程师	1350	1000	2680	5030	45.9	4984.1
13	03005	段珊	女	1982/11/15	研发部	助理工程师	1200	900	2010	4110	18.3	4091.7
18	05001	钱森	男	1966/4/20	售后部	高级工程师	1600	1400	3000	6000	75	5925
19	05002	黄涛	男	1979/5/30	售后部	副高级工程师	1500	1300	2600	5400	57	5343
20	05003	王亚江	男	1982/7/8	售后部	工程师	1350	1200	2140	4690	35.7	4654.3
21	05004	赵子龙	男	1985/8/16	售后部	工程师	1350	1200	2140	4690	35.7	4654.3
22	05005	郑杰辉	男	1988/9/24	售后部	助理工程师	1200	1100	1740	4040	16.2	4023.8
23	05006	张浩	男	1991/11/3	售后部	助理工程师	1200	1100	1740	4040	16.2	4023.8
4	02001	李大国	男	1969/5/30	人事部	高级工程师	1600	900	2000	4500	30	4470
5	02002	刘海红	男	1982/7/8	人事部	副高级工程师	1500	900	2540	4940	43.2	4896.8
6	02003	王芳	女	1985/8/16	人事部	工程师	1350	850	1740	3940	13.2	3926.8
7	02004	李玉明	女	1988/9/24	人事部	助理工程师	1200	700	1345	3245	0	3245
8	02005	张丽	女	1991/11/3	人事部	助理工程师	1200	700	1345	3245	0	3245
14	04001	孙晓玉	女	1977/12/28	产品部	副高级工程师	1500	1300	2500	5300	54	5246
15	04002	王家朔	男	1983/2/8	产品部	副高级工程师	1500	1200	2340	5040	46.2	4993.8
16	04003	杜鹏程	男	1970/2/1	产品部	工程师	1350	1150	2140	4640	34.2	4605.8

图 5-76　按自定义序列排序的结果

5.5.3　数据筛选

筛选是指从数据清单中选出满足条件的记录，筛选出的记录可以显示在原数据区（不满足条件的记录将隐藏）或新的数据区域中。

Excel 筛选有两种方式:【自动筛选】和【高级筛选】。

1.【自动筛选】和【高级筛选】的适用范围

【自动筛选】适用于同一字段中的两个条件是“与”或“或”运算,对不同字段的条件只能是“与”运算的情况。即在多字段都有条件时,筛选出来的是同时满足多个字段条件的记录。

例如:在“员工情况”工作表中筛选“部门为人事或研发部、男职工且基本工资≥1400 元”的记录。虽然部门的两个条件是“或”的关系,但部门、性别和基本工资是“与”的关系,可以用【自动筛选】实现。

若筛选“性别是男,或基本工资≥1400 元”的记录,此时,性别和基本工资两个不同的字段是“或”的关系,【自动筛选】就无能为力了,只能用【高级筛选】来完成。

【自动筛选】操作简单,但筛选条件受限;相对而言,【高级筛选】操作较为复杂,但可以实现任何条件的筛选。

2.【自动筛选】的操作

下面以筛选“部门为人事或研发部、男职工且基本工资≥1400 元”的记录为例,说明【自动筛选】的操作过程。

(1)鼠标落在数据清单中任一单元格,单击【开始】→【排序和筛选】→【筛选】命令,此时,数据清单中的每个字段名右侧有一个下三角按钮【▾】,见图 5-77。

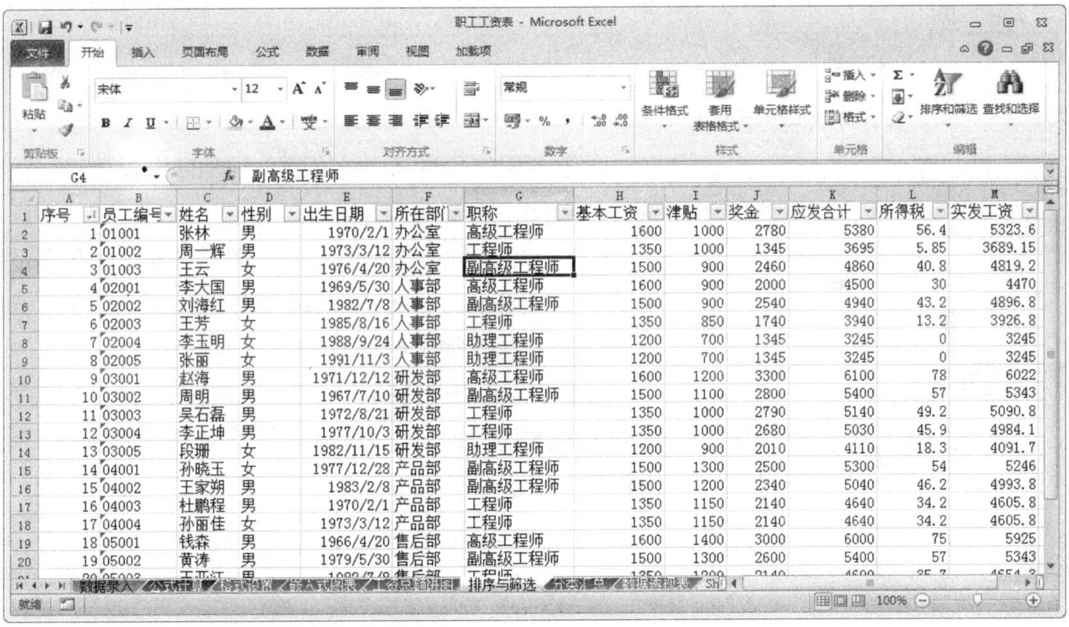

图 5-77 【自动筛选】

(2)定义“部门为人事部或研发部”的条件:单击【所在部门】单元格右侧的下拉箭头“▾”,打开筛选列表,如图 5-78 所示。将【全选】勾掉,只选择【人事部】和【研发部】。如果要设置更为复杂的条件,可以在【文本筛选】的级联菜单中选择【等于】、【不等于】、【开头是】、【包含】等条件。单击【确定】按钮,则数据清单中只显示满足条件的记录。此时,工作表【所在部门】单元格右侧的黑色下拉箭头变成▾,表示该字段已设置了筛选条件。

(3)定义“性别为男”的条件:单击【性别】单元格右侧的下拉箭头,打开筛选列表,从中选择字段值【男】。

此时数据清单中显示的是“部门为人事部或研发部、男职工”的记录。

(4)定义“基本工资≥1400”的条件

单击【基本工资】单元格右侧的下拉箭头,在列表中选择【数字筛选】→【大于】,如图5-79所示,打开【自定义自动筛选方式】对话框,如图5-80所示,在【大于】右边的文本框中输入“1400”,确定后,即设置了完整的条件,最终筛选的结果如图5-81所示。

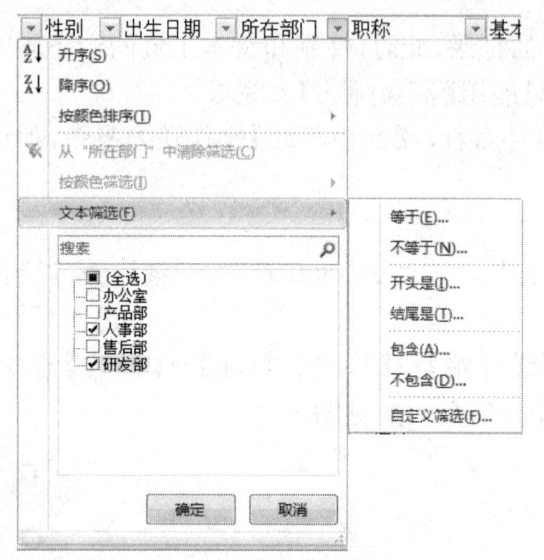

图5-78 筛选条件设置

图5-79 定义“基本工资”筛选条件

由于不同字段的条件之间是“与”的关系,因此,输入条件的顺序不会影响筛选结果。

【自动筛选】的结果都是显示在原数据区,不满足条件的记录被隐藏了。也可以选中筛选结果,按单元格区域的复制方法将筛选结果复制到其他位置。

去掉【自动筛选】的方法是,单击【开始】→【排序和筛选】→【筛选】即可,如果仅仅想清楚筛选条件,可以点击【清除】。

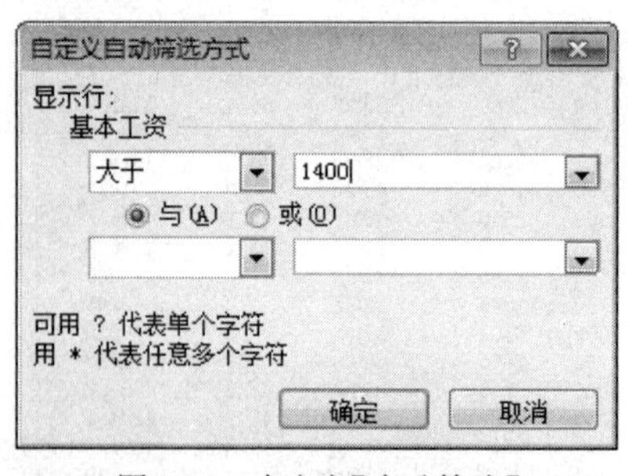

图5-80 自定义【自动筛选】

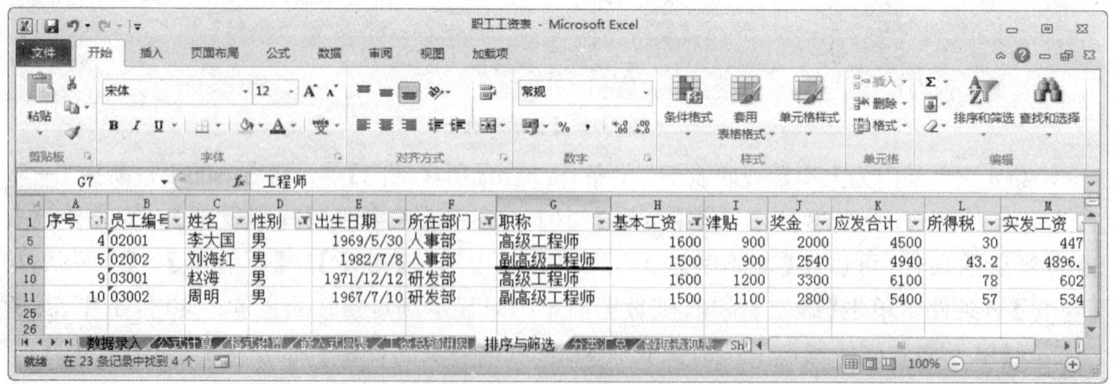

	序号	员工编号	姓名	性别	出生日期	所在部门	职称	基本工资	津贴	奖金	应发合计	所得税	实发工资
5	4	02001	李大国	男	1969/5/30	人事部	高级工程师	1600	900	2000	4500	30	447
6	5	02002	刘海红	男	1982/7/8	人事部	副高级工程师	1500	900	2540	4940	43.2	4896.
10	9	03001	赵海	男	1971/12/12	研发部	高级工程师	1600	1200	3300	6100	78	602
11	10	03002	周明	男	1967/7/10	研发部	副高级工程师	1500	1100	2800	5400	57	534

图5-81 【自动筛选】结果

3.【高级筛选】的操作

【高级筛选】必须有一个条件区域，条件区域距数据清单至少有一行一列的间隔。筛选结果可以显示在原数据区，也可以在新的区域显示。

（1）筛选条件的输入方法

筛选条件中用到的字段名，尤其是当字段名中含有空格时，为了确保数据清单和条件区域的字段名完全相同，建议采用单元格复制的方法将字段名复制到条件区域。

筛选条件的基本输入规则：条件中用到的字段名必须置于同一行且连续排列，在字段名下面的单元格中输入条件值。写在同一行上的条件是“与”运算，不同行是“或”运算。

（2）【高级筛选】条件输入示例

①输入条件“部门为办公室部或开发部，且基本工资＞1400 元”，见图 5-82a）。这个筛选条件也可以用【自动筛选】完成。

②输入条件“部门是研发部，或职称是高级工程师”，见图 5-82b）。

③输入条件“性别为男，或性别为女且基本工资＞1500 元”，见图 5-82c）。

所在部门	基本工资
办公室	>1400
研发部	>1400

a）

所在部门	职称
研发部	
	高级工程师

b）

性别	基本工资
男	
女	>1500

c）

图 5-82 【高级筛选】条件输入示例

注意： 同行之间的条件是“与”的关系，不同行之间的条件是“或”的关系。

（3）【高级筛选】操作过程

首先定义好筛选的条件，然后开始高级筛选，以 5-82b）为例进行高级筛选：

①选定数据清单内的任一单元格。

②单击【数据】→【排序和筛选】→【高级】命令，打开【高级筛选】对话框，如图 5-83 所示。

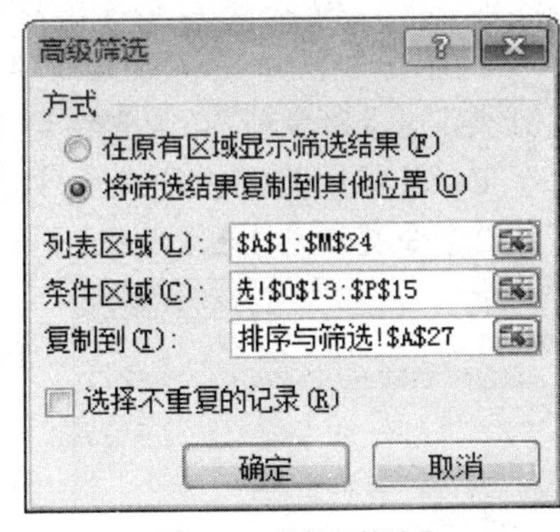

图 5-83 【高级筛选】

【高级筛选】对话框的使用：

①在【方式】框中选择筛选结果存放的位置：原位置或新位置。

②在【列表区域】文本框：系统自动显示当前单元格所在的数据清单区域。若需要改变数据清单区域，可单击右侧的【切换】按钮，返回工作表窗口，重新选定数据区域（应包括条件字段列和结果列），单击【返回】按钮返回【高级筛选】对话框。

③用同样的方法选定条件区域。

④若在【方式】栏内选择了【将筛选结果复制到其他位置】单选按钮，则【复制到】文本框可编辑，可以直接输入结果区域左上角的第一个单元格标识；也可以单击【切换】按钮，到工作表中选定结果区域左上角的第一个单元格。

⑤若选中【选择不重复的记录】复选框，则筛选结果中不会存在完全相同的两个记录。

单击【确定】按钮，在结果区域中显示筛选结果，如图 5-84 所示。

	A	B	C	D	E	F	G	H	I	J	K	L	M
10	9	03001	赵海	男	1971/12/12	研发部	高级工程师	1600	1200	3300	6100	78	6022
11	10	03002	周明	男	1967/7/10	研发部	副高级工程师	1500	1100	2800	5400	57	5343
12	11	03003	吴石磊	男	1972/8/21	研发部	工程师	1350	1000	2790	5140	49.2	5090.8
13	12	03004	李正坤	男	1977/10/3	研发部	工程师	1350	1000	2680	5030	45.9	4984.1
14	13	03005	段珊	女	1982/11/15	研发部	助理工程师	1200	900	2010	4110	18.3	4091.7
15	14	04001	孙晓玉	女	1977/12/28	产品部	副高级工程师	1500	1300	2500	5300	54	5246
16	15	04002	王家朔	男	1983/2/8	产品部	副高级工程师	1500	1200	2340	5040	46.2	4993.8
17	16	04003	杜鹏程	男	1970/2/1	产品部	工程师	1350	1150	2140	4640	34.2	4605.8
18	17	04004	孙丽佳	女	1973/3/12	产品部	工程师	1350	1150	2140	4640	34.2	4605.8
19	18	05001	钱森	男	1966/4/20	售后部	高级工程师	1600	1400	3000	6000	75	5925
20	19	05002	黄涛	男	1979/5/30	售后部	副高级工程师	1500	1300	2600	5400	57	5343
21	20	05003	王亚江	男	1982/7/8	售后部	工程师	1350	1200	2140	4690	35.7	4654.3
22	21	05004	赵子龙	男	1985/8/16	售后部	工程师	1350	1200	2140	4690	35.7	4654.3
23	22	05005	郑杰辉	男	1988/9/24	售后部	助理工程师	1200	1100	1740	4040	16.2	4023.8
24	23	05006	张浩	男	1991/11/3	售后部	助理工程师	1200	1100	1740	4040	16.2	4023.8

所在部门	职称
研发部	高级工程师

序号	员工编号	姓名	性别	出生日期	所在部门	职称	基本工资	津贴	奖金	应发合计	所得税	实发工资
1	01001	张林	男	1970/2/1	办公室	高级工程师	1600	1000	2780	5380	56.4	5323.6
4	02001	李大国	男	1969/5/30	人事部	高级工程师	1600	900	2000	4500	30	4470
9	03001	赵海	男	1971/12/12	研发部	高级工程师	1600	1200	3300	6100	78	6022
10	03002	周明	男	1967/7/10	研发部	副高级工程师	1500	1100	2800	5400	57	5343
11	03003	吴石磊	男	1972/8/21	研发部	工程师	1350	1000	2790	5140	49.2	5090.8
12	03004	李正坤	男	1977/10/3	研发部	工程师	1350	1000	2680	5030	45.9	4984.1
13	03005	段珊	女	1982/11/15	研发部	助理工程师	1200	900	2010	4110	18.3	4091.7
18	05001	钱森	男	1966/4/20	售后部	高级工程师	1600	1400	3000	6000	75	5925

图 5-84 【高级筛选】的结果

5.5.4 分类汇总

1. 分类汇总的概念

分类汇总就是对数据清单按某个字段进行分类，将字段值相同的连续记录作为一类，进行求和、求平均值、计数等汇总运算。

针对同一个分类字段，可以进行多种方式的汇总，称为嵌套汇总。

例如，在 5.3 节中我们在各部门下方单独计算了各部门的实发工资总额和平均工资，实际上，利用【分类汇总】可以迅速将结果计算出来并显示在下方。此外，还可以统计部门人数、计算所得税总额等，多次汇总即可得到满意的结果。

由于分类汇总是将数据清单中的记录按某字段值分类、同类的再进行汇总，因此，执行【分类汇总】命令前，必须先将记录按分类字段排序，使字段值相同的记录连续排列。

Excel 常用的汇总方式有：计数、求和、求平均值、最大值、最小值等。

2.【分类汇总】操作步骤

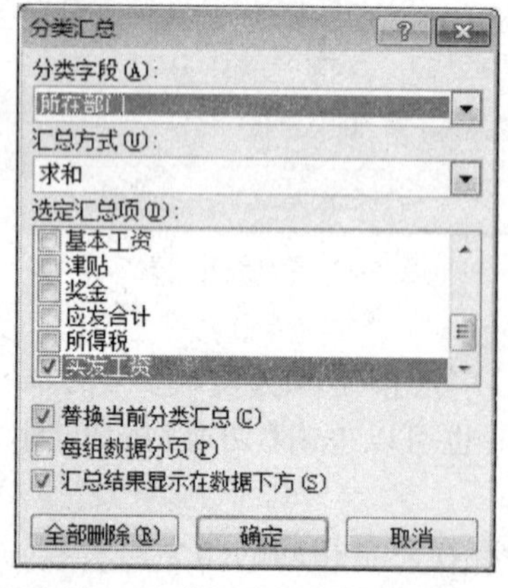

图 5-85 第一次分类汇总设置

下面以计算各部门的“实发工资”总和、平均实发工资为例，说明【分类汇总】的操作过程。

(1)选定数据清单【部门】列中的任一单元格，按【部门】字段排序。

(2)选择【数据】选项卡中的【分类汇总】命令，打开【分类汇总】对话框，见图 5-85。

对话框的使用说明：

①在【分类字段】下拉列表中选择【分类字段】。本例中，【分类字段】为【所在部门】。

②在【汇总方式】中选择汇总方式。第一次汇总的方式是【求和】。

③在【选定汇总项】列表框中选择需要汇总的字段，可以选多个。本例选择【实发工资】。

④选中【替换当前分类汇总】复选框，则只显示最后一次的分类汇总结果。

⑤选中【每组数据分页】，则在每类数据后插入分页符。

⑥选中【汇总结果显示在数据下方】复选框，则分类汇总结果和总汇总结果显示在明细数据的下方，否则显示在明细数据的上方。

单击【确定】按钮，完成第一次分类汇总。结果如图 5-86 所示。

	A	B	C	D	E	F	G	H	I	J	K	L	M
1	序号	员工编号	姓名	性别	出生日期	所在部门	职称	基本工资	津贴	奖金	应发合计	所得税	实发工资
2	1	01001	张林	男	1970/2/1	办公室	高级工程师	1600	1000	2780	5380	56.4	5323.6
3	2	01002	周一辉	男	1973/3/12	办公室	工程师	1350	1000	1345	3695	5.85	3689.15
4	3	01003	王云	女	1976/4/20	办公室	副高级工程师	1500	900	2460	4860	40.8	4819.2
5						**办公室 汇总**							13831.95
6	14	04001	孙晓玉	女	1977/12/28	产品部	副高级工程师	1500	1300	2500	5300	54	5246
7	15	04002	王家朔	男	1983/2/8	产品部	副高级工程师	1500	1200	2340	5040	46.2	4993.8
8	16	04003	杜鹏程	男	1970/2/1	产品部	工程师	1350	1150	2140	4640	34.2	4605.8
9	17	04004	孙丽佳	女	1973/3/12	产品部	工程师	1350	1150	2140	4640	34.2	4605.8
10						**产品部 汇总**							19451.4
11	4	02001	李大国	男	1969/5/30	人事部	高级工程师	1600	900	2000	4500	30	4470
12	5	02002	刘海红	男	1982/7/8	人事部	副高级工程师	1500	900	2540	4940	43.2	4896.8
13	6	02003	王芳	女	1985/8/16	人事部	工程师	1350	850	1740	3940	13.2	3926.8
14	7	02004	李玉明	女	1988/9/24	人事部	助理工程师	1200	700	1345	3245	0	3245
15	8	02005	张丽	女	1991/11/3	人事部	助理工程师	1200	700	1345	3245	0	3245
16						**人事部 汇总**							19783.6
17	18	05001	钱森	男	1966/4/20	售后部	高级工程师	1600	1400	3000	6000	75	5925
18	19	05002	黄涛	男	1979/5/30	售后部	副高级工程师	1500	1300	2600	5400	57	5343
19	20	05003	王亚江	男	1982/7/8	售后部	工程师	1350	1200	2140	4690	35.7	4654.3
20	21	05004	赵子龙	男	1985/8/16	售后部	工程师	1350	1200	2140	4690	35.7	4654.3
21	22	05005	郑杰辉	男	1988/9/24	售后部	助理工程师	1200	1100	1740	4040	16.2	4023.8
22	23	05006	张浩	男	1991/11/3	售后部	助理工程师	1200	1100	1740	4040	16.2	4023.8
23						**售后部 汇总**							28624.2
24	9	03001	赵海	男	1971/12/12	研发部	高级工程师	1600	1200	3300	6100	78	6022
25	10	03002	周明	男	1967/7/10	研发部	副高级工程师	1500	1100	2800	5400	57	5343
26	11	03003	吴石磊	男	1972/8/21	研发部	工程师	1350	1000	2790	5140	49.2	5090.8
27	12	03004	李正坤	男	1977/10/3	研发部	工程师	1350	1000	2680	5030	45.9	4984.1
28	13	03005	段珊	女	1982/11/15	研发部	助理工程师	1200	900	2010	4110	18.3	4091.7
29						**研发部 汇总**							25531.6
30						**总计**							107222.75

图 5-86　第一次分类汇总结果

在汇总结果的工作表上，利用左侧的级别显示按钮“1 2 3”和“+”、“-”折叠按钮，可以隐藏或重现明细记录。单击“1”只显示总的汇总结果，单击“2”显示分类汇总结果和总汇总结果，单击“3”则显示全部明细数据和分类汇总结果。

分类汇总后单击级别按钮 “2”，屏幕上只显示分类汇总的数据，如图 5-87 所示，虽然这些数据实际上并不相邻，但可以像相邻的行或列一样制作图表，生成汇总结果图表。

	A	B	C	D	E	F	G	H	I	J	K	L	M
5						**办公室 汇总**							13831.95
10						**产品部 汇总**							19451.4
16						**人事部 汇总**							19783.6
23						**售后部 汇总**							28624.2
29						**研发部 汇总**							25531.6
30						**总计**							107222.75

图 5-87　分级显示分类汇总结果

3. 嵌套汇总

针对【所在部门】字段，在汇总了各部门实发工资总和的基础上，再计算各部门的平均工资和统计各部门人数。

操作步骤：打开【分类汇总】对话框，如图 5-88 所示，分类的字段仍然是【部门】，汇总方式选择【平均值】，汇总项仍然是【实发工资】，取消【替换当前分类汇总】的勾选。

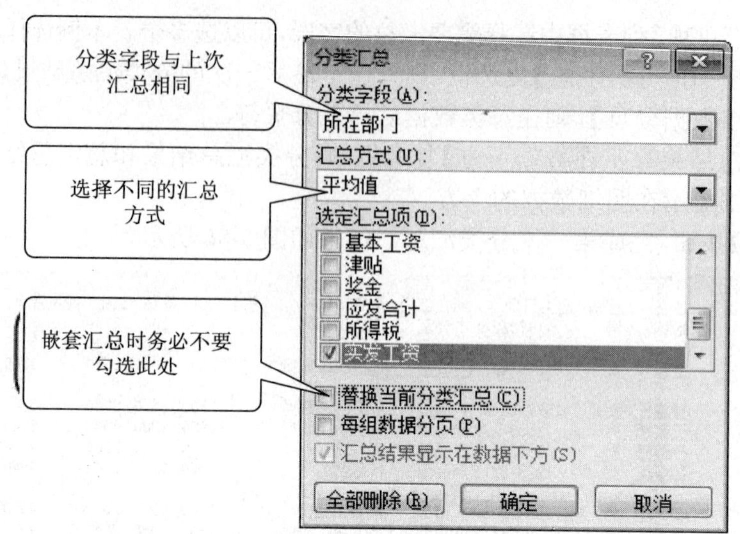

图 5-88　第二次分类汇总设置

嵌套汇总效果如图 5-89 所示,对比图 5-87 的结果,其效果基本相同,但在实现方式上要简便得多,如果部门多达几十个,用分类汇总显然更为准确、便捷。

	A	B	C	D	E	F	G	H	I	J	K	L	M
1	序号	员工编号	姓名	性别	出生日期	所在部门	职称	基本工资	津贴	奖金	应发合计	所得税	实发工资
2	1	01001	张林	男	1970/2/1	办公室	高级工程师	1600	1000	2780	5380	56.4	5323.6
3	2	01002	周一辉	男	1973/3/12	办公室	工程师	1350	1000	1345	3695	5.85	3689.15
4	3	01003	王云	女	1976/4/20	办公室	副高级工程师	1500	900	2460	4860	40.8	4819.2
5						**办公室 平均值**							4610.65
6						**办公室 汇总**							13831.95
7	14	04001	孙晓玉	女	1977/12/28	产品部	副高级工程师	1500	1300	2500	5300	54	5246
8	15	04002	王家朔	男	1983/2/8	产品部	副高级工程师	1500	1200	2340	5040	46.2	4993.8
9	16	04003	杜鹏程	男	1970/2/1	产品部	工程师	1350	1150	2140	4640	34.2	4605.8
10	17	04004	孙丽佳	女	1973/3/12	产品部	工程师	1350	1150	2140	4640	34.2	4605.8
11						**产品部 平均值**							4862.85
12						**产品部 汇总**							19451.4
13	4	02001	李大国	男	1969/5/30	人事部	高级工程师	1600	900	2000	4500	30	4470
14	5	02002	刘海红	男	1982/7/8	人事部	副高级工程师	1500	900	2540	4940	43.2	4896.8
15	6	02003	王芳	女	1985/8/16	人事部	工程师	1350	850	1740	3940	13.2	3926.8
16	7	02004	李玉明	女	1988/9/24	人事部	助理工程师	1200	700	1345	3245	0	3245
17	8	02005	张丽	女	1991/11/3	人事部	助理工程师	1200	700	1345	3245	0	3245
18						**人事部 平均值**							3956.72
19						**人事部 汇总**							19783.6
20	18	05001	钱森	男	1966/4/20	售后部	高级工程师	1600	1400	3000	6000	75	5925
21	19	05002	黄涛	男	1979/5/30	售后部	副高级工程师	1500	1300	2600	5400	57	5343
22	20	05003	王亚江	男	1982/7/8	售后部	工程师	1350	1200	2140	4690	35.7	4654.3
23	21	05004	赵子龙	男	1985/8/16	售后部	工程师	1350	1200	2140	4690	35.7	4654.3
24	22	05005	郑杰辉	男	1988/9/24	售后部	助理工程师	1200	1100	1740	4040	16.2	4023.8
25	23	05006	张浩	男	1991/11/3	售后部	助理工程师	1200	1100	1740	4040	16.2	4023.8
26						**售后部 平均值**							4770.7
27						**售后部 汇总**							28624.2
28	9	03001	赵海	男	1971/12/12	研发部	高级工程师	1600	1200	3300	6100	78	6022
29	10	03002	周明	男	1967/7/10	研发部	副高级工程师	1500	1100	2800	5400	57	5343
30	11	03003	吴石磊	男	1972/8/21	研发部	工程师	1350	1000	2790	5140	49.2	5090.8
31	12	03004	李正坤	男	1977/10/3	研发部	工程师	1350	1000	2680	5030	45.9	4984.1
32	13	03005	段珊	女	1982/11/15	研发部	助理工程师	1200	900	2010	4110	18.3	4091.7
33						**研发部 平均值**							5106.32
34						**研发部 汇总**							25531.6
35						**总计平均值**							4661.8587

图 5-89　第二次分类汇总结果

第三次分类汇总:在前两次的基础上,重复上面的步骤,第三次进行分类汇总,分类字段不变,汇总方式为【计数】,汇总项选择【姓名】,其汇总的结果如图 5-90 所示。

4. 撤销分类汇总

单击【数据】→【分类汇总】命令,打开【分类汇总】对话框(图 5-85),单击【全部删除】按钮,来撤销分类汇总。

	A	B	C	D	E	F	G	H	I	J	K	L	M
1	序号	员工编号	姓名	性别	出生日期	所在部门	职称	基本工资	津贴	奖金	应发合计	所得税	实发工资
5			3			办公室 计数							
6						办公室 平均值							4610.65
7						办公室 汇总							13831.95
12			4			产品部 计数							
13						产品部 平均值							4862.85
14						产品部 汇总							19451.4
20			5			人事部 计数							
21						人事部 平均值							3956.72
22						人事部 汇总							19783.6
29			6			售后部 计数							
30						售后部 平均值							4770.7
31						售后部 汇总							28624.2
37			5			研发部 计数							
38						研发部 平均值							5106.32
39						研发部 汇总							25531.6
40			23			总计数							
41						总计平均值							4661.8587
42						总计							107222.75

图 5-90　第三次分类汇总结果

5.5.5　数据透视表

分类汇总只能按一个字段分类，进行多次汇总。如果用户要求按多个字段进行分类并汇总，Excel 的分类汇总命令就无能为力了。例如，在“员工情况”工作表中，要求统计各部门不同职称的人数、实发工资总额和奖金的平均值，这涉及【部门】和【职称】两个分类字段，要解决这类问题，可以采用 Excel 提供的数据透视表功能。

所谓数据透视表，就是将排序、筛选和分类汇总三个过程结合在一起，对已有数据清单、表格中的数据或来自于外部数据库的数据进行重新组织生成新的表格，使人们从不同的角度观察到有用的信息。

1. *数据透视表的创建*

将鼠标落在数据清单中的任意单元格上，单击【插入】选项卡→【数据透视表】命令，打开【创建数据透视表】对话框，见图 5-91。

	A	B	C	D	E	F	G	H	I	J	K	L	M
1	序号	员工编号	姓名	性别	出生日期	所在部门	职称	基本工资	津贴	奖金	应发合计	所得税	实发工资
2	1	01001	张林	男	1970/2/1	办公室	高级工程师	1600	1000	2780	5380	56.4	5323.6
3	2	01002	周一辉	男	1973/3/12	办公室	工程师	1350	1000	1345	3695	5.85	3689.15
4	3	01003	王云	女	1976/4/20	办公室	副高级工程师	1500	900	2460	4860	40.8	4819.2
5	4	02001	李大国	男	1969/5/30	人事部	高级工程师	1600	900	2000	4500	30	4470
6	5	02002	刘海红	男	1982/7/8	人事部	副高级工程师	1500	900	2540	4940	43.2	4896.8
7	6	02003	王芳	女	1985/8/16	人事部	工程师	1350	850	1740	3940	13.2	3926.8
8	7	02004	李玉明	女	1988/9/24	人事部	助理工程师	1200	700	1345	3245	0	3245
9	8	02005	张丽	女	1991/11/3	人事部	助理工程师	1200	700	1345	3245	0	3245
10	9	03001	赵海	男	1971/12/12	研发部	高级工程师	1600					22
11	10	03002	周明	男	1967/7/10	研发部	副高级工程师	1500					43
12	11	03003	吴石磊	男	1972/8/21	研发部	工程师	1350					.8
13	12	03004	李正坤	男	1977/10/3	研发部	工程师	1350					.1
14	13	03005	段珊	女	1982/11/15	研发部	助理工程师	1200					.7
15	14	04001	孙晓玉	女	1977/12/28	产品部	副高级工程师	1500					46
16	15	04002	王家朔	男	1983/2/8	产品部	副高级工程师	1500					.8
17	16	04003	杜鹏程	男	1970/2/1	产品部	工程师	1350					.8
18	17	04004	孙丽佳	女	1973/3/12	产品部	工程师	1350					.8
19	18	05001	钱森	男	1966/4/20	售后部	高级工程师	1600					25
20	19	05002	黄涛	男	1979/5/30	售后部	副高级工程师	1500					43
21	20	05003	王亚江	男	1982/7/8	售后部	工程师	1350					.3
22	21	05004	赵子龙	男	1985/8/16	售后部	工程师	1350					.3
23	22	05005	郑杰辉	男	1988/9/24	售后部	助理工程师	1200					.8
24	23	05006	张浩	男	1991/11/3	售后部	助理工程师	1200	1100	1740	4040	16.2	4023.8
25											9	-104.73	113.73

创建数据透视表
请选择要分析的数据
选择一个表或区域(S)
表/区域(T): 公式计算!$A$1:$M$25
使用外部数据源(U)
选择连接(C)...
连接名称:
选择放置数据透视表的位置
新工作表(N)
现有工作表(E)
位置(L):
确定　取消

图 5-91　创建数据透视表

在默认情况下，“数据透视表”的“数据源”来自 Excel 工作表，放置的位置选择【新工作表】。本例中选择【默认】选项，单击【确定】，生成一个新工作表，见图 5-92。

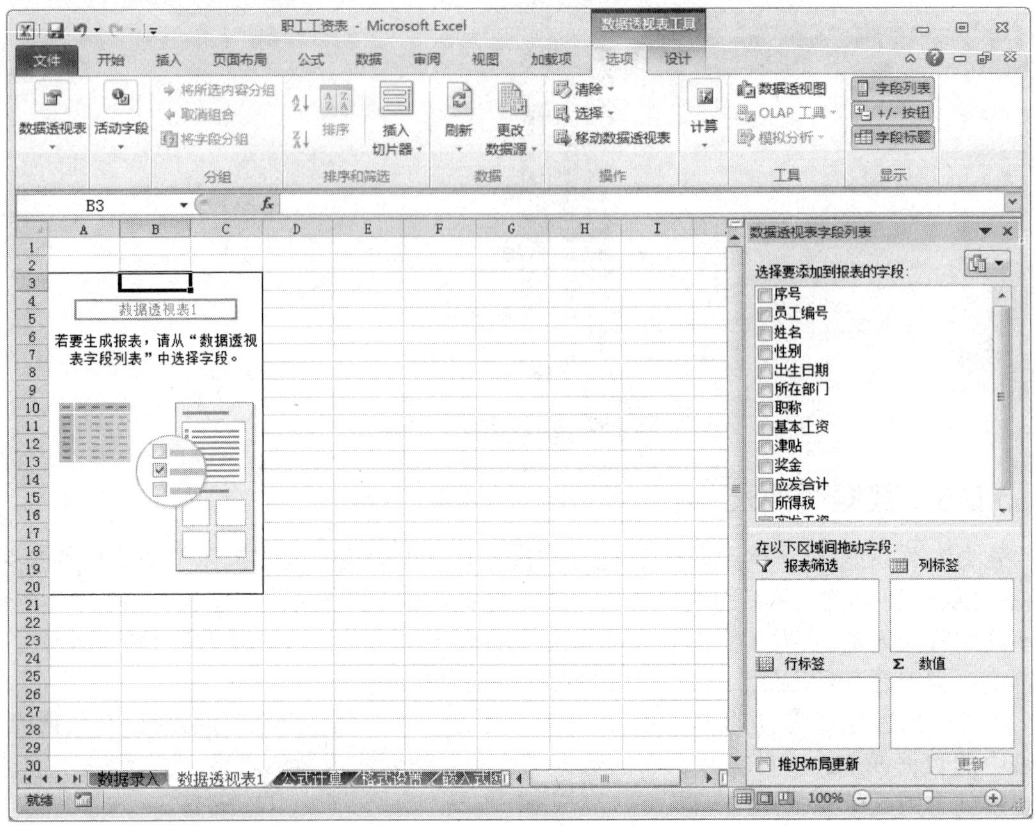

图 5-92　新插入的数据透视表

图 5-92 是一个空的数据透视表，需要进一步编辑。根据题目要求，在右侧的【选择字段】窗格中，将【所在部门】拖拽到下面的【列标签】中，将【职称】拖拽到【行标签】中，其实这两个都是分类字段，哪个为行标签，哪个为列标签，仅仅影响透视表的显示问题，可以互换，甚至两个都可以放到行标签或列标签。然后将“姓名”、“奖金”、“实发工资”三个要统计的字段都拖到“数值”区，左侧的数据发生了变化，如图 5-93 所示。

图 5-93　拖动字段到对应标签生成数据

但这个结果与要求的“统计各部门不同职称的人数、实发工资总额和奖金的平均值”有一定差距，因为要统计的是“奖金平均值”，而拖放过来的“奖金”字段是“求和项”，因此，需要更改为“平均值”。在图 5-93 中，点击【求和项:奖金】右边的下拉箭头，在弹出的菜单中选择【值字段设置】，弹出对话框，如图 5-94 所示，将【计算类型】修改为【平均值】即可，结果如图 5-95 所示。

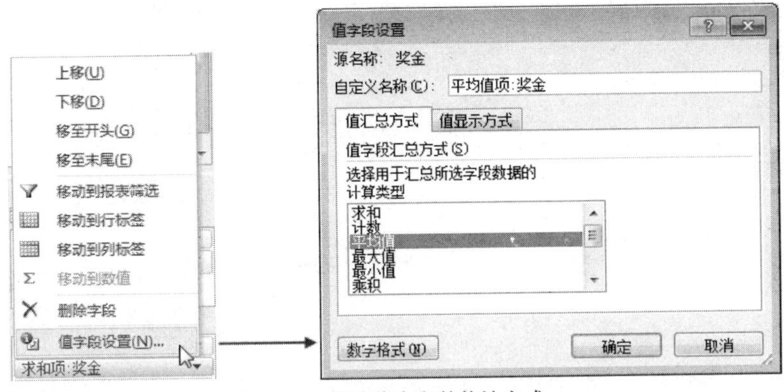

图 5-94　修改值字段的统计方式

2. 数据透视表的编辑

（1）更改数值字段的计算位置

图 5-95 中，数值统计默认都在【列标签】中，导致数据横向比较长，看起来不方便，可以将其【移动到行标签】，便于显示。操作方法是：在图 5-95 的【列标签】中，单击【数值】下拉菜单，在弹出菜单中选择【移动到行标签】，则结果如图 5-96 所示。这样就将统计的主分类字段换成了“职称”，但统计结果是一样的。

图 5-95　更改字段统计方式后结果

（2）使用【数据透视表工具】

数据透视表插入后，顶部出现了【数据透视表工具】，包括两个选项卡，分别是【选项】和【设计】，如图 5-97、图 5-99 所示。在【选项】面板中，可以对数据透视表进行各种设置，包括【更改名称】、【排序】、【插入切片器】、【清除内容】、【移动数据透视表】、【更改汇总方式】等。其中，【插入切片器】是对透视表的结果进行筛选，如按【性别】筛选，可以插入一个

【切片器】选择【性别】，结果如图 5-98 所示。可以插入多个切片器，进行关联筛选。

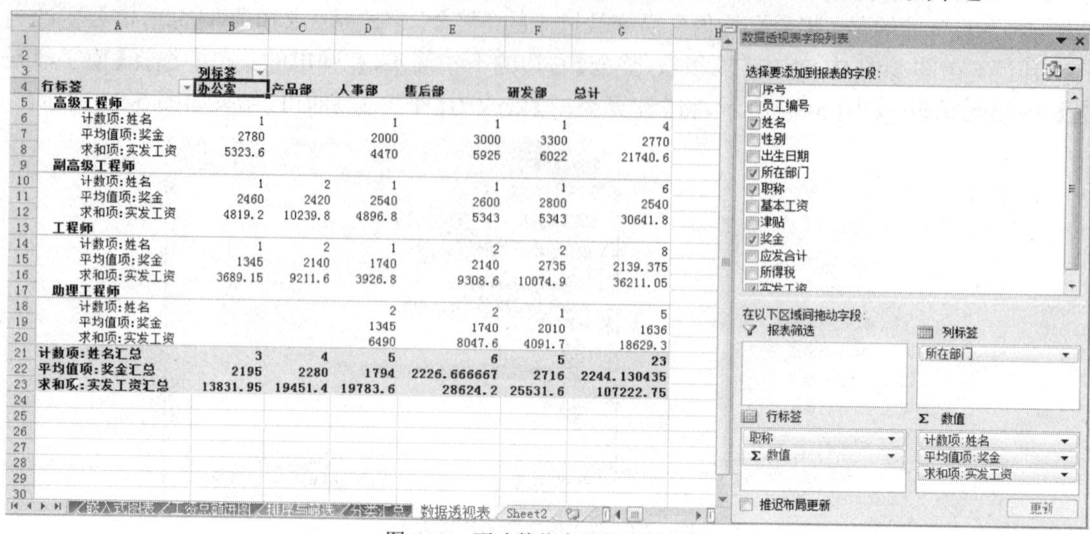

行标签	办公室	产品部	人事部	售后部	研发部	总计
高级工程师						
计数项:姓名	1		1	1	1	4
平均值项:奖金	2780		2000	3000	3300	2770
求和项:实发工资	5323.6		4470	5925	6022	21740.6
副高级工程师						
计数项:姓名	1	2	1	1	1	6
平均值项:奖金	2460	2420	2540	2600	2800	2540
求和项:实发工资	4819.2	10239.8	4896.8	5343	5343	30641.8
工程师						
计数项:姓名	1	2	1	2	2	8
平均值项:奖金	1345	2140	1740	2140	2735	2139.375
求和项:实发工资	3689.15	9211.6	3926.8	9308.6	10074.9	36211.05
助理工程师						
计数项:姓名			2	2	1	5
平均值项:奖金			1345	1740	2010	1636
求和项:实发工资			6490	8047.6	4091.7	18629.3
计数项:姓名汇总	3	4	5	6	5	23
平均值项:奖金汇总	2195	2280	1794	2226.666667	2716	2244.130435
求和项:实发工资汇总	13831.95	19451.4	19783.6	28624.2	25531.6	107222.75

图 5-96　更改数值字段的计算位置

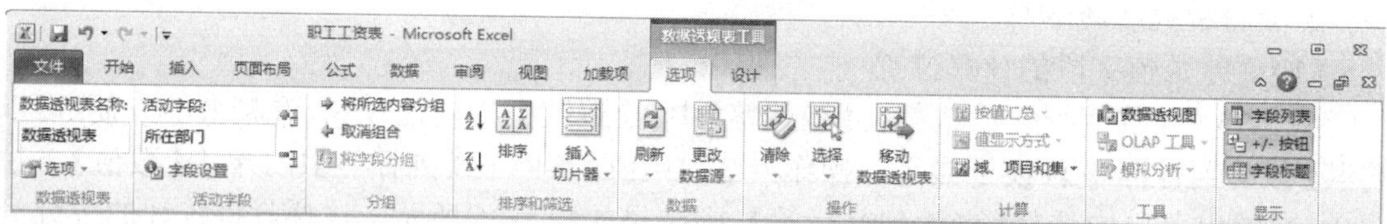

图 5-97　数据透视表工具——【选项】

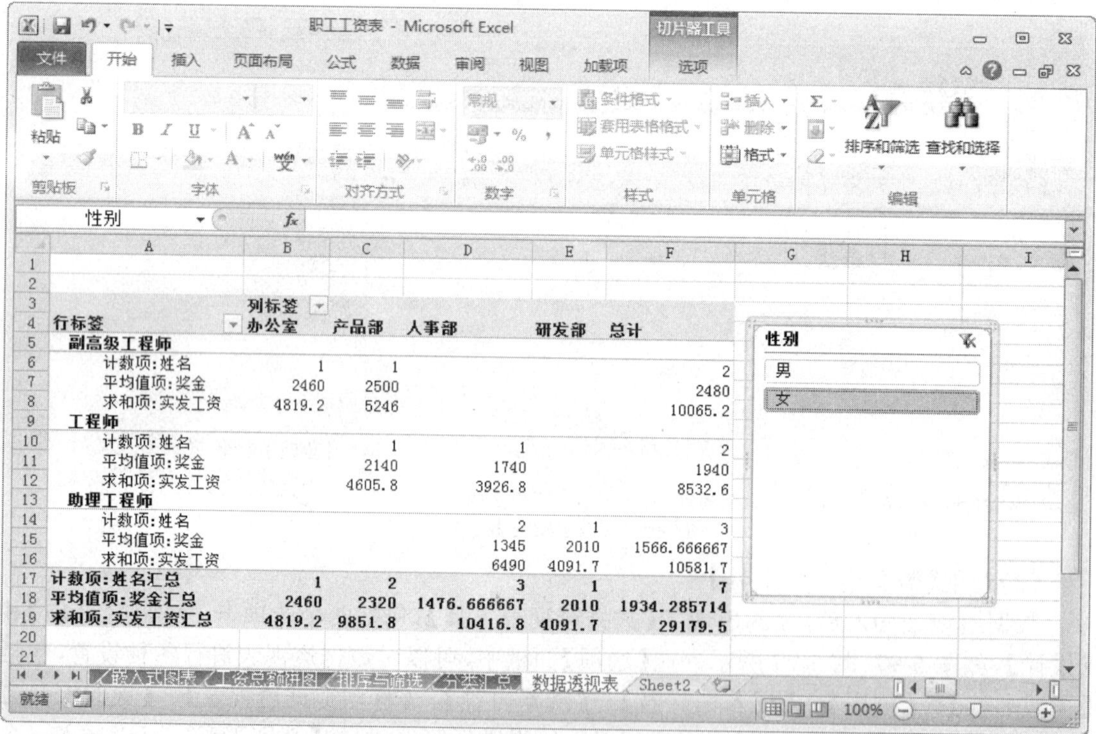

行标签	办公室	产品部	人事部	研发部	总计
副高级工程师					
计数项:姓名	1	1			2
平均值项:奖金	2460	2500			2480
求和项:实发工资	4819.2	5246			10065.2
工程师					
计数项:姓名		1	1		2
平均值项:奖金		2140	1740		1940
求和项:实发工资		4605.8	3926.8		8532.6
助理工程师					
计数项:姓名			2	1	3
平均值项:奖金			1345	2010	1566.666667
求和项:实发工资			6490	4091.7	10581.7
计数项:姓名汇总	1	2	3	1	7
平均值项:奖金汇总	2460	2320	1476.666667	2010	1934.285714
求和项:实发工资汇总	4819.2	9851.8	10416.8	4091.7	29179.5

图 5-98　【插入切片器】

数据透视表的【设计】面板用来美化透视表的外观，提供了几十种样式可供选择，如图 5-99 所示。选择其中一种喜欢的样式，使数据透视表迅速改变外观，如图 5-100 所示为应用了样式的数据透视表。

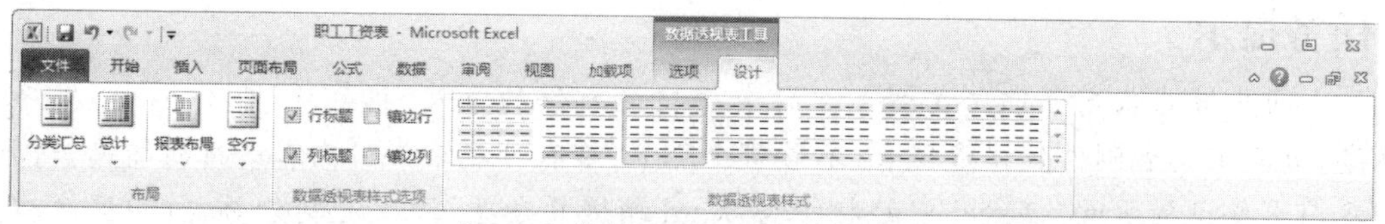

图 5-99　数据透视表工具——【设计】

行标签	办公室	产品部	人事部	售后部	研发部	总计
高级工程师						
计数项:姓名	1		1	1	1	4
平均值项:奖金	2780		2000	3000	3300	2770
求和项:实发工资	5323.6		4470	5925	6022	21740.6
副高级工程师						
计数项:姓名	1	2	1	1	1	6
平均值项:奖金	2460	2420	2540	2600	2800	2540
求和项:实发工资	4819.2	10239.8	4896.8	5343	5343	30641.8
工程师						
计数项:姓名	1	2	1	2	2	8
平均值项:奖金	1345	2140	1740	2140	2735	2139.375
求和项:实发工资	3689.15	9211.6	3926.8	9308.6	10074.9	36211.05
助理工程师						
计数项:姓名			2	2	1	5
平均值项:奖金			1345	1740	2010	1636
求和项:实发工资			6490	8047.6	4091.7	18629.3
计数项:姓名汇总	3	4	5	6	5	23
平均值项:奖金汇总	2195	2280	1794	2226.666667	2716	2244.130435
求和项:实发工资汇总	13831.95	19451.4	19783.6	28624.2	25531.6	107222.75

图 5-100　对数据透视表应用样式

3. 数据透视表的使用

数据透视表的用处很多，除了可以观看全局的统计信息外，还可以只查看所关心的某一类统计。例如，想要看办公室、研发部的副高级职称以上人员的工资信息，可以设置在列标签和行标签上设置筛选条件，如图 5-101 所示。当双击某个数据时，Excel 自动创建一个新的工作表，显示所选内容的明细，如图 5-102 所示。

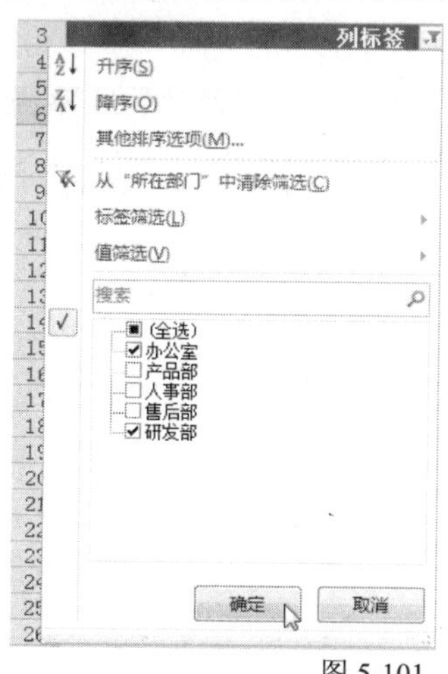

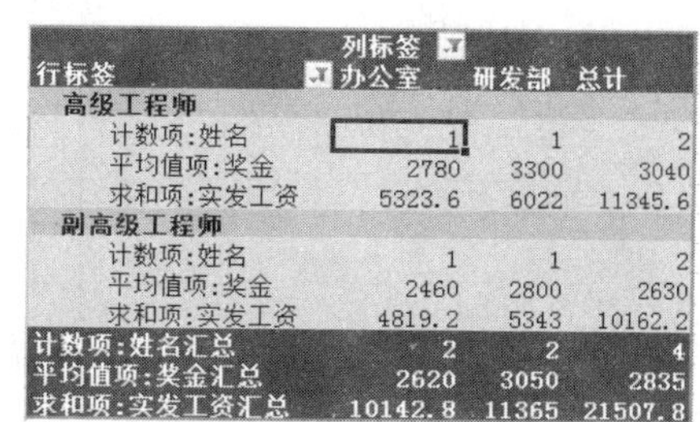

行标签	办公室	研发部	总计
高级工程师			
计数项:姓名	1	1	2
平均值项:奖金	2780	3300	3040
求和项:实发工资	5323.6	6022	11345.6
副高级工程师			
计数项:姓名	1	1	2
平均值项:奖金	2460	2800	2630
求和项:实发工资	4819.2	5343	10162.2
计数项:姓名汇总	2	2	4
平均值项:奖金汇总	2620	3050	2835
求和项:实发工资汇总	10142.8	11365	21507.8

图 5-101　在列标签和行标签上设置筛选

序号	员工编号	姓名	性别	出生日期	所在部门	职称	基本工资	津贴	奖金	应发合计	所得税	实发工资
9	03001	赵海	男	1971/12/12	研发部	高级工程师	1600	1200	3300	6100	78	6022

图 5-102　显示明细

5.6 页面设置和打印

任务提示

上面几节我们对《职工工资》工作表进行了数据的录入、格式化、制作图表、排序、筛选、分类汇总和制作数据透视表，不管哪个环节，都有可能需要对内容进行打印输出，打印之前需要设置页面。Excel 中的打印与 Word 稍微复杂些，涉及定制分页、打印区域、打印标题等。本项目的最后我们就来学习一下如何对 Excel 工作表进行页面设置和打印。

编辑完成后的工作表，要用打印机打印输出，应先进行页面设置，然后才能打印。

5.6.1 页面设置

页面设置可以通过【页面布局】选项卡完成，如图 5-103 所示。

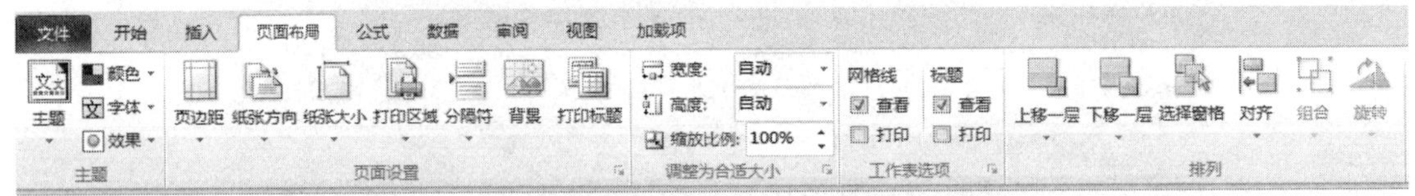

图 5-103 【页面布局】选项卡

该选项卡可以设置【页边距】、【纸张方向】、【纸张大小】、【打印区域】、【分隔符】、【背景】、【打印标题】等，还可以点击右下角的，打开【页面设置】对话框，对页面、页边距、页眉和页脚等进行设置。

1. 设置页边距

Excel 2010 提供了三种常见设置，即【普通】、【宽】和【窄】，根据需要可以进行设置，如图 5-105a）所示。如果都不满意，可以点击下面的【自定义边距】将打开如图 5-104b）所示的对话框进行精细调整。

a）设置页面

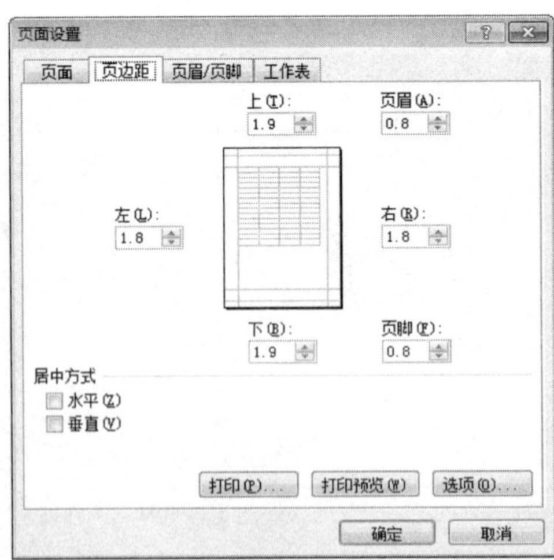

b）设置页边距

图 5-104 【页面设置】对话框

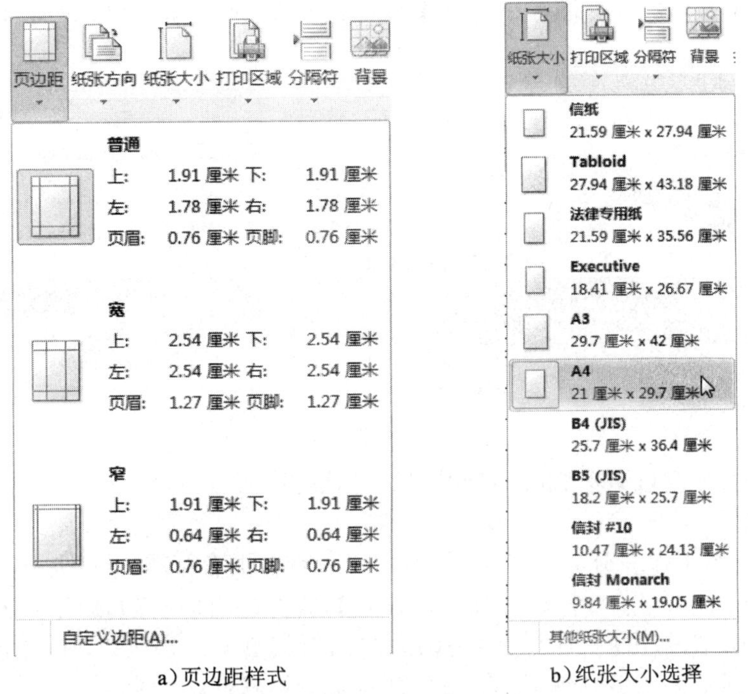

a）页边距样式　　b）纸张大小选择

图 5-105　设置页边距和纸张大小

2. 纸张方向

可以选择【纵向】和【横向】两种，默认【纵向】。如果工作表的列比较多，一页纸无法放置时，一般设置为【横向】。

3. 纸张大小

有多种纸张大小可供选择，如图 5-105b）所示。设置完以上三项后，Excel 会在数据区域显示纵向页边和横向页边，以虚线分割，如图 5-106 所示。

产品部							¥ 4,862.85
产品部							¥ 19,451.40
售后部	高级工程师	¥ 1,600.00	¥ 1,400.00	¥ 3,000.00	¥ 6,000.00	¥ 75.00	¥ 5,925.00
售后部	副高级工程师	¥ 1,500.00	¥ 1,300.00	¥ 2,600.00	¥ 5,400.00	¥ 57.00	¥ 5,343.00
售后部	工程师	¥ 1,350.00	¥ 1,200.00	¥ 2,140.00	¥ 4,690.00	¥ 35.70	¥ 4,654.30
售后部	工程师	¥ 1,350.00	¥ 1,200.00	¥ 2,140.00	¥ 4,690.00	¥ 35.70	¥ 4,654.30
售后部	助理工程师	¥ 1,200.00	¥ 1,100.00	¥ 1,740.00	¥ 4,040.00	¥ 16.20	¥ 4,023.80
售后部	助理工程师	¥ 1,200.00	¥ 1,100.00	¥ 1,740.00	¥ 4,040.00	¥ 16.20	¥ 4,023.80
售后部							¥ 4,770.70
售后部							¥ 28,624.20
							¥ 107,222.75

纵向页边

横向页边

图 5-106　页边显示

4. 打印区域设置

如果只想打印某些行或某些列，可以使用【打印区域设置】。首选需要框选要打印的区域，然后点击图 5-103 中页面设置下的【打印区域】，则打印时，仅仅打印所选内容，如图 5-107 所示。

益通公司员工工资表

序号	员工编号	姓名	性别	出生日期	所在部门	职称	基本工资	津贴	奖金	应发合计	所得税	实发工资
1	1001	张林	男	1970年2月1日	办公室	高级工程师	¥ 1,600.00	¥ 1,000.00	¥ 2,780.00	¥ 5,380.00	¥ 56.40	¥ 5,323.60
2	1002	周一辉	男	1973年3月12日	办公室	工程师	¥ 1,350.00	¥ 1,000.00	¥ 1,345.00	¥ 3,695.00	¥ 5.85	¥ 3,689.15
3	1003	王云	女	1976年4月20日	办公室	副高级工程师	¥ 1,500.00	¥ 900.00	¥ 2,460.00	¥ 4,860.00	¥ 40.80	¥ 4,819.20
		部门平均工资			办公室							¥ 4,610.65
		部门工资总额			办公室							¥ 13,831.95

图 5-107　设置打印区域

点击【取消打印区域】即可删除打印区域，默认打印所有内容。

5. 打印标题

很多时候一个工作表分为多页打印，但默认只有首页有标题，其他页面不显示，不太直观。如图 5-108 所示。此时可以点击【打印标题】，打开【页面设置】选项卡中的【工作表】面板，如图 5-109 所示，点击【打印标题】→【顶端标题行】右侧的小按钮，在工作表中选择一行或多行标题，完成后即可看到每页都会打印所选择的标题行。

益通公司员工工资表

序号	员工编号	姓名	性别	出生日期	所在部门	职称	基本工资	津贴	奖金	应发合计	所得税	实发工资
1	1001	张林	男	1970年2月1日	办公室	高级工程师	¥1,600.00	¥ 1,000.00	¥2,780.00	¥ 5,380.00	¥ 56.40	¥ 5,323.60
2	1002	周一辉	男	1973年3月12日	办公室	工程师	¥1,350.00	¥ 1,000.00	¥1,345.00	¥ 3,695.00	¥ 5.85	¥ 3,689.15
3	1003	王云	女	1976年4月20日	办公室	副高级工程师	¥1,500.00	¥ 900.00	¥2,460.00	¥ 4,860.00	¥ 40.80	¥ 4,819.20
		部门平均工资			办公室							¥ 4,610.65
		部门工资总额			办公室							¥13,831.95
4	2001	李大国	男	1969年5月30日	人事部	高级工程师	¥1,600.00	¥ 900.00	¥2,000.00	¥ 4,500.00	¥ 30.00	¥ 4,470.00
5	2002	刘海红	男	1982年7月8日	人事部	副高级工程师	¥1,500.00	¥ 900.00	¥2,540.00	¥ 4,940.00	¥ 43.20	¥ 4,896.80
6	2003	王芳	女	1985年8月16日	人事部	工程师	¥1,350.00	¥ 850.00	¥1,740.00	¥ 3,940.00	¥ 13.20	¥ 3,926.80
7	2004	李玉明	女	1988年9月24日	人事部	助理工程师	¥1,200.00	¥ 700.00	¥1,345.00	¥ 3,245.00	¥ -	¥ 3,245.00
8	2005	张丽	女	1991年11月3日	人事部	助理工程师	¥1,200.00	¥ 700.00	¥1,345.00	¥ 3,245.00	¥ -	¥ 3,245.00
		部门平均工资			人事部							¥ 3,956.72
		部门工资总额			人事部							¥19,783.60
9	3001	赵海	男	1971年12月12日	研发部	高级工程师	¥1,600.00	¥ 1,200.00	¥3,300.00	¥ 6,100.00	¥ 78.00	¥ 6,022.00
10	3002	周明	男	1967年7月10日	研发部	副高级工程师	¥1,500.00	¥ 1,100.00	¥2,800.00	¥ 5,400.00	¥ 57.00	¥ 5,343.00
11	3003	吴石磊	男	1972年8月21日	研发部	工程师	¥1,350.00	¥ 1,000.00	¥2,790.00	¥ 5,140.00	¥ 49.20	¥ 5,090.80
12	3004	李正坤	男	1977年10月3日	研发部	工程师	¥1,350.00	¥ 1,000.00	¥2,680.00	¥ 5,030.00	¥ 45.90	¥ 4,984.10
13	3005	段珊	女	1982年11月15日	研发部	助理工程师	¥1,200.00	¥ 900.00	¥2,010.00	¥ 4,110.00	¥ 18.30	¥ 4,091.70
		部门平均工资			研发部							¥ 5,106.32
		部门工资总额			研发部							¥25,531.60
14	4001	孙晓玉	女	1977年12月28日	产品部	副高级工程师	¥1,500.00	¥ 1,300.00	¥2,500.00	¥ 5,300.00	¥ 54.00	¥ 5,246.00
15	4002	王家朔	男	1983年2月8日	产品部	副高级工程师	¥1,500.00	¥ 1,200.00	¥2,340.00	¥ 5,040.00	¥ 46.20	¥ 4,993.80
16	4003	杜鹏程	男	1970年2月1日	产品部	工程师	¥1,350.00	¥ 1,150.00	¥2,140.00	¥ 4,640.00	¥ 34.20	¥ 4,605.80
17	4004	孙丽佳	女	1973年3月12日	产品部	工程师	¥1,350.00	¥ 1,150.00	¥2,140.00	¥ 4,640.00	¥ 34.20	¥ 4,605.80
		部门平均工资			产品部							¥ 4,862.85
		部门工资总额			产品部							¥19,451.40
18	5001	钱森	男	1966年4月20日	售后部	高级工程师	¥1,600.00	¥ 1,400.00	¥3,000.00	¥ 6,000.00	¥ 75.00	¥ 5,925.00
19	5002	黄涛	男	1979年5月30日	售后部	副高级工程师	¥1,500.00	¥ 1,300.00	¥2,600.00	¥ 5,400.00	¥ 57.00	¥ 5,343.00
20	5003	王亚江	男	1982年7月8日	售后部	工程师	¥1,350.00	¥ 1,200.00	¥2,140.00	¥ 4,690.00	¥ 35.70	¥ 4,654.30
21	5004	赵子龙	男	1985年8月16日	售后部	工程师	¥1,350.00	¥ 1,200.00	¥2,140.00	¥ 4,690.00	¥ 35.70	¥ 4,654.30
22	5005	郑杰辉	男	1988年9月24日	售后部	助理工程师	¥1,200.00	¥ 1,100.00	¥1,740.00	¥ 4,040.00	¥ 16.20	¥ 4,023.80
23	5006	张浩	男	1991年11月3日	售后部	助理工程师	¥1,200.00	¥ 1,100.00	¥1,740.00	¥ 4,040.00	¥ 16.20	¥ 4,023.80
		部门平均工资			售后部							¥ 4,770.70
		部门工资总额			售后部							¥28,624.20
		工资总额										########

图 5-108　未设置打印标题时

6. 设置页眉、页脚

还可以像 Word 一样，给 Excel 工作表设置页眉页脚。单击【页面设置】对话框内的【页眉 / 页脚】选项卡，在【页眉】、【页脚】下拉列表中可以选择系统提供的页眉、页脚内容，如图 5-110 所示，也可以由用户自定义页眉、页脚。单击【自定义页眉】按钮，打开【页眉】对话框，如图 5-111 所示。

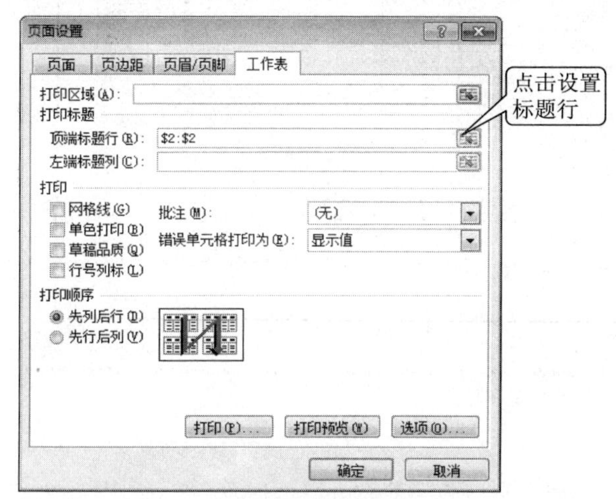

图 5-109　打印标题设置

图 5-110　设置页眉页脚

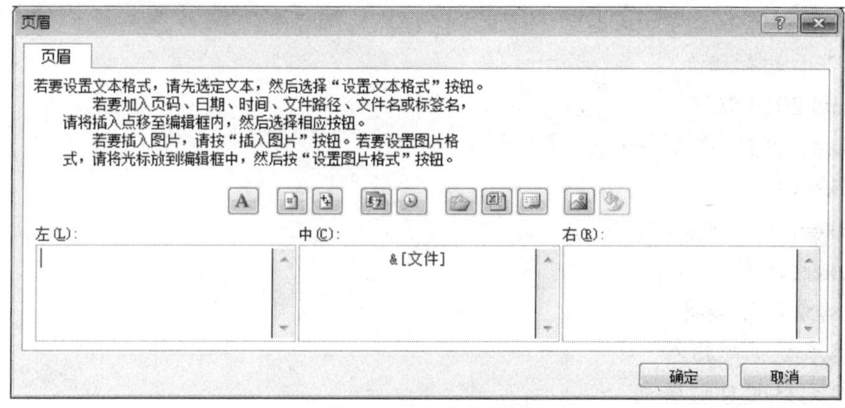

图 5-111　自定义页眉

在【左】、【中】、【右】文本框中可以输入显示在页眉相应位置上的文本，也可以利用文本框上方的工具按钮插入其他内容，如页码、日期等。

注意：Excel的所有页面设置命令只对当前工作表起作用。

5.6.2　打印预览和打印

【页面设置】完成后，可以单击【文件】→【打印】，同时进行预览和打印输出，如图 5-112 所示。

可以设置打印的页数、打印方向、边距、缩放等，右侧窗口进行预览，设置完毕后，点击【打印】按钮即可将打印任务发送至打印机输出了。

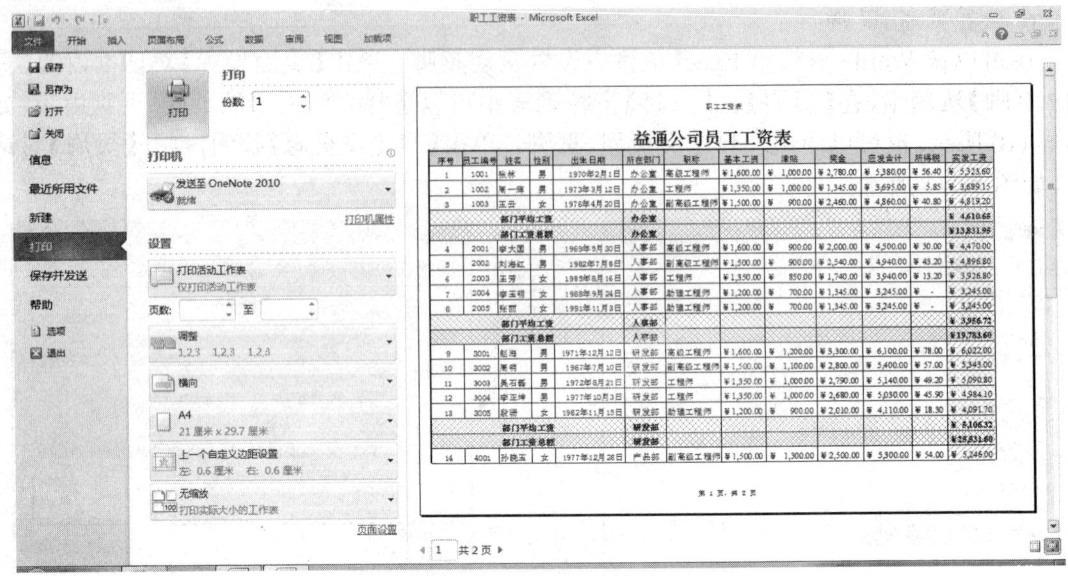

图 5-112 打印预览和打印

任务总结

本章我们学习了电子表格工具 Excel 2010 的操作方法，结合《职工工资表》工作簿的制作，到这里你是不是对 Excel 2010 有了较为熟练的掌握？通过完成这个综合任务，你应该掌握下面的知识点：

1. Excel 2010 概述

(1)Excel 2010 的主要功能、窗口组成

(2)Excel 的常用术语

(2)Excel 工作簿管理

(3)Excel 工作表

2. 数据录入与编辑

(1)基本数据的输入

(2)单元格的自动填充

(3)公式计算

(4)使用函数

3. 工作表的编辑和格式化

(1)单元格的选定、插入、删除、复制和移动

(2)选择性粘贴数据

(3)调整行高与列宽

(4)单元格格式设置：数据对齐、数据格式、边框样式、底色图案、字体格式

(5)条件格式设置

4. 插入和编辑图表

(1)Excel 图表的类型

(2)图表的组成

（3）图表的创建

（4）图表的编辑和格式化

5. 数据管理与分析

（1）有关的概念

（2）数据的排序

（3）自动筛选和高级筛选

（4）单次分类汇总、多次分类汇总

（5）数据透视表的制作和使用

6. 页面设置和打印

（1）页面的设置

（2）打印预览和打印

作业与习题

［作业］

假设你是贵单位人力资源部的一名员工，参照本章介绍的案例，制作贵单位某月的《职工工资表》（信息可虚拟），要求如下：

1. 内容：至少包括姓名、性别、出生年月、职称、部门、基本工资、奖金、津贴、应发、所得税、实发工资等，还可增加公积金、养老险等列，至少应有15人以上的信息。

2. 自动填充：能用自动填充的务必要用自动填充完成，能用公式计算的必须要用公式，各部门应有合计和平均值信息。

3. 格式设置：参照图5-28设置标题、各行和各列的格式。

4. 图表制作：参照图5-44、图5-45创建一个柱形图、折线图和饼形图。

5. 数据筛选：按照部门、基本工资、奖金、实发工资等字段进行组合筛选。

6. 分类汇总：按照图5-90的样例效果，进行分类汇总，至少进行2～3次汇总。

7. 数据透视表：按图5-96的样例效果，创建一个数据透视表，对你的工资表进行深入汇总和分析。

［习题］

1. Excel中处理并存储工作数据的文件叫________。

A. 工作簿　　B. 工作表　　C. 单元格　　D. 活动单元格

2. Excel中处理并存储数据的基本工作单位叫________。

A. 工作簿　　B. 工作表　　C. 单元格　　D. 活动单元格

3. Excel 2010工作簿文件的扩展名是________。

A. .XLSX　　B. .DOC　　C. .BMP　　D. .LXS

4. 在Excel工作表单元格中输入合法的日期，下列输入正确的是________。

A. 9/18/14　　B. 2014-9-18　　C. 9,18,2014　　D. 9-18-2014

5. 在Excel工作表单元格中输入字符型数据5118，下列输入中正确的是________。

A. ’5118　　B. ”5118　　C. ”5118”　　D. ’5118’

6. 如果要在单元格中输入硬回车，需按________组合键。

A.【Ctrl】+【Enter】 B.【Shift】+【Enter】 C.【Tab】+【Enter】 D.【Alt】+【Enter】

7. 在 Excel 工作表单元格中输入公式 =C2*100-A5，则该单元格的值________。

A. 为单元格 C2 的值乘以 100 再减去单元格 A5 的值，该单元格的值不再变化

B. 为单元格 C2 的值乘以 100 再减去单元格 A5 的值，该单元格的值将随着单元格 C2 和 A5 值的变化而变化

C. 为单元格 C2 的值乘以 100 再减去单元格 A5 的值，其中 C2、A5 分别代表某个变量的值

D. 为空，因为该公式非法

8. 假定单元格内的数字为 2014，将其格式设定为"#，##0.0"，则将显示为________。

A. 2,014.0 B. 2.014 C. 2,014 D. 2014.0

9. 单元格 A1 为数值 8，在 B1 输入公式：=IF（A1>6，"Yes"，"No"），结果 B1 为________。

A.Yes B.No C. 不确定 D. 空白

10. 某个 Excel 工作表 C 列所有单元格的数据是利用 B 列相应单元格数据通过公式计算得到的，此时如果将该工作表 B 列删除，那么，删除 B 列操作对 C 列________。

A. 不产生影响

B. 产生影响，但 C 列中的数据正确无误

C. 产生影响，C 列中数据部分能用

D. 产生影响，C 列中的数据失去意义

11. 某个 Excel 工作表 C 列所有单元格的数据是利用 B 列相应单元格数据通过公式计算得到的，在删除工作表 B 列之前，为确保 C 列数据正确，必须进行________。

A. C 列数据复制操作 B. C 列数据粘贴操作

C. C 列数据替换操作 D. C 列数据选择性粘贴操作

12. Excel 2010 中提供的图表位置可以分为嵌入式图表和________。

A. 柱型图图表 B. 条形图图表

C. 折线图图表 D. 图表工作表

13. Excel 数据库采用的数据模型是________。

A. 层次模型 B. 网状模型 C. 关系模型 D. 结构化模型

14. 对某个数据库进行分类汇总前，必须进行的操作是________。

A. 查询 B. 筛选 C. 检索 D. 排序

15. 关于 Excel 2010，在下面的选项中，错误的说法是________。

A. Excel 是表格处理软件

B. Excel 不具有数据库管理能力

C. Excel 具有报表编辑、分析数据、图表处理、连接及合并等能力

D. 在 Excel 中可以利用宏功能简化操作

16. 以下关于 Excel 2010 的叙述中，________是正确的。

A. Excel 将工作簿的每一张工作表分别作为一个文件来保存

B. Excel 允许同时打开多个工作簿文件进行处理

C. Excel 的图表必须与生成该图表的有关数据处于同一张工作表上

D. Excel 工作表的名称由文件决定

17. 如果将 B3 单元格中的公式“=C3+$D5”复制到同一工作表的 D7 单元格中，该单元格公式为________。

A. =C3+$D5　　B. = D7+$E9　　C. =E7+$D9　　D. E7+$D5

18. 关于工作表名称的描述，正确的是________。

A. 工作表名不能与工作簿名相同

B. 同一工作簿中不能有相同名字的工作表

C. 工作表名不能使用汉字

D. 工作表名称的默认扩展名是 xls

19. 在 Excel 2003 中要选定一张工作表，操作是________。

A. 选“窗口”菜单中该工作簿名称　　B. 用鼠标单击该工作表标签

C. 在名称框中输入该工作表的名称　　D. 用鼠标将该工作表拖放到最左边

20. 在 Excel 单元格内输入计算公式时，应在表达式前加一前缀字符________。

A. 左圆括号 "("　　B. 等号 "="　　C. 美元号 "$"　　D. 单撇号 "′ "

21. 在 Excel 单元格内输入计算公式后按回车键，单元格内显示的是________。

A. 计算公式　　B. 等号 "="　　C. 空白　　D. 公式的计算结果

22. 在单元格中输入数字字符串 00080（邮政编码）时，应输入________。

A. 80　　B. ″ 00080　　C. ′ 00080　　D. 00080′

23. 在某个单元格中的数值为 2.34E+05，它与________相等。

A. 23405　　B. 2345　　C. 234　　D. 234000

24. 在 Excel 2010 中，若要对某工作表重新命名，可以采用________。

A. 单击工作表标签　　B. 双击工作表标签

C. 单击表格标题行　　C. 双击表格标题行

25. Excel 2003 中的工作表是由行、列组成的表格，表中的每一格称为________。

A. 窗口格　　B. 子表格　　C. 单元格　　D. 工作格

26. 在单元格中输入________，使该单元格显示 0.5。

A. 10/20　　B. =10/20　　C. “10/20”　　D. = “10/20”

27. 在 Excel 中，下列________是输入正确的公式形式。

A. b2*d3+1　　B. sum（d1:d2）

C. =sum（d1:d2）　　D. =8^2

28. 若在 EXCEL 的 A2 单元中输入“=56>=57”，则显示结果为________。

A. 56<57　　B. =56<57　　C. TRUE　　D. FALSE

29. 在 Excel 2003 中，利用填充柄可以将数据复制到相邻单元格中，若选择含有数值的左右相邻的两个单元格，左键拖动填充柄，则数据将以________填充。

A. 等差数列　　B. 等比数列

C. 左单元格数值　　D. 右单元格数值

30. 在 Excel 2010 中函数参数必须用________括起来，以告诉公式函数参数开始和结束的位置。

A. 中括号　　B. 双引号　　C. 圆括号　　D. 单引号

31. 在 Excel 2010 的“常用”工具栏中，“ Σ ”图标的功能是________。

A. 函数向导　　B. 自动求和　　C. 升序　　D. 图表向导

32. 在单元格中输入“=MIN（B2:B8）”，其作用是________。

A. 比较 B2 与 B8 的大小

B. 求 B2 ～ B8 之间的单元格的最小值

C. 求 B2 与 B8 的和

D. 求 B2 ～ B8 之间的单元格的平均值

33. 单元格 F3 的绝对地址为________。

A. $F3　　B. #F3　　C. $F$3　　D. F#3

34. 在 Excel 2010 中，当某单元格中的数据被显示为充满整个单元格的一串“#####”时，说明________。

A. 其中的公式内出现 0 做除数的情况

B. 显示其中的数据所需要的宽度大于该列的宽度

C. 其中的公式内所引用的单元格已被删除

D. 其中的公式内含有 Excel 不能识别的函数

35. 在 Excel 2010 中，当用户希望使标题位于表格中央时，可以使用对齐方式中的________。

A. 置中　　B. 填充　　C. 分散对齐　　D. 合并及居中

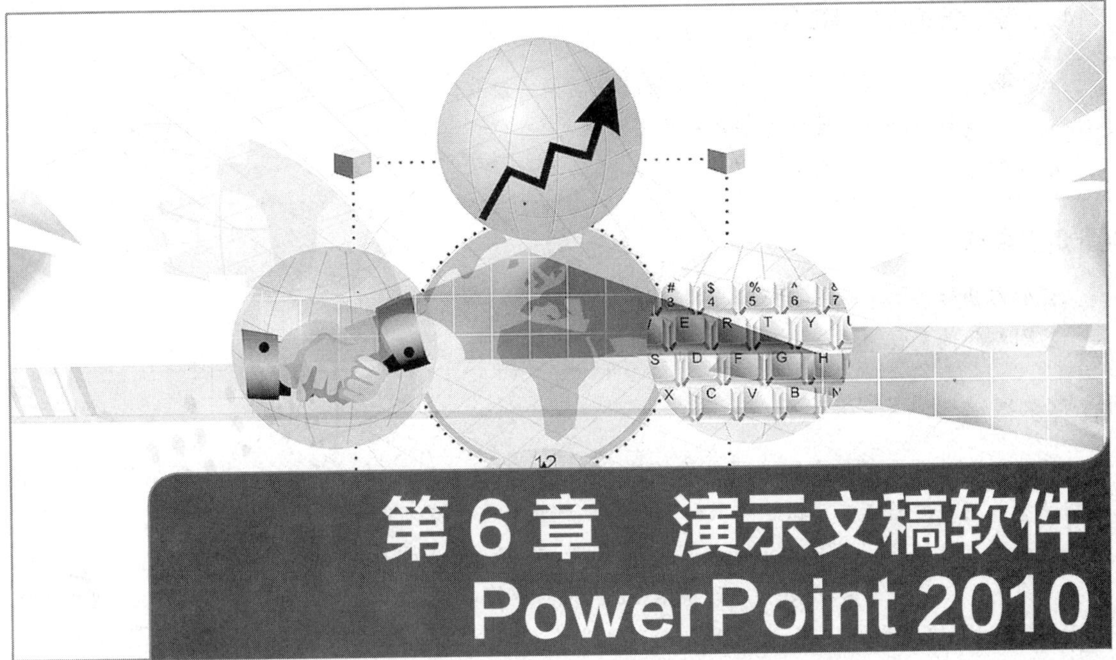

第6章 演示文稿软件 PowerPoint 2010

本章导读

PPT是我们使用计算机进行讲解、汇报、演示的好帮手。学习了Word 2010和Excel 2010后，对于PowerPoint的界面和一些基本操作你将不再陌生，或者你以前已经在工作中使用过PowerPoint，不过对于新版本，对于PowerPoint 2010各方面的功能，你是否全部了解？同第4章、第5章一样，本章首先介绍PowerPoint 2010的主要功能、工作界面、演示文稿的创建、保存、打开关闭等基本操作，着重介绍演示文稿制作的一般过程和几个重要概念，之后根据该过程展开分为五个阶段对PowerPoint 2010进行详细介绍。第一阶段：演示文稿内容输入与编辑，从选择演示文稿模板开始制作一个新的PPT，如何修改母版和版式，插入、删除、移动和编辑各页幻灯片，这个阶段是制作一个PPT的基础；第二阶段：演示文稿内容的丰富和美化，与Word不同的是，演示文稿要想打动观众，达到较好的效果，就必须从内容和形式两方面进行修饰，这部分内容教你如何将普通的文字图形化，通过插入图片、图形、表格、图表、音频视频等多种媒体让你的PPT变得更加生动而有说服力；第三阶段：演示文稿内容的动态效果设置，这是进一步对PPT的修饰，幻灯片的内容不能一下全放映出来，而是要跟随讲解的过程逐步展现，这就离不开动画效果和切换方式的设置；第四阶段：超链接和动作按钮的添加，这会让你的演示文稿更加有条理。最后介绍了演示文稿的多种输出方式，包括打印、输出到Word、发布为PDF、输出为视频、Flash等，方便在多种情况下使用PPT。同样，本章的任务情境将全部的知识点融于真实的任务中，学习本章需要紧密结合任务情境和任务提示，以你的单位（或你的家乡、家庭等）为描述对象，按照知识点展开的同时，逐步完成你的演示文稿。学完了本章，你也就做出了一份格式精美、内容丰富的演示文稿。学好PowerPoint，它既可以成为工作中演示汇报的一个重要工具，还可以变成生活和娱乐中的一个小助手。

学习目标

1. 掌握主题、模板、母版、版式、占位符等基本概念，理解其用途和使用方法；
2. 掌握幻灯片插入和编辑的基本技能，能在幻灯片中插入各种对象；
3. 掌握幻灯片的美化方法与技巧，掌握SmartArt的插入与编辑方法；

4. 掌握动画的添加和设置技巧，能熟练控制动画的播放；
5. 掌握超链接和动作按钮的插入和设置方法；
6. 了解演示文稿的各种输出方式。

重点难点

1. 幻灯片的基本编辑，各种媒体的插入；
2. 幻灯片的美化方法与技巧。

任务情境

王芳所在的益通科技有限公司某天接待了几位专家来公司考察，部门领导让王芳提前准备一下公司的有关资料并给各专家做详细具体的介绍。该用什么方式才能形象直观的介绍自己的单位呢？王芳想到了在学校学习过 PowerPoint，用它可以图、文、声、像并茂地展现公司的各方特色。于是她决定将原来的《公司介绍》Word 文档改编成 PPT，将其中的内容恰当的分配到各页幻灯片上，通过美化页面、设置动态效果和超链接，打包输出后就可以在会议室的投影上放映了，这样的演示效果肯定要比 Word 生动得多。王芳该怎么做呢？让我们跟随她一起学习制作一篇《公司介绍》PPT 吧！

本章学习计划

内　容	建议自学时间（学时）	学 习 建 议	学习记录
6.1 PowerPoint 2010 概述	1	本节重点熟悉 PowerPoint 2010 新版本的主要功能、工作界面，并对演示文稿的基本操作进行讲解；如果以前用过 PowerPoint 2007，本节可重点了解一下演示文稿的一般制作过程，如果对 PowerPoint 不熟悉，希望学习者能认真练习一下它的基本操作	
6.2 幻灯片制作的几个重要概念	1	本节介绍了几个重要概念；学习者应了解模板、母版、版式和占位符的区别和联系，为后面的学习打下基础	
6.3 演示文稿内容的输入与编辑	2	熟练掌握演示文稿的模板选择、母版和版式的修改、幻灯片的插入、删除、移动、隐藏等基本操作，并能编辑幻灯片的内容；本节务必要以你的公司为描述对象，创建以你的公司命名的演示文稿并参照样例编辑各页的内容	
6.4 演示文稿内容丰富与美化	2	本节是整章的核心内容；将文字转换为恰当的图示可以避免大篇文字的单调和枯燥，而且能更形象地说明问题，学习者要充分理解文字图形化的意义和方法，在实践中不断练习；在演示文稿中插入图形、图片、表格、音视频等媒体能够更好地辅助你的讲解并从多个角度展现你要说明的问题，学习者要学会利用这些媒体，并掌握插入和设置这些媒体的方法技巧	
6.5 演示文稿内容动态效果设置	1	添加动画能让演示者更为从容地控制 PPT 根据所讲内容的进展控制幻灯片上内容的显示，因此要学会给幻灯片中的对象添加适当的动态效果，但“过犹不及”，动画效果不可太花哨，以免分散听众的注意力	
6.6 插入超链接和动作按钮	1	添加超链接和动作按钮可以让演示文稿变得更有条理性，也能让演示者从容控制 PPT 的播放，因此要学会在恰当的地方添加进入和返回的超链接或动作按钮	
6.7 演示文稿的输出	1	根据不同场合的需要可以将 PPT 输出为 Word 讲义、PDF、动画、视频等，要掌握每种输出方式的详细操作方法和控件的下载及安装方法	

6.1 PowerPoint 2010 概述

任务提示

要想完成好任务，必须要熟悉所用的工具。在本节，我们先要了解 PowerPoint 2010 的主要功能、工作界面、各类选项卡，演示文稿的创建、保存、打开、关闭等基本操作，演示文稿的一般制作过程，最后创建一个“公司介绍 .pptx”文档保存到【我的电脑】中。

6.1.1 了解 PowerPoint 2010 主要功能

PowerPoint 2010 是 Office 2010 的重要组成之一，是一款专门制作演示文稿的应用软件，利用它能够方便地制作出集文字、图形、图像、声音以及视频等多媒体元素于一体的演示文稿，把要表达的信息组织在一组图文并茂的画面中，方便用户观看和演示。不仅如此，用户还可以把它们打印出来，制成标准的幻灯片，作为资料保存。另外，用户也可以利用计算机和投影仪进行演示，并且可以加上各种动画、特技、声音等多媒体效果，使演示文稿更加生动活泼，增强说服力。

PowerPoint 制作的演示文稿可以用幻灯片的形式进行演示，非常适用于学术交流、演讲、工作汇报、辅助教学和产品展示等需要多媒体演示的场合。在编辑功能上，PowerPoint 提供了各式各样的幻灯片版式，可制作包含文本、图片、表格、组织结构等不同格式的幻灯片。它还提供了丰富多样的适用于各行各业的设计模版，用户只需要填入内容就可以制作出精美的幻灯片。除此之外，在幻灯片内容的编辑方面，与 Word 操作非常类似，文本、图片的插入与删除是基本功能，各种多媒体对象如影片、声音、动画等都可以方便地插入到幻灯片中播放，而每一对象的显示方式还可以设置数百种不同的动画与声音搭配，动画的效果无需创建，只需设置效果参数即可。内建的 Microsoft 剪辑管理器更是演示文稿多样化的素材宝库。另外，PowerPoint 还有很多其他功能，如转换成 HTML 文件，利用控件转换为视频文件，与 Office 软件中其他产品集成运用等。

6.1.2 PowerPoint 2010 工作界面

进入 PowerPoint 2010 的方法通常有两种，一是从程序菜单中选择启动 Microsoft Office PowerPoint 2010 程序，另一种是双击一个已存在的【PowerPoint】文件图标。PowerPoint 2010 的工作界面与 2007 基本类似，继承了“带状选项卡 + 工具按钮”的形式，在某些细节上有所变化，如图 6-1 所示。

PowerPoint 2010 整个界面分为五部分，最上面为功能区，包含了 PowerPoint 2010 的所有功能，以下有详细介绍；中间空白部分为幻灯片编辑区，通过视图比例的缩放可以控制显示区域的大小；编辑区的下方为备注区，可将不便于在幻灯片中出现的内容以及演示时需要口语表达的内容写在其中；左边为幻灯片列表区，当前演示文稿中所有的幻灯片都会按添加顺序排列，可以【幻灯片】或【大纲】两种视图方式显示；最下方为状态栏，可以查看幻灯片总页数、所选择的主题名称、视图方式以及幻灯片缩放比例。

下面对 PowerPoint 2010 的各主要选项卡和迷你工具栏做简要介绍。

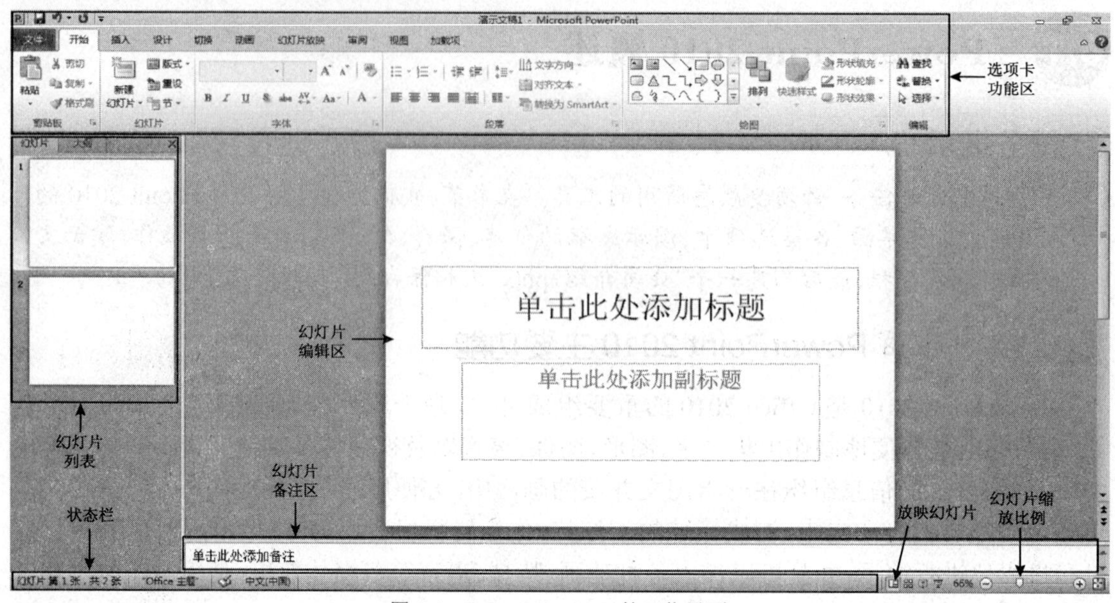

图 6-1　PowerPoint 2007 的工作界面

1.【文件】菜单

【文件】菜单位于 PowerPoint 2010 左上角，继承了低版本中【文件】菜单的功能，如【新建】、【打开】、【保存】、【另存】、【打印】、【发送】等。如图 6-2 所示。在这里还可以找到【最近所用文件】，另外还可以设置【选项】，如图 6-3 所示。

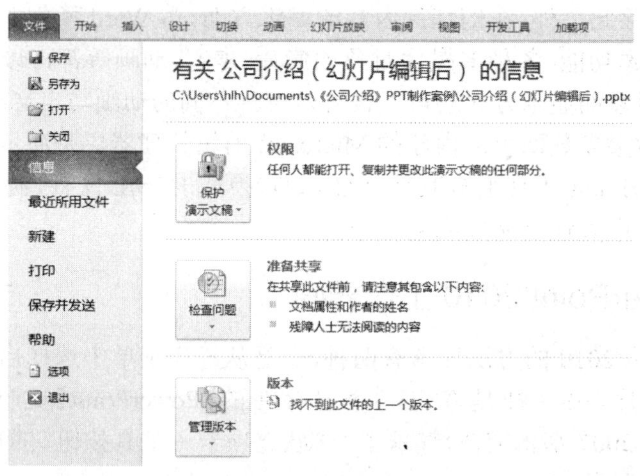

图 6-2　【文件】菜单

2.【开始】选项卡

该选项卡集成了演示文稿操作最常用的功能，例如【剪贴板】、【幻灯片的插入】、【删除】、【版式修改】功能，【字体】和【段落】的格式设置，【绘图】功能以及文本的查找替换等。如图 6-4 所示。

3.【插入】选项卡

该选项卡集成了所有能在幻灯片中插入的对象，如图 6-5 所示。可以插入表格、图片、剪贴画、屏幕截图、相册、形状、SmartArt、图表等（屏幕截图是 2010 版新增功能），还可以插入超级链接和设置动作，文本框、页眉和页脚、艺术字、对象等的插入也是在该选项卡中完成。此外，在幻灯片中还可以插入各种媒体，如音频、视频等，有关操作方法将在后面详细介绍。

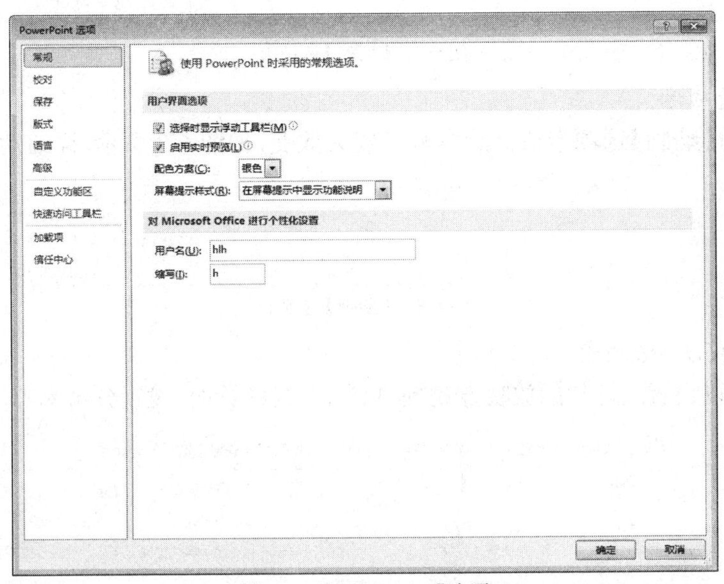

图 6-3　【PowerPoint】选项

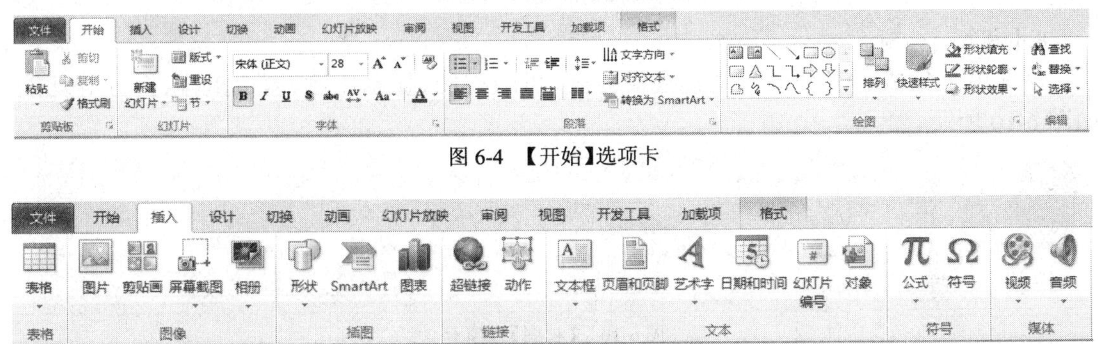

图 6-4　【开始】选项卡

图 6-5　【插入】选项卡

4.【设计】选项卡

该选项卡最重要的功能是“主题”的设计，如图 6-6 所示。PowerPoint 2007 之后的版本引入了“主题”的概念，主题是存储颜色、字体和图形的独立文件，主题使得用户能够创建外观统一的演示文稿，可以根据个人喜好或情境需要选择不同的主题，针对同一主题可以选择不同的色彩搭配和字体类型，还可以设置不同的图形效果。

图 6-6　【设计】选项卡

5.【切换】选项卡

该选项卡中的功能主要是设置幻灯片的切换效果和切换方式，如图 6-7 所示，【切换】是 2010 新增的选项卡，低版本的切换功能是与动画选项卡放在一起。

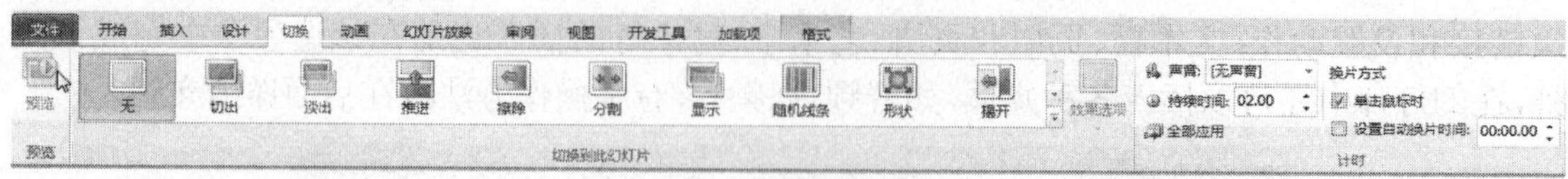

图 6-7 【切换】选项卡

6.【动画】选项卡

2010 版本的【动画】选项卡比低版本有了较大改变，如图 6-8 所示，详细功能见后文介绍。

图 6-8 【动画】选项卡

7.【幻灯片放映】选项卡

该选项卡可以设置幻灯片的放映方式、录制旁白、排练计时、设置分辨率等，如图 6-9 所示。

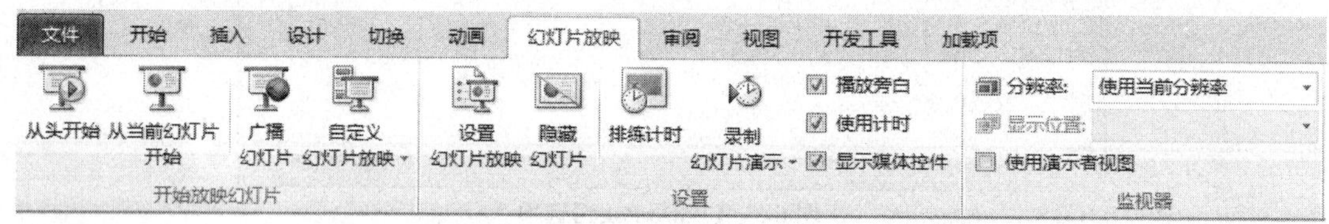

图 6-9 【幻灯片放映】选项卡

8.【视图】选项卡

该选项卡集成了各种演示文稿视图方式、母版视图、显示比例、窗口重排、拆分等功能，如图 6-10 所示。

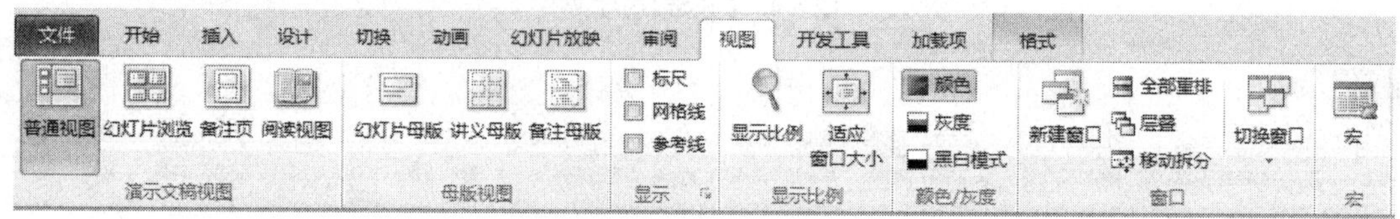

图 6-10 【视图】选项卡

9.【格式】选项卡

在不选中任何编辑对象时，【格式】选项卡并不出现，一旦选择了某一编辑对象，如文本框，则自动出现【绘图工具】→【格式】选项卡，如图 6-11 所示，可以插入各种形状的图形，可以设置形状的外观、填充、边框、大小、效果等；可以插入、编辑和设置艺术字效果；可以使多个对象按要求排列，如对齐、组合、旋转、改变层的顺序等。

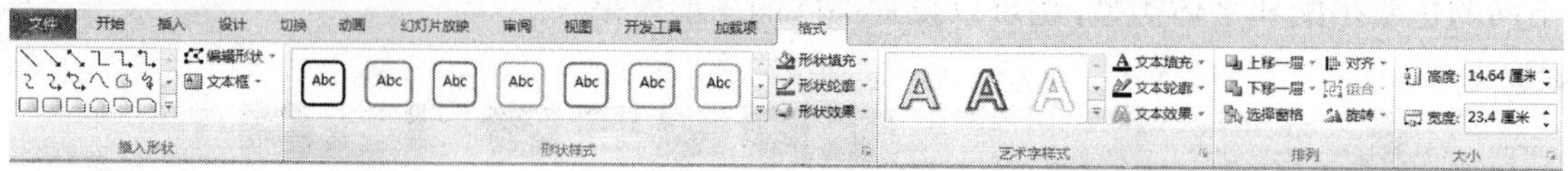

图 6-11 【格式】选项卡

10. 迷你工具栏

迷你工具栏是一种动态工具栏，在选择了幻灯片的一段文字时，它会自动弹出来，供用户使用，免去了在功能区寻找所需选项的麻烦，迷你工具栏以半透明工具栏的形式出现，鼠标悬停时可使之完全显示。如图 6-12 所示。

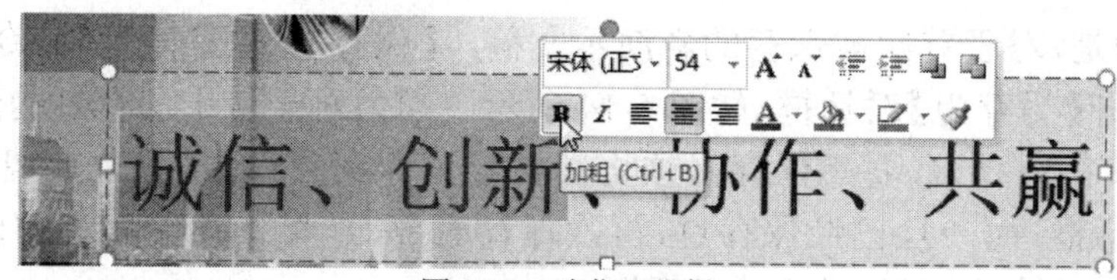

图 6-12　迷你工具栏

6.1.3　创建新演示文稿

创建一个演示文稿有两种方法：

（1）在 Windows 7 中单击【开始】→【所有程序】→【MicroSoft Office】→【MicroSoft PowerPoint 2010】，启动 PowerPoint 2010 后，自动创建一个名为“演示文稿 1”的新文档。

（2）打开 PowerPoint 2010 后，还可以使用【文件】→【新建】菜单创建一个空白演示文稿或基于已有模板创建演示文稿，如图 6-13 所示。

图 6-13　新建演示文稿

双击【空白演示文稿】或单击右侧的【创建】按钮，即可创建新的空白演示文稿。该选项卡还包含了大量格式已定的演示文稿模板，用户可以通过这些模板快速创建所需的演示文稿，如主题、样本模板等，此外还可以通过 Office.com 获取如证书奖状、日历、图表、邀请、贺卡、行政公文等数十种模板。

6.1.4　演示文稿的保存、打开和关闭

1. 保存演示文稿

编辑好的演示文稿必须存盘，以后才能使用。保存一个演示文稿有四种方法：

（1）使用【文件】菜单→【保存】菜单。

（2）点击顶部快速访问工具栏的【保存】按钮。

（3）使用【文件】选项卡→【另存为】命令，可将当前演示文稿换名、换位置保存。

（4）对于已经保存过的演示文稿，可直接按【Ctrl+S】快速保存。

值得一提的是，对于首次被保存的新演示文稿，【保存】和【另存为】命令的处理过程是一样的，都会打开【另存为】对话框，如图 6-14 所示。因为对于从未保存过的演示文稿来说，其内容只是存储在内存中，要想保存必须将其内容另存到外存储器（如硬盘）上，因此会出现【另存为】对话框，而一旦已经保存过，再次保存时，只是将外存储器上的内容更新，并未换存储位置，所以不会出现【另存为】对话框。

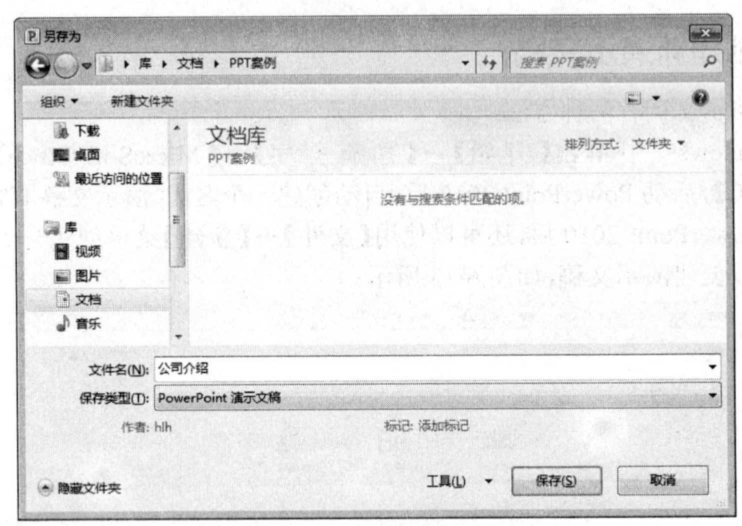

图 6-14 【另存为】对话框

可以在【保存类型】下拉列表框中选择合适的保存类型，PowerPoint 2007 以后的文档扩展名为“.pptx”，如果想让低版本的 PowerPoint 兼容，可以选择【PowerPoint 97-2003 演示文稿】，其扩展名为“.ppt”，不过，同 Word 2010 一样，保存为低版本后，图片、图形的格式，SmartArt 动画效果等会有变化，请读者务必注意。

2. 打开和关闭演示文稿

打开和关闭演示文稿的操作与 Word、Excel 类似，不再赘述。

6.1.5 演示文稿的一般制作过程

制作一个演示文稿的过程如图 6-15 所示，一般的步骤依次是：

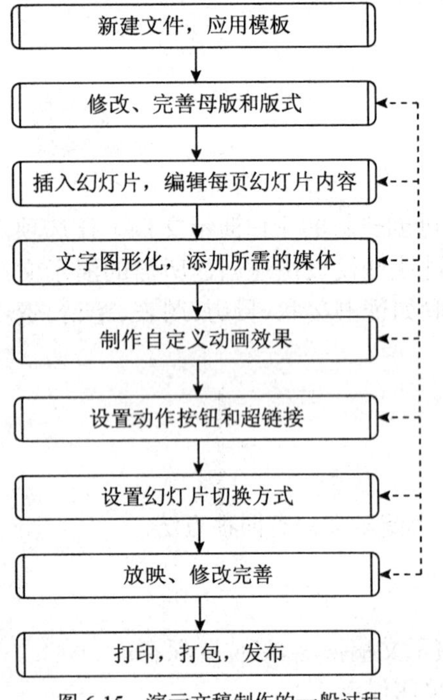

图 6-15 演示文稿制作的一般过程

（1）新建文件，应用模板：建立一个新的 PPT 文件后，随即应用一种模板对整个演示文稿的风格、颜色、主题等进行统一，有利于减轻幻灯片格式设置的工作量，使设计者集中精力对内容进行编辑，应用模板的方法有多种，详见 6.3.1。

（2）修改、完善母版和版式：在幻灯片编辑之前，可根据需要对母版和版式进行统一设置，如修改格式、添加每页都需要的图片或内容。

（3）插入幻灯片，编辑每页幻灯片内容：这是演示文稿制作的最重要内容，添加所需的幻灯片，分配每页幻灯片的内容并设置格式，注意每页幻灯片的内容不要太多，内容过多会影响演示效果。

（4）文字图形化，添加所需的媒体：幻灯片内容基本编辑完毕后，有些人认为大部分工作已完成，其实不然，要想让一个演示文稿出彩，接下来的工作至关重要，一定要对每页幻灯片进行细致的修改和修饰，单纯的文字显得过于单调，可以利用图示、SmartArt、艺术字、文字分块等方式将文字变得更为生动，如果有与文字相适应的图片、图形、图表或其他音频、视频等媒体插入其中，则演示文稿就更为生动了。

（5）制作自定义动画效果：根据需要添加各对象的动态效果，如进入、强调、路径、退出等，适当的动画效果有助于演讲人思路的展开，但过量的动画反而会影响听讲人的视觉。

（6）设置动作按钮和超链接：幻灯片的动作按钮和超链接使得整个演示文稿不再是线性的播放，而是可以由演讲者自由控制，增强了演示文稿交互性。

（7）设置幻灯片切换方式：每页幻灯片也可以设置切换方式，可以由演讲者控制换片，还可以自动换片，可适用于多种播放场合。

（8）放映、修改完善：每个演示文稿都不是一次性完成的，需要不断地精雕细琢，逐步完善，可以随时观看放映效果，遇到问题及时修改，修改的内容可以是上面任何一项。

（9）打印，打包，发布：演示文稿制作完毕后，有多种输出方式，用打印机打出来，打包为 CD，发布为 PDF、图片、网页、Word、Wmv 视频、Flash 等，根据需要，PPT 几乎可以变成你想要的任何格式。

6.2 幻灯片制作的几个重要概念

任务提示

王芳发现别人做的演示文稿外观很漂亮，风格、色调都比较统一，有的演示文稿在每页上都有一个共同的内容，比如公司名称、logo 图标等，她很想知道是不是有什么便利的方法可以快速统一幻灯片的外观和样式，于是她认真学习了关于演示文稿的模板、母版、版式、占位符等基本概念，下面跟她一起来学习吧，这几个概念可是制作演示文稿的基础哦。

6.2.1 模板

模板是指包含了预定义的文字格式、配色方案以及幻灯片背景图案等幻灯片整体外观设计方案的一个演示文稿样板文件（扩展名为“.pot”或“.potx”）。应用模板能快速生成一个风格统一的演示文稿。在 PowerPoint 2007 之后，有一个新的概念叫作“主题”，其作用与模板类似，都是为了统一幻灯片的风格和外观。可以根据个人喜好或情境需要选择不同的主题，针对同一主题可以选择不同的色彩搭配和字体类型，还可以设置不同的图形效果，如图 6-16 所示。

应用模板（或主题）的方法有三种：使用 PowerPoint 2010 自带（网络）模板、通过浏览主题更改模板以及直接打开下载模板文件换名保存后更改为自己的内容。在 6.3.1 节有详细介绍。

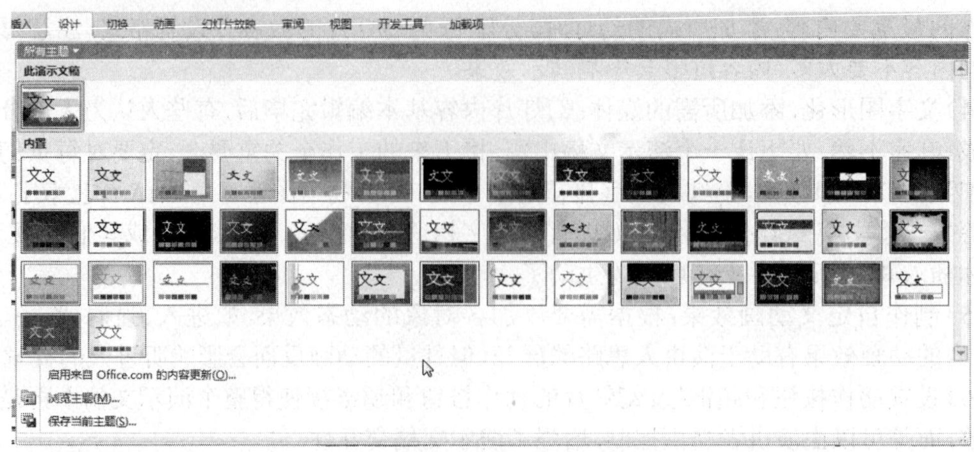

图 6-16 演示文稿主题

6.2.2 母版

幻灯片母版是一类特殊的幻灯片，是构建其他幻灯片的框架。母版中的信息如文本格式、背景以及日期和页码格式等，将呈现在演示文稿中每一张幻灯片上。改变母版中的信息可以统一改变演示文稿的外观。

点击【视图】选项卡→【幻灯片母版】，可以打开母版视图进行查看和编辑，如图 6-17 所示。

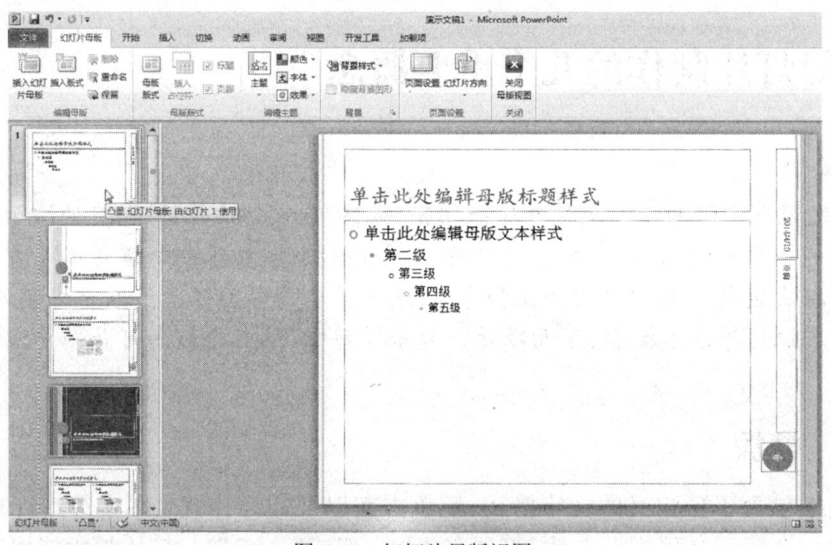

图 6-17 幻灯片母版视图

如果想让每页幻灯片都出现相同的内容，比如公司名称，使用母版是最方便的，既能提高效率，又方便统一修改。详见 6.3.2 节。

6.2.3 版式

版式是幻灯片中各对象在幻灯片中的搭配布局，如标题和内容的排列及方向、文字与图表的位置等，如图 6-18 所示是常见的几种版式，各自适用于不同的情况。用户还可以删除和添加版式，详见 6.3.2 节。

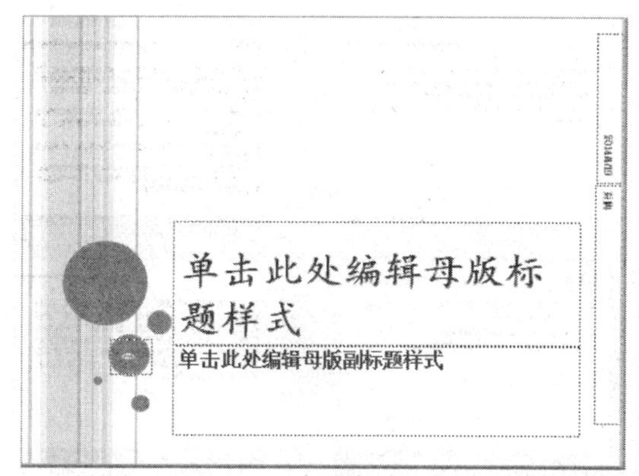

a）标题版式

b）标题和内容版式

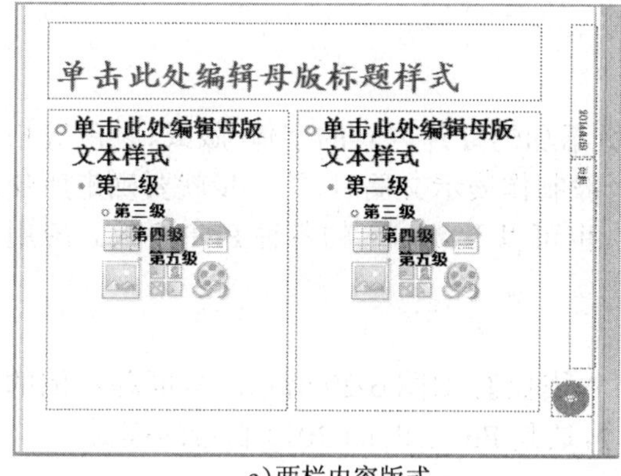

c）两栏内容版式

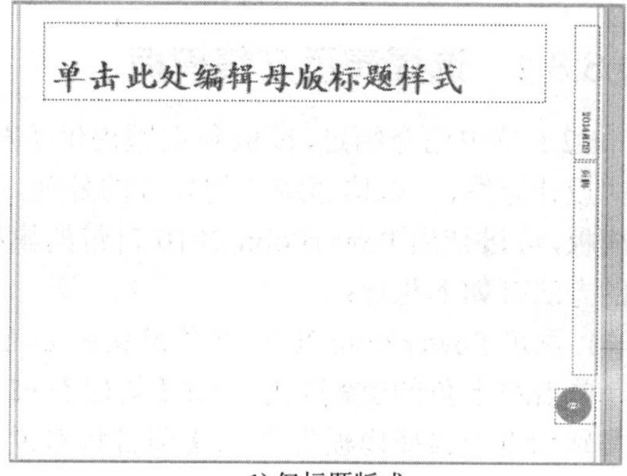

d）仅标题版式

图 6-18　常见版式的布局

6.2.4　占位符

版式中各对象的位置和布局是由占位符决定的，占位符就是指应用版式创建新幻灯片时出现的虚线方框，如图 6-17 所示，框内可以放置标题、内容、图形图片、图表、表格、SmartArt 等对象。修改了版式中占位符的格式，则应用该版式的所有幻灯片中对应内容的格式会全部修改，这对于统一幻灯片的格式非常有效。

6.3　演示文稿内容的输入与编辑

任务提示

上两节我们熟悉了 PowerPoint 的工作环境和基本概念，并创建了一个空的演示文稿，接下来就要录入和编辑每页幻灯片了，既然已经有了 Word 的文字素材，那要怎样合理分配到每页幻灯片中呢？如何为该演示文稿选择恰当的模板，并对其母版和版式进行修改，使其风格统一呢？每页幻灯片是如何添加的？其内容又怎样来编辑？图 6-19 是王芳初步编辑好的《公司介绍》PPT 样例，参照它来编辑你的单位介绍 PPT 吧。

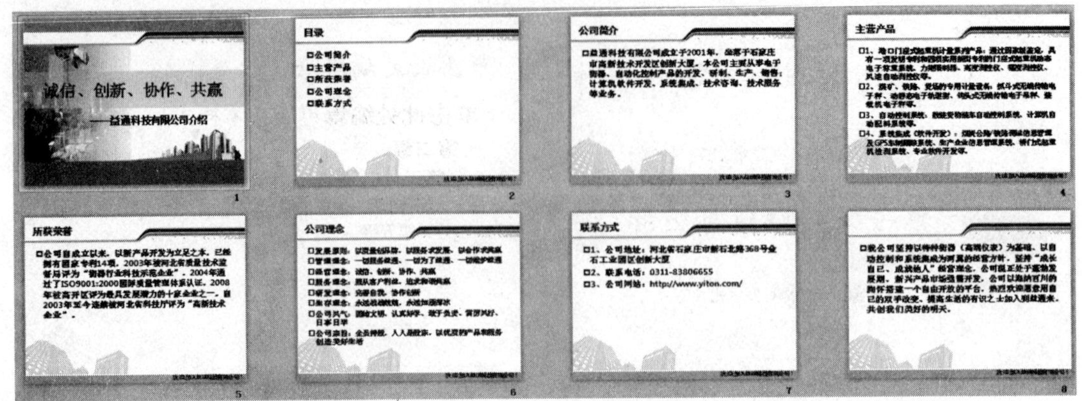

图 6-19　样例参考——《公司介绍》各页幻灯片编辑

6.3.1　选择演示文稿模板

6.2.1 节中已介绍过，模板和主题提供了与所添加幻灯片内容的字体、版式、颜色等相一致的设计方案，可以快速统一幻灯片的外观。一般制作演示文稿时，第一步就要确定所使用的模板，可以使用 PowerPoint 2010 自带的模板，也可以下载网上的各种 PPT 模板。应用模板的方法有如下几种：

1. 应用 PowerPoint 2010 自带模板和主题

单击左上角的 文件 按钮，点击【新建】→【样本模板】，如图 6-20 所示。从屏幕左侧的模板类别列表中选择模板类型，如【项目状态报告】，这是 PowerPoint 2010 自带的模板。

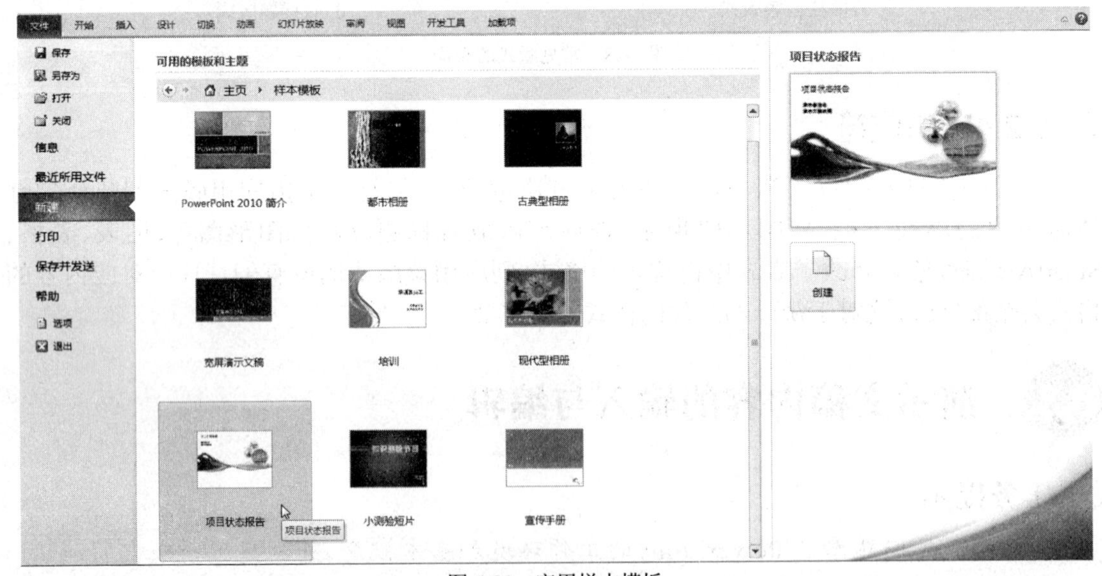

图 6-20　应用样本模板

选好模板后，双击鼠标，PowerPoint 自动按模板创建了该类型的演示文稿，如图 6-21 所示，不仅有统一的幻灯片外观、格式，而且有多页幻灯片内容可供参考，在此基础上编辑即可。

如果选择【新建】菜单中的【主题】，则可以应用系统自带的主题，如图 6-22 所示。与模板不同的是，应用主题创建的演示文稿，仅仅是对幻灯片的配色、格式、外观进行了统一，并没有样例幻灯片可供参考，如图 6-23 所示。

图 6-21　应用样本模板创建的演示文稿

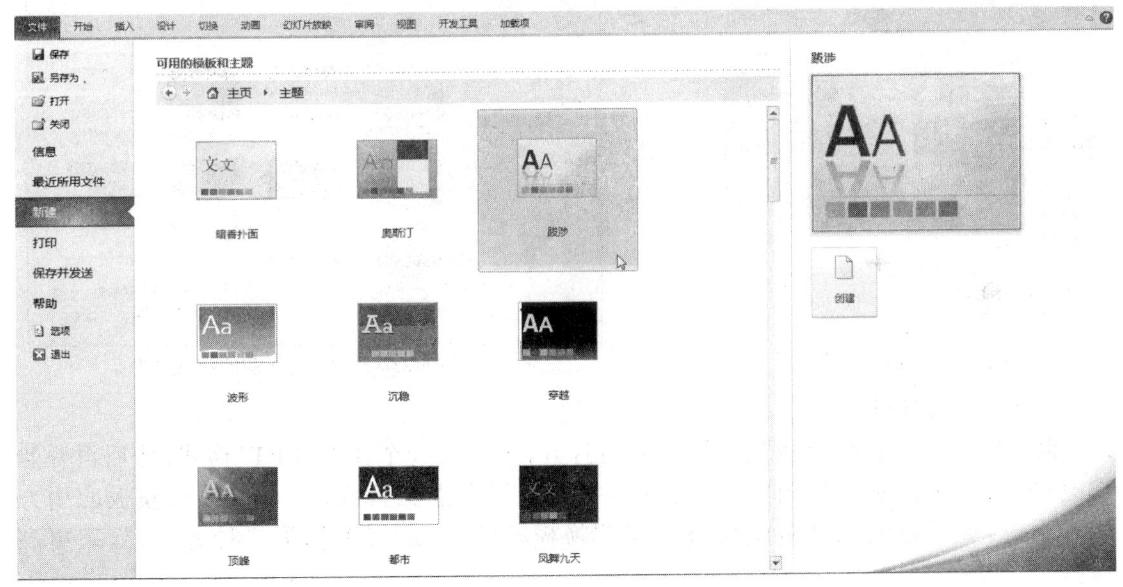

图 6-22　应用主题

2. 使用网络下载的模板

PowerPoint 自带的演示文稿模板和主题数量、种类都有限，我们还可以从网络上下载大量的 PPT 模板以便应用。首先从网上下载喜欢的模板保存到磁盘中，通常下载的模板文件格式为“POT”、“POTX”格式，也可以是“PPT”、“PPTX”格式，然后选择【设计】选项卡中的【浏览主题】，如图 6-24 所示，打开【选择主题】对话框，如图 6-25 所示，点击【应用】后即可使当前演示文稿应用所选模板文件。

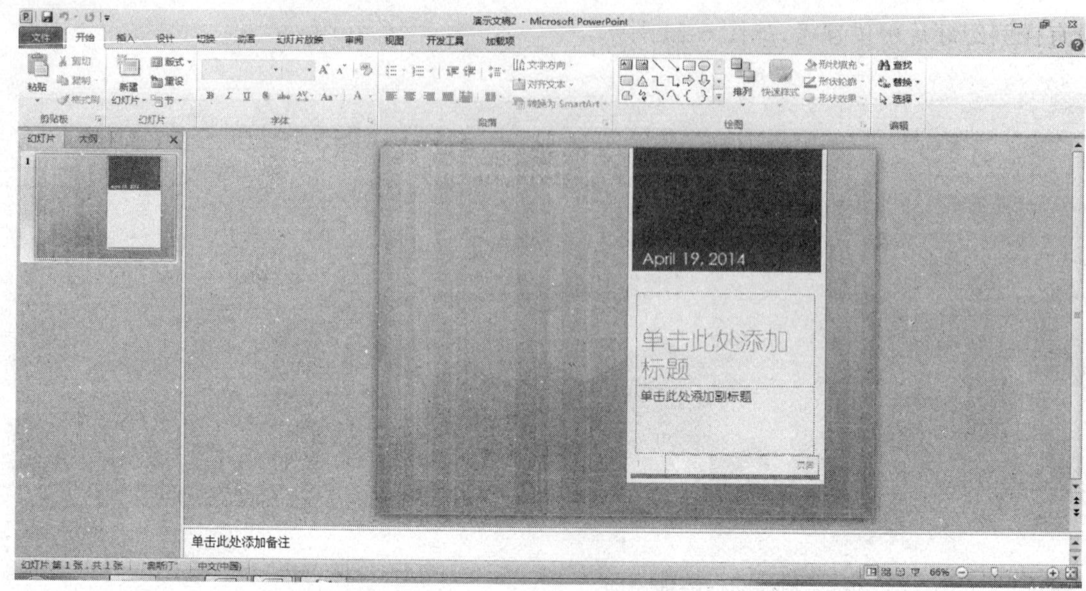

图 6-23　应用主题创建演示文稿

图 6-24　浏览主题，更换模板

图 6-25　选择自己下载的模板文件

3. 直接应用模板

也可以直接从磁盘上找到模板文件后打开，另存为一个新的"PPT"格式，然后再开始修改母版、编辑演示文稿内容，这样就直接应用了所选的模板，是最快捷的模板应用方式。不过，如果是演示文稿编辑好了又想换模板的话，最好选择第二种方法，效率更高一些。

6.3.2　修改母版和版式

6.2.3 节中介绍了母版的好处和作用，幻灯片母版的目的是使用户进行全局更改，并使该更改应用到演示文稿中的使用该版式的所有幻灯片。

通常可以使用幻灯片母版进行下列操作：

（1）更改字体式样或项目符号。

（2）插入要显示在所有幻灯片上的艺术图片（如徽标、背景图等）或文字。

（3）更改占位符的位置、大小、格式、动画效果等。

（4）根据自己的需要添加新的自定义版式。

1. 修改幻灯片母版

要查看或修改幻灯片的母版，单击【视图】选项卡中的【幻灯片母版】按钮，打开【幻灯片母版】编辑页面，如图 6-26 所示，每个幻灯片母版包含若干个不同的版式。

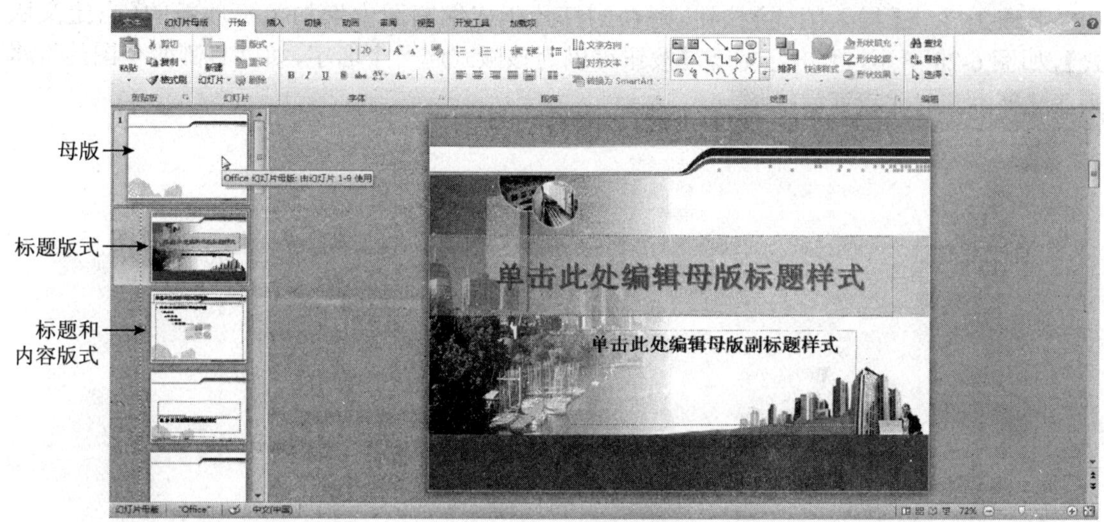

图 6-26　幻灯片母版视图

将鼠标指针放在【母版】或【幻灯片版式】缩略图上，会显示版式的名称以及由哪些幻灯片使用。选择幻灯片母版或特定的幻灯片版式后可进行修改。例如，可以修改标题或副标题的字体样式、大小等，或者添加统一的文字、图片，修改对象区的项目符号等。如图 6-27 所示，右下角添加了公司的名称，则应用该母版的每页幻灯片上都会出现该文字，如果需要修改文字内容和格式，只需修改该页母版即可，为统一幻灯片外观提供了方便。

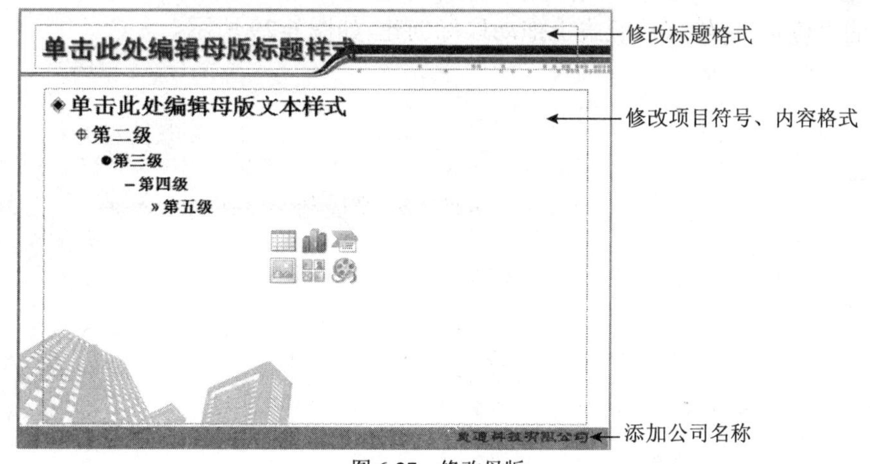

图 6-27　修改母版

注意：对【幻灯片母版】的修改将会影响到所有使用该母版的幻灯片，而对具体【幻灯片版式】的修改只影响使用该版式的幻灯片。

---

2. 自定义幻灯片版式

PowerPoint 2010 提供了 11 个预定义的版式，例如【标题幻灯片】版式、【标题和内容】版式等，这些预定义的版式对于绝大部分的演示文稿来说已经足够了，但有时用户可能还需要一些变化，此时可以创建自定义的版式。按以下步骤创建自定义版式：

步骤 1：单击【视图】选项卡中的【幻灯片母版】按钮，打开【幻灯片母版】编辑页面。

步骤 2：单击【插入版式】按钮，则在幻灯片版式缩略图中增加了一项新的【自定义版式】，如图 6-28 所示，单击【重命名】按钮可以为该版式起一个名字，如“右侧两个图片”，将来在选择版式时比较容易找到。

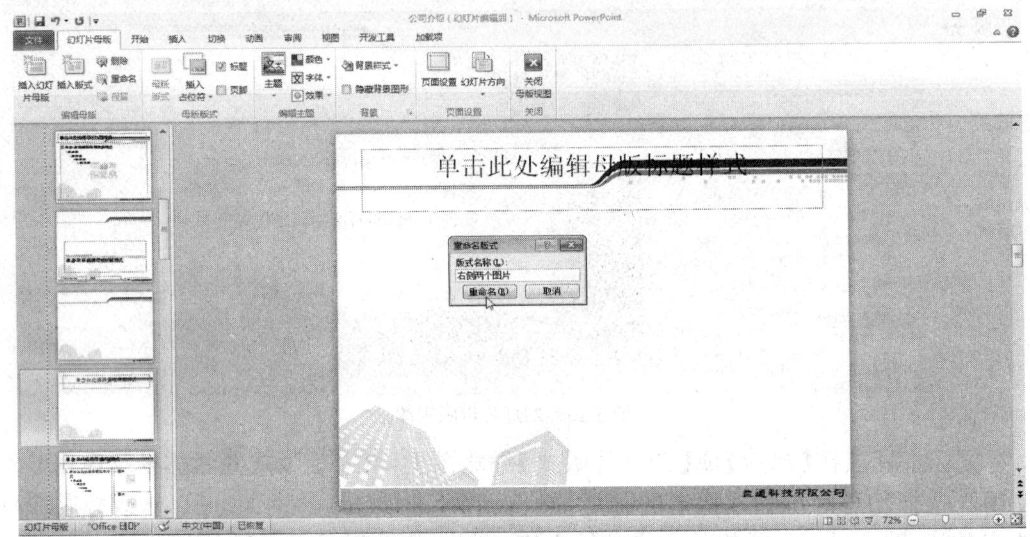

图 6-28　添加自定义版式

步骤 3：插入占位符：新增加的自定义版式默认只有标题占位符，可以单击【插入占位符】按钮，插入其他的对象，如内容、文本、图片、图表、表格、SmartArt、媒体以及剪贴画等。选择需要的占位符，在幻灯片版式上拖动鼠标创建，如图 6-29 所示。

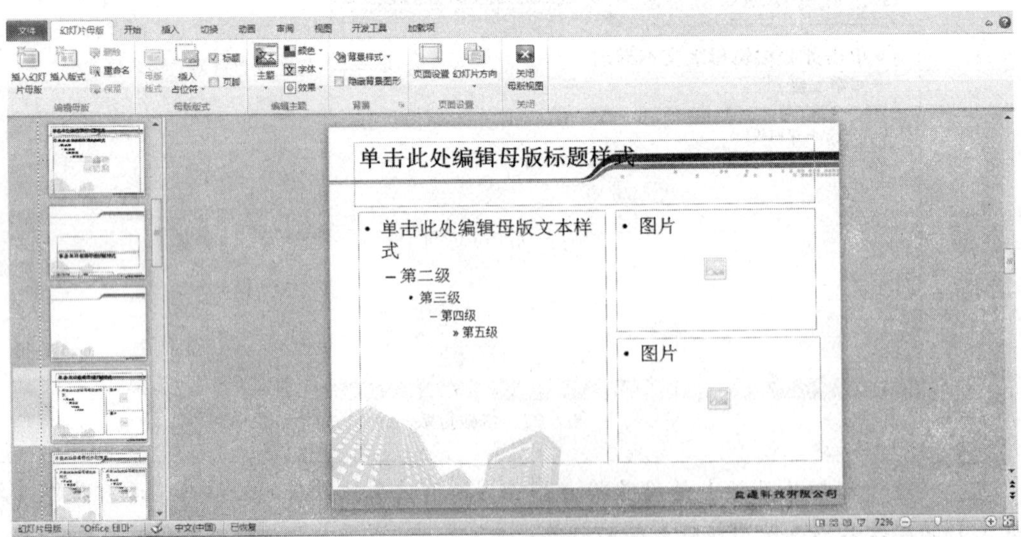

图 6-29　插入其他占位符

步骤 4：自定义版式创建好以后，关闭母版编辑视图，在普通视图下单击【开始】选项卡中的【版式】右侧的小箭头，可以看到新定义的幻灯片版式出现在下拉列表中，可以与其他版式一样使用了。如图 6-30 所示。

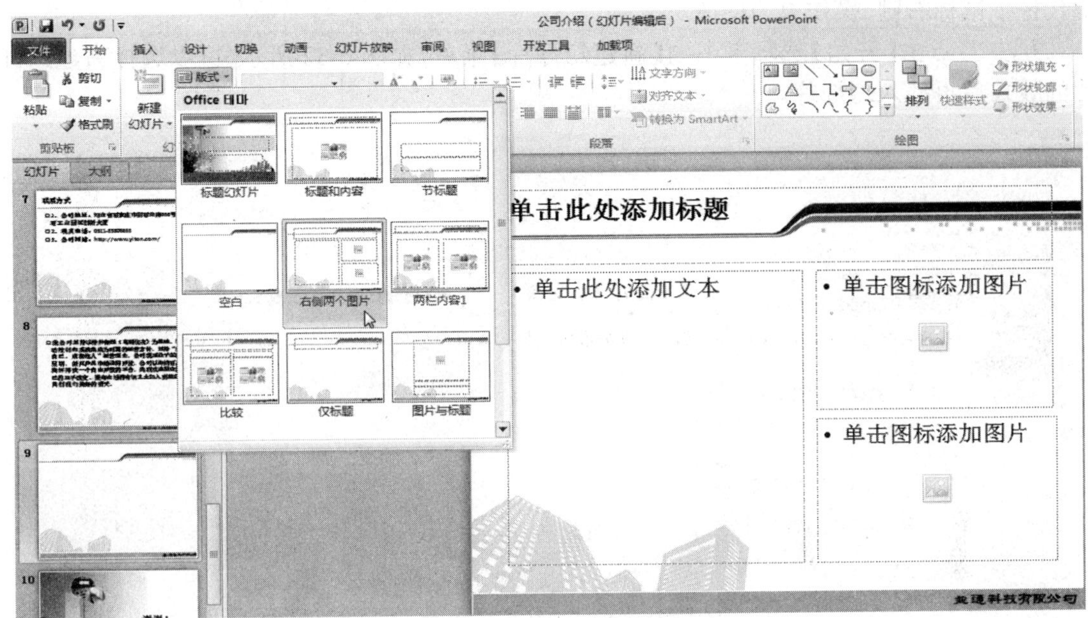

图 6-30　使用自定义版式

6.3.3　管理各页幻灯片

幻灯片的管理包括：幻灯片的插入、复制、移动、删除、隐藏等，均可在屏幕左侧“幻灯片视图”位置点击鼠标右键进行选择，下面分别介绍。

1. 插入幻灯片

新建的演示文稿只有一页空白幻灯片，一般是标题幻灯片，标题幻灯片编辑好后，可以用以下方法添加新幻灯片。

方法 1：在左侧幻灯片列表空白处单击鼠标右键（注意是空白处，而不是幻灯片上），选择【新建幻灯片】，如图 6-31 左图所示，将会按照默认版式添加一张幻灯片，一般第二张是标题和内容幻灯片，如图 6-31 右图所示。

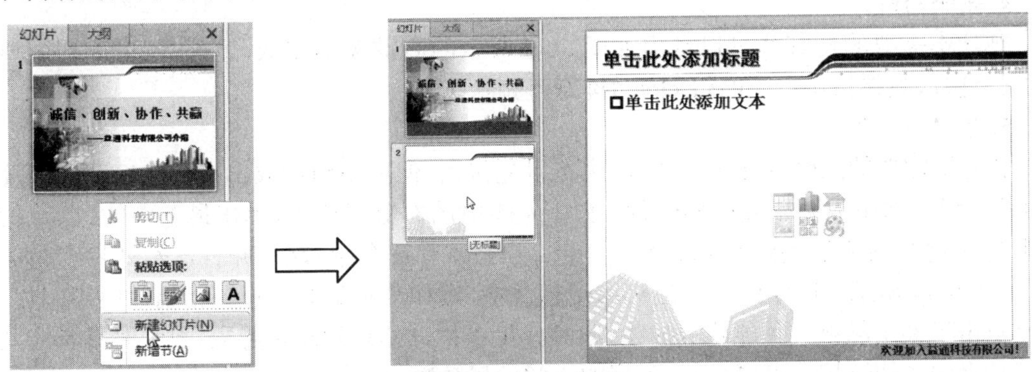

图 6-31　新建幻灯片

方法 2：在幻灯片列表区中定位到要插入幻灯片的位置，直接按键盘上的【Enter】键，此时新建的幻灯片默认插入到当前幻灯片之后，也可以在两张幻灯片中间单击鼠标，此时可看到一条直线闪烁，表明新建的幻灯片将在此位置插入，这种方法与方法 1 类似，只是用回车键代替了鼠标右键，操作更为便捷。

方法 3：点击【开始】选项卡中的【新建幻灯片】菜单，如图 6-32 所示，可以选择新建幻灯片的版式后再插入幻灯片。

图 6-32 【新建幻灯片】菜单

2. 复制幻灯片

有时需要将上一张幻灯片复制一份，在此基础上再进行内容的修改，此时需要用到【复制幻灯片】。在幻灯片列表中单击鼠标右键，在弹出快捷菜单上选择【复制幻灯片】即可，如图 6-33 所示。或者选择一张幻灯片后按【Ctrl+C】复制，然后在空白处按【Ctrl+V】粘贴即可。

3. 移动幻灯片

每页幻灯片之间的顺序可以调换，移动幻灯片的方法是：在幻灯片列表区，鼠标左键按住被移动的幻灯片不放，然后将其拖动到目标位置后松开鼠标左键即可完成移动。

4. 删除幻灯片

删除不需要的幻灯片可以利用如图 6-33 所示的右键菜单完成，此外，还可以选中要删除的幻灯片，直接按键盘上的【Delete】键即可删除。

5. 隐藏幻灯片

暂时不需要的幻灯片如不想删除，也可以先保留，但又不想播放出来，此时可以使用【隐藏幻灯片】。选中需要隐藏的幻灯片，在图 6-33 中的右键菜单中，单击最下面的【隐藏幻灯片】，即可将当前所选幻灯片隐藏起来，其编号上面有一个删除框，并且该幻灯片变为了灰色，如图 6-34 所示。隐藏幻灯片还可用于超链接，比如某页幻灯片在正常播放时不想显示，只有点击了某个超链接才能将其放映，此时就可以把该幻灯片隐藏起来，放映时只有在其他幻灯片点击了超链接才可以显示，不影响正常的播放顺序。

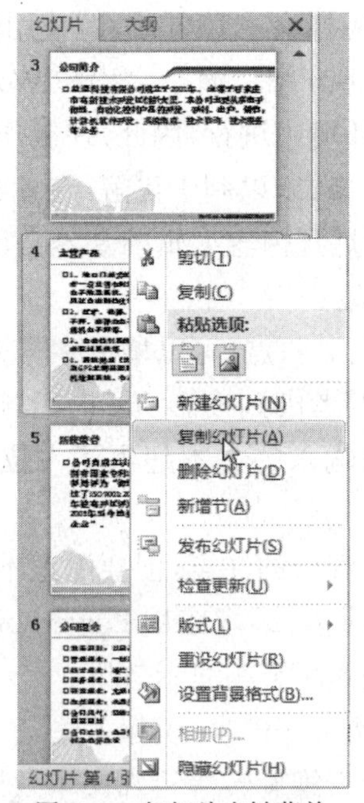

图 6-33　幻灯片右键菜单

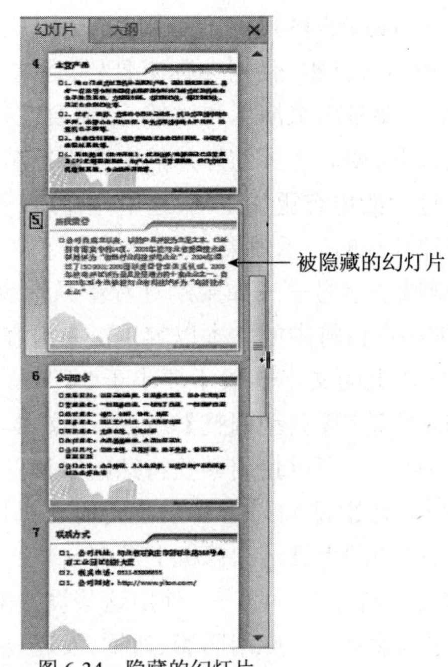

图 6-34　隐藏的幻灯片

6.3.4　编辑幻灯片内容

幻灯片内容的编辑包括:文本的输入、格式设置、项目符号和编号设置、幻灯片版式修改等。

1. *在幻灯片中输入文本*

文本的输入、复制、删除、移动等操作方法与 Word 类似,不同的是在 PowerPoint 中,文本都必须输入到文本框中,每添加一张新幻灯片后,系统会根据所选择的幻灯片版式自动添加所需的文本占位符,我们已经学过占位符的概念和作用,请不要删除母版自带的占位符,如果不需要,可以选择没有占位符的版式。当然也可根据需要插入新的文本框,不过新插入的文本框的字体和段落格式需要编辑者自己设置。

2. *设置文本格式*

只有在未使用模板及主题的演示文稿的空白幻灯片中创建文本框时,才需要进行大量的格式设置,大多数情况下,可以直接使用模板及主题中的格式或只对某些格式进行个别修改,如对强调文字的加粗、改变颜色、改变字体等。如果需要对每一张幻灯片修改同样的格式,可以直接修改幻灯片母版。

在设置文本格式前,先要学会区分对象的编辑状态和选中状态,如图 6-35a)所示,编辑状态下可以编辑文本框内容,此时文本框的边框为虚线;选中状态下可以设置文本框的格式,如设置颜色、边框粗细、段落格式等,此时文本框的边框为实线,如图 6-35b)所示。

诚信、创新、协作、共赢

a)编辑状态

诚信、创新、协作、共赢

b)选中状态

图 6-35　对象的编辑状态和选中状态

幻灯片文本、段落的格式设置与 Word 2010 类似，同样有三种方法，即使用【开始】选项卡、使用字体、段落对话框、使用迷你工具栏，在这里不再介绍。演示文稿与 Word 的最大区别是，演示文稿主要是用来演示和讲解的，需要在投影环境中进行，因此，在制作时必须考虑到环境的影响，同时要对每页幻灯片的内容进行精炼和修饰，以利于讲解，在 6.4.1 节将具体介绍如何使幻灯片的内容更加生动，这里先介绍一些幻灯片内容编辑的基本常识。

为了增强幻灯片的演示效果，可以考虑如下格式设置：

（1）增大或减小字号——如果幻灯片中只有少数几个要点，可以增大字号来填充页面。此外，也可以缩小占位符中的文本以容纳更多内容，但要考虑到投影演示时后排的观众能够看清，一般幻灯片上的文字一般不要小于 24 号。如果输入的文本超出了占位符显示的范围，PowerPoint 将使用【自动调整】功能缩小文本。

（2）替换字体——可以使用某些特殊的字体以引起观众的注意，但要注意不能使用过于新奇的特殊字体，特别是如果需要在不同的计算机上演示，最好应用 PowerPoint 自带的字体格式，否则可能会因为目标计算机上没有安装所用字体而影响演示效果。

（3）添加粗体、斜体或颜色——使用这些设置来强调某些内容，引起关注。

（4）添加文本效果——应用阴影、边框、发光、棱台、三维旋转等特殊文本效果，具体操作见 6.4.1 节。

3. 设置项目符号和编号

为使幻灯片中的文本具有更清晰的段落结构，经常要使用项目符号和编号，其中项目符号通常用于各项目之间没有顺序的情况，而编号则适用于各项目有顺序限制的情况。

默认情况下，在文本框中输入的文本会自动添加项目符号，当输入第一个列表项内容后，按回车将开始一个新的带项目符号的列表项。若要修改原有项目符号或为文本添加项目符号或编号，首先选中要添加项目符号或编号的文本，然后在【开始】选项卡中单击【项目符号】下拉菜单，如图 6-36 所示，单击右键选择【项目符号和编号】，则可以打开如图 6-22 所示的对话框，可以添加、修改或去掉项目符号和编号。如果不满意几个缺省的项目符号，可以单击下面的【项目符号和编号】打开如图 6-37 所示的对话框，点击 图片(P)... 按钮或者 自定义(U)... 按钮选择更多的图片或字符作为项目符号。此外，可以设置符号的大小百分比和颜色，以增强演示效果。值得一提的是，如果想让每页幻灯片的项目符号都协调一致，最好的办法是修改母版幻灯片，这样就不用费力调整每页幻灯片的项目符号了。

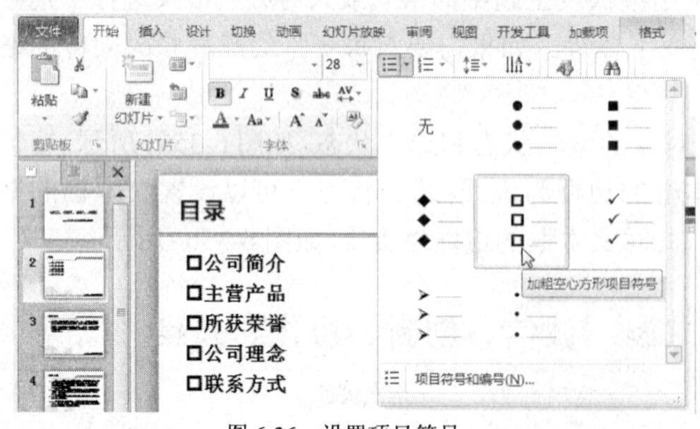

图 6-36　设置项目符号

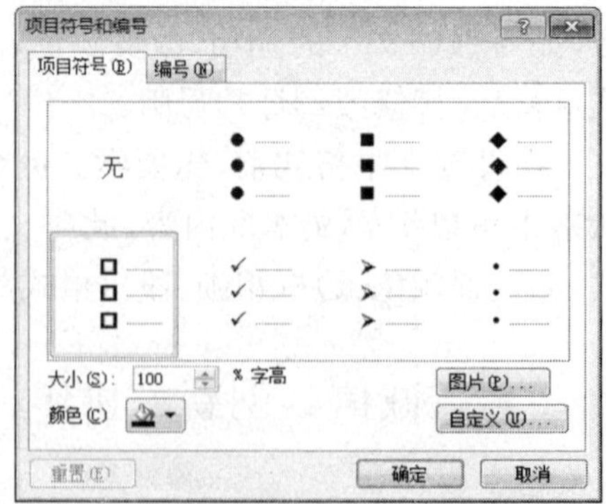

图 6-37　【项目符号和编号】对话框

6.4 演示文稿内容的丰富与美化

任务提示

上节王芳编辑好了《公司介绍》PPT 的每页幻灯片，她感觉样式有些单调，放映出来也不生动。接下来王芳要给它进行丰富和美化。她首先要将每页的文字缩减，然后利用艺术字、图示、SmartArt 等方法将文字图形化，再插入有说服力的图片、视频、图表等，同时配上背景音乐，这样就生动多了，如图 6-38 所示是王芳对《公司介绍》PPT 美化后的效果，参照它来对你的 PPT 进行丰富和美化吧。

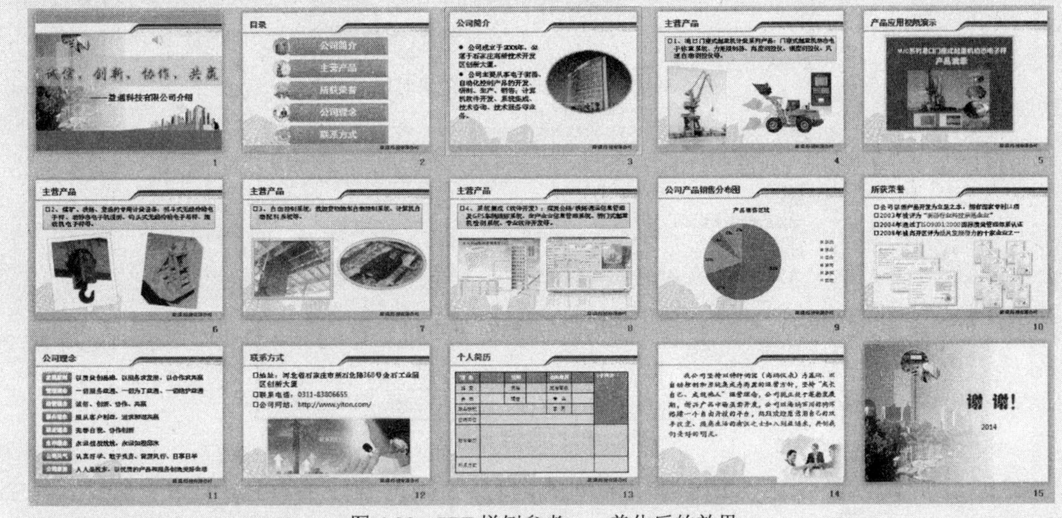

图 6-38 PPT 样例参考——美化后的效果

6.4.1 将文字图形化

一份制作精良的演示文稿不但要有丰富的内容，还要有最佳的表现形式，只有二者的结合才能创作出完美的演示文稿，本节我们学习如何将幻灯片上的文字变得更为生动，我们暂且称之为“文字图形化”。文字图形化的方法有很多，依据制作人的经验不同而各异。在此我们总结以下几种供参考，学习者在制作和使用 PPT 的过程中也应注意多观摩优秀作品，不断总结经验。

1. 精简文字

精简文字是文字图形化的前提，“PowerPoint”的含义是“重要的点”，因此幻灯片上最好不要出现大段落的文字，而是一句一句的要点，提炼重要的词句和要点是精简文字的核心，需要解释和扩展的内容应该由演讲者说出来，而不是放到幻灯片上。

2. 文字段落样式的处理

有时候再怎么刻意避免，也常会遇到一页幻灯片上有大量的文字的情况，或者相反的情况是，某页幻灯片的内容过少，该怎么处理？对这两种问题，通常有以下几种策略：

（1）通过调整行距、段前、段后距、字号大小等，区分段落，明晰内容。如图 6-39 所示为调整前后的效果对比。段落格式设置除了用【开始】选项卡中的按钮之外，还可以打开【段落】对话框进行详细设置，如图 6-40 所示。

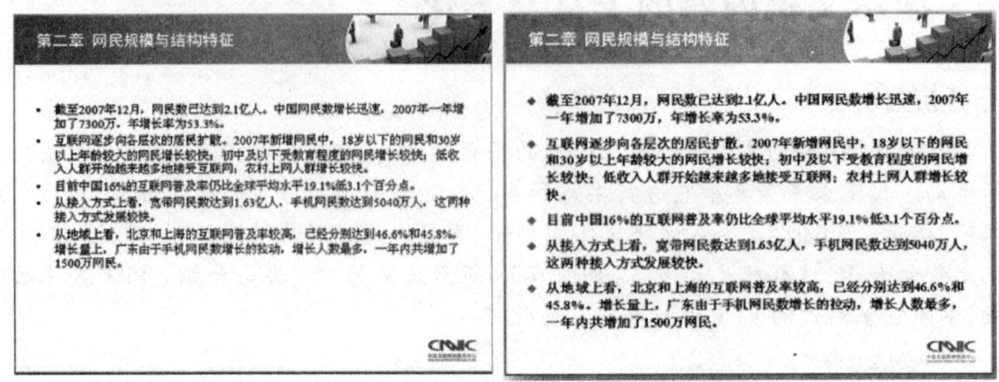

a）原稿　　b）美化后

图 6-39　段落格式设置前后效果对比

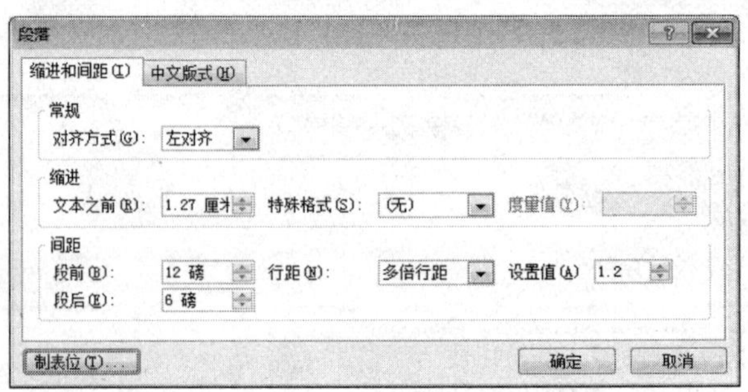

图 6-40　【段落】对话框

（2）通过图示的绘制进一步区分段落间的内容：如果内容较多，可以采用一些图示对各项内容进行区分，如图 6-41 所示，用绘图工具制作了半圆、圆，加上图片和分割线，将原本大片的文字区分开来，显得非常有条理。手工绘制图示比较费时费力，后面讲到的 SmartArt 是 PowerPoint 2007 后新加的图示功能，利用它可以方便地将段落文本转变为图示。

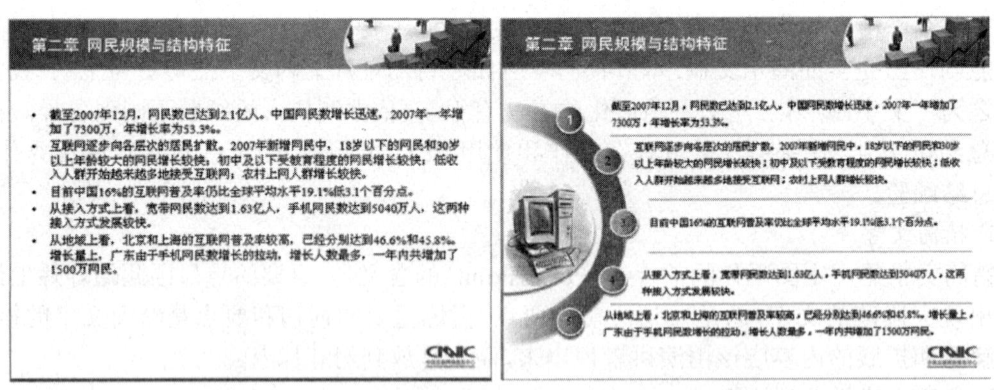

a）原稿　　b）美化后

图 6-41　图示绘制前后效果对比

（3）添加图片 / 插图，避免页面冗繁文字的单调、乏味，同时也能解决文字过少的情形。PowerPoint 制作得是否美观，图片起到了关键作用，有的图片是作为内容出现的，而有些图片是为了装饰和点缀幻灯片的，如图 6-42 所示两页幻灯片，分别有这两种用途。

a）作为内容的图片

b）作为装饰的图片

图 6-42　用图片美化幻灯片

（4）将文字按功能或类别分块，用样式统一的图示隔开。如果一个问题需要分多页幻灯片来展示，为了使内容有连续性，可以采用统一的图示来分割内容，既可以在每页幻灯片都能看到目录，同时也能将注意力集中在当前问题上，如图 6-43 所示设计效果。

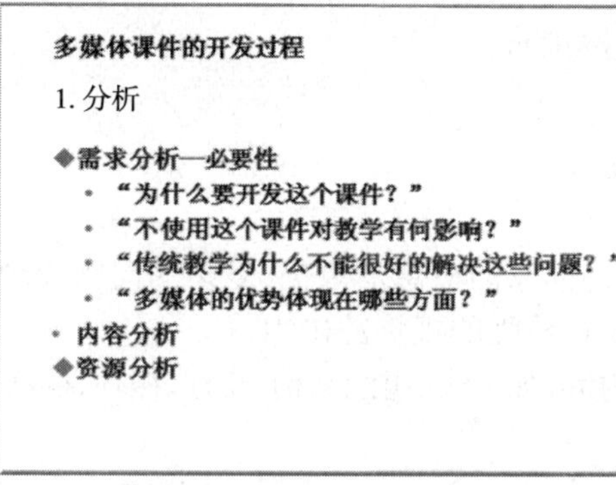

a）原稿

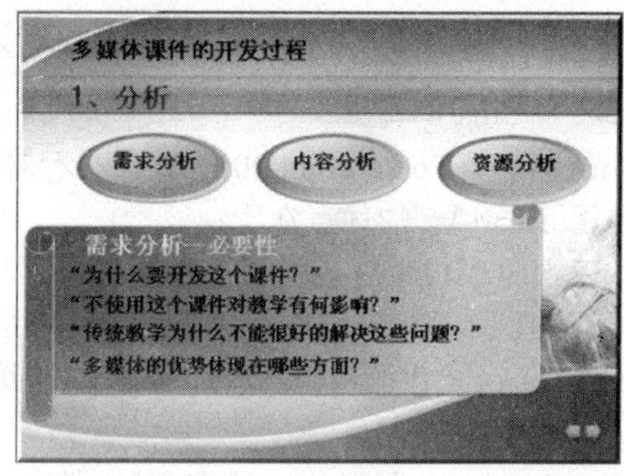

b）美化后

图 6-43　用图示将文字按类别分块

在“公司介绍”演示文稿中，多处用到了这个原则，例如图 6-44，用相同大小的圆角矩形将各主题突出，让听众一目了然。再如图 6-38 所示幻灯片 4 ～ 8 页讲的都是一个问题，用了相同的矩形框加图片说明来呈现。

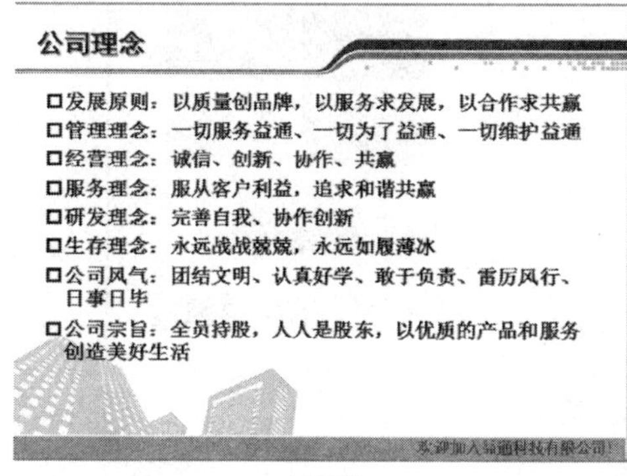

a）原稿

公司理念
发展原则　以质量创品牌，以服务求发展，以合作求共赢
管理理念　一切服务益通、一切为了益通、一切维护益通
经营理念　诚信、创新、协作、共赢
服务理念　服从客户利益，追求和谐共赢
研发理念　完善自我、协作创新
生存理念　永远战战兢兢，永远如履薄冰
公司风气　认真好学、敢于负责、雷厉风行、日事日毕
公司宗旨　人人是股东，以优质的产品和服务创造美好生活
益通科技有限公司

b）美化后

图 6-44　用图示美化页面

3. 利用艺术字

艺术字一般用于标题、强调文字的处理，使用艺术字可以使原本普通的文本变得美观和生动，如图 6-45 所示为艺术字使用前后的效果对比。PowerPoint 2010 中的艺术字功能可以让初学者轻松制作艺术化的文字，而这种艺术效果以前只能用专业的图片处理工具才能制作出来。PowerPoint 中的艺术字用法与 Word 基本相同，这里不再赘述。

a）

b）

图 6-45　艺术字的应用

4. 利用 SmartArt

SmartArt 是 PowerPoint 2010 所有图示的统称。

使用 SmartArt 的优点在于：

①以视觉形式表现各类概念和思想，可以使得抽象的概念形象化，复杂的问题条理化。

②SmartArt 与演示文稿外观匹配，色彩协调，有较强的视觉冲击力。

③SmartArt 提供的各种图示可以展现不同的内涵，如列表、组织结构、流程、循环、层次等。

（1）插入 SmartArt

插入 SmartArt 图形的方法有多种，第一种是应用包含 SmartArt 占位符的幻灯片版式，单击【开始】选项卡中的【新建幻灯片】按钮的下拉箭头，从弹出的版式库中选择任一种带“内容”的板式。在新插入的幻灯片中单击占位符中的【插入 SmartArt 图形】按钮，即可打开【选择 SmartArt 图形】对话框，如图 6-46 所示。

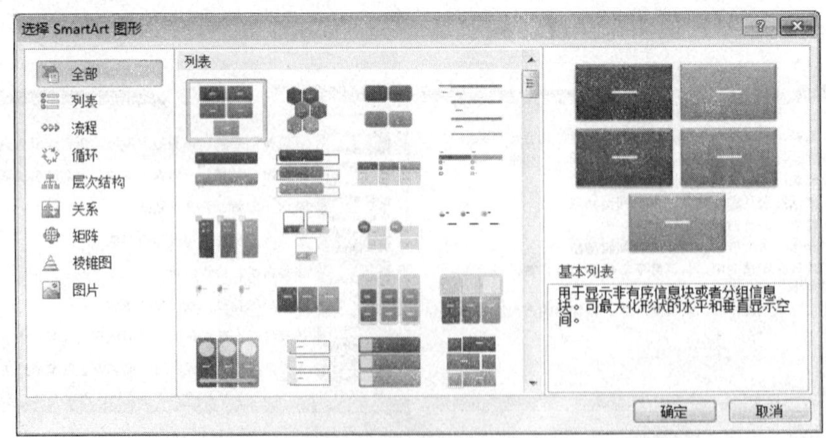

图 6-46　选择 SmartArt 图形

该对话框分为三个窗格：

①最左侧的窗格为 SmartArt 类别，最上面的是【全部】，可以浏览系统中所有可用的 SmartArt 版式，其他类别则将相关的 SmartArt 归入相应的逻辑类型，如【列表】、【流程】、【循环】等，如果安装了第三方供应商提供的 SmartArt 集合或者安装了从 Microsoft 网站上下载的更新内容，将会有更多的类别可供选择。

②中间的窗格显示了特定类别中所有可用的布局，各部局都用缩略图表示，以方便用户根据自己的需要进行选择。

③最右边的窗格显示了所选择的特定版式图的名称、预览效果及其使用说明。

选择好要使用的 SmartArt 后单击【确定】按钮即可将其放入到幻灯片中。

插入 SmartArt 的另一种方法是单击【插入】选项卡中的【插入 SmartArt 图形】按钮来插入 SmartArt。

此外，还可以将现有的文本段落转换为 SmartArt，方法是：选择段落所在的文本框，点击【开始】选项卡中【段落】组中的【转换为 SmartArt】，如图 6-47 所示，鼠标移至某一种图示时，所选内容自动变为所选图示转换后的效果，如果不满意，可以移动鼠标至其他的图示，如果满意，可以单击鼠标确定选择。

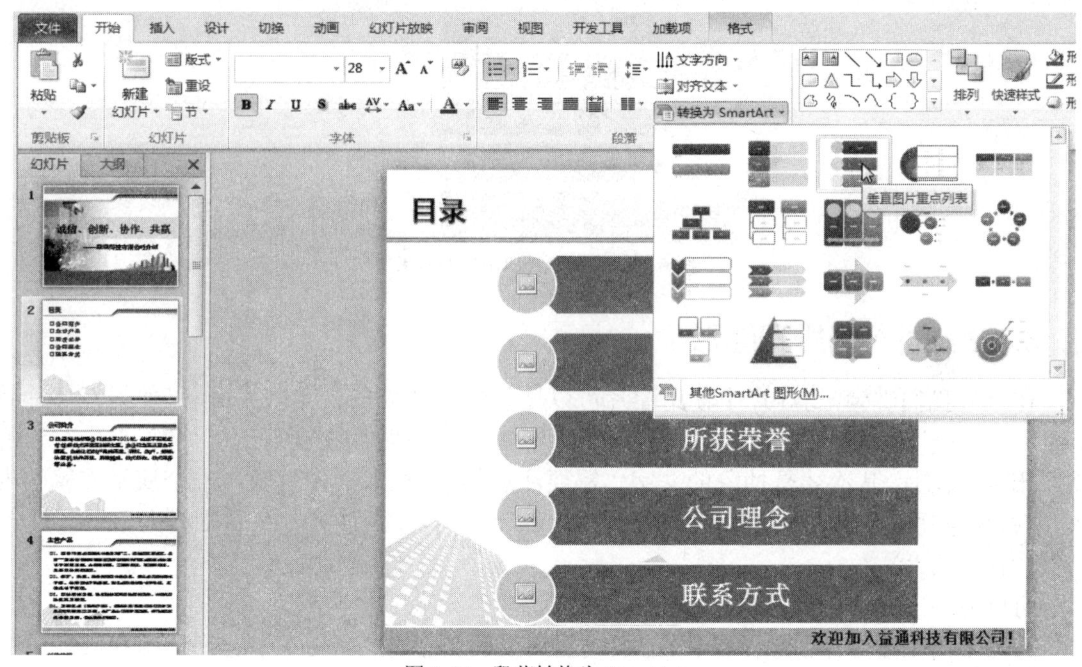

图 6-47　段落转换为 SmartArt

（2）编辑 SmartArt

SmartArt 插入以后，顶部自动出现了【SmartArt 工具】选项卡，其中包含了【设计】和【格式】两个子选项卡，如图 6-48 所示，可以更改 SmartArt 的布局、样式、颜色等，还可以编辑段落的内容，本例中选用的 SmartArt 是【垂直图片重点列表】，需要为每个要点选择一个小图片，单击每个要点前的图标，即可打开对话框选择图片。分别为五个要点选择了对应的图片后，其效果如图 6-49 所示，较之前的文字目录要生动许多。

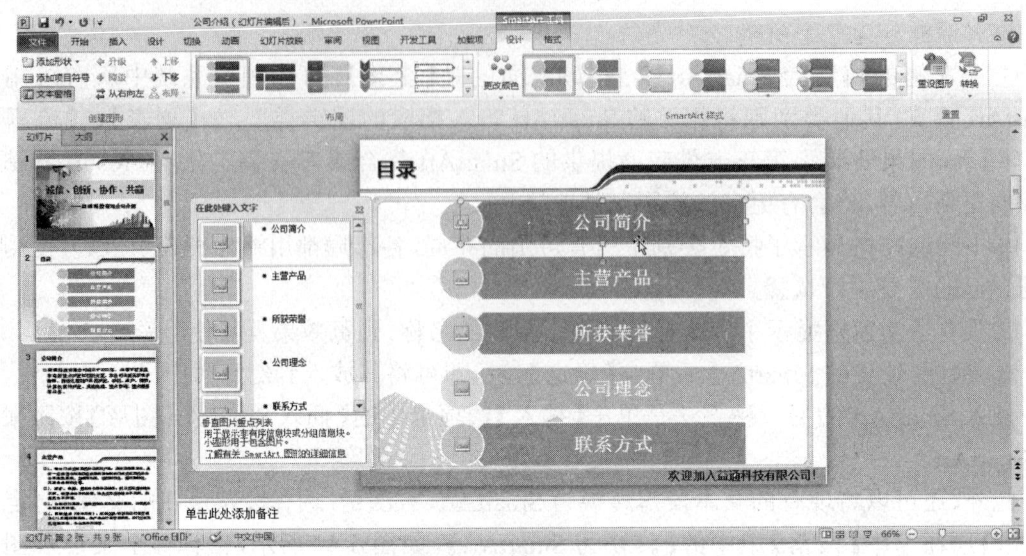

图 6-48　编辑 SmartArt

图 6-49　SmartArt 应用后的效果

6.4.2　插入图片和图形

在上节我们讲到，幻灯片中使用图片可以增强演示文稿的视觉效果，不仅使得幻灯片具有“图文并茂”的效果，而且具有更强的吸引力和冲击力，听众在观看幻灯片时，首先关注的就是形象的图片，其次才是抽象的文字。需要注意的是，插入的图片要与整个演示文稿的内容相关，风格尽量一致，排版整齐有序，这样才能起到图片应有的作用，否则将会适得其反。

1. 插入图片

可以使用三种方法在幻灯片中插入图片。

方法 1：单击【开始】选项卡中的【版式】按钮，打开版式库，在库中选择标题和内容幻灯片版式或标题和两栏内容幻灯片版式等，如图 6-50 所示，选择后，当前页幻灯片的版式变为如图 6-51 所示，新出现的占位符中包含一个有 6 个图标的内容工具箱，这 6 个图标分别代表表格、图标、剪贴画、图片、SmartArt 图形和媒体剪辑。单击代表图片的图标，打开【插入图片】对话框，选择一幅图片即可完成插入，如图 6-52 所示。

方法 2：首先定位到要插入图片的幻灯片，选择功能区【插入】选项卡中的【图片】按钮，也将打开【插入图片】对话框，选择要插入的图片，单击【插入】按钮即可将图片插入到当前幻灯片中。

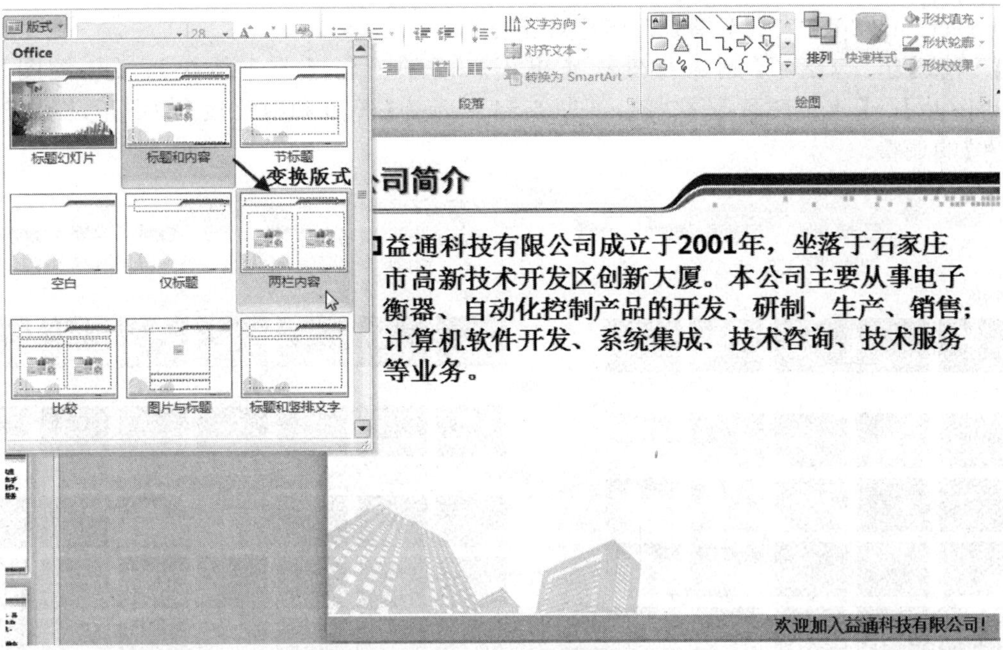

图 6-50 更换幻灯片版式以便插入图片

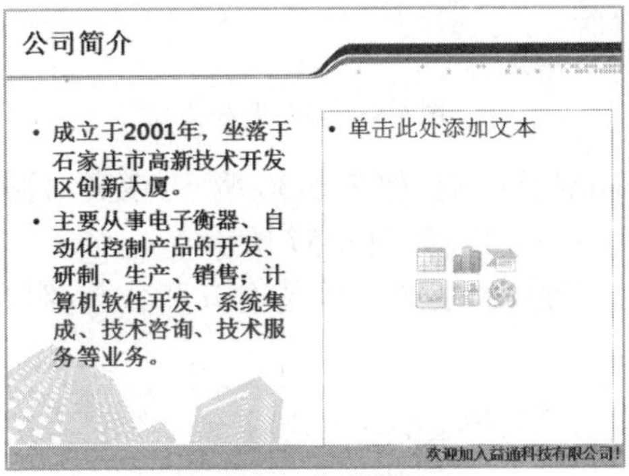

图 6-51 版式修改后

图 6-52 插入图片后

方法 3:在【我的电脑】或【资源管理器】中找到要插入的图片,或者从 Internet 网上搜索到合适的图片后,右键选择【复制】或按【Ctrl+C】先将其复制到剪贴板,然后返回到 PowerPoint 中要插入图片的幻灯片中,右键选择【粘贴】或按【Ctrl+V】即可将刚复制的图片粘贴到当前幻灯片中。

2. 编辑图片

插入到 PowerPoint 中的图片可以修改和设置格式以满足自己的需要,如调整图片大小,更改颜色、样式、形状、效果,调整亮度、对比度,与其他对象对齐、组合、调整层次等,这些功能全部集成在【图片工具】|【格式】中,如图 6-53 所示。

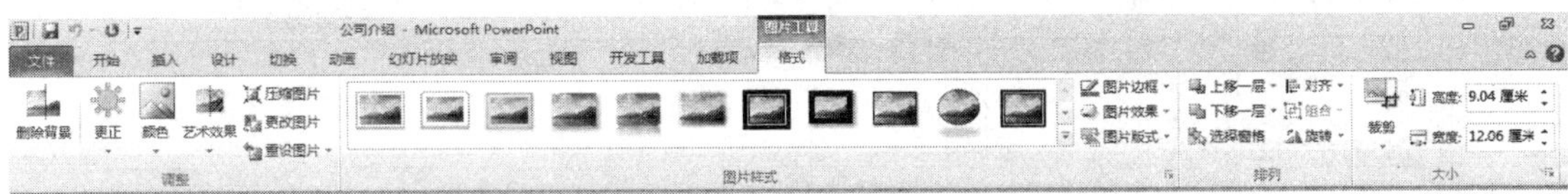

图 6-53 图片工具

PowerPoint 2010 中拥有增强的图片处理功能：

【调整】组：包括了【删除背景】、【更正】、【颜色】、【艺术效果】、【压缩图片】、【更改图片】、【重设图片】等功能，如图 6-54 所示为【亮度和对比度】的更正，图 6-55 为【颜色】的调整。

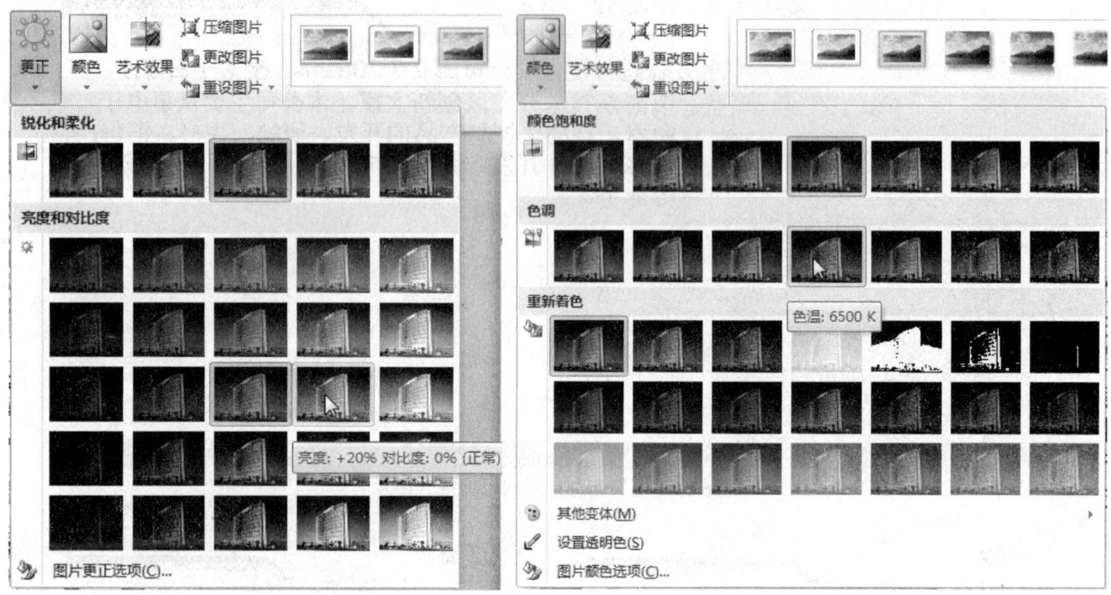

图 6-54　亮度、对比度调整　　　　图 6-55　颜色调整

【图片样式】组：可以利用现有样式修改图片的显示外观，如图 6-56 所示，或者对图片进行边框、阴影、镜像、发光、柔滑边缘、棱台、三维效果的设置，如图 6-57 所示。

【排列】组：用于多个图片的排列，如层次的上下移动、多个对象的对齐和分布、组合等，如图 6-58 所示。

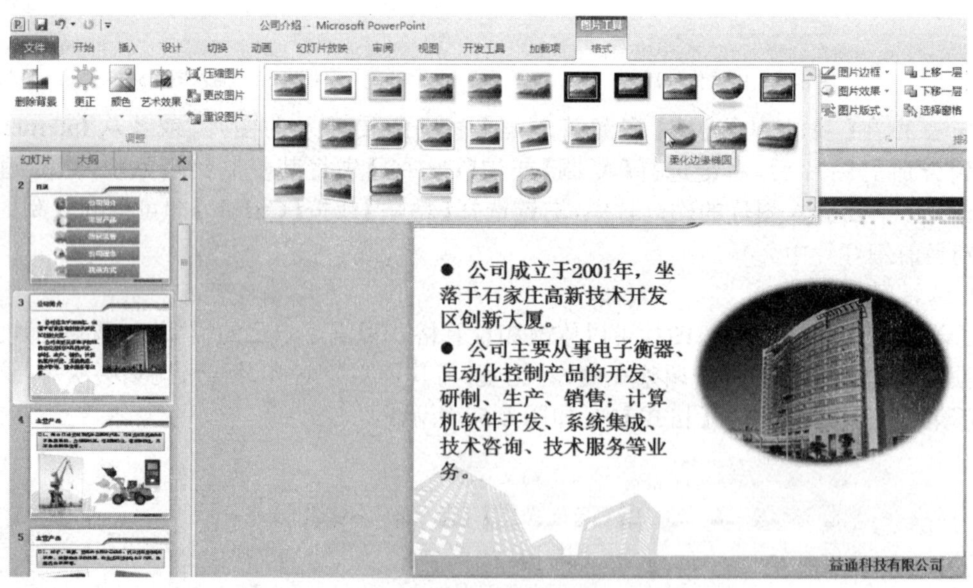

图 6-56　修改图片样式

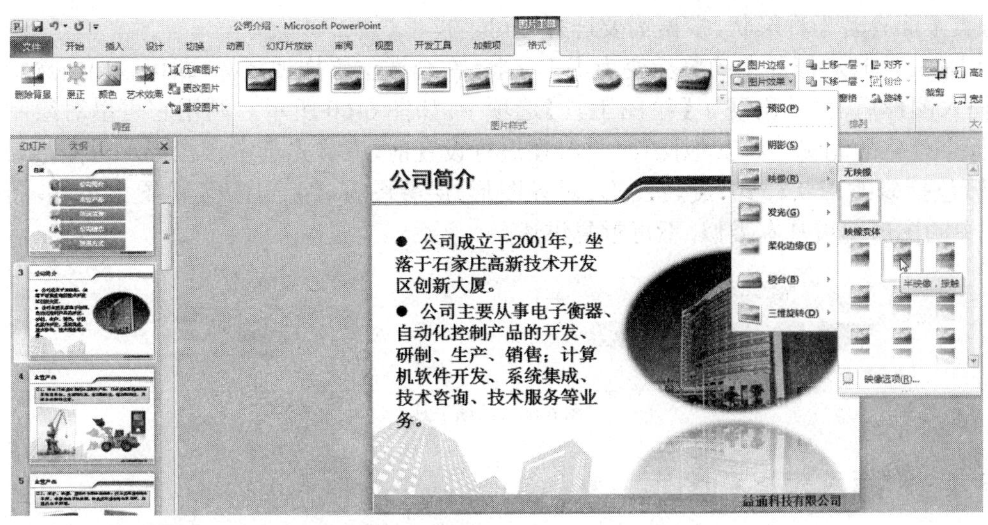

图 6-57　修改图片效果

3. 插入图形

PowerPoint 2010 提供了功能强大的绘图工具，利用绘图工具可以绘制各种线条、连接符、几何图形、星形以及箭头等复杂的图形。插入图形的步骤如下。

步骤 1：在功能区切换到【插入】选项卡，在【插图】组中单击【形状】按钮，如图 6-59 所示。

图 6-58　多个图片的对齐

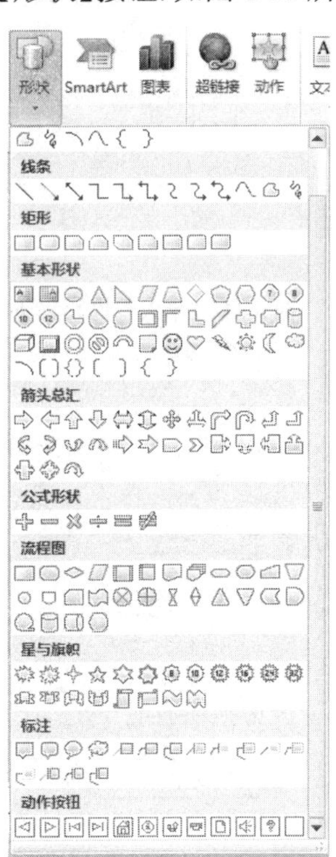

图 6-59　插入图形

步骤 2：选择需要的图形，这里分为【最近使用的形状】、【线条】、【矩形】、【基本形状】、【箭头总汇】、【公式形状】、【流程图】、【星与标志】、【标志】、【动作按钮】十大类，每类下面有若干种形状，根据需要选择即可。

步骤 3：此时幻灯片上的鼠标变为了十字状，在合适位置拖拽鼠标，即可画出所选形状。

插入图形后，自动出现了【绘图工具】选项卡，如图 6-60 所示。利用它可以对绘制的图形进行个性化的编辑。和其他操作一样，在进行设置前，应首先选中该图形。对图形最基本的编辑包括修改形状样式、旋转图形、对齐图形、层叠图形、组合图形、设置大小等，其操作 Word 中的图形编辑基本类似，不再重复讲述。

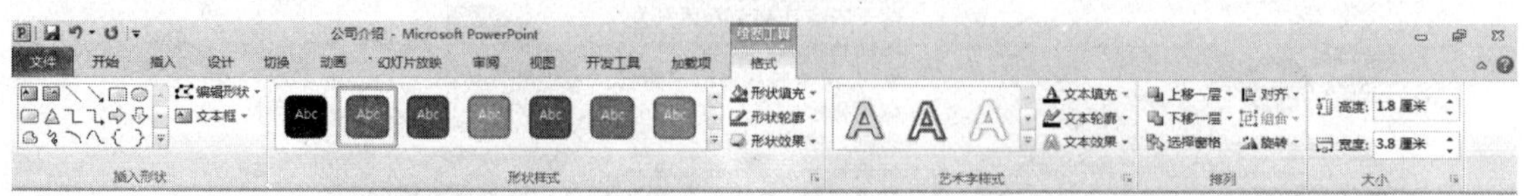

图 6-60 绘图工具

6.4.3 插入表格和图表

1. 插入表格

表格对于信息的传达有十分重要的作用，可以使内容看起来条理清晰，而且还方便于内容的对比，在一些个人演示文稿、统计性报告、汇报、报表、管理方案等的制作中经常会用到表格。如果在 Word 里面用到过表格，那么在 PowerPoint 中对表格的操作将会比较熟悉。添加表格的方法与插入图片的方法类似，既可以选择带有表格的幻灯片版式，也可以直接插入表格。单击占位符中的【插入表格】按钮（或【插入】选项卡中的表格），打开【插入表格】对话框，如图 6-61 所示，输入表格的行数和列数后单击【确定】按钮，则在当前的幻灯片中插入了指定行和列的空表格，如图 6-62 所示，接下来输入表格内容即可。

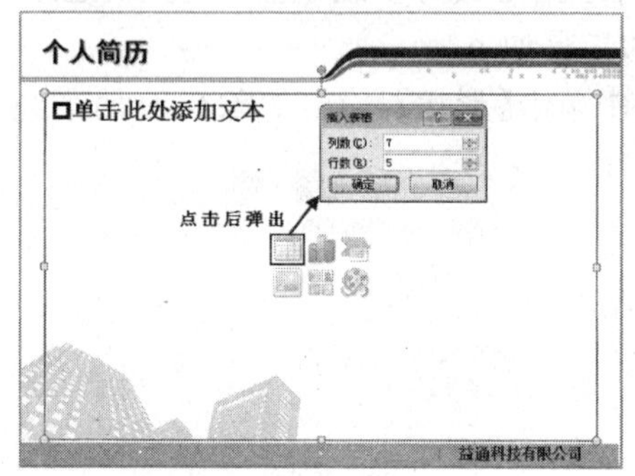

图 6-61 【插入表格】对话框

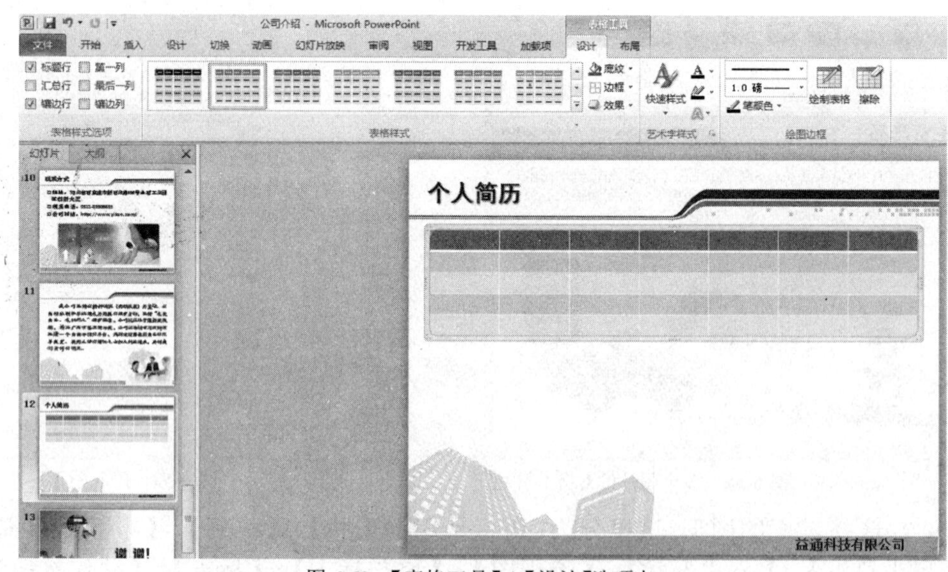

图 6-62 【表格工具】|【设计】选项卡

2. 表格工具

在表格中任一单元格中单击时，功能区内将显示一个名为【表格工具】的动态选项卡，该选项卡内包括两个子选项卡：【设计】和【布局】，如图 6-62 所示的是【表格工具】|【设计】选项卡，可以对表格的样式、边框、底纹、效果等进行格式修改，如图 6-63 所示的是【表格工具】|【布局】选项卡，可以插入或删除表格的行和列、合并 / 拆分单元格、设置对齐方式、表格尺寸等，使用方法与 Word 相同。

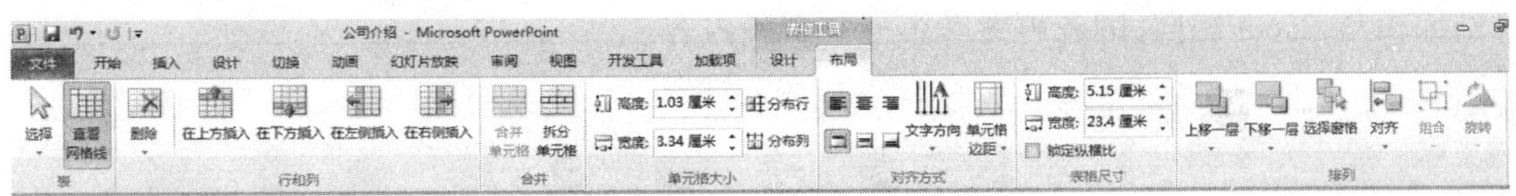

图 6-63　【表格工具】|【布局】选项卡

3. 插入图表

添加图表的方法与插入表格的方法类似，既可以选择带有图表的幻灯片版式，也可以直接插入图表。单击【插入图表】按钮，打开【插入图表】对话框，如图 6-64 所示，选择想要的图表样式，点击【确定】按钮，则在当前的幻灯片中插入了由 Excel 表格数据得到的图表，然后对其进行数据编辑即可看到相应的图表，如图 6-65 所示。

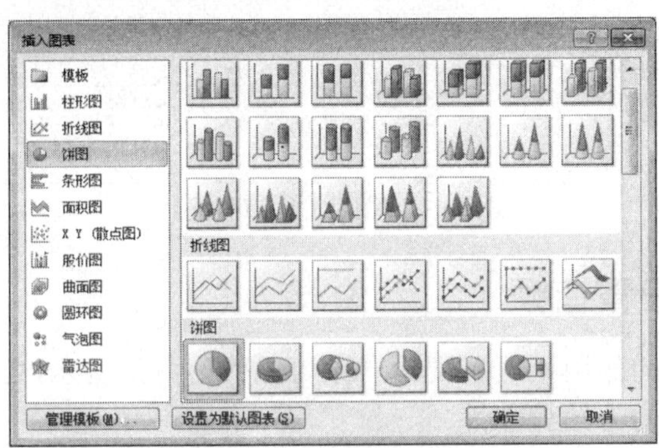

图 6-64　插入图表

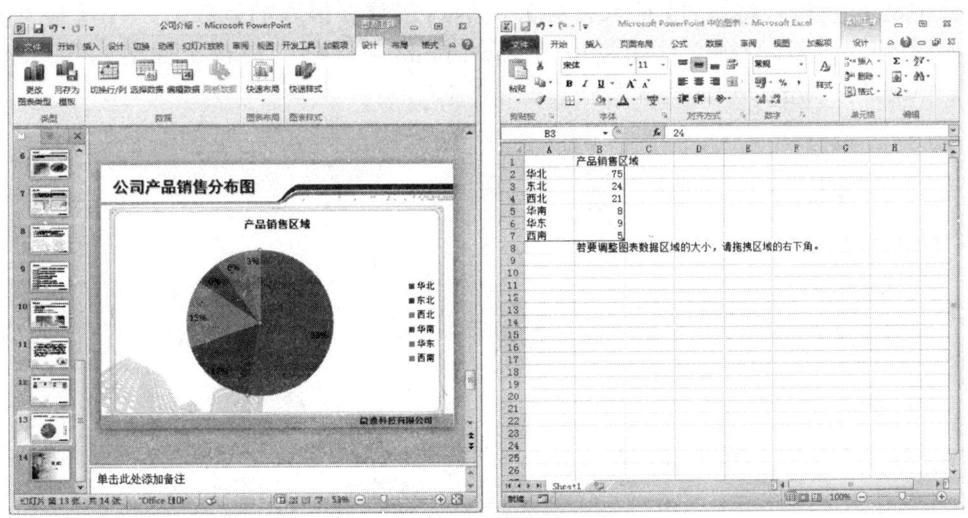

图 6-65　编辑图表的数据

4. 编辑图表

选中图表，功能区内将显示一个名为【图表工具】的动态选项卡，该选项卡内包括三个子选项卡：【设计】、【布局】和【格式】，如图 6-66 所示的是【图表工具】|【设计】选项卡，可以对图表的类型、数据、样式等进行格式修改，如图 6-67 所示的是【图表工具】|【布局】选项卡，可以插入并分析图表、对图表的标签、坐标轴和背景进行修改等。如图 6-68 所示的是【图表工具】|【格式】选项卡，可以对图表的形状、艺术字、排列和大小进行修改等。图表的详细编辑与 Excel 相同，读者可参考第五章有关内容。

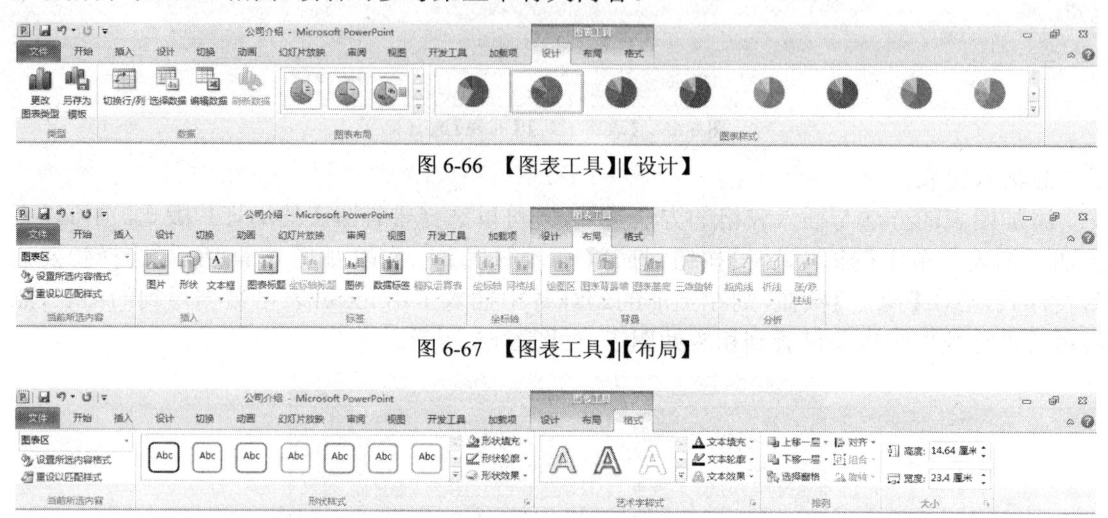

图 6-66 【图表工具】|【设计】

图 6-67 【图表工具】|【布局】

图 6-68 【图表工具】|【格式】

6.4.4 插入和设置音频

音频在演示文稿中的作用不可忽视。音频可以作为背景音乐，还可以创造情景，增强演示效果。插入背景音乐的方法如下：

选择【插入】选项卡→【音频】→【文件中的音频】，可以插入用户指定的音频文件。选择【文件中的音频】后，将打开【插入音频】对话框，选择要插入的音频后，单击【插入】按钮即可，如图 6-69 所示，音频文件的类型为 PowerPoint 所支持的声音文件格式，如“midi”、“mp3”、“wav”、“wma”等。

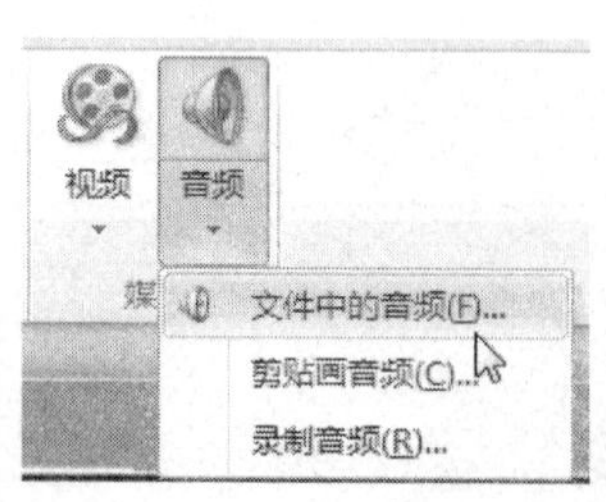

图 6-69 【插入音频】对话框

插入的声音文件在幻灯片中以🔈图标表示，如图 6-70 所示，PowerPoint 2010 新增了【迷你播放控制面板】，可以试听声音，剪辑声音，控制音量等。

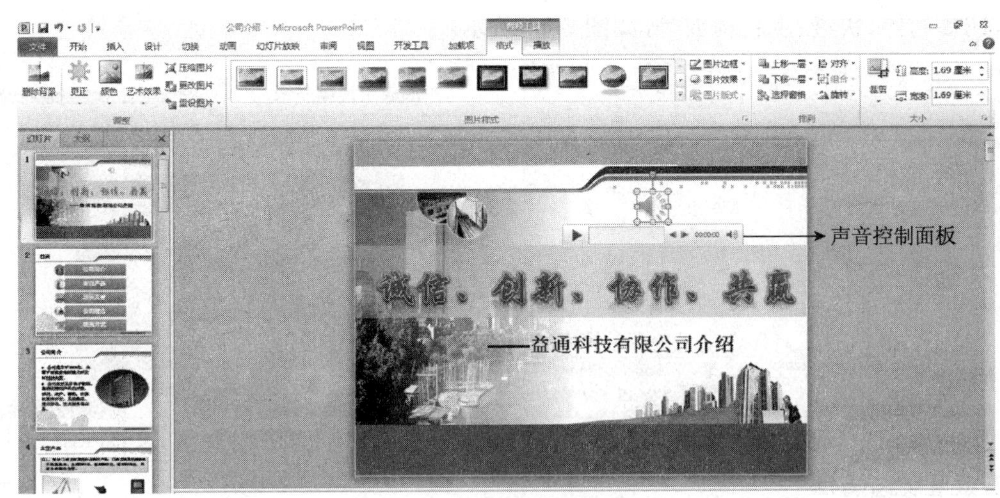

图 6-70　插入音频后

单击声音图标，在功能区会自动出现【音频工具】|【格式】和【播放】两个选项卡，最主要的是如图 6-71 所示的【播放】选项卡，可以对插入的音频进行编辑，控制幻灯片中音频文件的播放。

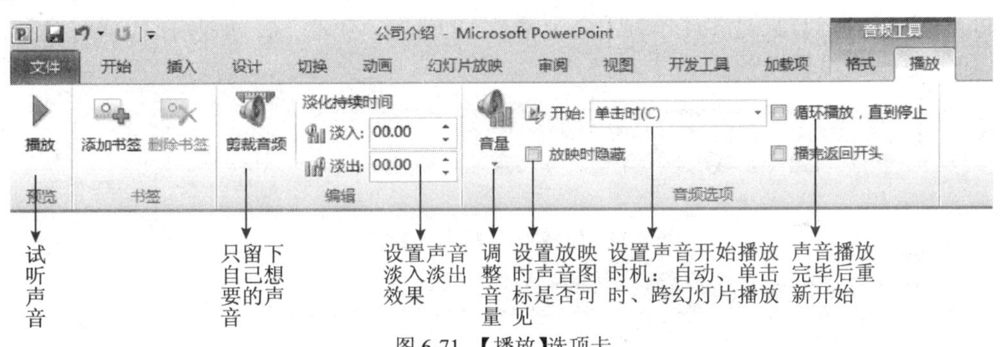

图 6-71　【播放】选项卡

在【开始】项目进行设置时，可以选择【自动】、【在单击时】和【跨幻灯片播放】，【自动】指幻灯片放映时自动播放声音，一般用于播放背景音乐，选择【在单击时】，只有在单击小喇叭图标时才播放声音。如果要在 PowerPoint 演示中根据需要播放声音，可以选择该项。【跨幻灯片播放】指从当前的活动幻灯片开始，跨越连续的幻灯片播放声音。如果想让音频在指定的某几页幻灯片中播放，就需要用【动画】窗格来进行控制了，详见 6.5 节内容。

6.4.5　插入和设置视频

视频集声音与图像一体，给人留下直观、具体、形象、生动的印象，因此在制作演示文稿时，可选择能够突出和强调主题的视频插入。可以用下面的方法插入和设置视频。

1. 直接插入【文件中的视频】

可以插入用户指定的影片文件。选择【插入】选项卡→【视频】→【文件中的视频】后，将打开【插入视频文件】对话框，如图 6-72 所示。在 PowerPoint 中，可以插入的影片格式为

“*.asf”、“*.avi”、“*.mpeg”、“*.wmv”等。选择要插入的影片后，单击【插入】按钮，此时视频插入到幻灯片中，可以调整播放区域的大小、位置，以获得最佳的放映效果，并能实现自由控制，比如暂停、快进、重新播放等，如图 6-73 所示。

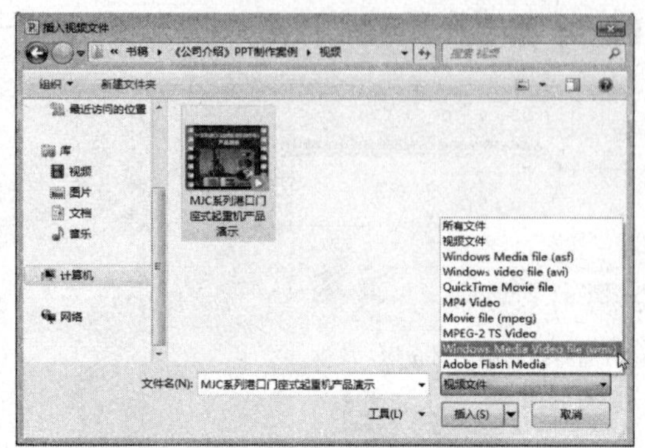

图 6-72 【插入视频文件】对话框

图 6-73 调整插入视频的大小和位置

2. 设置视频属性

插入到幻灯片中的视频可以设置其播放属性，单击插入的影片，在功能区自动出现【视频工具】|【格式】和【播放】两个选项卡，如图 6-74、图 6-75 所示。【格式】选项卡可以使插入的视频像图片一样编辑，如更正色调、颜色、样式、边框、排列、大小等，其操作方法与图片工具类似；【播放】可以对影片进行预览、剪辑、音量调整、开始时机等参数进行设置，其操作方法与音频工具类似，只是多了一项【全屏播放】的选择，勾选之后，影片在播放时会布满全屏，有利于更好地观看视频。

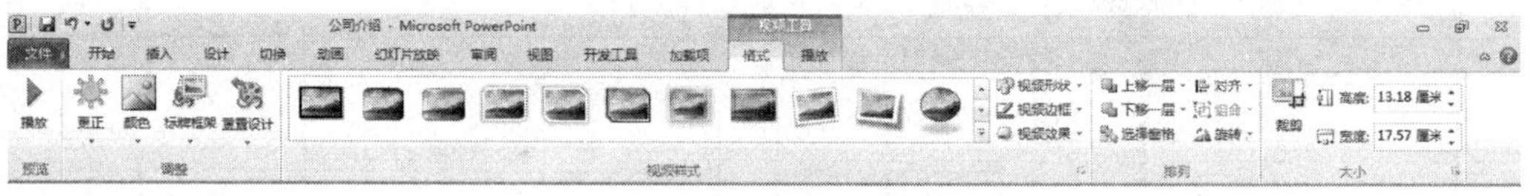

图 6-74 【视频工具】|【格式】选项卡

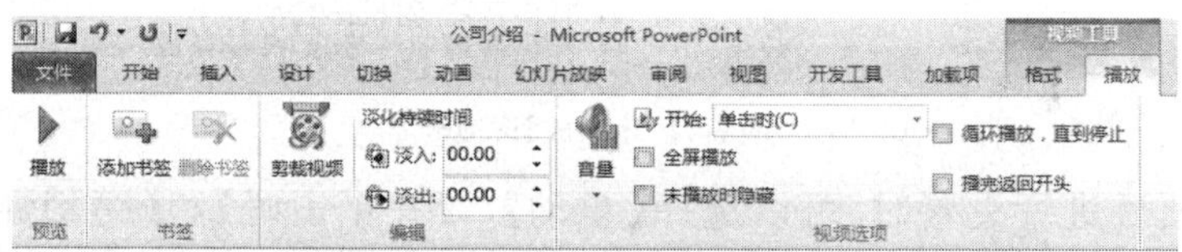

图 6-75 【视频工具】|【播放】选项卡

6.5 演示文稿内容的动态效果设置

任务提示

上节我们对《公司介绍》PPT 演示文稿进行了文字简化和插入各类媒体，美化后是不是感觉比较生动美观了？可以试着放映一下幻灯片看看演示的效果。通常一页幻灯片的内容较多时，不希望所有的内容同时出现，而是希望内容随着讲解逐步出现，这就需要用到 PPT 的动画效果。下面我们跟随王芳来学习如何让演示文稿内容随着你演说的需要而动态出现吧。

6.5.1　添加动画效果

1. 动画的作用和设置原则

幻灯片的动画效果必不可少,我们都知道演示文稿主要是用来辅助演讲者在现场演示的,如何使幻灯片更准确无误、协调一致地配合演讲者的讲解,动画的设置至关重要,如果幻灯片不设置动画,即每次翻页时所有的内容都一下呈现,就不能起到很好的引导、设疑、提问、步步深入、逐步展开等讲解效果,对于听讲者也就少了许多吸引力,时间一长便使人感觉乏味。因此,幻灯片一定要设置动画效果,但如何设置动画、设置什么样的动画才能使演讲效果最好呢?一般有以下几个原则:

(1)根据幻灯片内容多少设置动画,幻灯片的内容越多,越是需要为每个对象设置动画,从而在讲解内容时,可以逐步展开,使听众始终将注意力集中在演讲者正在说的某个条目内容;如果一页幻灯片的内容较少,可以不用添加动画效果。

(2)每页幻灯片的动画效果种类不必过多,一般不超过三种,否则会给听众造成视觉负担,影响听众对内容的观看和理解。

(3)越是严肃的演示场合,动画效果越要选择温和的,不要过于华丽和炫目,通常【擦除】、【浮入】、【缩放】、【淡出】等效果较为常用,对于个人 PPT 作品,可以多采用较为华丽多样的动画效果,如【弹跳】、【飞旋】、【旋转】等,以便吸引听众的眼球。

(4)如果幻灯片中有流程图或图示,动画的顺序一定要按照图示的自然顺序,特别是有箭头的场合,动画的展开方向须与箭头方向一致,以便与听众的理解顺序保持统一,起到更好的引导作用。

2. 为对象添加动画效果

PowerPoint 2010 中新增加了【动画】选项卡,利用它可以为对象添加不同的动画效果。设置自定义动画的步骤如下:

(1)步骤 1:单击【动画】选项卡,如图 6-76 所示。

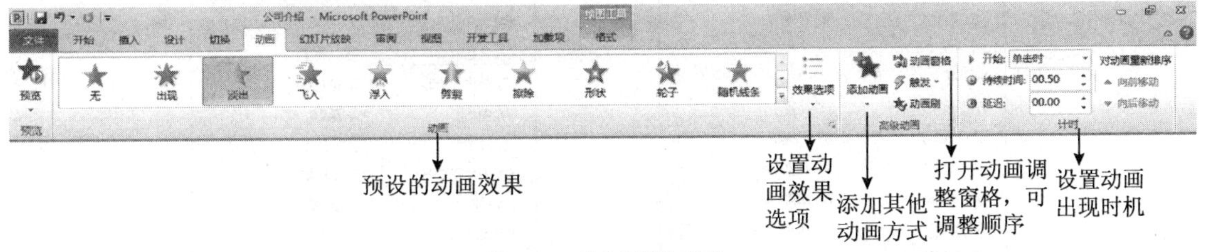

图 6-76　【动画】选项卡

PowerPoint 2010 在【动画】选项卡中首次出现了【动画刷】,该功能和 Word 中的格式刷一样,可以快速地设置动画的格式。

(2)步骤 2:选择要设置动画效果的文本或对象。

(3)步骤 3:单击【动画】选项卡中一种预设的动画样式,如【淡出】,即为当前所选对象设置了淡出的动画效果。预设的动画效果还有很多,点击右方的小箭头,可以看到更多的预设动画效果,如图 6-77 所示。除此之外,还可以单击下方的【更多进入效果】、【更多强调效果】、【更多退出效果】以及【其他动作路径】等。下面对这四种动画效果简要介绍。

PowerPoint 可以设置四大类动画效果,分别是:

①进入——确定文本或对象如何进入幻灯片;

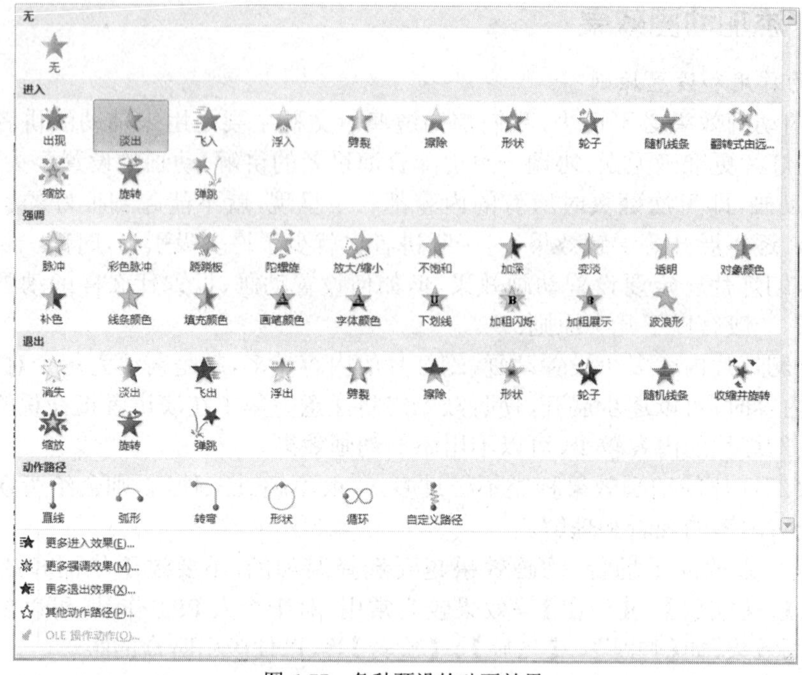

图 6-77 各种预设的动画效果

②强调——为文本或对象添加强调效果；

③退出——确定文本或对象如何退出幻灯片；

④动作路径——设置文本或对象的动作路径。

每一类效果中都包含了几十种不同的效果，这些效果又分为基本型、细微型、温和型和华丽型，如图 6-78 所示为动画效果，如图 6-79 所示为所有路径动画效果。

图 6-78 动画效果

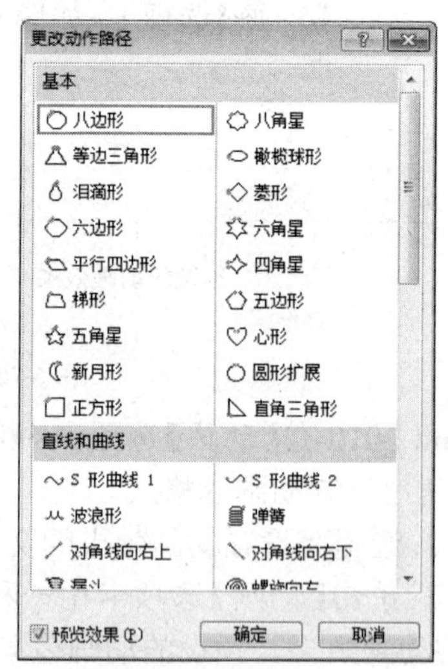

图 6-79 路径动画效果

（4）步骤 4：添加了各对象的动画效果后，点击动画选项卡中的【动画窗格】，如图 6-80 所示，各对象的动画在此处列出，可以点击【播放】浏览动画效果，或点击下方的【重新排序】左右的箭头调整各动画的顺序，一般按内容从左到右、从上到下的顺序播放。

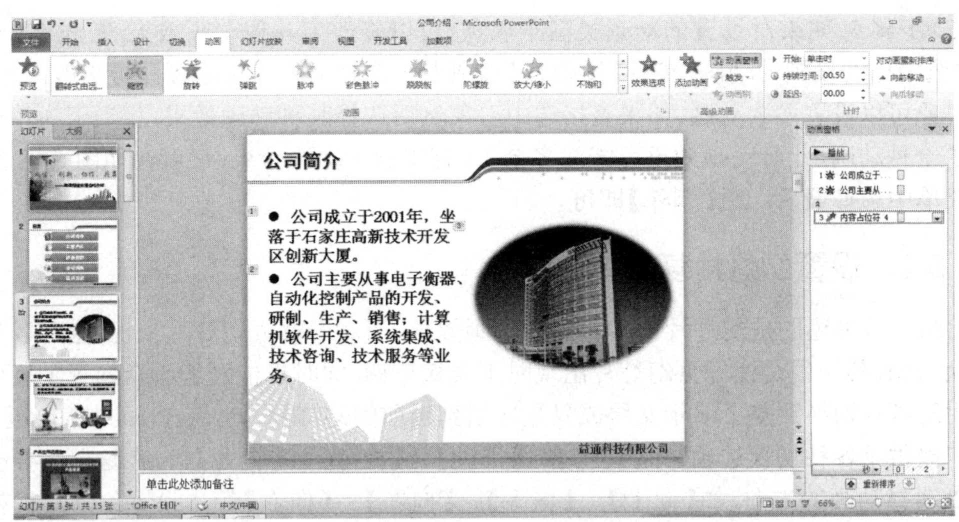

图 6-80　动画窗格

若想对某对象的动画效果进行详细设置，点击其后面的下拉箭头，弹出下拉菜单，如图 6-81 所示，该菜单中可以设置动画的开始时机，例如，动画开始方式默认为“单击时”，即由演讲者控制动画出现，另外还有两个选项分别是【从上一项开始】、【从上一项之后开始】，前者指的是与上一动画同时出现，后者指的是前一动画出现后本动画自动出现。在图 6-81 中还有一个选择是【效果选项】，单击后弹出所选动画的选项设置对话框，如图 6-82 所示，可以对该动画效果进行更为详细的设置，不同的动画效果可设置的内容不尽相同，不过【声音】和【动画播放后】对每个动画效果都适用，【声音】可以设置伴随动画出现的声音，如【风铃】、【打字机】等，读者还可以选择自己电脑上保存的音频文件（“.wav”格式）。【计时】选项卡中可以设置动画时间延迟，比如前一动画出现后延迟 5s 再出现本动画，请读者自行练习设置。

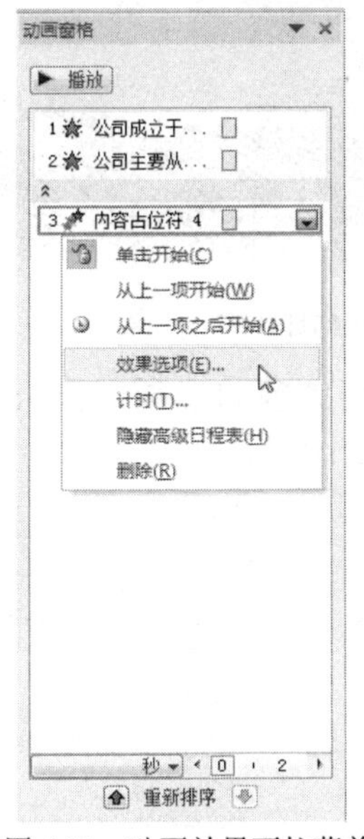

图 6-81　动画效果下拉菜单

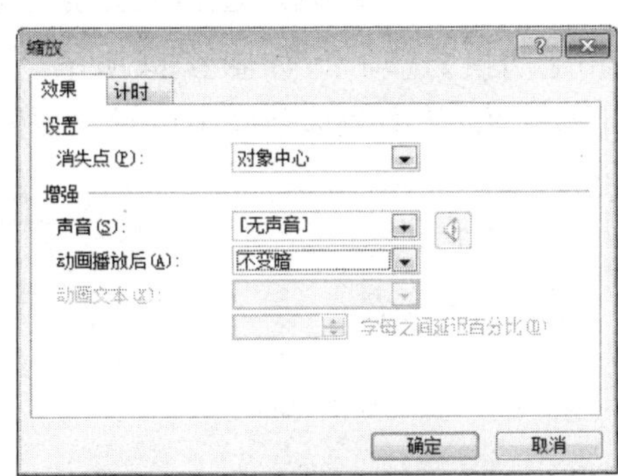

图 6-82　动画效果详细设置

（5）步骤 5：如果对设置的动画类型不满意，可以修改为其他动画效果，首先在【动画窗格】中选中已经设置的动画，然后到【动画】选项卡中选择另外一种动画即可更改。注意，同一个对象可以设置多次动画，如果直接选中对象然后选择某种动画效果，相当于为该对象又添加了一种动画，此时动画效果可能就多余了，若想删除动画效果，可以在如图 6-81 所示的下拉菜单中选择最后一项【删除】即可。

6.5.2 设置幻灯片切换方式

上面一节讲述的是幻灯片中各对象的动画效果，而对于整页幻灯片来说，也可以有不同的切换动画，其作用是使每页幻灯片出现时不会太单调，同时也能缓解听众的视觉疲劳。可以应用幻灯片切换到整个演示文稿或只是应用到当前的幻灯片。PowerPoint 2010 的【切换】选项卡提供了各种切换选项，如【切出】、【推进】、【擦除】、【揭开】等，在这些主要类别中还可以选择动画的方向，如【向上】、【向下】、【向左】、【向右】等。设置幻灯片切换的方法是：

步骤 1：首先在【幻灯片】视图下选择要应用切换效果的幻灯片，按住【Ctrl】键可以选择多张幻灯片，或按【Ctrl+A】键可以选择所有幻灯片，如图 6-83 所示。

图 6-83 选择要设置切换效果的多张幻灯片

步骤 2：点击【切换】选项卡，如图 6-84 所示。要看到更多的选项，可单击【切换到此幻灯片】右侧的下拉箭头，从切换选项库中选择一种切换，如图 6-85 所示。

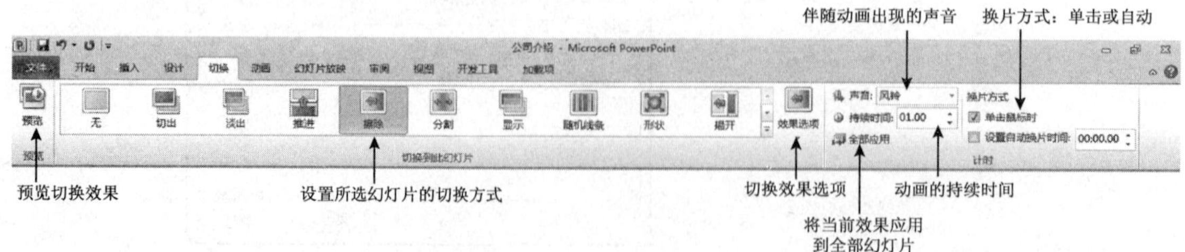

图 6-84 【动画】选项卡

图 6-85　幻灯片【切换】选项

步骤 3:选择切换以后,点击【效果】选项,如图 6-86 所示,可以对所选切换变体进行更改。

步骤 4:要为切换添加声音效果,可以从【声音】下拉列表框中选择声音,如图 6-87 所示。如果要使用用户计算机中的其他声音文件,选择最下面的【其他声音…】选项,打开【添加声音】对话框,选择需要的声音,单击【确定】。

步骤 5:设置【换片方式】:可以设为【单击鼠标时】或者【设置自动换片时间】后面的时间框内输入时间,如果设置了自动换片时间,则无需用户干预自动切换到下一张幻灯片。

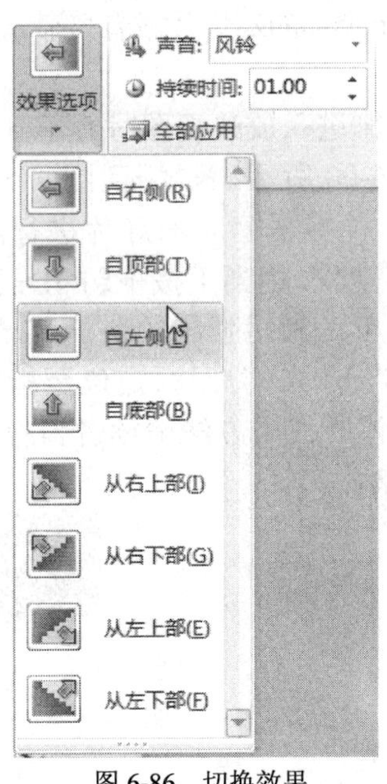

图 6-86　切换效果

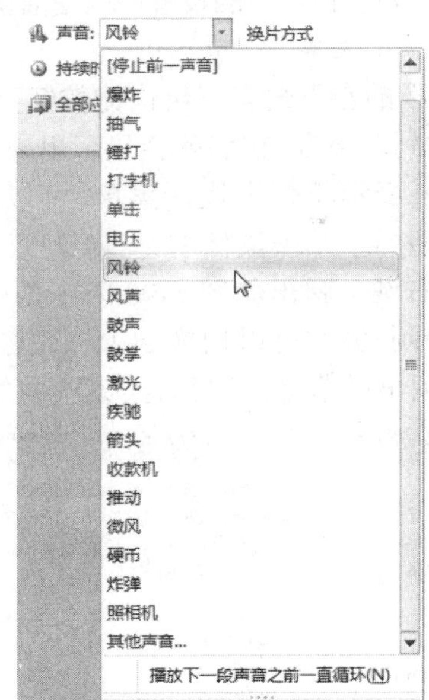

图 6-87　切换时播放声音

6.5.3　放映幻灯片

PowerPoint 2010 为幻灯片提供了几种基本的演示方法,用户可以根据自己的需要和习惯选择其中的一种来放映幻灯片,查看编辑的效果。

1. 直接演示

在 PowerPoint 2010 的任何一种视图中，单击应用窗口最下端状态栏中的【幻灯片放映】命令按钮，或点击【幻灯片放映】选择【从头开始】或者【从当前幻灯片开始】命令，如图 6-88 所示，即可进入幻灯片放映视图。在幻灯片放映视图中，幻灯片以全屏方式显示，且一直保持在屏幕上，直到用户单击了鼠标或敲击了键盘上相应的键为止。单击鼠标左键，可切换到下一个动画或下一张幻灯片演示，也可以单击幻灯片上的【超链接】或【动作按钮】（下节介绍）；使用键盘上的【PgUp】、【PgDn】键或上下移动键，也可以切换到上一张或下一张幻灯片显示。在最后一张幻灯片上单击鼠标后，则返回到原来的视图中。

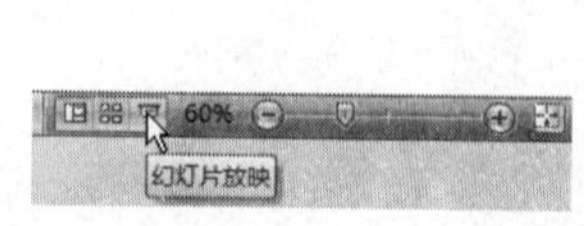

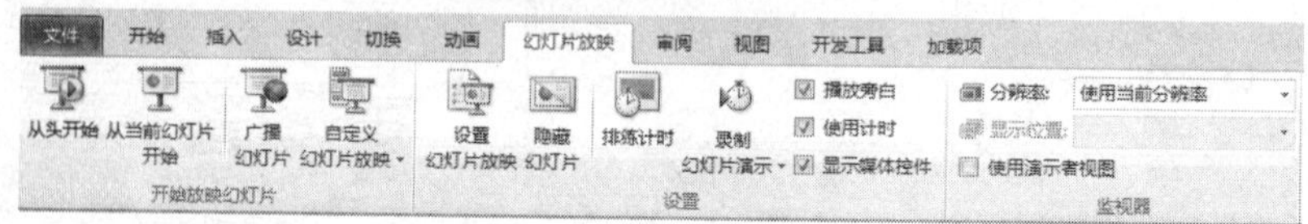

图 6-88 【幻灯片放映】按钮和【放映】选项卡

2. 设置幻灯片放映方式

幻灯片除了全屏放映外，还可以设置【观众自行浏览】、【展台浏览】等其他方式，或设置放映范围、换片方式等。在 PowerPoint 2010 应用窗口中，选择【幻灯片放映】|【设置幻灯片放映】命令，屏幕上弹出【设置放映方式】对话框，如图 6-89 所示。

在该对话框中，共有“放映类型”、“放映幻灯片”、“放映选项”、“换片方式”几种选项。“放映类型”有三个选项，默认为演讲者放映，即演讲者完全控制幻灯片的演示，通常用于配合演讲者的解说，“放映幻灯片”中的设置可以使演讲者演示全部的幻灯片或者只显示部分幻灯片。

3. 放映时用快捷菜单

在放映视图下的左下角有一组快捷按钮，用户在刚进入放映视图时看不到这些按钮，但只要将鼠标移动到左下方，它们就会显示出来，如图 6-90 所示，表示上一个动作，相当于按下【PgUp】；表示将弹出快捷菜单，可以选择一种屏幕笔对幻灯片进行注释；表示弹出快捷菜单，相当于单击鼠标右键；表示下一个动作，相当于按下【PgDn】。在放映视图中，单击鼠标右键会弹出如图 6-90 所示的快捷菜单。利用弹出的快捷菜单可以对幻灯片的放映进行控制，例如可以切换到上一张幻灯片、下一张幻灯片、定位至指定幻灯片、控制或切换屏幕、调出屏幕笔作注释、结束放映等。具体的使用方法请读者自行练习。

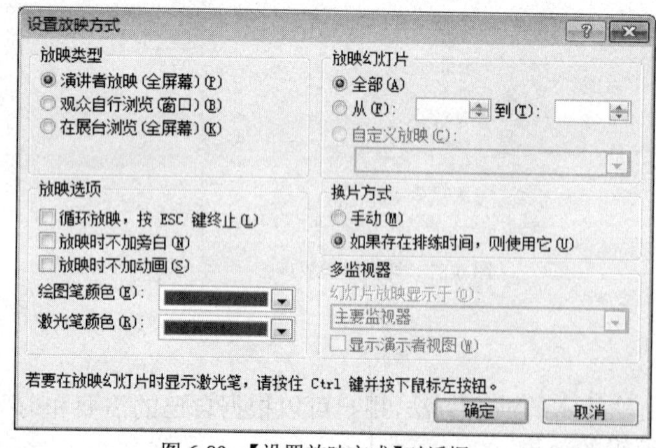

图 6-89 【设置放映方式】对话框

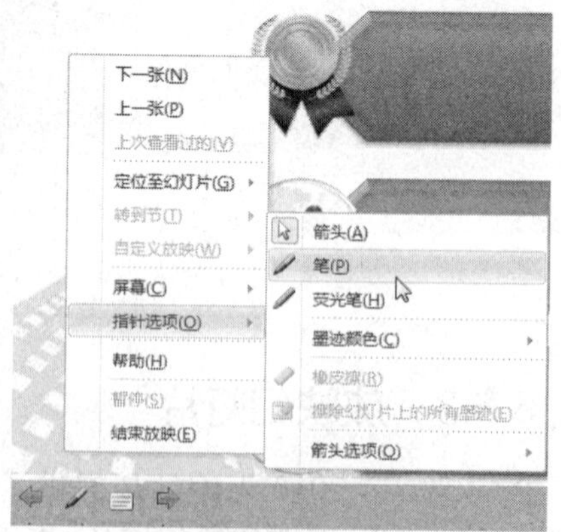

图 6-90 放映时的快捷按钮和快捷菜单

6.6 插入超链接和动作按钮

① 任务提示

通过上面的内容介绍,我们基本完成了《公司介绍》演示文稿的编辑、美化、插入各类对象、媒体,设置动画等,这样我们的 PPT 基本就可以使用了。不过,为了增强 PPT 的交互性和灵活控制性,通常会在目录和各页面之间增加动作按钮或超链接。下面我们就跟随王芳一起为 PPT 添加超链接、动作按钮吧。

6.6.1 添加超链接

演示文稿默认的播放顺序是线性的,即从首页连续播放到末页,要想改变这种单一的播放顺序,就要使用【超链接】或【动作按钮】。两者的作用基本相同,只是外观不同,【超链接】是将文字、图形图像甚至是其他对象作为超链点,连接到其他页面或其他文件;而【动作按钮】是 PowerPoint 中提供的 12 种基本按钮形状作为超链点,除了可以链接到其他幻灯片或外部文件外,还可以在链接的同时伴随有动作执行。本节先介绍【超链接】的用法。

【超链接】能改变幻灯片的播放顺序、执行外部程序或播放声音、影片文件等,使幻灯片在演示时能够灵活控制,实现更好的演示效果。文字、图片、图形等都可以作为超链接来控制幻灯片流程或者执行其他文件、打开网页等。插入【超链接】的步骤是:

步骤 1:首先选中要作为超级链接的文字或对象,然后选择【插入】|【超链接】或单击鼠标右键选择【超链接】,如图 6-91 所示。

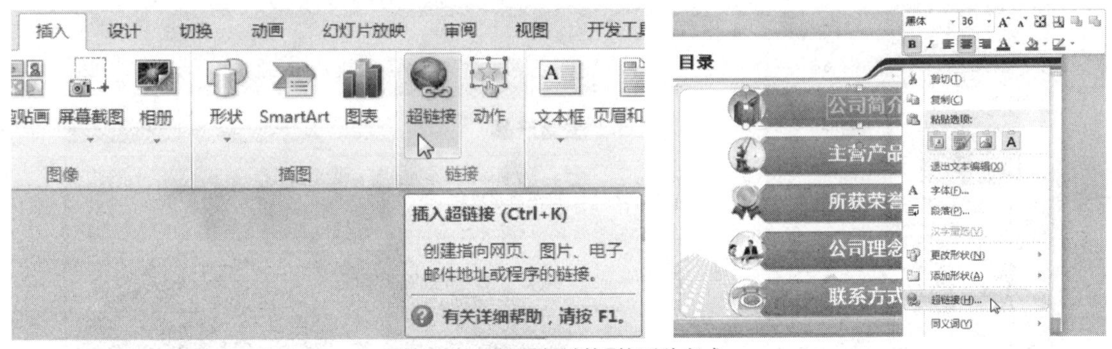

图 6-91 设置【超链接】的两种方式

步骤 2:随即将打开【插入超链接】对话框,如图 6-92 所示,该对话框中,【要显示的文字】一栏的内容即是要作为超链接的文字,即我们所称的“超文本”;PowerPoint 中的超链接可以链接到四种目标,第一种【原有文件或网页】指的是本机的任何文件或 Internet 网址;第二种【本文档中的位置】指的是本演示文稿中的幻灯片;第三种【新建文档】指的是新建一个 PowerPoint 演示文稿并与之链接;第四种【电子邮件地址】指的是链接一个邮件地址,放映时点击超链接则会打开默认电子邮件程序(如 OutlookExpress),并以链接的邮件地址为收件人,进行邮件的编辑和发送。其中最常用到的是前两种,即打开或运行其他的文件、网页和跳转到其他的幻灯片。

步骤 3:选定超链接的目标后,单击【确定】按钮,则超链接插入成功。如此方法,将目录页中其他的文字都链接到相应的幻灯片，如图 6-93 所示，带有超链接的文本改变了颜色，同时加了下划线。还可以给图片或图形添加超链接，方法类似，请读者自行练习。

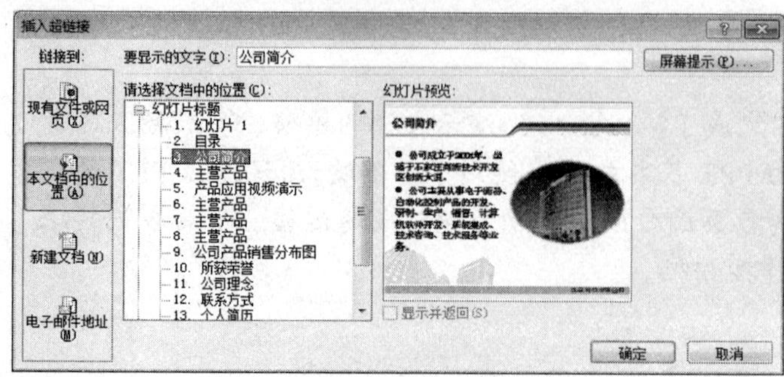

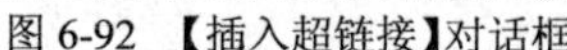
图 6-92 【插入超链接】对话框

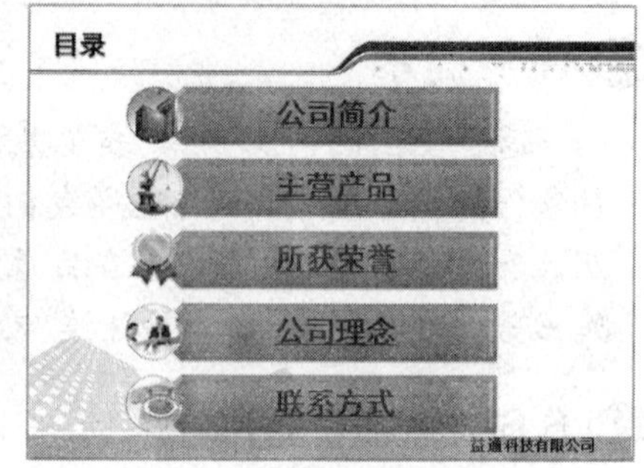

图 6-93 文本添加超链接后的效果

6.6.2 添加动作按钮

除了利用【超链接】改变幻灯片放映顺序以外，还可以利用动作按钮。

PowerPoint 提供了 12 种动作按钮可以放置到幻灯片上，添加动作按钮的步骤是：

步骤 1：在【插入】选项卡的【插图】组中选择【形状】，将滚动条拉到最下端，可以看到有 12 种【动作按钮】，有【上一项】、【下一项】、【开始】、【结束】等，选择需要的动作按钮，例如选择【▷】表示【前进或下一项】，如图 6-94 所示。

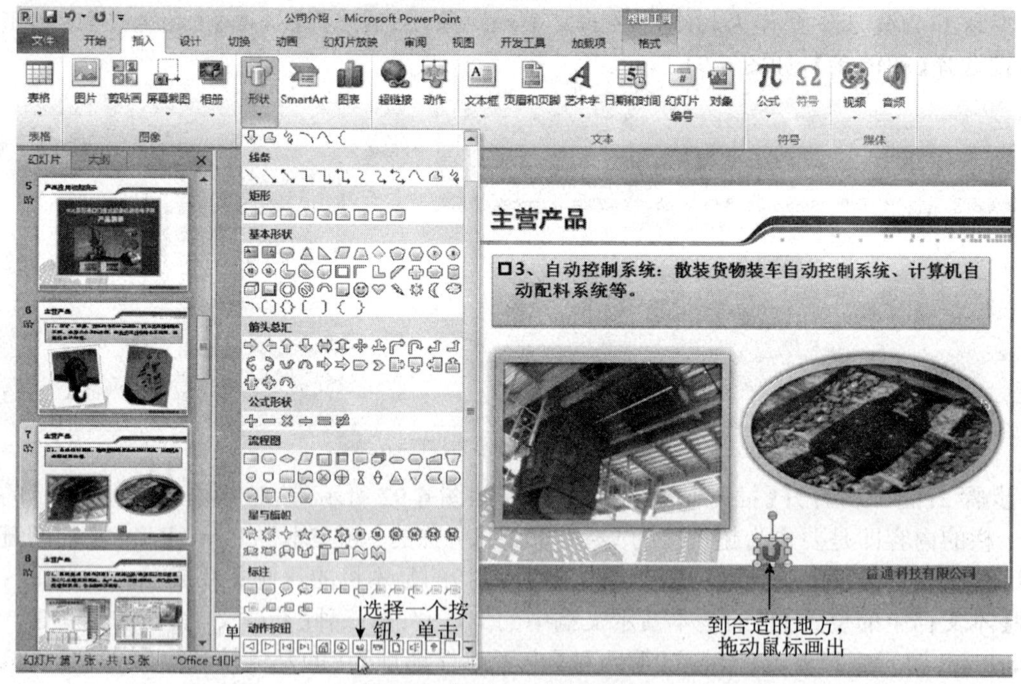

图 6-94 选择一个动作按钮插入

步骤 2：将鼠标移动到幻灯片上，此时成为十字形，在合适的位置按住鼠标左键拖动，画出按钮，松开鼠标左键后会出现【动作设置】对话框，PowerPoint 会根据所选定的按钮设置默认动作，用户也可以自己设置其他动作，如运行本地程序文件、播放声音等。如图 6-95 所示。

步骤 3：设置完按钮的执行动作后单击 确定 按钮。

步骤 4：按需要可继续插入其他的动作按钮，如需修改按钮的执行动作，可以选中按钮后，单击鼠标右键，选择【编辑超链接…】，再一次打开【动作设置】对话框，修改动作即可。

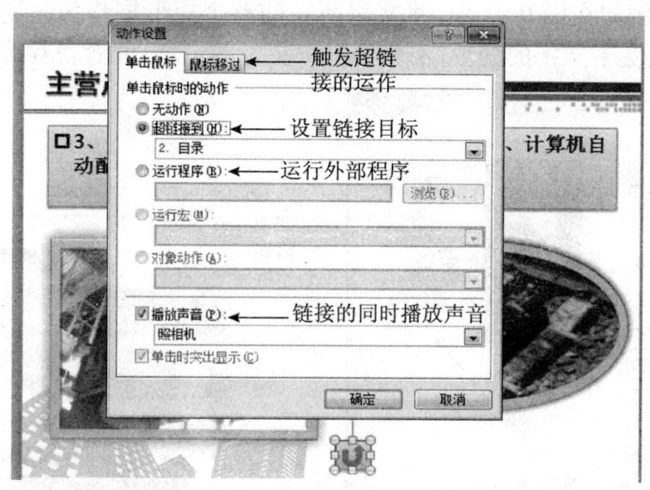

图 6-95　设置动作按钮的执行动作

6.6.3　修改主题配色

文本设置为超链接后，会引起文字颜色的变化，如图 6-93 所示，本来蓝底白色文字十分醒目，但由于默认的链接文字颜色也是蓝色，这会让链接变得很不清晰，要想改变已添加超链接的文字颜色，用改变字体颜色的是行不通的（读者不妨一试），必须要修改主题颜色才可以。

点击【设计】选项卡，在主题右侧点击【颜色】下拉菜单，如图 6-96 所示，可以选择不同的配色系列。若想要修改主题颜色，点击最下方的【新建主题颜色】，将弹出新建主题颜色对话框，如图 6-97 所示，将【超链接】和【已访问的超链接】的颜色修改，保存即可。

图 6-96　选择主题颜色

修改主题颜色后，原来的蓝底蓝字的超链接重新变为了蓝底白字，如图 6-98 所示，幻灯片放映时，对于【已访问的超链接】，会变为黄色。必须注意，这种主题颜色的修改是对整个演示文稿的色调修改，如果其他幻灯片中有白底黑字的超链接，那超链接文字将变得完全不可见，因此，这种通过改变主题颜色来修改超链接颜色的方法并不总是适用，还有其他的方法来解决该问题。例如在图 9-93 中，将文字所在的整个矩形框作为超链接热点，既能达到超链接的效果，又避免了文字的变色，不失为一种更好的方法，读者自行练习即可。

图 6-97 在【新建主题颜色】中修改链接颜色

图 6-98 【修改主题颜色】后的超链接效果

6.7 演示文稿的输出

任务提示

到现在为止，我们的演示文稿的内容编辑、样式美化、媒体插入、动画设置、超链接控制等都添加完毕，可以通过放映来查看效果，当然，在编辑的过程中还会有很多的细节需要注意和修改完善，这将是一个反复的过程。在本项目中，将会把演示文稿输出为不同的类型，最常见的如打印、将 PPT 的幻灯片连同备注一起输出到 Word 创建讲义，将 PPT 发布为 PDF 格式、视频格式或 Flash 动画等。

6.7.1 打印演示文稿

由于演示文稿中的幻灯片是一种特殊的组织结构，所以演示文稿的打印并非像其他软件一样简单，在打印之前，用户有必要对演示文稿进行一些设置工作，如选择不同的打印方式和打印内容，指定演示文稿的不同输出方式及不同的版式等。

1. 设置演示文稿的页面

与 Word 文件一样，在打印演示文稿前，首先应对演示文稿的页面进行设置，其中包括设置幻灯片打印的尺寸、幻灯片方向、起始序号等。具体设置方法如下：

（1）打开要打印的演示文稿，选择【设计】选项卡中的【页面设置】命令，系统将弹出【页面设置】对话框，如图 6-99 所示。

（2）单击【幻灯片大小】右面的下拉箭头，在弹出的列表中选择纸张的大小，如选择【全屏显示】(16:9)、【A4 纸张】等。

（3）在【幻灯片编号起始值】文本框中，可以输入或选择从第几页开始打印。

（4）选择幻灯片、备注、讲义和大纲的打印方向，一般为默认值。

（5）设置完毕后单击【确定】按钮。

2. 设置页眉和页脚

设置好演示文稿的页面后，还可以对页眉和页脚进行设置，具体方法如下。

（1）选择【插入】选项卡【页眉和页脚】命令，弹出如图 6-100 所示的【页眉和页脚】对话框。

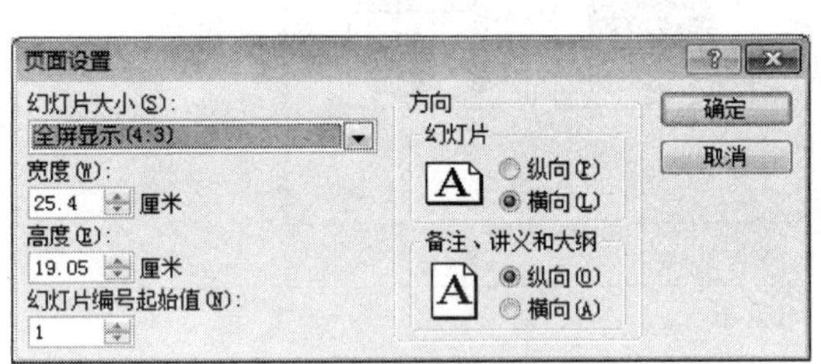

图 6-99　【页面设置】对话框

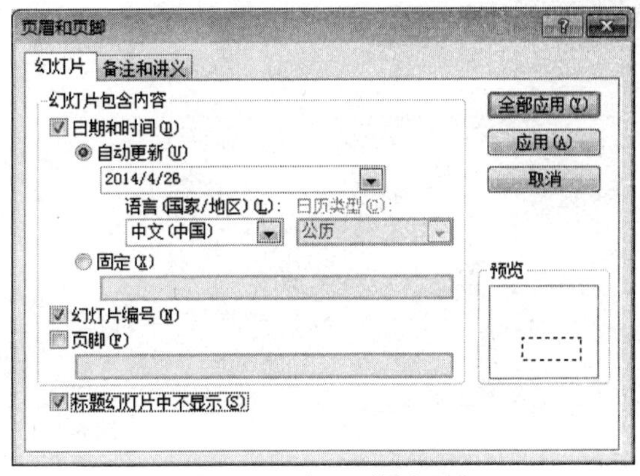

图 6-100　插入页眉和页脚

（2）选中【日期和时间】复选框，将会在幻灯片左下角显示所设置的日期时间，可以设为自动更新（即始终为当前时间）或固定时间（插入的时间不变）两种方式。

（3）选中【幻灯片编号】复选框，则系统按幻灯片顺序自动为幻灯片编号且显示在右下角。

（4）选中【页脚】复选框，在文本框中可以输入要显示在幻灯片正下方即页脚处的内容。

（5）选中【标题幻灯片中不显示】复选框，则以上设置对标题幻灯片无效。

（6）单击【全部应用】则将设置应用到本演示文稿的所有幻灯片，若单击【应用】，则该设置应用到当前幻灯片。

3. 打印幻灯片、备注或讲义

经常需要将幻灯片、备注页或讲义打印出来作为讲稿或存档，此时需要连接打印机，设置好打印机后，单击【文件】按钮，点击【打印】菜单，如图 6-101 所示。

（1）打印范围设置：可选择打印全部幻灯片、当前幻灯片和部分幻灯片。打印部分幻灯片时，需要输入幻灯片的编号或范围，例如，打印第 2~13 页幻灯片，则需要在文本框中输入“2-13”。

（2）打印内容设置：打印内容包括：【幻灯片】、【讲义】、【备注页】和【大纲视图】。系统默认的选择为【幻灯片】。常用的打印内容为【讲义】，即将多页幻灯片放到一页纸上打印。打印讲义时，可以设置【每页幻灯片数】为 1、2、3、4、6、9，如图 6-102 所示，选择每页幻灯片数后，可以在右面的小窗口预览效果，可以指定幻灯片的顺序为【水平】或【垂直】。

（3）颜色设置：在【颜色 / 灰度】下拉框中可以选择要打印的颜色方式，如图 6-103 所示，

【颜色】表示以幻灯片中的原有颜色打印，【灰度】表示打印出来的效果为黑白图案，即使幻灯片是彩色的，打印使用灰度填充对象，用黑白图案或灰色图案代替彩色图案。【纯黑白】表示将演示文稿中所有颜色转换成黑色或白色。

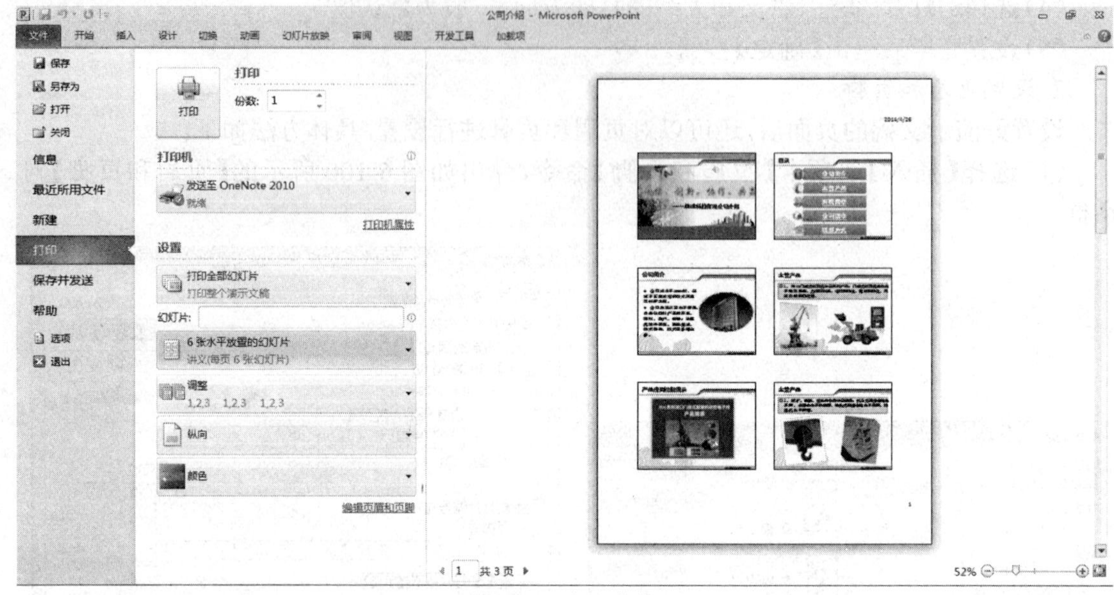

图 6-101　打印菜单

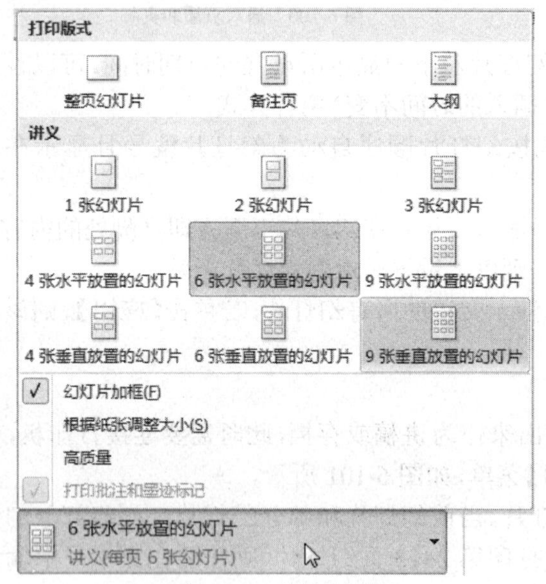

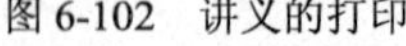

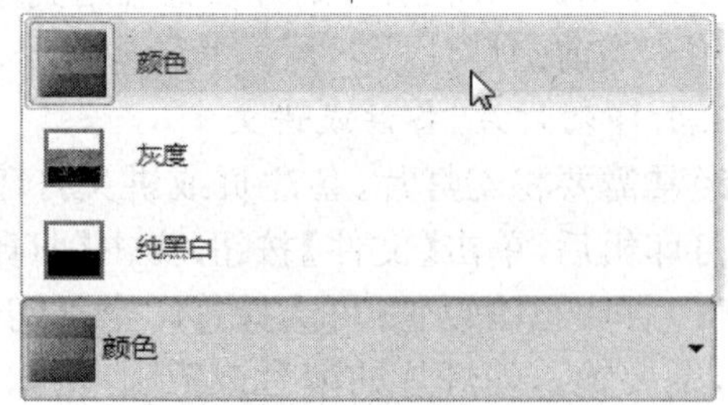

图 6-102　讲义的打印　　　　图 6-103　颜色设置

(4)打印份数:在【打印份数】文本框输入要打印的份数，如果文档的打印份数大于 1，此时【逐份打印】复选框变为可选状态，如果选中该复选框，则系统将一份一份地打印文件，否则系统将把每一页重复打印指定的次数，然后再打印下一页。

如果选中【根据纸张调整大小】复选框，则幻灯片的大小自动适应打印页的大小；如果选中【幻灯片加框】复选框，则在每张幻灯片的周围打印一个边框。

6.7.2　输出到 Word 创建讲义

PowerPoint 还可以将演示文稿发布为 Word 格式的讲义，作为演讲时的讲稿，方便演讲者本人查看和修改。发布为 Word 讲义的步骤如下：

步骤 1：打开要发布到 Word 的演示文稿，单击文件按钮，选择【保存并发送】|【创建讲义】，弹出如图 6-104 所示的【发送到 Microsoft Word】对话框，有五种 Word 版式可供选择：【备注在幻灯片旁】、【空行在幻灯片旁】、【备注在幻灯片下】、【空行在幻灯片下】以及【只使用大纲】，可根据自己的需要选择要发布的 Word 版式，如果演示文稿中的备注较多，可选择第一种或第三种，如果想在演示之前随时添加讲稿内容，可以选择留空行在幻灯片旁或幻灯片下。

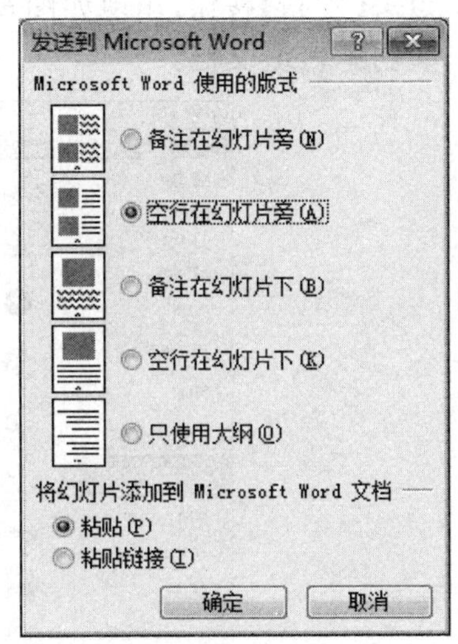

图 6-104　创建讲义

步骤 2：选择好版式后，单击【确定】按钮，自动打开 Word 程序，并可以看到演示文稿的内容在不断地写进的动态过程，这个过程的长短因幻灯片的数量而异，幻灯片页数越多，则需要的时间就越长。图 6-105 为已创建的 Word 讲义示例。

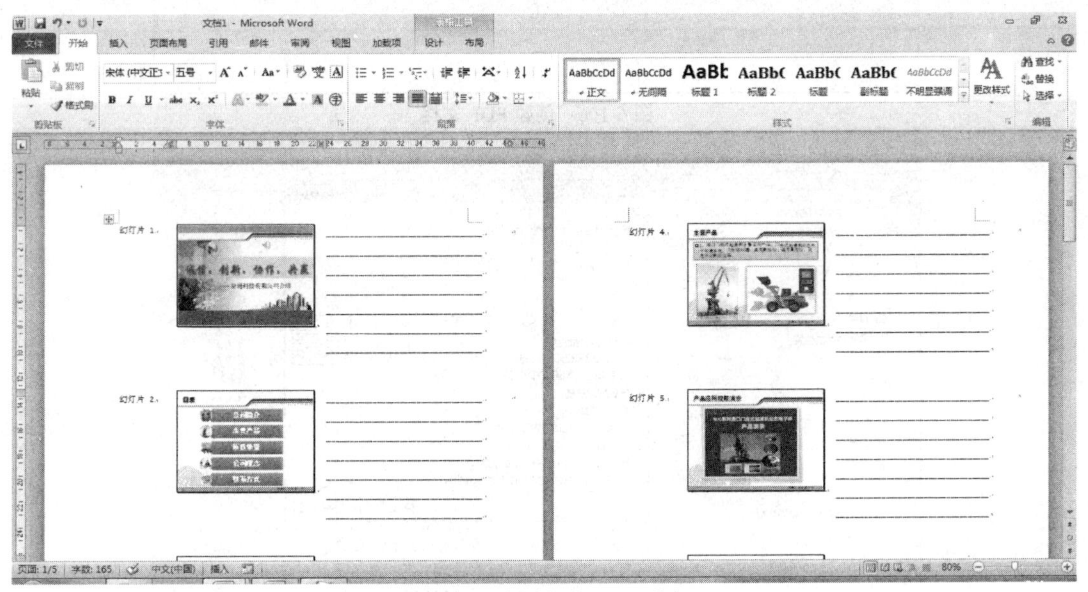

图 6-105　创建好的 Word 讲义

6.7.3　发布为 PDF 格式

PDF 是一种常见的用于阅读和网络传播的文档格式，它使得文档在多数计算机上外观都相同，并且内容不能修改，有利于保护版权。PowerPoint 可以轻松地将 PPT 输出为 PDF 格式，下面介绍两种方法输出方法。

方法一：点击【文件】，选择【保存并发送】|【创建 PDF/XPS 文档】，如图 6-106 所示，点击右侧的【创建 PDF/XPS】文档，随即弹出如图 6-107 所示的发布对话框，选择 PDF 保存的路

径，如需更改选项，可点击【选项】按钮进行修改，如只输出部分幻灯片、输出讲义等。最后点击【发布】按钮，出现如图 6-108 所示的【正在发布…】进度条，发布完成后即可在指定位置创建 PDF 文档。

图 6-106　创建 PDF 文档

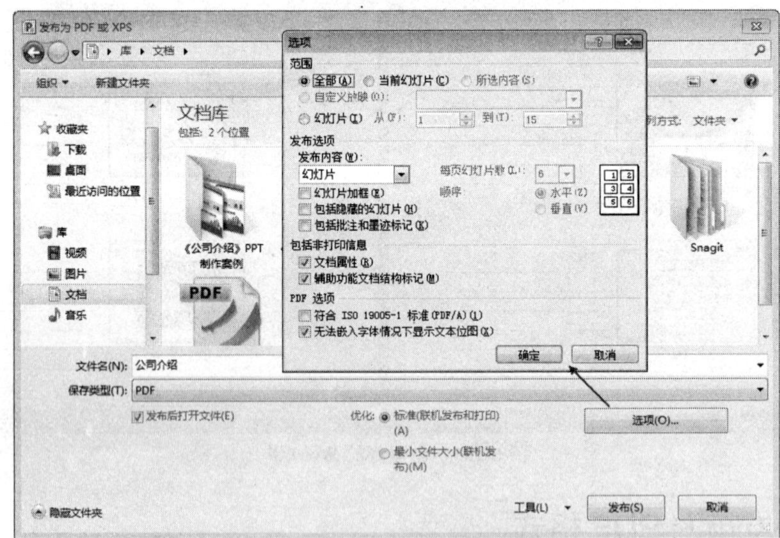

图 6-107　【发布为 PDF 保存或 XPS】对话框

图 6-108　【正在发布】进度条

方法二：点击【文件】，选择【另存为】，点击保存类型下拉列表，选择“PDF”，如图 6-109 所示，然后点击【保存】即可。PowerPoint 2010 的另存文件类型包括二十多种，如图 6-110 所示，除了“PDF”之外，常用的还有视频、图片、PowerPoint 97-2003 演示文稿等。

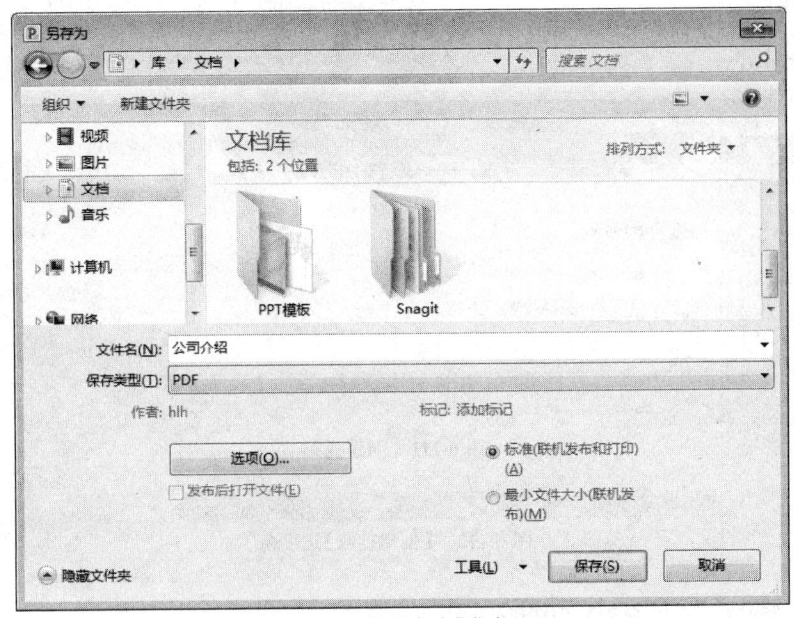

图 6-109　用【另存为】发布 PDF

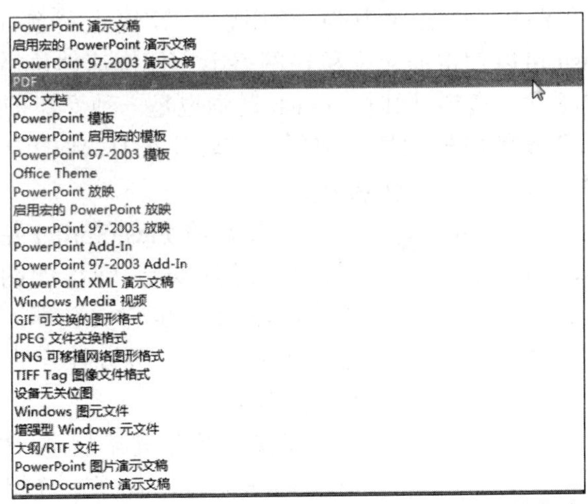

图 6-110　PowerPoint 2010 可以【另存为】的所有文件类型

6.7.4　输出为 WMV 视频格式

【创建视频】是 PowerPoint 2010 的新功能，其创建的视频格式为“WMV”，除了可以用图 6-109【另存为】的方法创建视频之外，还可以点击【文件】|【保存并发送】|【创建视频】按钮输出为视频格式，如图 6-111 所示，弹出【另存为】对话框选择视频的保存位置后，在底部的状态栏中出现如图 6-112 所示的进度条，视频创建的过程比较慢，可以随时点击旁边的按钮终止创建过程。视频创建完成后，可在保存位置找到与 PPT 相同名称的“WMV”视频文件。

图 6-111　创建视频

正在制作视频 公司介绍.wmv

图 6-112　【创建视频】进度条

6.7.5　输出为 Flash 动画格式

Flash(.swf)以其文件短小、表现力强、应用性广等优点得到了很多用户的喜爱，将 PowerPoint 转换为 Flash 可以使得演示文稿在网络上方便快速地传播，而且还可以在制作时加以配音，形成在线视频学习资料，同时，Flash 动画也是一种受保护的文档发布格式。PPT 若想转为动画形式，需要安装格外的插件或用外部转换工具，比较流行的将 PPT 转为 Flash 格式的插件是 FlashSpring，下面介绍转换方法。

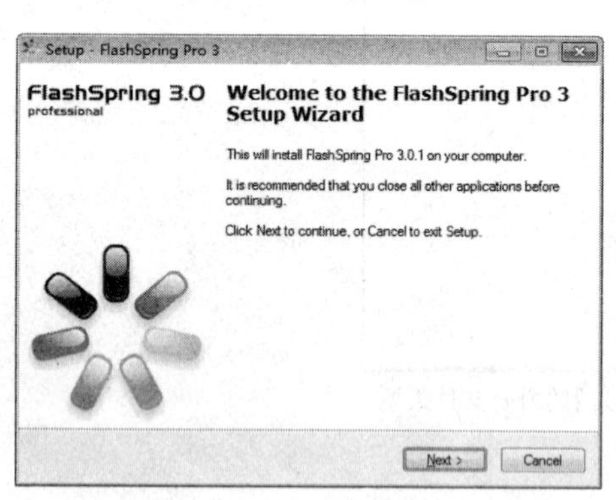

图 6-113　安装 FlashSpring3.0

步骤 1：将 FlashSpring 免费版下载保存到本机后，双击进行安装，弹出如图 6-113 所示的对话框，单击【Next】按步骤安装即可，需要说明的是，安装过程中必须关闭所有打开的 PowerPoint 程序，否则将提示错误。

步骤 2：安装完毕后，再次打开 PowerPoint 2010，发现其功能区增加了一个新的选项卡 Flash Spring Pro，如图 6-114 所示，其中主要使用【Publish】和【Insert Flash】两个功能，前者是“发布为 Flash 文件”，后者为将 Flash 动画插入到幻灯片中。

图 6-114　PowerPoint 中增加的 Flash Spring Pro 选项卡

步骤 3：打开要转换为 Flash 的演示文稿，单击【Publish】按钮，弹出如图 6-115 所示对话框，该对话框用来对将要生成的 Flash 参数进行设置，例如指定 Flash 文件名和存放路径、发布所有的幻灯片还是选中的幻灯片、指定幻灯片切换的时间间隔等，最大的区域是预览区，位于右下角。所有参数设定完毕后，单击【Publish】按钮，即可开始转换，转换的时间长短与所选择的幻灯片数量以及幻灯片中插入的媒体大小有关。

步骤 4：转换完成后，在硬盘上指定位置会出现一个新的“swf”文件，单击该 Flash 文件播放（需要安装有 Flash 播放器），如图 6-116 所示，现在可以方便地放到网上传播了。

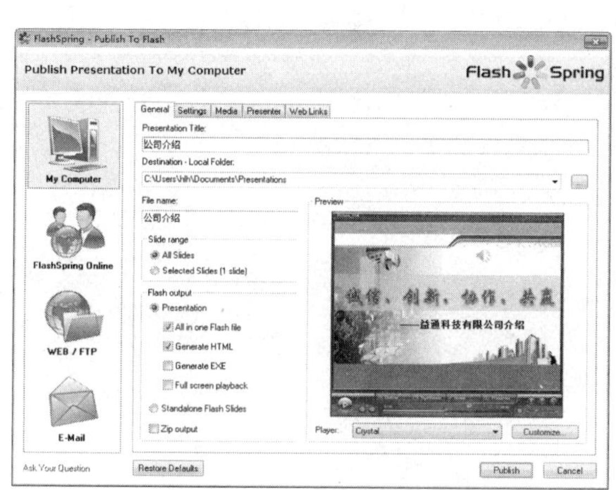

图 6-115　转换 Flash 设置对话框

图 6-116　播放生成的 Flash 文件

任务总结

本章我们学习了演示文稿软件 PowerPoint 2010 的操作方法，结合《公司介绍》演示文稿的制作，到这里你是不是对 PowerPoint 2010 有了较为熟练的掌握？通过完成这个综合任务，你应该掌握下面的知识点：

1. PowerPoint 2010 概述

（1）PowerPoint 2010 的主要功能

（2）PowerPoint 2010 的工作界面

（3）演示文稿的保存

（4）演示文稿的一般制作过程

2. 幻灯片制作的几个重要概念

（1）模板和主题

（2）母版和版式

（3）占位符

3. 演示文稿内容的输入和编辑

（1）选择模板

（2）定制母版和版式

（3）幻灯片的插入、删除、移动、复制和隐藏

(4)幻灯片内容的编辑

4. 演示文稿内容的丰富和美化

(1)文字图形化的几种方法

(2)图片和图形的插入、编辑

(3)音频、视频媒体的插入和编辑

5. 演示文稿内容的动态效果设置

(1)添加和修改动画效果

(2)幻灯片切换方式设置

(3)幻灯片放映

6. 插入超链接和动作按钮

(1)添加超链接

(2)添加动作按钮

(3)主题颜色的修改

7. 演示文稿的输出

(1)打印幻灯片

(2)输出到 Word

(3)发布为 PDF

(4)输出为 WMV 视频

(5)输出为 Flash 动画

作业与习题

[作业]

根据第四章作业《我的…》Word 文档制作 PowerPoint 演示文稿《我的…》,要求如下:

1. 选用适当的模板,整体美观大方,内容丰富、充实有条理;
2. 至少 10 页以上幻灯片;
3. 有目录、动画、超链接、动作按钮等的设置;
4. 插入不少于 5 张图片,声音或视频至少有一项插入。

注:如果插入了声音或视频,务必将声音文件或视频文件与 PPT 放在一个文件夹中。

[习题]

1. PowerPoint 2010 保存时,默认的文档类型是________。

A. PPT　　B. PPTX　　C. POTX　　D. PPS

2. 演示文稿文件中的每一张演示单页称为________。

A. 旁白　　B. 讲义　　C. 幻灯片　　D. 备注

3. PowerPoint 2010 中能对幻灯片进行移动、删除、复制和设置动画效果,但不能对幻灯片进行编辑的视图是________。

A. 幻灯片视图　　B. 普通视图　　C. 幻灯片放映视图　　D. 幻灯片浏览视图

4. ________ 包含了预定义的文字格式、配色方案等幻灯片整体外观设计方案的一个演示文稿样板文件。

A. 模板　　B. 母版　　C. 版式　　D. 幻灯片

5. 演示文稿中每张幻灯片都是基于某种________创建的，它预定义了新建幻灯片的各种占位符布局情况。

A. 模板　　B. 母版　　C. 版式　　D. 格式

6. 下列操作，不能插入幻灯片的是________。

A. 单击【开始】选项卡中的【新建幻灯片】按钮

B. 单击【插入】选项卡中的【幻灯片】按钮

C. 在【幻灯片视图】中某页幻灯片下面按【Enter】键

D. 在【幻灯片视图】中单击鼠标右键选择【新建幻灯片】菜单

7. 在一张幻灯片中，________。

A. 只能包含文字信息

B. 只能包含文字与图形对象

C. 只能包括文字、图形与声音

D. 可以包含文字、图形、声音、影片等

8. 在 PowerPoint 2010 中，演示文稿与幻灯片的关系是________。

A. 演示文稿即是幻灯片　　B. 演示文稿中包含多张幻灯片

C. 幻灯片中包含多个演示文稿　　D. 两者无关

9. 在幻灯片中添加动作按钮，是为了________。

A. 演示文稿内幻灯片的跳转功能

B. 出现动画效果

C. 用动作按钮控制幻灯片的制作

D. 用动作按钮控制幻灯片统一的外观

10. 如果希望 PowerPoint 2010 演示文稿的主题名称出现在所有幻灯片中，则应将其加入到________。

A. 幻灯片母版　　B. 备注母版

C. 标题母版　　D. 幻灯片设计模板

11. 在 PowerPoint 2010 中编辑幻灯片内容时，要选定多个对象，不可以通过________实现。

A. 按着【Shift】键的同时，用鼠标单击各个对象

B. 按着【Ctrl】键的同时，用鼠标单击各个对象

C. 按着【Alt】键的同时，用鼠标单击各个对象

D. 鼠标左键拖动框选多个对象

12. 在 PowerPoint 2010 幻灯片放映时，若想对某张幻灯片加以说明，可________。

A. 用鼠标作笔进行勾画

B. 在工具栏选【绘图笔】进行勾画

C. 在 Windows 画图工具箱中选【绘图笔】进行勾画

D. 在幻灯片放映时右击鼠标，在快捷菜单的【指针选项】中选【绘图笔】命令

13. 演示文稿的基本组成单元是________。

A. 文本　　B. 图形　　C. 超链点　　D. 幻灯片

14. PowerPoint 2010 在幻灯片中建立超链接有两种方式：通过把某对象作为“超链点”和________。

A. 文本框　B. 文本　C. 图片　D. 动作按钮

15. 在 PowerPoint 2010 中，激活超链接的动作可以是在超链点用鼠标“单击”和________。

A. 移过　B. 拖动　C. 双击　D. 右击

16. 要实现在播放时幻灯片之间的跳转，可采用的方法是________。

A. 设置预设动画　B. 设置自定义动画

C. 设置幻灯片切换方式　D. 设置动作按钮

17. 在 PowerPoint 2010 的打印对话框中，不是合法的“打印内容”选项是________。

A. 备注页　B. 幻灯片　C. 讲义　D. 幻灯片浏览

18. 在幻灯片的放映过程中要中断放映，可以直接按________键。

A.【Alt+F4】　B.【Ctrl+X】　C.【Esc】　D.【End】

19. 不能作为 PowerPoint 2010 演示文稿的插入对象的是________。

A. 图表　B. Excel 工作簿

C. 图像　D. Windows 操作系统

20. 幻灯片的切换方式是指________。

A. 在编辑新幻灯片时的过渡形式

B. 在编辑幻灯片时切换不同视图

C. 在编辑幻灯片时切换不同的设计模板

D. 在幻灯片放映时两张幻灯片间过渡形式

21. 在 PowerPoint 2010 中，安排幻灯片对象的布局可选择________来设置。

A. 应用设计模板　B. 幻灯片版式

C. 背景　D. 配色方案

22. 选定演示文稿，若要改变该演示文稿的整体外观，需要进行________的操作。

A. 单击【开始】面板中的【版式】菜单

B. 单击【文件】下拉菜单中的【工具】命令

C. 单击【设计】面板中的【主题】菜单

D. 单击【视图】面板中的【幻灯片母版】命令

23. 在幻灯片浏览视图中，按住【Ctrl】键，并用鼠标拖动幻灯片，将完成幻灯片的________操作。

A. 剪切　B. 移动　C. 复制　D. 删除

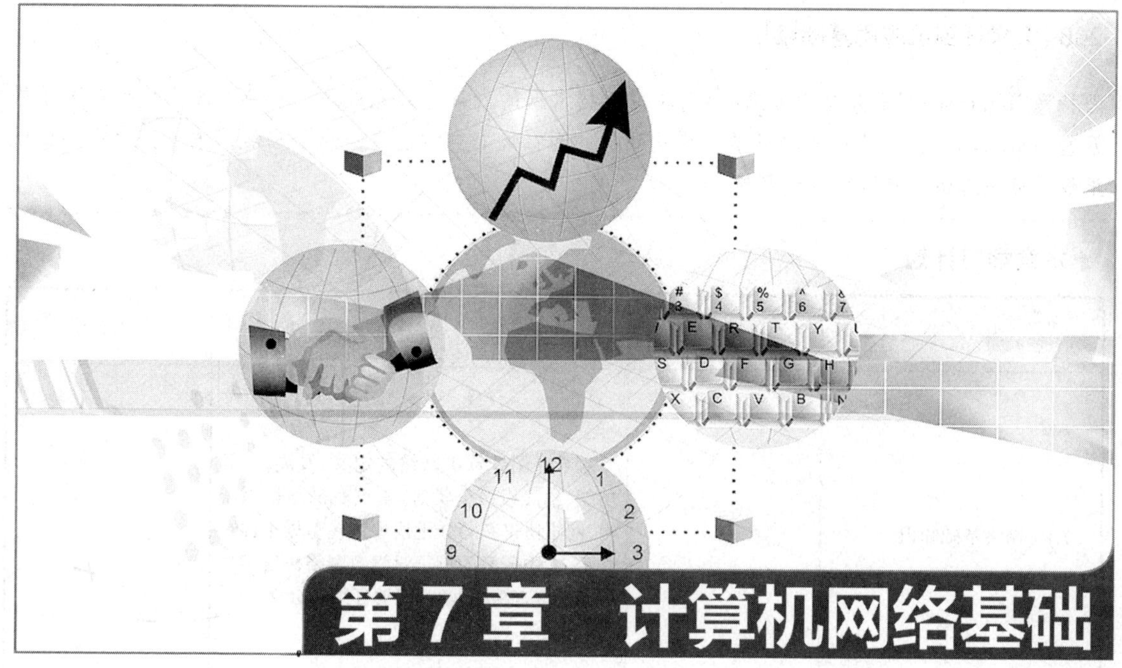

第7章　计算机网络基础

本章导读

计算机网络已经进入了每个人的工作、生活和娱乐等方方面面。本章首先介绍网络的基础知识，对网络的发展、主要功能、构成、体系结构和参考模型做了详细描述，之后对局域网的特点、构成、无线局域网组建等进行了详细介绍，第三节对Internet的历史发展、接入方式、工作方式、IP地址和域名系统以及典型应用做了介绍。最后从计算机安全的角度对网络安全的几种常用技术进行了说明。本章内容围绕网络展开，涉及范围较广，学习者应根据自己的实际情况，结合自己对计算机网络的了解和应用实际具体掌握。

学习目标

1. 简单了解计算机网络的定义、分类、组成与功能；
2. 熟悉网络通信协议的基本概念和网络体系结构基本知识；
3. 熟悉掌握局域网基本知识和组网的常用技术；
4. 熟悉掌握因特网（Internet）基础知识及应用；
5. 简单了解计算机病毒和网络安全知识。

重点难点

1. 局域网、因特网基本知识与应用；
2. 网络通信协议和网络体系结构。

任务情境

王芳的公司要在另一个城市创立一个分部，公司委派王芳跟随技术部人员到该市进行人力资源和工作环境建设。新环境面临的首要问题就是要构建一个内部局域网（无线、有线），以便连接所有的智能手机、笔记本电脑、办公的台式电脑等，同时还可以互相通信、共享资源，再通过该局域网连接到因特网(Internet)。王芳对此很感兴趣,决定跟技术部的人员一起完成这个任务。那么他们需要了解哪些网络基础知识和购置哪些设备才能达到目的呢?又怎样才能保障这个局域网的安全呢?下面就跟随王芳一起进入到网络的世界吧。

本章学习计划

内　　容	建议自学时间（学时）	学 习 建 议	学习记录
7.1　网络基础知识	2	本节介绍计算机网络的定义、发展、主要功能、构成以及分类等,重点对网络体系结构、网络协议和OSI七层参考模型做了详细介绍,文中所举的例子对学习网络协议和参考模型很有帮助,学习者要仔细体会	
7.2　局域网基础知识	2	本节对一种重要的组网方式——局域网从特点、分类、构成等方面做了概述,并重点介绍了局域网的软硬件组成以及无线局域网的组建,局域网在我们工作生活中用得非常普遍,学习者对本节内容应重点掌握	
7.3　Internet基础与应用	2	本节对Internet的形成发展、接入方式、工作方式做了概述,重点介绍了IP地址的分配方法以及域名系统的组成和作用,之后对Internet的典型应用(浏览网页、电子邮件、文件下载等)结合实例做了详细介绍,这些应用对于每个学习者应该都比较熟悉,能够尽快掌握	
7.4　计算机网络安全基础	1	伴随网络的广泛应用,网络安全如今变得十分重要;本节对常用的网络安全技术进行了概要介绍,学习者在了解这些安全技术的同时,应充分查阅网络资料,对网络安全的其他知识进行更为深入的了解和认识	

计算机网络是计算机技术和现代通信技术紧密结合的产物，它经历了20世纪60年代的萌芽阶段，70年代的兴起阶段，70年代中期至80年代局域网发展和网络互连阶段，90年代网络计算机和国际互联网阶段，最终形成了全球互联网。如今，计算机网络已经深入到了社会生活的各个领域，正逐步改变着人们的工作、生活、学习和交流的方式。

7.1 网络基础知识

任务提示

从20世纪90年代开始，随着Internet的兴起和快速发展，计算机网络已经成为人们生活中不可缺少的一部分。为了更好地完成任务，本节有必要先了解计算机网络的发展过程、计算机网络体系结构和参考模型等基础知识。

7.1.1 计算机网络的定义和发展

1. 计算机网络的定义

计算机网络是指通过各种通信设备，将地理上分散的、具有自治功能的多个计算机或其他设备互联起来，进行信息交换，实现资源共享和协同工作的系统。这是一个广义的定义，它具有这样的一些特征：

（1）计算机网络是一个互联的计算机系统的群体。这些计算机系统在地理上是分散的，可能在一个房间内、一个的楼群里、一个或几个城市里，甚至在全国乃至全球范围内。

（2）这些计算机系统是自治的，即每台计算机是独立工作的，它们是在网络通信协议控制下协同工作的。

（3）系统互联要通过通信设施（网）来实现。通信设施一般都由通信线路、相关的传输和交换设备等组成。

（4）系统要实现信息交换、资源共享、互操作和协作处理，满足各种应用要求。

2. 计算机网络的发展过程

计算机网络的发展过程可分为以下四个阶段。

（1）面向终端的第一代计算机网络

这个阶段可以追溯到20世纪50年代。这时，计算机技术正处于第一代电子管计算机向第二代晶体管计算机过渡的阶段。通信技术经过几十年的发展已经初具雏形，人们开始将彼此独立发展的计算机技术与通信技术结合起来，并建立了一些基础的理论性概念，完成了数据通信技术与计算机通信网络的研究，为计算机网络的出现做好了技术准备，奠定了理论基础。

这个时期的典型计算机网络代表是1954年美国军方的半自动地面防空系统，它将远距离的雷达和测控仪器所探测到的信息通过线路汇集到某个基地的一台IBM计算机上进行处理，再将处理好的数据通过通信线路送回到各自的终端设备。这种把终端设备、通信线路和计算机连接起来的形式就是第一代计算机网络。由于终端设备不具备计算功能，不能为中心计算机提供服务，因此终端设备与中心计算机之间不提供相互的资源共享，网络功能以数据通信为主。我们也称这个时期的计算机网络系统为“面向终端的计算机网络”。分时多用户系统如图 7-1 所示。

(2)多个计算机互联的第二代计算机网络

这个阶段的标志是 20 世纪 60 年代美国的 ARPANET 与分组交换技术。当时正值冷战时期，美国为了防止其军事指挥中心万一被苏联摧毁后，军事指挥出现瘫痪，开始设计一个由许多指挥点组成的分散指挥系统，并把分散的指挥点通过某种通信网连接起来成为一个整体。在 1969 年，美国国防部高级研究计划管理局(Advanced Research Projects Agency，ARPA)把 4 台军事研究计算机主体连接起来，于是诞生了 ARPANET 网络。ARPANET 是计算机网络发展中的一个里程碑，这个网络的计算机不但可以彼此通信，还可以实现与其他计算机之间的资源共享。到 1972 年，50 余所大学和研究所参与了 ARPANET 的连接；到了 1983 年，已经有 100 多台不同体系结构的计算机连接到了 ARPANET 上。初期的 ARPNET 如图 7-2 所示。

图 7-1 分时多用户系统

图 7-2 初期的 ARPNET

随着网络的出现，诞生了一种新的通信技术，这就是分组交换技术。这种技术是将传输的数据加以分割，并在每段前面加上一个标有接受信息的地址标志，从而实现信息传递的一种通信技术。分组交换技术也是 20 世纪 60 年代网络发展的重要标志之一。

第二阶段计算机网络与第一阶段计算机网络的区别主要表现在两个方面：其一是网络中的通信双方都是具有自主能力的计算机，而不是终端计算机；其二是计算机网络功能以资源共享为主，而不是以数据通信为主。

(3)以 OSI 为核心的国际标准化的第三代计算机网络

经过 20 世纪 60~70 年代前期的发展，人们对网络的技术、方法和理论的研究日趋成熟。为了促进网络产品的开发，各大计算机公司纷纷制定自己的网络技术标准，最终促成了国际标准的制定，而这种遵循网络体系结构标准建成的网络称为第三代计算机网络。国际标准化组织(ISO)于 1984 年正式颁布了开放式系统互联参考模型(OSI)的国际标准。这里的开放性是针对第二代计算机网络中只能和同种计算机互联而言的，它可以与任何其他系统通信相互开放，而标准化就是要有统一的网络体系结构，遵循国际标准化协议。如今，几乎所有网络产品厂商都声称自己的产品是开放系统，不遵从国际标准的产品逐渐失去了市场。这种统一的、标准化的产品互相竞争市场，给网络技术的发展带来了更大的繁荣。

(4)以高速和多媒体应用为核心的第四代计算机网络

这个阶段从 20 世纪 90 年代中期开始，最主要的标志是 Internet 的广泛应用，高速网络技术、网络计算与网络安全技术的研究与发展。

Internet 作为国际性的网际网与大型信息服务系统，在经济、文化、科学研究、教育与人类社会生活等方面发挥着越来越重要的作用。以高速 Ethernet 为代表的高速局域网技术发展迅速。目前，在传输速率为 100Mbps 的 Fast Ethernet 网广泛应用的基础上，速率为 1Gbps 的 Gigabit Ethernet 已经进入实用阶段。传输速率为 10Gbps 的 Ethernet 网已经初步应用。同时，交换式局域网与虚拟局域网技术的发展和应用十分迅速。

更高性能的 Internet 2 正在发展之中，宽带网络的建设正在全球范围内掀起一个高潮，宽带网络是相对于传统网络而言的，它是具有较高数据传输速率和数据吞吐量的新一代网络。宽带网络可分为宽带骨干网和宽带接入网两个部分，因此建设宽带网络的两个关键技术是骨干网技术和接入网技术。基于光纤通信技术的宽带城域网与接入网技术，以及移动计算网络、网络多媒体计算、网络并行计算、网格计算与存储区域网络正在成为网络应用与研究的热点问题。

7.1.2　计算机网络的主要功能

计算机网络是计算机技术和通信技术紧密结合的产物，它不仅使计算机的作用范围超越了地理位置的限制，而且大大加强了计算机本身的信息处理能力。它的功能如下：

1. 数据通信

用于实现计算机与终端、计算机与计算机之间的数据传输，这是计算机网络最基本的功能，也是实现其他功能的基础。

网络用户除了可以进行实时的键盘对话和讨论外，目前网络上最流行的通信方式是 E-mail 电子邮件，它可用于个人与个人、个人与单位、单位与单位之间通信。网络提供的数以万计的涉及各种主题的专题组则是目前网络上最流行的个人之间、研究组之间相互交流信息和相互协作的场所，任何一个人都可以向任何一个专题组发布信息，也可以访问和阅读各专题组提供的信息。随着音频数据和视频图像传输速率的进一步提高，基于 Internet 的可视电话和远距离视频会议必将成为 21 世纪最流行的通信方式。

2. 资源共享

计算机网络系统中的资源可分成三大类，即数据资源、软件资源和硬件资源。相应地，资源共享也分为数据共享、软件共享和硬件共享。网络中，可供共享的数据主要是网络中设置的各种专门数据库；可供共享的软件包括各种语言处理程序和各类应用程序；为发挥巨型计算机系统和特殊外围设备的作用，并满足用户的要求，计算机网络也应具有硬件资源共享的功能。例如，可以使用网络中某一台高性能的计算机来处理复杂的大型问题，也可以使用网络中的一台高速打印机打印报表、文档等。

3. 负荷均衡和分布处理

负荷均衡是指网络中的负荷被均匀地分配给网络中的各计算机系统。当某系统的负荷过重时，网络能自动地将该系统中的一部分负荷转移至负荷较轻的系统中去处理。

在具有分布处理能力的计算机网络中，可以将任务分散到多台计算机上进行处理，由网络来完成对多台计算机的协调工作。这样，在以往需要大型计算机才能完成的复杂问题，即可由多台微机或小型机构成的网络来协调完成，而费用却相当低廉。利用网络建立起性能优良、可靠性高的分布式数据库系统也是可行的，并可保证数据的安全性、完整性和一致性。

4. 提高系统的可靠性和可用性

计算机网络提高了系统的可靠性和可用性。当网络中的某一台计算机发生故障时，可选择其他系统代为处理，以保证用户的正常操作，不会因局部故障而导致系统瘫痪。若某台计算机发生故障而使数据库中的数据遭受破坏时，可以从另一台计算机的备份数据库中恢复遭破坏的数据。这比传统的双工制结构更为经济可靠。

7.1.3 计算机网络的构成和分类

1. 计算机网络的构成

计算机网络最终是为人类提供服务的，它应能同时提供信息传输和信息处理的能力。因此，在逻辑上可将计算机网络分为负责信息传输的子网——“通信子网”和负责信息处理的子网——“资源子网”两部分，如图 7-3 所示。

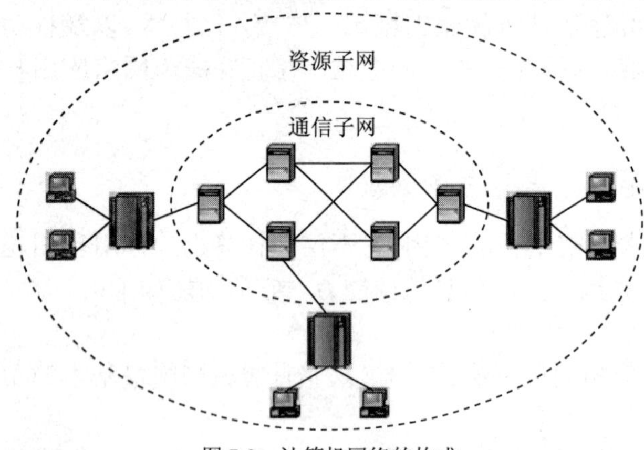

图 7-3 计算机网络的构成

通信子网是网络中面向数据传输或数据通信部分的资源集合，主要支持用户数据的传输。该子网包括传输线路、网络设备和网络控制中心等硬、软件设施。电信部门提供的网络，如 DDN 网、光纤网等一般都作为通信子网。企业网、校园网中除服务器和用户终端计算机外的所有网络设备和网络线路构成的网络也可称为通信子网。

资源子网是网络中面向数据处理的资源集合，主要支持用户的应用。资源子网由用户的主机资源组成，包括接入网络的用户主机以及面向应用的外设（如终端）、软件和可共享的数据（如公共数据库）等。

2. 计算机网络的分类

计算机网络的分类可以是多样的，根据网络覆盖的地理范围进行分类，能较好地反映不同网络的技术特征。网络覆盖的地理范围不同，它所需要采用的技术也就不同，因而形成了不同的网络技术特点与网络服务功能。计算机网络按其覆盖的地理范围可以分为四类：

（1）广域网

广域网简称为 WAN（Wide Area Network），它覆盖的地理范围从几十公里到几千公里，可以覆盖一个国家、地区或横跨几个洲，形成国际性的远程网络。广域网的通信子网主要使用分组交换技术。它可以利用公用分组交换网、卫星通信网和无线分组交换网，将分布在不同地区的计算机系统互联起来，达到共享资源的目的。

（2）城域网

城域网是指城市地区网络，简称 MAN（Metropolitan Area Network）。它是介于广域网与局域网之间的一种大范围的高速网络。城域网设计的目标是要满足几十公里范围内的大量企业、机关、公司与社会服务部门的计算机联网需求，实现大量用户、多种信息传输的综合信息网络，一般也采用分组交换技术进行组网。

（3）局域网

局域网简称为LAN（Local Area Network），它用于将有限范围内各种计算机、终端与外部设备互联成网。局域网是目前计算机网络研究与应用技术发展最快的领域之一，它的主要技术特点是地理范围有限，适用于机关、公司、校园、军营、工厂等有限范围的计算机、终端与各类信息处理设备联网的需求，易于建立和维护，且网速高、误码率低、稳定性好。

（4）个人区域网

个人区域网称为PAN（Personal Area Network）。随着通信技术的迅速发展，人们提出了在自身附近几米范围之内通信的需求，这样就出现了个人区域网络和无线个人区域网络（Wireless PAN）的概念，大多数情况下，个人区域网都采用无线的方式来组网。WPAN网络为近距离范围内的设备建立无线连接，把几米范围内的多个设备通过无线方式连接在一起，使它们可以相互通信甚至接入LAN或Internet。其典型的应用是蓝牙（Blue Tooth,1998年3月，IEEE 802.15）。

除了按地域范围分类外，计算机网络还可以按拓扑结构分为星形网、环形网、总线形网和网状网等，现代局域网一般都采用星形拓扑结构，Internet则是网状结构的。

按照对网络的组建和管理部门的不同，还可以将计算机网络分为公用网和专用网。公用网一般由电信运营商（如中国移动、中国联通和中国电信）来组建和管理，可供任何单位和个人使用，一般用于广域网络的构建，支持用户的远程通信。专用网是指由某个特殊的企业或行业部门来组建经营的网络，出于安全的需要，不容许其他用户和部门使用，如银行专用网络、铁路运营网络、监狱内部网络等。

7.1.4　计算机网络体系结构

计算机网络是将分布在不同位置的计算机通过通信线路连在一起的，那么网络连线及工作站点的分布形式就是网络的拓扑结构。网络的拓扑可以进一步分为物理拓扑和逻辑拓扑两种。物理拓扑指介质的连接形状，逻辑拓扑指信号传递路径的形状。计算机的网络拓扑结构一般分为总线形拓扑结构、星形拓扑结构、环形拓扑结构、树形拓扑结构和网状拓扑结构五种。

（1）总线形拓扑结构

总线形拓扑结构是采用一根传输总线作为传输介质，各个节点都通过网络连接器连接在总线上，如图7-4所示。总线的长度可使用中继器来延长。这种结构的优点是：工作站连入网络十分方便；两工作站之间的通信通过总线进行，与其他工作站无关；系统中某工作站一旦出现故障，不会影响其他工作站之间的通信。因此，这种结构的系统可靠性高。

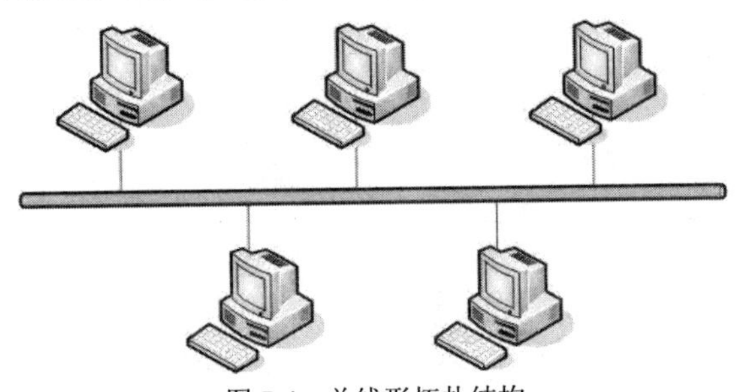

图7-4　总线形拓扑结构

（2）星形拓扑结构

星形结构是最早的通用网络拓扑结构形式。它由一个中心结点和分别与它单独连接的其他结点组成，各个结点之间的通信必须通过中央结点来完成，如图 7-5 所示。它是一种集中控制方式，这种结构通常使用 HUB 作为中心设备。这种结构的优点是：采用集中式控制，容易重组网络，每个结点与中心结点都有单独的连线，因此某一结点出现故障，不影响其他结点的工作；缺点是：对中心结点的要求较高，因为一个中心结点出现故障，系统将全部瘫痪。

（3）环形拓扑结构

环形拓扑结构是将所有的工作站串联在一个封闭的环路中，在这种拓扑结构中，数据总是按一个方向逐结点地沿环传递，信号依次通过所有的工作站，最后回到发送信号的主机，如图 7-6 所示。在环形拓扑结构中，每一台主机都具有类似中继器的作用。这种结构的优点是网络管理简单，通信设备和线路较为节省，而且还可以把多个环经过若干交接点互联，扩大连接范围。缺点是由于本身结构的特点，当一个结点出故障时，整个网络就不能工作。对故障的诊断困难，网络重新配置也比较困难。

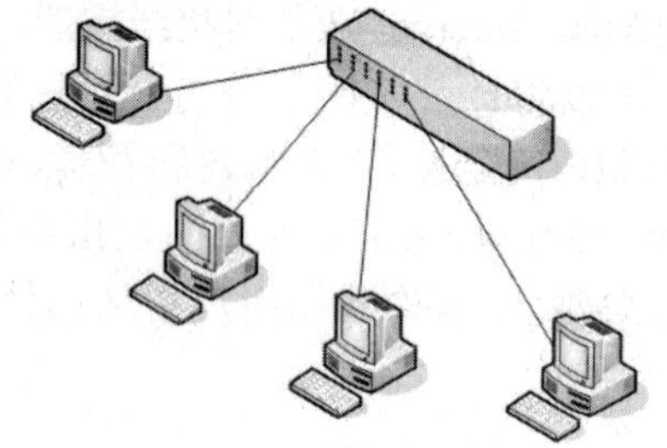

图 7-5　星形拓扑结构

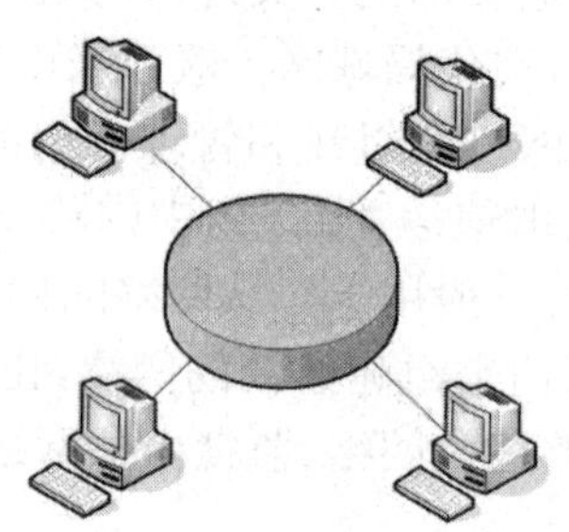

图 7-6　环形拓扑结构

（4）树形拓扑结构

该结构中的任何两个用户都不能形成回路，每条通信线路必须支持双向传输，如图 7-7 所示。这种网络结构中只有一个根结点，对根结点的计算机功能要求高，可以是中型机或大型机。这种结构的优点是控制线路简单，管理也易于实现，它是一种集中分层的管理形式；缺点是数据要经过多级传输，系统的响应时间较长，各工作站之间很少有信息流通，共享资源的能力较差。

（5）网状拓扑结构

这种拓扑结构主要指各节点通过传输线互相连接起来，并且每一个节点至少与其他两个节点相连，如图 7-8 所示。网状结构是广域网中的基本拓扑结构，不常用于局域网。这种结构优点是两个节点间存在多条传输通道，有较高的可靠性；缺点是结构复杂，实现费用较高，不易管理和维护。

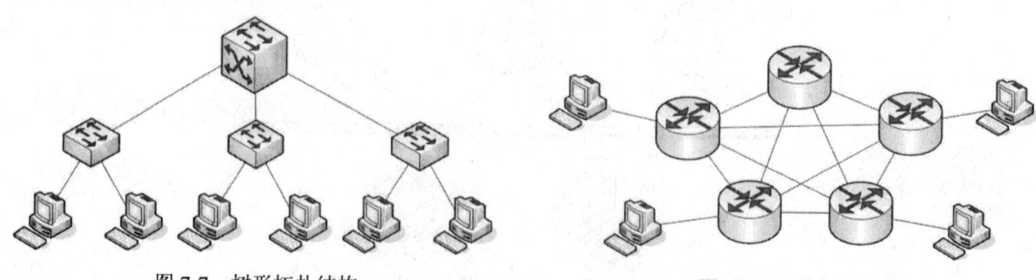

图 7-7　树形拓扑结构

图 7-8　网状拓扑结构

7.1.5 计算机网络协议和参考模型

1. 计算机网络协议

现代计算机网络的结构设计是高度分层的，从逻辑上分成了很多相邻的层，每一层都完成特定的功能，每一层都向它的上一层提供一定的服务，而把这种服务是如何实现的细节对上层屏蔽起来。因此，我们就可以专门研究某一层的协议或其功能的实现而不必考虑其相邻层的协议，这使我们对网络的掌握具有很大的灵活性和简便性。分层的另一个目的是保持层间的独立性，由于只定义了本层向高层所提供的服务，至于如何提供这种服务不作任何规定，因此每一层在如何完成自己的功能上都具有一定的独立性，这样一来就允许在任意一层中做各种变动，只要向高层提供了同样的服务即可。

网络与网络、网络节点与网络、节点与节点间的通信采用多层结构，每一层都定义有相应的通信约定，各层之间也规定了相应的接口标准，这些正是计算机网络通信协议研究的主要内容。

（1）基本概念

计算机网络是各类终端通过通信线路连接起来的一个复杂系统，在这个系统中，由于计算机型号不一、终端类型各异，并且连接方式、通信方式、线路类型等都有可能不一样，这就给网络通信带来一定的困难。为了保证数据通信的正确、可靠，便针对通信过程中各种问题制定了一系列规则，明确规定了数据通信时的格式和时序。这些为确保网络中数据有序通信而建立的一组规则、标准或约定就称为网络通信协议（Protocol）。

（2）通信接口

为了使网络中两个节点之间进行对话，必须在它们之间建立通信工具（即接口），使彼此之间能进行信息交换。接口包括两部分：硬件装置和软件装置。硬件装置的功能是实现节点之间的信息传送；软件装置的功能是规定与实现双方进行通信的约定协议。协议通常由三部分组成：

①语义部分，用于规定协议中协议元素的含义，即"讲什么"。

②语法部分，用于规定双方对话的格式。

③变换规则，用于规定通信双方的应答关系，即"时序"。

（3）协议的层次结构及其分层原则

由于节点之间联系的复杂性，在制定协议时，通常把复杂成分分解成一些简单成分，然后再将它们复合起来。最常用的复合技术就是层次方式。

协议分层是描述协议软件的基本结构，也是网络系统的重要内容之一。不同层次的协议完成不同任务，各层次之间协调工作实现网络通信。

协议分层的方法很多，ISO/OSI 模型和 TCP/IP 模型是典型的分层模型。但无论什么模型，分层协议的操作都具有一个相同的原则：信宿机第 n 层接收到的对象应当与信源机第 n 层发出的对象完全一致。这就是所谓的分层原则。层次结构有如下特征：

①结构中的每一层都规定有明确的任务及接口标准。

②把用户的应用程序作为最高层。

③除了最高层外，中间的每一层都向上一层提供服务，又是下一层的用户。

④把物理通信线路作为最低层。它使用从高层传送来的参数，是提供服务的基础。

（4）协议层次的划分

为使不同计算机厂家生产的计算机能相互通信，以便在更大范围内建立计算机网络，国际标准化组织（ISO）在 1978 年提出“开放系统互联参考模型”，即著名的 OSI/RM（Open System Interconnection/Reference Model）。所有的网络产品，其层次的划分都必须遵循 OSI/RM 规定的网络结构模型。

2. OSI 参考模型

OSI（Open System for Interconnection）参考模型定义了网络互连的七层框架，在框架下进一步详细规定了每一层的功能和网络协议，以实现开放系统环境中的互连性、互操作性和应用的可移植性。

这个模型描述了这样一个过程，即数据如何由用户产生，在一系列中间层移动，然后被转换为可以实际放入网络传输介质中的数据流，最后被发送到网络上。这个模型还描述了在网上的两个设备之间如何建立通信会话。因为打印机和路由器等设备都能够参与网络通信，因此通常把网络上的设备（主要是计算机）称为网络节点。

当数据被网络节点发送时，数据就在 OSI 栈中向下移动，然后被发送到网络介质中。当数据被某个节点接收之后，它就从 OSI 栈中向上移动，直到又变成能被那台计算机上的用户访问的数据形式。用户数据在发送节点沿 OSI 栈向下移动的过程是层层封装的过程，数据在接收节点沿 OSI 栈向上移动的过程为层层解除封装的过程。数据在应用层被创建后沿着 OSI 的其他层向下移动时，其他各层都会在数据的开头处附加上一段信息，称为信息头。当数据到达物理层时，它就像被包裹在若干层不同包装纸内的糖果一样。当数据传送到接收点时，数据随着一层层的上移，数据头部也被层层地剥下（头并不是被接收计算机简单地除去，而是被读取之后用来决定接收计算机如何在 OSI 的每一层处理接收到的数据），从而被接收计算机的应用程序读取。图 7-9 表示了数据被层层封装和解封装的过程。

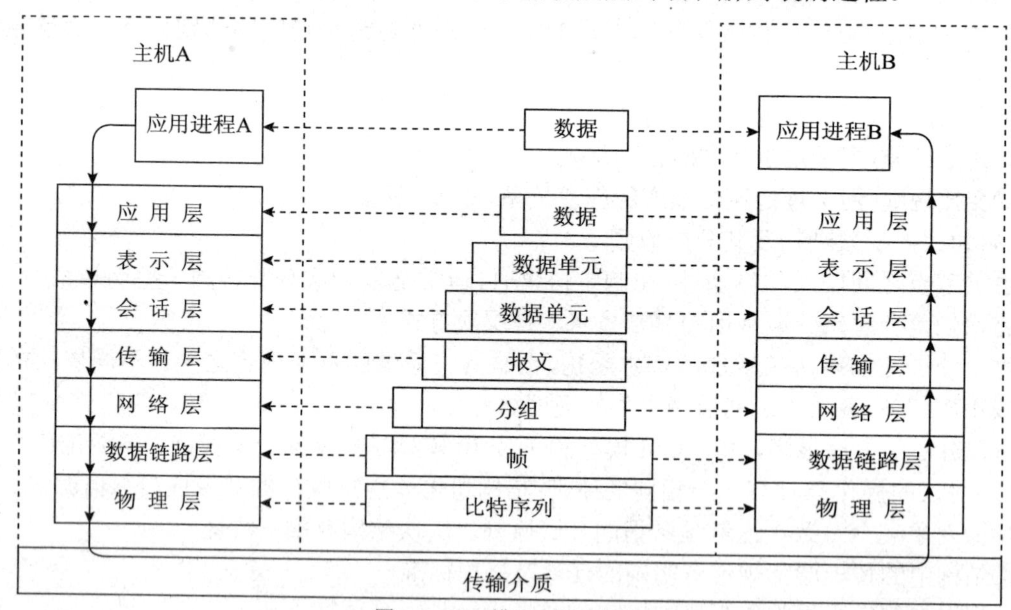

图 7-9　OSI 模型中的数据流

OSI 模型的一个重要特点就是栈中的每一层都直接为其上一层服务，只有位于栈顶的应用层不向更高的层提供服务。

(1)物理层

物理层是 OSI 模型的最底层。物理层标准规定了网络的物理特性,比如连接的电缆类型及物理特性等,具体的规定是通过特定的协议来描述的。最常用的是 IEEE802.3、IEEE802.4、IEEE802.5 标准和美国国家标准化协会在 ANSI 光纤分布式数据接口 FDDI 标准中所规定的协议。

(2)数据链路层

数据链路层负责在相邻节点间的物理链路中传送数据,并负责把数据封装进特定格式的帧中,帧类型由网络中使用的特定类型的网络结构及协议确定。比如,以太网中使用以太帧,令牌环网中使用令牌环帧;数据链路层还负责流量控制与差错控制方法,使有差错的物理线路变成无差错的数据链路。

(3)网络层

网络层负责通过运行路由算法为分组选择最适当的路径,以实现拥塞控制、网络互联等功能。网络层的数据传输单元是分组,也称为包。路由器就在这一层运行,它利用分配给分组的逻辑地址来决定分组在网络上应该采取的路由,从而把信息包从源节点传送到目的节点。

(4)传输层

传输层向用户提供可靠的端到端的数据传输服务。它负责将联网计算机用户创建的数据信息分成很多小数据包,经过可靠的传输,在接收节点再将数据包重新组合起来。就传输层涉及的流控制来说,通信的计算机使用确认来验证数据的正确接收,在发送节点已经发出了协商好的若干数据包后,目的计算机会向发送计算机发送确认信息,然后发送节点再继续发送另外的信息。传输层向高层屏蔽了下层数据通信的细节。

(5)会话层

会话层负责在发送和接收计算机之间建立通信链接或会话,还负责管理已经在这两个节点之间建立起来的通信会话。它实际上提供网络节点之间建立的三种不同模式的通信会话:单工、半双工和全双工。会话层的另一个功能是在发送计算机向接收计算机传送的数据流中加入特殊的检查点。如果计算机之间的连接丢失,这些检查点就可以发挥作用。发送计算机只需重新发送数据流中从最近接收到的检查点处开始的数据。

(6)表示层

表示层执行对各种应用非常有用的通用数据交换,从而提供高效的可被各种应用识别的数据接口。它可被认为是 OSI 模型的翻译器,负责把网络上传输的数据从一种格式转换成另一种格式,比如在发送端该层可以把从应用层取得的数据打乱进行传输,然后在接收端把从下层取得的数据表示成应用层可以读取的数据格式。表示层也负责对数据进行加密或进行数据压缩等。

(7)应用层

应用层提供使用者的各种应用,并处理用户看不到的各种应用进程。其基本业务有消息处理、文件传输和数据库查询等。这些应用用户可以直接通过能够看得到的工具来实现。我们对于一些应用层中使用的协议很熟悉,有 HTTP(超文本传输协议),FTP(文件传输协议),WAP(无线应用协议),SMTP(简单邮件协议)等。

3. TCP/IP 参考模型

TCP/IP 协议是因特网所使用的协议,最早是 1957 年由美国国防部高级计划研究局制定并加入到 Internet 中的。从那以后，TCP/IP 进入商业领域，以实际应用为出发点，支持不同厂商、不同机型、不同网络的互联通信，并成为目前令人瞩目的工业标准。

TCP/IP 参考模型可以分为四个层次：应用层（Application Layer）、传输层（Transport Layer）、互联网络层（Internet Layer）和网络接口层（Network Interface Layer）。其中，TCP/IP 参考模型的应用层与 OSI 参考模型的应用层相对应；TCP/IP 参考模型的传输层与 OSI 参考模型的传输层相对应；TCP/IP 参考模型的互联网络层与 OSI 参考模型的网络层相对应；TCP/IP 参考模型的网络接口层与 OSI 参考模型的数据链路层和物理层相对应。在 TCP/IP 参考模型中，相对于 OSI 参考模型中的表示层、会话层都没有对应的协议，如图 7-10 所示。

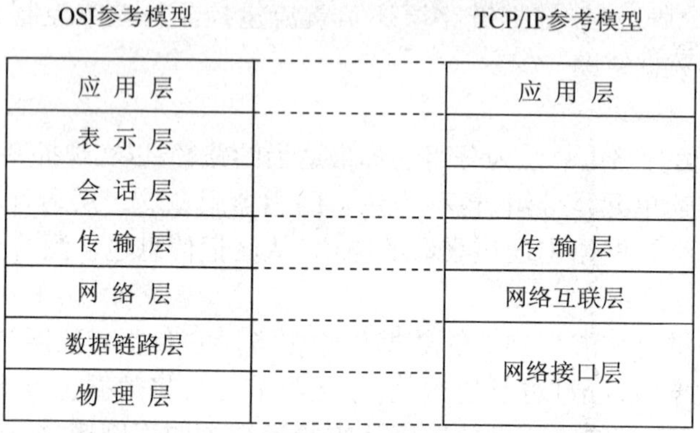

OSI参考模型	TCP/IP参考模型
应 用 层	应 用 层
表 示 层	
会 话 层	
传 输 层	传 输 层
网 络 层	网络互联层
数据链路层	网络接口层
物 理 层	

图 7-10 OSI 参考模型与 TCP/IP 模型的对应关系

（1）网络接口层

网络接口层是 TCP/IP 参考模型中的最底层，它负责通过网络发送和接收数据报。实际上，TCP/IP 没有对这一层做任何定义，只是提供了一个与各种物理网络的接口，如 Ethernet、令牌环网等。TCP/IP 本质上是一个网络互联协议，它并不关心具体的网络是如何实现的。

（2）网络互联层

互联网络层负责将源主机的报文分组发送到目的主机，源主机与目的主机可以在一个网上，也可以在不同的网上，其主要功能包括：

处理来自传输层的分组发送请求。在收到分组发送请求之后，将分组装入 IP 数据报，填充报头，选择发送路径，然后将数据报发送到相应的网络输出线。

处理接收的数据报。在接收到其他主机发送的数据报之后，检查目的地址，如需要转发，则选择转发路径转发出去；如目的地址为本结点 IP 地址，则除去报头，将分组交送传输层处理。

网络互联层协议中最重要的一个协议是 IP（Internet Protocol）协议，它是一种不可靠、无连接的数据报传送协议，提供一种“尽力投递”的服务（不保证投递成功）。IP 协议的数据单元是 IP 分组，最重要的功能是执行路由算法。

（3）传输层

传输层负责在应用进程之间的端到端的通信，即旨在建立互联网中源主机与目的主机的对等实体间用于会话的端到端的连接。这一点与 OSI 参考模型中的传输层的功能是类似的。这里定义了两个端到端的协议：TCP（Transmission Control Protocol，传输控制协议）和 UDP（User Datagram Protocol，用户数据报协议），其中 TCP 协议是面向连接的，使用一种确认机制保证数据传送成功;UDP 是面向无连接的,没有确认机制,但在数据传输中消耗的网络资源要比 TCP 少。

TCP 和 UDP 都使用了端口进行寻址。一个主机里往往有多个进程在运行,为区分是哪一个进程在进行通信,就必须在传输层上设置一些端口。对于一些常用的应用层服务,都各有一个对应的端口号,这种端口号称为数据端口,范围为 0~1023,如 FTP 服务端口号为 21、WWW 服务端口号为 80 等。

(4)应用层

应用程序通过应用层来访问网络。它包括了所有的高层协议,并且总是不断有新的协议加入。目前,应用层协议主要有以下几种:

①远程登录协议(Telnet)。

②文件传送协议(File Transfer Protocol, FTP)。

③简单邮件传送协议(Simple Mail Transfer Protocol, SMTP)。

④域名系统(Domain Name System, DNS)。

⑤简单网络管理协议(Simple Network Management Protocol, SNMP)。

⑥超文本传送协议(Hyper Text Transfer Protocol, HTTP)。

TCP/IP 模型的各层所遵守的协议及提供的业务如图 7-11 所示。

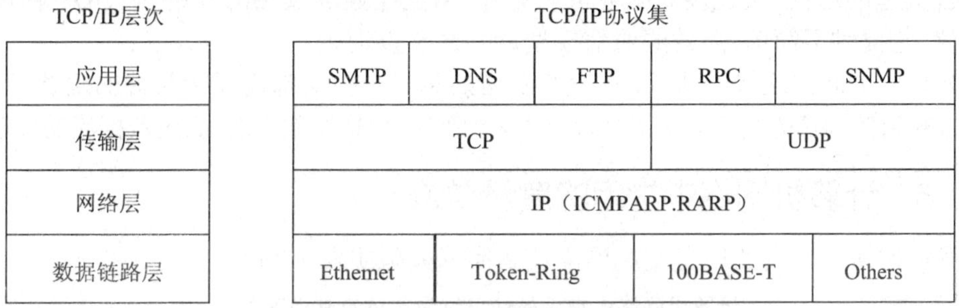

TCP/IP层次	TCP/IP协议集				
应用层	SMTP	DNS	FTP	RPC	SNMP
传输层	TCP			UDP	
网络层	IP(ICMPARP.RARP)				
数据链路层	Ethemet	Token-Ring		100BASE-T	Others

图 7-11 TCP/IP 参考模型及协议栈

TCP/IP 模型是同 ISO/OSI 模型等价的。当一个数据单元从网络应用程序向下送往网卡时,它通过了一系列的 TCP/IP 模块,这其中的每一步,数据单元都会同网络另一端对等 TCP/IP 模块所需的信息一起打成包。在数据传送中,可以形象地理解为有两个信封, TCP 和 IP 就像是信封,要传递的信息被划分成若干段,每一段塞入一个 TCP 信封,并在该信封封面上记录有分段号的信息,再将 TCP 信封塞入 IP 大信封,发送上网。在接收端,一个 TCP 软件包收集信封,抽出数据,按发送前的顺序还原,并加以校验,若发现差错, TCP 将会要求重发。因此, TCP/IP 在 Internet 中几乎可以无差错地传送数据。

IP 协议提供的是"尽力投递"的服务,在正常情况下,它可以保证分组被路由到正确的目的网络,然后由具体的网络递交给目的主机。然而,通信的本质其实是在两个进程之间进行的,而一台计算机往往会运行很多的进程,分组应该被递交给目的主机的哪一个进程呢?通常它由传输层的地址来决定,在 Internet 中,两个最常见的传输层协议是 TCP 和 UDP,它们都使用端口号(Port)来区分各个进程。一个 IP 地址和一个端口号的组合被称为一个套接字(Socket),由此可以看出,通信其实是在两个套接字之间进行的。需要注意的是,一个套接字有可能被多个连接共享。

端口号是一个16位的整数(0-65535),其中,0-1024端口被保留用于一些标准的服务。表7-1列出了一些常见的标准服务和它们所占用的端口号。

常用端口号　　表7-1

端　口	应用层协议	传输层协议	用　途
21	FTP	TCP	文件传输
23	TELNET	TCP	远程登录
25	SMTP	TCP	发送电子邮件
53	DNS	UDP	域名服务器
80	HTTP	TCP	WEB服务(World Wide Web)
110	POP-3	TCP	接收电子邮件
161	SNMP	UDP	简单网络管理

IP是一个不可靠的、无连接的协议,可靠的服务必须要由传输层来提供,TCP就是专门为了在不可靠的IP协议之上实现可靠通信而设计的,它现在是Internet上任务最为繁重的一个协议,提供面向连接的服务。然而,并不是所有的服务都需要建立连接,对于一些查询—应答类型的通信,无连接的服务可能更好(省去了建立连接的开销),UDP就是这样的一个协议,它提供了简单、高效的通信模型,如DNS查询。

TCP是一个面向连接的协议,即TCP发送的每一个报文都需要接收端的确认信息,一个TCP连接被通信两端的两个套接字(Socket)唯一确定,提供全双工的、面向数据流的传输服务。

7.1.6　计算机网络中常用的度量单位

计算机网络中常用的信息度量单位及其换算关系如表7-2所示。

计算机网络中常用的信息度量单位及其换算关系　　表7-2

比较项目	度量单位
数据传输速度	bps: Bit per second Kbps: 10^3 bps Mbps: 10^6 bps Gbps: 10^9 bps Tbps: 10^{12} bps
内存、硬盘、文件	B: Byte KB: 2^{10} B MB: 2^{20} B GB: 2^{30} B TB: 2^{40} B
时间单位	S: 秒 ms 毫秒: 10^{-3} 秒 us 微秒: 10^{-6} 秒 ns 纳秒: 10^{-9} 秒

这里有两个问题需要注意：一是习惯上用 B 来表示字节，用 b 来表示比特。网速一般用比特来表示，如 2Mbps（或 2Mb/s）是指一根 2M 的专线 1s 可以传输 2M 比特的数据。然而下载速度一般都是用字节来表示的，如 512kBps（或 512kB/s）是指每秒钟可以下载 512k 字节的数据（换成比特是 4M）。

另一个问题是用于表示网速快慢和文件（包括磁盘）大小的计量单位是不同的，前者用 10 的自然整数次幂来表示，后者用 2 的 10 倍整数次幂来表示，这是有差别的（10^3=1000，2^{10}=1024），当数字越来越大时，这种差别会越来越大。比如，大家可能经常发现买来的 U 盘没有商家声称的那么大，一个 16G 的 U 盘实际容量只有 15.6G。

7.2 局域网基础知识

任务提示

为了把大家的电脑和手机联网，技术团队制定了一个网络搭建方案，列出了需要购买的设备清单和经费预算，再由专人到电脑城采购所需设备。设备准备好后，大家开始分头工作，用了不到一天的时间，所有的电脑、手机都成功联网了，让我们来看看他们都是怎么做的吧。

7.2.1　局域网的特点、分类和发展

1. 局域网的特点

区别于一般的广域网（WAN），局域网（LAN）具有以下特点：

（1）地理分布范围较小，一般不超过 10km。可覆盖一幢大楼、一所校园或一个企业。

（2）数据传输速率高，一般为 10 ～ 100Mbps，但目前已出现速率高达 1000Mbps 的局域网。可交换各类数字和非数字（如语音、图像、视频等）信息。

（3）误码率低，一般在 10^{-11} ～ 10^{-8} 以下。这是因为局域网通常采用有限介质传输，两个站点之间具有专用的通信线路使数据传输有专一的通道，可以使用高质量的传输媒体，从而提高了数据传输质量。

（4）以工作站和计算机为主体，包括终端及各种外设，网中一般不设中央主机系统。

（5）一般包含 OSI 参考模型中的低三层功能，即涉及通信子网的内容。

（6）协议简单、结构灵活、建网成本低、周期短、便于管理和扩充。

2. 局域网的分类

局域网有多种分类方式，如按拓扑结构分类、按传输介质分类、按访问介质分类和按网络操作系统分类等。

（1）按拓扑结构分类

局域网经常采用总线形、环形、星形和树形拓扑结构，因此可以把局域网分为总线形局域网、环形局域网、星形局域和树形局域网等类型。这是最常用的分类方法。

（2）按传输介质分类

局域网上常用的传输介质有同轴电缆、双绞线、光缆等，因此可以把局域网分为同轴电

缆局域网、双绞线局域和光纤局域网。

（3）按访问传输介质的方法分类

目前，在局域网中常用的传输介质访问方法有：以太（Ethernet）方法、令牌（Token Ring）、FDDE 方法、异步传输模式（ATM）方法等，因此可以把局域网分为以太网（Ethernet）、令牌网（Token Ring）、FDDE 网、ATM 网等。

（4）按数据的传输速度分类

可分为 10Mbps 局域网、100Mbps 局域网、1Gbps 局域网等。

（5）按信息的交换方式分类

可分为交换式局域网、共享式局域网等。

3. 局域网的发展

现代局域网中大多数使用以太网技术，以太网（Ethernet，音译词）最初是由 Xerox（施乐）公司在 20 世纪 70 年代中期开发的，当时人们认为“电磁辐射是可以通过发光的以太来传播的”，故命名为以太网（以太这种物质后来被证明并不存在，因为电磁波在真空中也可以传播）。此后，Xerox 得到 DEC（数字设备公司）和 Intel 公司的支持，三家公司一起参加标准和器件的开发工作。

1980 年，以太网 1.0 版本由三家公司联合发表（DIX80，取三家公司的首字母拼合而成，这就是现代著名的以太网蓝皮书）。以后的两年里，DIX 重新定义该标准，并在 1982 年公布 DIX82 即以太网 2.0 版本作为终结。

在 DIX 开展以太网标准化工作的同时，1981 年 6 月 IEEE802 LAN 标准委员会成立，其中 802.3 分委会在 DIX 工作成果的基础上负责产生国际性标准，1982 年年底 802.3 出台，它与 DIX82 差别甚微。从此，以太网成为 IEEE802 标准系列中第一个标准化的局域网标准。到了 1985 年，IEEE802 委员会正式推出 IEEE802.3 CSMA/CD 局域网标准，它描述了一种基于 DIX 以太网标准的局域网系统。

以太网是目前使用最为广泛的局域网，从 20 世纪 70 年代末期就有了正式的网络产品。在整个 20 世纪 80 年代中以太网与 PC 机同步发展，其传输率自 20 世纪 80 年代初的 10Mbps 发展到 20 世纪 90 年代达到 100Mbps，目前 1Gbps 的以太网产品已经很成熟。以太网支持的传输介质从最初的同轴电缆发展到双绞线和光缆。星形拓扑的出现使以太网技术上了一个新台阶，获得更迅速的发展。从共享型以太网发展到交换型以太网，并出现了全双工以太网技术，致使整个以太网系统的带宽成十倍、百倍地增长，并保持足够的系统覆盖范围。

从 20 世纪 80 年代初到 20 世纪 90 年代末的近 20 年时间中，随着信息技术的发展，以太网产品及其标准不断更新和扩展。20 世纪 90 年代随着网络技术及其应用的急剧发展，以太网在拓扑结构、传输率和相应的传输介质方面与原来的 DIX 标准有了很大的变化，表 7-3 列出了以太网的系列规范，包括传输速率、拓扑结构、传输介质、网段长度以及网段数等参数。

目前，在局域网中应用面最广的以太网标准是 100BASE-T 和 1000BASE-T，两者有着完全相同的拓扑结构，图 7-12 是一个典型的现代交换型以太网，使用以太网交换机作为中心交换设备，5 类（或更高）双绞线作为传输介质。

以太网的系列规范　　表 7-3

以太网规范	IEEE 标准	产生年份（年）	传输速率（Mbps）	拓扑结构	传输介质	网段长度	站 / 网段
10BASE-5	802.3	1982	10	总线形	粗铜轴电缆	500	100
10BASE-2	802.3a	1988	10	总线形	细铜轴电缆	185	30
10BASE-T	802.3i	1990	10	星形	双绞线	100	
10BASE-F	802.3j	1993	10	星形	光纤	2000	
100BASE-T	802.3u	1995	100	星形	双绞线	100	
全双工以太网	802.3x	1997	100	星形	双绞线	100	
1000BASE-x	802.3z	1998	1000	星形	光纤、STP	100	
1000BASE-T	802.3ab	1999	1000	星形	双绞线	100	
10GBASE-FX	802.3ae	2002	10000	星形	光纤		

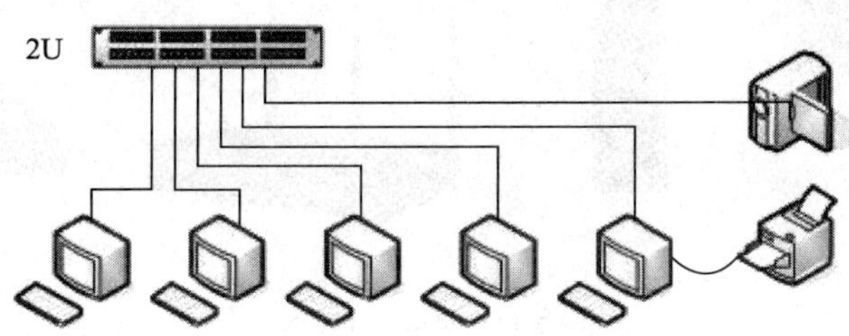

图 7-12　一个典型的现代交换型以太网

7.2.2　局域网的构成

局域网由网络硬件系统和网络软件系统两部分组成。硬件系统主要有服务器、工作站、传输介质和网络互联设备等。软件系统包括网络操作系统、控制信息传输的网络协议及相应的协议软件、大量的网络应用软件等。图 7-13 是一种比较常见的局域网结构。

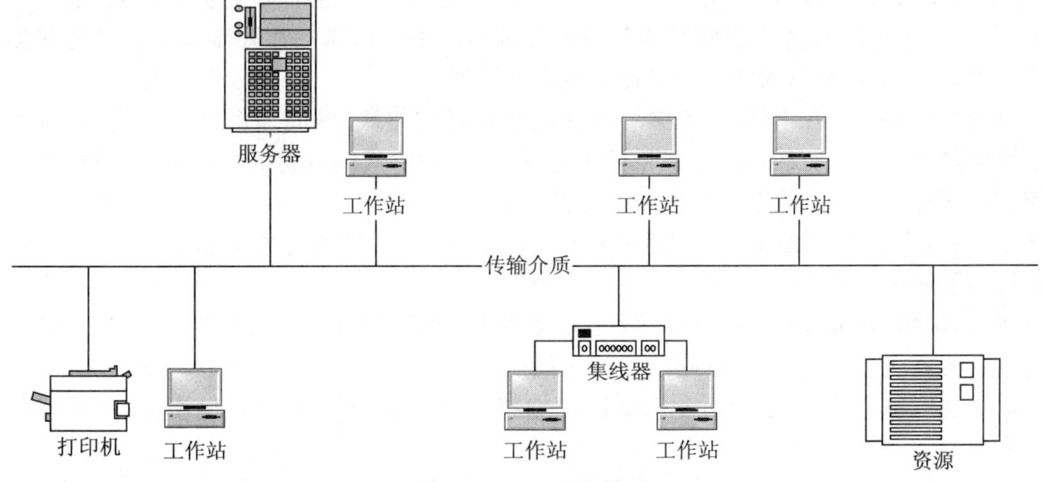

图 7-13　常见的局域网结构

1. 服务器

服务器可分为文件服务器、打印服务器、通信服务器、数据库服务器等。文件服务器是局域网上最基本的服务器，用来管理局域网内的文件资源；打印服务器则为用户提供网络共享打印服务；通信服务器主要负责本地局域网与其他局域网、主机系统或远程工作站的通信；而数据库服务器则是为用户提供数据库检索、更新等服务。

2. 工作站

工作站（Workstation）也称为客户机（Clients），可以是一般的个人计算机，也可以是专用电脑，如图形工作站等。工作站可以有自己的操作系统，独立工作；通过运行工作站的网络软件可以访问服务器的共享资源，目前常见的工作站有 Windows 工作站和 Linux 工作站。

3. 网络互联设备

网络互联设备主要包括网卡、路由器和交换机等。如图 7-14 所示。

a）网卡　b）无线网卡　c）路由器　d）交换机

图 7-14　网络互联设备

（1）网卡（Network Interface Card，NIC）：也称为网络适配器，是连接计算机与网络的硬件设备。网卡插在计算机或服务器扩展槽中，通过网络线（如双绞线、同轴电缆或光纤）与网络交换数据、共享资源。

（2）集线器（HUB）：是局域网中计算机和服务器的连接设备，是局域网的星形连接点，每个工作站是用双绞线连接到集线器上，由集线器对工作站进行集中管理。

（3）中继器（Repeater）：用于延伸同型局域网，在物理层连接两个网，在网络间传递信息，中继器在网络间传递信息起信号放大、整形和传输作用。当局域网物理距离超过了允许的范围时，可用中继器将该局域网的范围进行延伸。很多网络上都限制了工作站之间加入中继器的数目，例如在以太网中最多使用四个中继器。

（4）网桥（Bridge）：则是指数据层连接两个局域网络段，网间通信从网桥传送，网内通信被网桥隔离。网络负载重而导致性能下降时，用网桥将其他分为两个网络段，可最大限度地缓解网络通信繁忙的程度，提高通信效率。例如把分布在两层楼上的网络分成每层一个网络段，用网桥连接。网桥同时起隔离作用，一个网络段上的故障不会影响另一个网络段，从而提高了网络的可靠性。

（5）路由器（Router）：用于连接网络层、数据层、物理层执行不同协议的网络，协议的转换由路由器完成，从而消除了网络层协议之间的差别。路由器适合于连接复杂的大型网络。路由器的互联能力强，可以执行复杂的路由选择算法，处理的信息量比网桥多，但处理速度比网桥慢。

（6）交换机：交换技术是一个具有简化、低价、高性能和高端口密集特点的交换产品，体现了桥接技术的复杂交换技术在 OSI 参考模型的第二层操作。与桥接器一样，交换机按每一个包中的 MAC 地址相对简单的决策信息转发。而这种转发决策一般不考虑包中隐藏的更深的其他信息。与桥接器不同的是交换机转发延迟很小，操作接近单个局域网性能，远远超过了普通桥接互联网络之间的转发性能。交换技术允许共享型和专用型的局域网段进行带宽调整，以减轻局域网之间信息流通出现的瓶颈问题。现在已有以太网、快速以太网、FDDI 和 ATM 技术的交换产品。交换机对工作站是透明的，这样管理开销低廉，使网络节点的增加、移动和网络变化等操作都变得更为简便。

（7）USB 无线网卡：一种内置无线 WIFI 芯片，并通过 USB 接口传输的网卡，连接电脑 USB 接口并安装完成驱动以后，电脑网卡列表中会出现新的无线网卡设备。通过 USB 无线网卡即支持移动设备上网。目前，USB 无线网卡主要支持 IEEE 802.11g 和 IEEE 802.11n 两种标准。支持 IEEE 802.11g+ 标准的网卡，最高传输速率是 108Mbps；支持 IEEE 802.11n 标准的网卡，最高传输速率是 300Mbps。

4. 有线传输介质

工作站和服务器之间的连接通过传输介质和网络互联设备来实现。

网络传输介质主要包括双绞线、同轴电缆和光纤等，其外观如图 7-15 所示，内部结构如图 7-16 所示。

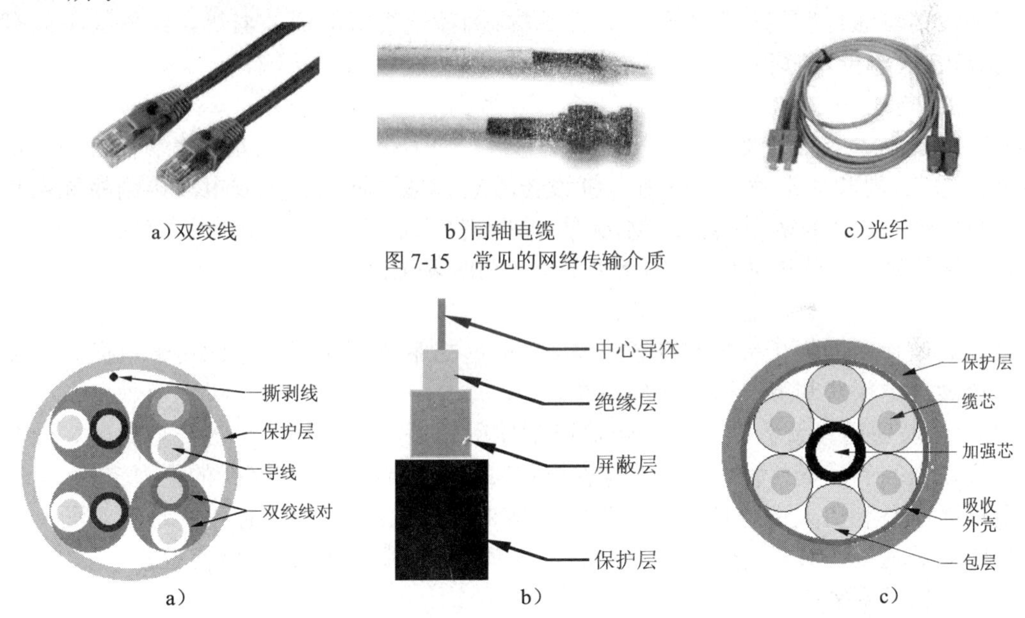

a）双绞线　　b）同轴电缆　　c）光纤

图 7-15　常见的网络传输介质

a）　　b）　　c）

图 7-16　双绞线、同轴电缆和光缆内部结构示意图

（1）双绞线

双绞线是由两条相互绝缘的导线按照一定的规格互相缠绕（一般以逆时针缠绕）在一起而制成的一种通用配线，属于信息通信网络传输介质。双绞线有 UTP 和 STP 两种：非屏蔽双绞线（UTP）易弯曲、易安装，具有阻燃性，布线灵活；屏蔽双绞线（STP）价格高，安装困难，需联结器，抗干扰性好。每网段网络距离 100m，接 4 个中继器最长可达到 500m。当使用双绞线连接两台电脑组成对等网时，可以不使用集线器，而直接用双绞线将两台电脑连接，但这时的双绞线压制方法必须改变。

（2）同轴电缆

同轴电缆是指有两个同心导体，而导体和屏蔽层又共用同一轴心的电缆。最常见的同轴电缆由绝缘材料隔离的铜线导体组成，在里层绝缘材料的外部是另一层环形导体及其绝缘体，然后整个电缆由聚氯乙烯或特氟纶材料的护套包住。从用途上分可分为基带同轴电缆和宽带同轴电缆（即网络同轴电缆和视频同轴电缆）。基带电缆又分细同轴电缆和粗同轴电缆。基带电缆仅仅用于数字传输，数据率可达 10Mbps。

（3）光纤

光纤是由一组光导纤维组成的用来传播光束的、细小而柔韧的传输介质。与其他传输介质相比较，光纤的电磁绝缘性能好，信号衰变小，频带较宽，传输距离较大。光纤主要是在要求传输距离较长，布线条件特殊的情况下用于主干网的连接。光纤通信由光发送机产生光束，将电信号转变为光信号，再把光信号导入光纤，在光纤的另一端由光接收机接收光纤上传输来的光信号，并将它转变成电信号，经解码后再处理。光纤的最大传输距离远、传输速度快，是局域网中传输介质的佼佼者。光纤分为多模光纤和单模光纤两类。传输频带宽，通信容量大，传输距离远，抗干扰能力强，抗化学腐蚀能力强。一般网络距离为 2000m。

5. 无线传输介质

（1）红外线

红外线传输通过空气使用红外线传输数据，例如电视机的遥控器等。红外线不具有穿透性，无法穿过墙壁，防窃听能力较强，用于短距离、小范围数据传输。

（2）无线电波

无线电通信即借助电波通过空间传播信息，可不用架设线路，也允许终端设备在一定范围内随意移动，因此非常适合那些难于铺设传输线的地区使用。无线电波传输的优点是信号的传输能够穿过墙壁和其他建筑物，无线电通信技术成熟，应用广泛，成本较低。

移动通信属于无线电通信，其中常见的有 GPRS 和 CDMA。

（3）微波

微波通信使用功率极大的聚焦能量束，在很远的距离上实现信息的传输。微波传输分为地面微波通信系统和卫星微波通信系统。

地面微波通信系统微波信号的传输通常使用转播塔来增加信号的传输距离。微波系统可以实现很高的数据传输率。微波存在易窃听安全问题，抗电磁干扰的能力较差。

卫星通信是利用人造地球卫星作为中继站来转发微波，可以覆盖整个地球表面。卫星通信的特点是通信距离远，覆盖面积大，不受地理条件的限制，信道带宽比较宽。

6. 网络软件系统

局域网软件系统包括局域网采用的通信协议、操作系统和应用软件。

（1）通信协议

局域网通信协议用以支持计算机与相应的局域网相连，支持网络节点间正确有序地进行通信。早先，它以独立软件的形式出现，现在它常内置于操作系统中。例如，Internet 广泛使用的 TCP/IP 协议，已成为 Windows 操作系统、Unix 操作系统的基本组成部分。

（2）网络操作系统

网络操作系统在服务器上运行，是使网络上各计算机能方便而有效地共享网络资源，为网络用户提供所需的各种服务软件和有关规程的集合。网络操作系统不仅要具有普通操作系统的功能，还要具备以下六个特征。

①网络通信：网络通信的主要任务是在客户机和服务器之间，提供无差错的、透明的数据传输服务。其主要功能有：为通信双方建立和拆除通信链路；在数据传输中进行差错检测和纠正，并为传输中的分组进行路由选择和流量控制等。这些功能通常是由数据链路层、网络层、传输层和会话层软件，以及相应的网络硬件共同完成的。

②共享资源管理：网络操作系统采用统一的、有效的方法管理网络中的共享资源、协调每个用户对共享资源的使用，并使用户能像访问本地资源那样，方便地访问远程共享资源。在局域网系统中，典型的共享硬件资源是服务器上的大容量的磁盘存储系统、打印机等；软件共享资源是数据和文件。每个客户机上的资源仍由本地主机操作系统管理。

③提供网络服务：这是为方便网络用户，在前述两项功能的基础上直接向用户提供的多种有效的服务。典型的服务有：电子邮件服务、文件传输、存取和管理服务、共享硬件服务和远程打印服务等。

④网络管理：在网络管理中最基本的是安全管理，就是提供"存取控制"来确保存取数据的安全性，提供"容错技术"来保证系统故障时数据的安全性。还包括对网络设备进行故障监测，对使用情况进行统计，以及为提高网络性能和记账而提供必要的信息。

⑤互操作：网络操作系统支持网络互操作功能，即把若干个相同或不同的设备和局域网互联在一起，用户能透明地访问网络中的各个主机，可实现更大范围的用户通信和资源共享。

⑥提供网络接口：网络操作系统能向用户提供统一的、方便而有效地取得网络服务的一组接口，以改善用户与网络之间的界面，如命令接口、菜单和窗口程序等。

局域网操作系统为网上用户提供了便利的操作和管理平台。它主要可划分为两类：一类采用服务器 / 客户机（Server/Client）模式，比如 Windows NT Server、Unix、Linux、NetWare 和 OS/2 等；另一类采用端对端对等方式，如 Windows X 和 Windows For Workgroup。后者具有简单的操作系统功能，一般不称为网络操作系统。

目前，大多数局域网操作系统中均内置 Internet 采用的 TCP/IP 协议，用户可以根据需要将主机设置为 Internet 的服务器或客户机。

（3）应用软件

局域网应用软件是建构在局域网操作系统之上的应用程序，它扩展了网络操作系统的功能。不同的网络应用软件，可满足用户在不同情况下的需求。例如网络数据库系统提供大容量数据检索和管理，网络邮件系统让用户在网络内相互发送电子邮件等。每一种扩展的网络服务，都需要相应的网络应用程序。

7.2.3　无线局域网组建

有线网络在某些场合要受到布线的限制，如场地不适宜布线、终端设备需要移动工作等，无线局域网（WLAN，Wireless LAN）就是解决有线网络的以上问题而出现的，它利用电磁波在空气中发送和接收数据，无需线缆介质，是对有线联网方式的一种补充和扩展，使网上的计算机具有可移动性，能快速方便地解决使用有线方式不易实现的网络连通问题。

1. IEEE802.11 标准

1998 年 IEEE 制定出无线局域网的协议标准 802.11，后面又相继制定了 802.11a、IEEE 802.11b、802.11g 和 802.11n 无线局域网协议标准。

其中使用得最普遍的是 IEEE 802.11b（也称为 WiFi，Wireless Fidelity, 无线保真）。IEEE 802.11b 使用 2.4-2.5 GHz 的 S-Band 工业、科学和医学（ISM）频段，以 1、2、5.5 或 11Mbps 的速度传输数据。在近距离和没有衰减或干扰源的理想条件下，IEEE 802.11b 速度可达 11Mbps，高于 10Mbps 有线以太网的位速率。在不太理想的条件下，它将使用 5.5Mbps、2Mbps 和 1Mbps 的较低速率，最远传输距离为 50~100m。IEEE 802.11b 技术成熟，价格低廉，是目前市场占用率最大的无线产品，具有非常高的性能价格比，适用于家庭或中小型企业。

IEEE 802.11a 标准具有最高 54Mbps 的位速率，并且使用 5.725~5.875GHz 的 C-Band ISM 频段。这种更高速的技术使得无线 LAN 网络在视频和会议应用方面表现得更为出色，但是相对来说 IEEE802.11a 芯片价格昂贵，且与 IEEE802.11b 标准不兼容。

IEEE802.11g 该标准其实是前两个标准的一种混合，支持 2.4GHz 和 5GHz 的频率，最高带宽高达 54Mbps，最远传输距离为 50~100m，兼容 IEEE802.11b 和 IEEE802.11a 标准。

2009 年 9 月 11 日，IEEE 标准委员会又正式批准通过 802.11n 标准，速度可达 300 ～ 600Mbps，覆盖范围可达 10km。至此，无线局域网在速度上终于可以和有线局域网一较高低了（大多数的以太网是 100M 的），现在，绝大多数的 WLAN 产品都支持 802.11n 标准。

2. 组建 WiFi 网络

图 7-17 是一个典型的 WiFi 网络拓扑结构示意图，所有移动设备都通过无线方式和一个叫作 AP（Access Point，访问点）的设备连接，AP 又通过各种方式（PPPoE 和静态 IP 是两种最常用的方式）接入 Internet，这样，移动设备便可以通过 AP 连接 Internet 了。

与以太网交换机不同，AP（一般用无线路由器，如图 7-18 所示）一般需要经过配置才能使用，不同厂商的无线路由器的配置方法略有不同，但原理都是一样的，下面介绍配置过程中的几个关键问题。

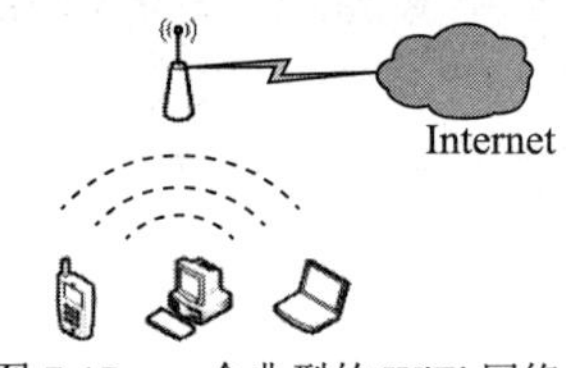

图 7-17　一个典型的 WiFi 网络

图 7-18　无线路由器

（1）物理连接

无线路由器一般配置 1 个 WAN 口和 4 个 LAN 口，其中 WAN 口用于连接 Internet，LAN 口用于连接局域网，WAN 口和 LAN 口的颜色是不同的，很容易区分。路由器的物理连接如图 7-19 所示。

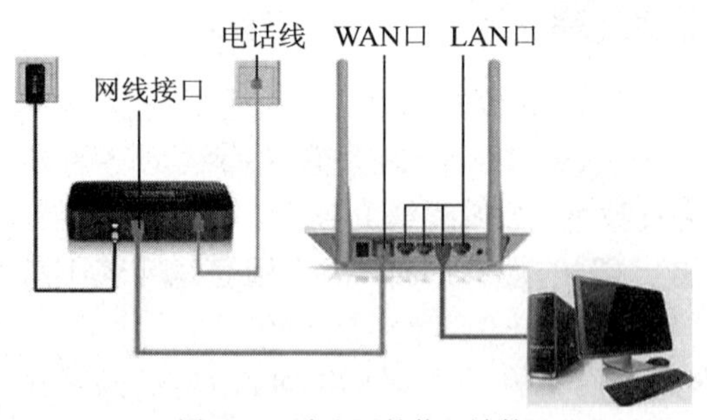

图 7-19　路由器的物理连接

(2)网络配置

无线路由器一般都有一个出厂时设置的管理 IP,这个 IP 一般是 192.168.0.1 或者 192.168.1.1,当使用计算机来对无线路由器进行管理时,可在浏览器(如 IE)中输入 http://192.168.0.1(或 http://192.168.1.1)进入管理界面,前提是要保证计算机和无线路由器已经连接好。在登录过程中,会要求输入用户名和密码,默认的用户名和密码大多数情况下都是 admin(如果不是,需查阅使用说明书),如图 7-20 所示,登录后如图 7-21 所示。

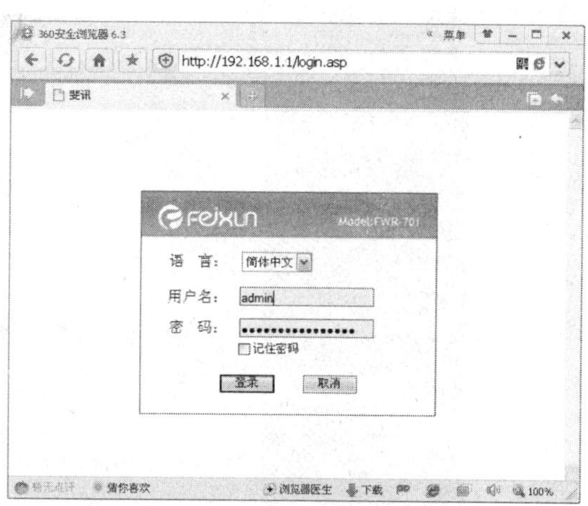

图 7-20　路由器管理登录

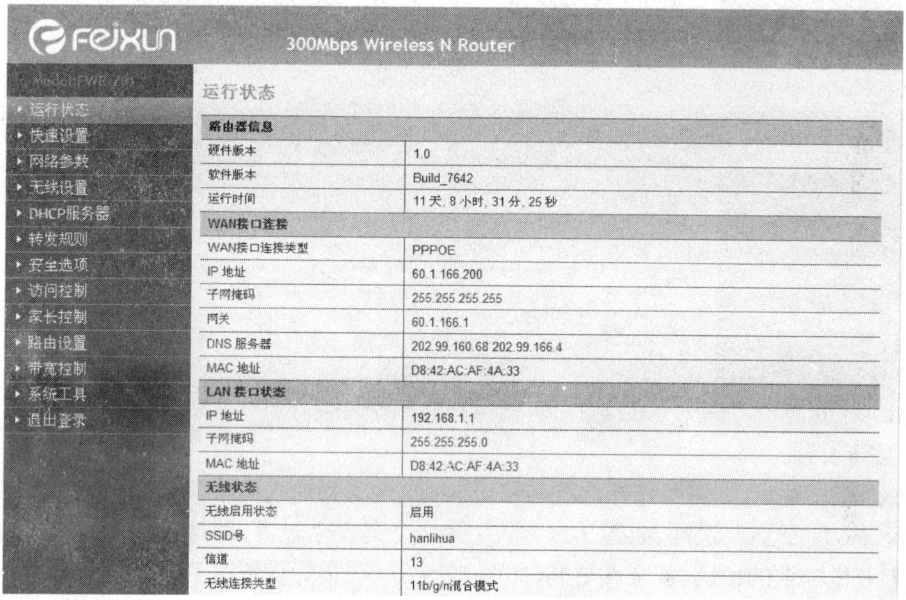

图 7-21　无线路由器管理主界面

(3)参数设置

无线路由器网络参数设置一般包括 WAN 接口设置和 LAN 接口设置。

根据网络接入方式的不同,WAN 口的连接类型也不同,如果是 PPPoE(典型的如 ADSL),一般要输入用户名和密码;如果是静态 IP(典型的如校园网),则需填入 IP 地址、子网掩码、网关等信息。如图 7-22 所示为 PPPoE 的 WAN 设置。

ADSL 是 DSL(数字用户环路)家族中最常用,最成熟的技术,它是运行在原有普通电话线上的一种新的高速、宽带技术。ADSL 它是 Asymmetrical Digital Subscriber Loop(非对称数字用户环路)的英文缩写。所谓非对称主要体现在上行速率(最高 640kbps)和下行速率(最高 8Mbps)的非对称性上。其中局域网通过交换机连接到路由器,再通过 ADSL MODEM 连接到电话网络,最后通过 ISP 接入 Internet 网络。

LAN 口的设置一般不做修改,直接使用默认设置即可,如图 7-23 所示。

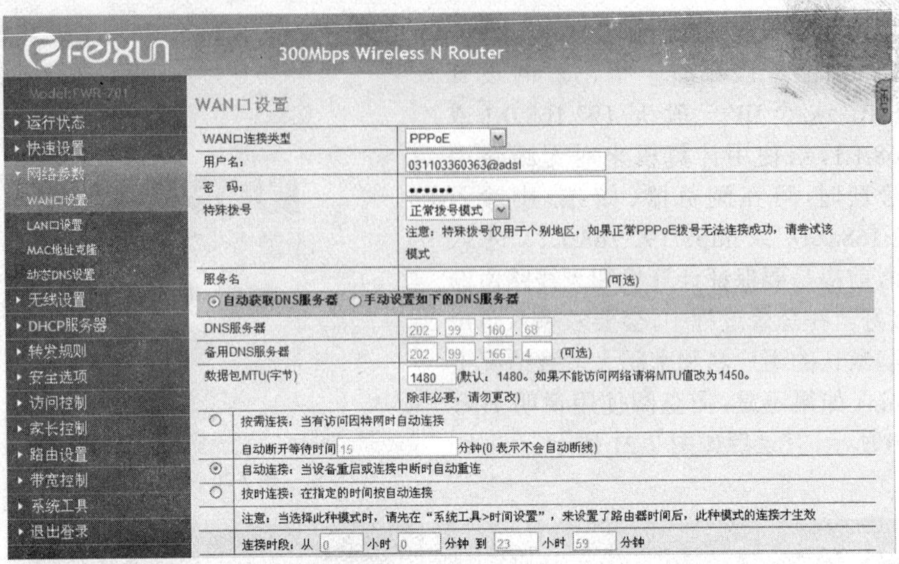

图 7-22　WAN 口设置

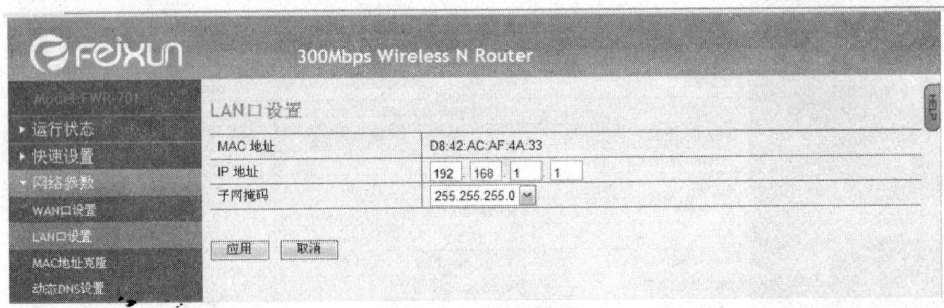

图 7-23　LAN 口设置

(4)无线设置

如果要启用 WiFi,则需要打开无线网络开关,此处需要输入两个关键信息,一是 SSID,也就是 AP 的名称,便于别人识别,如图 7-24 所示;另一个是安全设置,即接入密码,建议使用 WPA2 密码,要求 8 位以上的秘钥,安全性更高,如图 7-25 所示(实际设置时密码不要太简单)。

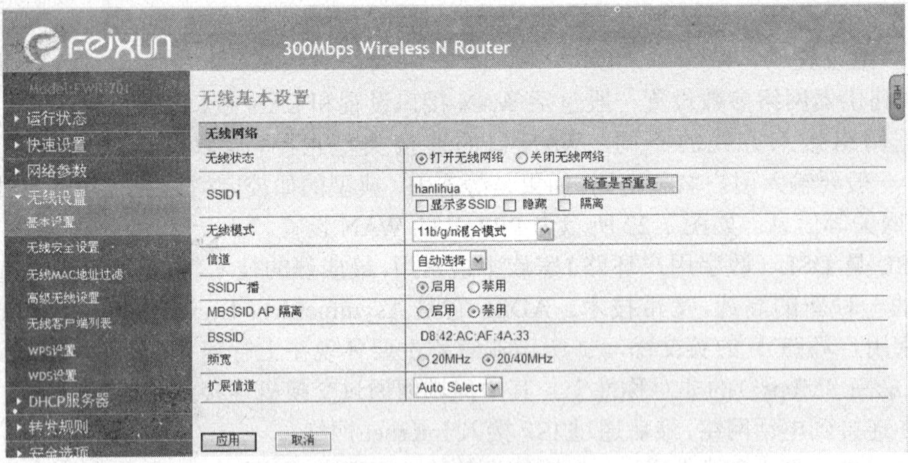

图 7-24　无线基本设置

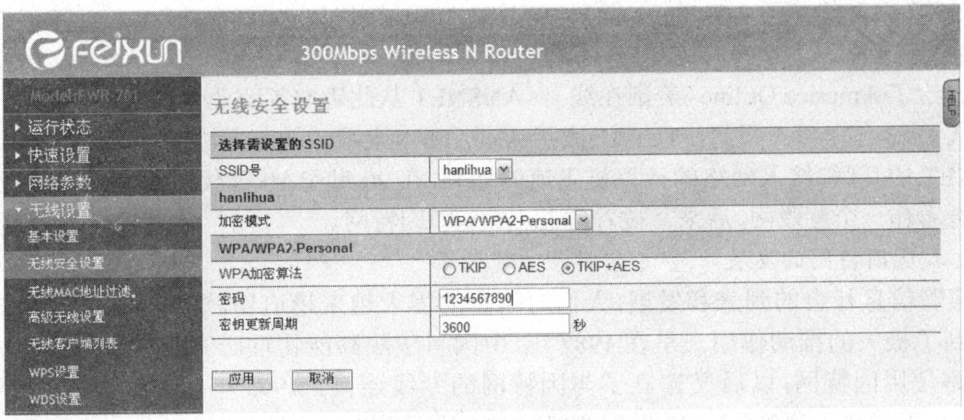

图 7-25　无线安全设置

经过以上两步设置后，一般移动设备就可以连入这个无线网络了。需要指出的是，不同厂家和版本的无线路由器，其界面和操作功能都有一定区别，以上只是概要介绍了无线路由器的基本配置，详细的配置过程也可以阅读无线路由器附带的使用说明书。

7.3 Internet 基础与应用

任务提示

王芳他们新部门的局域网终于组建完成了，之后又申请了联通宽带网，成功接入了 Internet，走进了多彩的因特网世界。不过要想用好因特网，必须先学习一些基本操作，如使用 IE 浏览网络信息，用 OUTLOOK 收发电子邮件、用 ftp 上传和下载文件等。

7.3.1　Internet 的形成与发展

1. 因特网的形成

在 20 世纪 50 年代后期，全世界处于冷战状态。1957 年 10 月，苏联发射了第一颗人造地球卫星，美国和苏联在太空领域展开了激烈的竞争，当时的美国总统艾森毫威尔决定建立一个专门的国防研究组织：ARPA（Advanced Research Project Agency）。在该组织成立的最初几年里，ARPA 并不清楚自己应该干什么。直到 1967 年，ARPA 将注意力转移到了网络技术上。1969 年 12 月，一个包含 4 个节点的实验性网络可以运行了，他们之间通过 56K 的线路连接起来，使用分组交换技术，并首次提出了通信子网和资源子网的概念，这便是 Internet 的雏形。在这之后的三年里，ARPA 以很快的速度不断壮大，许多不同类型的网络被连接到 ARPA 中来，人们很快发现，必须尽快发明一个用于不同网络互联的协议，这导致了 TCP/IP 模型和协议的诞生。

ARP 是由美国国防部控制的，任何一个单位如果想接入 ARPA，都必须要与美国国防部有研究合同，这无形中限制了 ARPA 的发展。20 世纪 70 年代后期，NSF（U.S. National Science Foundation，美国国家科学基金会）意识到这个问题并决定设计一个 ARPA 的后继网络，于是 NSFNET 诞生了，与 ARPANET 不同的是，NSFNET 从一开始就采用了 TCP/IP 协议。

NSFNET 很快获得了成功，并且一直超负荷运转，到 1990 年的时候，骨干网的速度从原先的 56Kbps 升级到了 1.5Mbps。随后，ANS（Advanced Networks and Services，一个非营利性的企业）接管了 NSFNET 并将链路升级到了 45Mbps，构成 ANSNET。5 年后，ANSNET 被出售给了 America Online（美国在线），ANSNET 从此迈向了商业化的道路。

从 1983 年 1 月 1 日起，TCP/IP 成了 ARPANET 上唯一的正式协议，随着 ARPANET 和 NSFNET 的互联，接入网络的计算机飞速的增长，在 20 世纪 80 年代中期，人们开始把网络的集合看作一个互联网，后来又被看作 Internet，即因特网。

2. *我国因特网的发展*

随着信息社会的到来和发展，人们对信息的需求越来越迫切，这为因特网在我国的发展起到了极大的推动作用。早在 1987 年，中国科学院高能物理研究所就开始通过国际网络线路使用因特网，以后又建立了与因特网的专线连接。1995 年初，高能物理计算机网 IHEPnet 正式接入因特网。20 世纪 90 年代中期，我国的互联网建设工作全面展开。1997 年底，我国已建成中国公用计算机互联网（ChinaNET）、中国教育和科研网（CERNET）、中国科学技术网（CSTNET）和中国金桥信息网（ChinaGBN）四大互联网，并与因特网建立了连接。截至 2005 年 12 月，互联网络机构由 4 家发展到 9 家，包括中国公用计算机互联网（CHINANET）、中国科技网（CSTNET）、中国教育和科研计算机网（CERNET）、中国网通公用互联网（CNCNET）、中国移动互联网（CMNET）、中国铁路互联网（CRCNET）、中国国际经济贸易互联网（CIETNET）、中国长城互联网（CGWNET）和中国卫星集团互联网（CSNET），国际线路的总带宽已经达到 136106Mbps，直接连接到美国、俄罗斯、法国、英国、德国、日本、韩国、新加坡和香港等国家和地区，可为国内用户提供各种因特网服务。因特网已成为人们获取信息、学习新技术、休闲娱乐的重要途径之一。

7.3.2 Internet 的接入方式

因特网提供端到端的网络连接，允许任一台计算机与其他任何一台计算机进行通信。与因特网连接的传统方式有：仿真终端、SLIP/PPP（Serial Line Internet Protocol/Point-to-Point Protocol）连接和局域网连接等，其中以 SLIP/PPP 拨号接入和局域网接入最为常用。

1. *仿真终端方式*

因特网服务提供者 ISP（Internet Services Provider）建立了许多服务系统和服务节点，它们同 Internet 直接连接。用户用一台计算机和一个调制解调器 Modem，经普通电话网或 X.25 网与服务节点相连，通过电话拨号登录到服务系统，实现同因特网的连接，如图 7-26 所示。

用这种连接方式，在用户计算机上要安装通信软件，在服务系统上要申请建立账号。用户计算机和因特网的连接是没有 IP 协议的间接连接，在建立连接期间，通信软件的仿真功能使用户计算机成为服务系统的仿真终端。

这种连接方式很简单，也很容易实现，适合于信息传输量小的个人和单位。但是，服务范围往往受到一定的限制，譬如一般只允许交换电子邮件，或对专题讨论组（News Group）的访问，只有个别服务系统允许使用其他 Internet 服务。

2. *SLIP/PPP 方式*

这种连接方式，采用网络软件和 Modem 与 ISP 的系统连接，并使用户计算机成为因特网上一台具有独立有效 IP 地址的节点机。串行线路连接协议 SLIP 和点对点协议 PPP 都支持这种连接方式。

在连接中需要一台计算机、一部 Modem、普通电话网或 X.25 网、TCP/IP 软件和 SLIP/PPP 软件。同时还要在 ISP 系统上建立一个账号，允许用户通过电话拨号进入 SLIP 或 PPP 服务器。用户同样用电话拨号通过 Modem 和串行线路登录服务系统的主机，再进入因特网，如图 7-26 所示。在用户本地系统上由于安装并运行 SLIP/PPP 和 TCP/IP 软件，与因特网具有 IP 连接，用户计算机因此而成为因特网的节点机。当每次连接成功后，用户能够直接使用因特网的全部服务。这属于一种直接的连接方式，用户计算机系统要申请 IP 地址。

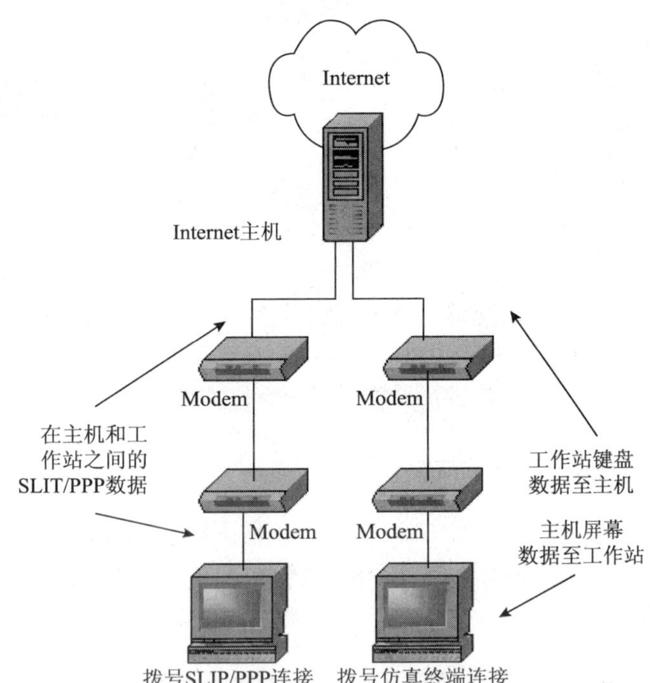

图 7-26 仿真终端和 SLIP/PPP 接入 Internet

以 SLIP/PPP 方式入网在性能上优于以仿真终端方式入网。该方式能够得到因特网所提供的各种服务，特别是 SLIP/PPP 方式可以使用具有图像界面的软件，如 Netscape Navigator，Microsoft IE 等。以 SLIP/PPP 方式入网，是近年来发展最快的一种接入因特网的方式，非常适合于单个家庭接入因特网。

3. 局域网接入方式

将一个局域网连接到因特网主机有两种方法。第一种是通过局域网的服务器、一个高速调制解调器和电话线路，在 TCP/IP 软件支持下把局域网与因特网主机连接起来，局域网中所有计算机共享服务器的一个 IP 地址；第二种是通过路由器在 TCP/IP 软件支持下把局域网与因特网主机连接起来，局域网上的所有主机都可以有自己的 IP 地址。路由器与因特网主机的通信可以是 X.25 网、DDN 专线或帧中继等。

采用这种接入方式的用户，软硬件的初始投资较高，每月的通信线路费用也较高。这种方式是唯一可以满足大信息量因特网通信的方式，最适合用于教育科研机构、政府机构及企事业单位中已装有局域网的用户，或希望多台主机都加入因特网的用户，如图 7-27 所示为其连接示意图。

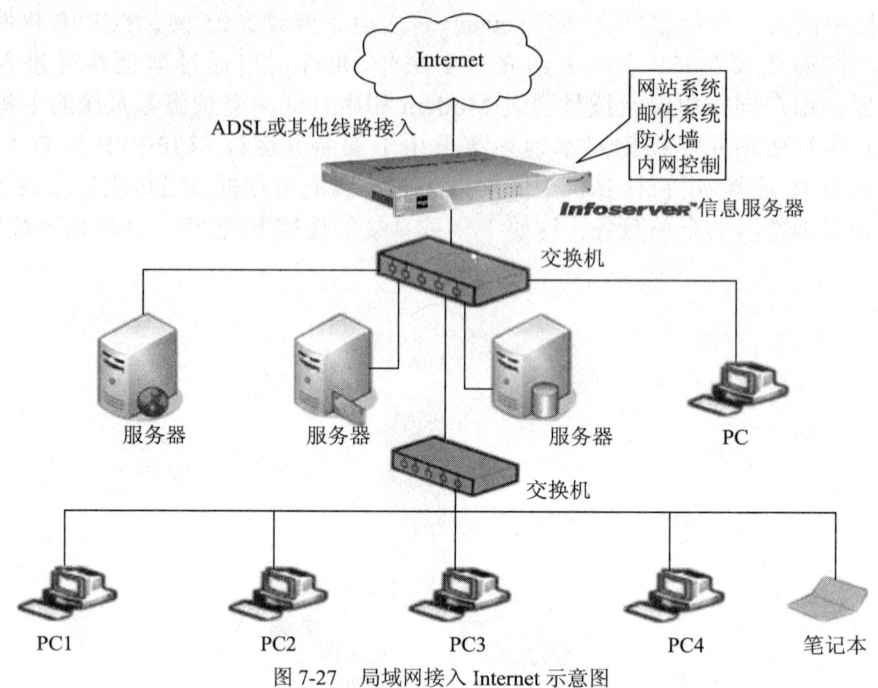

图 7-27　局域网接入 Internet 示意图

7.3.3　Internet 的工作方式

Internet 采用 Client/Server（简称 C/S，客户机 / 服务器）方式访问网络资源，其系统结构是把一个大型的计算机应用系统变为多个能互为独立的子系统，而服务器便是整个应用系统资源的存储和管理中心，系统中的多台客户机则向服务器提出数据请求和服务请求，共同实现完整的应用。

1. 服务器与服务程序

因特网向用户提供了众多服务，例如 WWW 服务、E-mail 服务、FTP 服务、Telnet 服务、BBS 服务等。就本质而言，这些服务都是由运行在计算机上相应的服务程序提供的，于是我们把运行某种服务程序的计算机称为服务器（Server），例如，运行 WWW 服务程序的计算机叫作 WWW 服务器，运行 FTP 服务程序的计算机叫作 FTP 服务器等。随着计算机性能的不断提高，一台计算机上同时运行多种服务程序在网络规划设计中是常见的系统集成策略。

2. 客户机与客户程序

在 Internet 中，我们把向服务器发出服务请求的计算机称为客户机（Client）。因此，用户要想获得网络服务，除了要让自己的客户机通过 Internet 与相应的服务器建立连接外，还必须运行相应的客户程序，例如，处理电子邮件要使用电子邮件软件、文件传输要使用 FTP 客户程序、请求 WWW 服务要使用 Web 浏览器等。客户程序通过客户机向用户提供与服务器上的服务程序相互通信的人机交互界面。

3. 客户机 / 服务器模式

图 7-28 给出了因特网客户机 / 服务器间交互过程的示意图。

当用户通过客户机上客户程序提供的界面向服务器上的服务程序发出服务请求时，服务程序对用户的请求作出响应，完成相应的操作，并返回处理结果予以应答，应答的结果再通过客户程序的交互界面以规定的形式展示给用户。

4. 浏览器 / 服务器模式（Brower/Server 模式）

近年来，浏览器开始作为访问 Internet 各种信息服务的通用客户程序与公共工作平台，用户一般都通过浏览器访问 Internet 资源。因此对一般用户来说，典型的工作模式可以简称为浏览器 / 服务器模式。相比客户机 / 服务器模式，这种模式不需要安装专门的客户机程序，用普通浏览器即可，使用方便快捷，如图 7-29 所示。

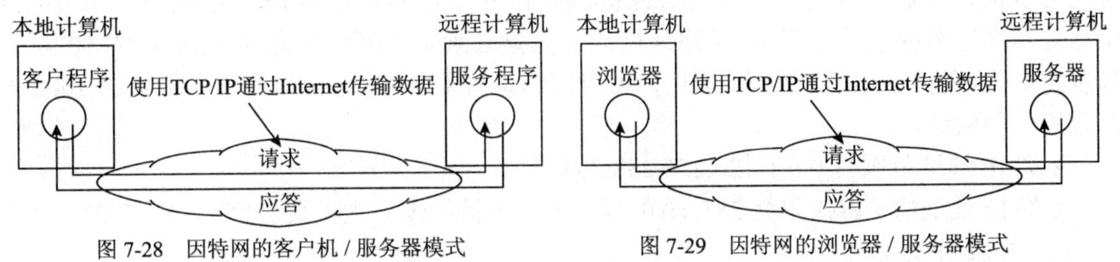

图 7-28 因特网的客户机 / 服务器模式　　图 7-29 因特网的浏览器 / 服务器模式

7.3.4 IP 地址和域名系统

1. IP 地址

因特网采用一种全局通用的地址格式，为全网的每一网络和每一台主机都分配一个唯一地址，称为 IP 地址，以此屏蔽物理网络地址的差异，从而为保证因特网以一个一致性实体的形象出现奠定重要的基础。确切地说，IP 层所用到的地址叫作 IP 地址。目前我们所说的 IP 地址，通常是一个的 32 位地址（IPv4）。因此，可以简单地认为，IP 地址就是赋予网络节点的一个 32 位地址。节点即为一个连接点，大多数计算机只有一个节点，但也有多个节点的情形，如服务器、路由器（都含有多个网卡）等，此时它们可以拥有多个 IP 地址。

IP 地址分为五大类，各类 IP 地址的基本情况如图 7-30 所示。

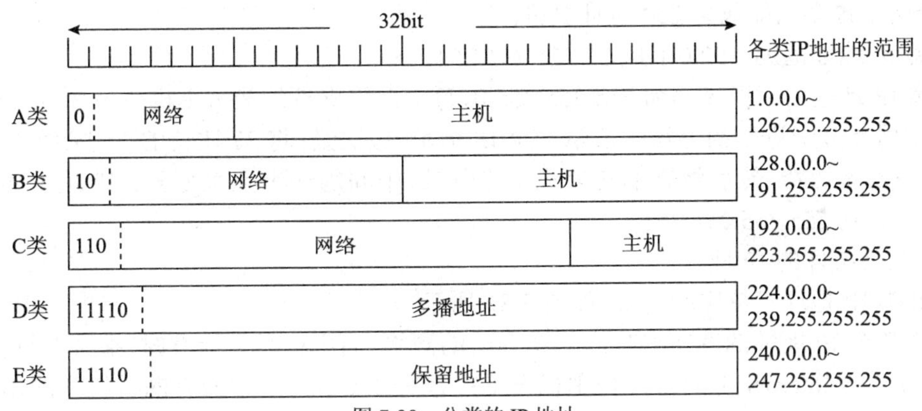

图 7-30 分类的 IP 地址

在这五类 IP 地址中，只有 A、B、C 三类可用作主机地址，表 7-4 列出了它们的一些特征及适用场合。

各类 IP 地址的特征　　表 7-4

类　别	特　征	网络数	每个网络的主机数	适用场合
A	以 0 开头	2^7-2	$2^{24}-2$	大型网络
B	以 10 开头	2^{14}	$2^{16}-2$	中等网络
C	以 110 开头	2^{21}	2^8-2	小型网络

（1）A 类 IP 地址

一个 A 类 IP 地址是指，在 IP 地址的四段号码中，第一段号码为网络号码，剩下的三段号码为本地计算机的号码。如果用二进制表示 IP 地址的话，A 类 IP 地址就由 1 字节的网络地址和 3 字节主机地址组成，网络地址的最高位必须是“0”。A 类 IP 地址中网络的标识长度为 7 位，主机标识的长度为 24 位，A 类网络地址数量较少，可以用于主机数达 1600 多万台的大型网络。

A 类 IP 地址范围：1.0.0.1-126.255.255.254。

A 类 IP 地址的子网掩码为 255.0.0.0，每个网络支持的最大主机数为 $2^{24}-2=16777214$ 台。

（2）B 类 IP 地址

一个 B 类 IP 地址，是指在 IP 地址的四段号码中，前两段号码为网络号码。如果用二进制表示 IP 地址的话，B 类 IP 地址就由 2 字节的网络地址和 2 字节主机地址组成，网络地址的最高位必须是“10”。B 类 IP 地址中网络的标识长度为 14 位，主机标识的长度为 16 位，B 类网络地址适用于中等规模的网络，每个网络所能容纳的计算机数为 6 万多台。

B 类 IP 地址范围：128.1.0.1-191.255.255.254。

B 类 IP 地址的子网掩码为 255.255.0.0，每个网络支持的最大主机数为 $2^{16}-2=65534$ 台。

（3）C 类 IP 地址

一个 C 类 IP 地址是指，在 IP 地址的四段号码中，前三段号码为网络号码，剩下的一段号码为本地计算机的号码。如果用二进制表示 IP 地址的话，C 类 IP 地址就由 3 字节的网络地址和 1 字节主机地址组成，网络地址的最高位必须是“110”。C 类 IP 地址中网络的标识长度为 21 位，主机标识的长度为 8 位，C 类网络地址数量较多，适用于小规模的局域网络，每个网络最多只能包含 254 台计算机。

C 类 IP 地址范围：192.0.1.1-223.255.254.254。

C 类 IP 地址的子网掩码为 255.255.255.0，每个网络支持的最大主机数为 $2^8-2=254$ 台。

经常用点分十进制的方法来表示一个 IP 地址，做法是：将 32 比特的二进制数平均分成 4 等份，每份 8 比特，然后将它们转换成十进制数，中间用一个点来分开。IP 地址的有效范围从 0.0.0.0 到 255.255.255.255。

（4）几类特殊的 IP 地址

有几类 IP 地址有特殊的含义，如图 7-31 所示。

①当某个 IP 地址的网络号指向一个合法的网络，而主机号全为 0 时，那么，通过这样的 IP 地址可以向 Internet 上的每一台主机发送广播分组（不过几乎所有的主机和路由器都丢弃这样的分组）。

②形如 127.X.Y.Z 这样的 IP 地址通常用于 IP 协议的内部测试，这样的数据报不会进入网络，它刚被送出，立刻就被取回了。

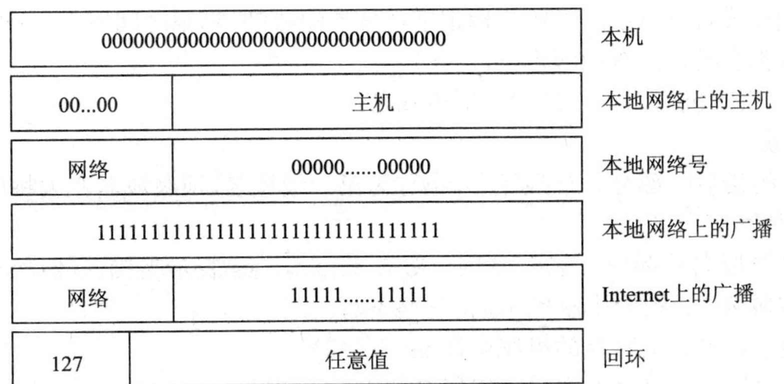

图7-31　几类特殊的IP地址

③D类的IP地址用于Internet多播（也称为组播），E类的IP地址至今尚未启用，估计它们不会有被启用的可能了，因为IPV6正在逐步取代IPV4。

（5）IPV6技术

IPV4目前最为突出的问题是IP地址紧缺，其根本解决办法是启用IPV6，IPV6的地址有16字节（128bit），总共有 2^{128} 个IP地址。在表示方法上，这16个字节的地址被分成8组，每组用16进制数字来表示，各组之间用一个冒号来分开，如：

A000:0000:0000:0000:0123:4567:8EFS:8ADC

这样的表示方法仍然不够简练，而且很多IPV6地址的内部含有很多个0，因此，IPV6还规定：如果某一组或连续的多个组全是0，那么可以用一对冒号来表示它；一个组的内部前导的0可以省略。因此，上面的IP地址可以简写成：

A000::123:4567:8EFS:8ADC

IPV6的主要特点包括：

①IPV6提供了128位的地址长度。

②IPV6简化了头部，减轻了路由器的负担，主要包括：路由器不再进行分段操作、去掉了校验和、去掉可选字段改为扩展头。

③IPV6加强了IP协议的安全性（通过认证和加密扩展头）。

④IPV6与TCP/IP协议族中的大多数协议是兼容的，如TCP、UDP、ICMP、OSPF等，需要改动的地址只是IP地址的长度。

⑤IPV6增加了对移动主机的支持。

⑥从IPV4过渡到IPV6可能需要相当长的时间，因为在IPV4上部署的硬件和软件的投资很大。

2. 域名系统

IP地址是用数字来代表主机的地址，但用户记忆数以万计的用数字表示的主机地址十分困难。若能用代表一定含义的字符串来表示主机的地址，用户就比较容易记忆了。为此，因特网提供了一种域名系统DNS（Domain Name System），为主机分配一个由多个部分组成的域名。

DNS是一个倒立的树形结构，下设“.com”、“.edu”、“.gov”、“.mil”、“.priv”等分支，顶部是根，每个结点代表域名系统的域，域又可以进一步分成子域，每个域都有一个域名。

在 DNS 中，域名是由不同级别的标记字符依次组成的，标记之间用“.”分隔。对于入网的每台计算机都有类似结构的域名，即：

计算机名、组织机构名、二级域名、顶级域名。

（1）顶级域名

域名地址的最后一部分是顶级域名，也称为第一级域名，顶级域名在因特网中是标准化的，并分为三种类型：

①国家顶级域名。例如 fr 表示法国，jp 表示日本，us 表示美国，uk 表示英国，cn 表示中国等。在域名中，美国国别代码通常省略不写。

②国际顶级域名。国际性的组织可在 int 下注册。

③通用顶级域名。最早的通用顶级域名共六个：

a.“.com”——商业公司；

b.“.org”——组织、协会等；

c.“.net”——网络服务；

d.“.edu”——教育机构；

e.“.gov”——政府部门；

f.“.mil”——军事领域。

如：搜狐（sohu.com）就是“.com”类型的域名；美国白宫（whitehouse.gov）就是“.gov”类型的网站；中国宋庆龄基金会（sclf.org）为“.org”类型的网站。

通常，我们有国内域名和国际域名的说法，其区别在于域名后面是否加有“.cn”。随着 Internet 向全世界的发展，“.com”、“.org”、“.net”三个大类全世界通用，因此这三大类域名通常称为国际域名。

（2）二级域名

在国家顶级域名注册的二级域名均由该国自行确定。我国将二级域名划分为“类别域名”和“行政区域名”。其中“类别域名”有六个，分别为：ac 表示科研机构；com 表示工、商、金融等企业；edu 表示教育机构；gov 表示政府部门；net 表示互联网络、接入网络的信息中心和运行中心；org 表示各种非营利性的组织。“行政区域名”有 34 个，适用于我国的各省、自治区、直辖市和特别行政区。例如，bj 为北京市；sh 为上海市；tj 为天津市；cq 为重庆市；hk 为香港特别行政区；om 为澳门特别行政区；he 为河北省等。若在二级域名 edu 下申请注册三级域名，则由中国教育和科研网络中心 Cernet NIC 负责；若在二级域名 edu 之外的其他二级域名之下申请注册三级域名，则应向中国互联网网络信息中心 CNNIC 申请。

（3）组织机构名

域名的第三部分一般表示主机所属域或单位。例如，域名 cernet.edu.cn 中的 cernet 表示中国教育科研网，域名 tsinghua.edu.cn 中的 tsinghua 表示清华大学，pku.edu.cn 中的 pku 表示北京大学等。域名中的其他部分，网络管理员可以根据需要进行定义。

图 7-32 是因特网域名结构示意图，它实际上是一棵倒置的树。树根在最上面，没有名字，树根下面一级的节点就是最高一级的顶级域节点，在顶级域节点下面的是二级域节点，最下面的叶节点就是单台计算机。

互联网不同主机要进行通信，每个宿主机都要求一个唯一的 IP 地址。因此，必须通过域名服务器 DNS 将域名地址解析成 IP 地址。域名地址由域名系统（DNS）管理。每个连到 Internet 的网络中都有至少一个 DNS 服务器，其中存有该网络中所有主机的域名和对应的 IP 地址，通过与其他网络的 DNS 服务器相联就可以找到其他站点。

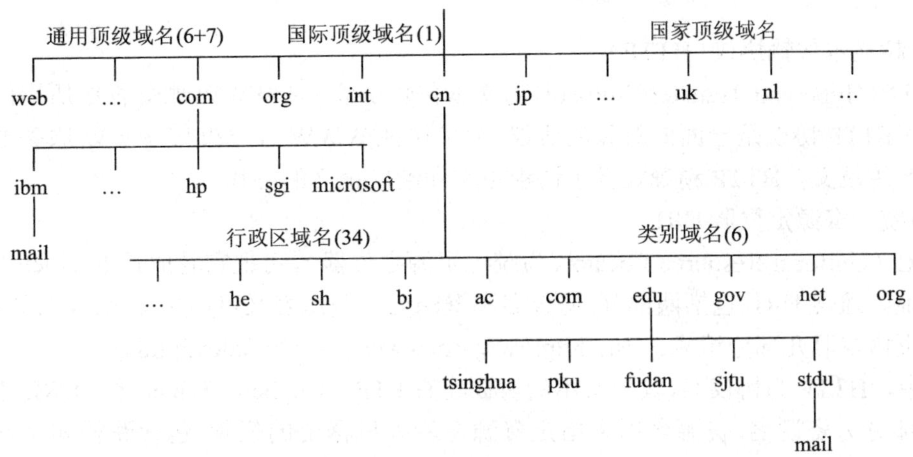

图 7-32　因特网域名结构示意图

3. 域名与 IP 地址的关系

域名和 IP 地址存在对应关系，当用户要与因特网中某台计算机通信时，既可以使用这台计算机的 IP 地址，也可以使用域名。相对来说，域名易于记忆，用得更普遍。

由于网络通信只能标识 IP 地址，所以当使用主机域名时，域名服务器通过 DNS 域名服务协议，会自动将登记注册的域名转换为对应的 IP 地址，从而找到这台计算机。

7.3.5　IE 浏览网页

浏览器是一种用于搜索、查找、查看和管理网络上的信息的带图形交互界面的应用软件，常用的浏览器软件很多，常用的有 Microsoft 公司的 Internet Explorer 浏览器（又称 IE）、谷歌浏览器、360 浏览器以及和开源的浏览器 Mozilla Firefox（中文名“火狐”）等。本书介绍 Windows 系统自带的 Internet Explorer 浏览器。

Window 7 系统默认的网页浏览器为 IE8（Internet Explorer 8）。与以前的版本相比，它可以更方便快捷地从 Web 获取所需的任何内容，同时提供了更高的隐私和安全保护。

1. 常见术语

（1）万维网（WWW）

WWW 是因特网的典型应用，用户可以用 Web 浏览器在网上实现对它的访问，在其上存放着 HTML 语言制作的各种信息资源文件（网页）。它的工作模式是客户 / 服务器模式。

（2）网页（Web Page）

网页是浏览 WWW 资源的基本单位。WWW 通过超文本传输协议向用户提供多媒体信息，所提供的信息的基本单位就是网页，网页的内容可以包含普通文字、图形、图像、声音、动画等多媒体信息，还包含指向其他网页的链接。

（3）主页（Home Page）

WWW 是通过相关信息的指针链接起来的信息网络，由提供信息服务的 Web 服务器组成。在 Web 系统中，这些服务信息以超文本文档的形式存储在 Web 服务器上。每个 Web

服务器上的第一个页面叫作主页。通过主页上的提示标题(链接)可以转到主页之下的各个层次的其他各个页面,如果用户从主页开始浏览,可以完整地获取这一服务器所提供的全部信息。

(4)超文本传输协议(HTTP)

HTTP(Hypertext Transfer Protocol,超文本传输协议)是 WWW 服务程序所用的网络传输协议。FTTP 协议是一面向对象的协议,为了保证 WWW 客户机与 WWW 服务器之间通信不会产生歧义, HTTP 精确定义了请求报文和响应报文的格式。

(5)统一资源定位器 URL

URL(Uniform Resource Locator,为统一资源定位器),可把它看成是 Internet 上某一资源的地址。通常 URL 包括两部分:协议名和资源名。资源名又可由主机名、文件路径名、端口号和页内参照几部分组成。 如: http://www.newweb.com:80/index.html。

其中, HTTP 为协议名,其他可用的协议还有 FTP、Gopher、Telnet 等。URL 中"http:"之后的部分为资源名,资源名用来指定资源在所处机器上的位置,包含路径和文件名等信息,该例的资源名包括以下几部分:

①主机名(www.newweb.com):资源所在的主机的名字,也可是 IP 地址。

②端口号(80:指出连接到主机的哪个端口, Web 服务缺省为 80,可以省略。

③文件路径名(sample.html):指出要访问文件的路径名。

④文件的 URL:用 URL 表示文件时,服务器方式用 file 表示,后面要有主机 IP 地址、文件的存取路径(即目录)和文件名等信息。

2. 使用 IE 浏览器

(1)IE 的工作界面

IE 8 的工作界面如图 7-33 所示。

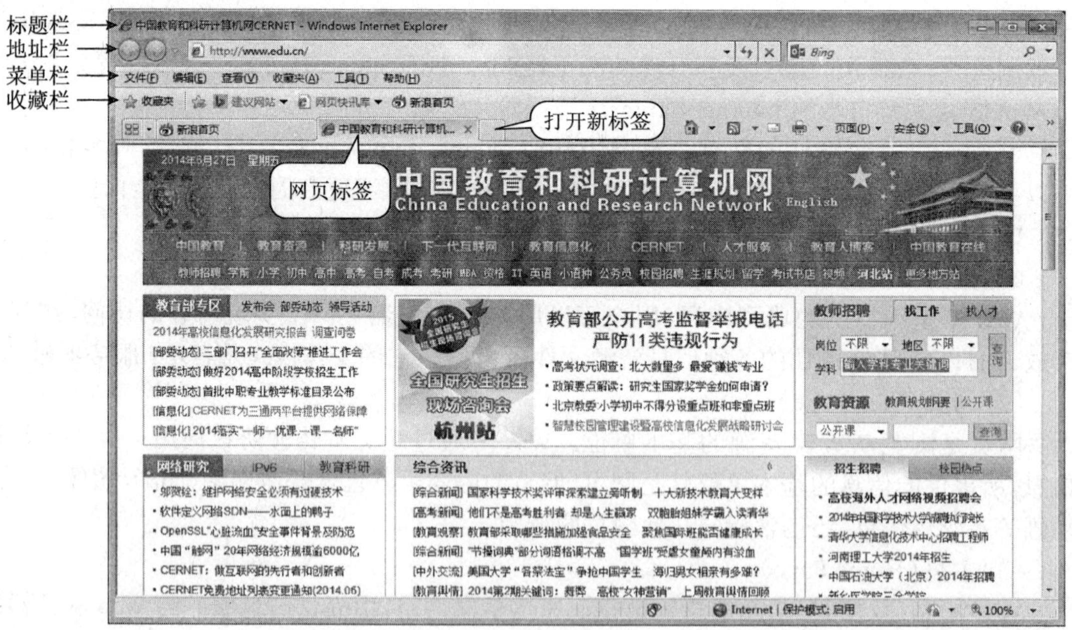

图 7-33 IE 8 界面

①标题栏：位于 IE 工作界面最上方，其左侧显示打开网页的名称。

②地址栏：用于输入和显示浏览的网页地址，是 IE 窗口的重要组成部分。

③菜单栏：菜单栏提供了 IE 的若干命令，有文件、编辑、查看、收藏夹、工具和帮助共六个菜单项，通过菜单可以实现对 WWW 文档的保存、复制、收藏等操作。

④收藏夹：收藏夹保存使用者的常用网址，方便其快速访问收藏的网址。

（2）打开网页

启动 IE，在窗口的地址栏中输入需要打开的网址，如："http://www.sina.com"，即可打开该网页口。网站地址由"协议"和"域名"两部分组成，"http"是网络协议，而"sina.com"就是域名。

（3）访问超链接

超链接类型可分为文字超链接和图片超链接两种，如图 7-34 所示。单击超链接对象，链接目标即可显示在浏览器上，并根据目标的类型来打开或者运行。

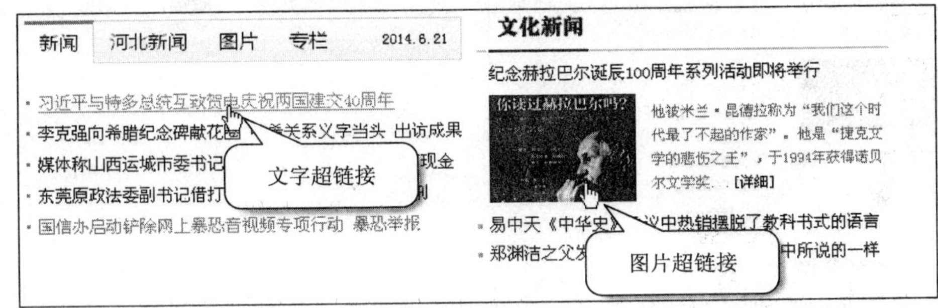

图 7-34　超链接

（4）保存网页的文字信息

在网上查找资料时经常需要将找到的有用文字信息保存下来以方便日后使用。若需要保存网页文字信息可通过下面的方法实现。

第一步：在打开的网页中，选中需要保存的文字信息，然后单击鼠标右键，在弹出的快捷菜单中单击【复制】命令，如图 7-35 所示。

图 7-35　复制网页内容

第二步：打开文字处理软件，如【记事本】，按下【Ctrl+V】组合键将文字粘贴到文档中，即可保存网页中的文字。

（5）保存图片

在浏览网站的过程中我们可能经常会看到漂亮的图片，若需要将其保存到本地电脑中，设置为电脑桌面或者用于其他用途，可通过下面的方法将图片保存下来。

第一步：在打开的网页中，使用鼠标右键单击需要保存的图片，在弹出的快捷菜单中单击【图片另存为】命令，如图 7-36 所示。

第二步：弹出【保存图片】对话框，设置好图片的保存路径和文件名，然后单击【保存】按钮即可，如图 7-37 所示。

图 7-36　保存网页图片

图 7-37　【保存图片】窗口

（6）保存整个网页

如果在某网页中喜欢的图片很多或者遇到既需要文字信息又需要网站图片的情况，可以将整个网页保存下来，具体操作如下。

第一步：单击菜单栏中的【文件】菜单页，在弹出的下拉菜单中单击【另存为】命令，如图 7-38 所示。

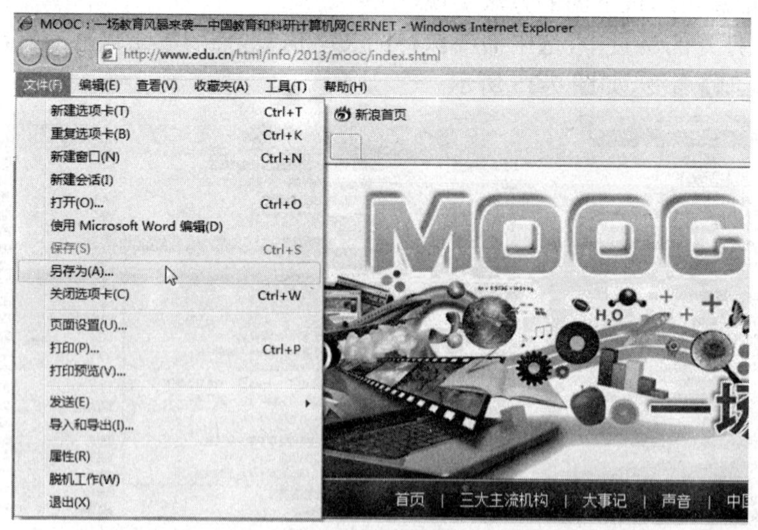

图 7-38　网页保存

第二步：弹出【保存网页】对话框，设置好文件的保存路径和文件名，接着单击【保存类型】下拉列表框，选择合适的保存类型，然后单击【保存】按钮即可。如果保存类型设置为

【Web 档案，单个文件】，保存后只有一个文件，如图 7-39 所示。

（7）下载文件

使用浏览器下载文件比较简单，不需要作特别的设置，只要能正常浏览网页就可以，步骤如下：

第一步：打开要下载的网页，单击要下载的文件超链接，在下载地址列表里，单击所选择的下载地址，将会出现【文件下载】对话框，如图 7-40 所示。

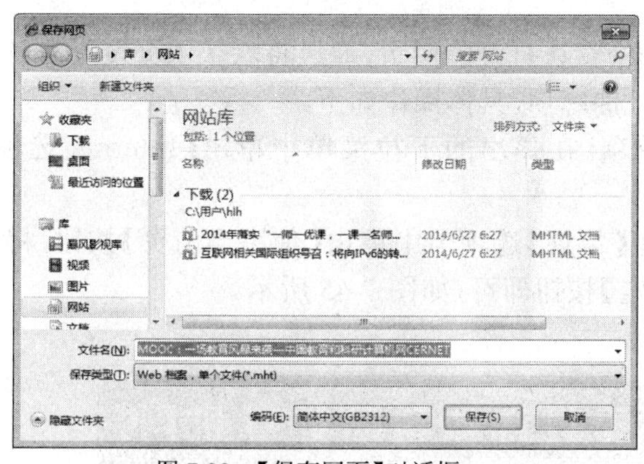

图 7-39　【保存网页】对话框

图 7-40　【文件下载】对话框

第二步：在这个对话框中，单击【保存】按钮，将会弹出【另存为】对话框，如图 7-41 所示。

第三步：在该对话框选择要保存下载文件的目录，输入要保存的文件名，并选择文件类型，单击【保存】按钮，就会出现【下载进程】对话框，如图 7-42 所示，在这个对话框中显示下载剩余时间和传输速度等信息。

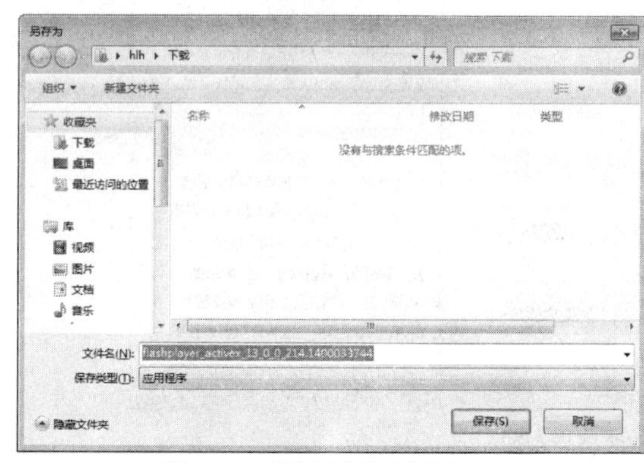

图 7-41　【另存为】对话框

图 7-42　【下载进程】对话框

（8）收藏网页

对于经常访问或者自己喜欢的网页，可以将其添加到 IE 收藏夹中，从而免去每次输入网址的麻烦，具体操作如下。

第一步：单击菜单栏中的【收藏夹】菜单页，在弹出的下拉菜单中单击【添加到收藏】命令，如图 7-43 所示。

第二步：弹出【添加收藏】对话框，在【名称】文本框中输入保存名称，在【创建位置】下拉列表中选择位置，然后单击【添加】按钮即可，如图 7-44 所示。

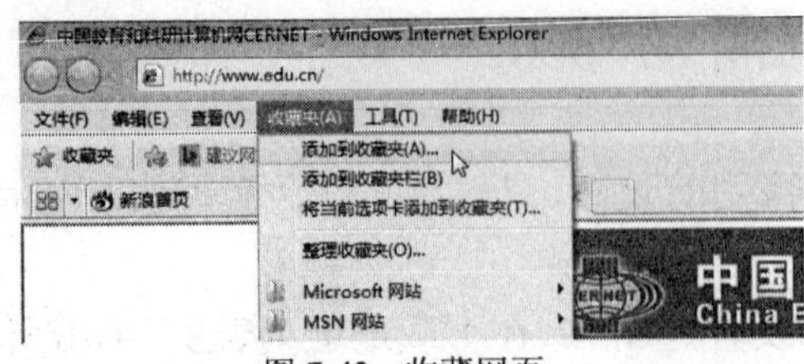

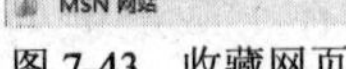
图 7-43 收藏网页

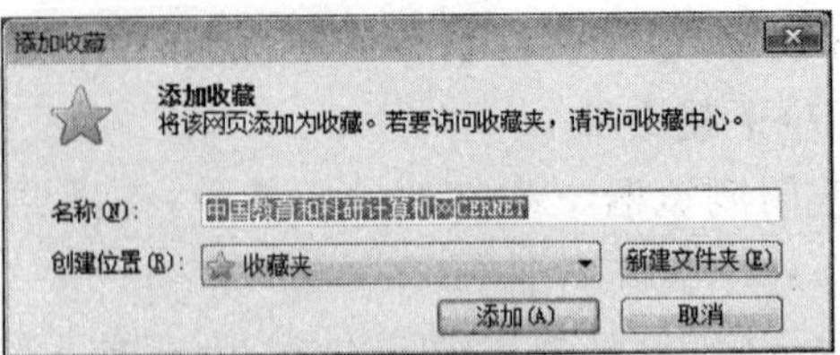

图 7-44 默认主页

(9)设置默认主页

默认主页是指启动 IE 后，IE 操作界面中默认打开的网页，通过将默认主页设置为自己经常浏览的网页可免去每次浏览时输入网址的麻烦，具体操作如下。

第一步：单击菜单栏中的【工具】菜单项，在弹出的下拉菜单中单击【Internet 选项】命令。

第二步：弹出【Internet 选项】对话框，在【常规】选项卡中单击【使用当前页】按钮，将当前网页地址导入到文本框中，然后单击【确定】按钮即可，如图 7-45 所示。

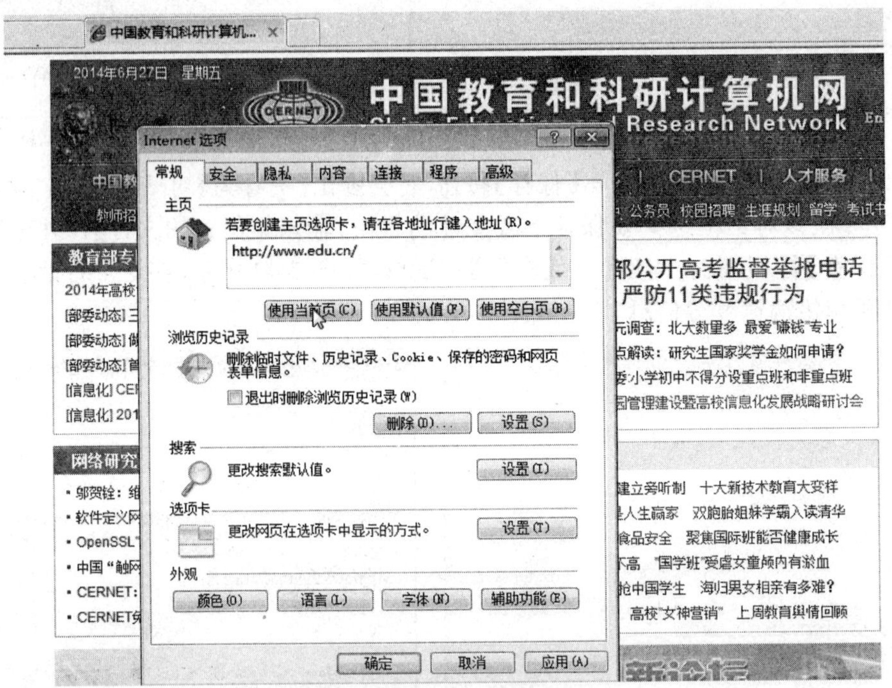

图 7-45 【Internet 选项】窗口

(10)清除历史记录

在上网过程中 IE 会将下载的部分网页信息储存在本地磁盘的 Internet 临时文件夹中。当用户访问某网站上的网页时，电脑会首先查看临时文件夹中是否有该网页的信息，如果临时文件夹中的网页与网站现有网页的内容一致时，就直接从临时文件夹中显示该网页，若不一致再重新下载该网页，这样大大提高了打开网页的速度。

使用 IE 的时间长了，其中就会存在大量的历史记录，包括 Internet 临时立件、Cookies 以及表单数据等，不仅会影响网页的打开速度，还会降低用户上网的安全性，因此需要定期清理这些历史记录，具体操作如下。

第一步：单击【工具】菜单项，在弹出的下拉菜单中单击【Internet 选项】命令。

第二步：弹出【Internet 选项】对话框，在【浏览历史记录】栏中单击【删除】按钮。

第三步：在弹出的【删除浏览的历史记录】对话框中，单击需要删除的某项历史记录，选项右侧的【删除】按钮，如图 7-46 所示。

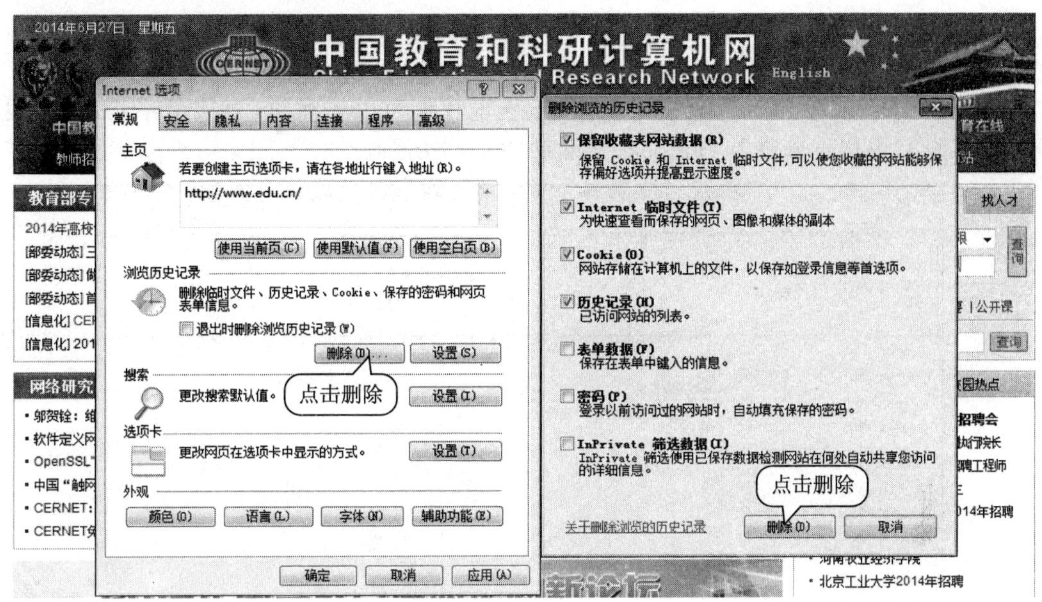

图 7-46　删除历史记录

7.3.6　OutLook 收发电子邮件

Microsoft Office Outlook 是 Microsoft office 套装软件的组件之一。Outlook 的功能很多，可以用它来收发电子邮件、管理联系人信息、记日记、安排日程、分配任务等。

1. 基础知识

（1）电子邮件定义

电子邮件简称 E-mail，它是利用计算机网络与用户进行联系的一种高效、快捷、价廉的现代化通信手段。电子邮件与传统邮件大同小异，只要通信双方都有电子邮件地址，便可以以电子传播为媒介，相互通信。由此可见电子邮件是以电子方式为通信手段的。

（2）电子邮件的协议

Internet 上的电子邮件系统采用客户机 / 服务器模式，信件的传送要通过相应的软件来实现，这些软件还要遵循有关的邮件传输协议。用于发送电子邮件时使用的协议有 SMTP（Simple Mail Transport Protocol）和用于接收电子邮件的协议有 POP（Post Office Protocol），还有其他的通信协议，但在功能上它们与上述协议是相同的。

（3）电子邮件地址

用户在 Internet 上收发电子邮件，必须拥有一个电子信箱，每个电子信箱有一个唯一的地址，通常称为电子邮件地址。E-mail 地址由两部分组成，以符号“@”分隔，“@”前面为用户名，后面部分为邮件服务器的域名。如“sql0521@163.com”中，“sql0521”为用户名，“163.com”为网易邮件服务器的域名。

（4）电子邮件工具

用户在传送电子邮件时不仅要有电子邮件地址，还要有一个负责收发电子邮件的应用程序，电子邮件应用程序很多，常用的有 Foxmail、Outlook 等，本任务重点学习使用 Outlook 收发电子邮件。

2. Outlook 收发电子邮件

（1）配置账户

首次启动 Outlook 会出现配置账户向导，这里我们可以先跳过，直接下一步，然后根据提示，选择没有账户直接进入 Outlook，界面如图 7-47 所示。

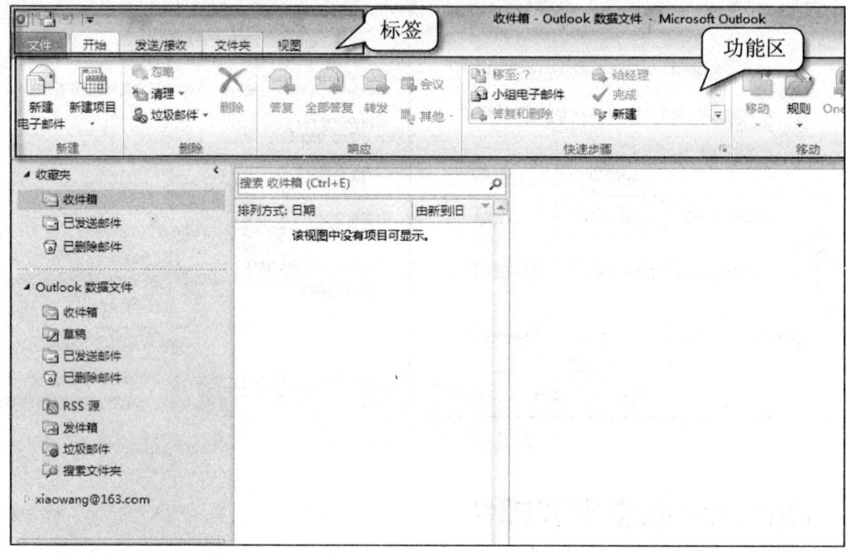

图 7-47 Outlook 2010 窗口

在上方菜单栏我们能看到【文件】、【开始】、【发送 / 接收】、【文件夹】、【视图】这几个标签，每点击一个标签下面功能区就显示该标签相关的详细功能。

第一步：选择【文件】→【信息】下的【添加账户】按钮，弹出【添加新账户】对话框，如图 7-48，图 7-49 所示。

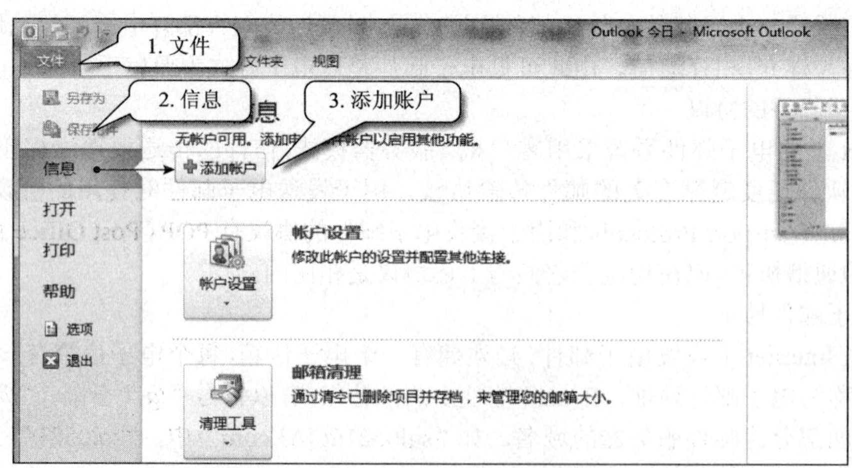

图 7-48 账户信息窗口

第二步：选择【手动配置服务器设置或其他服务类型（M）】选项，并点击【下一步】按钮。

第三步：选择【Internet 电子邮件（T）】选项，并点击【下一步】按钮。

第四步：输入用户信息、服务器信息、登录信息，然后可以点击【测试账户设置 ...】按钮进行测试，如图 7-50 所示。

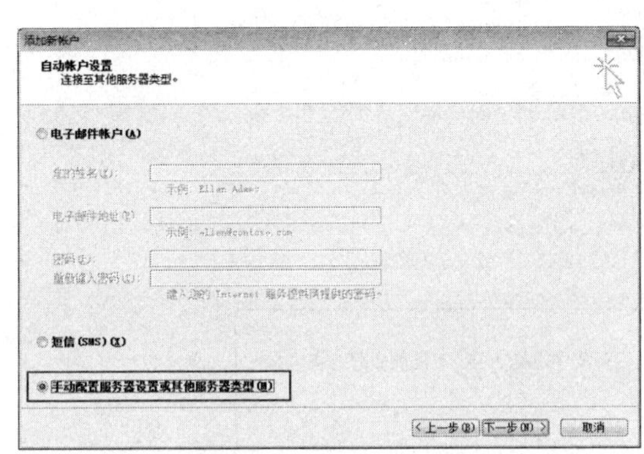

图 7-49　【添加新账户】窗口

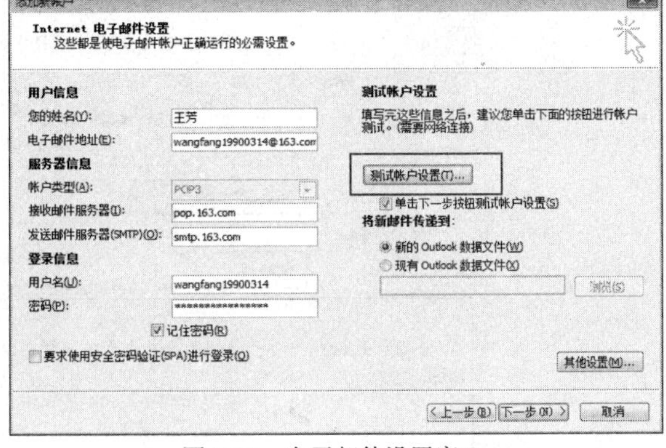

图 7-50　电子邮件设置窗口

如果测试不成功（前提是用户信息、服务器信息、登录信息正确），点击【其他设置】按钮，弹出【Internet 电子邮件设置】对话框，在【Internet 电子邮件设置】对话框中选择【发送服务器】标签页，把【我的发送服务器（SMPT）要求验证】选项打上钩，点击【确定】按钮，返回【添加账户】对话框。在【添加账户】对话框中再次点击【测试账户设置 ...】按钮，此时测试成功，点击【下一步】会测试账户设置，成功后点击【完成】按钮，完成账户设置，完成后的界面如图 7-51 所示，可以不用登录 163 网站就能收发邮件了。

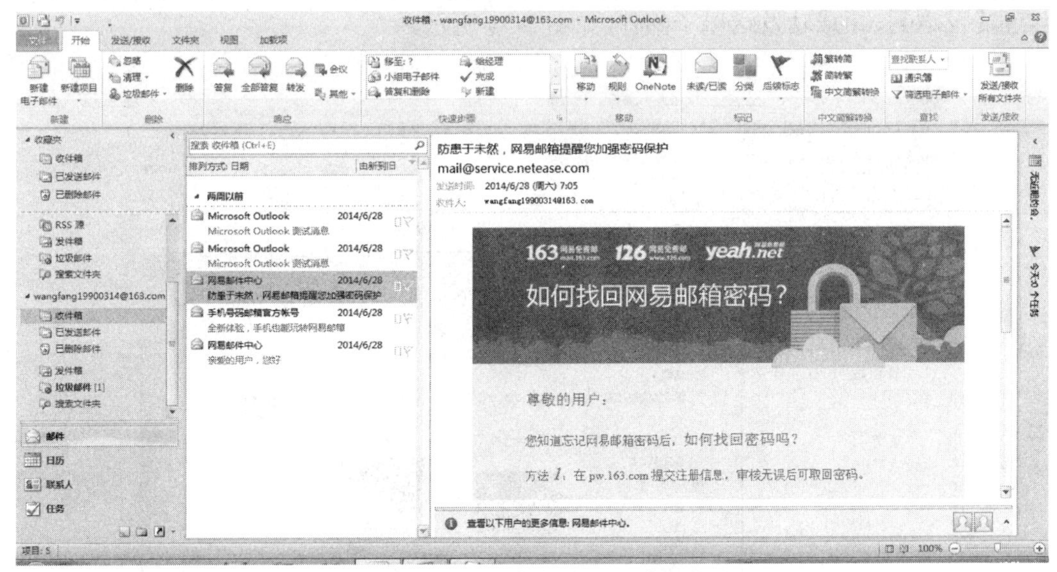

图 7-51　设置了邮箱的 Outlook 窗口界面

（2）收发电子邮件

与普通邮件一样，电子邮件也需要有收、发信人的地址、信件等内容，但是电子邮件的收发比普通邮件更简便和快捷。

①发送电子邮件。

选择【开始】选项卡，单击【新建】选项组中的【新建电子邮件】按钮，打开【未命名 - 邮件】窗口。然后，在该窗口中输入【收件人地址】、【主题】及要发送的邮件内容，即可创建电子邮件，如图 7-52 所示。

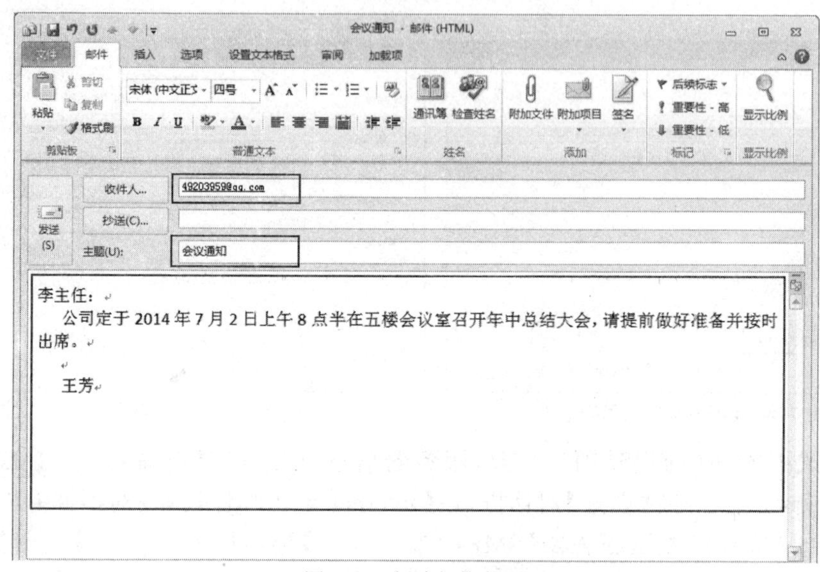

图 7-52　新建邮件窗口

在创建电子邮件的窗口中单击【添加】选项组中的【附加文件】按钮，在打开的【插入文件】对话框中选择要插入的附件，然后单击【插入】按钮，即可在邮件中插入选择的对象。最后，点击【发送】按钮成功发送电子邮件，如图 7-53 所示。

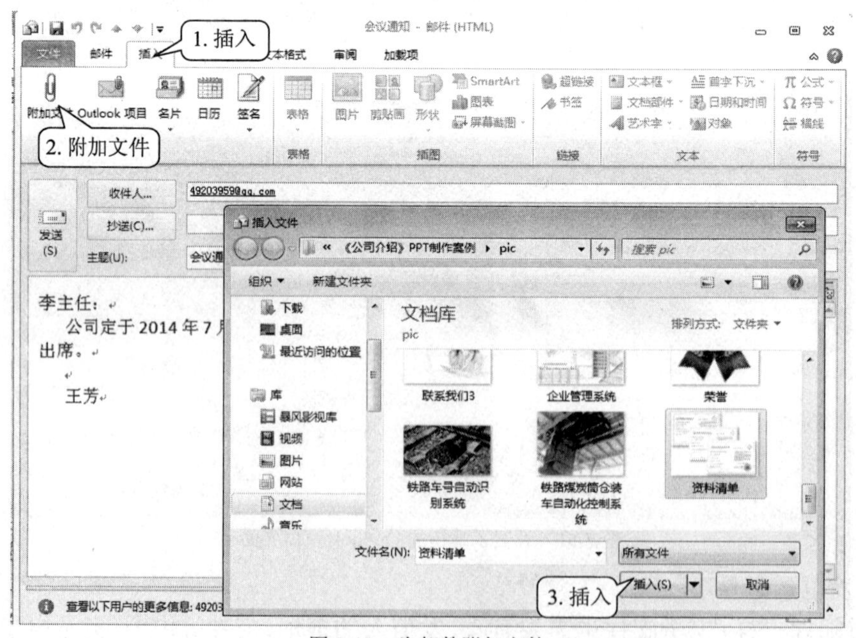

图 7-53　为邮件附加文件

②接收电子邮件。

接收邮件是将 Internet 电子邮箱中的邮件接收到本地的 Outlook 中。单击【发送 / 接收】选项组中的【发送 / 接收所有文件夹】按钮，接收电子邮箱里的邮件，如图 7-54 所示。

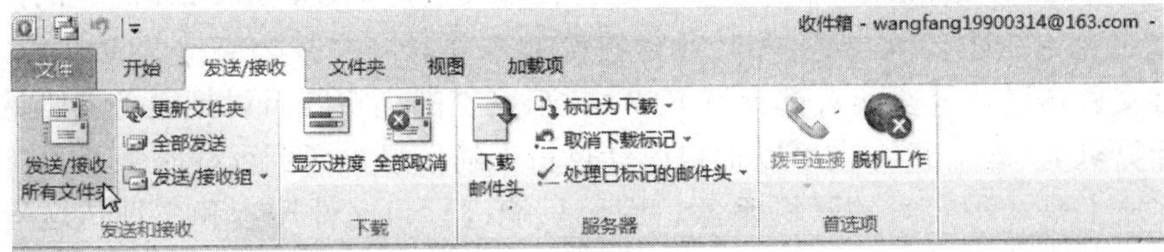

图 7-54　接收电子邮件

点击左侧列表中的【收件箱】，可以看到查看收到的电子邮件，如图 7-55 所示。

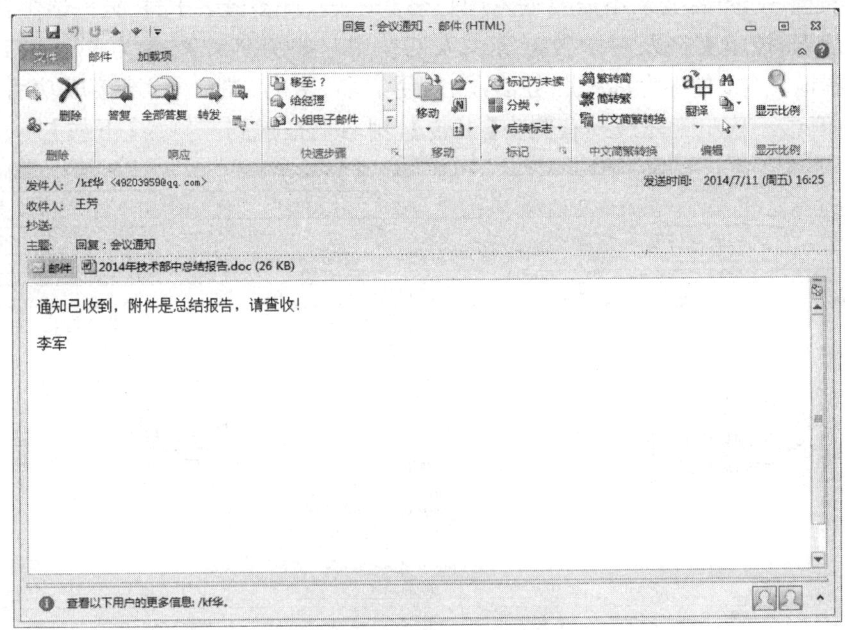

图 7-55　查看电子邮件窗口

点击电子邮件中的【附件】，可以看到【附件工具】窗口。点击【另存为】按钮，下载邮件中的附件，如图 7-56 所示。

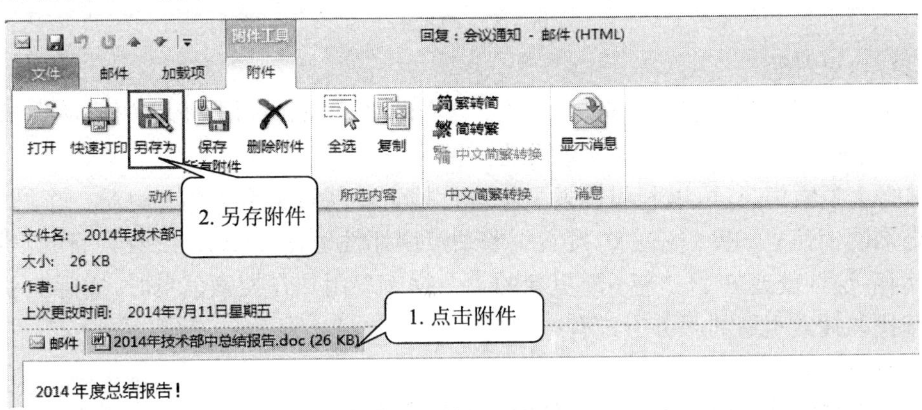

图 7-56　【附件工具】窗口

7.3.7 其他网络应用

1. 文件传输服务 FTP

FTP（File Transfer Protocol）服务解决了远程传输文件的问题，Internet 网上的两台计算机在地理位置上无论相距多远，只要两台计算机都加入互联网并且都支持 FTP 协议，它们之间就可以进行文件传送。只要两者都支持 FTP 协议，网上的用户既可以把服务器上的文件传输到自己的计算机上（即下载），也可以把自己计算机上的信息发送到远程服务器上（即上传）。

FTP 实质上是一种实时的联机服务。用户只能进行与文件搜索和文件传送等有关的操作。用户登录到目的服务器上就可以在服务器目录中寻找所需文件，FTP 几乎可以传送任何类型的文件，如文本文件、二进制文件、图像文件、声音文件等。匿名 FTP 是最重要的 Internet 服务之一。匿名登录不需要输入用户名和密码，许多匿名 FTP 服务器上都有免费的软件、电子杂志、技术文档及科学数据等供人们使用。如图 7-57 所示为 LeapFTP 软件的界面，左侧为本地文件，右侧为远程服务器，输入用户名、密码、端口号，连接成功后，会显示服务器的文件信息。从左侧拖拽到右侧为【上传】，用右侧拖拽到左侧为【下载】。

图 7-57　FTP 界面

2. 网络搜索引擎

Internet 在不断扩大，它几乎有无尽的信息资源供查找和利用，但是如何从大量的信息中迅速、准确地找到自己需要的信息就尤为重要。

在网络上搜索信息，可以利用搜索引擎进行搜索。搜索引擎实际上也是一个网站，是提供用于查询网上信息的专门站点。搜索引擎站点周期性地在 Internet 上收集新的信息，并将其分类储存，这样就建立了一个不断更新的“数据库”，用户在搜索信息时，实际上就是从这个库中查找。搜索引擎的服务方式有：

（1）目录搜索

目录搜索是将搜索引擎中的信息分成不同的若干大类，再将大类分为子类、子类的子类等，最小的类中包含具体的网址，用户直到找到相关信息的网址，即按树形结构组成供用户搜索的类和子类，这种查找类似于在图书馆找一本书的方法，适用于按普通主题查找。

（2）关键字搜索

“关键字搜索”是搜索引擎向用户提供一个可以输入要搜索信息关键字的查询框界面，用户按一定规则输入关键了后，单击查询框后的“搜索”按钮，搜索引擎即开始搜索相关信息，然后将结果返回给用户。

在输入搜索关键字时，可以直接输入搜索关键字，也可以使用 AND、OR、NOT 和通配符“*”或“？”（有些搜索引擎可能不完全支持）。例如：在搜索框中输入“计算机 AND 论文”将返回包含计算机也包含论文的网站信息；在搜索框中输入“显示器 *”，除了搜索“显示器”外，还根据搜索引擎的分词技术去搜索与显示相关的信息。

（3）常见的搜索引擎

常见的搜索引擎例如百度、谷歌、360 等，网址如下：

①百度搜索引擎：http://www.baidu.com/。

②谷歌搜索引擎：http://www.sowang.com/googleseaech.htm。

③ 360 搜索引擎：http://www.3600.com/。

④搜搜搜索引擎：http://www.soso.com/。

7.4 计算机网络安全基础

任务提示

在计算机网络发展之初，为保证其健康茁壮成长，很多协议都是完全开放的，便于在各厂商之间统一标准，促进网络互联。然而，随着互联网规模和应用的不断扩大，这种开放式的框架开始产生负面的影响，一些别有用心之人便开始利用这个开放的框架来获取非法信息、篡改关键信息，甚至恶意攻击网络本身，于是便产生了计算机网络安全技术。本节我们将学习到计算机网络安全的基本知识、常见信息安全技术，并了解一些基本的网络安全防范措施。

7.4.1　计算机网络安全概述

1983 年 10 月 24 日，著名的计算机安全专家、美国 AT&T 贝尔实验室的计算机技术研究员 Rober Morris 在美国众议院的运输、航空、材料科学技术专业委员会上作了计算机安全重要性的报告，从此计算机网络安全成了国际上研究的热点问题。随着网络技术的发展，这个问题在不断延伸，计算机网络安全已经成为新的研究热点。

关于网络安全，目前并没有一个确切的定义，通常我们认为：网络安全是指网络系统的硬件、软件及其系统中的数据处于安全状态，不会由于偶然或者恶意的原因而遭到破坏、更改或者泄漏，系统能够连续稳定地提供网络服务。

但是网络的发展日新月异，网络技术更新速度惊人，针对网络漏洞的攻击和威胁花样翻新层出不穷，网络入侵的方式和手段也越来越多，因此网络安全所包含的内容也在不断发展变化。再加上不同时期，不同身份的网络使用者所关注安全问题也有所不同，网络安全在不同的环境和应用中就产生了不同的解释。

1. 系统安全

保障用户用来进行信息处理和数据传输的系统处于安全状态，主要包括：保护存放计算机硬件系统的机房稳定牢固，保障计算机的软、硬件体系结构不被破坏；保障硬件系统的可靠安全运行，维护计算机操作系统和应用软件的完整；保证数据库系统的安全，同时控制各种电磁辐射防止信息泄露的防护等。

系统安全侧重于研究如何保证系统正常地运行，怎样避免因为系统的崩溃和损坏而对系统存储、处理和传输的信息造成的破坏。

系统安全的典型案例如 Microsoft 的 Windows 系列操作系统，尽管微软不断地发布新的补丁程序，但仍然不断地有系统遭受安全攻击，轻则停止服务，重则系统瘫痪。当然，这里面绝大多数的安全事故是由于当事人的疏忽导致的，比如密码太短或者根本不设密码、打开了本不该打开的网络服务、没有及时打上最新的补丁程序、应用程序本身的漏洞（如网站后台漏洞）等。

2. 信息安全

信息内容安全，即狭义的"信息安全"，本质上就是通过加密，重编码等手段保护用户数据。其主要侧重于研究如何保证信息的机密性、真实性和完整性。其目标是：即使攻击者利用系统的安全漏洞通过窃取、监听、诈骗等手段获得了信息，也无法破解其中的内容并加以利用。

信息本身的安全是安全防范的最后一道防线，各种各样的数据加密算法就属于信息安全的范畴，根据安全级别的不同，对加密算法和秘钥的要求也不相同。

3. 传输安全

传输安全主要侧重于研究如何建立安全的信息传输路径，怎样保证传输过程中的数据不被窃取或监听，同时考虑如何加入信息过滤功能，防止和控制非法、有害的信息的传播，避免公用通信网络上大量自由传输的信息失控。

多年来，关于信息安全问题究竟应该在哪个层面上去实现的问题，一直有着激烈的争论，一部分人认为安全是用户自己的事情，用户应该事先对数据进行加密，然后再放到网络上进行传输；另一部分人认为绝大多数用户是不懂安全的，网络本身应该保证用户信息不会泄露出去。争论的结果是后者占据上风，这催生了各种安全传输的协议的诞生。因此，从本质上讲，传输安全其实就是协议安全（如 Ipsec、VPN、SSL 等）。

由此可见，不同领域中所强调的网络安全与该领域中所看重的信息对象有很重要的关系。可以说，网络安全的本质就是在信息的安全期内，保证数据在网络上传输时或者静态存储时不被未经授权用户非法访问和修改。从传统意义上讲，网络安全就是研究如何保证网络上存储和传输的信息的安全性。

当然，除了上面提到的几个大方向之外，网络安全所涉及的其他方面还有很多，如信息加密秘书、身份认证技术、防火墙技术、虚拟专用网 VPN 技术、网络病毒防治以及各种反黑客和漏洞检测技术等，这些技术分属不同的安全研究领域中。

7.4.2 信息加密技术

加密技术是最常用的安全保密手段，也是实现信息安全的基础。利用技术手段把重要的数据变为乱码（加密）传送，到达目的地后再用相同或不同的手段还原（解密）。在安全保密中，可通过适当的加密技术和管理机制来保证网络的信息通信安全。

1. 基本概念

（1）明文：具有明确含义且不用解密便可理解的文本或信号。

（2）密文：经过加密算法把明文变换得到的不可懂的符号。

（3）加密：将明文经过加密密钥和加密算法转换，变成不可理解的密文的过程。

（4）解密：用适当密钥，将密文转换为明文的过程。

（5）密钥：密码学中，一系列控制加密、解密操作的符号。

（6）加密算法：是将明文与密钥结合，产生不可理解的密文的步骤。

（7）明文用 M（消息）或 P（明文）表示，密文用 C 表示。

（8）加密函数 E（M）=C。

（9）解密函数 D（C）=M；D（E（M））=M。

加解密过程如图 7-58 所示。

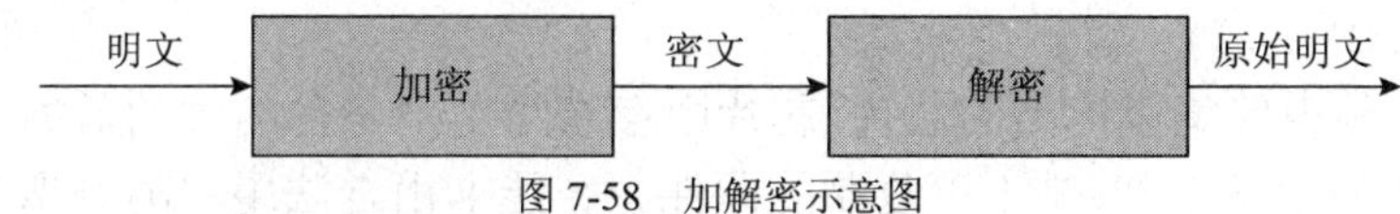

图 7-58　加解密示意图

根据加密时采用的算法不同，可将加密技术分为对称加密和非对称加密。

2. 对称加密算法

对称加密就是加密和解密使用相同密钥的加密算法。其特点是速度快，但密钥管理复杂，不适用于大用户量的应用，常用于快速的加密 / 解密。

常用的对称加密算法有：DES、3-DES、SSF33、IDEA、AES 等。

3. 非对称加密算法

非对称加密算法也称公开密钥算法，其加解密思想是：

用户 A 拥有两个对应的密钥，其中一个用于加密，另一个用于解密，两者一一对应。用户 A 将其中一个私下保存（私钥），另一个公开发布（公钥）。

如果 B 想送秘密信息给 A，B 获得 A 的公钥，并使用该公钥加密信息发送给 A，A 使用自己的私钥便可解密信息。

非对称加密的特点是：效率较慢，不适用于大量的数据加密，但公钥可以公开、分布式存放，便于管理。常用于数据加密、数字签名、密钥交换等。

常用的非对称加密算法有：RSA、ECC、Diffie-Hellman、DSA。

4. 组合密码技术

由于对称加密算法和非对称加密算法都有自身的优缺点，在实际应用中，常将这两种算法结合使用，形成组合密码技术，其主体思想是：使用非对称加密算法加密并传递对称加密时需要的密钥，使用对称加密算法进行大批量的数据加密。这样既解决了对称加密的密钥管理问题，又解决了非对称加密的效率问题。

7.4.3　身份认证技术

随着互联网的不断发展，越来越多的人开始尝试在线交易，然而病毒、黑客、网络钓鱼以及网页仿冒诈骗等恶意威胁，给在线交易的安全性带来了极大的挑战。层出不穷的网络犯罪，引起了人们对网络身份的信任危机，如何证明“我是谁？”以及如何知道“你是谁？”等问题又一次成为人们关注的焦点。这些就是身份认证技术要解决的问题。

目前，计算机及网络系统中常用的身份认证方式主要有以下几种：用户名/密码方式、智能卡认证、USB Key认证、生物识别技术。

1. 用户名/密码方式

用户名/密码是最简单也是最常用的身份认证方法。每个用户的密码是由用户自己设定的，只有用户自己才知道，只要能够正确输入密码，计算机就认为操作者就是合法用户。实际上，由于许多用户为了防止忘记密码，经常采用诸如生日、电话号码等容易被猜测的字符串作为密码，或者把密码抄在纸上放在一个自认为安全的地方，这样很容易造成密码泄漏。即使能保证用户密码不被泄漏，由于密码是静态的数据，在验证过程中需要在计算机内存中和网络中传输，而每次验证使用的验证信息都是相同的，很容易被驻留在计算机内存中的木马程序或网络中的监听设备所截获。因此，从安全性上讲，用户名/密码方式一种是极不安全的身份认证方式。

2. 智能卡认证

智能卡是一种内置集成电路的芯片，芯片中存有与用户身份相关的数据，智能卡由专门的厂商通过专门的设备生产，是不可复制的硬件。智能卡由合法用户随身携带，登录时必须将智能卡插入专用的读卡器读取其中的信息，以验证用户的身份。通过智能卡硬件不可复制来保证用户身份不会被仿冒。然而由于每次从智能卡中读取的数据是静态的，通过内存扫描或网络监听等技术还是很容易截取到用户的身份验证信息，因此还是存在安全隐患。

3. 动态口令

动态口令技术是一种让用户密码按照时间或使用次数不断变化，每个密码只能使用一次的技术。它采用一种叫作动态令牌的专用硬件、内置电源、密码生成芯片和显示屏，密码生成芯片运行专门的密码算法，根据当前时间或使用次数生成当前密码并显示在显示屏上。认证服务器采用相同的算法计算当前的有效密码。用户使用时只需要将动态令牌上显示的当前密码输入客户端计算机，即可实现身份认证。由于每次使用的密码必须由动态令牌来产生，只有合法用户才持有该硬件，所以只要通过密码验证就可以认为该用户的身份是可靠的。而用户每次使用的密码都不相同，即使黑客截获了一次密码，也无法利用这个密码来仿冒合法用户的身份。

4. USB Key认证

基于USB Key的身份认证方式是近几年发展起来的一种方便、安全的身份认证技术。它采用软硬件相结合、一次一密的强双因子认证模式，很好地解决了安全性与易用性之间的矛盾。USB Key是一种USB接口的硬件设备，它内置单片机或智能卡芯片，可以存储用户的密钥或数字证书，利用USB Key内置的密码算法实现对用户身份的认证。

5. 生物特征识别技术

生物特征识别技术主要是指通过可测量的身体或行为等生物特征进行身份认证的一种技术。

生物特征是指唯一的可以测量或可自动识别和验证的生理特征或行为方式。生物特征分为身体特征和行为特征两类。身体特征包括：指纹、掌型、视网膜、虹膜、人体气味、脸型、手的血管和DNA等；行为特征包括：签名、语音、行走步态等。目前部分学者将视网膜识别、虹膜识别和指纹识别等归为高级生物特征识别技术；将掌型识别、脸型识别、语音识别和签名识别等归为次级生物特征识别技术；将血管纹理识别、人体气味识别、DNA识别等归为“深奥的”生物特征识别技术。生物特征识别技术具有传统的身份认证手段无法比拟的优点。采用生物识别技术，可不必再记忆和设置密码，使用更加方便。

7.4.4　防火墙技术

防火墙可以由软件组成，也可以由软件和硬件设备共同组合而成。通常情况下，网络防火墙作为内部网与外部网之间的一种访问控制设备，常常被安装在内部网和外部网的出口上，用来限制 Internet 用户对内部网络的访问以及管理内部用户访问外界的权限。随着越来越多企业或组织的内部网连接到 Internet 上，越来越多的企业组建 Intranet，网络的安全变得日趋重要。安全关注如何对进出网络的数据流进行有效的控制与监视，相应的控制措施包括防火墙、物理隔离、远程访问控制、病毒 / 恶意代码防御和入侵检测等。作为保护网络安全产品，防火墙技术已经逐步趋于成熟，并为广大用户所认可。

网络防火墙在网络中的位置如图 7-59 所示。

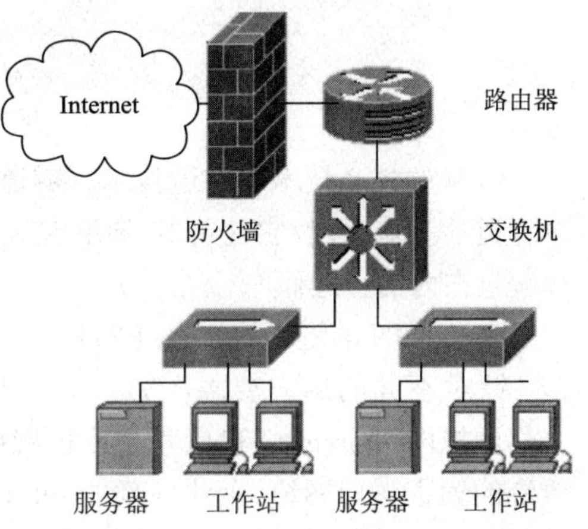

图 7-59　防火墙在网络中的位置

1. 网络防火墙的主要功能

使用网络防火墙的目的是在网络连接之间建立一个安全的控制点，实现对进、出内部网络的服务和访问的审计和控制。防火墙主要有如下的功能：

（1）实现了网段之间的隔离或控制。

（2）记录与 Internet 之间的通信活动。

（3）强化了安全访问策略。

（4）提供一个安全策略的检查站。

（5）实现了数据包的过滤。

（6）网络地址翻译。

2. 网络防火墙功能的局限

虽然防火墙能够提供基本的安全保证，但在功能上也还是有它不可避免的缺陷，主要表现在：

（1）防火墙不能防备全部威胁。

（2）防火墙一般没有配置防病毒的功能。

（3）防火墙不能防范不通过它的连接。

（4）防火墙不能完全防范内外部恶意的知情者。

因此，尽管防火墙的作用非常重要，但也不能将防火墙当作唯一的安全手段，而是应当结合其他的安全措施，建设全面的安全防御体系。

7.4.5　VPN 技术

虚拟专用网（VPN，Virtual Private Network）就是通过一个公用网络建立一个临时的、安全的连接，是一条穿过混乱的公用网络的安全、稳定的隧道。如图 7-60 所示。

所谓虚拟，是指用户不再需要拥有实际的长途数据线路，而是使用 Internet 公众数据网络的长途数据线路。所谓专用网络，是指用户可以为自己制定一个最符合自己需求的网络。

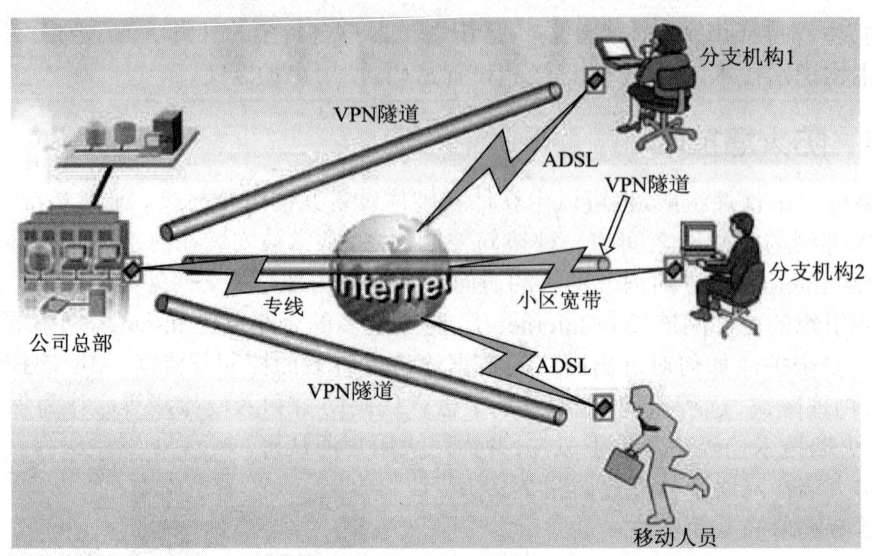

图 7-60 VPN 示意图

VPN 的核心技术是隧道技术。隧道是利用一种协议传输另一种协议的技术，封装是构建隧道的基本手段，它使得 IP 隧道实现了信息隐蔽和抽象。隧道技术包括数据封装、传输和解包在内的全过程。

实现 VPN 的隧道协议有：PPTP、L2F、L2TP、IPSec、SSL、MPLS 等。

针对不同的用户要求，VPN 有三种解决方案：远程访问虚拟网（Access VPN）、企业内部虚拟网（Intranet VPN）和企业扩展虚拟网（Extranet VPN），这三种类型的 VPN 分别与传统的远程访问网络、企业内部的 Intranet 以及企业网和相关合作伙伴的企业网所构成的 Extranet（外部扩展）相对应。

目前很多单位都面临着这样的挑战：分公司、经销商、合作伙伴、客户和外地出差人员要求随时经过公用网访问公司的资源，这些资源包括：公司的内部资料、办公 OA、ERP 系统、CRM 系统、项目管理系统等。

VPN 可以帮助远程用户、公司分支机构、商业伙伴及供应商同公司的内部网建立可信的安全连接，并保证数据的安全传输。通过将数据流转移到低成本的网络上，一个企业的 VPN 将大幅度地减少用户花费在城域网和远程网络连接上的费用。同时，还将简化网络的设计和管理，加速连接新的用户和网站。另外，VPN 还可以保护现有的网络投资。随着用户的商业服务不断发展，企业的 VPN 可以使用户将精力集中到自己的生意上，而不是网络上。VPN 可用于不断增长的移动用户的全球因特网接入，以实现安全连接；可用于实现企业网站之间安全通信的虚拟专用线路，用于经济有效地连接到商业伙伴和用户的安全外联网虚拟专用网。

7.4.6 网络黑客

网络黑客（Hacker）一般指的是计算机网络的非法入侵者。他们大都是程序员，对计算机技术和网络技术非常精通，了解系统的漏洞及其原因所在，喜欢非法闯入并以此作为一种智力挑战而沉醉其中。有些黑客仅仅是为了验证自己的能力而非法闯入，并不会对信息系统或网络系统产生破坏，但也有很多黑客非法闯入是为了窃取机密的信息、盗用系统资源或出于报复心理而恶意毁坏某个信息系统等。

1. 黑客的攻击步骤

一般黑客的攻击分为：信息收集、探测分析系统的安全弱点、实施攻击三个步骤。

信息收集是为了了解所要攻击目标的详细信息，通常黑客利用相关的网络协议或实用程序来收集，例如，用 SNMP 协议可用来查看路由器的路由表，了解目标主机内部拓扑结构的细节；用 TraceRoute 程序可获得目标主机所要经过的网络数和路由数，用 Ping 程序可以检测一个指定主机的位置并确定是否可到达等。

探测分析系统的安全弱点是在收集到目标的相关信息以后，黑客会探测网络上的每一台主机，以寻找系统的安全漏洞或安全弱点。黑客一般会使用 Telnet、FTP 等软件向目标主机申请服务，如果目标主机有应答就说明开放了这些端口的服务。其次使用一些公开的工具软件，如 Internet 安全扫描程序 ISS（Internet Security Scanner）、网络安全分析工具 SATAN 等来对整个网络或子网进行扫描，寻找系统的安全漏洞，获取攻击目标系统的非法访问权。

实施攻击是在获得了目标系统的非法访问权以后，黑客一般会实施以下的攻击：

（1）试图毁掉入侵的痕迹，并在受到攻击的目标系统中建立新的安全漏洞或后门，以便在先前的攻击点被发现以后能继续访问该系统。

（2）在目标系统安装探测器软件，如特洛伊木马程序，用来窥探目标系统的活动，继续收集黑客感兴趣的一切信息，如账号与口令等敏感数据。

（3）进一步发现目标系统的信任等级，以展开对整个系统的攻击。

（4）如果黑客在被攻击的目标系统上获得了特许访问权，那么他就可以读取邮件，搜索和盗取私人文件，毁坏重要数据以至破坏整个网络系统，那么后果将不堪设想。

2. 黑客的攻击方式

黑客攻击通常采用以下几种典型的攻击方式：

（1）密码破解

通常采用的攻击方式有字典攻击、假登录程序、密码探测程序等，主要是获取系统或用户的口令文件。

字典攻击是一种被动攻击，黑客获取系统的口令文件，然后用黑客字典中的单词一个一个地进行匹配比较，由于计算机速度的显著提高，这种匹配的速度也很快，而且由于大多数用户的口令采用的是人名、常见的单词或数字的组合等，所以字典攻击成功率比较高。

假登录程序设计了一个与系统登录画面一模一样的程序并嵌入到相关的网页上，以骗取他人的账号和密码。当用户在这个假的登录程序上输入账号和密码后，该程序就会记录下所输入的账号和密码。

密码探测是在 Windows 系统内保存或传送的密码都经过单向散列函数（Hash）的编码处理，并存放到 SAM 数据库中。于是网上出现了一种专门用来探测密码的程序 LophtCrack，它能利用各种可能的密码反复模拟系统的编码过程，并将所编出来的密码与 SAM 数据库中的密码进行比较，如果两者相同就得到了正确的密码。

（2）IP 嗅探与欺骗

嗅探是被动式的攻击，又叫网络监听，就是通过改变网卡的操作模式让它接受流经该计算机的所有信息包，这样就可以截获其他计算机的数据报文或口令。监听只能针对同一物理网段上的主机，对于不在同一网段的数据包会被网关过滤掉。

欺骗是主动式的攻击，即将网络上的某台计算机伪装成另一台不同的主机。目的是欺骗网络中的其他计算机，误将冒名顶替者当作原始的计算机而向其发送数据或允许它修改数据：常用的欺骗方式有 IP 欺骗、路由欺骗、DIHS 欺骗、ARP（地址转换协议）欺骗以及 Web 欺骗等。典型的 Web 欺骗原理是：攻击者先建立一个 Web 站点的副本，使它具有与真正的 Web 站点一样的页面和链接，由于攻击者控制了副本 Web 站点，被攻击对象与真正的 Web 站点之间的所有信息交换全都被攻击者所获取，如用户访问 Web 服务器时所提供的账号、口令等信息。攻击者还可以假冒成用户给服务器发送数据，也可以假冒成服务器给用户发送消息，这样攻击者就可以监视和控制整个通信过程。

（3）系统漏洞

漏洞是指程序在设计、实现和操作上存在错误。由于程序或软件的功能一般都较为复杂，程序员在设计和调试过程中总有考虑欠缺的地方，绝大部分软件在使用过程中都需要不断地改进与完善。被黑客利用最多的系统漏洞是缓冲区溢出（Buffer Overflow），因为缓冲区的大小有限，一旦往缓冲区中放入超过其大小的数据，就会产生溢出，多出来的数据可能会覆盖其他变量的值，正常情况下程序会因此出错而结束，但黑客却可以利用这样的溢出来改变程序的执行流程，转向执行事先编好的黑客程序。

（4）端口扫描

由于计算机与外界通信都必须通过某个端口才能进行，黑客可以利用一些端口扫描软件，如 SATAN、IP Hacker 等对被攻击的目标计算机进行端口扫描，查看该机器的哪些端口是开放的，由此可以知道与目标计算机能进行哪些通信服务。例如，邮件服务器的 25 号端口是接收文用户发送的邮件，而接收邮件则与邮件服务器的 110 号端 L1 通信，访问 Web 服务器一般都是通过其 80 号端口等。了解了目标计算机开放的端口服务以后，黑客一般会通过这些开放的端口发送特洛伊木马程序到目标计算机上，利用木马来控制被攻击的目标。

防止黑客攻击的策略主要有：数据加密、身份认证、建立完善的访问控制策略、审计等。

加密的目的是保护信息内系统的数据、文件、口令和控制信息等，同时也可以提高网上传输数据的可靠性。这样即使黑客截获了网上传输的信息包，一般也无法得到正确的信息。

身份认证是指通过密码或特征信息等来确认用户身份的真实性，只对确认了的用户给予相应的访问权限。

系统应当建立完善的访问控制策略，设置入网访问权限、网络共享资源的访问权限、目录安全等级控制、网络端口和节点的安全控制、防火墙的安全控制等，通过各种安全控制机制的相互配合，才能最大限度地保护系统免受黑客的攻击。

审计是指把系统中和安全有关的事件记录下来，保存在相应的日志文件中，例如记录网络上用户的注册信息，如注册来源、注册失败的次数等；记录用户访问的网络资源等各种相关信息，当遭到黑客攻击时，这些数据可以用来帮助调查黑客的来源，并作为证据来追踪黑客；也可以通过对这些数据的分析来了解黑客攻击的手段以找出应对的策略。

不随便从 Internet 上下载软件，不运行来历不明的软件，不随便打开陌生人发来的邮件中的附件，经常运行专门的反黑客软件，可以在系统中安装具有实时检测、拦截和查找黑客攻击程序用的工具软件，经常检查用户的系统注册表和系统启动文件中的自启动程序项是否有异常，做好系统的数据备份工作，及时安装系统的补丁程序等可以提高防止黑客攻击的能力。

任务总结

本章主要介绍了计算机网络基础知识、局域网的基础知识、Internet 的基础知识以及基本应用，最后对计算机网络安全进行了阐述。通过本章的学习，你应该掌握下面的知识点：

1. 网络基础知识

（1）计算机网络的定义、发展阶段和主要功能

（2）计算机网络的构成和分类

（3）计算机网络体系结构、协议

（4）OSI 参考模型

2. 局域网基础知识

（1）局域网的特点和分类

（2）局域网的构成：硬件和软件

（3）无线局域网

3. Internet 基础与应用

（1）Internet 的形成与发展

（2）Internet 的接入方式和工作方式

（3）IP 地址和域名系统

（4）Internet 的基本应用：浏览网页、收发电子邮件、上传 / 下载文件、搜索引擎

4. 计算机网络安全基础

（1）网络安全的概念

（2）信息加密、身份认证、防火墙、VPN 等常见安全技术

（3）网络黑客的概念

作业与习题

［作业］

1. 为你的家庭或你所在的单位设计一个小型局域网构成方案，并将该局域网连接至 Internet。

2. 上网查找“云安全技术”有关资料，对云安全的概念、含义、技术原理和主要内容、作用等进行综述，写一篇综述报告，注意要有自己的观点。

［习题］

一、选择题

1. 下列有关网络的说法中，________是错误的。

A.OSI 模型分为七个层次

B.OSI 模型最高层是表示层

C. 在电子邮件中，除文字、图形外，还可包含音乐、动画等

D. 如果网络中有一台计算机出现故障，对整个网络不一定有影响，在网络范围内，用户可被允许共享软件、数据和硬件

2. 网络上可以共享的资源有________。

A. 传真机，数据，显示器　　B. 调制解调器，内存，图像等

C. 打印机，数据，软件等　　D. 调制解调器，打印机，缓存

3. 在 OSI/RM 协议模型的数据链路层，数据传输的基本单位是________。

A. 比特　　B. 帧　　C. 分组　　D. 报文

4. 在 OSI/RM 协议模型的物理层，数据传输的基本单位是________。

A. 比特　　B. 帧　　C. 分组　　D. 报文

5. 下列网络中，不属于局域网的是________。

A. 因特网　　B. 工作组网络　　C. 中小企业网络　　D. 校园计算机网

6. 下列传输介质中，属于无线传输介质的是________。

A. 双绞线　　B. 微波　　C. 同轴电缆　　D. 光缆

7. 下列传输介质中，属于有线传输介质的是________。

A. 红外　　B. 蓝牙　　C. 同轴电缆　　D. 微波

8. 下列传输介质中，传输信号损失最小的是________。

A. 双绞线　　B. 同轴电缆　　C. 光缆　　D. 微波

9. 中继器是工作在________的设备。

A. 物理层　　B. 数据链路层　　C. 网络层　　D. 传输层

10. 集线器又被称作________。

A. Switch　　B.Router　　C. Hub　　D. Gateway

11. 关于计算机网络协议，下面说法错误的是________。

A. 网络协议就是网络通信的内容

B. 制定网络协议是为了保证数据通信的正确、可靠

C. 计算机网络的各层及其协议的集合，称为网络的体系结构

D. 网络协议通常由语义、语法、变换规则三部分组成

12. 路由器工作在 OSI/RM 网络协议参考模型的________。

A. 物理层　　B. 网络层　　C. 传输层　　D. 会话层

13. 计算机接入局域网需要配备________。

A. 网卡　　B. MODEM　　C. 声卡　　D. 打印机

14. Internet 最初创建的目的是用于________。

A. 军事　　B. 教育　　C. 政治　　D. 经济

15. WWW 即 World Wide Web，我们经常称它为________。

A. 因特网　　B. 万维网　　C. 综合服务数据网　　D. 电子数据交换

16. Internet 的普及与广泛使用，是计算机技术________的具体体现。

A. 网络化　　B. 全球化　　C. 巨型化　　D. 智能化

17. 从 www.stdu.edu.cn 可以看出，它是________。

A. 中国的一个政府组织站点　　B. 中国的一个商业组织的站点

C. 中国的一个军事部门站点　　D. 中国的一个教育机构的站点

18. 中国的顶级域名是________。

A. CHINA　　B. ZHONGGUO　　C. CN　　D. ZG

19. E-mail 地址的一般格式是________。
A. 用户名 + 域名　　B. 用户名 - 域名　　C. 用户名 @ 域名　　D. 用户名 # 域名
20. 因特网上用户最多、使用最广的服务是________。
A. E-mail　　B. WWW　　C. FTP　　D. Telnet
21. 电子邮件（E-mail）是________。
A. 有一定格式的通信地址　　B. 以磁盘为载体的电子信件
C. 网上一种信息交换的通信方式　　D. 计算机硬件地址
22. 在电子邮件中，所包含的信息________。
A. 只能是文字信息　　B. 只能是文字与图像信息
C. 只能是文字与声音信息　　D. 可以是文字、声音、图形和图像信息
23. 在阅读接收到中文电子邮件时，有时出现古怪字符（俗称“乱码”）的原因是________。
A. 操作系统不同　　B. 传输协议不一致　　C. 中文编码不统一　　D. 计算机病毒发作
24. 将一台用户主机以仿真终端方式登录到一个远程的分时计算机系统称为________。
A. 浏览　　B. FTP　　C. 链接　　D. 远程登录
25. WWW 服务采用的通信协议是________。
A. FTP　　B. HTTP　　C. SMTP　　D. Telnet
26. WWW 向用户提供信息的基本单位是________。
A. 超链点　　B. 超文本　　C. 超媒体　　D. Web 页
27. 电子商务分类中，B to C 指的是________。
A. 企业对消费者　　B. 企业对企业　　C. 消费者对消费者　　D. 消费者对企业
28. ________是随着计算机技术、数据通信技术、计算机网络技术、多媒体技术而发展起来的一种新型教育模式。
A. 函授教育　　B. 广播电视教育　　C. 成人教育　　D. 现代远距离教育
29. 利用 IE 8.0，不能实现的操作是________。
A. 访问 WWW 站点　　B. 信息搜索　　C. 下载文件　　D. 绘制图形
30. IE 8.0 刚刚访问过的若干 WWW 站点的列表被称之为________。
A. 历史记录　　B. 地址簿　　C. 主页　　D. 收藏夹
31. IE 8.0 收藏夹中存放的是________。
A. 最近访问过的 WWW 的地址　　B. 最近下载的 WWW 文档的地址
C. 用户新增加的 E-mail 地址　　D. 用户收藏的 WWW 文档的地址
32. 在访问某 WWW 站点时，由于某些原因造成网页未完整显示，可以通过单击________按钮重新传输。
A. 主页　　B. 停止　　C. 刷新　　D. 收藏
33. 在使用 IE 8.0 时，用户常常会被询问是否接受一种被称之为“cookie”的东西，cookie 是________。
A. 一种病毒　　B. 一种小文件，用以记录浏览过程中的信息
C. 馅饼广告　　D. 在线订购馅饼
34. 单击 IE 8.0 工具栏中的【主页】按钮，则会链接到________。
A. 微软公司的主页　　B. 回退到当前网页的上个网页
C. 回退到当前主页的上个主页　　D.Internet 选项设置中指定的网址
35. 计算机网络的主要目标是实现________。
A. 即时通信　　B. 发送邮件　　C. 运算速度快　　D. 资源共享

36. 下列选项中，正确的 IP 地址格式是________。

A. 202.202.1　B. 202.2.2.2.2　C. 202.118.118.1　D. 202.258.14.13

37. Internet 属于________。

A. 局域网　B. 广域网　C. 全局网　D. 主干网

38. 在计算机及网络系统中，不属于常用的身份认证方式是________。

A. 用户名 / 密码方式　B. 智能卡认证　C. 生物识别技术　D. 电子签名

39. 防火墙的功能主要有________。

A. 数据包过滤　B. 网络地址转换　C. 应用级代理　D. 防病毒

40. 关于入侵检测，不正确的说法是________。

A. 入侵检测是对网络入侵行为的检测

B. 入侵检测系统可分为误用检测和异常检测两种

C. 入侵检测作为一种积极主动的安全防护技术，能提供对内部攻击、外部攻击和误操作的实时保护，在网络系统受到危害之前能拦截和响应所有入侵

D. 入侵检测系统（IDS）的发展方向是入侵防御系统（IPS）

41. 关于 VPN，不正确的说法是________。

A. 虚拟专用网（VPN，Virtual Private Network）就是通过一个公用网络建立一个临时的、安全的连接，是一条穿过混乱的公用网络的安全、稳定的隧道

B. VPN 的核心技术是隧道技术；隧道是利用一种协议传输另一种协议的技术，封装是构建隧道的基本手段，它使得 IP 隧道实现了信息隐蔽和抽象；隧道技术包括数据封装、传输和解包在内的全过程

C. 实现 VPN 的隧道协议有 PPTP、DNS、FTP、TCP/IP、SSL、MPLS 等

D. 针对不同的用户要求，VPN 有三种解决方案：远程访问虚拟网（Access VPN）、企业内部虚拟网（Intranet VPN）和企业扩展虚拟网（Extranet VPN）

42. 关于黑客的叙述，不正确的是________。

A. 所谓黑客，就是利用计算机技术、网络技术，非法侵入、干扰、破坏他人计算机系统，或擅自操作、使用、窃取他人的计算机信息资源，对电子信息交流和网络实体安全具有程度不同的威胁性和危害性的人

B. 黑客分类的方法很多，从黑客的动机和目的，以及对社会造成的危害程度来分类，可以分成技术挑战性黑客、戏谑取趣性黑客和捣乱破坏性黑客三种类型

C. 制作、传播计算机病毒等破坏性程序，是黑客危害网络社会和攻击他人计算机信息系统的一种常用手段

D. 技术挑战性黑客对社会没有什么危害，应该鼓励

二、简答题

1. 什么是计算机网络？它的主要功能是什么？
2. 简述计算机网络的发展过程。
3. 简述计算机网络系统的组成。
4. 写出 TCP/IP 的四层与 OSI/RM 体系结构各层的对应关系。
5. 按照网络覆盖的地理范围，计算机网络可分为几类？
6. 什么是网络的拓扑结构？常用的拓扑结构有哪些？

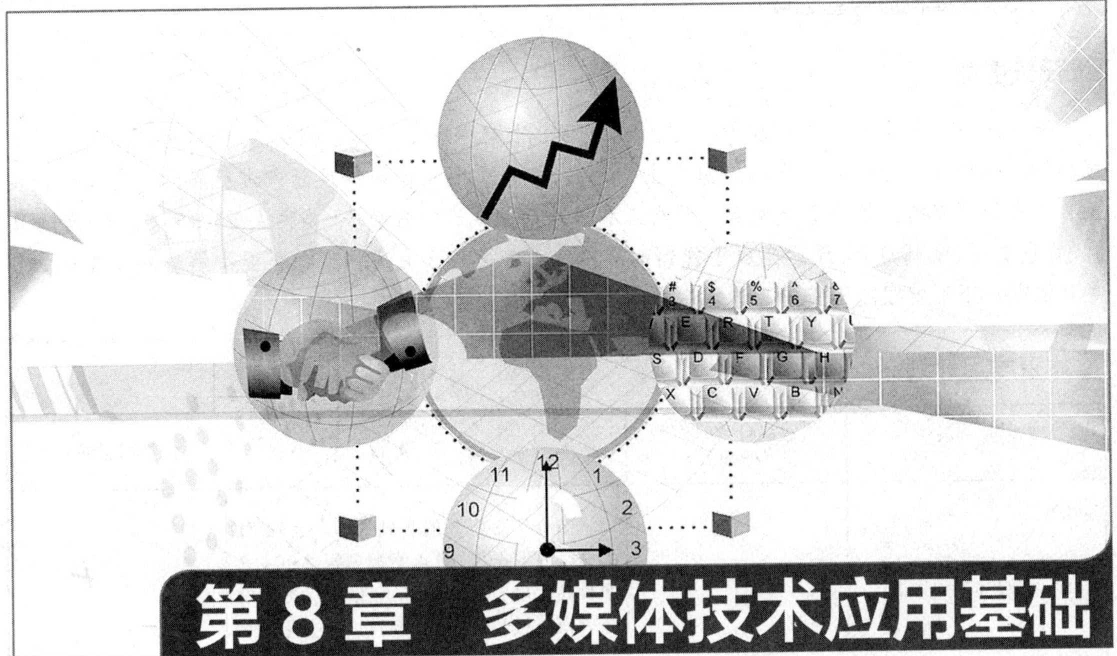

第8章 多媒体技术应用基础

本章导读

多媒体技术的飞速发展使得计算机在我们生活中的应用更加丰富多彩。本章首先介绍了多媒体和多媒体技术的基础知识，对媒体的概念、多媒体的定义、特征、多媒体技术研究的主要内容、多媒体计算机的组成等做了简要描述，之后分成三大模块对多媒体技术及其处理方法进行了详细介绍，首先是图形图像处理技术，介绍了图形图像的特征、图形数字化的方法、常见文件格式以及常用处理软件；第三节对音频信息处理技术从声音特征、数字化、音频格式以及音频处理软件 Audition 的应用做了介绍；第四节对视频信息处理技术从视频的数字化、压缩标准、文件格式、视频处理软件会声会影的应用等作了详细介绍，最后介绍了一款优秀的格式软换软件——格式工厂。本章也是以一个完整的任务贯穿，通过任务的完成学到应掌握的知识。学习者在学习本章时一定也要以一个任务（你的家庭电子相册、单位产品的电子相册或其他内容）为制作对象，模仿本章的案例一起完成你自己的任务，更加扎实地掌握这些知识和软件。

学习目标

1. 掌握多媒体的概念，了解多媒体的分类；
2. 了解多媒体技术的主要特点和研究内容；
3. 了解多媒体计算机的层次结构、硬件层次和软件层次；
4. 理解矢量图与位图的区别，熟悉常见图像文件格式及常用的图像编辑软件；
5. 了解声音的数字化过程，熟悉常见音频文件格式；
6. 了解视频的分类和特点，熟悉常见视频文件格式与视频处理软件。

重点难点

1. 多媒体技术的主要特点、研究对象；
2. 音频、视频的数字化以及常见文件格式和处理软件。

任务情境

王芳的公司要参加一个大型产品展示会,展示会上有许多用户自行控制的展台,可以播放各种动画、视频等,为了充分展示公司的形象和主打产品,公司决定制作一段视频来进行展示。这项工作由王芳负责统筹安排。她找了技术部一位员工和她一起完成这个任务,于是两人开始搜集素材、处理图片、背景音乐、录制声音,最后完成了视频的制作。王芳是怎么完成的呢?需要了解哪些多媒体的相关知识呢?下面就跟随王芳一起进入多媒体的世界吧!

本章学习计划

内　　容	建议自学时间(学时)	学 习 建 议	学习记录
8.1 多媒体基础知识	1	本节介绍多媒体的基础知识,了解媒体的概念及其分类,重点掌握多媒体以及多媒体技术的定义和特征,了解其主要研究内容,通过自己的切身经验来体会多媒体技术与我们生活和工作的密切关系	
8.2 图形图像处理技术	2	本节对图形图像处理技术做了全面介绍,首先介绍了图像的几种颜色模型如RGB、CMYK,然后对图形(即矢量图)与图像进行了对比,接着对图像的数字化及存储文件格式进行了说明,最后对图形图像查看以及处理软件逐一介绍;本节的内容大部分学习者已经了解了不少,对照课本进行系统梳理即可,特别是要了解常用的图像处理软件如 ACDSee、PhotoShop	
8.3 音频信息处理技术	3	本节对音频信息处理技术做了全面介绍,同样是从声音的定义、属性、数字化过程、音频文件格式以及音频处理软件进行了详细说明,学习本节要在理解概念的基础上,重点掌握音频处理软件 Audition 的简单应用	
8.4 视频信息处理技术	3	本节主要介绍了视频处理技术,包括视频的概念、特点、数字化、压缩存储算法、文件格式、视频处理软件和格式转换软件,同上节一样,学习本节要在理解有关概念的基础上,重点掌握视频处理软件“会声会影”和格式转换软件“格式工厂”的初步应用,以求能够完成本章开头所布置的综合任务	

8.1 多媒体基础知识

任务提示

同样在开始这项任务前，要先学习所涉及的知识，这样才能做到事半功倍，胸有成竹。首先，我们要了解多媒体的概念和分类，技术特点及关键技术，多媒体技术的定义、特征和主要研究内容，最后认识什么是多媒体计算机。

8.1.1 媒体的概念和分类

1. 多媒体的概念

多媒体一词的核心词是媒体，所谓媒体是指信息传递与存储的最基本技术、手段和工具。传统的媒体，如报纸、杂志、广播、电影、电视等，都是以各自的媒体形式进行传播。在计算机领域中，媒体包含两层含义：一是指信息存储的实体，例如磁带、磁盘、光盘等载体；二是指信息传输的载体，或者说是各种信息的集合，例如文字、声音、图片、图像、动画、视频等。人们通过这些媒体获取信息，同时也可以利用这些媒体将有用的信息传送出去或保存起来。

“多媒体”一词译自英文“Multimedia”，早期的计算机只能处理文字，而在现实生活中，信息的载体除了文字外，还有可能包含声音，图形，图像等。与多媒体一词对应的是单媒体（Monomedia），Multimedia 又是由 mutiple 和 media 复合而成的，从字面上看，各种单媒体复合形成多媒体。

2. 多媒体的分类

按照国际电信联盟（ITU）电信标准部（TSS）的 ITU-TI.347 建议，媒体分为以下五大类：

（1）感觉媒体（Perception Medium）

感觉媒体是指能直接作用于人的感觉器官（听觉、视觉、味觉、嗅觉和触觉），并使人产生直接感觉的媒体，如作用于人的视觉器官的文字、图片、动画等，作用于听觉器官的声音、音乐、视频等。

（2）表示媒体（Representation Medium）

表示媒体是指为了加工、处理和传播感觉媒体而人为研究和创建的媒体，它以编码的形式反映不同的感觉媒体，如文字、声音、图形、图像、动画和视频等信息的数字化编码表示。它的目的是为了更有效地将感觉媒体从一个地方传播到另一个地方，以便于对其进行加工、处理和应用。

表示媒体也就是我们通常所说的“多媒体”，一般包含以下几种媒体：

①文字：文字一直是一种最基本的表示媒体，也是多媒体信息系统中出现最频繁的媒体。由文字组成的文本常常是许多多媒体演示的重要部分。文本可包含的信息量很大，而所占用的比特存储空间却很少。

②图形图像：是构成动画或视频的基础，在多媒体系统中起着举足轻重的作用。图形又称矢量图形、几何图形，它是由一组指令来描述的，主要用于线形图和工程图。图像又称点阵图或位图图像，位图图像是由许多点组成的，这些点称为像素。许许多多不同颜色的点（即像素）组合在一起便构成了一幅完整的图像。保存位图图像时，需要记录下每个像素的位置和色彩数据，以便精确地记录色调丰富的图像，且逼真地表现自然界的景象，但文件所占容量较大。

③动画与视频：图形与图像都是静态的，如果让它们活动起来，就可以得到动画与视频。这两种形式的媒体所携带的信息量更加丰富，也更易于被人们接受。动画是由计算机生成的连续渐变的图形序列，沿时间轴顺次更换显示，从而构成运动的视觉媒体。一般按空间感区分为二维动画（平面）和三维动画（立体）。在多媒体信息系统中使用动画，可使说明更形象，产生活泼的风格，动画广泛应用于计算机游戏、卡通片、网页和其他多媒体演示软件中。视频的运动序列中的每帧画面是由实时摄取的自然景观或活动对象转换成数字形式而形成的，因此占用很大的比特数据量。

④声音：有用的音频信息是规则声音，包括语音、音乐和音效。语音在多媒体作品中多用来表达文字的意义或作为旁白。音乐多用来当成背景音乐，营造出整体气氛。音效则大多用来配合动画，使动态的效果能充分地表现。动态信息的演示常常与声音媒体同步进行，两者都具有时间的连续性。例如说到视频媒体，往往意味着包含声音信息，可以说这也是一种混合方式的媒体。

（3）显示媒体（Presentation Medium）

显示媒体是指将感觉媒体输入到计算机中或通过计算机展示感觉媒体的物理设备，即获取和显示感觉媒体信息的计算机输入和输出设备。例如，显示器、打印机、音箱等输出设备，键盘、鼠标、传声器、扫描仪、数码照相机、摄像机等输入设备。

（4）存储媒体（Storage Medium）

存储媒体又称存储介质，是指存储表示媒体数据的物理设备。例如，软盘、硬盘、磁带、光盘、内存和闪存等。

（5）传输媒体（Transmission Medium）

传输媒体又称传输介质，是指将表示媒体从一个地方传播到另一个地方的物理载体，即传输数据的物理设备。例如，电缆、光纤、无线电波的发送与接收设备等。

在人类信息的交流中，感觉媒体通过听觉和视觉接收信息，是最丰富的信息源流；表示媒体用于传播和表达感觉媒体，是五种媒体的核心，是最主要的一种媒体，它确定了信息的存在和表现形式。因此，以下我们主要研究表示媒体。

8.1.2 多媒体技术的定义和特征

一般人们在谈论多媒体技术时，往往都与计算机联系起来，因为计算机的数字化和交互式处理能力，是推动多媒体技术发展的原动力。目前多媒体技术堪称是先进的计算机技术与视听技术、通信技术融为一体而形成的一种综合型技术。

具体到多媒体技术的定义，有多种说法，国际上流行的定义是：多媒体技术就是利用计算机对文字、图像、图形、动画、音频、视频等多种信息进行综合处理、建立逻辑关系和人机交互作用的产物。因此，真正的多媒体技术所涉及的对象是计算机技术的产物，是以计算机技术为核心的，而其他领域的单纯事物，比如电影、电视、音响等均不属于多媒体技术范畴。

多媒体技术具有以下几个特征：

（1）集成性

集成性有两层含义：第一层含义指将多种媒体信息（如文本、图形、图像、音频、动画和视频）有机地进行同步，综合完成一个完整的多媒体信息，即“数据信息的集成”；第二层含义是把输入显示媒体（如键盘、鼠标、摄像机等）和输出显示媒体（如显示器、打印机、扬声器等）集成为一个整体，即“媒体设备的集成”。

（2）交互性

交互性是指人和计算机能够“对话”，人借助交互活动可控制信息的传播，甚至参与信息的组织过程，使之能够对感兴趣的画面或内容进行记录或者专门地研究，可以选择控制应用过程。传统的信息交流媒体只能单向地、被动地传播信息，而多媒体计算机技术实现了人对信息的主动选择和控制。交互性是多媒体应用技术的关键特性。

（3）实时性

多媒体系统中的音频和视频与时间密切相关。因此，多媒体技术必须支持实时处理，就是说，能把计算机交互性、通信系统分布性和电视系统真实性有机地结合在一起，在人感官系统允许的情况下进行多媒体实时交互，就像面对面实时交流一样，图像和声音都是连续的。如远程数字音视频监控系统、视频会议系统等。

（4）数字化

多媒体软件中的文字、音频、图形、图像、动画和视频素材都以数字形式存储在计算机中，这样会大大方便各种信息的处理和传输。

（5）非线性

多媒体技术的非线性特点改变了传统的“章、节、页”的框架顺序形式，而以超链接的方式，使内容更加灵活，更符合人脑的思维方式，也更方便人们阅读。

（6）易控性

多媒体的各种媒体信息都已实现数字化，因此可以便捷地完成各媒体信息的获取、存储、组织和加工，并综合处理。借助性能越来越快的 CPU 等硬件设备，多媒体信息处理的效率越来越高，通过计算机语言，也可以很容易地实现对多媒体作品的设计和交互控制。

另外，随着新技术的出现，多媒体技术又有了新的特点，其中最重要的是多媒体的网络化与智能化。与传统的多媒体技术相比，现在多媒体技术正加快网络化与智能化的发展。宽带网络通信及无线网络技术的发展，使多媒体技术进入企业管理、远程商务、远程教育、远程医疗、检索咨询、文化娱乐、自动测控等领域；多媒体终端的智能化和嵌入化发展，提高了计算机系统本身的多媒体性能，促进智能化家电的快速发展。

8.1.3　多媒体技术主要研究内容

简单地说，多媒体技术就是把声、文、图、像和计算机结合在一起的技术。多媒体技术的研究内容涉及了媒体应用的方方面面，主要有数字化技术、数据压缩技术、多媒体信息存储技术、多媒体信息管理技术、多媒体信息展示与交互技术、多媒体信息版权保护技术等。

1. 数字化技术

由于多媒体技术要利用计算机来综合处理文字、声音、图形、图像、视频等多种媒体信息，这些信息本身都是以模拟量存在的，只有经过数字化才能由计算机平台进行各种处理和综合。因此，数字化技术是多媒体技术的必要基础。对于不同形式的媒体，信息数字化的要求和实现方法均有不同。

音频信号除 CD 音响和电子乐器已是数字信号之外，现有的语音、广播（调幅和调频），以及立体声音乐均是模拟信号，一般须经滤波器和模 / 数（A/D）转换器将上述各种模拟音频信号转换为数字信号。而视频信号通常是由摄像机、录像机等视频图像输入设备获得的模拟图像，这些信号大多是标准的彩色全电视信号，必须经彩色解码电路将全电视信号分解为模拟彩色分量信号——R.C.B（或 Y.U.V）信号，再经 A/D 转换器转换为数字信号，各种媒体信息的数字化通常是由各种多媒体信息的专用采集卡（图形卡、音频卡、视频卡等）来实现的，它集中体现了多媒体信息的数字化技术，其主要指标是采样速度、精度等。

2. 数据压缩技术

在计算机中多媒体信息是以数字化的形式存储和处理的。数字化之后的多媒体数据量是非常庞大的，在表 8-1 中列出了各种媒体信息数字化后的数据量：

各种媒体信息数字化后的数据量 表 8-1

媒体类型	数据量
图像	位图图像由像素构成，假设图像的分辨率为 800×600 像素，24bit/ 像素，则一幅画面所需要的存储空间（800×600×24）/8，约为 1.4MB；一片 1.44MB 的软盘只能存储一张这样大小的图像
音频	数字音频的数据量由采样频率、采样精度、声道数三个因素决定；假设需要还原的模拟声音频率是 22050Hz，这个频率已经达到人耳听觉的上限，则数字采样频率取 44100Hz，采样精度为 16bit，双声道立体声模式，则 1min 所需的数据量为 44100Hz×2B（16bit 采样精度）×2（双声道）×60s ＝ 10MB/min，一首 3min 的音乐要占用 30M 存储空间
视频	假设图像的分辨率为 800×600 像素，24bit/ 像素，则一幅画面所需要的存储空间（800×600×24）/8 约为 1.4MB；在我国 PAL 制式下，1s 播放 25 帧画面，所以，1s 数字视频图像的数据量（1.4MB×25）约为 35MB，一部一个半小时的电影大约需要占用 35×60×90=189000MB=185GB；若用一张存储量为 650MB 的 CD 光盘，存放这种未经压缩的视频图像，只能播放约 19s

由以上计算可知，数字音频和视频庞大的数据量不仅造成了存储和传输的困难，而且连计算机的总线也难以承受。尽管有各种方法可以在不同程度上提高计算机的传输能力，但都不能从根本上解决问题，彻底解决问题的方法就是对多媒体信息数据化以后进行压缩。例如一首 3min 的乐曲未压缩之前占用 30M 的存储空间；若将数据压缩 10 倍，则仅需要 3M 的空间就可以存放一首歌曲，事实上目前的一首 3min 的 MP3 音乐占用的空间差不多就是 3M 左右。由此可知，通过数据压缩手段可以大大减少多媒体信息的数据量，以压缩的形式存储和传输，既节约了存储空间，又提高了通信干线传输效率，同时也使得计算机实时处理音频、视频信息，以保证播放出高质量的视频、音频节目。

从上述分析可知，对数字化之后的多媒体信息进行压缩是极有必要的。由于音频和视频信号本身具有大量的冗余度，消除这些冗余度就可以达到数据压缩的目的。根据解码后的数据与原来数据是否完全一样来进行分类，数据压缩一般分为两类：无损压缩编码（Loss Less Compression Coding）和有损压缩编码（Loss Compression Coding）。凡是在压缩数据时不产生任何失真的压缩方法均属于无损压缩方法，用这类方法压缩后，解压还原的数据与原始数据完全相同，它是一种信息保持型的编码。凡是在压缩数据时可能产生数据失真的压缩方法均属于有损压缩方法，用这类方法压缩后，解压还原的数据与原始数据相比存在一定的误差，会产生一些失真，失真的程度与压缩比以及所使用的方法有关，当然，这种失真应限制在一定程度内才能满足应用的要求。

对多媒体数据进行压缩处理一般需要研究两个过程：一是编码过程，将原始数据经过编码进行压缩，以便于存储和传输；二是解码过程，对编码后的数据进行解码，还原为可以使用的数据。

一个好的数据压缩技术必须满足三项要求：一是压缩比（压缩比是指压缩前的数据与压缩后的数据的比值）高；二是实现压缩的算法简单，压缩、解压缩速度快；三是重现精度高，尽可能地接近原始数据。当三者不能兼得时，要综合考虑压缩数据的要求。

3. 多媒体信息存储技术

多媒体的音频、视频、图像等信息虽经过压缩处理，但仍然需要相当大的存储空间。而且硬盘存储器的盘片是不可交换的，不能用于多媒体信息和软件的发行。大容量只读光盘存储器（CD-ROM）的出现，解决了多媒体信息存储空间及交换问题。

光盘机以存储量大、密度高、介质可交换、数据保存寿命长、价格低廉以及应用多样化等特点成为多媒体计算机中必不可少的设备。利用数据压缩技术，在一张 CD-ROM 光盘上能够存取 74min 全运动的视频图像或者十几个小时的语音信息或数千幅静止图像。CD-ROM 光盘机技术已比较成熟，但速度慢，其只读特点适合于需长久保存的资料。

在 CD-ROM 基础上，还开发了 CD-I 和 CD-V，即具有活动影像的全动作与全屏电视图像的交互式可视光盘。在只读 CD 家族中还有称为“小影碟”的 VCD，可刻录式光盘 CD-R，高画质、高音质的光盘 DVD 以及用数字方式把传统照片转存到光盘，使用户在屏幕上可欣赏高清晰度的照片的 PHOTOCD。DVD（Digital Video Disc）是 1996 年底推出的新一代光盘标准，它使得基于计算机的数字视盘驱动器将能从单个盘片上读取 4.7 ～ 17GB 的数据量，而盘片的尺寸与 CD 相同。

4. 多媒体输入与输出技术

多媒体输入与输出技术包括多媒体变换技术、多媒体识别技术、多媒体理解技术和多媒体综合技术。

（1）多媒体变换技术：是指改变媒体的表现形式，如当前广泛使用的视频卡、音频卡（声卡）都属于多媒体变换设备。

（2）多媒体识别技术：是指对信息进行一对一的映像过程，例如语音识别是将语音映像为一串字、词或句子；触摸屏是根据触摸屏上的位置识别其操作要求。

（3）多媒体理解技术：是对信息进行更进一步的分析处理和理解信息内容，如自然语言的理解、图像的理解、模式识别等技术。

（4）多媒体综合技术：是指把低维信息表示映像成高维的模式空间的过程，例如，语音合成器就可以把语音的内部表示综合为声音输出。

媒体变换和识别技术相对比较成熟，应用较为广泛，而媒体理解和综合技术目前正在研究中，只在某些特定场合有一定的应用。

5. 多媒体信息管理技术

多媒体系统中存在着文本、图形、图像、音频、动画和视频等多种信息，传统的关系数据库已不适用于结构型的多媒体信息管理。对多媒体数据的管理主要依靠多媒体数据库，传统数据库与多媒体数据库之间有很大的差别，见表 8-2。

传统数据库与多媒体数据库的对比　　表 8-2

比较内容＼数据库	传统数据库	多媒体数据库
数据类型	主要是数值型和字符型，类型单一，长度确定的结构化数据	包括图、文、声、像和视频，类型复杂，长度不一的非结构化数据
体系结构	网状模型、层次模型和关系模型	还没有完善的多媒体数据模型
检索方法	处理精确的概念和查询；通过字符进行查询	非精确匹配和相似查询；通过语义进行查询，即进行基于内容的检索

许多传统的数据库，例如 Oracle、Sybase、DB2 等，都声称自己能全面支持多媒体数据的管理，但实际上他们只是在传统的关系模型数据库上，进行某些多媒体数据管理功能的扩展。通常的做法是将多媒体数据作为一个独立的文件与数据库文件分离保存在外部存储器中，而数据库中仅保存这个文件的存放位置信息。这种标题与内容分离的做法，容易产生系统的安全性和事务的完整性问题。

开发面向对象的多媒体数据库是多媒体数据管理的发展方向。这是由于“类”的概念和面向对象的数据库模型非常适合多媒体数据的管理。

6. 多媒体通信技术

多媒体通信是多媒体技术和通信技术的产物，它将计算机的交互性、通信的分布性和广播电视的真实性融为一体。多媒体系统要通过通信网络传送文本、图形、图像、动画、音频和视频等不同媒体，这些媒体对通信网各有不同的要求，文本和图片要求的平均速率较低，音频信号的传输速率不要求太高，但对实时性要求高，视频则需要极高的传输速率才能保证图像和声音的流畅和连续性。多媒体通信的发展要求有适合于传输多媒体信息的通信网，如以异步传输模式（ATM）为基础的宽带综合业务数字网（B-ISDN）、有线电视（CATV）以及计算机网络等。

多媒体通信技术的三大特征分别是集成性、交互性和同步性。多媒体通信系统中的集成性指的是能对内容数据信息、多媒体和超媒体信息、脚本信息、特定的应用信息的四类信息进行存储、传输、处理、显示的能力，它表现为多媒体信息的集成和处理这些媒体的设备的集成。交互性指的是在通信系统中人与系统之间的相互控制能力，为用户提供更加有效的控制和使用信息的手段，是一种需要更为复杂的交互操作通信过程。在多媒体通信系统中，交互性有两个方面的内容：一是人机接口，也就是人在使用系统的终端时，用户终端向用户提供的操作界面；二是用户终端与系统之间的应用层通信协议。同步性指的是在多媒体通信终端上显现的图像、声音和文字是以同步方式工作的，它是多媒体通信系统中最主要的特征之一，也是在多媒体通信系统中最为困难的技术问题之一。例如，用户要检索一个重要的历史事件的片段，该事件的运动图像（或静止图像）存放在图像数据库中，其文字叙述和语言说明则放在其他数据库中。多媒体通信终端通过不同传输途径将所需要的信息从不同的数据库中提取出来，并将这些声音、图像、文字同步起来，构成一个整体的信息呈现在用户面前，使声音、图像、文字实现同步，并将同步的信息送给用户。在多媒体通信系统中，同步可以在三个层面上实现：一是链路层级同步，它通过信息帧结构的合理设计来实现；二是表示层级同步，它通过在客体（或文件）复合过程中引入同步机制和超文本组合过程中引入同步机制来实现；三是应用层级同步，它通过脚本的设计来实现。

7. 多媒体信息展示与交互技术

多媒体信息的展示和交互主要依赖于软件和硬件的发展、网络传输技术和人机交互技术的不断发展。

（1）软件和硬件的发展。软件和硬件平台是实现多媒体系统的物质基础。在过去，研究和开发每一项重要的技术突破都直接影响到多媒体技术的发展与应用进程，大容量的光盘、带有多媒体功能的 Windows 操作系统等都曾直接推动了多媒体技术的迅速发展。这方面需要研究的内容包括多媒体信息的输入、处理、存储、管理、输出和传输等各种技术和设备。

在硬件方面，像光盘驱动器、音频、图像显示卡等已经成为多媒体计算机的标准配置，计算机 CPU 也加入了多媒体与通信的指令体系。扫描仪、数字照相机、数字摄像机、数字摄像头、视频压缩卡和彩色打印机等都越来越普及。

(2)多媒体网络技术。目前,多媒体单机系统已相当成熟,但是多媒体网络通信还有许多问题需要解决。早期的计算机网络主要用来在用户间传送文本,为了传输多媒体信息,对计算机网络提出了更高的要求:带宽要高,以解决多媒体信息量大的问题;延时要小,以满足多媒体信息中,声像同步、实时播放的要求。

随着计算机网络技术和通信技术的迅猛发展,出现了一些比较适合传输多媒体数据的网络体系结构,如环状网络 FDDI(光纤分布式数据接口)、基于信元交换的 ATM(异步传输模式)技术、吉比特以太网技术(Giga bit Ethernet)和全光网络技术等。

(3)人机交互技术。多媒体人机交互技术是多媒体技术和人机交互技术的结合,多媒体系统中的媒体种类繁多且数据量巨大,各种媒体之间既有差别又有信息上的关联。处理大量多媒体信息需要一种有效的人机交互技术辅助人完成这项庞大的工作。随着计算机技术和生物技术的不断进步,人们越来越趋向使用虚拟现实技术来实现和多媒体信息的交互。虚拟现实(Virtual Realize)是在许多相关技术(如仿真技术、计算机图形学、多媒体技术等)的基础上发展起来的一门综合技术,是多媒体技术发展的更高境界。

8. *超文本与超媒体技术*

早期计算机上存储的信息是以文字的形式即文本表现出来的,文本的最显著特点是它在组织上是线性的和有序的,这种线性结构体现在阅读文本时只能按照固定的线性顺序阅读,先读前面的,再读后面的,就像读课本一样按顺序读下去。但人类的思维是“联想”式的互联网状结构,由于文化基础的不同,所处的时间、环境的不同,会产生多种不同的联想结果,这种联想方式实际上表明了信息的网状结构和动态性。显然这种互联的网状信息结构用普通的文本是无法管理的,必须采用一种比文本更高层次的信息管理技术,即超文本(Hypertext)。

超文本是一种新型的信息管理技术,它以结点为单位组织文本信息,在结点与结点之间通过表示它们之间关系链加以连接,构成表达特定内容的信息网络。超文本组织信息的方式与人类的联想记忆方式有相似之处,从而可以更有效地表达和处理信息。如图 8-1 所示为文本的线性结构和超文本结构。

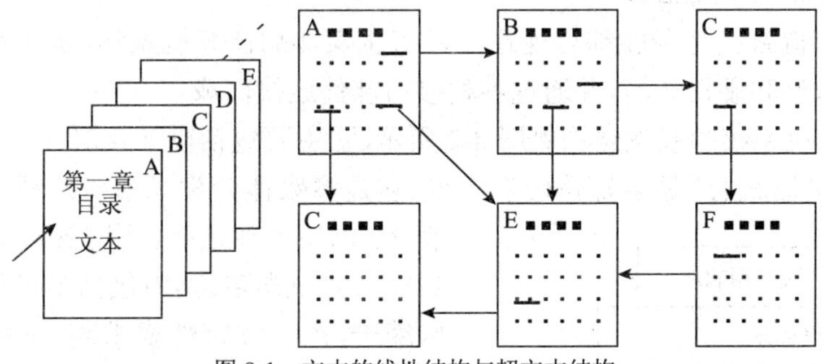

图 8-1　文本的线性结构与超文本结构

超文本与多媒体的融合产生了超媒体。允许超文本的信息结点存储多媒体信息(图形、图像、音频、视频、动画和程序),并使用与超文本类似的机制进行组织和管理,就构成了超媒体。

超文本和超媒体的主要组成成分是结点和链。结点是超文本与超媒体系统表达信息的基本单位。在创建超文本和超媒体系统时首先要根据信息间的自然关联,按需要把大块信息分成小的可管理的单元作为结点。结点的内容可以是文本，也可以是图形、图片、音频、视频等，还可以是一段程序。链定义了超媒体的结构，引导用户在结点间移动，提供浏览和探索结点的能力。链在形式上是表示从一个结点指向另一个结点的指针，表示不同结点存在的信息联系。

超文本和超媒体技术已广泛应用于与各种信息查询有关的方面，如教学、信息检索、字典和参考资料、商品介绍展示、旅游和购物指南及交互式娱乐等。

9. 多媒体信息版权保护技术

随着数字技术和因特网的发展，各种形式的多媒体数字作品（图像、视频、音频等）纷纷以网络形式发表，其版权保护成为一个迫切需要解决的问题。数字水印（Digital Water Marking）技术作为实现版权保护的有效方法，如今已成为多媒体信息安全研究领域的一个热点，也是信息隐藏技术研究领域的重要分支。该技术即通过在原始数据中嵌入秘密信息——水印（Water Mark）来证实该数据的所有权。这种嵌入的水印可以是一段文字、标识、序列号等，而且这种水印通常是不可见或不可察的，它与原始数据（如图像、音频、视频数据）紧密结合并隐藏其中，并可以经历一些不破坏源数据使用价值或商用价值的操作而能保存下来。

目前，数字水印技术主要应用于版权保护、加指纹、标题与注释、篡改提示、使用控制等领域。

8.1.4 多媒体计算机

在多媒体计算机出现之前，传统的微机或个人机处理的信息往往仅限于文字和数字，只能算是计算机应用的初级阶段，同时，由于人机之间的交互只能通过键盘和显示器进行，故交流信息的途径缺乏多样性。为了使计算机能够集声、文、图、像处理于一体，人类发明了有多媒体处理能力的计算机。所谓多媒体个人计算机（Multimedia Personal Computer, MPC）就是具有多媒体功能的个人计算机。它的硬件结构与一般所用的PC并无太大的差别，只不过是多了一些软硬件配置而已。一般用户如果要拥有MPC大概有两种途径：一是直接购买具有多媒体功能的PC；二是在基本的PC上增加多媒体套件而构成MPC。

1. 多媒体计算机系统组成

多媒体计算机系统是指能综合处理多种信息媒体的计算机系统，是在普通计算机基础上配以多媒体软件和硬件环境，并通过各种接口部件连接而成。

多媒体计算机系统的层次结构如图8-2所示，它主要包括以下几层：

（1）第一层（最底层）是多媒体硬件系统，它是多媒体计算机系统的硬件设备。除了一般PC机的硬件之外，还有各种媒体控制板卡及其输入输出设备，其中包括多媒体实时压缩和解压缩卡，由于实时性要求高，有些板卡使用以专用集成电路为核心的硬件来实现。

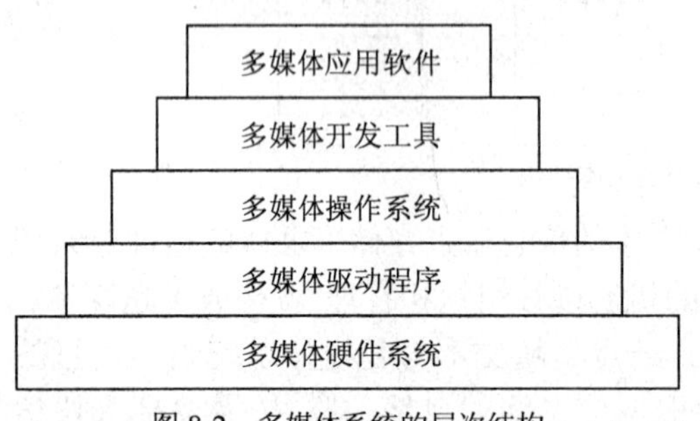

图8-2　多媒体系统的层次结构

（2）第二层是多媒体驱动程序，它是直接用来控制和管理各种硬件并完成设备的初始化、设备的启动和停滞、设备的各种操作、基于硬件的压缩和解压缩等。不同的多媒体硬件设备需要相应的驱动程序来支持，它通常随着多媒体硬件产品一起提供。

（3）第三层是多媒体操作系统，它除了一般操作系统的功能外，还具有实时任务调度、多媒体数据转换和数据同步控制、多媒体设备的驱动和控制以及具有图形和声像功能的用户接口等。根据多媒体系统的用途，多媒体操作系统一般分为两种：一种是专用的多媒体操作系统，它们通常只配置在一些公司推出的专用多媒体计算机系统上，如 Commodore 公司的 Amiga 多媒体系统上配置的 AmigaDos 系统，在 Philips 和 SONY 公司的 CD-I 多媒体系统上配置的 CD-RTOS 等。另一种是通用多媒体操作系统，随着计算机技术的发展，越来越多的计算机具备了多媒体功能，因此通用多媒体操作系统就应运而生。早期的通用多媒体操作系统是美国 Apple 公司为其著名的 Macintosh 微型计算机配置的操作系统，而目前使用最多的通用多媒体操作系统是美国 Microsoft 公司的 Windows 系列操作系统（包括 Windows95/98/2000/XP/2003/7/8 等）。

（4）第四层是多媒体开发工具，它主要是用于开发多媒体应用的工具软件，其内容丰富，种类繁多，通常包括多媒体素材制作工具、多媒体著作工具和多媒体编程工具等。开发人员可以根据自己的爱好和需求选择适合自己的开发工具，制作出丰富多彩的多媒体应用软件。

（5）第五层（最顶层）是多媒体应用软件，这类软件直接面向普通用户，例如各种媒体播放器、图形图像浏览器等，用户只要根据多媒体应用软件多给出的操作命令，通过简单的操作便可使用这些软件。

2. 多媒体计算机硬件层次

多媒体计算机系统的硬件划分为几个层次，即主机、基本输入输出设备、音频设备、视频设备、存储设备和高级多媒体设备，如图 8-3 所示。

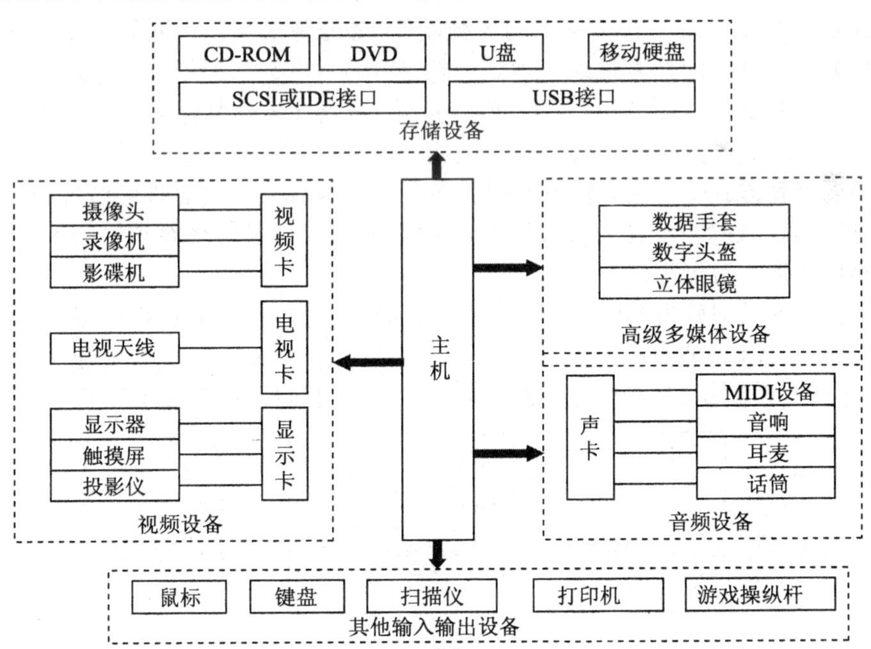

图 8-3　多媒体计算机的硬件层次

（1）主机：主机部分是整个多媒体计算机系统的核心，它需要具备以下几个特点：有一个或多个处理速度较快的中央处理器（CPU），较大的内存空间；高分辨率的显示系统；较为齐全的外设接口。

（2）基本输入输出设备：基本输入输出设备主要用于开发和发布多媒体产品时，文字和图形图像的输入和输出，及必不可少的有键盘和鼠标。另外，打印机、扫描仪等也是常见的基本输入输出设备。

（3）音频设备：音频设备负责多媒体计算机系统的音频信息的处理，包括音频的输入、输出和处理设备，如声卡、音响、话筒、耳麦、MIDI 设备等。

（4）视频设备：视频设备负责多媒体计算机图像和视频信息的数字化获取和处理，包括视频压缩卡、电视卡、加速显示卡等。视频压缩卡主要完成视频信号的 A/D 和 D/A 转换及数字视频的压缩和解压缩功能，其信号源可以是摄像头、录像机、影碟机等。现在，很多的压缩和解压缩功能已被软件所代替。电视卡主要完成普通电视信号的接收、解调、A/D 转换以及与主机之间的通信，从而可以在计算机上观看电视节目，同时还可以以 MPEG 压缩格式录制自己喜欢的电视节目。加速显示卡主要完成视频的流畅输出，是 Intel 公司为解决 PCI 总线带宽不足的问题而提出的图形加速端口。

（5）存储设备：存储设备用来保存大容量的多媒体信息，如声音、视频、图像等；CD-ROM、DVD 光盘是最经济实用的存储载体，但需要相应的刻录设备支持。另外，半导体存储设备（如 U 盘、可移动硬盘、MP3 等）以其容量大、携带方便、速度快等优点赢得了大家的欢迎。

（6）高级多媒体设备：随着科技的进步，近来出现了一些新的输入 / 输出设备，如为配合虚拟现实技术而出现的传输手势信息的数据手套、头盔、立体眼镜等。

3. 多媒体计算机软件层次

如果说硬件是多媒体计算机系统的基础，那么软件就是多媒体计算机系统的灵魂。由于多媒体计算机系统涉及了种类繁多的各种硬件，要处理形形色色差异巨大的各种多媒体数据，因此，如何将这些硬件有机地组织到一起，使用户能够方便地操作多媒体数据，是多媒体软件的主要任务。除了常见软件的一般特点外，多媒体软件常常要反映多媒体技术的特有内容，如数据压缩、各类多媒体硬件接口的驱动和集成、各种多媒体数据格式的转换，以及与用户的不同交互方式等。所以，一般来说，各种与多媒体有关的软件系统都可以划到多媒体的名下，但实际上许多专门的软件系统，如多媒体数据库、超媒体系统等都单独划出，通常所说的多媒体软件一般指那些公共的软件工具与系统。

多媒体软件可以划分为不同的层次或类别，这种划分是在发展过程中形成的，并没有绝对的标准。本书按其功能划分为六类四个层次：驱动程序、多媒体操作系统、多媒体素材创作软件、多媒体制作软件、多媒体应用系统和多媒体应用软件，如图 8-4 所示。

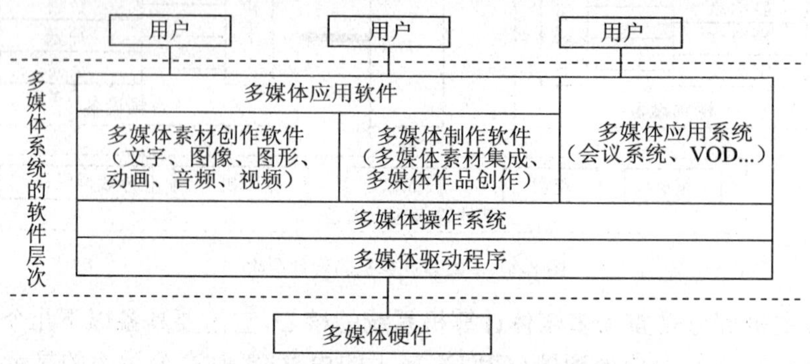

图 8-4　多媒体计算机软件系统的层次

8.2 图形图像处理技术

任务提示

上节初步了解了多媒体的相关知识，本节开始王芳要动手制作这个宣传片了，首先当然是要收集整理所用的素材了，在所有的素材中，图片（包括照片）是最主要的内容，也是构成宣传片的重要部分。王芳将可能用到的图片分门别类进行整理，并用图片处理软件对某些不太理想的图片进行了处理。下面我们就先来了解一下图形图像的基础处知识，然后随王芳一起学会使用图片查看和处理软件吧。

8.2.1　图像的颜色模型

1. 视觉系统对颜色的感知

图像是各种颜色在眼睛中进行成像的结果，要学习图像的相关知识，必须了解视觉系统如何感知颜色。通常认为颜色是视觉系统对可见光的感知结果。可见光是波长在 380 ～ 780nm 的电磁波，我们看到的大多数光波并不只是一种波长，而是由不同波长的光组合而成的。人们在研究眼睛对颜色的感知过程中普遍认为，人的视网膜有对红、绿、蓝颜色敏感程度不同的三种椎体细胞。除了这三种椎体细胞外，人眼还有一种杆状体细胞，但它只在光功率极低的情况下才起作用。当人看到一个物体时，物体上发射的光线照射到了人的视网膜上。视网膜上的神经，也就是椎体细胞对红、绿、蓝三种颜色的光敏感度不同，同时对不同亮度的感知也不同。人眼就是通过这三种椎体细胞来感觉这个多姿多彩的世界。

人的视觉系统对颜色的感知特性为我们进行数字图像处理带来了便利。一是由于人对不同颜色和亮度的感知度不同，我们可以降低图像的数据量而不使人感觉到的图像质量明显下降；二是人的视觉系统能够感知的任何一种颜色都可以由红、绿、蓝三种颜色来确定，通过三种颜色的不同混合，得到的颜色不同，也就是光波的波长不同。

2. 图像的颜色模型

颜色模型是用简单的方法描述所有颜色的一套规则和定义。常用的颜色模型主要分为两大类：相加颜色模型和相减颜色模型。

相加颜色模型主要应用于能够发光的有源物体，它的颜色主要由该物体发出的光波决定。从物理光学试验中得出：红、绿、蓝三种色光是其他色光所混合不出来的。而这三种色光以不同比例的混合几乎可以得出自然界所有的颜色，所以红、绿、蓝是加色混合最理想的色光三原色。

相减颜色模型主要应用于不发光的物体，也就是无源物体，它的颜色由该物体吸收或者反射哪些光波决定。理想的色料三原色应当是品红（明亮的玫红）、黄（柠黄）、青（湖蓝）。

常用相加颜色模型有 RGB、HSV、YUV 和 YIQ 等，其中 RGB 是所有颜色模型的基础，YUV 和 YIQ 用在电视图像的传输中；常用的相减颜色模型是 CMYK，它主要用在打印机上。另外还有灰度模型和黑白颜色模型。

（1）RGB 颜色模型

电视和计算机显示器使用的阴极显像管上的每一个像素点都由红、绿、蓝三种涂料组合而成，由三束电子束分别激活这三种颜色的磷光涂料，以不同强度的电子束调节三种颜色的明暗程度就可得到所需的颜色。组合这三种光波以产生特定颜色称为相加混色，因此这种模式又称为 RGB 相加模式。

从理论上讲，任何一种颜色都可以用这三种基本颜色按不同的比例混合得到。三种基本颜色的光强越强，到达人眼的光就越多，它们的比例不同，人们看到的颜色也就不同，没有光到达人眼，就是一片漆黑。比如，当三种基本颜色等量相加时，得到白色或灰色；等量的红绿相加而蓝为 0 值时得到黄色；等量的红蓝相加而绿为 0 值时得到品红色；等量的绿蓝相加而红为 0 值时得到青色。这三种基本颜色相加的结果如图 8-5 所示。

现在使用的彩色电视机和计算机显示器都是利用这三种基本颜色混合来显示彩色图像，而把彩色图像输入到计算机的扫描仪则是利用它的逆过程。扫描是把一幅彩色图像分解成 R、G、B 三种基本颜色，每一种基本颜色的数据代表特定颜色的强度，当这三种基本颜色的数据在计算机中重新混合时，又显示出它原来的颜色。

（2）CMYK 颜色模型

计算机屏幕显示彩色图像时采用的是 RGB 模型，而在打印时一般需要转换为 CMY 模型。CMY 模型是使用青色（Cyan）、品红（Magenta）、黄色（Yellow）三种基本颜色按一定比例合成色彩的方法。CMY 模型与 RGB 模型不同，因为色彩不是直接由来自于光线的颜色产生的，而是由照射在颜料上反射回来的光线所产生的。颜料会吸收一部分光线，而未吸收的光线会反射出来，成为视觉判定颜色的依据，利用这种方法产生的颜色称为相减混色。

在相减混色中，当三种基本颜色等量相减时得到黑色或灰色；等量黄色和品红相减而青色为 0 值时得到红色；等量青色和品红相减而黄色为 0 值时得到蓝色；等量黄色和青色相减而品红为 0 值时得到绿色。三种基本颜色相减结果如图 8-6 所示。

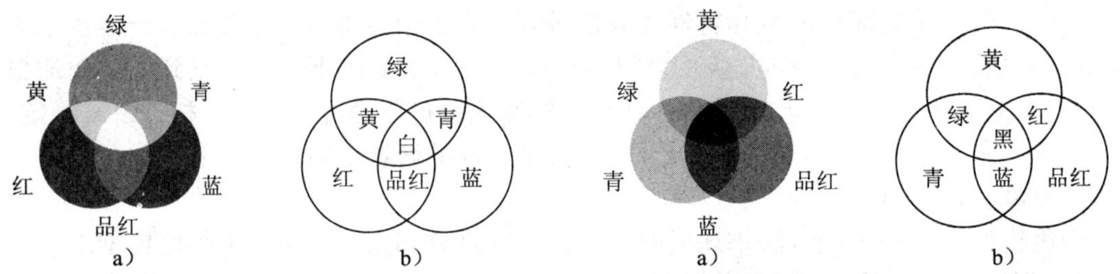

图 8-5　RGB 相加颜色模型

图 8-6　CMY 相减颜色模型

虽然理论上利用 CMY 的三种基本颜色混合可以制作出所需要的各种色彩，但实际上同量的 CMY 混合后并不能产生完美的黑色或灰色。因此，在印刷时常加入一种真正的黑色（Black），这样，CMY 模型又称为 CMYK 模型。

8.2.2　图形与图像

图形与图像是多媒体技术的重要组成部分，是多媒体作品中最常用的素材。它可以形象、生动和直观地表现大量信息，具有文本和声音所无法比拟的优点。

在今天的数字世界，计算机图像文件可分为两类，那就是位图图像和矢量图形，它们使用不同的技术来创建、存储和处理这两种类型的图像信息。它们各有优缺点，并且所体现的功能和好处也是彼此无法替代的。例如我们常见的剪贴画和照片，剪贴画使用 Windows 图元文件（WMF）文件格式，这是一种矢量图形文件；网站上的照片，使用联合图像专家组

(JPG)文件格式,这是一种位图图像。

1. 位图

位图图像(也称为光栅图像),是由一系列小点组成的,就像是在一张方格纸上的某些小方块中填充颜色以形成各种形状或者线条。这些小点被称为像素,并且每个像素都有自己的颜色信息。在每个位图图像中包含的像素数是固定的(是一个固定值)。图像的像素大小是指位图在高、宽两个方向的像素数相乘的结果,例如宽度和高度均为 100 像素的图片,其像素数是 10000 像素。这样每英寸图像内含有的像素点数,被称为图像的分辨率,分辨率的单位为 PPI(Pixels Per Inch),每英寸的像素越多,分辨率就越高。

缩放对位图图像的影响:当放大位图时,可以看见赖以构成整个图像的无数单个方块。扩大位图尺寸的效果是增多单个像素,从而使线条和形状显得参差不齐。放大照片总是导致质量损失。扩大后的位图可能出现模糊,甚至"像素化"。当缩小位图图像时,计算机会在能够更清楚显示图像的前提下不断地抛弃像素,直到像素的数目适应新的尺寸,由于每个像素都具有颜色信息,因此放弃像素意味着丢失信息。位图缩小之后不会产生模糊,是因为在丢弃原先的一些像素后,剩下的像素仍然足够描述图像,也就是说位图变小时不会影响图像质量。由此可见,位图缩放受限制,放大后产生了像素空缺,因此会模糊,如图 8-7 所示。

图 8-7　位图图像放大效果

2. 矢量图

在矢量图形中,图形的信息以点、线段、曲线及其组合体的形式存储,这些点、线等图形元素被称为对象,对象是由一组算法或函数来定义的。例如,直线可以用起点坐标和终点坐标来表示,这也允许了矢量图可以在计算机中被多次重绘。因此,矢量图与位图最大的区别是,它与分辨率无关,缩放图形不会失真,可以将它缩放到任意大小和以任意分辨率在输出设备上打印出来,不会影响清晰度,如图 8-8 所示。基于这些特点,矢量图适用于文字设计、标志设计、工程图及三维图像的设计等。由于不像位图那样要包含所有像素信息,所以矢量图形文件一般占用的空间较小。

矢量图形的绘制需要使用专门的图形编辑软件,常用的有 Adobe 公司的 Illustrator、Corel 公司的 CorelDRAW,另外 CAD 软件也属于矢量图软件。

图 8-8　矢量图放大效果

8.2.3 图像的数字化

图像数字化就是将一幅真实的图像(如书中的插图、海报、图纸等)转化成计算机能接受的显示和存储格式的过程,这一过程是图像处理技术的基础。数字化后的图像以二进制形式存储在磁盘、光盘等存储设备里,不能直接观看,必须借助播放设备才能观看。

1. 图像的数字化过程

图像的数字化过程主要分为采样、量化与编码三个步骤。

(1)采样

采样是计算机按照一定的规律,把一幅连续的图像在二维方向上分成 $M\times N$ 个网格,每个网格用一个亮度值来表示该区域亮度,这样一幅图像就离散化为用 $M\times N$ 个亮度值来表示,这个过程称为图像的采样。采样的实质就是要用多少像素来描述一幅图像。

(2)量化

采样的图像亮度值,在采样的连续空间上仍是连续值。量化就是把采样后所得的这些连续的亮度值分为 K 个区间(离散化处理),每个区间上对应一个相应的亮度值,这样共得到 K 个不同亮度值。按照量化区间的划分方法,量化可分为均匀量化和非均匀量化。通常将实现量化的过程称为模数变换,相反地,把数字信号恢复到模拟信号的过程称为数模变换。

(3)编码

数字化后得到的图像数据量十分巨大,必须采用编码技术来压缩其信息量。这样可以节省图像存储容量,减少传输信道容量,缩短图像加工处理时间。

2. 图像处理的常用参数

获取数字化图形、图像的几种常用方法有扫描仪扫描、数码相机拍摄、网上下载以及利用图像编辑软件自己加工或创作等。影响图像数字化质量的主要参数有分辨率、颜色深度等,在采集和处理图像时,必须正确理解和运用这些参数。

(1)分辨率

常用的分辨率有图像分辨率、显示器分辨率、输出分辨率和输入分辨率四种。

①图像分辨率。

图像分辨率是指图像每单位长度所包含的像素数目。常以像素 / 英寸(ppi, pixcels percent inch)为单位。图像分辨率越高,图像越清晰。但过高的分辨率会使图像文件过大,对设备要求也越高,因此应根据图像的用途设置合适的分辨率,如报纸图像通常设置为120ppi 或 150ppi,彩版印刷图像分辨率通常设为 300ppi 等。

②显示器分辨率。

显示器分辨率是指显示器中每单位长度显示的像素数目。通常以点 / 英寸(dpi, Dots Per Inch)表示。常用的显示器分辨率有:1024×768 像素(显示器水平方向上分布了 1024 个像素,垂直方向上分布 768 个像素)、1280×1024 像素、800×600 像素等。

在同样大小的显示器屏幕上,显示分辨率越高,像素的密度越大,显示图像越精细,但屏幕上的文字也越小。

③输出分辨率。

输出分辨率是指激光打印机或绘图仪等输出设备在输出图像时每英寸所产生的油墨点数。通常使用的单位也是 dpi。目前常见激光打印机的最高输出分辨率为 600×600dpi、

1200×1200dpi 等。

④输入分辨率。

输入分辨率表示输入设备在每单位长度内捕捉的信息量，它以每英寸的点数（dpi）来测量。如使用的输入设备是扫描仪时，输入分辨率就是指扫描分辨率。

（2）颜色深度

颜色深度是指记录每个像素所使用的二进制位数。对于彩色图像，颜色深度决定了该图像可以使用的最多颜色数目；对于灰度图像来说，颜色深度决定了该图像可以使用的亮度级别数目。颜色的深度值越大，显示的图像色彩越丰富，画面越自然、逼真，但数据量也随之激增。在实际应用中，彩色图像或灰度图像的颜色分别用 8 位、16 位、24 位和 32 位等进制数表示。一幅色彩深度为 1 位的图像包括 2^1 种颜色，所以最多可由黑和白两种颜色组成；一幅色彩深度为 8 位的图像包括 2^8 种颜色，或 256 级灰阶，每个像素的颜色可以是 256 种颜色中的一种；一幅色彩深度为 24 位的图像包括 2^{24} 种颜色。色深位数越高，颜色就越多，所显示的画面色彩就越逼真，但是颜色深度增加时，图片占的空间也越大。

图像文件的大小是指在磁盘上存储整幅图像所需要的字节数，它的计算公式是：

图像文件的字节数 = 图像分辨率 × 颜色深度 /8

例如，一幅 640×480 的真彩色图像（24 位），它未压缩的原始数据量为：

$$640\times480\times24/8\text{B}=921600\text{B}\approx900\text{kB}$$

8.2.4　常见图像文件格式

图像数字化后，根据记录图像信息及压缩图像数据方式的不同，可以将图像用不同的格式保存在外部存储器中。

1. 常见的图像文件类型

（1）BMP 格式

BMP 是 bitmap 的缩写，即位图文件。它是图像文件的原始格式，也是最通用的，由于一般采用非压缩格式，所以图像质量较高，但缺点是这种格式的文件占空间比较大，通常只能应用于单机上，不适于网络传输，一般情况下不推荐使用。Windows 系统的墙纸图像，就是用的这种格式。

（2）JPEG 格式

JPEG 是 Joint Photographic Experts Group（联合图像专家小组）的首字母缩写，简称 JPG，代表一种图像压缩标准，它用有损压缩方式去除冗余的图像和色彩数据，适用于压缩照片类的位图图像，而且图像质量可以根据压缩的参数设置而不同。由于压缩技术先进，可用比较少的磁盘空间得到相对较好的图像质量，因此应用非常广泛。

（3）GIF 格式

GIF 是英文 Graphics Interchange Format（图形交换格式）的缩写，是由美国 Compu Serve 公司于 1987 年开发的图像文件格式。它采用 LZW（Lempel-Ziv Walch）算法对图像数据进行无损压缩，特点是定义了允许用户为图像设置背景的透明（Transparency）属性，并且能够在一个文件中存储若干幅彩色图形或图像，可以像放映幻灯片那样显示，从而呈现动画效果，它的缺点是支持的颜色信息只有 256 种，但是由于它同时支持透明和动画，而且文件量较小，所以广泛用于网络动画。

（4）TIFF 格式

标签图像文件格式（Tagged Image File Format，简写为 TIFF）是一种作为工业标准的文件格式，最初是出于跨平台存储扫描图像的需要而设计的。TIFF 格式具有图形格式复杂、存储信息多的特点，它最大的色彩深度为 48bit，图像质量非常高，因而经常用于出版印刷。

（5）PSD 格式

Photoshop 文件的标准格式，该格式文件存储了 Photoshop 中的图层、通道、参考线及颜色模式等信息。支持的软件较少，可以使用 Photoshop、ACDsee 等打开。

2. 常见的矢量图形文件类型

（1）AI 文件格式

AI 格式是 Adobe 公司发布的矢量软件 Illustrator 的专用文件格式。它的优点是占用硬盘空间小，打开速度快，方便格式转换，是一种广泛应用的文件格式。很多图形软件都能导入 AI 格式文件。

（2）EPS 文件格式

EPS 文件格式是 Encapsulated PostScript 的缩写，是跨平台的标准格式，扩展名在 PC 平台上是 *.eps，在 Macintosh 平台上是 *.epsf，EPS 格式是专业出版与打印行业使用的文件格式。嵌入到 EPS 文件中的 PostScript 语言代码提供了重要的打印定义，但也使得文件尺寸变大。除此之外，大多数的 Web 浏览器不支持 EPS 文件，因此 EPS 格式不能用在 Web 站点的图像显示上。

（3）CDR 格式

CDR 格式是 Corel 公司旗下著名绘图软件 CorelDRAW 的专用图形文件格式。由于 CorelDRAW 是矢量图形绘制软件，所以 CDR 可以记录文件的属性、位置和分页等。但它在兼容度上比较差，所有 CorelDraw 应用程序中均能够使用，但其他图像编辑软件打不开此类文件。

（4）WMF 格式

WMF（Windows MetaFile）是一种 Microsoft Windows 的图形文件格式。它是一个向量图格式，但是也允许包含位图。本质上，一个 WMF 文件保存一系列可以用来重建图片的 Windows GDI 命令。在某种程度上，它类似于印刷业广泛使用的 PostScript 格式。可以用 Microsoft Office 相关软件编辑，或是用 Adobe 开发的 Flash 和 Illustrator 等向量图编辑器。它具有文件小、图案造型化的特点。

（5）EMF 格式

EMF 格式是由 Microsoft 公司开发的 Windows 32 位扩展图元文件格式。其总体设计目标是要弥补在 Microsoft Windows 3.1 中使用的 *.wmf 文件格式的不足，使得图元文件更易于使用。

8.2.5 图形图像处理软件及应用

很多常见的图形图像工具按照不同的使用目的可以分为图像浏览和图像处理两大类。图像浏览软件常用的有 Windows 的照片查看器和 ACDSee，图形图像处理类则有处理位图图像的 Photoshop、Fireworks，以及处理矢量图形的 Illustrator、Coreldraw 等软件。

1. 常见图片浏览工具

（1）Windows 照片查看器

Windows 照片查看器是集成在 Windows 操作系统中的一个看图软件，在没有安装其他图片浏览工具之前，系统默认使用它来浏览图片，如图 8-9 所示。功能虽然简单，但比较实用，而且浏览图片速度极快，可以实现缩放、旋转、删除、打印、刻录等功能。

图 8-9　Windows 照片查看器

（2）ACDSee 图片浏览器

ACDSee 是使用非常广泛的看图工具之一。它的界面良好、操作简单，特点是支持性强，能打开包括 ICO、PNG、PSD 等在内的二十余种图像格式文件，并且拥有优质快速的图形解码方式，能够高品质地快速显示图片。最新版本的 ACDSee12 的主界面如图 8-10 所示。

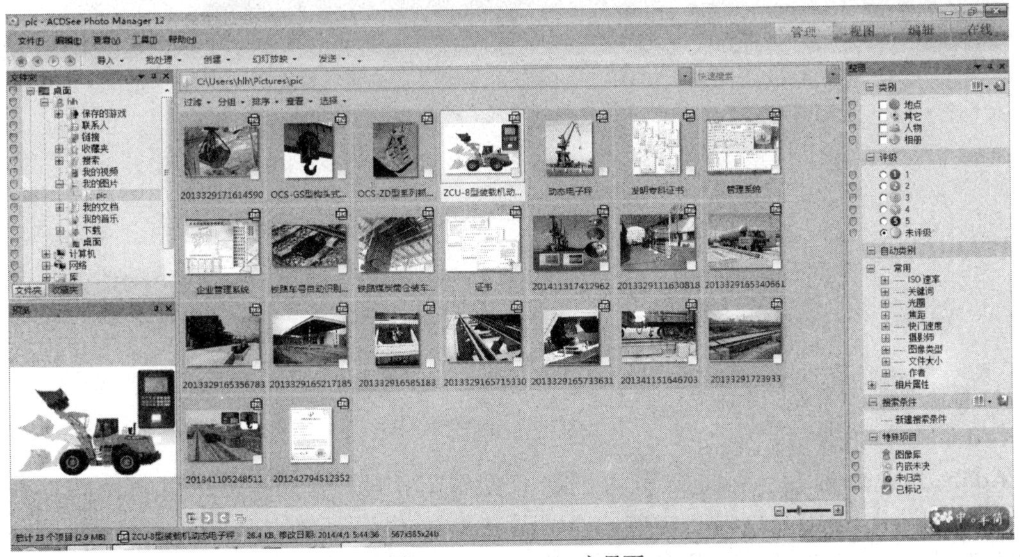

图 8-10　ACDsee12 主界面

①预览图片。

在上图中双击要查看的图片，进入到【视图】页面，可以查看该图片的全貌，如图 8-11 所示，点击【上一个】、【下一个】查看其他图片，或者在下方的缩略图中直接单击要预览的图片也可以查看。

图 8-11　预览图片

②编辑图片。

ACDSee 还提供了许多图像编辑功能和图形文件管理功能，如旋转或修剪图像、调整图像大小、添加文本和边框、调整色阶、调整颜色、批量转换图片格式等，操作十分方便简洁，如图 8-12 所示。

图 8-12　ACDsee12 图像编辑界面

2. 常见图形图像处理软件

（1）Adobe Fireworks

Adobe Fireworks 是 Adobe 公司的一款网页作图软件，它加速了网页的设计与开发，是一款创建与优化 Web 图像和快速构建网站与 Web 界面原型的理想工具。在绘图方面，Fireworks 结合了位图以及矢量图处理的特点，具备复杂的图像处理功能。在网页制作方面，Fireworks 可以制作 GIF 动画、切割大图，还可以快速地为图形创建各种交互式动感效果。其操作界面如图 8-13 所示。

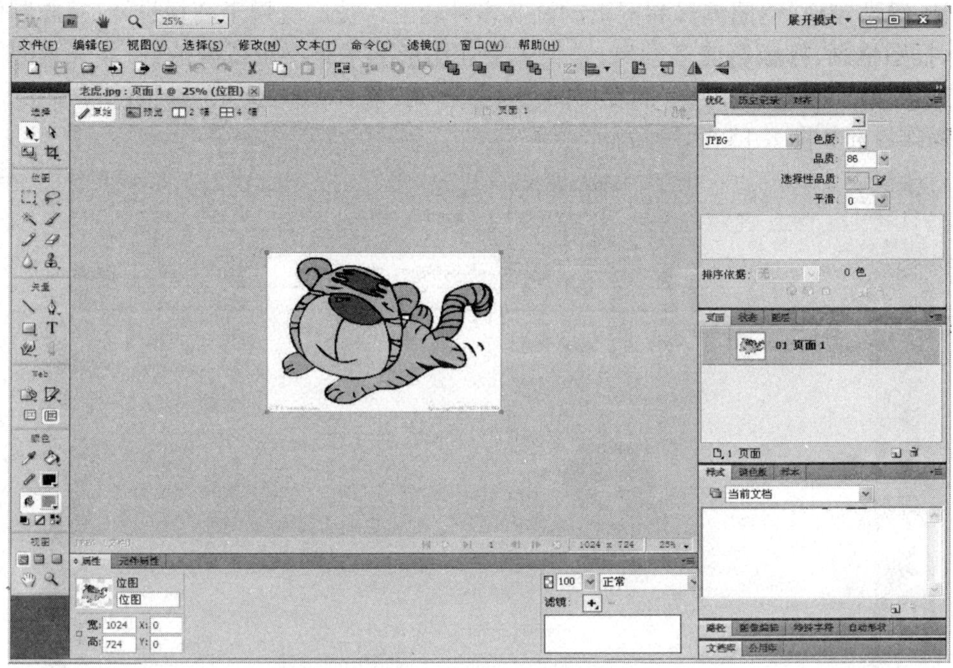

图 8-13　FireworksCS5 主界面

（2）Adobe Illustrator

Illustrator 是 Adobe 公司推出专业矢量图形制作软件，广泛应用于印刷出版、专业插画、包装设计和网页设计等，AI 格式是 Illustrator 的专用文件格式。它的优点是占用硬盘空间小，打开速度快，方便格式转换。其操作界面如图 8-14 所示。

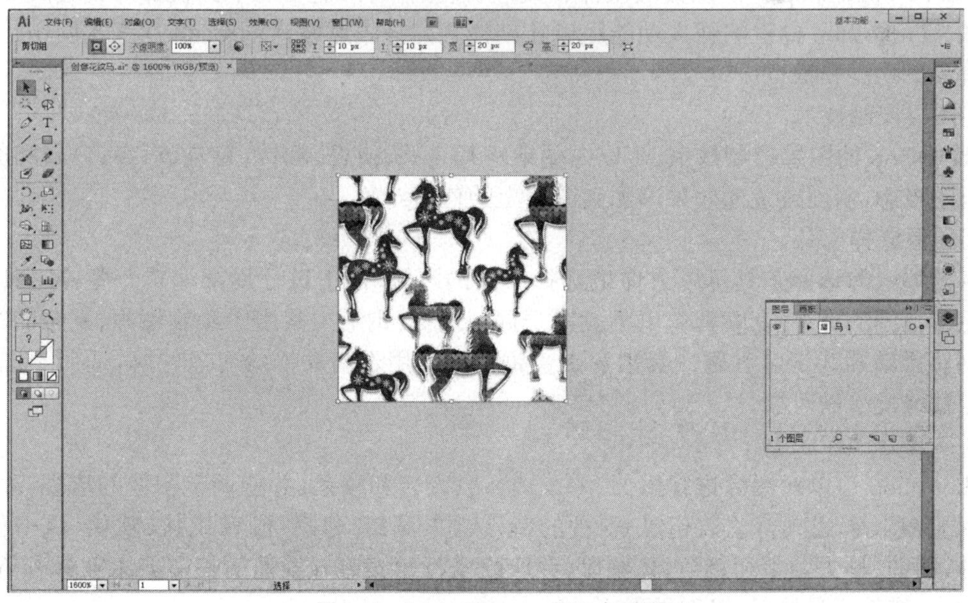

图 8-14　Adobe Illustrator CS6 主界面

(3)CorelDRAW

CorelDRAW 是加拿大 Corel 公司出品的矢量图形制作工具件，软件提供了矢量动画、页面设计、网站制作、位图编辑和网页动画等多种功能。被广泛用于商标设计、标志制作、模型绘制、插图描画、排版等诸多领域，是很多专业图形艺术家不可或缺的、可靠强大的工具。CDR 文件格式，是 CorelDRAW 的专用图形文件格式，与 Illustrator 的 AI 格式可相互导入导出。其操作界面如图 8-15 所示。

图 8-15 CorelDRAW12 主界面

(4)Photoshop

Adobe Photoshop 是图像处理软件领域最著名的软件，是专业平面设计师首选的图像处理软件。Photoshop 提供的强大功能足以让创作者充分表达设计创意，进行艺术创作。其主要具有如下功能和特点：

①图层控制技术。

Photoshop 的图层控制技术，可以方便地进行合并、拼合、翻转、复制、对齐、分布和剪贴，并将自动投影、斜面或发光效果添加到图层上的任何对象。

②图像选择工具。

多种类型的选择工具可以方便地选择不同的区域，便于进行局部编辑。魔棒工具用于基于色彩范围的选择；套索和选框工具用于局部选择；钢笔工具用于绘制精确、复杂的路径，并可将路径转换为选区。磁性套索和磁性钢笔工具用于自动描绘对象轮廓，适用于选择具有一定边缘反差的对象。

③图像处理和滤镜。

Photoshop 可以对图像进行扭曲、缩放、斜切、旋转和移动，并能调整图像的透视，改良图像的保真度。它还具有总数超过 95 种的特殊效果滤镜，包括：固像锐化、软化、风格化、自然媒体、扭曲、移去蒙尘和划痕、光照等，并广泛支持第三方开发商所使用的工业标准 Adobe Photoshop 增效工具接口，以增强程序功能。

④图像加工工具。

Photoshop 中的减淡、加深、加色和去色等暗室类工具，足以达到专业暗房制作水平。涂抹、锐化和柔化等精细修饰工具，更可以仔细地雕琢和润色图像。

⑤支持多种文件格式。

Photoshop 在 Macintosh 和 Windows 平台上具有相同的功能以及二进制兼容文件格式。可以支持的主要图像文件格式包括 PSD、Kodak、Photo CD、TIFF、JPEG、PCX、BMP、Raw、Targa（TGA）以及 GIF 等，支持包括 PNG 以及便携式文档格式（PDF）等网页出版文件格式。Photoshop 在广泛支持图形和网页文件格式的基础上，也完全支持 ICC 和 Apple ColorSync 色彩管理，可以在整个处理过程中取得更好的色彩一致性。

⑥具有良好的可操作性。

作为专业图像处理软件，Photoshop 软件提供了大量提高工作效率的功能。可以通过"动作"调板记录操作步骤，并将它们应用于任何文件或批文件，自动完成编辑任务。

Photoshop CS6 的界面如图 8-16 所示。左边的工具栏中提供一整套创作工具，包括画笔、钢笔、铅笔、喷枪等，右面排列着多个功能强大的控制面板。

图 8-16　Photoshop CS6 主界面

Photoshop CS6 的工具箱默认位于工作界面左侧，要使用某种工具，只要在工具箱中单击该工具图标即可，工具图标右下角的小三角符号表明该工具拥有相关的子工具。工具箱中的工具包括图像选区工具、绘图工具、填充工具、图章工具、擦除工具、图像修复修饰工具等 40 多种工具，如绘图工具主要有画笔工具和铅笔工具两种，填充工具包括渐变工具和油漆桶工具两种。

面板位于工作界面的右侧，利用它可以完成各种图像处理操作和工具参数设置，如可以用于选择颜色、编辑图层、制作路径、设置样式、调整颜色等，这些面板都可在【窗口】菜单中找到。

8.3 音频信息处理技术

任务提示

图片素材准备好后，接下来该准备声音素材了，声音素材基本包括两类：背景音乐和解说词，而这两者需要和谐地合成在一起。这节我们跟随王芳继续了解音频的有关知识、常见的音频文件格式、音频处理软件，重点来学习如何用 Adobe Audition 来制作所需要的音频素材。

8.3.1 声音的定义和属性

1. 声音的定义

声音是振动在弹性媒介中传播的一种连续波，因此声音也叫声波。当声波传到人耳时，引起人耳鼓膜发生相应的振动。这种振动通过听觉系统传到听觉神经，经大脑细胞分析、处理之后便使人产生了听觉。

可见，要听见声音，必须有三个基本条件：第一是存在发出声音的振动物体，即声源，如喉管内声带的振动，扬声器中音膜的振动等；第二是要有传播过程中的弹性媒介，即传声介质，如空气等，因此在太空中听不到声音；第三，要通过人耳听觉产生声音的感觉。前两个说明了声音的物理属性，第三个条件则说明了声音还具有心理属性。

2. 声音的基本参数

描述声音特征的物理量有声波的振幅、周期和频率，由于周期和频率互为倒数，因此一般只用振幅和频率作为基本参数来描述声音。

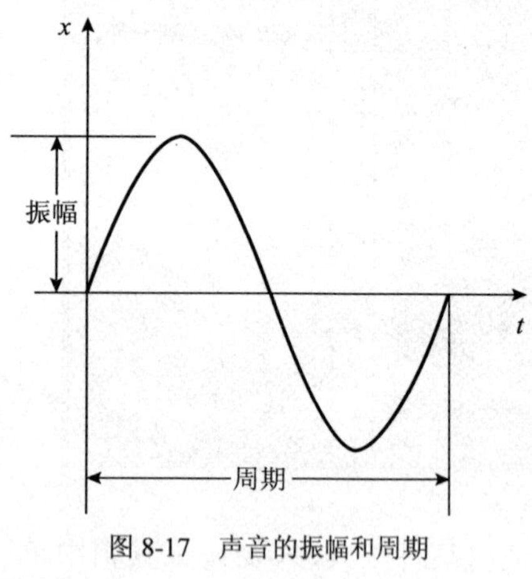

图 8-17　声音的振幅和周期

（1）振幅

振动体振动的幅度，决定了产生声波的高低幅度，表现为声音的强弱。

（2）频率与周期

频率是振动体每秒振动的次数，用符号 f 表示，频率的单位是赫兹（Hz），简称赫。

周期是振动体每振动一次所需要的时间，用符号 T 表示，单位是秒（s）。

频率和周期的关系为 $f=\frac{1}{T}$。声音的振幅和周期示意图见图 8-17。

3. 声音的频率范围

发声体振动产生的声波，只有频率在 20~20000Hz 范围内的声音才能被人听到，这个频率范围内的声音称为可闻声，也是多媒体技术中音频信息处理的范围。频率超过 20000Hz 的称为超声波，频率低于 20Hz 的称为次声波。人的发音器官发出的声音频率是 80~3400Hz，但人正常说话的频率范围一般在 300~3000Hz，通常把在这种频率范围的声音称为语音。声音的频率范围可用图 8-18 描述。

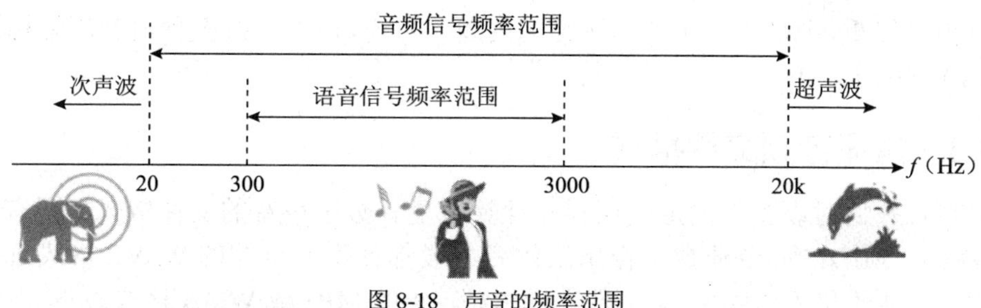

图 8-18　声音的频率范围

8.3.2　声音的数字化

声音是模拟信号，需要通过采样将模拟信号数字化后才能利用计算机对其进行处理。所谓数字化，就是在捕捉声音时，要间隔相同的时间对波形进行离散采样。这个过程将产生波形的振幅值，以后这些值可以重构原始波形，如图 8-19 所示。

声音数字化的质量与采样频率、量化精度和声道数密切相关。影响数字声音波形质量的主要因素有以下三个。

（1）采样频率。采样频率等于波形被等分的份数，如图 8-19 所示，份数越多（即频率越高），质量越好。声音的频率范围为 20Hz~20kHz，在对它进行数字化转化时，采样频率不应低于 40kHz，在多媒体技术中常用的标准采样频率为 44.1kHz。

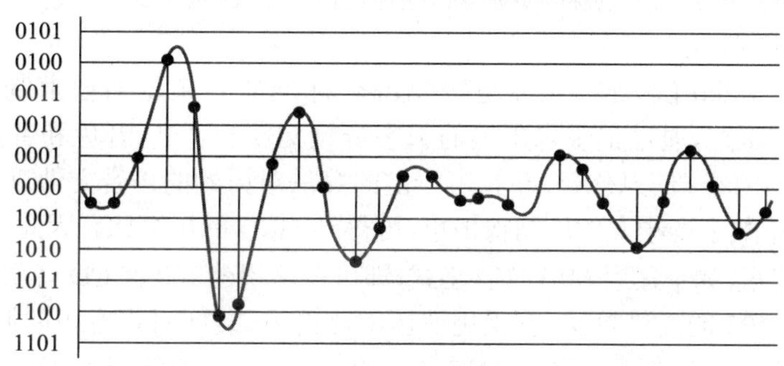

图 8-19　对声音进行隔离采样

（2）采样精度。采样精度，即每次采样的信息量。采样通常通过模数转换器（A/D）将每个波形垂直等分，若用 8 位 A/D 转换器，可把采样信号分为 256 等份；而用 16 位 A/D 转化器，则可将其分为 65536 等份。显然后者比前者音质好。

（3）通道数。通道数即为声音通道的个数。通道的个数表明声音产生的波形数，一般分为单声道和立体声道。为了取得立体声音响效果，又是需要进行“多通道”录音，最起码有左右两个声道（这就是通常意义上的立体声道），较好的则采用 5.1 或 7.1 声道的环绕立体声。所谓 5.1 声道，是指含左、中、右、左环绕、右环绕五个有方向性的声道，以及一个无方向的低频加强声道。

采样频率越高，量化精度越高，声道数越多，则声音质量就越好，而数字化后的数据量也就越大。例如，在采用 44.1kHz 采样，精度为 16 位（即 2B），左右两个声道的情况下，每秒声音所占数据量为 44.1k 次 /s×2B/ 次 ×2（声道）= 176.4kBps。

1s 的声音就占 176kB 容量！一首歌曲如按 5min 计算，约需占 53MB 的空间，这对存储和传输负担都很重，于是提出了数据压缩的问题。目前，声卡支持多种语音压缩标准，压缩比为(4∶1)~(6∶1)。

8.3.3 常见音频文件格式

数字声音数据时以文件的形式保存在计算机里。数字声音的文件格式主要有WAVE、MP3、WMA、MIDI等，专业数字音乐工作者一般都使用非压缩的WAVE格式进行操作，而普通用户更乐于接受压缩率高、文件容量相对较小的MP3或WMA格式。

1.WAVE 文件格式

这种Microsoft和IBM共同开发的PC标准声音格式。由于没有采用压缩算法，因此无论进行多少次修改和剪辑都不会失真，而且处理速度也相对较快。这种文件最典型的代表就是PC上的Windows PCM格式文件，它是Windows操作系统专用的数字音频文件格式，扩展名为WAV，即波形文件。

标准的Windows PCM波形文件包含PCM编码数据，这是一种未经压缩的脉冲编码调制数据，是对声波信号数字化的直接表现形式，主要用于自然声音的保存和重放。其特点是：声音层次丰富、还原性好、表现力强，如果使用足够高的采样频率，其音质极佳。对波形文件的支持是迄今为止最为广泛的，几乎所有的播放器都能播放WAVE格式的音频文件，如电子幻灯片、各种算法语言、多媒体工具软件都能直接使用。但是，波形文件的数据量比较大，其数据量的大小直接与采样频率、量化位数和声道数成正比。

2. MP3 文件格式

MP3(MPEG Audio Leyer3)文件是按MPEG标准的音频压缩技术制作的数字音频文件，它是一种有损压缩，通过记录未压缩的数字音频文件的音高、音色和音量信息，在它们的变化相对不大时，用同一信息代替，并且用一定的算法对原始的声音文件进行代码替换处理，这样就可以将原始数字音频文件压缩得很小，可得到11∶1的压缩比。因此，一张可存储15首歌曲的普通CD光盘，如果采用MP3文件格式，即可存储超过160首CD音质的MP3歌曲。

MP3 Pro是MP3的改进算法，它采用变压缩比的方式，即对声音中的低频成分采用较高压缩率，对高频成分采用低压缩率，MP3 Pro的出现，改变了传统MP3文件高音损耗严重的缺陷，在提高压缩率减少文件存储空间的同时，还提升了音质，并且保证了与MP3编码格式的兼容性。MP3文件的理想播放器是Winamp，当然也可以使用其他媒体播放工具。

3. WMA 文件格式

WMA是Windows Media Audio的缩写，表示Windows Media音频格式，是Windows Media格式中的一个子集，而Windows Media格式是由Microsoft Windows Media技术使用的格式，包括音频、视频或脚本数据文件，可用于创作、存储、编辑、分发、流式处理或播放基于时间线的内容。

WMA文件可以在保证只有MP3文件一半大小的前提下，保持相同的音质。同时，现在大多数MP3播放器都支持WMA文件。

4. CD 文件格式

CD格式的音频文件扩展名为CDA。标准CD格式的采样频率为44.1kHz，量化位数为16位，速率为176kBps。CD音轨是近似无损，因此它的声音基本保真度高。CD可以在CD唱机中播放，也能用计算机中的各种播放软件来重放。一张CD可以播放74min左右。

一个 CD 音频文件是一个 CDA 文件，这只是一个索引信息，并不是真正地包含声音信息，所以不论 CD 音乐的长短，在计算机上可以看到的 CDA 文件都是 44B。不能直接复制 CD 格式的 CDA 文件到硬盘上播放，需要使用音频抓轨软件进行格式转换。

5. MIDI 文件格式

严格地说，MIDI 与上面提到的声音格式不是同一族，因为它不是真正的数字化音频，而是一组声音或乐器符号的集合。由于只是像记乐谱一样地记录下演奏的符号，所以它的体积是所有音频格式中最小的。一部大型交响乐作品如果以 WAVE 格式存储至少需要数百兆字节的空间，即使压缩成 MP3 也要数十兆字节以上，但若以 MIDI 格式记录相同的信息，只需几万字节就足够了。

MIDI 音乐的播放效果与硬件有很大关系，同一首 MIDI 音乐在不同声卡上播放的差异非常明显。正因为如此，MIDI 文件广泛应用在手机铃声等对音质要求不高且对存储空间有严格限制的场合。MIDI 文件的扩展名为 MID，可用 Cakewalk 等音序器软件进行编辑和修改。与波形文件相比，MIDI 文件的音色比较单调，层次感稍差，表现力不够。

6. MOD 格式

MOD 文件格式也是一种非常受欢迎的 MIDI 文件格式，为确保一个 MIDI 序列在所有人的系统上听起来一致，这种文件在内部自带了一个波形表。因此，MOD 文件通常比 MIDI 文件大很多。

8.3.4　音频处理软件及应用

目前，常用的音频编辑处理软件有 Adobe Audition、Gold Wave、Sound Forge 等，除此之外还有一些用于特殊用途的音频软件。例如：BlueVoice.CN 能够将文字转化成语音；TextAloud MP3 可以抓取程序中的声音；IBM ViaVoice Pro9.1 是语音识别输入系统；Easy CD－DA Extractor Professional 除了可以进行音乐 CD 的抓取，还可以用来进行格式转换和光盘刻录等。本节简要介绍 Adobe Audition 的使用方法，并利用该工具处理我们需要的背景音乐。

Adobe Audition（前身是 Cool Edit Pro）是一个专业音频编辑和混合平台，可算得上是音频“绘画”程序。其支持音频混合、编辑、控制和效果处理等功能，适合于声音和影视专业人员使用。该软件最多可混合 128 个声道，可编辑单个音频文件，创建回路并可使用 45 种以上的数字信号处理效果。

1. Audition 工作界面

Adobe Audition 界面由菜单栏、工具栏、文件效果器列表栏、音轨属性面板、基本功能区、电平显示区等部分组成，如图 8-20 所示。

工具栏的左侧有三个工程模式按钮，分别为单轨编辑模式、多轨混录模式和 CD 编辑模式。三种模式下所对应的工具会有所变化。工具栏的右侧还有另外四个按钮。其中，为混合工具，通常使用于多轨混录模式下，单击鼠标可以实现选中剪辑、选择音频范围等功能，右击可以实现音频剪辑的移动等功能；为时间选择工具，以时间为单位进行音频范围的选择，按住鼠标左键并左右拖拽即可选中音频范围；为移动 / 复制剪辑工具，通常也使用于多轨混录模式下，可以将多轨文件中的音频剪辑位置进行移动，按住鼠标左键并拖拽即可实现对音频剪辑位置的移动。为刷选工具，可以自由地控制音频播放的速度，按住鼠标左键并拖拽可以播放音频，如果按住鼠标左键并不断拖拽变更鼠标位置可制作出 DJ 搓碟的效果。

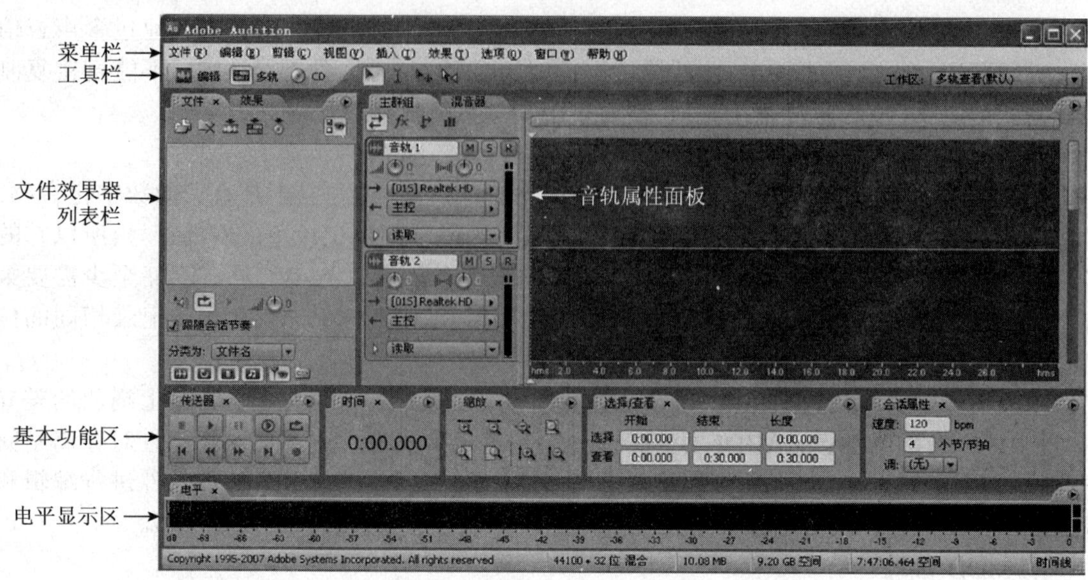

图 8-20 Adobe Audition 工作界面

2. 新建音频文件

切换到单音轨编辑状态，执行【文件】→【新建波形】，如图 8-21 所示，在弹出的对话框中设置【采样率】，选择默认的 44100，因为大多数网络下载的伴奏都是 44100HZ 的，采样率越高精度越高，细节表现也就越丰富，相对文件也就越大，通道一般选择【立体声】，分辨率选择【16 位】，单击【确定】即可新建一个空白波形文件。然后执行【文件】→【另存为】，以“背景音乐 .wav”命名保存，如图 8-22 所示。

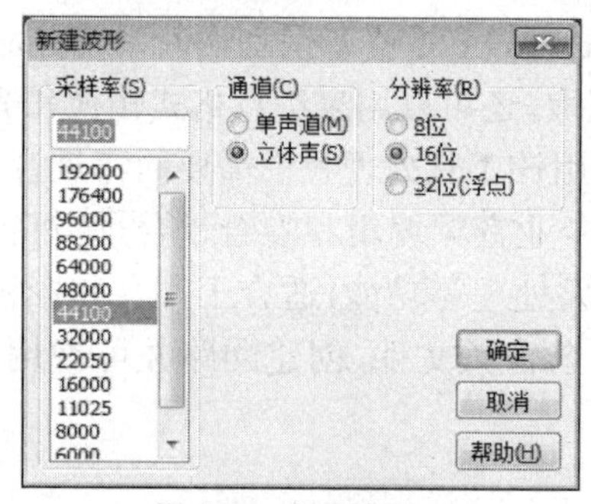

图 8-21 新建波形

图 8-22 保存波形文件

3. 打开音频文件

执行【文件】→【打开…】，选择一首 Mp3 音乐并打开，如图 8-23 所示，单机右下角【传送器】中的播放按钮，可以从当前指针处播放到文件尾，也可以选择一段音频后，点击按钮进行选区播放，或者按按钮循环播放选区内的波形。

4. 编辑音频文件

（1）音频片段的复制和粘贴

在 Audition 中，音频的波形可以像文字一样随意剪裁、截取、复制、粘贴。试听好音频片段后，在轨道上按住鼠标左键不放，拖动鼠标选择要截取的音频，如图 8-24 所示。然后按住鼠标左键，在弹出的快捷菜单中选择【复制】，即将所选片段复制到剪贴板，再从【窗口】下拉菜单中选择之前新建的【背景音乐】空文件，将刚刚复制的波形粘贴到空白处，即完成了所选音频片段的截取，如图 8-25 所示。同样的方法，可以从一个或多个文件中截取多个片段，从而拼接成一段新的背景音乐。

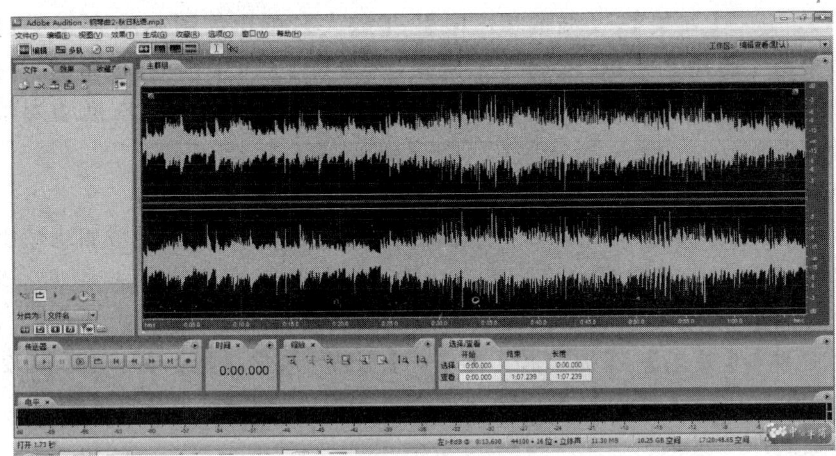

图 8-23　打开音乐

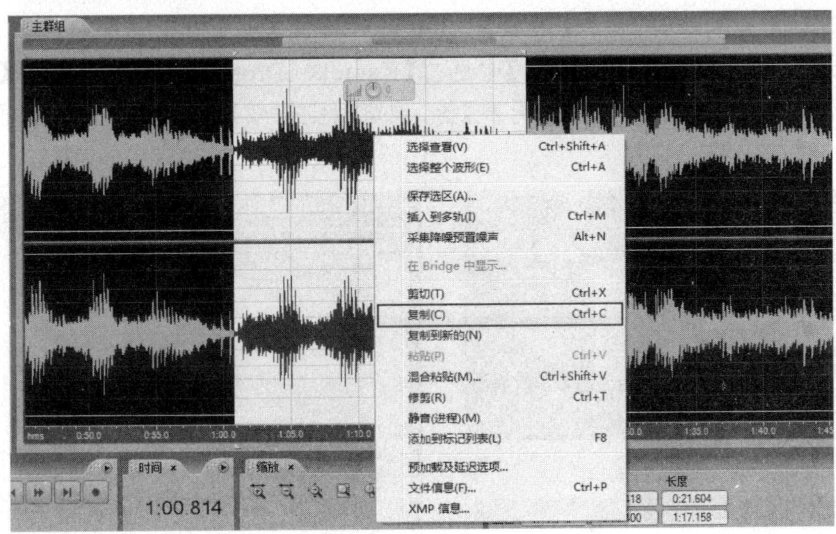

图 8-24　复制音频片段

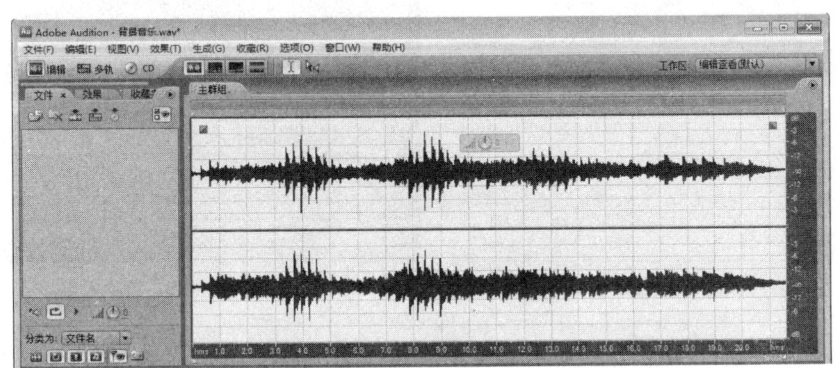

图 8-25　将复制的音频片段粘贴到新文件中

（2）音量调节

音频片段组合好以后，如果觉得音量过高或过低，可以增大或降低音量（注意，声音播放软件也可以调整音量，但不影响声音本身的音量，而此处的音量调节是指将声音本身的音量放大或缩小）。选择【效果】→【振幅和压限】→【放大】，弹出如图 8-26 所示的对话框，在预设效果下拉菜单中选择“+6 dB Boost”后确定，点击右下角的【预览】按钮试听，直到满意为止。也可以直接拖动左右声道的滑块，分别调整左右声道的音量，向左拖动为减小音量，向右拖动为增大音量。

（3）淡入淡出特效处理

给背景音乐做淡入和淡出的效果，使背景音乐在持续时间内逐渐增加或减小其幅度，这样可以避免突然开始或突然停止的效果。编辑方法与音量调整的方法类似，在轨道上按住鼠标左键不放，拖动鼠标选择需要进行淡入处理的波形（一般音频开始是淡入，音频结束时是淡出），然后执行【效果】→【振幅和压限】→【振幅 / 淡化进程】，弹出如图 8-27 所示的对话框。在【预设】中选择【淡入】，最后确定。同样的步骤进行【淡出】效果处理。

（4）消除人声

如果只想要音乐中的伴奏，就需要进行消除人声处理（例如做卡拉 OK 伴奏音乐），选择一段需要消除人声的音频，执行【效果】→【立体声声像】→【析取中置通道】，然后弹出如图 8-28 所示的对话框，在【预设效果】中选择【Karaoke（Drop Vocals 20db）】，【频率范围】根据歌曲实际内容选择【女声】或【男声】等，预览后觉得效果满意即可点击【确定】完成人声的消除。

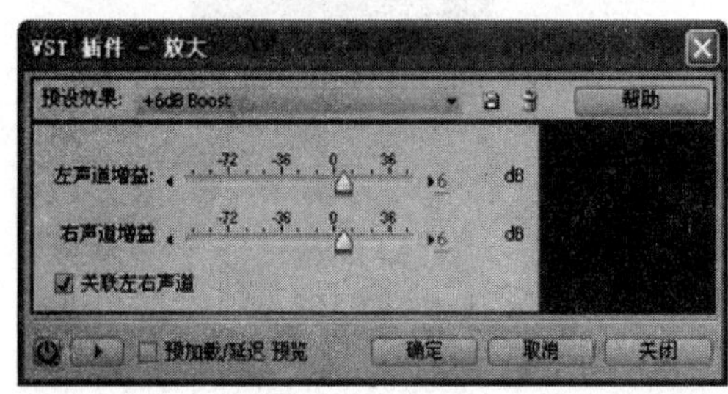

图 8-26　增大音量

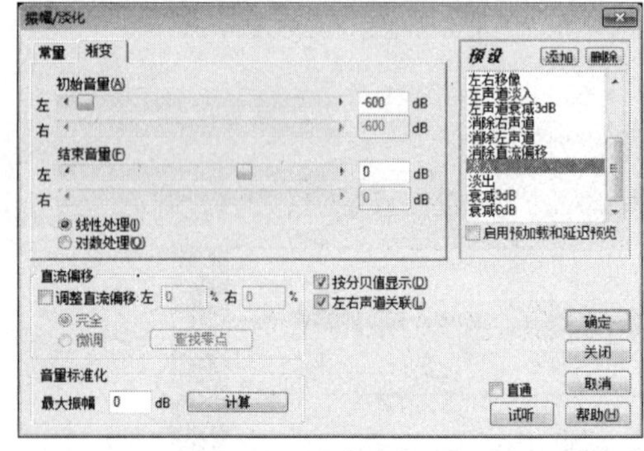

图 8-27　添加【淡入】效果

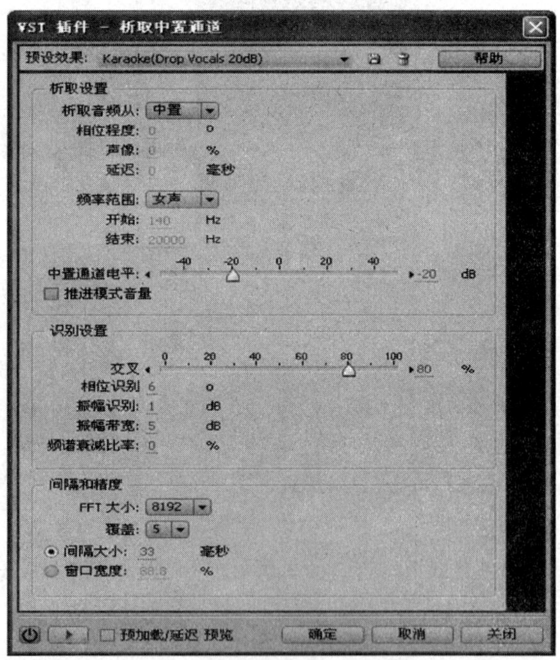

图 8-28　消除人声

5. 录音

除了以上的操作外，如果想让我们的视频更丰富，可以加上解说旁白，即录制人声。录音之前先对麦克风进行调试，确保麦克风能录制声音，同时保证录音现场减少噪声。调试成功后，就可以开始正式录音了。点击传送器右下角的■按钮即可开始进行录音，如图 8-29 所示。录制好的声音听起来会有点单薄，可以通过增加回声效果使其变得更加丰满。进入录音音轨的音频编辑模式，执行【效果】→【迟延和回声】→【回声】，在弹出的对话框中，通过边调节边预览效果进行设置，直到满意为止，如图 8-30 所示。在录音的过程中，总免不了有噪声，影响录音的质量，就要进行除噪操作。首先在录音波形上选择一段没有人声的波形，执行【效果】→【修复】→【降噪预制噪声文件】后确定，然后全部选中录音波形，执行【效果】→【修复】→【降噪器（进程）】，在弹出的【降噪器】对话框中单击确定，如图 8-31 所示。

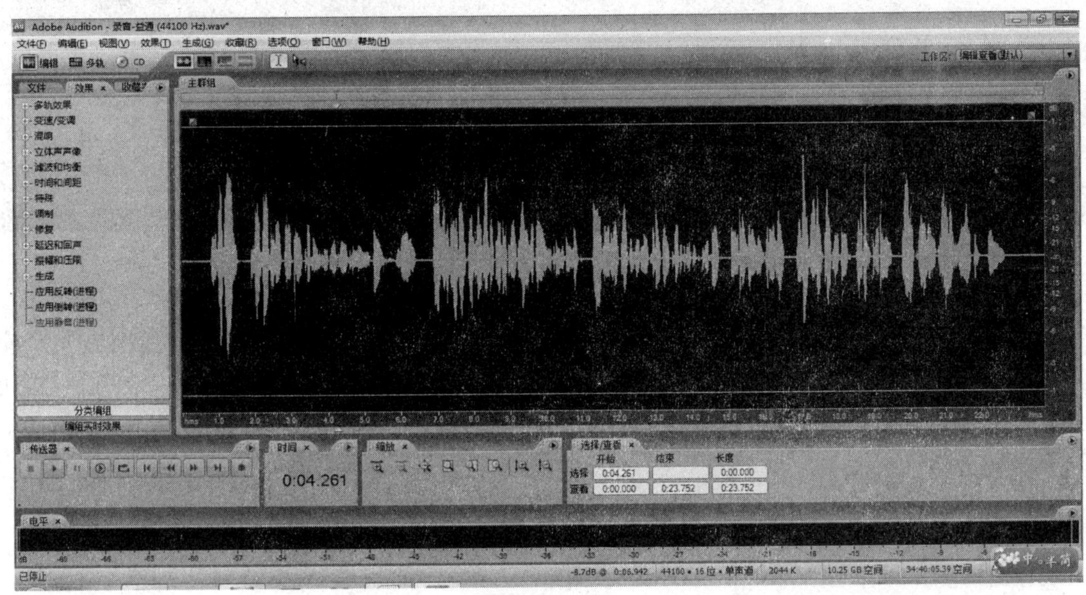

图 8-29　录音

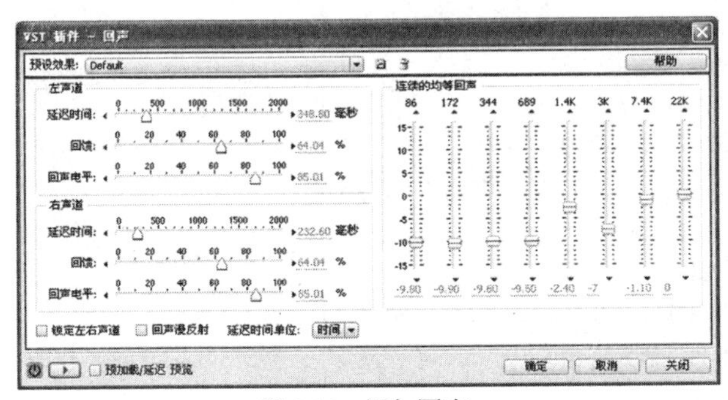

图 8-30　添加回声

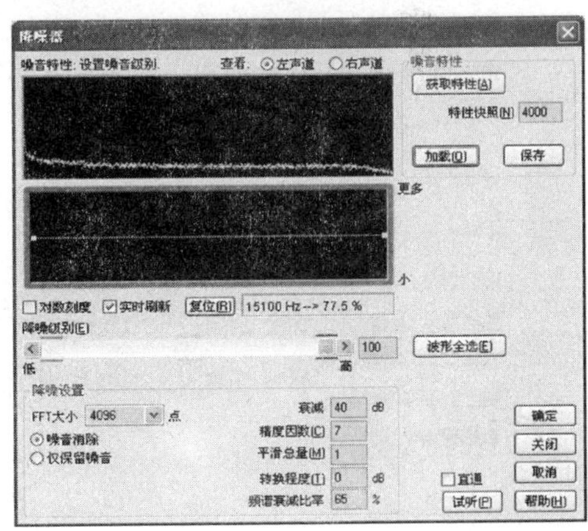

图 8-31　降噪处理

6. 多轨合成

多轨合成指的是多个音轨的音频同时编辑合成，最后混缩为一个音频输出。多轨编集的界面如图 8-32 所示，一般用于录音与背景音乐的合成、多个音色合成等，Audition 多轨编辑时，默认有 6 个音轨，可以通过【插入】菜单插入新的音轨，最多可支持 128 个音轨。

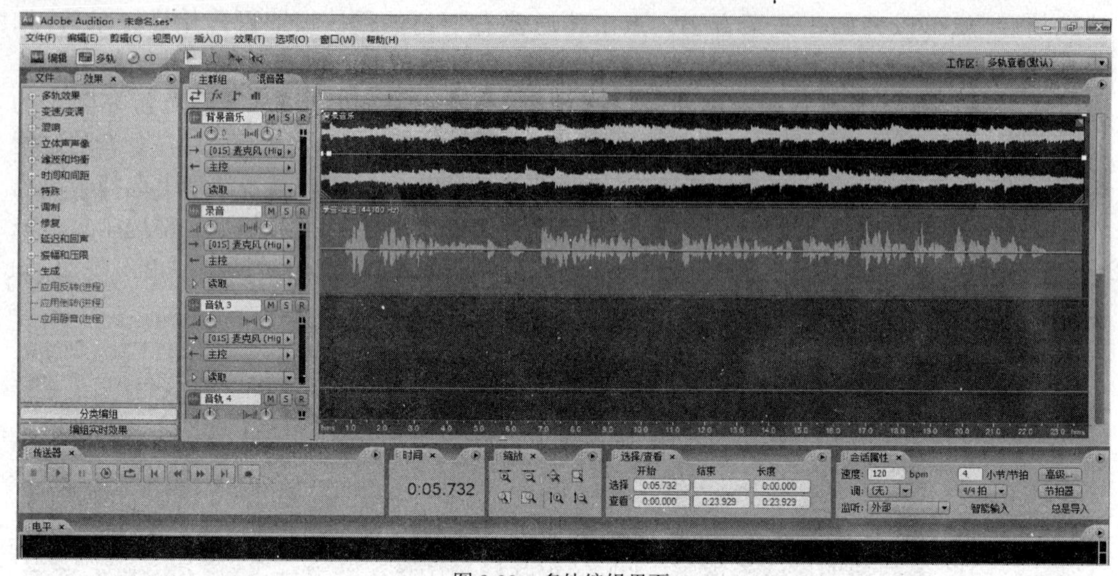

图 8-32　多轨编辑界面

多轨编辑的一般步骤是：

（1）插入音频：需要往每个音轨上单独插入音频文件或当前正在编辑的文件，在某个空音轨上右击鼠标，选择【插入】→【音频】，选择磁盘上的音频文件插入，如图 8-33 所示，也可以选择当前打开正在编辑的音轨文件插入。分别选择背景音乐和录音文件，形成两个音轨，如图 8-32 所示。

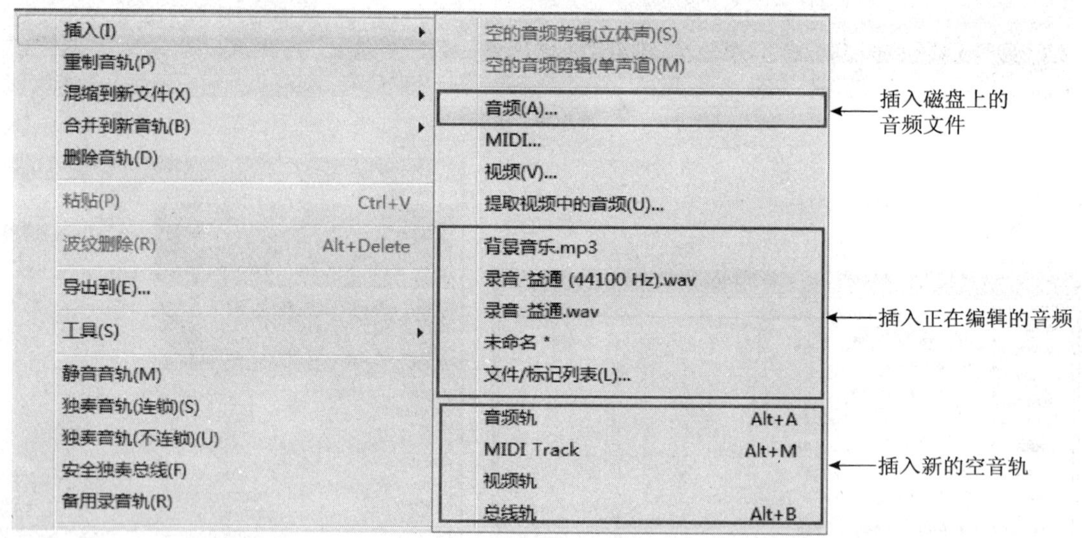

图 8-33　插入音频

（2）根据需要编辑每段音轨：多轨音乐合成时，需要将每段音频的时间设为相同，因此需要将长的音频减去。有时两段音频的音量不一致，就需要将音量小的调高或将音量大的调低，使之协调。这些编辑方法都在前文讲过，需要编辑时，双击该音轨进入单音轨即编辑模式，编辑完成后再点击左上角的【多轨】按钮返回多轨模式即可。

(3)保存会话:多音轨文件是以会话“ses”存储的,但每段音轨是以单独的音频文件存储的,会话文件仅仅是保存多轨的设置属性、状态等,如果某段音轨的音频文件被删除或转移,则再次打开该会话文件时将提示出错。应保存会话文件以便再次编辑,如图8-34所示为保存会话文件对话框。

(4)混缩输出:多轨文件编辑完成后,需要输出为一个混缩音频文件才可以在其他程序中使用,选择【文件】→【输出】→【混缩音频】,弹出如图8-35所示对话框,输入要保存的文件名,选择保存类型,在右侧设置混缩选项,点击【保存】后, Audition将所有音轨混缩为一个音频文件,根据音频文件的大小所用时间长短不一样,一般需要几分钟的时间才能导出完毕。

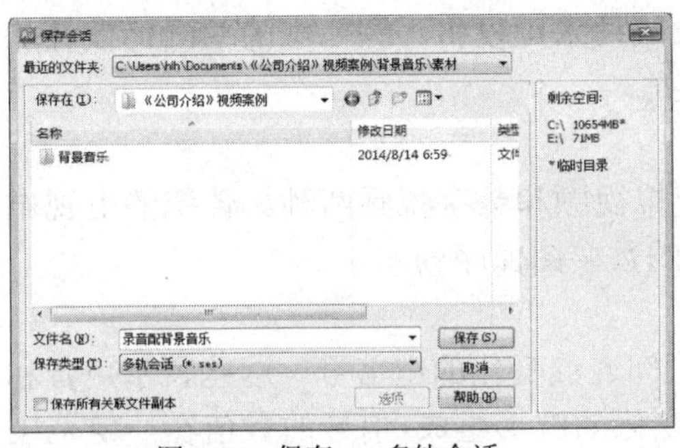

图8-34　保存ses多轨会话

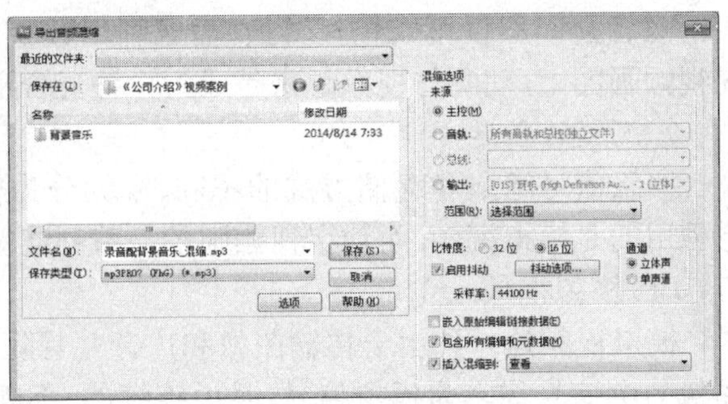

图8-35　导出混缩音频

本节仅以一个录音配背景音乐的应用案例简要介绍了Adobe Audition的简单应用,实际上,作为一款专业级的音频处理软件, Audition的功能远不止本书介绍的这些,有兴趣的读者可以找来专业书籍深入学习研究。

8.4 视频信息处理技术

任务提示

图像和声音素材都准备好了,最后需要合成为一个视频了。本节我们还是先来了解一下视频的概念、特点,常见的压缩标准、文件格式等基本知识,然后跟随王芳重点学习视频处理软件“会声会影”的基本操作,并用它来完成公司介绍的宣传片。

8.4.1 视频的概念和特点

1. 视频的基本概念

人的眼睛有一种视觉暂留的生理现象,即人们观察的物体消失后,物体的映像在眼睛的视网膜上会保留一段非常短暂的时间。在这个视觉原理的基础上,当一系列移动或形状改变很小的图像以足够快的速度连续播放时,人眼就会感觉画面成了连续变化的场景。

视频就其本质而言,实际上就是其内容随时间变化的一组动态图像,所以视频又叫作运动图像或活动图像。在视频中,每一幅单独的图像称为一帧(Frame),是视频的最小单位。而每秒钟连续播放的帧数称为帧率,单位为帧/s。通常伴随着视频图像的还有一个或多个音频轨,以提供音效。常见的视频信号有电影和电视。传统电影的帧速率为24帧/s。对于电视信号来说,由于采用的制式不同,其帧速率也有所差别。

电视和电影的影像质量不仅取决于帧速率，每一帧的信息量也是一个重要因素，叫作图像的分辨率。较高的分辨率可以获得较好的影像质量。传统模拟视频的分辨率表现为每幅图像中水平扫描线的数量，称为垂直分辨率。水平分辨率是每行扫描线中所包含的像素数，取决于录像设备、播放设备和显示设备。

一般情况下，当画面为实时获得的自然景物图时称为视频，当画面是由人工或计算机生成时则称为动画。动画与视频是从画面产生的形式来区分的，动画着重于研究怎样将数据和几何图像变成可视的动态图像，而视频则侧重于研究如何将原来存在的实物影像处理成数字化动态影像。随着动画创作技术和视频处理技术的发展，动画和视频的区别越来越模糊。两者之间不仅可以相互转换，而且利用数字合成技术可以将一些三维的动画特效叠加在视频画面上，动画与视频越来越成为一种混合形式。

2. 视频的分类

按照信号组成和存储方式的不同，视频分为模拟视频和数字视频两种。传统的电视电影使用的是模拟视频，而数字视频则是一系列连续的数字图像序列。

（1）模拟视频

模拟视频是一种用于传输图像和声音并且随时间连续变化的电信号。这些表示声音和图像的电信号称之为模拟信号，是由连续的、不断变化的波形组成，信号的数值在一定范围内变化，主要通过空气或电缆等介质传输。早期视频的记录、存储和传输都是采用模拟方式，例如：人们在电视上所见到的视频图像是以一种模拟电信号的形式来记录的，它依靠模拟调幅的手段在空中传播，再用盒式磁带录像机将其作为模拟信号存放在磁带上。模拟视频不适合网络传输，在传输效率方面先天不足，而且图像随时间和频道的衰减较大，不便于分类、检索和编辑。

（2）数字视频

对模拟视频按时间逐帧进行数字化得到的图像序列即为数字视频。数字视频由数字信号组成，数字信号以间隔的、精确的点的形式传播，点的数值信息是由二进制形式描述的。如果一段视频剪辑以数据形式存储在硬盘、CD-ROM 或者其他大容量存储器上，那么无需任何特殊的硬件，这段剪辑便可以在计算机显示器上进行播放，这段视频剪辑便属于数字视频。数字视频可以大大降低视频的传输和存储费用，增加交互性，带来精确再现真实情景的稳定图像。

传统的电视与广播使用的多是模拟视频，多媒体项目中使用的是数字视频，视频正经历由模拟时代向数字时代的全面转变，这种转变发生在不同的领域。在广播电视领域，高清数字电视（HDTV）将会取代传统的模拟电视，越来越多的家庭将可以收看到数字有线电视或数字卫星节目；电视节目的编辑方式也由传统的模拟编辑（磁带到磁带）发展成为数字非线性编辑。家庭娱乐方面，DVD 已经成为人们在家观赏高品质影像节目和数字电影的主要方式；而 DV 摄像机的普及，也使得非线性编辑技术从专业电视机构深入到民间，人们可以很轻松地制作数字视频影像。数字视频已经逐渐融入人们的生活。

3. 视频的特点

与其他媒体相比，视频信息具有以下特点：

（1）内容随时间而变化。

（2）伴随有与画面动作同步的声音（伴音）。

(3)信息量最丰富、直观、生动、具体。

(4)通过视频获得的信息量往往比通过音频获得的信息量更大且更深刻。

将视频信号数字化以后，就能做到模拟视频信号所无法实现的事情。数字视频的主要优点如下：

(1)便于加工处理

模拟视频信号只能简单调整亮度、对比度和颜色等，极大地限制了处理手段和应用的范围。而数字视频可以在计算机上进行处理，当前的各种数字视频编辑软件可以很容易地对原数字视频进行创造性的编辑与合成，并增加特效，而且还能实现动态交互。

(2)再现性好

数字视频可以无失真地进行无数次复制，而模拟视频信号每转录一次，就会有一次误差积累，产生信号失真。数字信号的抗干扰能力是模拟视频无法比拟的，它不会因为复制、传输和存储而产生图像质量的退化，能够准确地再现视频图像。模拟视频长时间存放后视频质量会降低，但是数字视频几乎不受影响。

(3)传输方便

在网络环境里，数字视频可以非常容易地实现资源共享，通过网络线、光纤、数字信号等可以随时在线观看或下载，而模拟视频在传输过程中容易产生信号的损耗与失真。

8.4.2 视频的数字化和压缩

既然数字视频有这么多的优点，那么我们接下来就来了解下如何将视频转换成数字视频，也就是视频的数字化。

视频数字化就是将视频信号经过视频采集卡转换成数字视频文件存储在数字载体——硬盘中。在使用时，将数字视频文件从硬盘中读出，再还原成为电视图像加以输出。

数字视频的来源有很多，如来自于摄像机、录像机、影碟机等视频源的信号，包括从家用级到专业级、广播级的多种素材，还有计算机软件生成的图形、图像和连续的画面等。高质量的原始素材是获得高质量最终视频产品的基础。首先是提供模拟视频输出的设备，如录像机、电视机、电视卡等；然后是可以对模拟视频信号进行采集、量化和编码的设备，这一般都由专门的视频采集卡来完成；最后，由多媒体计算机接收和记录编码后的数字视频数据。在这一过程中起主要作用的是视频采集卡，它不仅提供接口以连接模拟视频设备和计算机，而且具有把模拟信号转换成数字数据的功能。

模拟视频数字化后，存入计算机的数字视频信息若不进行压缩，所占用的空间非常大。此外，视频传输的数据量也很大，单纯用扩大存储器容量、增加通信干线的传输速率的办法是不现实的，通过数据压缩，可以把信息数据量显著减小，以压缩形式存储、传输，既节约了存储空间，又提高了通信干线的传输效率，同时也可使计算机实时处理音频、视频信息，以保证播放出高质量的音视频节目。因此，在视频信息处理及应用过程中压缩和解压技术十分重要而且必要。由于多媒体声音、数据、视像等信源数据有极强的相关性，也就是说有大量的冗余信息。正是基于此，数据压缩便可将庞大数据中的冗余信息去掉(去除数据之间的相关性)，保留相互独立的信息分量，从而在保证视频播放质量的前提下最大限度地减少其数据量。

目前，由 ISO 和 ITU-T 正式公布的视频压缩编码标准中，有 MPEG 标准系列和 H.26X 标准系列。

1. MPEG 视频压缩标准

MPEG 是 Moving Picture Experts Group 的缩写，译为运动图像专家组，负责制定、修订和发展 MPEG 系列多媒体标准。

（1）MPEG-1 标准

MPEG-1 标准名称为“动态图像和伴音编码”，正式发布于 1992 年，是为了适应在数字存储媒体上有效地存取视频图像而制定的标准。这里的数字存储媒体仅限于 CD-ROM、硬盘和可擦写光盘（CD-RW）等存储媒介，是针对传输速度为 1 ～ 1.5MB/s 的普通质量电视信号的压缩，压缩比最高可达 200∶1。我们所熟知的 VCD 就是一种采用 CD-ROM 来记录 MPEG-1 数字视频数据的特殊光盘。

（2）MPEG-2 标准

随着压缩算法的进一步改进和提高，在 1993 年 MPEG 专家组又制定了 MPEG-2 标准，标准名称为“信息技术——电视图像和伴音信息的通用编码”。MPEG-2 的应用领域不仅支持面向存储媒介的应用，而且还支持各种通信环境下数字视频信号的编码和传输。如数字电视、TV 机顶盒和 DVD（数字视频光盘），此外还可以应用于信息存储、Internet、卫星通信、视频会议和多媒体邮件等，其典型的应用是 DVD 和 HDTV。为了适应不同的应用环境，还有很多可以选择的参数和选项，改变这些参数和选项可以得到不同的图像质量，满足不同的需求。

（3）MPEG-4 标准

MPEG-4 标准于 1999 年形成，它的名称为“广播、电影和多媒体应用”。MPEG-4 是针对低速率视频的压缩编码标准，同时还注重于视频和音频对象的交互性。它采用现代图像编码方法，利用人眼的视觉特性，从轮廓—纹理的思路出发，支持基于视觉内容的交互功能。它的应用前景是非常广阔的，例如数字广播电视、实时多媒体监控、低比特率下移动多媒体通信、基于内容的信息存储和检索、Internet/Intranet 上的视频流与可视游戏、基于面部表情模拟的虚拟会议、DVD 上的交互多媒体应用、演播室和电视的节目制作等。

（4）MPEG-7 标准

MPEG-7 于 2000 年成为正式的国际标准，其标准名称为“多媒体内容描述接口”。MPEG-7 标准规定一套用于描述各种多媒体信息的描述符，这些描述符和多媒体信息一起，将支持用户对其感兴趣的多媒体信息进行快速有效的检索。其目的是生成一种用来描述多媒体内容的标准，这个标准将对信息含义的解释提供一定的自由度，可以被传送给设备和电脑程序，或者被设备或电脑程序查取。MPEG-7 并不针对某个具体的应用，而是针对被 MPEG-7 标准化了的图像元素，这些元素将支持尽可能多的各种应用。建立 MPEG-7 标准的出发点是依靠众多的参数对图像与声音实现分类，并对它们的数据库实现查询，就像我们今天查询文本数据库那样。可应用于数字图书馆，例如图像编目、音乐词典等；多媒体查询服务，如电话号码簿等；广播媒体选择，如广播与电视频道选取；多媒体编辑，如个性化的电子新闻服务、媒体创作等。

（5）MPEG-21 标准

随着多媒体应用技术的不断发展，各种多媒体标准层出不穷，这些标准涉及多媒体技术的各个方面。各种不同的多媒体信息存在于全球不同的设备上，通过异构网络有效地传输这些多媒体信息，必须要综合地利用不同层次的多媒体技术标准，使多媒体信息的传输和处理畅通无阻。MPEG-21 便应运而生。MPEG-21 标准是 2001 年制定完成的，正式名称为“多媒体框架”（Multimedia Framework）。MPEG-21 标准的目标是建立一个交互的多媒体框架，能够使遍布全球的各种网络和设备上的各种数字资源被透明和广泛地使用。

MPEG-21 标准其实就是一些关键技术的集成，通过这种集成环境对全球数字媒体资源进行透明和增强管理，实现内容描述、创建、发布、使用、识别、收费管理、产权保护、用户隐私权保护、终端和网络资源抽取、事件报告等功能。

2. 视频编码国际标准 H.26X

ITU-T（国际电信联盟）制定视频编码标准包括 H.261、H.262、H.263 和 H.264。H.262 标准等同于 MPEG-2 的视频编码标准。

（1）H.261 标准

H.261 是 ITU-T 制定的针对可视电话和视频会议等业务的视频编码标准。H.261 标准是视频编码的一个里程碑，是第一个被广泛应用的成功标准。

（2）H.263 标准

H.263 标准是 ITU-T 于 1995 年针对低比特率视频应用制定的，目标是在许多方面实现视频编码算法和处理性能的改善，从而比 H.261 较大地提高编码性能。

（3）H.264 标准

H.264 的目标是为视频编码应用提供下一代的解决方案，提供显著增强的编码效率，同时减少 H.263 中一些混乱的可选模式。H.264 有更高的压缩比和更好的信道适应性，它将会在视频通信领域得到广泛的应用，但是 H.264 优越性能的代价是计算复杂度的大大增加。

3. 视频编码的中国标准：AVS 标准

AVS 标准是我们国家于 2002 年开始制定的国家标准。标准中涉及视频编码的有独立的两部分：AVS1-P2，主要针对高清晰数字电视广播和高密度存储媒体应用；AVS1-P7，主要针对低码率、低复杂度、较低图像分辨率的移动媒体应用。

8.4.3 常见视频文件格式

视频的文件格式分为两大类：一是影像文件；二是流式视频文件。前者播放质量较高，压缩率低，但占用的存储空间较大，一般用于本地高清电影欣赏；后者采用流式编码方式，压缩比较大，占用存储空间小，文件有一定程度失真，一般用于网络传输或在线视频欣赏。

1. 影像文件

VCD、多媒体 CD 光盘中的视频都是影像文件。影像文件不仅包括大量图像信息，同时还容纳大量音频信息，所以影像文件尺寸较大，1min 的视频信息就要达到几十 MB。

（1）AVI 文件（*.avi）

AVI（Audio Video Interleave）是一种音频视像交错记录的数字视频文件格式。它是 Microsoft 公司开发的一种符合 RIFF 文件规范的数字音频与视频文件格式。AVI 格式允许视频和音频交错在一起同步播放，支持 256 色和 RLE 压缩，但 AVI 文件并未限定压缩标准，因此，AVI 文件格式只是作为控制界面上的标准，不具有兼容性，用不同压缩算法生成的 AVI 文件，必须使用相应的解压缩算法才能播放出来。AVI 文件目前主要应用在多媒体光盘上，用来保存电影、电视等各种影像信息，有时也出现在 Internet 上，供用户下载、欣赏影片的精彩片断。

（2）MPEG 文件（*.mpeg、*.mpg 及 *.dat）

MPEG 文件格式是运动图像压缩算法的国际标准，它采用有损压缩方法减少运动图像中的冗余信息，同时保证每秒30帧的图像动态刷新率，已被几乎所有的计算机平台共同支持。MPEG标准包括MPEG视频、MPEG音频和MPEG系统（视频、音频同步）三个部分，像我们平时最熟悉的MP3音频文件就是MPEG-1音频的一个典型应用，而Video CD（VCD）、Super VCD（SVCD）、DVD（Digital Versatile Disk）则是全面采用MPEG技术所产生出来的新型消费类电子产品。MPEG压缩标准是针对运动图像而设计的，平均压缩比为50∶1，最高可达200∶1，压缩效率很高，同时图像和音响的质量也非常好，并且在微机上有统一的标准格式，兼容性好。

2. *流式视频*

（1）Real Video文件（*.ram、*.ra、*.rm、*.rmvb）

Real Video文件是Real Networks公司开发的一种流式视频文件格式，它包含在Real Networks公司所制定的音视频压缩规范Real Media中，主要用来在低速率的广域网上实时传输活动视频影像，可以根据网络数据传输速率的不同而采用不同的压缩比率，从而实现影像数据的实时传送和实时播放。Real Video除了可以以普通的视频文件形式播放之外，还可以与RealServer服务器相配合，在数据传输过程中边下载边播放视频影像，节约了用户的等待时间，使网络上观看流畅视频成为可能。目前，Internet上有不少网站利用Real Video技术进行重大事件的实况转播。

RMVB影片格式比原先的RM多了VB两字，在这里VB是VBR（Variable Bit Rate——可变比特率）的缩写。在保证了平均采样率的基础上，设定了一般为平均采样率两倍的最大采样率值，在处理较复杂的动态影像时也能得到比较理想的效果，处理一般静止画面时则灵活地转换至较低的采样率，有效地缩减了文件的大小。

（2）Windows media文件（*.asf、*.wmv）

Microsoft公司推出的Advanced Streaming Format（ASF，高级流格式），也是一个在Internet上实时传播多媒体的技术标准，ASF的主要特点包括：可在本地或网络进行回放、符合ASF文件定义的媒体类型、有关播放部件的信息存储在ASF的头部分，用于指导用户下载所需的播放部件、可伸缩的媒体类型、支持多语言、提供扩展性和灵活性非常好的可继续扩展的目录信息功能等。ASF应用的主要部件是NetShow服务器和NetShow播放器。有独立的编码器将媒体信息编译成ASF流，然后发送到NetShow服务器，再由NetShow服务器将ASF流发送给网络上的所有NetShow播放器，从而实现单路广播或多路广播，这和Real系统的实时转播大同小异。

WMV是另一种独立于编码方式的在Internet上实时传播多媒体的技术标准，和ASF格式一样，WMV也是微软的一种流媒体格式，英文全名为Windows Media Video。和ASF格式相比，WMV是前者的升级版本，WMV格式的体积非常小，因此很适合在网上播放和传输。在文件质量相同的情况下，WMV格式的视频文件比ASF拥有更小的体积。

ASF或WMV可以网络数据包的形式方便地传输，实现流式多媒体内容的发布。它们是开放的、独立于编码方式的，任何的压缩/解压缩编码方式都可以制作ASF或WMV流。ASF和WMV的扩展名可以相互替换。

（3）Flash Video文件（*.flv、*.f4v）

Flv流媒体格式是随着Flash MX的推出发展而来的一种新兴的视频格式。它文件体积小巧，清晰的Flv视频1min在1MB左右，一部电影在100MB左右，是普通视频文件体积的

1/3。Flv 在线观看的速度非常快，在网络状态良好的情况下，几乎没有缓冲。目前各在线视频网站均采用此视频格式，如优酷、搜狐、百度、乐视、土豆、酷 6、爱奇艺、六间房、Youtube 等。Flv（目前很多网站已升级到 F4v）已经成为当前视频文件的主流格式。Flv 下载到本地一般需要专用的播放器打开或者转换为其他视频格式，但目前很多流行播放器的新版本已经增加了对 Flv 格式的直接播放，例如暴风影音、Kmplayer 等。

（4）MOV 文件（*.mov、*.qt）

MOV 是 Apple 公司开发的一种视频格式，它是图像及视频处理软件 QuickTime 所支持的格式，被 Apple Mac OS、Microsoft Windows 系列在内的所有主流电脑平台支持。MOV 格式也可以作为一种流式文件格式，通过 Internet 提供实时的数字化信息流、工作流与文件回放功能，它还为多种流行的浏览器软件提供了相应的 QuickTime Viewer 插件，能够在浏览器中实现多媒体数据的实时回放。此外，QuickTime 还采用了一种称为 QuickTime VR（QTVR）的虚拟现实技术，用户通过鼠标或键盘的交互式控制，可以观察某一地点周围 360° 的景象，或者从空间任何角度观察某一物体。QuickTime 以其领先的多媒体技术和跨平台特性、较小的存储空间要求、技术细节的独立性以及系统的高度开放性，得到了业界的广泛认可，目前已成为数字媒体软件技术领域事实上的工业标准。

8.4.4　视频处理软件及应用

1. 视频处理软件的种类

视频的处理软件主要有如下几种：

（1）Adobe Premiere

Adobe 公司推出的基于非线性编辑设备的视音频编辑软件 Premiere，已经在影视制作领域取得了巨大的成功，现被广泛应用于电视台、广告制作、电影剪辑等领域，成为 PC 和 MAC 平台上应用最为广泛的视频编辑软件。Premiere 6.0 以上的版本完善地解决了 DV 数字化影像和网上的编辑问题，为 Windows 平台和其他跨平台的 DV 和所有网页影像提供了全新的支持。同时它可以与其他 Adobe 软件紧密集成，组成完整的视频设计解决方案。新增的 Edit Original（编辑原稿）命令可以再次编辑置入的图形或图像。另外，在 Premiere 6.0 以上的版本中，加入了关键帧的概念，用户可以在轨道中添加、移动、删除和编辑关键帧，对于控制高级的二维动画游刃有余。Adobe Premiere 主界面如图 8-36 所示。

图 8-36　Adobe Premiere 主界面

将 Premiere 与 Adobe 公司的 Affter Effects 配合使用，更使两者发挥最大功能。After Effects 是 Premiere 的自然延伸，主要用于将静止的图像推向视频、声音综合编辑的新境界。它集创建、编辑、模拟、合成动画、视频于一体，综合了影像、声音、视频的文件格式，可以说在掌握了一定技能的情况下，想象的东西都能够实现。

（2）Ulead Media Studio Pro

Premiere 算是比较专业人士普遍运用的软件，但对于一般网页上或教学、娱乐方面的应用，Premiere 的亲和力就差了些，ULEAD 的 Media Studio Pro 相对简单些。Media Studio Pro 主要的编辑应用程序有 Video Editor（类似 Premiere 的视频编辑软件）、Audio Editor（音效编辑）、CG Infinity、Video Paint，内容涵盖了视频编辑、影片特效、2D 动画制作，是一套整合性完备、面面俱到的视频编辑套餐式软件。它在 Video Editor 和 Audio Editor 的功能和概念上与 Premiere 相差并不大，最主要的不同在于 CG Infinity 与 Video Paint 这两个在动画制作与特效绘图方面的程序。Video Editor 主界面如图 8-37 所示。

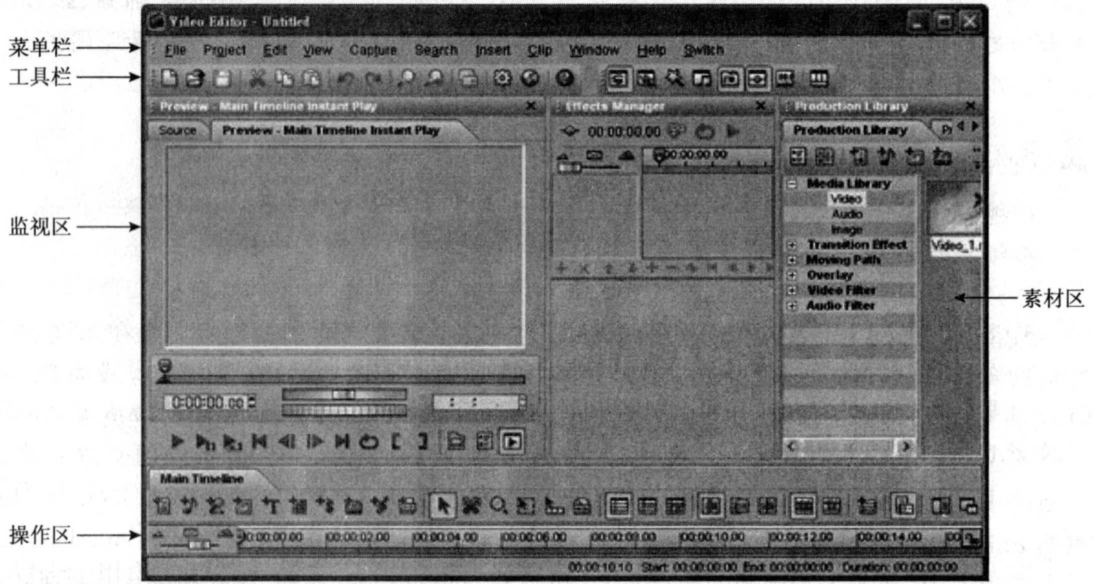

图 8-37　Video Editor 主界面

（3）Ulead Video Studio（会声会影）

Ulead Video Studio（会声会影）是 ULEAD 公司的另一套更为简便的视频编辑软件。

会声会影在操作界面上与 Media Studio Pro 是完全不同的，并且在一些技术、功能上会声会影有一些特殊功能，例如动态电子贺卡、发送视频 Email 等功能。会声会影采用目前最流行的【在线操作指南】的步骤引导方式来处理各项视频、图像素材，它一共分为【开始】→【捕获】→【故事板】→【效果】→【覆叠】→【标题】→【音频】→【完成】八大步骤，并将操作方法与相关的配合注意事项，以帮助文件显示出来称之为【会声会影指南】，快速地学习每一个流程的操作方法。

会声会影提供了 12 类 114 个转场效果，可以用拖曳的方式应用，每个效果都可以做进一步的控制，不只是一般的“傻瓜功能”。另外还可让我们在影片中加入字幕、旁白或动态标题的文字功能。绘声绘影的输出方式也多种多样，它既可以输出传统的多媒体电影文件，例如 AVI、FLC 动画、MPEG 电影文件，也可将制作完成的视频嵌入贺卡，生成一个可执行文件“.exe”。通过内置的 Internet 发送功能，可以将用户的视频通过电子邮件发送出去或者自动将它作为网页发布。如果有相关的视频捕获卡还可将 MPEG 电影文件转录到家用录像带上（VHS）。

会声会影的主界面见图 8-40，本节用会声会影来完成最后的视频制作任务。

（4）Windows Movie Maker

Windows Movie Maker 是 Microsoft 公司推出的一套视频编辑软件，简称 WMM，是完全针对家庭娱乐、个人纪录片制作之用的简便型编辑视频软件，其界面如图 8-38 所示。

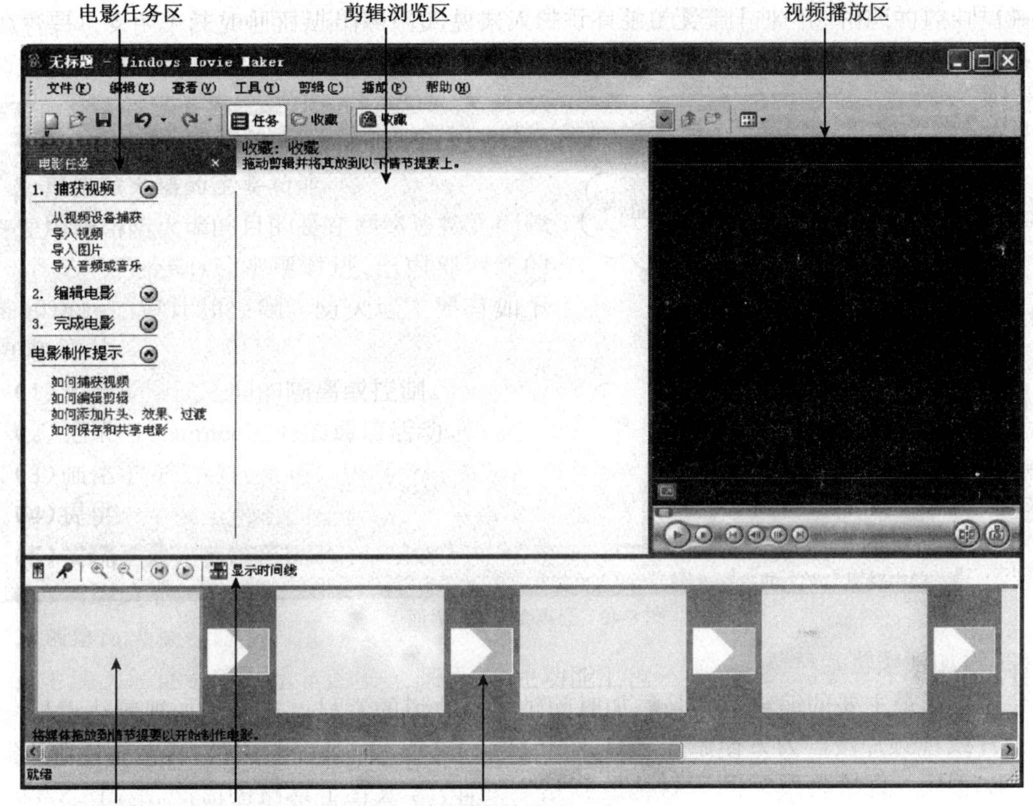

图 8-38　Windows Movie Maker 主界面

Windows Movie Maker 是 Windows 系统的一个标准组件，其功能是将录制的视频素材，经过剪辑、配音等编辑加工，制作成富有艺术魅力的个人电影；也可以将大量照片，进行巧妙的编排，配上背景音乐，还可以加上解说词和一些精巧特技，加工制作成电影式的电子相册。而 Windows Movie Maker 最大的特点就是操作简单，使用方便，并且用它制作的电影体积小巧。这些多媒体文件使用 Windows 自带的媒体播放器即可随时欣赏，如果是把文件上传到网页，在 IE 6.0 以上的浏览器中它们可以自动播放。

2. 视频的制作

由于会声会影操作简便，功能强大，易学易会，因此王芳选用会声会影来完成她的视频制作任务。在前期王芳已经准备好了要制作视频的素材，即各类图片、照片、视频片段、背景

图 8-39　启动菜单

音乐和解说词等，下面要用会声会影将这些素材有机组合，添加片头、片尾，形成一个完整的视频文件。

（1）启动会声会影

会声会影安装完毕后，启动时会出现一个菜单，有三个选项，如图 8-39 所示，可以直接进入编辑器，或用影片向导，或启用 DV 转换向导，一般选择前两项，进入编辑器后出现主界面，如图 8-40 所示。可以看出，对于毫无专业知识的人来说，这个编辑界面也是简单明了，只需按照上面的操作向导，从捕获到编辑、添加过渡效果、字幕、音频，最后导出视频，都能轻松完成。

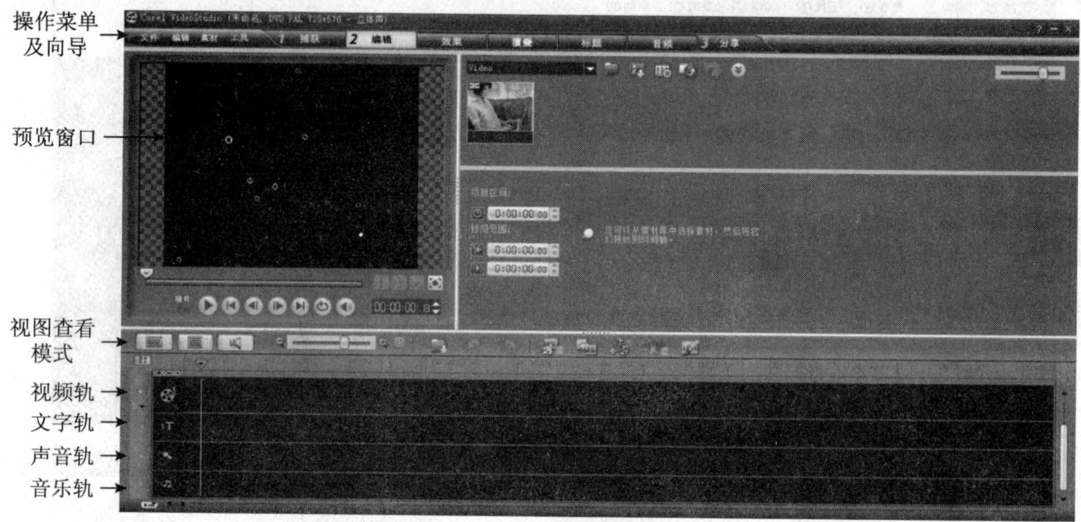

图 8-40　会声会影编辑界面

（2）添加视频轨素材

会声会影最主要的编辑工作是添加时间轴上各轨道的素材。首先添加视频轨素材，一般为图片或视频片段。为方便添加素材，可将默认的【时间轴】视图切换为【故事版】视图，如图 8-41 所示，直接将所需的素材拖放到指定处即可，放置了素材的时间轴如图 8-42 所示，可以拖动图片调换前后顺序。

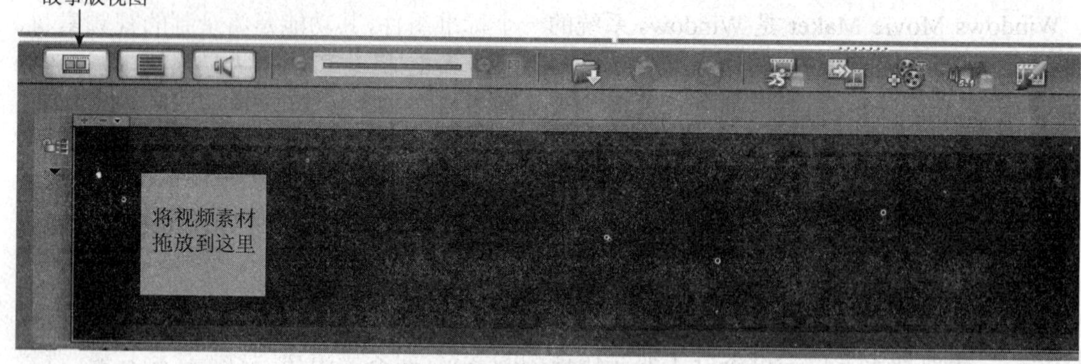

图 8-41　切换到【故事版】视图

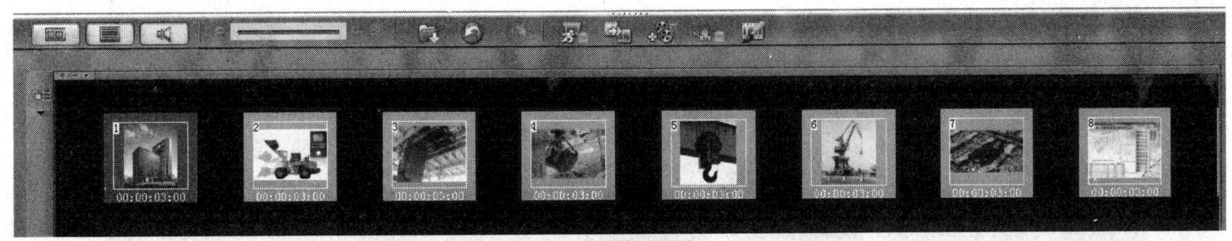

a）故事版视图

b）时间轴视图

图 8-42　将图片和视频素材拖放到时间轴

（3）为图片添加滤镜和转场效果

每张图片的播放时间、出现的效果（滤镜）、色彩、过渡等都可以详细设置，方法是选中该图片，在右上方的窗口处进行编辑。例如，为某张图片添加某种滤镜，首先选择该图片，然后在右上方的【属性】面板中选择一种滤镜，鼠标拖动该滤镜到图片上，再通过左侧的预览窗口观看效果，如果不满意可更换其他效果，直到满意为止。如图 8-43 所示。

图 8-43　为图片添加滤镜

图片间的过渡效果可以增强视频的连贯性和流畅性，因此应在各个图片中间增加过渡效果，也叫“转场”效果。方法是：在滤镜类别下拉列表中选择“转场”，然后选择一种转场类别，则可以看到该类别下的所有特效，如图 8-44 所示，选择了“3D”类型的转场效果，其下面有 15 种不同的样式，将其拖动到两个图片中间的空档，即创建了此两张图片间的过渡效果。还可以详细设定转场的时间、方向、色彩等。会声会影提供了数十类上百种转场特效，通过它们可以制作出绚丽多彩的视频作品。

（4）添加片头片尾字幕

一段完整的视频应该有片头和片尾，通常是由字幕组成。在操作向导中选择【标题】，进入到字幕编辑，如图 8-45 所示。选择一种字幕样式，将其添加到【标题轨】中与第一个图片对齐，然后鼠标点击预览窗口中的文字进行修改，并调整其字体、颜色、大小、位置等，如图 8-46 所示。

图 8-44　添加转场过渡效果

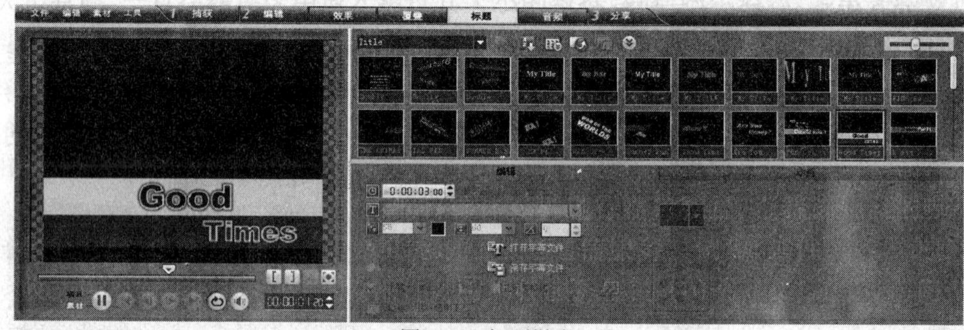

图 8-45　标题样式

图 8-46　编辑字幕

同样的方法添加片尾字幕，只不过字幕的位置应放在标题轨的最右侧，所有图片的后面。

（5）添加录音及背景音乐

上节我们利用 Audition 制作了录音及背景音乐并进行了合成，现在将其添加到视频的声音轨中。切换到【时间轴视图】，在【声音轨】上单击鼠标右键，选择【插入音频…】→【到声音轨】，选择保存的音频文件后确定，则音频文件被插入到了声音轨上，如图 8-47 所示。可以看到，声音轨的长度比视频轨要多一点，由于录音是完整的文件，不能删减，所以只能增加视频轨的长度以契合音频的长度，只需增加两张图片或将某些图片的显示时间拉长即可，最终效果如图 8-48 所示。

图 8-47　插入音频文件

图 8-48　最终效果

（6）创建视频文件

视频处理的最后一步就是将编辑的所有内容创建视频文件了，在操作向导中选择【3 分享】，点击【创件视频文件】，如图 8-49 所示，会声会影可以输出为多种视频格式，如 DV、DVD、VCD、MPEG、WMV、FLV 等，可以根据需要进行选择。例如选择【WMV】类型下面的【HD 720 25p】，系统弹出【保存】对话框，确定后出现【正在渲染…】进度条，渲染完毕后就可以用播放软件观看视频了。

图 8-49　创建视频文件

8.4.5 格式转换软件及应用

由于目前音频、视频文件格式种类繁多，不同的设备所支持的类型不同，例如手机一般支持 Mp4、3gp 等，若想将电脑视频放到手机中观看，必须转换为手机所支持的格式。格式转换的工具很多，格式工厂（Format Factory）是一款功能十分强大的多媒体格式转换软件，适用于 Windows 系列，可以实现大多数视频、音频以及图像不同格式之间的相互转换。其特点如下：

（1）支持各种媒体的格式转换：不仅支持各种视频格式，而且还可以对音频、图片、CD、DVD 等进行格式转换。

（2）支持各种主流视频格式和设备的转换：源文件的格式可以是 RM、MPG、MOD、MOV、WMV、ASF、AVI、FLV、MP4、VOB 等主流视频格式，如图 8-50 所示。目标文件除了这些格式外，还可以转换为 SWF、GIF 以及各种主流的 MP4 视频播放设备，如图 8-51 所示。

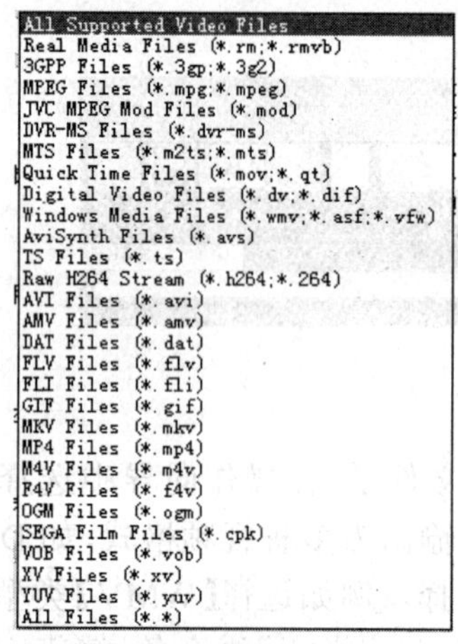

图 8-50 格式工厂可转换视频文件格式列表

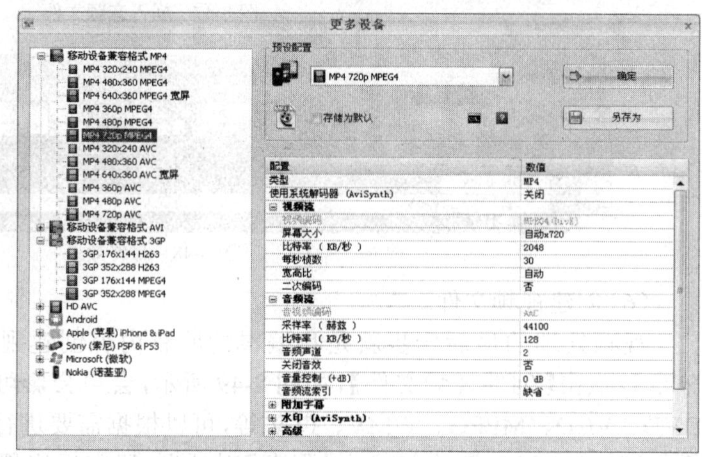

图 8-51 格式工厂可以转换为各种移动设备兼容格式

（3）支持音视频转换时的片段截取：在音视频格式转换时可以设置开始时间和结束时间，从而轻松实现媒体片断的截取，详细的操作方式见下文。

（4）转换时还可对文件进行详细的输出配置：包括视频的屏幕大小，每秒帧数，比特率，视频编码；音频的采样率，比特率；字幕的字体与大小等。

以下从界面构成、基本操作、音视频片段截取、CD 抓取、DVD 抓取、视频输出配置等几方面简要介绍格式工厂的使用方法。

（1）界面组成

如图 8-52 所示，格式工厂的界面组成比较简洁，左侧的【媒体选择和转换格式】框可以根据需要隐藏和打开，顶部的操作菜单可以执行转换任务、更换皮肤、选择界面语言等；右下方的列表显示了将要转换或已经完成转换的媒体文件。

（2）格式转换基本操作

通常转换一个或一批文件格式只需要三步：

步骤 1：点击左边工具栏选择欲转换的媒体类型，例如选择【所有转到 FLV】。

步骤 2：在打开的对话框中添加要转换的源文件，如图 8-53 所示，可以一次选择多个文件进行批量转换，添加完毕后需指定输出文件夹，还可以单击【输出配置】、【选项】等进行详细的设置（见下文），最后单击【确定】按钮返回主界面。

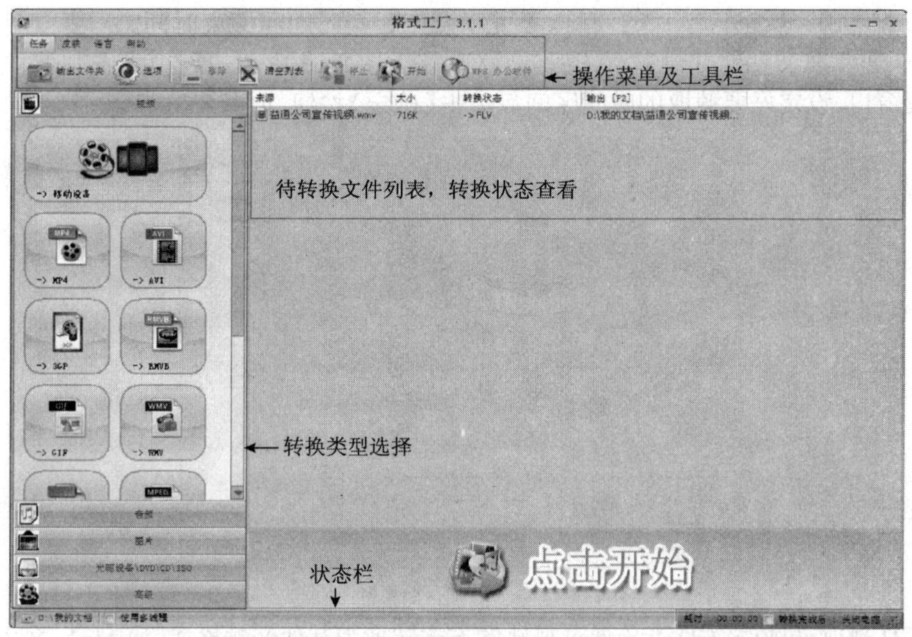

图 8-52　格式工厂 3.1.1 的主界面

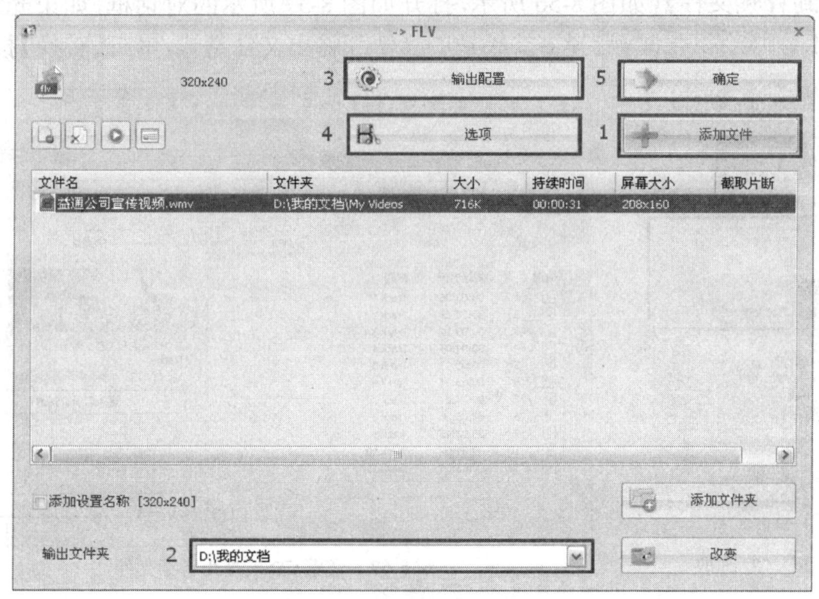

图 8-53　添加要转换的源文件

步骤 3：返回到主界面，点击【开始】进行转换，此时文件列表中【转换状态】变为转换进度显示，如图 8-54 所示，转换完成后即可到输出文件夹找到转换生成的文件进行播放。

图 8-54　转换过程

（3）音视频片断截取

格式工厂在实现格式转换的同时，还可以设定起始时间和结束时间来对源文件进行部分转换，从而实现文件的片段截取，操作方法是在上图 8-53 中单击【选项】打开如图所示的视频浏览窗口，设定好要截取的时间区间后单击【确定】按钮，如图 8-55 所示。

图 8-55　视频片断截取

（4）CD 抓取：可以将 CD 音乐通过抓轨的方式转换为其他音频格式，如 Mp3，方法是选择【音乐 CD 转到音频文件】，如图 8-56 所示，打开如图 8-57 所示的对话框，如果光驱里有 CD 光碟，此处会自动读取其信息，选择需要转换的音轨和输出文件格式，单击【转换】按钮即可。

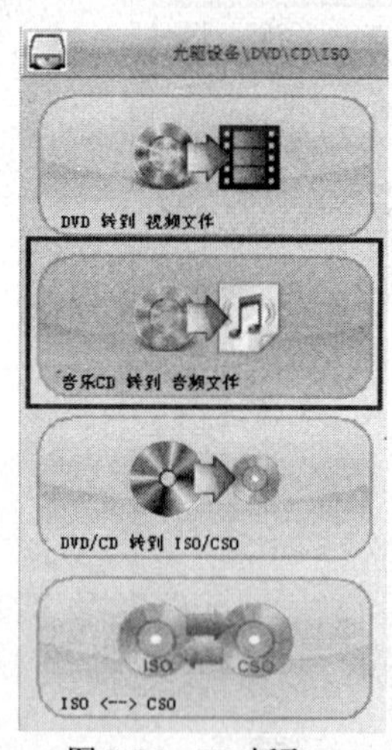

图 8-56　CD 抓取

图 8-57　音乐 CD 转换为音频文件

（5）DVD 转到视频文件：利用【DVD 转到视频文件】可以将 DVD 光碟转换为 MP4、AVI、WMV、3GP、MPG、VOB、FLV、移动设备等各种视频格式，操作方法是选择左侧的【光驱设备】|【DVD 转到视频文件】，打开如图 8-58 所示的对话框，可以点击【截取片断】按钮选择输出的视频片断，设定好目的格式后单击【转换】按钮即可。

（6）视频输出设置：在视频转换时经常需要对输出进行更为详细的设置，如设定屏幕大小、视频的屏幕大小、宽高比、比特率以及音频的编码格式、采样率、比特率等，如图 8-59 所示，表 8-3 对各项设置进行了详细解释。

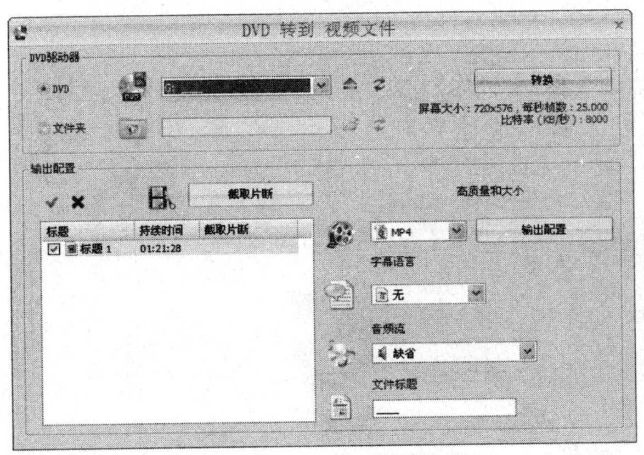

图 8-58　DVD 转到视频文件

图 8-59　视频输出设置

视频输出配置说明　　表 8-3

配　置	说　明
系统解码器 AviSynth	如果遇到输出文件声音不同步，或需要添加 SSA 文件字幕效果，开启此选项
视　频　流	
屏幕大小	宽 × 高，设置成"默认"，将和原文件相同
每秒帧数	每秒播放的画面数，一般为 10~30，设置成"默认"，和原文件相同
比特率	视频流每秒钟使用的比特数，用于描述视频质量，若画面大小为 320×240，那么 384kb/s 比较合适，设置成"默认"，会自动根据画面大小计算最佳值
视频编码	视频编码名称，例如 H264、MPEG4，大多数移动设备都支持 MPEG4
宽高比	画面的宽高比：设置成"自动"，会自动根据画面大小计算最佳值；设置成"默认"，会按原文件来设置宽高比
二次编码	可以提高画面质量，但会导致转换速度较慢
音　频　流	
采样率	用于描述声音信号采样的密度，22 ～ 48kHZ，缺省为源文件的采样率
比特率	音频流每秒钟使用的比特数，用于描述音频质量；设置成"默认"，会自动计算最佳值
声道数	音频流的声道数，一些编码比如 AMR_NB 只支持单声道
音频编码	音频编码名称，例如 MP3、WMAv2 等
关闭音频	是否关闭音频，关闭会导致无声
音量控制	可以加大音量，但不要太高，可能会造成噪声
音频流索引	例如 MKV 等格式支持多个语言音轨，可以用这个来选择。
附 加 字 幕	
附加字幕	字幕文件名，支持 SRT、SSA、SUB 格式；如果字幕文件和视频文件名同名会自动装入
字体大小	字幕字体大小"默认" = 5% 画面大小
字幕流索引	字幕流索引，MKV、VOB 等一些文件支持内挂字幕；用于选择内部字幕流
水　印	
水印（png;bmp;jpg）	选择一个水印图片
位置	水印的位置，可选择居中、左上、左下、右上、右下
边距	与图像边缘的距离，可选择 0%、5%、10%

任务总结

本章我们学习了多媒体技术的应用，结合《益通助你成功》视频宣传片的制作，到这里你是不是对多媒体技术的应用有了深入的了解？通过完成这个综合任务，你应该掌握下面的知识点：

1. 多媒体基础知识

(1)多媒体的概念和分类

(2)多媒体的特点和关键技术

(3)媒体主要元素

2. 图形图像处理技术

(1)图像的颜色模型

(2)图形(矢量图)与图像(位图)的区别

(3)常见的图形、图像文件格式

(4)常用的图形、图像处理软件

(5)用 ACDSee 查看和编辑图片

3. 音频信息处理技术

(1)声音的特征和数字化

(2)常见声音文件格式

(3)常用的音频编辑处理软件

(4)用 Adobe Audition 处理声音

4. 视频信息处理技术

(1)数字视频的分类和特点

(2)图像数字化的含义

(3)常用的视频文件格式

(4)常用的视频处理软件

(5)用会声会影制作视频作品

(6)用格式工厂转换媒体文件格式

作业与习题

[作业]

制作一个微视频(3min 以内)，主题自定，可以是你的家庭、孩子，或你的单位、家乡都可以，搜集相关的图片、音频和视频素材，用会声会影制作成视频作品。

[习题]

一、选择题

1. 所谓的媒体是指________。

A. 表示和传播信息的载体　　B. 各种信息的编码

C. 计算机屏幕显示的信息　　D. 计算机的输入和输出信息

2. 表示媒体不包括________。

A. 文本　B. 光盘　C. 声音　D. 图像

3. 在计算机领域中,媒体分为五类,其中字符的 ASCII 属于________。

A. 感觉媒体　B. 表示媒体　C. 表现媒体　D. 传输媒体

4. 多媒体除了具有信息媒体多样化的特征外,还具有________。

A. 数字化　B. 交互性　C. 集成性　D. 上述三方面特征

5. 多媒体计算机是指________。

A. 具有多种外部设备的计算机　B. 能与多种电器连接的计算机

C. 能处理多种媒体的计算机　D. 借助多种媒体操作的计算机

6. 下面关于图形媒体元素的描述,说法不正确的是________。

A. 图形也称矢量图　B. 图形主要由直线和弧线等实体组成

C. 图形易于用数学方法描述　D. 图形在计算机中用位图格式表示

7. 下面关于(静止)图像媒体元素的描述,说法不正确的是________。

A. 静止图像和图形一样具有明显规律的线条

B. 图像在计算机内部只能用称之为“像素”的点阵来表示

C. 图形与图像在普通用户看来是一样的,但计算机对它们的处理方法完全不同

D. 图像较图形在计算机内部占据更大的存储空间

8. 分辨率影响图像的质量,在图像处理时需要考虑________。

A. 屏幕分辨率　B. 显示分辨率　C. 像素分辨率　D. 上述三项

9. 屏幕上每个像素都用一个或多个二进制位描述其颜色信息，256 种灰度等级的图像每个像素用________个二进制位描述其颜色信息。

A. 1　B. 4　C. 8　D. 24

10. PCX、BMP、TIF、JPG、GIF 等图像文件的存储格式是________。

A. 动画文件　B. 视频数字文件　C. 位图文件　D. 矢量文件

11. 因特网上传输图像,最常用的图像存储格式是________。

A. .WAV　B. .BMP　C. .MID　D. .GIF

12. 图像数据压缩的目的是为了________。

A. 符合 ISO 标准　B. 减少数据存储量,便于传输

C. 图像编辑的方便　D. 符合各国的电视制式

13. 视频信号数字化存在的最大问题是________。

A. 精度低　B. 设备昂贵　C. 过程复杂　D. 数据量大

14. 计算机在存储波形声音之前,必须进行________。

A. 压缩处理　B. 解压缩处理　C. 模拟化处理　D. 数字化处理

15. 计算机先要用________设备把波形声音的模拟信号转换成数字信号再处理或存储。

A. 模数转换　B. 数模转换　C.VCD　D.DVD

16. ________直接影响声音数字化的质量。

A. 采样频率　B. 采样精度　C. 声道数　D. 上述三项

17. MIDI 标准的文件中存放的是________。

A. 波形声音的模拟信号　B. 波形声音的数字信号

C. 计算机程序　D. 符号化的音乐

18. 下列文件格式中，不属于音频文件的是________。

A. WAV　　B. AVI　　C. MID　　D. MP3

19. 下面关于动画媒体元素的描述，说法不正确的是________。

A. 动画也是一种活动影像　　B. 动画有二维和三维之分

C. 动画只能逐幅绘制　　D. .MPG 和 .AVI 也可以用于保存动画

20. 下面关于多媒体数据压缩技术的描述，说法不正确的是________。

A. 数据压缩的目的是为了减少数据存储量，便于传输和回放

B. 图像压缩就是在没有明显失真的前提下，将图像的位图信息转变成另外一种能将数据量缩减的表达形式

C. 数据压缩算法分为有损压缩和无损压缩

D. 只有图像数据需要压缩

21. JPEG 是一种图像压缩标准，其含义是________。

A. 联合静态图像专家组　　B. 联合活动图像专家组

C. 国际标准化组织　　D. 国际电报电话咨询委员会

22. MPEG 是一种图像压缩标准，其含义是________。

A. 联合静态图像专家组　　B. 联合活动图像专家组

C. 国际标准化组织　　D. 国际电报电话咨询委员会

23. DVD 光盘采用的数据压缩标准是________。

A. MPEG-1　　B. MPEG-2　　C. MPEG-4　　D. MPEG-7

24. 多媒体技术对计算机网络提出的基本要求是________。

A. 声像同步　　B. 带宽要高、延时要小

C. 实时播放　　D. 传输速度要快

25. 音频和视频信号的压缩处理需要进行大量的计算和处理，输入和输出往往要实时完成，要求计算机具有很高的处理速度，因此要求有________。

A. 高速运算的 CPU 和大容量的内存储器 RAM

B. 多媒体专用数据采集和还原电路

C. 数据压缩和解压缩等高速数字信号处理器

D. 上述三项

二、简答题

1. 什么是媒体？什么是多媒体？多媒体的主要特征有哪些？
2. 多媒体信息处理的四种关键技术是哪些？
3. 衡量声音的两个重要指标是什么？它们都和声音的什么特性相关？
4. 影响声音数字化质量的因素有哪三个？它们对数字化后的声音都有什么影响？
5. 常见的声音文件格式有哪些？
6. 位图与矢量图各有什么特点？请举例说出它们的应用场合。
7. 数字化图像的获取方式有哪些？
8. 常用的图形、图像处理软件有哪些？
9. 常见的视频文件格式有哪些？分别有什么特点？视频文件的格式如何转换？